Chemisches Zentralblatt

1953 Nr. 38 23. September

A. Allgemeine und physikalische Chemie.

—, *Nochmals Nomenklatur.* Gegen ein starres Festhalten an etymolog. Grundsätzen in der chem. Nomenklatur lassen sich ebenso wie gegen die Einschmelzung der Bezeichnungen in die Einzelsprachen Einwände erheben, z. B. daß das „klass. Latein" eine Kunstsprache ist. (Kem. Maanedsbl. nord. Handelsbl. kem. Ind. **33.** 44—45. 1952.) R. K. MÜLLER. 10

Helmer Kofod, *Nochmals Nomenklatur.* Vf. verweist auf einen Bericht des dän. Nomenklaturausschusses von 1906 u. auf die Zweisprachigkeit der Pharmazeuten, die zeigt, daß übertriebene Rationalisierung Nuancierungsmöglichkeiten entgegenwirkt. Eine zweckmäßige Nomenklatur muß die genaue Charakterisierung von Stoffen u. Begriffen ermöglichen. (Kem. Maanedsbl. nord. Handelsbl. kem. Ind. **33.** 45—46. 1952.) R. K. MÜLLER. 10

E. Perucca, *Vorschlag für eine die Prinzipien behandelnde Vorrede zu einem Text von Tabellen der Einheitssystem-Einheiten MKSA.* Definition der physikal. Größe; Syst. von Grundgleichungen; Grundgrößen; abgeleitete Größen; Zusammenhänge; Grund- u. abgeleitete zusammenhängende Einheiten; Dimensionen; Umwandlungsgleichung; untergeordnete Einheiten; Moment u. Arbeit; Äquidimensionalität u. Adimensionalität; Syst. von Radien u. Steradian (Raumwinkeln). (Vgl. hierzu **1952.** 5361.) (Nuovo Cimento [9] **10.** 186—192. 1/2. 1953. Torino, Politecn., Ist. di Fisica.) R. K. MÜLLER. 10

R. Vermeulen, *Dimensionsanalytik, Einheiten und Rationalisierung.* Der unterschiedslose Gebrauch von Maßformeln kann zu Widersprüchen führen, die durch Festlegung der Multiplikation physikal. Größen u. Vermeidung der Verwechslung von Multiplikationen, deren physikal. Deutungen verschieden sind, vermieden werden können. Auf diese Weise werden auch Schwierigkeiten, die die Einführung des rationalisierten GIORGI-Syst. mit sich bringt, beseitigt. (Philips Res. Rep. **7.** 432—41. Dez. 1952. Eindhoven, N. V. Philips' Gloeilampenfabrieken.) WESLY. 10

Lawrence S. Darken and Robert W. Gurry, Physical chemistry of metals; with collection of problems by Michael B. Bever. New York: McGraw-Hill. (544 S. u. Diagr.) $ 8,50.

A_1. Kernphysik und Kernchemie.

K. F. Novobatzky, *Zur Schrödinger-Gordon-Gleichung.* Die relativist. Wellengleichung von SCHRÖDINGER u. GORDON wird nach der Meth. der statist. Gesamtheit behandelt. Es stellt sich heraus, daß sie als völlig einwandfreie, relativist.-spinlose „Einteilchen-Wellengleichung" betrachtet werden kann, die ihren Sinn, im Gegensatz zur bestehenden Auffassung, nicht erst durch die zweite Quantelung erhält. (Ann. Physik [6] **11.** 285—92. 1953. Budapest, Univ., Physikal. Inst.) EICHHOFF. 80

P. Kristensen und **C. Møller,** *Ein konvergierender S-Matrixformalismus mit Korrespondenz zur gewöhnlichen Quantenmechanik.* Vff. zeigen, daß eine Interpretation einer Quantenfeldtheorie nur bei einer Einstellung möglich ist, die der von HEISENBERG in seiner S-Matrix-Theorie gleicht. Hierdurch werden einige Forderungen der gewöhnlichen Quantenmechanik aufgegeben. Die Korrespondenz zur gewöhnlichen Quantenmechanik bedeutet, daß durch die Einführung des Formfaktors nur die Wirkungsquerschnitte energiereicher Streuung modifiziert werden. (Physic. Rev. [2] **85.** 928—29. 1/3. 1952. Kopenhagen, Univ., Inst. für Theoret. Phys.) GERHARD SCHMIDT. 80

N. L. Allen, J. Y. Mei, E. Pickup und **L. Voyvodic,** *Zusammenstoß eines schweren, primären Höhenstrahlteilchens.* In einer 600 μ ILFORD G 5-Emulsion, die auf 85000 ft. Höhe exponiert war, wurde ein Kernzusammenstoß beobachtet, bei dem die Ladung des ankommenden Kerns 17 ± 3 betrug u. 45 einzelne geladene Teilchen mit minimaler oder nahezu minimaler Ionisation ausgesandt wurden. Die Halbbreite des Schauers betrug $12{,}5^0$. Einige der Sekundärteilchen konnten identifiziert werden, darunter 5 Pionen, 1 Proton, wahrscheinlich 1 $\varkappa$-Meson. Bei dem getroffenen Kern handelt es sich wahrscheinlich um C, N oder O, die völlig zertrümmert werden, ebenso wie der ankommende Kern. (Physic. Rev. [2] **86.** 1045—46. 15/6. 1952. Ottawa, Can., Nat. Res. Council, Phys. Div.) WIEDEMANN. 85

L. Voyvodic, *Ein mögliches geladenes V-Teilchen- oder $\varkappa$-Mesonereignis in einer photographischen Emulsion.* Die früher (vgl. vorst. Ref.) in der Höhenstrahlung beobachteten Schauerteilchen zeigen in einem Falle eine plötzliche Richtungsänderung um 20° ohne sichtbaren Rückstoß. Die erste Wegstrecke des Schauerteilchens (Bahn A) ist 11000 μ lang u. eignet sich zur Massenbestimmung. Die sek. Bahn B hat nur 700 μ Länge, bevor sie die Emulsion verläßt. Die Ergebnisse von Korndichte- u. Mehrfachstreuungsmessungen für Bahn A, für sechs andere lange Schauerteilchenbahnen bei derselben Zertrümmerung sowie für vier sehr lange benachbarte Elektronenbahnen werden in Abhängigkeit vom Prod. von Impuls u. Teilchengeschwindigkeit graph. wiedergegeben. Die theoret. Ionisationsverlustkurven werden für AgBr berechnet, wobei sich zeigt, daß sie in Übereinstimmung mit dem Experiment sind, obgleich die Behandlung der Ionisationstheorie mit Polarisations- u. ČERENKOV-Strahlungseffekten große Schwierigkeiten bereitet. Fünf der anderen Schauerteilchen können als π-Mesonen u. eins als ein Proton identifiziert werden. Für die Bahn A liefern die kombinierten Korndichte- u. Streuergebnisse eine M. von 1210 $\pm$ 180 m_e; die Bahn B zeigt eine M. $>$600 m_e an. Die Beobachtungen werden durch den Zerfall eines geladenen V-Teilchens in ein τ-Meson u. ein oder mehrere neutrale Teilchen erklärt. Eine weitere Erklärung besteht in der Annahme der Streuung eines $\varkappa$-Mesons, wobei wegen des großen Winkels (20°) u. der kurzen DE BROGLIE-Wellenlänge ($\sim 2 \cdot 10^{-14}$ cm) Kernstreuung vermutet wird. (Physic. Rev. [2] **86.** 1046. 15/6. 1952.) GERHARD SCHMIDT. 85

E. G. Bilpuch und **A. V. Masket,** *Sternerzeugung durch die schwere Ionenkomponente der Höhenstrahlen.* In 24 ILFORD G 5-Platten wurden in 95000 ft. Höhe 4 durch schwere Ionen ausgelöste Sterne gefunden. Es tritt stets ein diffuser Schauer von Teilchen minimaler Ionisation auf. (Physic. Rev. [2] **87.** 168. 1/7. 1952. Univ. of North Carolina.) WIEDEMANN. 85

F. B. Brown jr. und **A. V. Masket,** *Statistische Untersuchung der Sternbildung in photographischen Emulsionen.* Über 2000 Sterne in einem Satz ILFORD G 5-Platten, die 6,5 Std. in 85000 ft. Höhe ausgesetzt waren, wurden untersucht. Die Verteilung über die Platten scheint den statist. Gesetzen zu entsprechen, auf einer einzelnen Platte zeigen jedoch die kleinen Sterne die Tendenz zur Haufenbildung. Die Anzahl der Sterne in Abhängigkeit von der Zahl der Zacken zeigt einen exponentiellen Abfall mit einem Knick in der Kurve bei 6 Zacken. Diese Erscheinungen sollen durch die Annahme der Bldg. sek. Sterne durch nichtionisierende Teilchen, die bei der Sternbldg. entstehen, erklärt werden. (Physic. Rev. [2] **87.** 168. 1/7. 1952. Univ. of North Carolina.) WIEDEMANN. 85

M. Ladu, *Sterne aus Protonen hoher Energie in Kernemulsionen.* Unter 1190 Sternen auf 4 ILFORD G 5-Platten, die einem Protonenbündel von 240 MeV ausgesetzt waren, finden sich 435 mit 2, 381 mit 3, 227 mit 4, 109 mit 5, 28 mit 6, 8 mit 7 u. 2 mit 8 Zacken. Das Energiespektr. der Protonen weist ein Maximum zwischen 5,5 u. 6,5 MeV auf, das der α-Teilchen ein Maximum zwischen 10,5 u. 12,5 MeV. Die Winkelverteilung ist auch für die schwarzen Sterne (unter 30 MeV) anisotrop. 39,6% der Sterne haben keine schnelle Zacken, 46,2% haben nur einen, 14,2% haben zwei schnelle Zacken. Die mittlere freie Weglänge, die dem geometr. Stoßquerschnitt entspricht, beträgt ca. 25 cm. (Nuovo Cimento [9] **10.** 108—10. 1/1. 1953. Cagliari, Univ., Ist. di Fis.) R. K. MÜLLER. 90

R. O. Bondelid, C. H. Braden, M. E. Battat und **P. Bohlman,** *Proton–Proton-Streuung bei 5 MeV nach einer Koinzidenzmethode.* Die Streuung von Protonen der Energie 5,14 $\pm$ 0,14 MeV wurde mit der von WILSON u. Mitarbeitern (C. **1947.** E. 323) beschriebenen Meth., die 2 im Winkel von 90° gegeneinander aufgestellte Proportionalzähler u. eine H-haltige Folie als streuendes Medium verwendet, gemessen. Die App. war der von KARR u. Mitarbeitern (C. **1951.** II. 2979) beschriebenen analog. Die differentiellen Streuquerschnitte als Funktion des Winkels wurden relativ zu dem absol. gemessenen Streuquerschnitt bei 45° im Laboratoriumssyst. bestimmt. Die aus dem beobachteten Streuquerschnitt bei 45° berechnete S-Wellen-Phasenverschiebung steht in guter Übereinstimmung mit dem von anderen Autoren nach der photograph. Meth. gemessenen Wert. Es wurde kein Anzeichen eines P-Welleneffektes beobachtet. (Physic. Rev. [2] **87.** 699—702. 1/9. 1952. St. Louis, Mo., Washington Univ., Phys. Dep.) CONRAD. 90

Theodor Sexl und **Herbert Überall,** *Die Energieabhängigkeit des Wirkungsquerschnittes bei elastischer Streuung von Neutronen an Protonen.* (Vgl. C. **1952.** 4719.) Vff. leiten allg. Formeln für die Abhängigkeit des Wirkungsquerschnittes von der Energie für die elast. Streuung von Neutronen an Protonen ab, die eine Berechnung in beliebiger Näherung gestatten. (Z. Physik **132.** 72—80. 1952. Wien, Univ., Inst. für theoret. Phys.) WEIGEL. 90

J. Catalá, J. Aguilar und **F. Busquets,** *Das Bremsvermögen der C 2-Kernemulsionen für α-Teilchen.* (Vgl. C. **1953.** 3831.) Das durch das Verhältnis der Reichweiten in Luft u. in der Emulsion (R_a/R) ausgedrückte Bremsvermögen wird für α-Teilchen von 2,5—19 MeV ermittelt. Aus den Gleichungen für die Energie $E = 0{,}707\ R^{0{,}647} = 0{,}00736\ R_a^{0{,}622}$ ergibt sich für $S = R_a/R = 15{,}12\ R^{0{,}0395}$. Mit zunehmendem R nimmt das Bremsvermögen der ILFORD C 2-Emulsionen für α-Teilchen bis zu einem Maximum von 1850 zu. (An. Real Soc. españ. Física Quím., Ser. A **48.** 326—27. Nov./Dez. 1952. Valencia, Inst. de Optica Daza de Valdés.) R. K. MÜLLER. 90

J. P. Lonchamp, *Über die Reichweite–Energie-Kurven positiver Ionen mit einer Ladung größer als eins in Kernemulsionen.* Krit. Auswertung experimenteller Daten über eine Reichweite–Energie-Kurve für α-Teilchen in ILFORD-Emulsionen u. Aufstellung einer für die C 2-Emulsion gültigen Kurve für den Bereich von 0—10 MeV. Unter Berücksichtigung der Änderung der Ionenladungen im Bereich geringer Energien wird eine Beziehung aufgestellt. Die darin auftretende Konstante wird bis zu Z = 14 berechnet. Die Reichweite–Energie-Kurve für ^{12}C von 0—120 MeV wird wiedergegeben. (J. Physique Radium **14.** 89—93. Febr. 1953. Straßburg, Inst. de Phys.) EICHHOFF. 90

M. E. Steidlitz, F. D. Rosen, C. H. Shiflett und **W. Davis jr.,** *Ionisierung von Fluorkohlenstoffgasen durch ^{234}U-α-Teilchen.* Vff. bestimmten die durch ^{234}U-α-Teilchen bewirkte Ionisation von Ar, N_2, F_2, CCl_4, CCl_3F, CCl_2F_2, $CClF_3$, CF_4, $CHClF_2$, $CCl_2F-CClF_2$, $CClF_2-CF_3$, $CF_3-CF_2-CF_2-CF_3$ u. $CF_2-CF_2-CF_2-CF_2$ (Ring über O geschlossen) u. die Reichweite der α-Teilchen in diesen Gasen. Die gefundenen Werte sowie die Ionisationsenergien, die von einem α-Teilchen gebildete Anzahl Ionenpaare u. die Werte für die Konstante δ der GEIGER-Gleichung sind tabellar. zusammengestellt. Die durchschnittliche Energieausnutzung beträgt ca. 30 eV pro Ionenpaar. Die Ionisierungskurven der einzelnen Verbb. sind in Abbildungen wiedergegeben. (J. physic. Chem. **56.** 1010—12. Nov. 1952. Oak Ridge, Tenn., Carbide and Carbon Chemicals Comp., Union Carbide and Carbon Corp., K-25 Labor. Div.) FORCHE. 90

A. Kind, *Zur Frage der Kerndynamik.* Mit Hilfe des FERMIschen Gasmodells wird auf Grund von Messungen an Protonen u. Neutronen der Kern durch die mittlere Zahl $n(\varepsilon, t)\,d\varepsilon$ der Nucleonen beschrieben, die zur Zeit t eine kinet. Energie zwischen ε u. $\varepsilon + d\varepsilon$ aufweisen. Eine erste angenäherte Integration für einen Kern von 100 Nucleonen liefert die Zeit τ, während der im Kern die „Erinnerung" der Art der Anregung erhalten bleibt (bei 150 MeV von der Größenordnung $\frac{1}{2} \cdot 10^{-22}$ Sek.) u. nach deren Ablauf noch 0—20% Störungen (bei 150—400 MeV) der Gleichgewichtsverteilungen der Nucleonenenergie bestehen. (Nuovo Cimento [9] **10.** 176—78. 1/2. 1953. Padua, Univ., Ist. di Fis.) R. K. MÜLLER. 90

K.-H. Höcker, *Die Bindung des Leuchtnucleons im Schalenmodell der Atomkerne.* Der Einfl. der Tensorkraft auf die Zustände des Leuchtnucleons wird diskutiert. Dabei werden die Abweichungen der magnet. Momente von den SCHÜLER-SCHMITDschen Kurven verständlich. (Z. Physik **132.** 399—408. 1952. Stuttgart, TH, Inst. für Theoret. u. Angew. Physik.) EICHHOFF. 95

B. T. Feld, *Die Hyperfeinstrukturanomalie und Modelle für die Kernstruktur.* (Sitzungsbericht.) Beobachtung einer Hyperfeinstrukturanomalie bei $^{6,7}Li$, $^{39,41}K$, $^{39,40}K$, $^{85,87}Rb$ u. $^{203,205}Tl$ im Grundzustand $^2p_{1/2}$. Die Ergebnisse sind in Übereinstimmung mit den Kernmodellen, die vom unhängigen Teilchenmodell mit Spin–Bahn-Kopplung ausgehen. (Physic. Rev. [2] **86.** 609. 15/5.; Bull. Amer. physic. Soc. **27.** Nr. 1. 34. 31/1. 1952. M. I. T.) SPEER. 95

Joseph A. Thie, Charles J. Mullin und **E. Guth,** *Elektronenanregung von Kernen.* Der Wirkungsquerschnitt für elektr. 2 -Polübergänge, hervorgerufen durch das elektromagnet. Feld schneller Elektronen, wird in der BORNschen Approximation unter Einschluß der elektr. Dipol-Quadrupol-Wechselwirkungen berechnet. Die Theorie der Deuteronenzertrümmerung durch Elektronen wird bis zu Energieübertragungen von 150 MeV erweitert. Charakterist. Eigg. von Verss. über Elektronenanregungen werden im Hinblick auf die Kernstruktur u. die Streuung von Elektronen erörtert. (Physic. Rev. [2] **87.** 962—65. 15/9. 1952. Notre Dame, Ind., Univ. of Notre Dame.) WERNER SCHULZ. 103

V. E. Krohn jr. und **E. F. Shrader,** *Zertrümmerung des Deuterons durch Photonen.* Sitzungsbericht zu C. **1953.** 1916. (Physic. Rev. [2] **86.** 629. 15/5.; Bull. Amer. physic. Soc. **27.** Nr. 1. 54. 31/1. 1952.) WERNER SCHULZ. 103

T. S. Benedict und **W. M. Woodward,** *Energiereiche Photozertrümmerung des Deuterons.* Der differentielle Wirkungsquerschnitt für Protonen aus der Photozertrümmerung des Deuterons durch 80—160 MeV-γ-Strahlen wird mit einem Spezialmeßgerät (Druckkammerzählung der Impulse mit 2 Kristallen) unter Labor.-Winkeln von 60, 90 u. 120° bestimmt, wobei die emittierten Mesonen durch Impulshöhenanalyse getrennt werden. Daraus wird unter Annahme einer Winkelverteilung $[\sin^2\theta\,(a + b\cdot\cos\theta) + c]\cdot {}^1/_8\pi$ der totale Wirkungsquerschnitt im Schwerpunktsyst. ermittelt u. mit dem des elektr. Dipols für einen YUKAWA-Wall mit einem effektiven Bereich von $1{,}74\cdot 10^{-13}$ cm (Austauschkraft 50%) verglichen. Für niedrige γ-Energien besteht im wesentlichen Übereinstimmung zwischen den gemessenen u. den berechneten Werten; im Bereich des Mesonenschwellenwertes liegen die gemessenen Werte ca. 2,5 mal so hoch wie die berechneten. Der Wirkungsquerschnitt des elektr. Quadrupols beträgt nach roher Schätzung 1% desjenigen des elektr. Dipols, dessen isotroper Anteil auf 40% geschätzt wird. (Physic. Rev. [2] **85.** 924—25. 1/3.; Sitzungsbericht: [2] **86.** 629. 15/5.; Bull. Amer. physic. Soc. **27.** Nr. 1. 54. 31/1. 1952. Ithaca, N. Y., Cornell Univ.) WERNER SCHULZ. 103

J. B. Cladis, J. Hadley und **W. N. Hess,** *Schnelle Protonen aus 270 MeV-(n–d)-Zusammenstößen.* Beim Beschuß von Deuteronen mit 270 MeV-Cyclotron-Neutronen wurde der differentielle Wirkungsquerschnitt für die gestreuten Protonen hoher Energie bei (n–d)-Zusammenstößen unter Streuwinkeln zwischen 4 u. 58° gemessen. Zum Vgl. u. für Normalisierungszwecke wurde die Protonenausbeute bei (n–p)-Zusammenstößen unter denselben Streuwinkeln gemessen. In beiden Fällen wurden nur Protonen oberhalb der Grenzenergie von 200 MeV·$\cos^2\theta$ vom Zählersyst. erfaßt. Die Energieverteilung der (n–d)-Protonen wurde unter 4 u. 22,5° mit Hilfe eines magnet. Analysators gemessen. Ihre Form zeigt große Ähnlichkeit mit derjenigen der Energieverteilung von (n–p)-Protonen. Die totale Protonenausbeute oberhalb der Grenzenergie ist für (n–d)-Stöße niedriger als für (n–p)-Stöße. Das Verhältnis ist ca. 0,7 bei allen Streuwinkeln. Verschied. Effekte, die sich aus dem PAULI-Prinzip, der Verteilung des Kernspins beim Deuteron u. der Differenz der mittleren Potentialenergie des Dineutrons u. Deuterons ($n + d \rightarrow 2n + p$) ergeben, verursachen wahrscheinlich die kleinere (n–d)-Protonenausbeute gegenüber der bei (n–p)-Streuung. (Physic. Rev. [2] **86.** 110—17. 1/4. 1952. Berkeley, Calif., Univ. of California, Phys. Dep., Radiat. Labor.) WERNER SCHULZ. 103

P. Tannenwald, *Zertrümmerung von Helium durch 90 MeV-Neutronen.* (Sitzungsbericht.) Ein 90 MeV-Neutronenbündel wurde durch eine in einem pulsierenden Magnetfeld von 21,7 Kilogauß liegende Nebelkammer mit He-Füllung (Gesamtdruck 81 cm Hg) geschickt. Die möglichen Reaktionsprodukte sind t–d, 2d–n, t–p–n, d–p–2n, 2p–3n, ^{3}He–2n u. ^{4}He-Rückstöße. Die Teilchen der zweizackigen Sterne wurden aus der Krümmung u. der relativen Ionisation, die einzelnen in der Kammer endenden Bahnen aus den charakterist. Endungen indentifiziert. Für die 3 ersten Rkk. kann die Energie der einfallenden Neutronen berechnet werden. Für die 90 beobachteten zweizackigen Sterne wurde folgende Zuordnung ermittelt: 18 dt, 10 dd, 47 pt, 14 pd u. 1 pp; 59 einzelne He-Bahnen endeten in der Kammer, 78 nicht. Alle beobachteten Rkk. ereigneten sich unter einem Winkel von ±30° zu der das Neutronenbündel enthaltenden Horizontalebene. (Physic. Rev. [2] **86.** 629—30. 15/5.; Bull. Amer. physic. Soc. **27.** Nr. 1. 54—55. 31/1. 1952. Berkeley, Calif., Univ. of California.) WERNER SCHULZ. 103

T. M. Hahn, C. W. Snyder, H. B. Willard, J. K. Bair, E. D. Klema, J. D. Kington und **F. P. Green,** *Neutronen und γ-Strahlen beim Beschuß von Beryllium mit Protonen.* Die Neutronen- u. γ-Strahlenausbeute in Vorwärtsrichtung beim Beschuß dünner Be-Targets durch Protonen mit maximal 5,3 MeV wird mit Neutronen- bzw. NaJ-Kristallzählern gemessen. Für eine neue Resonanzstelle wurde eine Protonenbeschußenergie von 4,72 ± 0,01 MeV u. eine Halbwertsbreite von ca. 0,5 MeV, für die Resonanzstelle bei niedrigerer Energie der Wert 2,57 ± 0,01 MeV bestimmt, während mit einem Zähler für Neutronen niedriger Energie zwischen 2 u. 5,3 MeV keine deutlichen Resonanzstellen nachgewiesen werden konnten. (Physic. Rev. [2] **85.** 934. 1/3. 1952. Oak Ridge, Tenn., Nat. Labor.) WERNER SCHULZ. 103

H. B. Willard, J. K. Bair, J. D. Kington, T. M. Hahn, C. W. Snyder und **F. P. Green,** *Die Ausbeute an γ-Strahlen und Neutronen aus dem Beschuß von Fluor mit Protonen.* (Vgl. vorst. Ref.) Die Anregungsfunktionen für γ-Strahlen aus dem Beschuß von F mit 2,1—5,4 MeV-Protonen wurden mit einem Auflösungsvermögen von 1‰ bestimmt, wobei 17 neue Resonanzstellen bei 2,32, 2,51, 2,63, 2,80, 3,02, 3,19, 3,49, 3,92, 4,00, 4,29, 4,49, 4,57, 4,71, 4,78, 4,99, 5,07 u. 5,20 MeV ermittelt wurden. Der Schwellenwert für die Rk. ^{19}F (p, n) ^{19}*Ne* ergab sich zu 4,253 ± 0,005 MeV. Die bis 5,3 MeV gemessene Anregungsfunktion für Neutronen in der Vorwärtsrichtung zeigte Resonanzstellen bei 4,29, 4,46, 4,49, 4,57, 4,62, 4,71, 4,78, 4,99, 5,07 u. 5,20 MeV. Die Massendifferenz für ^{19}Ne–^{19}F wurde aus der Schwellenwertmessung zu $0{,}00349_9$ Masseneinheiten berechnet. (Physic. Rev. [2] **85.** 849—51. 1/3. 1952.) WERNER SCHULZ. 103

L. G. Mann und **W. E. Meyerhof,** *γ-Strahlen beim Zerfall von* ^{66}*Ga*. (Sitzungsbericht.) Die γ-Strahlung beim Zerfall von ^{66}Ga (9,2 Std.) aus der Rk. *Zn*(p, n) wird mit einem Dreikristallscintillationsspektrometer untersucht. Für die γ-Energien u. die relativen Intensitäten wurden die folgenden korr. Werte gefunden: 4,78 MeV (0,03), 4,43 (0,02), 4,29 (0,08), 3,79 (0,07), 3,38 (0,10), 3,21 (0,06), 2,75 (1,00), 2,43 (0,2), 2,20 (0,3), 1,93 (0,2) u. wahrscheinlich 1,39 MeV (0,1). Eine zusätzliche Prüfung mit einem einfachen Kristallpaarspektrometer zeigte einen intensiven 1,05 MeV-γ-Strahl, während unterhalb dieser Energie keine γ-Strahlen beobachtet wurden. Daraus ergeben sich für ^{66}Zn folgende Energieniveaus: 4,78, 4,43, 4,29, 3,79, 3,25, 2,43 u. 1,05 MeV. (Physic. Rev. [2] **87.** 202. 1/7. 1952. Stanford Univ.) Werner Schulz. 103

S. L. Ridgway und **F. M. Pipkin,** *β-γ-Winkelkorrelation in* ^{76}*As*. (Sitzungsbericht.) Die differentielle β-γ-Winkelkorrelation wird spektrometr. untersucht. Für ^{76}As steigt der Koeff. a der Korrelation $1 + a \cos^2\theta$ von $+0{,}04 \pm 0{,}02$ für 1,4 MeV auf $0{,}07 \pm 0{,}03$ für 2,0 MeV an. Nach dem durch die Messungen bestimmten Zerfallsschema läßt sich das Ergebnis nicht durch ein einzelnes β-Matrixelement für eine Wechselwrkg. wiedergeben, sondern es scheint die Annahme einer Interferenz von Matrixelementen erforderlich zu sein. (Physic. Rev. [2] **87.** 202. 1/7. 1952. Princeton Univ.) Werner Schulz. 103

J. G. V. Taylor und **R. N. H. Haslam,** *Wirkungsquerschnitt für die Reaktion* ^{81}*Br*(γ, α)^{77}*As*. Nach Best. der Ausbeutekurve für die Rk. ^{81}Br(γ, α)^{77}As durch Messung der 40 Std.-β^--Aktivität von ^{77}As wird daraus der Wirkungsquerschnitt für diese Rk. nach der Photonendifferenzmeth. berechnet. Dieser zeigt in Abhängigkeit von der Photonenenergie ein Maximum von 270 μbarn bei 21,5 MeV. Der Integralwert des Querschnittes ist ca. 1,5 MeV·mbarn. Die Ergebnisse werden mit Messungen der α-Bahnen in Kernemulsionen aus dem Photozerfall von Br u. Ag verglichen. Der aus neueren Messungen bestimmte Wert des mittleren Wirkungsquerschnittes von 130 μbarn bei einer Photonenenergie von 17,6 MeV stimmt mit dem von Vff. ermittelten Wert überein. (Physic. Rev. [2] **87.** 1138. 15/9. 1952. Saskatchewan, Saskatoon, Can., Univ. of Saskatchewan, Dep. of Phys.) Werner Schulz. 103

F. J. Shore, H. N. Brown, W. L. Bendel und **R. A. Becker,** *Zusätzlicher Zweig im Zerfallsschema von* ^{89m}*Zr*. (Vgl. C. **1952.** 2624.) (Sitzungsbericht.) Der durch Bestrahlung von metall. Zr u. ZrO_2 in einem 22 MeV-Betatron erzeugte isomere 4,4 Min.-Zustand ist nach Messungen mit einem Scintillationsspektrometer von einem 1,530 MeV-γ-Strahl begleitet. Koinzidenzen wurden zwischen einer Teilchengruppe u. γ-Strahlen mit einer Energie >600 keV beobachtet. Aus Absorptionsmessungen ergab sich eine maximale Teilchenenergie von 850 keV, angenähert die erwartete Energie für den Übergang einer Positronengruppe von ^{89m}Zr zu einem angeregten Zustand von ^{89}*Y* mit einer Energie von 1500 keV über dem Grundzustand. Die Intensität des 1,530 MeV-γ-Strahls beträgt ca. 7% der Energie des 586 keV-γ-Strahls, der beim Übergang von ^{89m}Zr in den Grundzustand von ^{89}Zr emittiert wird. Dieses Intensitätsverhältnis blieb bei Änderung der isotop. Zus. der Quelle, der Betatronenergie (14, 17,5 u. 22 MeV), des Probenmaterials (Pb, Cu) u. der Bestrahlungsgeometrie konstant. Daraus ergibt sich zusammen mit der Halbwertszeit von 4,4 Min., daß der 1,530 MeV-γ-Strahl-Zweig durch die Rk. Zr(γ, n)^{89m}Zr erzeugt wird. (Physic. Rev. [2] **87.** 202. 1/7. 1952. Univ. of Illinois.) Werner Schulz. 103

E. J. Winhold, P. T. Demos und **I. Halpern,** *Die Winkelverteilung von Spaltprodukten bei der Photospaltung von Thorium*. Die Winkelverteilung der Spaltprodd. bei der Photospaltung von Th wird mit Hilfe eines Auffängers, der jeweils einen 30°-Sektor ausmißt, bestimmt. Bei einer Photonenenergie von 16 MeV zeigt die Winkelverteilung ein Maximum unter 90° zum einfallenden Strahl, symm. Verteilung zu dieser Richtung u. besitzt die Form $a + b \cdot \sin^2\theta$. Nach Korrektur für die Spaltbreite u. die Zähleranordnung ergibt sich für b/a der Wert $0{,}41 \pm 0{,}09$. Zur Prüfung der Energieabhängigkeit der Winkelverteilung wird eine hauptsächlich für die 0°- u. 90°-Richtung empfindliche Meßeinrichtung benutzt. Bei 16 MeV ergab sich für die 90°- u. 0°-Richtung ein Aktivitätsverhältnis von $1{,}09 \pm 0{,}03$. Im Energiebereich von 8—16 MeV nimmt die Asymmetrie der Winkelverteilung mit abnehmender Energie rasch zu. (Physic. Rev. [2] **87.** 1139—40. 15/9. 1952. Cambridge, Mass., MIT, Phys. Dep. and Labor. for Nucl. Sci.) Werner Schulz. 103

D. W. Fry, *Der lineare Elektronenbeschleuniger*. Kurze Übersicht der Grundlagen des linearen Elektronenbeschleunigers am Beispiel des 2 m langen Beschleunigers in Harwell. (Philips' techn. Rdsch. **14.** 193—205. Jan. 1953. Harwell, A. E. R. E.) H. Hauswald. 112

Robert S. Livingston, *Das 86 inch-Cyclotron von Oak Ridge*. Ausführliche Darst. des C. **1953.** 966 referierten Sitzungsberichtes. (Nature [London] **170.** 221—23. 9/8. 1952. Oak Ridge, Tenn., Oak Ridge Nat. Labor.) H. Hauswald. 112

J. Kistemaker und **C. J. Zilverschoon,** *Eine magnetische Ionenquelle des Heil-Typs.* Beim Vgl. der HEIL- u. FINKELSTEIN-Quellen zur Erzeugung von Ionen aus den gleichen Gasentladungsröhren mit verschieden gerichteten Magnetfeldern erwies sich die elektr. Ausbeute der HEIL-Quelle 40fach kleiner als die der FINKELSTEIN-Quelle. Ferner wurden konstruktive u. andere techn. Schwierigkeiten der HEIL-Quelle erläutert. (Physica **17.** 43—49. Jan. 1951. Amsterdam, Stickting F. O. M., Labor. voor Massaspectrografie.) FAHLENBRACH. 112

J. S. Swingle jr. und **C. P. Swann,** *Eine Hochfrequenzionenquelle mit transversalem Magnetfeld.* (Sitzungsbericht.) Eine 60 μA-Ionenquelle für den VAN DE GRAAFF-Generator mit einer Hochfrequenz von 25 MHz u. einem transversalen Magnetfeld von 9 Gauß aus permanenten Magneten verbraucht weniger als 1 cm^3 Gas pro Stunde. (Physic. Rev. [2] **87.** 184. 1/7. 1952. Bartol Res. Found.) H. HAUSWALD. 112

E. Gatti, G. Perona und **A. Persano,** *Impulsfähiger Neutronengenerator.* Die Anlage besteht aus einem Deuteronenbeschleuniger, der von einem 400 kV-Generator (Typ COCKCROFT-WALTON) gespeist wird u. mit einer impulsfähigen Ionenquelle versehen ist. Sie wird zur Spektrographie langsamer Neutronen nach der Flugzeitmethode verwendet. (Nuovo Cimento [9] **10.** 80—86. 1/1. 1953. Milano, Labor. CISE.) R. K. MÜLLER. 112

W. Bernstein, R. L. Chase, M. Slavin, J. Garfield und **A. W. Schardt,** *Photographische Graukeil-Impulshöhenanalyse.* (Sitzungsbericht.) Modifizierung der von MAEDER (Helv. physica Acta **20.** [1947.] 139) entwickelten Oscilloskopmeth. der Impulshöhenanalyse. (Physic. Rev. [2] **86.** 584. 15/5.; Bull. Amer. physic. Soc. **27.** Nr. 1. 9. 31/1. 1952. Brookhaven Nat. Labor.) FROST. 112

Herman Hoerlin und **Frank Kaszuba,** *Wellenlängenunabhängiges, photographisches Dosimeter mit Terphenylverstärkerschirmen.* (Sitzungsbericht.) Unters. der Emission verschied. organ. Scintillatoren bei γ- u. Röntgenstrahlerregung (λ_{eff}= 0,01—0,60 Å). Die Fluorescenzausbeute fällt schnell mit zunehmender Wellenlänge λ in umgekehrtem Sinne wie die Empfindlichkeit des photograph. Films. Durch geeignete Kombination von Film u. Verstärkerfolie kann für das genannte Wellenlängengebiet ein λ-unabhängiger Empfänger erhalten werden. Hochempfindliche Schirme dieser Art enthalten 145 mg/cm^2 *Terphenyl*-Pulver, 105 mg/cm^2 *Lucite* u. 4 mg/cm^2 $PbCl_2$ u. werden beidseitig mit Spezialfilmen (mittlere Empfindlichkeit, geringe Abweichung vom Reziprozitätsgesetz im Belichtungsbereich 1 Sek. bis 40 Std.) in Kontakt gebracht. Solche Dosimeter gestatten die Best. von γ- u. Röntgendosen von 0,02—10 r mit einem maximalen Fehler von 25%. (Physic. Rev. [2] **88.** 174. 1/10. 1952. Anso Res. Labor.) RUDOLPH. 112

—, *Fernkontrolltechnik.* Beiträge von **H. L. Hull, R. C. Goertz, R. C. Goertz** und **F. Bevilacqua, K. R. Ferguson** und **G. S. Monik** über den gegenwärtigen Stand u. die Aussichten der Fernkontrolltechnik im Argonne National Labor. sowie in anderen AEC- u. nicht der AEC angeschlossenen Laboratorien. Unter anderem werden behandelt manuell u. elektr. gesteuerte Greifer, Schutzfenster, Abschirmungssubstanzen, Verfärbung opt. Gläser beim Arbeiten mit hochakt. Substanzen. (Nucleonics **10.** Nr. 11. 33—55. Nov. 1952.) GERHARD SCHMIDT. 112

D. M. Davis, J. C. Hart und **K. Z. Morgan,** *Luftmessung für radioaktive Bodenverseuchung.* Verss. unter Verwendung von ^{60}*Co*-, ^{137}*Cs*-, ^{24}*Na*- u. ^{182}*Ta*-Quellen zur Bodenverseuchung für den Fall radiolog. Kriegführung zeigen an, daß leichte Flugzeuge u. handelsübliche GEIGER-MÜLLER-Kontrollzähler eine brauchbare Meth. zur Messung ausgedehnter Bodenflächen liefern. Die Messungen sind in verschied. Höhen von ca. 30—330 m durchgeführt worden. (Nucleonics **10.** Nr. 11. 75—79. Nov. 1952. Oak Ridge, Tenn., Oak Ridge Nat. Labor., Health Phys. Div.) GERHARD SCHMIDT. 112

A. W. Schardt und **W. Bernstein,** *NaJ–LiJ-Mischkristalle für ein Neutronenspektrometer.* (Sitzungsbericht.) Tl-aktivierte LiJ-Kristalle zeigen gute Empfindlichkeit u. Auflösung für therm. Neutronen. Verwendet werden kleine Kristalle (2 g), die aus einer Mischung von 92% NaJ, 7% LiJ u. 1% TlJ hergestellt werden. Die Li-Konz. wächst von der Kristallspitze bis zur Schmelze um den Faktor 2. Die Impulshöhe ist der Li-Konz. umgekehrt proportional. Ein 0,1 g Kristall aus der Spitze gibt die halbe Impulshöhe eines reinen NaJ-Kristalls bei 6,5% Auflösungsvermögen. Die Fluorescenzbanden des Mischkristalls liegen zwischen 4200 u. 5400 Å. (Physic. Rev. [2] **86.** 583. 15/5.; Bull. Amer. physic. Soc. **27.** Nr. 1. 8. 31/1. 1952. Brookhaven Nat. Labor.) FROST. 112

Richard E. Vollrath, *Die Wirkung von Ammoniakspuren auf die Bildung von Nebelbahnen in einer kontinuierlichen Nebelkammer.* In der früher vom Vf. angegebenen kontinuierlichen Nebelkammer (Rev. sci. Instruments **7.** [1936.] 409) diffundiert HCl-Gas aus einer wss. Lsg. von HCl am Boden der Kammer in H_2O-Dampf aus einer porösen, angefeuchteten Porzellanplatte am Deckel der Kammer. Läßt man nun Spuren von Ammoniak durch paraffiniertes Papier in die Kammer hineindiffundieren, so bilden sich Nebelbahnen, die in verschied. Farben glänzen, was wahrscheinlich verschied. Tröpfchengrößen entspricht. Während konz. HCl u. NH_3 zur Bldg. von NH_4Cl-Kriställchen führen, ergeben sich bei niedrigen Partialdrucken u. bei Ggw. von H_2O stets fl. Tröpfchen aus einer Lsg. von NH_4Cl. (J. chem. Physics **20**. 536—37. März 1952. Los Angeles, Calif., Univ. of South California, Phys. Dep.) POLLERMANN. 112

Richard E. Vollrath, *Photochemische Methode zur Aufrechterhaltung des Betriebes einer kontinuierlichen Nebelkammer.* (Vgl. vorst. Ref.) Um innerhalb des Vol. der Kammer eine gleichmäßige Konz. von HCl zu erhalten, die für die Bldg. von Nebelbahnen in H_2O-Dampf ausreicht, wird die photochem. Oxydation von Chlf. $2\,CHCl_3 + O_2 + 2\,H_2O = 2\,CO_2 + 6\,HCl$ angewandt, wobei als Zwischenstufe Phosgen entsteht. Zur Belichtung genügt das diffuse Licht im Laboratorium. Bei der Beleuchtung mit einer Glühlampe läßt sich die Rk. durch Veränderung der Beleuchtungsstärke regeln. Auf ähnliche Weise läßt sich HBr u. HNO_3 erzeugen u. zum Betrieb einer kontinuierlichen Nebelkammer verwenden. (J. chem. Physics **20**. 537. März 1952.) POLLERMANN. 112

G. P. Barnard, Modern mass spectrometry. London: Institute of Physics. 1953. (324 S. m. Abb.) 50 s.

George Thomson, Das Atom (The Atom, dt.) Übertr.: Herbert Krappatsch. Mit einem Geleitwort von Werner Heisenberg. Göttingen: „Musterschmidt". 1952. (160 S. m. 15 Abb.) 8°. DM 4,50.

A₂. Optisches Verhalten der Materie.

E. I. Stearns, *Spektroskopie in kosmischer Anwendung.* Leicht verständliche Betrachtungen über die Erfolge der Spektroskopie beim Nachw. der Art der Materie von Sternen (Vgl. mit der Zus. von Meteoriten), bei der Messung der Rotationsgeschwindigkeit der Sonne (DOPPLER-Effekt an den Sonnenrändern) u. der Temp. von Fixsternen u. bei der Erforschung der Oberfläche (Atmosphäre, Lichtabsorption) von Planeten. (J. chem. Educat. **29**. 573—75. Nov. 1952. Bound Brook, N. J., Amer. Cyanamid Co.) BLUMRICH. 113

Guglielmo Righini, *Das Spektrum einer ruhenden Protuberanz.* Bei einer Sonnenfinsternis gelang es, eine kleine Protuberanz gleichzeitig mit dem Coronaspektr. zu photographieren. Neben *MgI, BaII, SrII* u. *CaII* (Anregungspotentiale 5—9 V) wird dabei die Elementgruppe *ScII, OI* u. *TiII* mit 10—11 V beobachtet, ferner *H* mit 13,5 V, *HeI* mit 22,97 V u. *HeII* mit 75,64 V. Die Anregung dieser Niveaus kann nicht therm. erfolgen. Die Gleichgewichtsbedingungen der Protuberanzen weichen erheblich von dem in den unteren Schichten der Sonnenatmosphäre herrschenden thermodynam. Gleichgewicht ab. Gegenüber früheren Beobachtungen fällt das Fehlen der Linien FeI u. CaI auf. (Atti Accad. naz. Lincei, Rend., Cl. Sci. fisiche, mat. natur. [8] **12**. 670—73. Juni 1952.) R. K. MÜLLER. 113

D. Barbier, *Über die Bestimmung der Größe der Balmer-Diskontinuität durch die Methoden der Photometrie durch Filter.* Die BALMER-Diskontinuität D ist definiert durch den Ausdruck $D = \log I^+/I^-$, wo I^+ u. I^- die für λ 3700 gemessenen Intensitäten bei Extrapolation der entsprechenden Gradienten im Gebiet $\lambda\lambda$ 4700—4000 bzw. $\lambda\lambda$ 3150 bis 3650 sind. Unter Verwendung von sechs Farbfiltern wurde auf photometr. Wege der Wert von D für 129 neue Sterne erhalten. Die Versuchsergebnisse sind graph. u. tabellar. wiedergegeben. (Ann. Astrophysique **15**. 113—25. April/Juni 1952. Paris, Inst. d'Astrophys. et Obs.) GOTTFRIED. 113

D. H. Rank, R. P. Ruth und **K. L. Vander Sluis,** *Präzisionsbestimmung der Lichtgeschwindigkeit, hergeleitet aus einer Bandenspektrummethode.* (Vgl. C. **1953**. 2711.) Vff. führen unter Benutzung eines FABRY-PEROT-Etalons, das mit einem hoch auflösenden ebenen Gitterspektrographen gekreuzt ist, u. verbunden mit einer Vielfachreflexionsabsorptionsröhre ihre Messungen durch. Sie bestimmen den Wert der Rotationskonstante B_{000}'' für *HCN* in den 004- u. 103-Rotationsschwingungsbanden zu $1{,}47830 \pm 0{,}00002\ cm^{-1}$. Frühere Messungen dieser Konstanten von NETHERCOT jr., KLEIN u. TOWNES (vgl. C. **1953**. 3998) im Mikrowellengebiet geben ihn zu $44315{,}9 \pm 0{,}25$ MHz an. Aus diesen beiden Werten erhält man durch Verhältnisbldg. die Lichtgeschwindigkeit im Vakuum zu $c = 299\,776 \pm 6$ km/sec. Es werden genaue Berechnungen u. zahlreiche Tabellen dazu angegeben. (J. opt. Soc. America **42**. 693—98. Okt. 1952. State College, Pa., Pennsylvania State Coll., Dep. of Phys.) D. HAHN. 114

Bertha Jeffreys, *Die Klassifizierung von Vielpolstrahlung.* Auf Grund theoret. Überlegungen wird eine Klassifizierung der elektromagnet. Felder gegeben, die von einer schwingenden Ladungsstromverteilung herrühren. (Proc. Cambridge philos. Soc. **48**. 470—81. Juli 1952. Cambridge, England, Girton Coll.). GOTTFRIED. 114

E. E. Salpeter und **W. A. Newcomb,** *Massenkorrekturen für die Hyperfeinstruktur.* Ergänzend zu einer früheren Mitt. (LOW u. SALPETER, Physic. Rev. [2] **83.** [1951.] 478) werden verbesserte Werte für die durch Kernbewegung hervorgerufenen Massenkorrekturen der Hyperfeinstrukturaufspaltung des Grundterms von *Wasserstoff* u. *Deuterium* gegeben. So wird für ersteren $1/\alpha = (137{,}0355 \pm 0{,}0010) \cdot (1 + \frac{1}{2}\delta)$, wobei δ (hervorgerufen durch Struktureffekte des magnet. Momentes des Protons) mehr als $\pm 2 \cdot 10^{-5}$ sein kann. Für den Unterschied der berechneten u. gemessenen Werte des Verhältnisses ν_D/ν_H (Verhältnis von D- zu H-Aufspaltung) ergibt sich der Wert $(0{,}6 \pm 0{,}4) \cdot 10^{-4}$. (Physic. Rev. [2] **87.** 150. 1/7. 1952. Ithaca, N. Y., Cornell Univ., Newman Labor. of Nucl. Stud.) RUDOLPH. 114

N. Thomas, *Die Wirkung der Vorerhitzung auf Flammenspektren.* Vf. untersucht die Wrkg. einer Vorerhitzung auf die C_2- u. CH-Banden einer C_2H_4–Luft-Flamme. Das Gasgemisch wird in einem Ofen bis ca. 900° vorerhitzt, dessen Aufbau beschrieben wird. Der verwendete Brenner gestattet, in einem weiten Temperaturbereich bei konstanter Massenströmung zu arbeiten. Vf. beschreibt die Änderung des Aussehens der Flamme bei steigender Vorerhitzungstemperatur. Die Intensität der Banden steigt mit steigender Temp., hat gegen 500° ein Maximum u. fällt bei ca. 620° fast auf Null ab, um dann wieder schwach anzusteigen. Bei Zusätzen von Äthylnitrat u. SO_3 ergibt sich ein ähnlicher Verlauf. Die Ergebnisse werden in bezug auf die Theorie diskutiert, nach der C_2 u. CH Zersetzungsprodd. eines Zwischenprod. sind, bei dessen Bldg. Peroxyde eine Rolle spielen können. Ähnliche Verss. von MULLINS (Proc. 3. Symp. Combustion, Wisconsin 1948) werden ebenfalls auf der Grundlage dieser Theorie diskutiert. (Trans. Faraday Soc. **47.** 958—62. Sept. 1951. London, Imp. Coll., Dep. of Chem. Engng. and Appl. Chem.) FREIWALD. 118

P. F. A. Klinkenberg, G. J. van den Berg und **J. C. van den Bosch,** *Notiz über die Struktur des Ta I-Spektrums.* Die Unterss. über das Ta I-Spektr. (vgl. C. **1951. II.** 1390) wurden beträchtlich ausgedehnt u. neun gerade u. 70 ungerade Niveaus hinzugefunden. Die Zahl der klassifizierten Ta I-Linien ist jetzt größer als 1100. Zu den neun geraden Niveaus gehört ein Grundniveau $5\,d^3\,6\,s^2\,{}^2G_{7/2}$, u. die anderen acht bilden den hohen geraden Term $5\,d^3\,6\,s({}^5F)7\,s\,{}^6F$ u. die entsprechenden Niveaus $4\,F_{5/2},\,_{7/2}$. Durch die Identifizierung des hohen ${}^6F$ konnte der ungerade Term $5\,d^3\,6\,s\,({}^5F)\,6\,p^6\,G$ bestätigt werden. Eine Anzahl von Identifizierungen mußten geändert werden, wie z. B. $5\,d^4\,6\,s\,{}^4D_{3/2,\,5/2}$ in $5\,d^3\,6\,s^2\,{}^2D_{3/2,\,5/2}$ usw. Bisher nicht identifizierte Niveaus 153(9/2), 159(3/2) u. 173(7/2) wurden benannt. Von den ungeraden Niveaus muß die Konfiguration $5\,d\,{}^46\,p$ viel höher als früher angenommen liegen. Um 45000 cm^{-1} wurde ein neuer Satz von ungeraden Sextettniveaus gefunden. Diese neuen Identifizierungen wurden durch den Vgl. der Beziehungen Ta I–Ta II mit den entsprechenden Beziehungen in V u. Nb u. dem Gebrauch des irregulären Doublettgesetzes in den isoelektron. Systemen W II u. Ta I bewiesen. Es werden noch weitere Änderungen u. Ergänzungen angegeben, die sowohl für gerade als ungerade Niveaus in einer Tabelle zusammengestellt sind. (Physica **17.** 167—68. Febr. 1951. Amsterdam, Univ., Zeeman-Labor.) D. HAHN. 118

M. L. Espinosa, *Deutung des Multipletts $\alpha^6S \rightarrow z^6P$ des Mn I im Magnetfeld der Größenordnung von 85000 Oersted.* (Vgl. C. **1953.** 3516.) Das in einem Magnetfeld von 85000 Oe aufgenommene Spektrogramm zeigt 35 Komponenten des Multipletts $\alpha^6S \rightarrow z^6P$ von Mn I. Der Vgl. der tabellar. gegebenen Meßwerte mit der Berechnung ergibt im allg. gute Übereinstimmung (10 berechnete Werte konnten nicht beobachtet werden, weil sie in nicht aufgelösten Banden lagen), auch die g-Werte sind den in der früheren Mitt. gegebenen prakt. gleich. (An. Real Soc. españ. Física Quím., Ser. A **48.** 267—70. Sept./Okt. 1952. Madrid, Inst. de Optica „Daza de Valdés".) R. K. MÜLLER. 118

W. D. Keller, John H. Spotts und **Donald L. Biggs,** *Infrarotspektren von einigen steinbildenden Mineralien.* Die Infrarotabsorptionsspektren im 2—15 μ-Wellenlängenbereich von einigen Carbonaten, Sulfaten, Phosphaten u. Silicatmineralen werden untersucht (Abb.). In 3 Tabellen sind die Infrarotabsorptionsbanden der untersuchten Mineralien *Magnesit, Siderit, Rhodochrosit, Calcit, Dolomit, Aragonit, Strontianit, Witherit, Cerussit* (Gemische), *Aragonit* + Calcit ($CaCO_3$), Calcit + Magnesit, *Baryt, Selenit, Cölestin, Anhydrit, Amblygonit, Apatit, Olivin, Willemit, Cyanit, Andalusit, Sillimanit, Staurolith, Idokras, Hemimorphit, Melilith, Beryll, Benitoit, Cordierit, Turmalin, Diopsid, Hypersthen, Anthophyllit, Tremolit, Muskovit, Biotit, Pyrophyllit, Talk, Prochlorit, Quarz, Orthoklas, Adular, Mikroklin, Cleavelandit, Analcim, Nephelin, Leucit, Heulandit, Natrolith* zusammengestellt. Das Anion beherrscht die Absorptionscharakteristiken. Wenn die Kationen in den Mineralgruppen schwerer werden oder Al an die Stelle von Si in den Silicaten getreten ist, verschieben sich die Absorptionsbanden gegen längere Wellenlängen. In den beschriebenen Mineralien deutet die Infrarotabsorption kovalente Bindungen an; daher sind sie keine idealen Ionenminerale. (Amer. J. Sci. **250.** 453—71. Juni 1952. Columbia, Mo., Univ. of Missouri.) D. Hahn. 120

J. C. Swartz und **J. W. Trischka,** *Radiofrequenzspektrum des $^6Li^{19}F$ nach der elektrischen Resonanzmethode bei Verwendung von Molekularstrahlen.* Ausführliche Darst. der in C. **1953.** 4973 referierten Arbeit. (Physic. Rev. [2] **88.** 1085—92. 1/12. 1952. Syracuse, N. Y., Syracuse Univ., Dep. of Phys.) v. Harlem. 121

Hubert Pohlack, *Beitrag zur Theorie optischer Interferenzschichtsysteme mit vorgegebenen Spektraleigenschaften.* Das reziproke Durchlässigkeitsvermögen 1/D von Interferenzschichtenanordnungen, deren Einzelschichten untereinander gleiche opt. Dicken besitzen, läßt sich als gerades Polynom der Veränderlichen $\Lambda = \cos \varphi$ oder $\Lambda^* = \sin \varphi$ schreiben (φ ist der auf den einfachen Lichtdurchgang bezogene Phasenwinkel einer Schicht). Damit kann das bisher ungelöste Problem der Synth. von Mehrfachinterferenzschichten mit vorgegebenen Spektraleigg. auf die einfachere Aufgabe der Kurvendiskussion symm. Polynome zurückgeführt werden. (Ann. Physik [6] **11.** 383—88. 1953. Jena, Carl-Zeiß-Werke.) Eichhoff. 122

Robert E. Stephens, Earle K. Plyler, William S. Rodney und **Robert J. Spindler,** *Der Brechungsindex von Kaliumbromid für infrarote Strahlen.* Der Brechungsindex von KBr wurde bei 22° im Gebiet von 1—25 μ mit dem Minimum der Ablenkung mittels Gaertner-Spektrometer u. Photozelle (bis 2,4 μ) bzw. Golays pneumat. Detektor (bis 40 μ) einerseits, andererseits mit dem Perkin-Elmer-Infrarotspektrometer mit feststehendem Prisma bestimmt. Beide Kurven stimmen auf 10^{-5} bis zu ca. 23 μ überein. Es wird ein 5 Konstanten enthaltender Ausdruck für $n = f(\lambda)$ aufgestellt. Aus einigen bei 13,5 u. 31° durchgeführten Messungen wurde dn/dt zu $4{,}0 \cdot 10^{-5/0}$ als Mittelwert im angegebenen Wellenlängenbereich bestimmt. (J. opt. Soc. America **43.** 110—12. Febr. 1953. Washington, D. C., Nat. Bur. of Standards.) Lindberg. 122

C. K. Coogan und **A. L. G. Rees,** *Die Natur des thermischen Farbwechsels von Zinkoxyd. ZnO* wurde auf 400—500° in einem evakuierten Gefäß erhitzt, das gleichzeitig ein Ba-Gitter zwecks Bindung von gegebenenfalls entwickeltem O_2 enthielt. Das in der Hitze gelb gefärbte ZnO wird nach Abkühlung wieder weiß. Aus dem Vers. ergibt sich, daß die reversible Verfärbung nicht auf die Existenz einer nichtstöchiometr. Verb. mit Zn-Überschuß bei höherer Temp., sondern auf eine therm. Verschiebung der Grundgitterabsorptionsbande in das sichtbare Gebiet zurückzuführen ist. Möglicherweise sind therm. Verfärbungen z. B. von CeO_2 u. In_2O_3 ähnlich zu erklären. (J. chem. Physics **20.** 1650—51. Okt. 1952. Melbourne, Commonwealth Scient. and Ind. Res. Organizat., Div. of Ind. Chem., Chem. Phys. Sect.) Rudolph. 122

A₃. Elektrizität. Magnetismus. Elektrochemie.

M. Mandel, *Die Dispersion der Dielektrizitätskonstante nach dem Modell von Onsager.* Auf Grund der Onsagerschen Theorie wird der Real- u. Imaginärteil der DK. berechnet zu $\varepsilon' = \varepsilon_\infty + (\varepsilon_0 - \varepsilon_\infty)\,[B + \omega^2\tau^2\,(2\text{-}B)]/B(1 + \omega^2\tau^2)^2$ bzw. $\varepsilon'' = (\varepsilon_0 - \varepsilon_\infty)\,(\omega^2\tau^2 + 2\,B\text{-}1)\omega\tau/B(1 + \omega^2\tau^2)^2$ mit $B = 3\,\varepsilon_0/(2\,\varepsilon_0 + \varepsilon_\infty)$. (Physica **17.** 799—800. Aug. 1951. Bruxelles, Univ. Libre, Fac. des Sci.) Fuchs. 132

A. V. Few, J. W. Smith und **L. B. Witten,** *Präzisionsbestimmung der Dielektrizitätskonstanten von Lösungen.* Vff. beschreiben zwei Apparaturen (I u. II) zur Best. der DK. von Lösungen. Beide arbeiten nach dem Prinzip der Schwebungsmeth. mit einem quarzgesteuerten Erregerkreis. Dieser liegt bei I in Parallelschaltung mit dem Kristall am Gitter der Erregerröhre, wobei die Schwebungsfrequenz durch Rückkopplung auf den Messungskreis hörbar gemacht wird. Bei II liegt der Quarzkristall mit Nebenschlußwiderstand am Gitter, der Erregerkreis in der Anodenableitung der Erregerröhre, wobei die Schwebungsfrequenz durch Mischung mit der Vergleichsfrequenz in einer besonderen Mischröhre erzeugt wird (Heterodynschaltung). Messungen mit I (Smith u. Witten, C. **1952.** 6349; **1950.** II. 1446) u. II (C. **1950.** I. 393; II. 751. 1446) bestätigten die von Vff. angegebene Genauigkeit von $\pm 0{,}0001$ im DK.-Bereich von 1,0—3,5 Debye. Korrekturformeln u. apparative Einzelheiten sind dem Original zu entnehmen. (Trans. Faraday Soc. **48.** 211—15. März 1952. London, Battersea Polytechn., Bedford Coll. for Women, Regent's Park.) R. Wolff. 132

Yutaka Takagi, *Ferroelektrizität und Antiferroelektrizität eines Kristalls, der drehbare polare Moleküle enthält.* Theoret. Arbeit über die dielektr. Eigg. von kub. Kristallen vom CsCl-Typ, die neben den rotierenden polaren Moll. noch freie Ionen enthalten. Es wird gezeigt, daß der Kristall antiferroelektr. ist, wenn die Polarisierbarkeit α des Zentralions klein ist; die Hälfte der Dipole ist parallel u. die andere Hälfte antiparallel zu einer Würfelkante orientiert. Überschreitet α jedoch einen gewissen Schwellenwert, so ist der Kristall ferroelektr., wobei alle Dipole parallel zueinander orientiert sind. Die Temperaturkurve der DK. hängt im antiferroelektr. Falle von den α-Werten beider Komponenten ab; verschied. Kurvenformen werden diskutiert. Unterhalb der krit. Temp. T_c fällt die DK. im ferroelektr. Kristall mit zunehmender Stärke des Gleichstromfeldes ab, während sie im antiferroelektr. Kristall unter gleichen Bedingungen schwach ansteigt. Beim Anlegen einer genügend großen Feldstärke an einen antiferroelektr. Kristall dicht unterhalb T_c findet ein plötzlicher Übergang in den ferroelektr. Kristall statt, wobei die Polarisation steil ansteigt. Vff. nehmen an, daß für ein Modell, das an Stelle der rotierenden Dipole verschiebbare Ionen enthält, qualitativ die gleichen Ergebnisse wie beim vorigen Modell erhalten werden. (Physic. Rev. [2] **85.** 315—24. 15/1. 1952. Oh-okayama, Tokyo, Inst. of Technol.) FUCHS. 132

E. Grossetti, *Über die Art der Schwingung der Oberfläche einer Platte von piezoelektrischem Quarz.* In koll. Ag- u. S-Lsgg. zeigt sich bei Frequenzen von 3,0 u. 4,3 MHz keine Änderung der Verteilung der Intensität des Schwingungsbündels, wohl aber in wss. Lsgg. von karamelisiertem Zucker (Glucose) u. Glycerin. Die Schwingungsform, d. h. die Energieverteilung, hängt von der Natur, bes. der D. u. Viscosität, der Fl. ab. In Verss. mit verschied. Quarzen u. verschied. Frequenzen wird bestätigt, daß die Emissionsoberfläche des Quarzes während der Schwingung nicht eben bleibt. (Nuovo Cimento [9] **10.** 151—56. 1/2. 1953. Neapel, Univ., Ist. di Fis.) R. K. MÜLLER. 135

E. A. Coomes, *Eine Deutung der periodischen Abweichungen für elektronenemittierende Metalle.* (Sitzungsbericht.) Die period. Abweichungen der Elektronenemissionsdaten von *Ta*-, *W*- u. *Mo*-Drähten mit reinen Oberflächen sowie mit monoatomarer Bedeckung lassen sich durch die Theorie von HERRING u. NICHOLS (Rev. mod. Physics **21.** [1949.] 185) erklären. Dabei ergibt sich, daß ein monomol. Film elektropositiver oder elektronegativer Art den der Bildkraft entsprechenden Potentialwall an der Oberfläche des Emissionsstoffes nicht durch Entstehen eines neuen zweiten Gipfels verändert, sondern in der Hauptsache eine Verringerung der Austrittsarbeit durch Erniedrigung des Potentialwalls bewirkt. (Physic. Rev. [2] **85.** 392. 15/1. 1952. Notre Dame Univ.) RUDOLPH 135

J. A. Becker, *Verwendung der Feldemission zum Studium der Adsorption von Ba auf W.* (Sitzungsbericht.) Die Unters. der Elektronenemissionsintensität der Kristallflächen von W bei verschied. Ba-Bedeckungsgrad Θ, verschied. Tempp. T u. Feldern F mit Hilfe des Feldelektronenmikroskops ergibt, daß bei kleinem Θ die Emission aus kristallinen Ba-Agglomeraten vom Durchmesser 40—200 A stammt, die sich nahe bei 300° K bilden u. sich um 370° K für die (1 1 0)-Ebenen u. bei 1000° K für die (1 0 0)-Ebenen des W auflösen. Vor ihrer Auflösung geraten sie in heftige Bewegung. Über 800° K wandert Ba ziemlich frei über die Kristallflächen. Zwischen 1050 u. 1600° K erfolgt Verdampfung, deren Geschwindigkeit von Θ, T u. der betrachteten Kristallfläche abhängt. Die Feldstärke beeinflußt Ba-Wanderung u. die Bldg. der Ba-Kristallaggregate, die aus der W-Oberfläche herauswachsen u. somit Stellen hoher lokaler Felder u. lokal verstärkter Emission bilden. (Physic. Rev. [2] **85.** 391. 15/1. 1952. Bell Telephone Labor.) RUDOLPH. 135

W. P. Dyke und **J. K. Trolan,** *Feldemission; ein Vergleich zwischen Theorie und Experiment einschließlich Impulsemission bei hohen Dichten.* (Sitzungsbericht.) Feldemissionsmessungen von halbkugelförmigen *W*-Einkristallen bei Impulsbetrieb bestätigen die empir. Strom–Spannungs-Beziehung im Bereich 10^{-1} bis 10^{-10} A/cm². Die Stromdichten auf der emittierenden Oberfläche, die durch densitometr. Analyse der mit dem MÜLLERschen Projektionsrohr gemachten photograph. Aufnahmen erhalten wurden, entsprechen den Werten, die sich aus der wellenmechan. Theorie mit den NICHOLschen kristallflächenabhängigen Austrittsarbeiten Φ des W ergeben (mittlerer Φ-Wert 4,5 eV). Bei Überschreitung der höchsten Stromdichten von 10^{-1} A/cm² treten Vakuumbögen auf. (Physic. Rev. [2] **85.** 391—92. 15/1. 1952. Linfield Coll.) RUDOLPH. 135

A. J. Dekker und **A. van der Ziel,** *Die wellenmechanische Grundlage der Baroodyschen Theorie der Sekundärelektronenemission.* (Sitzungsbericht.) Die halbklass. Theorie der Sekundärelektronenemission von BAROODY kann mit Hilfe der Wellenmechanik erhalten werden. Diejenigen Stoßprozesse zwischen Primär- u. Gitterelektronen, bei denen das Gitter keinen Impuls empfängt, führen zu den Ergebnissen von BAROODY, die Stoßprozesse mit Impulsübertragung an das Gitter sind dagegen von WOOLDRIDGE behandelt worden. Prozesse der zweiten Art sind für Primärenergien unter 100 V weniger wahrscheinlich, u. BAROODYs Theorie ist daher korrekt für mäßig hohe Primärenergien. (Physic. Rev. [2] **85.** 391. 15/1. 1952. Minnesota, Univ.) RUDOLPH. 135

B. L. Miller und **W. C. Porter,** *Sekundärelektronenemission unter energiereichem Elektronenbeschuß.* (Sitzungsbericht.) Mit Hilfe eines linearen Elektronenimpulsbeschleunigers wird die Sekundärelektronenemission von *Au, W, Ag, Stahl* u. *Be* im Bereich der Primärenergien 20 kV bis 1,5 MeV untersucht. Die Ergebnisse stimmen mit den bisher bekannten Messungen überein. (Physic. Rev. [2] **85.** 391. 15/1. 1952. Bartol Res. Foundation.) RUDOLPH. 135

Richard L. Petritz, *Über die Diffusionstheorie des Rauschens in Gleichrichtern und Transistoren.* (Sitzungsbericht.) Vf. hat gleichzeitig mit MACFARLANE (C. **1951.** I. 3301) eine Theorie des Kontaktrauschens in Halbleitern auf der Grundlage der Diffusionstheorie ausgearbeitet, die bis auf einen kleinen Fehler in der genannten Arbeit übereinstimmen. Die eindimensionale Theorie wurde auf das Stromrauschen von Halbleitern angewandet, das durch eine Ionendiffusion senkrecht zur Metall-Halbleiterkontaktebene bzw. in einer p—n-Verb. verursacht wird. (Physic. Rev. [2] **87.** 189. 1/7. 1952. Catholic Univ., U. S. Naval Ordnance Labor.) SPEER. 135

D. Navon, Ralph Bray und **H. Y. Fan,** *Lebensdauer von injizierten Trägern in Germanium.* (Sitzungsbericht.) Es wurde die Lebensdauer von Trägern gemessen, die in Ge-Proben durch die Anwendung quadrat. Spannungsimpulse durch die rhodiumplattierten Enden injiziert worden waren. Es wurde der Abfall der Leitfähigkeit der Probe von dem Wert gleich nach dem Impuls zu dem Wert vor dem Impuls auf einem Oszilloskop beobachtet. Untersucht wurde die Änderung der Lebensdauer in Abhängigkeit von der Dimension u. der Oberflächenbeschaffenheit der Probe für injizierte Löcher in einem Einkristall von Ge vom N-Typ mit 19 $\Omega\cdot$cm. Die Rekombinationsgeschwindigkeit für eine abgeschliffene Oberfläche betrug $\sim 10^4$ cm/Sekunde. Die Lebensdauer der geätzten Oberfläche betrug einige Hundert Mikrosek. u. erwies sich als unabhängig von den Querschnittsdimensionen der Probe. Es wurden noch einige vorläufige Unterss. über den Einfl. des Abschreckens von Tempp. von 500° u. darüber durchgeführt. (Physic. Rev. [2] **88.** 165—66. 1/10. 1952. Purdue Univ.) GOTTFRIED. 135

A. Knappwost, *Über das Verhalten des elektrischen Widerstandes der intermetallischen Verbindung Mg_2Pb in der Umgebung des Schmelzpunktes.* Die intermetall. Verb. Mg_2Pb zeigt beim Schmelzen (550°) ein anomales Verh. des elektr. Widerstandes. Der mit einer Kraftmeth. gemessene elektr. Widerstand fällt am F. ungewöhnlich stark ab. Die Erscheinung wird durch das Verschwinden hetereopolarer Bindungsanteile zugunsten metall. Bindungen erklärt. Die Widerstand–Temp.-Kurve des festen Mg_2Pb läßt schon vor Erreichen des F. einen eigentümlichen Verlauf erkennen, den auch *Bi* zeigt u. der für Metalle mit anomalem Dichtesprung charakterist. erscheint. Das Verh. des Mg_2Pb wie des Bi läßt sich durch eine Theorie des Schmelzprozesses von sich am F. anomal verhaltenden Festkörpern erklären, die kurz skizziert wird. (Z. Elektrochem., Ber. Bunsenges. physik. Chem. **56.** 594—98. 1952. Tübingen, Univ., Inst. für Physikal. Chem.) KLEFFNER. 136

Jean G. Valatin, *Über den supraleitenden Zustand.* Durch Kombination der MAXWELLschen u. LONDONschen Gleichungen mit denen der Wellenmechanik (vgl. hierzu die C. **1952.** 5524 referierte Arbeit des Vf.) werden Gleichungen zur Beschreibung des supraleitenden Zustandes erhalten. (C. R. hebd. Séances Acad. Sci. **235.** 132—34. 16/7. 1952.) FUCHS. 136

K. F. Niessen, *Über die Bedingung, die die Übergangstemperatur eines Supraleiters bestimmt.* Aus der Analogie zwischen Supraleitung u. Ferromagnetismus wird auf eine mathemat. ähnliche Temperaturabhängigkeit des Teiles ω von supraleitenden Schichten auf der FERMI-Kugel u. der Sättigungsmagnetisierung ferromagnet. Stoffe geschlossen, wobei hinsichtlich der supraleitenden Schichten auf die HEISENBERGsche Theorie (C. **1948.** E. 357) zurückgegriffen wird. Diese Analogie gibt Anlaß zu einer Diskussion über das Entstehen u. Verschwinden der Supraleitung am Übergangspunkt im Vgl. zu den Erscheinungen am CURIE-Punkt. Die supraleitenden Schichten sollen sich bes. wesentlich langsamer bilden als die Elementarbereiche. (Physica **17.** 33—42. Jan. 1951.) FAHLENBRACH. 136

J. Bardeen, *Änderung der Supraleitungseindringtiefe mit der Feldstärke.* Die Eindringtiefe $\Delta\lambda$ des Magnetfeldes der Stärke H bei supraleitenden Metallen steigt einerseits proportional H^2 an. Andererseits fällt die krit. Feldstärke H_c mit steigender Temp. ab, wodurch $\Delta\lambda$ in Abhängigkeit von T durch ein Minimum geht. (Vgl. C. **1952.** 4259.) (Physic. Rev. [2] **87.** 192. 1/7. 1952. Univ. of Illinois.) FUCHS. 136

Julius Babiskin, *Magnetische Eigenschaften einer supraleitenden Hohlkugel aus Blei.* Vf. untersuchte die magnet. Hysteresis einer Hohlkugel (2 in. äußerer Durchmesser, $^3/_{16}$ in. Wandstärke) aus supraleitendem *Pb* (99,996%ig.) bei 4,2° K durch Messen der Magnetfeldverteilung längs der Äquatorzone unter Verwendung von Bi-Sonden (0,011 in. Durchmesser, 0,16 in. lang). Im supraleitenden Zustand wird ein Magnetfeld durch die Kugel völlig abgeschirmt, falls die Abkühlung in Abwesenheit eines Magnetfeldes erfolgt u. die Feldstärke des angelegten Magnetfeldes einen gewissen Schwellenwert nicht überschreitet. Bei der Entmagnetisierung der Kugel vom Normalzustand aus treten eingefrorene Felder auf, die bei Umkehrung des Magnetfeldes verschwinden, so daß die Kugel wieder als vollkommener Schirm wirkt. Zur Erzielung eines Gleichgewichts zwischen den Zwischenzuständen u. den eingefrorenen Zuständen sind 10—30 Min. erforderlich. (Physic. Rev. [2] **85.** 104—06. 1/1. 1952. Washington, D. C., Naval Res. Labor.) Fuchs. 137

F. Bloch, *Kerninduktion.* Die Kernresonanz oder die Kerninduktion gibt mit der Resonanzfrequenz einen sehr empfindlichen u. stabilen Standard für die Messung von magnet. Momenten. Der Vgl. dieser Resonanzfrequenz mit der Bahnfrequenz des Protons im gleichen Magnetfeld gestattet eine sehr empfindliche Best. des Kernmoments des *Protons.* Die Best. der Kernresonanz bei einer Reihe von verschied. Atomkernen, die in verschied. chem. Verbb. auftreten, führt zu dem Ergebnis, daß die Kernresonanz in erheblichem Maße von der chem. Bindung abhängt. Bei Co-Verbb. wurden Unterschiede von mehr als 1% in der Kernresonanz gefunden. (Physica **17.** 272—81. März/April 1951. Stanford, Calif., Stanford Univ.) Fahlenbrach. 137

P. Grivet, M. Soutif und **R. Gabillard,** *Die Doppel-T-Brücke für magnetische Kernresonanz.* Es wird die Wirkungsweise einer Doppel-T-Brücke für die Messung der magnet. Kernresonanz beschrieben. (Physica **17.** 420—26. März/April 1951. Paris, Frankreich, Labor. de l'École normale supérieure.) v. Harlem. 137

J. H. Van Vleck, *Ferromagnetische Resonanz.* Abweichungen der Resonanzfrequenz vom theoret. Wert: $Heg/4\pi mc$ durch entmagnetisierende Felder kennzeichnen den Unterschied der ferromagnet. von der paramagnet. Resonanz. Die dieser Tatsache Rechnung tragenden Kittelschen Formeln können durch makroskop. u. mkr. Näherungsrechnungen hergeleitet werden. Ungeklärt ist heute noch der Ursprung der Linienbreite der ferromagnet. Resonanzabsorption u. die gefundenen Abweichungen von der Beziehung: $g-2=2-g'$, wobei g der Landé-Faktor bei der Resonanz, g' beim gyromagnet. Effekt ist. Es wird gezeigt, daß wahrscheinlich anisotrope Austauschkräfte mit Pseudodipolcharakter für diese Unklarheiten verantwortlich sind. Die Ergebnisse über die Resonanz bei antiferromagnet. Stoffen werden diskutiert. (Physica **17.** 234—52. März/April 1951. Cambridge, Mass., Harvard Univ.) Fahlenbrach. 137

H. G. Beljers, *Eine Demonstrierung des induzierten magnetischen Moments bei der ferromagnetischen Resonanz in der dritten Richtung.* Bei der ferromagnet. Resonanzabsorption beobachtete man im allg. beim Anlegen eines Hochfrequenzmagnetfeldes in x-Richtung u. eines Gleichfeldes in z-Richtung eine Resonanz des induzierten magnet. Moments in z-Richtung in Abhängigkeit vom Gleichfeld. Theoret. ist auch eine y-Komponente des induzierten magnet. Moments zu erwarten, die Vf. erstmalig experimentell bestimmt. (Physica **17.** 269—71. März/April 1951. Eindhoven, Philips Res. Labor.) Fahlenbrach. 137

J. H. E. Griffiths, *Ferromagnetische Resonanz von dünnen Nickelschichten.* Aufgedampfte Ni-Schichten (0,1—0,3 μ stark) auf Glimmer zeigen Absorptionsmaxima der ferromagnet. Resonanz, die von der Schichtdicke abhängen. Die Erklärung wird mit der Kittelschen Theorie gegeben, u. zwar durch stark verschied. Entmagnetisierungsfaktoren senkrecht zur Schicht u. in Feldrichtung. Durch Messung der Entmagnetisierungsfaktoren u. der Magnetisierung, zusammen mit der Best. der Resonanz kann gezeigt werden, daß der Faktor g von der Schichtdicke unabhängig ist. Die Ergebnisse werden durch Spannungen in den Ni-Schichten erklärt, die beim Abkühlen infolge der verschied. Wärmeausdehnungen von Ni u. Glimmer entstehen. Eine auf dieser Hypothese aufbauende Rechnung führt auf die richtige Größenordnung des Effektes. (Physica **17.** 253—58. März/April 1951. Oxford, Clarendon Labor.) Fahlenbrach. 137

Jean Becquerel, J. van den Handel und **H. A. Kramers,** *Über die Magnetisierung und das paramagnetische Drehvermögen des α-Nickelsulfathexahydrats.* Vff. geben die Resultate neuerer Messungen der paramagnet. Susceptibilität des α-$NiSO_4 \cdot 6\,H_2O$ bis zur Temp. des fl. He wieder. Die Messungen wurden mittels der magneto-opt. Meth. der paramagnet. Rotation gewonnen. Das tiefste Niveau des Ni^{2+}, welches in einem kub. Feld dreifach bleibt, kann in einem Kristallfeld mit rhomb. Symmetrie aufgespalten werden, wenn man die Wechselwrkg. Spin–Bahn in drei nicht entarteten Niveaus betrachtet. Nach einem vereinfachten Modell von Schlapp u. Penney (Physic. Rev. [2] **42.** [1932.] 666) sind zwei von ihnen verbunden u. geben bei genügend hohen Tempp. einen paramagnet. Effekt, der dem eines entarteten doppelten Niveaus entspricht. Die Auflösung kann durch zwei Energieunterschiede δ u. ε beschrieben werden. Es war jedoch nicht möglich, eine gute Übereinstimmung zwischen dem theoret. Modell u. den Meßergebnissen zu erhalten. Für eine einzige Temp. ist die Darst., zu der man kommt, sehr gut. Man kann so für jede Temp. δ u. ε berechnen. Die Änderungen von δ u. ε

mit der Temp., die man auf diese Weise findet, sind jedoch sehr wenig wahrscheinlich. Man muß daher schließen, daß, während bei Tempp. der fl. Luft u. viel höher die Theorie eine gute Darst. der experimentellen Ergebnisse gibt, das Modell zu einfach ist, um gute Übereinstimmung bei tiefen Tempp. zu geben u. um daraus genau die Feinstruktur des Grundzustandes des Ni in $NiSO_4 \cdot 6\ H_2O$ abzuleiten. (Physica **17**. 717—36. Aug. 1951. Leiden, Kammerlingh-Onnes-Labor.) v. Harlem. 137

Maurice Lévy und **J. van den Handel**, *Die paramagnetische Rotation des α-Nickelsulfathexahydrats bei tiefen Temperaturen (experimentelle Ergebnisse)*. In Verbindung mit den Unterss. von Lévy über die natürliche opt. Aktivität des α-$NiSO_4 \cdot 6\ H_2O$ wurde der Einfl. eines Magnetfeldes auf diese Aktivität untersucht. Gleichzeitig wurden die Unterss. von Becquerel, van den Handel u. Kramers (vgl. vorst. Ref.) über die Magnetorotation durch Messungen bei drei verschied. Wellenlängen erweitert. Es wurde gefunden, daß das Dispersionsverhältnis $V(\lambda_1)/V(\lambda_2)$ von der Temp. abhängt. Ein weiteres Ergebnis ist, daß sogar bei Zimmertemp. ϱ/H_a nicht konstant ist, sondern schwach von der Feldstärke abhängt. $(1/V) \cdot [\varrho/H_a - V]$ scheint quadrat. von H_a abzuhängen. Die Genauigkeit ist nicht sehr groß, das Ergebnis ist jedoch in sehr guter Übereinstimmung mit den Voraussagen nach der Theorie von Schlapp u. Penney. (Physica **17**. 737—47. Aug. 1951. Leiden, Kammerlingh-Onnes-Labor.) v. Harlem. 137

Talat-Erben, *Bemerkungen zu der von Darmois und Sutra vorgeschlagenen kinetischen Theorie, um den beobachteten Wert des Verhältnisses der Beweglichkeiten der elektrolytischen Wasserstoff- und Deuteriumionen zur erklären*. Nach Ansicht des Vf. geht die von Darmois u. Sutra (C. R. hebd. Séances Acad. Sci. **222**. [1946.] 1286))vorgeschlagene Theorie des Beweglichkeitsverhältnisses von H^+ u. D^+ von der Theorie der Elektronenleitfähigkeit der Metalle aus, wobei das Verhältnis von Elektronenmasse zur M. des Atomkernes vernachlässigt wird, da es hinreichend klein ist. Beim H^+ u. D^+ in H_2O bzw. D_2O würde diese Vernachlässigung nicht mehr zu rechtfertigen sein. Vf. gibt eine mathemat. Formel zur Berechnung der Beweglichkeiten nach Jeans (An Introduction to the Kinetic Theory of Gases, S. 154), nach der sich für das Verhältnis der Beweglichkeiten ein Wert ergibt, der von dem nach Darmois u. Sutra berechneten Wert um ca. 4% abweicht. (J. Chim. physique Physico-Chim. biol. **49**. 273—74. Mai 1952. Istanbul, Univ. de Techn., Fac. de Mecan. appl.) Klaffke. 138

N. N. Greenwood und **R. L. Martin**, *Die Elektrochemie von Bortrifluorid-Koordinationsverbindungen*. 5. Mitt. *Bortrifluorid–n-Alkylacetate*. (4. vgl. C. **1952**. 2129.) Die äquimol. Additionsverbb. zwischen BF_3 u. Essigsäure-n-alkylestern wurden dargestellt durch Einleiten von BF_3 in die betreffenden n-Alkylacetate. $BF_3 \cdot CH_3COOCH_3$ (**I**), F. 65,5°. $BF_3 \cdot CH_3COOC_2H_5$ (**II**), F. 32,5°. $BF_3 \cdot CH_3COOC_3H_7$ (**III**), F. 14,7°, Kp. 127° (Zers.). $BF_3 \cdot CH_3COOC_4H_9$ (**IV**), F. 17,9°, Kp. 135° (Zers.). Die Verbb. rauchen an feuchter Luft u. werden von W. schnell hydrolysiert: $BF_3 \cdot CH_3COOR + 2\ H_2O \rightarrow BF_3 \cdot 2\ H_2O + CH_3COOR$. Nach der Umkristallisation sind sie bei Ausschluß von Feuchtigkeit unbegrenzt haltbar; im geschmolzenen Zustand erleiden sie langsam Zers. unter Braunfärbung. — Die Temperaturabhängigkeit der D. läßt sich durch die folgenden Gleichungen wiedergeben. Für **I**: $D._4^t = 1{,}324 - 1{,}17 \cdot 10^{-3}\,t$; für **II**: $D._4^t = 1{,}276$ bis $1{,}23 \cdot 10^{-3}\,t$; für **III**: $D._4^t = 1{,}2234 - 1{,}174 \cdot 10^{-3}\,t$; für **IV**: $D._4^t = 1{,}5216 - 1{,}290 \cdot 10^{-3}\,t$. Mit wachsender Länge der Alkylkette nimmt $D._4^0$ linear zu; der Wert des Essigsäurekomplexes $BF_3 \cdot CH_3COOH$ (**V**) liegt wesentlich oberhalb dieser Geraden. Die kinemat. u. dynam. Viscositäten wurden bei verschied. Tempp. bestimmt. Auch die Temperaturabhängigkeit der dynam. Viscosität von **V** verläuft höher als diejenigen der Esterkomplexe. Dieses abweichende Verh. von **V** ist teils auf die für hydroxylhaltige Fll. charakterist. Molekülassoziation u. teils auf die stärkere Ionendissoziation zurückzuführen. Die elektr. Leitfähigkeiten der BF_3–Alkylacetat-Verbb. sind um mehrere Zehnerpotenzen höher als die der einzelnen Komponenten u. sinken mit wachsender Länge der Alkylkette. Die spezif. Leitfähigkeiten ändern sich ebenso wie die Viscositäten exponentiell mit dem reziproken Wert der absol. Temperatur. Die Aktivierungsenergien für die Ionenwanderung u. das viscose Fließen wurden berechnet. (J. chem. Soc. [London] **1953**. 751—57. März. Cambridge, Univ., Chem. Labor., u. Harwell, Didcot, Berks., Atomic Energy Res. Establishment.) Forche. 138

N. N. Greenwood und **R. L. Martin**, *Die Elektrochemie von Bortrifluorid-Koordinationsverbindungen*. 6. Mitt. *Das System Bortrifluorid–Methanol*. (5. vgl. vorst. Ref.) Die konduktometr. Unters. des Syst. BF_3–Methanol zeigt die Existenz eines Monomethanol- u. eines Dimethanolkomplexes, die durch Absorption von gasförmigem BF_3 in gekühltem Methanol u. fraktioniertes Ausfrieren isoliert werden können: $BF_3 \cdot CH_3OH$ (**I**), F. —18,6°. $BF_3 \cdot 2\ CH_3OH$ (**II**), F. —58,2°. Beide Verbb. lassen sich leicht unterkühlen;

II erstarrt bei —195° glasig. Die spezif. u. mol. Leitfähigkeiten wurden für I zwischen —20 u. +25°, für II zwischen —60 u. +30° bestimmt. Die Konstanz der red. Leitfähigkeiten ($\mu\eta$) zeigt, daß die Leitfähigkeitszunahme mit steigender Temp. mehr auf der erhöhten Beweglichkeit als auf einer stärkeren Ionendissoziation beruht. Das Zersetzungspotential beträgt für I bei 20° 2,8 V, für II bei 22° 1,3 V. Oberhalb dieser Spannungen tritt elektrolyt. Entw. von H_2 u. etwas BF_3 an der Kathode ein. Die Temperaturabhängigkeit der D. zwischen —20 u. +20° läßt sich für I durch die Gleichung $D._4^t$ = 1,4328—1,23₃·10⁻³ t u. für II durch die Gleichung $D._4^t = 1{,}2344 - 1{,}12 \cdot 10^{-3}\,t$ wiedergeben. Die kinemat. u. dynam. Viscositäten wurden für I zwischen —20 u. +20°, für II zwischen —11 u. +40° bestimmt. Die Aktivierungsenergien der Ionenwanderung u. des viscosen Fließens wurden berechnet. Hieraus ergibt sich, daß das Kation u. das Anion eine ähnliche Größe haben müssen. Aus den Ergebnissen der Elektrolyse folgt, daß die Monomethanolverb. I eine *Methoxytrifluorborsäure* $H^+[BF_3 \cdot OCH_3]^-$ u. die Dimethanolverb. II ein *Methoxoniummethoxytrifluorborat* $[CH_3 \cdot OH_2]^+[BF_3 \cdot OCH_3]^-$ ist. Die Elektrolyse verläuft demnach gemäß $BF_3 \cdot CH_3OH \rightarrow H_2 + BF_3 \cdot HCHO$ bzw. $BF_3 \cdot 2\,CH_3OH \rightarrow H_2 + BF_3 \cdot HCHO + CH_3OH$. (J. chem. Soc. [London] **1953**. 757—64. März.)
FORCHE. 138

M. G. Valensi, *Über die thermodynamische Definition der auf einen Bezugselektrolyten zurückgeführten Ionenaktivitätskoeffizienten.* (Vortrag.) Die freie Energie einer Ionenlsg. kann bekanntlich mit Hilfe der chem. Potentiale der sie zusammensetzenden Elektrolyten ausgedrückt werden, die ihrerseits auf ihre jeweiligen Dampfdrucke zurückgeführt werden können. Jedoch erlaubt selbst in unendlich verd. Lsg. das Gesetz von HENRY den Übergang zu entsprechenden Konzz. nicht. Vf. zeigt, daß die DUHEM-MARGULESsche Beziehung unter empir. Zugrundelegung des RAOULTschen Gesetzes es gestattet, die freie Energie abzuleiten, u. zwar nicht mit Hilfe der Elektrolytkonzz., sondern der freien Ionenkonzentrationen. Es besteht eine Anzahl von Konstanten, die das n. chem. Potential von Elektrolyten repräsentieren, u. es wird gezeigt, daß es mit Hilfe der Wahl eines geeigneten, allg. üblichen Vergleichselektrolyten möglich ist, jede einzelne dieser Konstanten in 2 für Anion u. Kation charakterist. zu zerlegen. Dadurch unterscheidet sich der Ausdruck für die freie Energie einer idealen Ionenlsg. nicht von dem für eine ideale Lsg. von Nichtelektrolyten geltenden, so daß sich die Gültigkeit des Massenwirkungsgesetzes, angewandt auf die Konzz. der Ionen-Rkk. eines idealen Milieus, zwingend ergibt. — Diskussion. (J. Chim. physique Physico-Chim. biol. **49**. C 84—90. Juli/Aug. 1952. Poitiers, Fac. des Sci., Labor. de Chim. Minerale.)
NIEMITZ. 139

Roger G. Bates, *Erste Dissoziationskonstante der Phosphorsäure zwischen 0 und 60°, Grenzen der Methode der elektromotorischen Kraft für mäßig starke Säuren.* Für die Umgehung der Schwierigkeiten, die der Ermittlung der ersten Dissoziationskonstanten der H_3PO_4 durch Messung der EMK. der Kette Pt; H_2(g, at), KH_2PO_4 (xm), HCl (m) AgCl; Ag entgegenstehen, gibt Vf. 2 Möglichkeiten an: die größtmögliche Vergrößerung von x u. die Ermittlung des Aktivitätskoeff. aus unabhängigen Variabeln, oder den Ersatz der HCl durch eine schwache Säure bekannter Stärke, z. B. HCOOH, u. Zugabe von KCl. Zur Prüfung dieser beiden Möglichkeiten hat Vf. 46 Lsgg. von KH_2PO_4 u. HCl mit x-Werten zwischen 1,6 u. 6,0, sowie 25 Lsgg. von NaH_2PO_4, HCOOH u. KCl untersucht. Das Verhältnis von KH_2PO_4:HCOOH war 5:1 bzw. 8:1. Die H^+-Ionenkonz. ist in diesem Fall durch 2 Gleichgewichte bestimmt. Vf. diskutiert die Fehler, die bei der üblichen Berechnung der Dissoziationskonstanten durch die Wahl des die Ionenart berücksichtigenden Parameters a eintreten, u. zeigt, daß im vorliegenden Fall Werte zwischen 4 u. 6 für a in Frage kommen. Der für 25° erhaltene Wert der Dissoziationskonstanten von 2,148 ± 0,005 wird mit denen anderer Autoren verglichen. Für ihre Temperaturabhängigkeit zwischen 0 u. 60° gibt Vf. die Beziehung: — log K_1 = 799,31/T) — 4,5535 + 0,013486·T u. berechnet die Änderungen des Wärmeinhaltes, der Entropie u. der Wärmekapazität zu $\Delta H = -7650$, $\Delta S = -66{,}8$ j·Grad⁻¹ u. $\Delta C_p = -154$ j·Grad⁻¹ bei 25°. (J. Res. nat. Bur. Standards **47**. 127—34. Sept. 1951. Washington.)
WOELK. 139

Pierre Van Rysselberghe, *Elektrodenvorgänge und die Thermodynamik irreversibler Prozesse.* Die von DE DONDER, PRIGOGINE, DE GROOT u. Mitarbeitern entwickelte Thermodynamik irreversibler Prozesse ermöglicht eine systemat. Darst. der elektrochem. Thermodynamik, in der reversible Elektrodenprozesse, reversible Elemente, elektrochem. Gleichgewichtszustände usw. als Grenzfälle einer allgemeineren Behandlung erscheinen. Die Begriffe der nichtkompensierten Wärmen, der Irreversibilitätskraft, der Entropieänderungen u. der Affinität irreversibler chem. Rkk. werden vom Vf. auf irreversible elektrochem. Prozesse erweitert. Der Begriff der Polarisationskraft wird eingeführt. u. seine Verknüpfung mit elektrochem. Affinität u. Überspannung wird ent-

wickelt u. diskutiert. Neben vollständigen Elementen werden Einzelelektroden, die der Sitz einer oder mehrerer Halb-Rkk. sind, behandelt. Im Fall von gemischten Elektrodenprozessen, die nicht zu weit von der Reversibilität entfernt sind, können lineare Beziehungen zwischen Reaktionsgeschwindigkeiten (oder Strömen) u. elektrochem. Affinitäten (oder Überspannung) unter Anwendung des ONSAGERschen Reziprozitätsprinzips zwischen den Mitführungskoeffizienten (drag coefficients) benutzt werden. Das Theorem der stationären Zustände der kleinsten Entropieänderung von PRIGOGINE wird auf elektrochem. Prozesse ausgedehnt. Die theoret. Betrachtungen veranlassen Vf., experimentelle Unterss. bes. für das Gebiet der Korrosion vorzuschlagen. (J. physic. Chem. **57**. 275—80. März 1953. Eugene, Ore., Univ., Dep. of Chem.)
E. HEINRICH. 140

N. P. Gnussin und **G. G. Chadmasch**, *Über das von L. I. Kadaner vorgeschlagene Kriterium für die gleichmäßige Verteilung von Metall auf der Kathode.* Bei der Kritik der von KADANER abgeleiteten Gleichungen (C. **1952**. 6492) für die Metallverteilung auf die Kathode kommen Vff. zu der Schlußfolgerung, daß die behauptete Gleichwertigkeit der Kriterien $M_n/M_ü$ (Gewicht des nützlich verbrauchten bzw. überschüssig verbrauchten Metalls) u. m/(dm/dl) (m = Gewicht des Nd., l = Abstand) nicht zutrifft. Trotz der Ablehnung der Berechnungsverff. von HARING u. BLUM (Trans. Amer. Elektrochem. Soc. **44**. [1923.] 313) wiederholt KADANER bei der Einführung der genannten Kriterien denselben Fehler u. wendet die für das ideale Bad gültigen Verhältnisse auf den allg. Fall der Elektroabscheidung der Metalle an. (Журнал Прикладной Химии [J. angew. Chem.] **25**. 1114—17. Okt. 1952.) LEBTAG. 141

J. L. Andrieux, *Über die Natur der bei der Elektrolyse von geschmolzenen Salzen von Sauerstoffsäuren erhaltenen Produkte.* Bei der Elektrolyse von *Natriumboraten* beobachtete Vf. eine Abscheidung von Na u. eine O_2-Entwicklung. Hieraus wurde gefolgert, daß das Salz einer Sauerstoffsäure als Lösung des Metalloxydes in dem Säureanhydrid als dielektr. Lösungsm. aufzufassen ist. Durch Sekundär-Rk. des entladenen Na wurde B_2O_3 bis zum B reduziert. Bei der Elektrolyse von *Erdalkalioxyden* in B_2O_3 wurden durch Sekundär-Rk. die Boride der Metalle erhalten. Auf diese Weise war es dann auch möglich, von vielen Metallen Boride herzustellen. Bei der Elektrolyse von Silicaten, Phosphaten, Arsenaten, Sulfaten u. Carbonaten wurden neben den Metallen die Silicide, Phosphide, Arsenide, Sulfide u. Carbide erhalten. Bei der Elektrolyse von Aluminaten wurden Aluminiumlegierungen hergestellt. (J. Chim. physique Physico-Chim. biol. **49**. C7—10. Juni 1952. Grenoble, Fac. des Sci., École Nat. Sup. d'Électrochimie et d'Électrométallurgie.) KLAFFKE. 141

Paolo Papoff, Luigi Riccoboni und **Maria Angela Caliumi**, *Polarographische Untersuchung des Verhaltens von Bleiion in Kaliumchloridlösungen.* In 0,1—4 mol. KCl-Lsgg. wurde das Halbstufenpotential $E_{1/2}$ des Pb^{2+} mit einer Genauigkeit von 1 mV bestimmt. In 0,1 mol. $KClO_4$-Lsg. mit Zugabe von $HClO_4$ bis zu 0,1 mol. wurde $E_{1/2}$ für das in diesen Lsgg. nicht komplex gebundene Pb^{2+} der Ionenstärke 1 zu —0,4175 V in Übereinstimmung mit der theoret. Berechnung (—0,417 V) auf Grund der Diffusionskoeffizienten des Pb im Amalgam u. des Pb^{2+} in Lsg. gefunden. Demgegenüber zeigt $E_{1/2}$ in den KCl-Lsgg. eine Abhängigkeit vom log der Cl^--Aktivität in guter Übereinstimmung mit den aus den potentiometr. Messungen von GARRELS u. GUCKER (C. **1949**. E. 192) erhaltenen Aktivitätskoeffizienten. Bei gleicher Gesamtionenstärke aber ist $E_{1/2}$ unabhängig von der Cl^--Konz., so daß für die verschied. Komplexionen ($PbCl_4^{2-}$ u. $PbCl_6^{4-}$) gleiche Diffusionskoeffizienten anzunehmen sind. (Ricerca sci. **23**. 252—53. Febr. 1953. Modena, Univ., Ist. Chim. generale.) METZENER. 142

A_4. Thermodynamik. Thermochemie.

I. Prigogine, *Thermodynamik der Materie im elektromagnetischen Feld.* Vf. untersucht die Thermodynamik der Materie im elektromagnet. Feld mit Hilfe einerseits der Feldgleichungen von MAXWELL u. andererseits der thermodynam. Bilanzen der irreversiblen Phänomene, wie Stoffbilanz, Bewegungsgröße, Energie u. Entropie. Bes. gibt er die thermodynam. Gleichgewichtsbedingungen für die unter dem Einfl. eines ungleichförmigen elektromagnet. Feldes befindliche Materie an, die sich zurückführen lassen auf die gewöhnlichen Bedingungen für den Fall elektrochem. Systeme (Übereinstimmung der elektrochem. Potentiale) u. für den Fall elektrostat. Systeme (Dielektrikum zwischen den Platten eines Kondensators). (J. Chim. physique Physico-Chim. biol. **49**. C79—83. Juli/Aug. 1952. Brüssel, L'Univ. Libre, Fac. des Sci.) NIEMITZ. 146

Robert H. Maybury und **Lowell V. Coulter**, *Die Kompressibilitäten konzentrierter Lösungen von Metallen in Ammoniak.* Die adiabat. Kompressibilität wird aus Messungen der D. u. der Schallgeschwindigkeiten im Bereich von —70 bis —33° für Lsgg. von *LiJ*, *NaJ*, *CaJ* u. *KJ* in fl. NH_3 bestimmt. Der Überschuß an NH_3 liegt zwischen 10 u.

100 Mol/g-Atom. Ein Zusatz von Metallen bewirkt einen starken Anstieg der Kompressibilitäten, das KJ ergibt den entgegengesetzten Effekt. Vff. schlagen zur Deutung ihrer Ergebnisse ein Modell vor, wonach das Metall von 6 NH_3-Molekülen solvatisiert ist u. zwischen diesen Komplexen nur schwache Bindungskräfte bei großen Abständen bestehen. Die Kohäsion resultiert aus einer metall. Bindung, während die Abstoßung durch die NH_3-Dipole bewirkt wird. Die von KIKUTI gefundene geringe Viscosität derartiger Lsgg. steht mit diesen Vorstellungen im Einklang. Das individuelle Verh. der einzelnen Metalle (Ca ergibt nur etwa den halben Effekt des Na) läßt sich zwanglos durch die Unterschiede in der Stärke der metall. Bindung deuten. (J. chem. Physics **19.** 1326—27. Okt. 1951. Boston, Mass., Boston Univ., Dep. of Chem.) WITTIG. 148

J. B. Austin, *Die thermische Ausdehnung nichtmetallischer Kristalle.* Allg. Übersicht, in der die Beziehungen zwischen therm. Ausdehnungskoeff., Bildungswärme, Kristallsymmetrie, Wertigkeit u. chem. Konst. unter Hinweis auf noch ungelöste Probleme behandelt werden. (J. Amer. ceram. Soc. **35.** 243—53. Okt. 1952. Kearny, N. J., U. S. Steele Co.) HENTSCHEL. 148

Hans Meissner, *Direkte Beobachtung von Schwarmbildung am kritischen Punkt der Kohlensäure.* Mit Hilfe der von KAPPLER entwickelten mkr. Interferenzmeth. untersuchte Vf. die Schwarmbldg. am krit. Punkt der Kohlensäure. Die App. bestand im wesentlichen aus einer Versuchskammer, dem Druckgefäß u. einem Präzisionsmanometer. Die Unters. der durch die Schwärme hervorgerufenen Interferenzen wurde mittels einer einseitigen Dunkelfeldbeleuchtung durchgeführt. Es wurden Messungen bei konstantem Druck oder konstanter Temp. u. bei konstantem Vol. ausgeführt. Die Schwarmerscheinung war entlang der Dampfdruckkurve noch bis zu $^3/_{10}$ at bzw. $^2/_{10}{}^0$ unterhalb des krit. Punktes zu beobachten u. scheint nur im Bereich von weniger als $^1/_{100}{}^0$ oberhalb der Dampfdruckkurve bzw. des krit. Punktes aufzutreten. Vf. glaubt nicht, daß ein kontinuierlicher Übergang von Schwärmen zu Tröpfchen besteht. (Z. Physik **130.** 196—201. 1951. München, Univ., Physikal. Inst.) E. HEINRICH. 149

Hans Meissner, *Zur Theorie der Korrelation der Dichteschwankungen in realen Gasen.* Zur Berechnung der Dichteschwankungen in einem realen Gase unter Berücksichtigung der wechselseitigen Beeinflussung der Schwankungsgrößen zweier verschied. Volumenelemente leitet Vf. zunächst die ORNSTEINsche Integralgleichung ab. In dieser Gleichung treten im wesentlichen zwei Funktionen auf, eine Potentialfunktion f_{ik}, die die direkte Wrkg. eines Teilchens im Volumenelement dv_1 auf ein Teilchen im Volumenelement dv_k durch sein eigenes Potentialfeld beschreibt, u. eine Korrelationsfunktion g_{ik}, die die indirekte Wrkg. eines Teilchens im Volumenelement dv_1 über die Potentialfunktionen der dazwischenliegenden Teilchen auf das Volumenelement dv_k beschreibt. Das Integral $\int_0^\infty g\,dv = G$ wird als Korrelationsintegral bezeichnet u. $\int_0^\infty f\,dv = F$ gesetzt. Es folgt die ORNSTEINsche Relation $G = F/(1 - F)$. Die molekulartheoret. Größen $1 + G$ u. $1 + F$ werden durch thermodynam. Größen ausgedrückt. Eine eingehende Diskussion der Größe G führt zu dem Ergebnis, daß für ein beliebiges reales Gas das grundsätzliche Verh. des Korrelationsintegrals das gleiche ist wie für ein VAN DER WAALSsches Gas. Unter der Annahme, daß die Reichweite der f_{ik}-Funktion klein gegen die Reichweite der g_{ik}-Funktion ist, berechnet Vf. das Integral F aus G mit Hilfe der ORNSTEINschen Relation. Auf Grund dieser Theorie wird eine Erklärung für die als „krit. Opalescenz“ bekannte Schwarmbldg. gegeben. (Z. Physik **130.** 202—13. 1951. München, Univ., Physikal. Inst.) E. HEINRICH. 149

A. M. Clark, F. Din, J. Robb, A. Michels, T. Wassenaar und **Th. Zwietering,** *Der Dampfdruck von Argon.* Der Dampfdruck von Ar wurde von Drucken < 1 at bis zum krit. Punkt von Beobachtern in London u. Amsterdam unabhängig voneinander gemessen. Meth. u. App. der beiden Stellen werden beschrieben. Die Ergebnisse stimmen gut miteinander u. mit denen anderer Autoren überein, mit Ausnahme von BORN, der wahrscheinlich mit O_2 verunreinigtes Ar benutzte. Den Dampfdruck über festem Ar gibt folgende Gleichung gut wieder: $^{10}\log P_{mm} = 7{,}54454 - 404{,}84/T$ ^{0}K (von 57,7 bis 760 mm). Der Dampfdruck über fl. Ar wird wiedergegeben durch: $^{10}\log P_{at} = -550{,}8211/T - 8{,}7849395 \log T + 0{,}0174713\,T + 21{,}83790$. Als Tripelpunkt wird $T = 83{,}78^0$ K u. $p = 515{,}7$ mm, als Kp. (London) $87{,}29^0$ K u. (Amsterdam) $87{,}25^0$ K angegeben. Die Werte von CROMMELIN (Comm. Leiden, Nr. 155a, 138c, 140a) stimmen sehr gut mit den vorliegenden überein, weswegen Vff. den krit. Punkt CROMMELINs übernahmen (150,72^0 K, 48,00 at). (Physica **17.** 876—84. Okt. 1951. London, Brit. Oxygen Co. Ltd.; Amsterdam, Gemeente Univ., Van der Waals Labor.) CRAMER. 150

R. D. Worley, M. W. Zemansky und **H. A. Boorse,** *Wärmekapazität von Vanadium bei tiefer Temperatur.* Die spezif. Wärme von *V* wurde im n. u. im supraleitenden Zustand gemessen. Der Temperaturbereich betrug 1,8—12° K. Die Übergangstemp. wurde zu 4,7° K bestimmt. (Sitzungsbericht.) (Physic. Rev. [2] **87.** 192. 1/7. 1952. Columbia Univ.) FUCHS. 151

M. Horowitz, A. A. Silvidi, S. F. Malaker und **J. G. Daunt,** *Die spezifische Wärme von Blei im Temperaturgebiet von 1—75° K.* Vff. untersuchten die spezif. Wärme von 99,99% reinem Pb zwischen 1 u. 75° K mittels eines adiabat. Vakuumcalorimeters u. eines halbautomat. Temperaturschreibers. Alle gemessenen C_p-Werte im n. u. supraleitenden Zustand sind in einer Tabelle zusammengefaßt. Sie stimmen gut mit den früher von anderen Autoren gemessenen überein. Zwischen 1 u. 4° K gehorcht die spezif. Gitterwärme von Pb im n. Zustand einer T^3-Funktion mit $\Theta = 96{,}3°$ K. Die Veränderlichkeit von Θ mit der Temp. bestätigt die theoret. Berechnungen von LEIGHTON für ein kub. flächenzentriertes Gitter. Die spezif. Wärme der Elektronen im Normalzustand beträgt $7{,}48 \cdot 10^{-4}$ T·cal/Mol·Grad in guter Übereinstimmung mit den Ergebnissen von magnet. Messungen an supraleitendem Pb. Für die elektron. spezif. Wärme im supraleitenden Zustand fanden Vff. einen Wert von $C_{el.s} = 5 \cdot 10^{-5}\,T^3$·cal/Mol·Grad. (Physic. Rev. [2] **88.** 1182—86. 1/12. 1952. Columbus, O., Ohio State Univ., Dep. of Phys. and Astron.) E. HEINRICH. 151

Charles W. Arnold und **Kenneth A. Kobe,** *Thermodynamik des Deacon-Prozesses.* Für die Rk. $4\,HCl + O_2 = 2\,Cl_2 + 2\,H_2O$ werden die thermodynam. Werte für die einzelnen Glieder der Gleichung zusammengestellt: die Gleichgewichtskonstante als Funktion der Temp., die Enthalpie u. Entropie von HCl u. Cl_2 u. die Wrkg. der Änderung der einzelnen Variablen auf das Gleichgewicht. (Chem. Engng. Progr. **48.** 293—96. Juni 1952. Austin, Tex., Univ. of Texas.) MIETHING. 155

William D. Ross, *Enthalpiekonzentrationstafel für das System H_2O–SO_3.* Aus einer berechneten Kurvenschar läßt sich leicht Temp. u. Konz. von H_2SO_4-Gemischen graph. ermitteln. Gegenüber älteren ähnlichen Rechentafeln wurde hier als Abscisse nicht die H_2SO_4-Konz., sondern die SO_3-Konz. aufgetragen. Dadurch ist die Skala oberhalb 75% nicht so weit auseinandergezogen. Theoret. Grundlagen u. ein Rechenbeispiel werden angegeben. (Chem. Engng. Progr. **48.** 314—15. Juni 1952. Wilmington, Del., Du Pont Co.) MIETHING. 155

A. A. Woolf, *Die Bildungswärme von Jodpentafluorid.* Vf. untersucht die Hydrolyse von JF_5 u. errechnet daraus für die Rk. $\frac{1}{2}\,J_{2(s)} + 2\frac{1}{2}\,F_{2(g)} = JF_{5(l)}$ bei 18° einen Wert von 204,7 kcal; wenn die Rk. zu gasförmigem JF_5 führt, ergeben sich 194,6 kcal. Die Darst. von JF_5 u. die App. sind beschrieben, Fehlermöglichkeiten werden diskutiert. Weiterhin wurde die Hydrolysierungswärme von JF_5 in KOH zu 118,8 kcal bestimmt, die daraus errechnete Bildungswärme von JF_5 ergibt sich zu 204,2 kcal. (J. chem. Soc. [London] **1951.** 231—32. Jan. Cambridge, Univ., Chem. Labor.) U. WINKLER. 155

Jih-Heng Hu, David White und **H. L. Johnston,** *Spezifische Wärme, Schmelzwärme und Verdampfungswärme von Fluorwasserstoff.* Die spezif. Wärme von *HF* im festen u. fl. Zustand wurde bei zahlreichen Tempp. zwischen 15 u. 300° K gemessen u. mit den von CLUSIUS, HILLER u. VAUGHAN (Z. physik. Chem., Abt. B **8.** [1930.] 427) u. von DAHMLOS u. JUNG (Z. physik. Chem., Abt. B **21.** [1933.] 317) angegebenen Werten verglichen. Die Werte der letzteren Vff. liegen viel zu hoch. Infolge der Wasserstoffbindungen in HF existiert im festen Zustand im Gegensatz zu den anderen Halogenwasserstoffen kein Umwandlungspunkt zweiter Ordnung. Ferner wurden die folgenden thermodynam. Daten von HF bestimmt: F. 189,79 ± 0,02° K. Schmelzwärme 46,93 ± 0,04 cal/g. $Kp._{741,4}$ 292,61 ± 0,1° K. Verdampfungswärme 89,45 ± 0,20 cal/g. Der calorimetr. Wert für die Entropie des gasförmigen HF unterscheidet sich von dem aus spektroskop. Daten berechneten Wert um 17,53 Einheiten. Diese Differenz wird auf das Bestehen eines Gleichgewichts von monomerem, dimerem, trimerem usw. HF zurückgeführt. (J. Amer. chem. Soc. **75.** 1232—36. 5/3. 1953. Columbus, O., Ohio State Univ., Cryogenic Labor., u. Dep. of Chem.) FORCHE. 155

E. Neale und **L. T. D. Williams,** *Hydrolysenwärme von Phosphoroxychlorid und Phosphortrichlorid.* Vff. bestimmen erneut die Wärmetönungen der Rkk. $POCl_3 + x_1\,H_2O \rightarrow H_3PO_4$ aq. + 3 HCl aq. u. $PCl_3 + x_2\,H_2O \rightarrow H_3PO_3$ aq. + 3 HCl aq. in einer von BICHOWSKY (J. Amer. chem. Soc. **45.** [1923.] 2225) angegebenen App. u. vergleichen die Ergebnisse mit früheren Angaben der Literatur. Die Werte für x_1 lagen zwischen 2600 u. 4300 u. die für x_2 zwischen 4500 u. 7500. Es wurden gefunden: $POCl_3$ Q aq. 79,9 ± 0,3 kcal/Mol, Q_f (L) 144,4 kcal/Mol; PCl_3 Q aq 67,5 ± 0,3 kcal/Mol,

Q_f (L) 79,6 kcal/Mol. (J. chem. Soc. [London] **1952.** 4535—36. Nov. Porton, Near Salisbury, Wilts., Chem. Defence Exp. Etabl.) R. MATTNER. 155

F. Schultz-Grunow, *Ähnlichkeitsgesetz der Flammenfortpflanzung.* Ausgehend von der alten Gleichung der Fortpflanzungsgeschwindigkeit w_n einer ebenen Brennfläche in ein ruhendes Gas hinein: $w_n (\tau/a)^{1/2} = f(\Phi)$, wobei a: Temperaturleitfähigkeit, τ: Reaktionszeit, Φ: ein Temperaturverhältnis, $\lambda(\Phi)$: eine lineare Funktion, die die experimentellen Befunde nur unvollkommen wiedergibt, entwickelte Vf. auf dimensionsanalyt. Wege eine neue, allg. Formel. Das Verf. besteht darin, daß die Veränderlichen in geeigneter Weise dimensionslos gemacht u. in Produktform in die Gleichung für die Fortschreitungsgeschwindigkeit eingeführt werden. Als allgemeingültige Formel ergibt sich: $w_n (\tau/a)^{1/2} = f(\Phi_1, \Phi_2, \Phi_3, \Phi_4, \Phi_5)$, wobei in dimensionsloser Form enthalten sind: in Φ_1: die Druckabhängigkeit der Fortpflanzungsgeschwindigkeit, in Φ_2: das Verhältnis von Diffusionskonstante zu Temperaturleitfähigkeit, in Φ_3: die relativen Konzz. der beiden Reaktionspartner, in Φ_4: die stöchiometr. Umsatzzahlen der reagierenden Substanz, in Φ_5: die Summe der Umsatzzahlen. Die quantitative Abhängigkeit von den Größen Φ muß durch Rechnung oder Vers. ermittelt werden. Der Fortschritt der neuen Gleichung besteht darin, daß in zwei Fällen mit gleichen Kenngrößen der Temperatur- u. der Konzentrationsverlauf in der Flamme ähnlich sind. Zur Prüfung der theoret. Überlegungen wertete Vf. die Verss. von JAHN (Diss. Karlsruhe 1934) an H_2, *CO*, CH_4, C_2H_2, C_2H_4 u. C_2H_6 in N_2, O_2, *He*, *Ar* u. *Luft* aus. Alle Meßpunkte konnten um eine Kurve gruppiert werden. (Z. physik. Chem. **201.** 211—22. Dez. 1952.) E. HEINRICH. 157

Max Leva und **Milton Grummer,** *Eine Beziehung von Wirbeln von festen Körpern in strömenden Systemen. Beziehung zum Wärmeübergang.* Die Strömung fester Teilchen (runde u. scharfkantige Sandkörner u. Silicagel) wurde in einer besonderen Anordnung mit Strudeln untersucht. Der Wärmeübergangskoeff. nimmt umgekehrt proportional der Teilchengröße u. mit der 0,6. Potenz der Teilchengeschwindigkeit zu. — Ausführliche Literaturübersicht. (Chem. Engng. Progr. **48.** 307—13. Juni 1952. Bruceton, Pa., Bur. of Min.) MIETHING. 158

Benjamin P. Colosky, *Messungen der thermischen Leitfähigkeit an Kieselsäure.* Vf. beschreibt die Durchführung von Messungen an glasiger Kieselsäure sowie an einzelnen Quarzkristallen entlang der verschied. Achsen zwischen 100—400° F. Die Leitfähigkeit längs der X- u. Y-Achse ist gleich, längs der Z-Achse ist sie doppelt so groß, während die Leitfähigkeit glasiger Kieselsäure geringer ist. Die Ergebnisse sind graph. dargestellt. (Amer. ceram. Soc. Bull. **31.** 465—66. Nov. 1952. New Brunswick, N. J., Rutgers Univ.) CRAMER. 158

D. P. Detwiler, *Wärmeleitfähigkeit von Zinn und Zinn–Wismut-Legierungen bei tiefen Temperaturen.* Von den *Sn–Bi*-Legierungen mit 0,134 bzw. 1,02% Bi wurde zwischen 1,3 u. 4,2° K die Wärmeleitfähigkeit λ gemessen. Ein anomaler λ-Verlauf wurde nicht gefunden. λ von reinem Sn geht in einem transversalen Magnetfeld unterhalb der Übergangstemp. durch ein Minimum. (Physic. Rev. [2] **87.** 192. 1/7. 1952. Yale Univ.) FUCHS. 158

J. de Nobel, *Wärmeleitfähigkeit von Stählen und einigen anderen Metallen bei tiefen Temperaturen.* Die Wärmeleitfähigkeit von *Al, Fe, Ni, Monelmetall* u. von *Ni-*, *Mn-* u. *Cr-Stählen* wurden bei Tempp. von fl. H_2 u. fl. Luft untersucht. Es werden 2 angewendete Methoden beschrieben u. die Ergebnisse tabellar. u. teilweise graph. festgelegt. (Physica **17.** 551—62. Mai 1951. Leiden, Kammerlingh Onnes Labor.) CRAMER. 158

S. Petralia, *Geschwindigkeit und Absorption von Ultraschallwellen in Gasen.* Zusammenfassende Darst.: Theorie der Ultraschallstreuung; mol. Oscillationswärme; Meßmethoden; experimentelle Ergebnisse in zwei-, drei- u. mehratomigen Gasen; Tabelle der bisher ermittelten Werte der Schallgeschwindigkeit. — 178 Literaturangaben. (Suppl. del nuovo Cimento Nr. 1. (zu [9] **9.**) 1—58. 1952. Bologna, Univ., Ist. di Fis.) R. K. MÜLLER. 159

C. Truesdell, *Vorläufiger Bericht: Nichtlineare Absorption und Dispersion von ebenen Ultraschallwellen in reinen fluiden Medien.* Allg. Betrachtungen über die Absorption u. Dispersion von ebenen Ultraschallwellen. Die Erscheinungen können beschrieben werden durch die Größen $\gamma = c_p/c_v$, die PRANDTLsche Zahl P, $V = 2 + 2/\mu$ (λ u. μ = Viscositätskoeffizienten) u. die STOKESsche Zahl $S = \mu\, \omega/\varrho\, V_0^2$. Die Gleichungen werden speziell angewendet auf die Fälle $\gamma = 1$ (piezotrope Fl.) u. $\gamma > 1$, aber $\gamma/P \ll 1$ (nichtmetall. Fll., einatomige Gase). (J. Washington Acad. Sci. **42.** 33—36. Febr. 1952. Indiana Univ., Graduate Inst. of Appl. Math.) FUCHS. 159

A_5. Grenzschichtforschung. Kolloidchemie.

M. O. Charmandarian und **N. N. Andronikova,** *Die kolloidale Lösung von Eisenhydroxyd in Gegenwart von SO_4^{2-}-Ionen.* Die in üblicher Weise aus dem Chlorid hergestellte koll. $Fe(OH)_3$-Lsg. ist als positives Sol empfindlich gegen Elektrolytanionen u. wird durch SO_4^{2-} koaguliert. Vff. stellen nun koll. $Fe(OH)_3$ her aus $Fe_2(SO_4)_3$-Lsgg. verschied. Konzz. durch Rk. mit $MgCO_3$, das pulverförmig allmählich in die Sulfatlsg. eingetragen wird (fügt man umgekehrt das Sulfat zum $MgCO_3$, so entstehen unlösl. Ndd., oder das Kolloid erstarrt, ehe das klumpigwerdende $MgCO_3$ vollständig reagiert). Man erhält so eine braune durchsichtige Lsg. des koll. $Fe(OH)_3$ mit SO_4^{2-}-Ionen, die bei Verwendung konzentrierterer Sulfatlsgg. einige Zeit beständig ist, während Lsgg. mittlerer Konz. schneller koagulieren u. sehr verd. Lsgg. längere Zeit klar bleiben, worauf sich allmählich ein Nd. aus bas. Fe-Sulfat abscheidet. Wahrscheinlich wirken stabilisierender Einfl. des Fe^{3+} einerseits u. Hydrolyse u. koagulierende Wrkg. des SO_4^{2-} andrerseits einander entgegen; die Hydrolysewrkg. tritt in stärker konz. Lsgg. zurück. Die Dauer der Beständigkeit von Solen, die mit ½ Menge $MgCO_3$ erhalten werden, ist nur unwesentlich größer als die aus Vergleichsverss. mit $^1/_1$ $MgCO_3$. Ähnliche Ergebnisse wie mit $Fe_2(SO_4)_3$ werden mit $(NH_4)_2SO_4 \cdot Fe_2(SO_4)_3$ erhalten. Die Gele aus den konz. Lsgg. sind dunkel gefärbt, fast schwarz mit grauem Ton, die Ndd. von bas. Sulfat aus den verd. Solen etwas heller. — Bei diesen Verss. folgt der Bldg. der koll. Teilchen schon die Kompression der diffusen Schicht, was die Koagulation begünstigt. Die Existenz der konz. Sole für eine begrenzte Zeit führt jedoch zu der Annahme, daß die Koagulation anders als nach den üblichen Vorstellungen verläuft u. daß die Kolloidteilchen nicht mit denen der n. koll. Lsg. ident. sind, was auch die abweichende Farbe der Gele aus $Fe_2(SO_4)_3$ erklären würde. (Bull. Soc. chim. France, Mém. [5] **18.** 327—29. Mai/Juni 1951.) v. DECHEND. 161

Sadhan Basu und **Gurucharan Bhattacharya,** *Einige Bemerkungen zur Erscheinung der Koazervation.* Zur Prüfung der von BUNGENBERG DE JONG u. Mitarbeitern aufgestellten theoret. Folgerungen über Komplexkoazervation wird das Aussehen des Nd. von *Gelatine* in wss. Lsg. bei Zusatz von A. mit u. ohne NaCl u. bei verschied. p_H-Wert untersucht. Als Folgerung der Auffassung, daß die gestreckten Kettenmoll. bei der Koazervatbldg. geknäuelt werden u. dabei Lösungsm. einschließen u. so unbeweglich machen, ergibt sich bei der Abscheidung eines Makromol. in gestreckter Form ein Nd. in fester, körniger Form, während bei Abscheidung in geknäueltem Zustand ein Koazervat entsteht. Die Verss. bestätigen diese Überlegung, indem Gelatinelsgg. in saurem oder alkal. Milieu bei Zusatz von A. einen körnigen Nd. liefern, während bei gleichzeitiger Anwesenheit von hinreichend NaCl die Dissoziation der —COONa- bzw. $-NH_2 \cdot HCl$-Gruppen zurückgedrängt wird u. bevorzugt Koazervatbldg. eintritt. (Science [Washington] **115.** 544—45. 16/5. 1952. Calcutta, Ind. Assoc. Cultiv. Sci.) HENTSCHEL. 163

L. Saunders, *Grenzflächen zwischen wässerigen Flüssigkeiten.* Vf. untersucht auf opt. Wege die Grenzflächen, die sich beim Zusammenfließen von n. mischbaren wss. Lsgg. in einer gewöhnlichen Rinne bilden, u. beschreibt einen App., mit dem es möglich ist, sowohl Diffusionsprozesse in reinen Fll. nach der GOUY-Interferenzmeth. zu untersuchen als auch unmittelbar die entstehenden Grenzflächen zu photographieren, wenn sie sich durch Trübungen anzeigen. Um eine Grundlage für spätere, mehr ins einzelne gehende physikochem. Unterss. an Materialien besser definierter Konst. zu schaffen, werden zunächst die sich zwischen folgenden koll. Solen biol. Interesses bildenden Grenzflächen untersucht: 1. positiv geladenes Gelatinesol u. negativ geladenes Akaziengummisol, 2. Lecithin (**I**)-Sol u. W. u. 3. Serumalbumin (**II**) u. **I**. Es ergibt sich, daß **I** die Eig. hat, stabile Grenzflächenfilme zwischen wss. Lsgg. zu bilden, die durch Zusatz von **II** an der Grenzfläche verstärkt werden. Diese Möglichkeit der Bldg. gemischter **I**-Protein-Filme an der Grenzfläche zweier wss. Lsgg. wird näher untersucht, u. es bestehen Anzeichen dafür, daß solche Filme ein sehr nützliches Modell für Unterss. der biol. Adsorption darstellen. (J. chem. Soc. [London] **1953.** 519—25. Febr. Univ. of London, School of Pharm.) NIEMITZ. 166

Henrick Bruun, *Weitere Untersuchungen an multimolekularen Schichten auf wässerigen Oberflächen.* Vf. beobachtet erhebliche Änderungen der Oberflächenspannung an Flüssigkeitsoberflächen adsorbierter Stoffe beim Übergang von monomol. zu bi- u. trimol. Schichten. Die Größenordnung der Änderung läßt vermuten, daß sie nicht allein durch die Schichtdicke hervorgerufen wird, sondern mit einer Änderung der inneren Struktur der Schichten verknüpft ist. Der Ordnungszustand innerhalb der Adsorptionsschicht wird mit dem festen Körper verglichen. Untersucht werden *Tetrahydroabietin-,*

Dihydroabietin- u. *Isodextropimarinsäure* an wss. Lsgg. von *NaCl*, *Na_3PO_4* u. *NaOH*. (Acta chem. scand. **6.** 953—54. 1952. Åbo, Akademi Finnland, Inst. of Phys. Chem.) v. SCHIESZL. 166

A. A. Banks, A. Davies und **A. J. Rudge,** *Die Bestimmung der Oberflächenspannung und Viscosität von flüssigem Chlortrifluorid.* Die Darst. u. Reinigung des *ClF_3* erfolgte nach BANKS u. RUDGE (J. chem. Soc. [London] **1950.** 191). Im Gegensatz zu der Behauptung von RUFF u. KRUG (Z. anorg. allg. Chem. **190.** [1930.] 270) greift HF-freies ClF_3 weder im fl. noch im gasförmigen Zustand trockenes Glas an. — Die Oberflächenspannung des fl. ClF_3 wurde nach der Capillarenmeth. im Temperaturbereich von 0—50° bestimmt. Die läßt sich durch die Gleichung $\gamma_t = 26{,}7 - 0{,}16\,t \pm 0{,}2$ Dyn/cm wiedergeben. Der Parachor errechnet sich zu 111,5; demnach beträgt das Parachoräquivalent des dreiwertigen Chlors 36,5. — Die Viscosität von ClF_3 wurde zwischen 18 u. 50° bestimmt; bei 20° beträgt sie 4,35 Millipoisen. (J. chem. Soc. [London] **1953.** 732—35. März. Widnes, Lancs., Imperial Chemical Industries Ltd., Widnes Labor.) FORCHE. 166

Jørgen Koefoed, *Nochmals: Osmotischer Druck + Thermoosmose.* Im Anschluß an Bemerkungen von RAMBERG (C. **1951.** II. 2012) u. von CARLSEN (C. **1953.** 180) weist Vf. auf grundlegende Unterschiede zwischen Osmose u. Thermoosmose hin; letztere hängt sowohl in Größe als auch Richtung völlig von der Natur der Membran ab, wobei die Wanderungstendenz auch von warm nach kalt gehen kann (z. B. CO_2 durch Gummimembran). (Fysisk Tidsskr. **50.** 98—99. 1952.) R. K. MÜLLER. 169

Tage Carlsen, *Kommentar zu einem Kommentar.* In Erwiderung an KOEFOED (vorst. Ref.) verweist Vf. auf den begrenzten Zweck seiner früheren Ausführungen. (Fysisk Tidsskr. **50.** 100. 1952.) R. K. MÜLLER. 169

Thos. A. Barr jr., *Anomale osmotische Drucke von polymeren Lösungen bei der Messung in einem Metallmembranosmometer.* (Sitzungsbericht.) Weitere Unterss. der von MATTHEWS bei der Verwendung von Ag-Membranen gefundenen osmot. Daten zeigen, daß sich der osmot. Druck π an den Ag-Membranen direkt, statt umgekehrt, entsprechend dem VAN'T HOFFschen Gesetz mit dem Mol.-Gew. ändert. Vf. versuchte eine Deutung dieses Befundes auf Grund der Annahme, daß Strömung u. Diffusion die beobachteten π-Werte stark erniedrigen, wobei sich diese Effekte bei Lsgg. von niedermol. Polymeren stärker auswirken. (Physic. Rev. [2] **87.** 171. 1/7. 1952. Univ. of Georgia.) SCHÄFF. 169

D. ter Haar, *Visco-elastisches Verhalten.* Zur Vermeidung von Mißverständnissen werden einige Bemerkungen des Vf. in früheren Arbeiten (C. **1951.** II. 1551. 1552) über eine Arbeit von MACEY klargestellt u. berichtigt. (Physica **17.** 793. Aug. 1951. St. Andrews.) v. HARLEM. 172

D. M. Mason, O. W. Wilcox und **B. H. Sage,** *Viscositäten verschiedener Flüssigkeiten.* Vff. bestimmten mittels eines Stahlkugelviscosimeters die Viscositäten folgender Fll. im angeführten Temperaturbereich: *Äthylendiamin* (30—210), *Äthylendiaminhydrat* (30—170), *Hydrazin* (10—80) u. *Isopropylamin* (0—180). Die angewandten Drucke lagen zwischen dem n. Siededruck u. 250 at. Für die Unters. handelsüblicher Proben *roter* u. *weißer rauchender HNO_3*, sowie von *Furfurol* wurde ein Glaskugelviscosimeter konstruiert u. die Viscositäten der genannten Fll. im Temperaturbereich 10—120, 10—120 bzw. 30—130° bei n. Siededruck gemessen. Die Ergebnisse werden diskutiert. (J. physic. Chem. **56.** 1008—10. Nov. 1952. Pasadena, Calif., Inst. of Techn., Chem. Engng. Labor.) NIEMITZ. 172

J. Meixner, *Strömungen von fluiden Medien mit inneren Umwandlungen und Druckviscosität.* Es wird untersucht, wie sich die Grundgleichungen der Hydro- u. Aerodynamik ändern, wenn in dem fluiden Medium innere Umwandlungen (Relaxationsvorgänge, unter welchen chem. Rkk. mitverstanden werden) ablaufen, die schnell gegenüber den Strömungsvorgängen sind. Es zeigt sich, daß nur im Drucktensor eine Änderung eintritt, indem zur Schubviscosität eine Druckviscosität hinzukommt, deren Wert sich nur aus den Daten der inneren Umwandlung berechnen läßt. Ferner wird gezeigt, wie innere Umwandlungen, die nicht schnell gegenüber den Bewegungen im fluiden Medium verlaufen, von anderen schnellen Umwandlungen beeinflußt werden. Es ergibt sich dabei, wie die thermodynam. Daten eines solchen Syst., in dem die schnellen Umwandlungen eliminiert sind, von den Daten für die Gesamtheit der Umwandlungen abhängen. Bemerkenswert ist das Auftreten neuartiger Koeffizienten neben der Druckviscosität in den red. Gleichungen als nichttriviales Beispiel für gewisse, von CASIMIR allg. abgeleitete Reziprozitätsbeziehungen. (Z. Physik **131.** 456—69. 1952. Aachen, TH.) HENTSCHEL. 173

Richard J. Goldberg, *Sedimentation in der Ultrazentrifuge.* Vf. entwickelt thermodynam. eine allg. Theorie der Sedimentation, die eine vollständige thermodynam.

Beschreibung des Sedimentationsgleichgewichtes ohne Einführung zusätzlicher kinet. Voraussetzungen enthält. Die Theorie wird benutzt, um osmot. Druck u. Lichtstreuung mit den Sedimentationsgleichgewichten zu vergleichen. Solvation, Aggregation u. die Berechnung der Konstanten werden diskutiert. Weiterhin gibt Vf. eine Beschreibung der Änderungen der Massenmomente mit dem Abstand in der Sedimentationszelle u. zeigt die Anwendung der statist. Theorie für die Best. der Massenverteilung. Abschließend wird, ausgehend von der LANGEVIN-Gleichung, ein neuer Ausdruck für die Sedimentationsgeschwindigkeit entwickelt. (J. physic. Chem. **57.** 194—202. Febr. 1953. Madison, Wis., Univ. of Wisconsin, Dep. of Chem.) G. HEINRICH. 174

Swarup Narain Tewari, *Adsorption von Farbstoffen an hydratisiertes Aluminiumoxyd. Untersuchungen über seinen amphoteren Charakter.* Die Beziehungen zwischen der Adsorption von Farbstoffen an hydratisierten Oxyden u. deren durch den Herstellungsprozeß bedingten Struktur werden untersucht, u. zwar an 3 verschieden hergestellten Aluminiumhydroxyden als Adsorber u. den 2 Farbstoffen *Methylenblau* (bas.) u. *Orange II* (sauer) als Adsorbentien. Dabei wird gefunden, daß der bas. Farbstoff stärker an Proben mit saurem Charakter, der saure Farbstoff umgekehrt adsorbiert wird. Erwärmen u. Altern macht das Hydroxyd inaktiver. Die Ergebnisse, die mit den an andern hydratisierten Oxyden übereinstimmen, werden unter dem Gesichtspunkt des amphoteren Charakters der Oxyde diskutiert u. ein passender Mechanismus entwickelt, wonach die bas. u. sauren Eigg. der Hydroxyde durch ihre Herstellungsmeth. bestimmt werden. (Kolloid-Z. **128.** 19—22. Aug. 1952. Allahabad, Indien, Univ. Allahabad, Chem. Labor.) JÄGER. 176

Leonard I. Katzin und **Elizabeth Gebert,** *Absorption anorganischer Salze aus organischen Lösungsmitteln an Anionenaustauschharzen.* Vff. stellten fest, daß Lsgg. von *HCl, LiCl,* $LiNO_3$, $Co(NO_3)_2$, $CuCl_2$ u. $Ni(NO_3)_2$ in Aceton an einem Anionenaustauscher (*Dowex A-1*) absorbiert werden. Diese Absorption ist dadurch charakterisiert, daß nicht die Ionen ausgetauscht werden, sondern daß das Mol. als Ganzes aus der fl. Phase verschwindet. Bei den geschilderten Absorptionsprozessen spielen folgende Faktoren eine Rolle: 1. Die Natur des Anions, das mit dem Kation der Lsg. verbunden ist. 2. Die Natur des Anions, das im Austauschharz enthalten ist. 3. Der Wassergeh. des Harzes bzw. des gesamten Systems. Abschließend wird der Reaktionsmechanismus kurz diskutiert. (J. Amer. chem. Soc. **75.** 801—03. 20/2. 1953. Chicago, Argonne Nat. Labor., Chem. Div.) G. HEINRICH. 176

W. Buser, *Trennung von Alkaliionen mit Ionenaustauscher und Komplexon.* Die Trennung mit Ionenaustauscher nach der Elutionsmeth., die an sich für ähnliche Ionen viel Zeit u. Elutionsmittel erfordert, kann für Li^+, Na^+ u. K^+ durch Komplexbldg. mit *Uramildiessigsäure,* 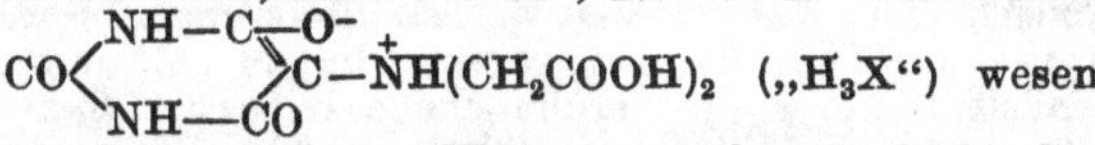 („H_3X") wesentlich beschleunigt werden; sie bildet nur mit Li^+ u. Na^+, aber nicht mit den anderen Alkaliionen den Komplex MeX^{2-}. Berechnet man aus den Komplexaciditätskonstanten dieser Säure die Änderung des Verhältnisses von komplexgebundenem zu freiem Alkaliion mit dem p_H, so zeigt die graph. Darst. von $[MeX^{2-}]/[Me^{1+}] + [MeX^{2-}]$ als Funktion des p_H, daß Na^+ bei p_H 9 (Konz. an überschüssiges $HX^{2-} = 0{,}1 - m$) zu 85% komplex gebunden ist. Es kann also — zusammen mit Li — bei $p_H > 9$ vom $K^{\cdot}$ getrennt werden; Li^+ wird danach vom Na^+ bei p_H 6,5—7,5 getrennt. Als Kationenaustauscher ist ein Austauschharz mit SO_3^{1-}-Gruppen *Amberlite IR 120* besser geeignet als ein solches vom Carbonsäuretyp *Amberlite IRC 50.* Der Austauscher wird wegen der p_H-Empfindlichkeit der Komplexbldg. in die Salzform gebracht. Hierfür u. zur Neutralisation von H_3X bis zu für die Trennung günstigen p_H-Werten sind NH_3-Derivv. mit großem Kation u. geringer Affinität zum Austauscher, bes. Dimethylamin („D") u. $(CH_3)_4NOH$ („TOH") geeignet. Für die Affinität zum Austauscher bei dem Elutionsverf. ergibt die Unters. der Wanderungsgeschwindigkeit von ^{24}Na auf kleinen Austauschersäulen mittels Zählrohrmessung im Eluat die Reihenfolge $K^+ > NH_4^+ > Na^+ > DH^+ > Li^+ > T^+$. Elutionskurven für Li^+, Na^+ u. K^+ auf Amberlite IR 120 mit $(DH)_3X$ bzw. $(DH_2)HX$ u. mit T_3X bzw. T_2HX zeigen die große Beschleunigung der Elution des Na^+ bei Hinzuziehung von H_3X, bes. bei Verwendung von T_3X u. Austauschersäulen in der T^+-Form, im Gegensatz zu der sehr langsamen Wanderung des K^+ durch die Säule. Für die verschied. im einzelnen beschriebenen Reinigungsoperationen werden Kationenaustauscher verwendet, u. zwar zur Herst. Na-freier Uramildiessigsäure (H_3X) *Ionac 240* (Sulfonsäuretyp) als auf 60° erwärmte Säule, zur Herst. von Na-freiem „D" u. „TOH" Amberlite IR 120 in der H^+-Form u. zur Abtrennung von ^{35}S u. ^{36}Cl aus ^{24}Na u. ^{42}K (in Form der Chloride) Ionac C 240 in der H^+-Form. (Helv. chim. Acta **34.** 1635—41. 1/8. 1951. Bern, Univ., Inst. für anorgan., analyt. u. physikal. Chem.) v. DECHEND. 176

T. Gillespie und **G. O. Langstroth,** *Koagulation und Niederschlag in ruhenden Aerosolen verschiedener fester Stoffe.* Vff. untersuchen das Altern der Aerosole von *MgO, ZnO, C, Kopalharz* u. *SiO_2-Pulver* unter gleichartigen experimentellen Bedingungen (20° u. 15—40% relative Feuchtigkeit). Die Methoden der Darst. der einzelnen Aerosole sind in einer Tabelle angegeben. Die früher von Vff. aufgestellten Gleichungen für NH_4Cl-Aerosole (vgl. C. **1953.** 3044 u. früher), die die Koagulationskonstante k u. die Absetzungskonstante β als Parameter enthalten, beschreiben auch für die genannten Systeme die zeitliche Änderung der Teilchenzahl u. der abgesetzten Menge. Während die Differenzen in den Werten für β klein sind, sind die für k bemerkenswert. Elektronenmkr. Unterss. führen Vff. zu dem Schluß, daß die Form u. die Struktur der Teilchen nicht die wesentlichen Ursachen für das beobachtete Verh. sind, jedoch ein mitbestimmender Faktor sein können. (Canad. J. Chem. **30.** 1003—11. Dez. 1952. Ralston, Alberta, Can., Defence Res. Board, Suffield Exp. Stat.) G. HEINRICH. 180

W. L. Chen, R. J. Foresti jr. und **H. B. Charmbury,** *Erzeugung und tyndallometrische Messung von Staubwolken.* Beschreibung eines Stauberzeugers, der gleichmäßige Wolken mit Teilchengrößen von 1—30 μ liefert. Der Staub wird durch Schallschwingungen dispergiert u. durch einen Luftstrom fortgeführt. Man kann seine Konz. variieren durch Änderung der dem Erzeuger zugeführten Stromstärke, der Vibrationsfrequenz, der Geschwindigkeit des Luftstroms u. des Gewichts der zu dispergierenden Charge. Die Wolken aus sphär. Glasperlen oder aus Quarzstaub werden durch das bei 90° zur Einfallsrichtung zerstreute Licht gemessen u. ergeben lineare Abhängigkeit der Lichtstärke von der Flächenkonz., bis sie so hoch anwächst, daß Vielfachstreuung zwischen den Teilchen eintritt. (Ind. Engng. Chem. **44.** 1171—74. Mai 1952. State College, Pa., Pennsylvania State Coll.) METZENER. 180

A₆. Strukturforschung.

Z. S. Basinski, W. B. Pearson und **J. W. Christian,** *Ofenkonstruktion und Thermoelementanordnungen für eine Hochtemperaturröntgenkamera.* Vff. beschreiben einen neuen Ofen für eine Hochtemperaturkamera, der aus zwei halbkugelförmigen Öfen besteht u. eine genaue Temperaturkontrolle gestattet sowie geringe Wärmegradienten in dem Temperaturbereich von 700—1000° besitzt. Die Messung der Temp. geschieht mittels zwei feststehenden Spezialringthermoelementen. Verss. mit dieser Anordnung haben gezeigt, daß die Gradienten in der zu untersuchenden Probe sowie der Unterschied in der Temp. zwischen Probe u. Thermoelement sehr klein sind. (J. sci. Instruments **29.** 154—55. Mai 1952. Oxford, Inorg. Chem. Labor.) GOTTFRIED. 181

F. Buckens, *Über das Problem der Fokussierung abgebeugter Röntgenstrahlen auf einen schrägen ebenen Film.* Es wird geometr. die Fokussierung in der Röntgenrückstrahlmeth. behandelt. In der Hauptmeridianebene sind es drei Faktoren, die die Fokussierung kontrollieren, wenn die Röntgenstrahlen schief einfallen, u. zwar die Form der bestrahlten Oberfläche sowie der Einfallswinkel, die endliche Breite der Strahlungsquelle u. der Einfl. des Diaphragmas. Zur Vereinfachung der Diskussion der zwei ersten Faktoren wird angenommen, daß das Diaphragma auf der Oberfläche des Materials liegt u. allein die Fläche des bestrahlten Flecks definiert. Auf Grund experimenteller Unterlagen wird eine Theorie der „sek. Fokussierung" entwickelt. Diese theoret. Betrachtungen können benutzt werden, um eine Fokussierung auf beiden Seiten eines schrägen ebenen Films zu bewirken. (Brit. J. appl. Physics **3.** 7—10. Jan. 1952. Louvain, Univ.) GOTTFRIED. 181

W. G. Perdok, *Ein neues Doppel-Websky-Signal für zweikreisige optische Goniometer.* Es wird eine neue u. einfache Konstruktion für ein Doppel-WEBSKY-Signal beschrieben. Um die dunklen Segmente im Feld zu erhalten, werden an Stelle der sonst üblichen Metallblättchen teilweise gekreuzte Polaroid-Halbkreise verwendet. (Appl. sci. Res. B **1.** 391—96. 1950. Groningen, Univ., Kristallograph. Inst.) GOTTFRIED. 181

A. W. Hanson, *Verbesserungen der optischen Fourier-Synthese.* Vf. beschreibt eine Verbesserung der von HANSON, TAYLOR u. LIPSON (vgl. C. **1952.** 3128) eingeführten FOURIER-Synthesen zentrosymm. Projektionen mit Hilfe von opt. Interferenz. Die Verbesserung besteht darin, daß in den App. Linsen, die für sphär. Aberration korr. sind, eingebaut werden. Als Beispiel wird die opt. FOURIER-Synth. der bekannten Struktur von *Hexamethylbenzol* gebracht. (Nature [London] **170.** 580. 4/10. 1952. Manchester, Coll. of Technol., Phys. Dep.) GOTTFRIED. 181

Käte Dornberger-Schiff, *Statistische Kriterien zur Beurteilung von Strukturmodellen auf Grund von Röntgenreflexintensitäten.* Fehlen in Strukturmodellen (z. B. von Eiweißmoll.) Angaben über die Lagen eines Teils der Atome, so versagt der Vgl. zwischen den berechneten Intensitäten des Modells u. den beobachteten mittels „Trial and error"-

Meth. oder FOURIER-Synthese. In diesem Fall lassen sich nach WILSON (C. **1950**. I. 1828) für die über alle Atome der Elementarzelle ermittelten Intensitäten wenigstens statist. Aussagen machen, die von den Symmetrieelementen der Zelle abhängen. Auf dieser Grundlage leitet Vf. eine Meth. zur Prüfung unvollständiger Strukturmodelle ab. Hat das Modell spezielle Symmetrie- oder Translationseigg. (z. B. bei Eiweißmoll. infolge der Polypeptidkettenstruktur nach FISCHER), so lassen sich diese nach einem vereinfachten Verf. beurteilen. (Z. physik. Chem. **200**. 70—80. Juli 1952. Berlin-Buch, Dtsch. Akad. der Wiss., Inst. für Med. u. Biol.) TELTOW. 181

R. T. Sanderson, *Elektronegativitäten in der anorganischen Chemie.* Ein Maß für die Anziehung (Elektronegativität) eines Atoms in Moll. für Elektronen ist nach der letzten theoret. Entw. des Verhältnisses SR (stability ratio) der D. der gesamten Elektronen (ED = Zahl der Elektronen/4,19 r^3; r ist der Radius des unpolar-kovalent gebundenen Atoms oder des Ions) zu der (ED_i) für ein hypothet. Edelgas gleicher Elektronenzahl. — Annahme größter Stabilität bei SR = 1. — Tabelle für 51 Elemente. — „Elektropositive Elemente" sind solche kleiner Elektronegativität. — Elektrostat. Erklärung. — Metalle u. Nichtmetalle. — Anwendungen. (J. chem. Educat. **29**. 539—44. Nov. 1952. Iowa City, Io., State Univ.) BLUMRICH. 182

A. B. F. Duncan, *Berechnung einiger Elektronenenergieniveaus von Schwefelhexafluorid.* Mit Hilfe der self consistent field-Meth. berechnet Vf. für SF_6 einige Molekülbahnen im Grundzustand und einige Ionisations- u. Anregungsenergien. Die Molekülbahnen werden wie üblich durch lineare Kombinationen der Atombahnen (LCAO)-angenähert. Als einzige empir. Größe wird in den Rechnungen der S—F-Abstand von 1,58 Å benutzt. Da die Berücksichtigung aller 70 vorhandenen Elektronen zu kompliziert wäre, setzt Vf. voraus, daß die 12 Elektronen der inneren Schalen sich im wesentlichen in Atombahnen oder linearen Kombinationen derselben bewegen, die im Vgl. zu den anderen Molekülbahnen hohe Energien haben. Infolgedessen werden die Wechselwirkungsenergien zwischen den inneren u. den Valenzbahnen vernachlässigt. Zur weiteren Vereinfachung des nunmehr 48 Elektronen-Problems wird angenommen, daß das Potentialfeld des SF_6 aus einem S^{6+}-Kern u. sechs F^{1+}-Kernen besteht. Der S^{6+}-Kern enthält in sich die 10 inneren Elektronen des S, jeder F^{1+}-Kern 8 Elektronen, von denen angenommen wird, daß sie sich in einem angenähert kugelsymm. Feld bewegen. Die Einzelheiten der Rechnung werden angegeben, alle Integrale gelöst u. in Tabellen zusammengefaßt u. die Ergebnisse diskutiert. Die niedrigste berechnete Ionisierungsenergie beträgt 20,1 eV. Die für nicht erlaubte u. erlaubte Niveaus berechneten Anregungsenergien fallen viel höher aus als die experimentell ermittelten, übersteigen sogar die entsprechenden Ionisierungspotentiale. Vf. gibt an Hand einer ausführlichen Fehlerbetrachtung Möglichkeiten für Errechnung besserer Werte an. (J. chem. Physics **20**. 951—60. Juni 1952. Rochester, N. Y., Univ. of Rochester.) E. HEINRICH. 182

Shepard Roberts, *Adiabatische Untersuchung der 128° C-Umwandlung in Bariumtitanat.* Die Natur der Umwandlung beim CURIE-Punkt von Bariumtitanat wird durch Temperaturmessungen (Anzeigeempfindlichkeit 0,1°) an Proben größten Reinheitsgrades untersucht. Die Umwandlungstemp. liegt bei Erwärmung zwischen 128,2 u. 128,7° (0,32°/Min. bis 2,8°/Min.), bei Abkühlung zwischen 127,1 u. 126,5°. Temperaturänderungen wurden bei Anlegung eines elektr. Feldes von 600 V/mm beobachtet. Die Anlegung eines Feldes bei 130° brachte einen unmittelbaren Temperaturanstieg von 0,5°, der bei Abschaltung des Feldes zurückging. Der Temperatursprung wird durch einen adiabat. Übergang vom kub. zum tetragonalen Phasenzustand erklärt. Die Anlegung des Feldes (1 Sek.) nach Abkühlung auf 127,7° erzeugte einen irreversiblen Temperaturanstieg von ca. 0,5°, u. bei nachfolgender Abkühlung wurde zwischen 127,1 u. 126,5°. kein Temperatursprung beobachtet. Das elektr. Feld hatte also einen bleibenden Übergang hervorgerufen bevor die Probe auf die Temp. des spontanen Überganges abgekühlt worden war. Die Temperaturänderung von 0,5° zeigt eine latente Wärme beim Übergang an, für die mit Hilfe der spezif. Wärme c_p = 0,13 cal/g·Grad u. des Mol.-Gew. ein unterer Grenzwert von 15 cal/Mol bestimmt wird. (Physic. Rev. [2] **85**. 925—26. 1/3. 1952. Schenectady, N. Y., General Electric Res. Labor.)

WERNER SCHULZ. 190

A. Michel, *Einige Beispiele von Kationensubstitutionen in einem stabilen Anionengerüst.* Als Beispiele für den häufig erfolgenden Ersatz eines Kations durch ein anderes in einem stabilen Anionengitter werden auf Grund eigener Verss. u. der Literatur besprochen: 1. der Fall des $BaSO_4$; es bildet beim Schmelzen mit MnO_2 u. BaO_2 eine blaue M. (Manganblau), die gegen verd. Säuren u. Basen beständig ist, 6 $BaSO_4$ auf 1 $BaMnO_4$ enthält, nach röntgenograph. Unters. eine einzige Phase u. als feste Lsg. aufzufassen ist, in der S^{6+} durch Mn^{6+} ersetzt ist gemäß der Formel $[S^{6+}_{1-x} Mn^{6+}_x Ba^{2+}]O^{2-}_4$.

Analog entstehen aus $BaSO_4$, Cr_2O_3 u. BaO_2 eine feste Lsg. $BaSO_4$–*$BaCrO_4$* (hellgrün) u. aus $BaSO_4$, MnO_2, Cr_2O_3 u. BaO_2 mehr oder weniger tiefgrüne feste Lsgg. $[S^{6+}_{1-(x+y)} Cr^{6+}_x Mn^{6+}_y Ba^{2+}] O_4^{2-}$ u. schließlich durch Schmelzen von $BaSO_4$, MnO_2 u. BaO_2 in Ggw. von KNO_3 blauviolette feste Lsgg. von $BaSO_4$, *$BaMnO_4$* u. *$KMnO_4$* der allg. Formel $[S^{6+}_{1-(x-y)} Mn^{6+}_x Mn^{7+}_y Ba^{2+}_{1-y} K^+_y] O_4^{2-}$. Bei letzterem wie auch bei den GRIMMschen $BaSO_4$–$KMnO_4$-Prodd. ist also noch der kompliziertere Austauschmechanismus $S^{6+}Ba^{2+} \rightarrow Mn^{7+}K^+$ anzunehmen. — 2. Der progressive Übergang von *Bleichromat* zu *$PbMoO_4$* über Verbb. der Formel $[Cr^{6+}_{1-x} Mo^{6+}_x Pb^{2+}] O_4^{2-}$ durch Fällen von Pb-Acetatlsg. mit einem Gemisch von Alkalichromat u. -molybdat u. die analogen Erscheinungen bei Pb-Chromat u. -Wolframat. — 3. Der Austausch von Fe^{2+} u. Fe^{3+} in den *Eisenoxyden* durch andere Kationen, u. zwar ein ***FeO*** von Fe^{2+} durch 2-wertige Metalle, aber auch von 2 Fe^{2+} durch $Fe^{3+} + Li^+$ (Bldg. des Ferrits $Fe_2O_3Li_2O$), im *Magnetit* von Fe^{2+} durch Mn^{2+} u. von Fe^{3+} durch Al^{3+} oder Cr^{3+}, aber auch von 2 Fe^{2+} durch Fe^{3+} + Mn wie vorst. (z. B. Bldg. von Fe_5TiO_3) u. von 2 Fe^3 durch $Ti^{4+} + Fe^{2+}$ (Titanomagnetit), im *rhomboedr.* ***Fe_2O_3*** von Fe^{3+} durch Al^{3+} oder Cr^{3+} oder $Ti^{4+} + Fe^{2+}$ u. schließlich im *kub.* ***Fe_2O_3*** von Fe^{3+} durch Al^{3+}, aber auch durch 1- oder 2-wertige Elemente (stabilisierte kub. Sesquioxyde). — 4. Bei *Zirkoniumoxyd* durch Auflösen von MgO (bis zu 15%) die Bldg. einer festen Lsg. mit kub. flächenzentriertem Gitter (Typ CaF_2), in dem wahrscheinlich im Elementarkörper mit 4 ZrO_2 ein Zr^{4+} durch Mg^{2+} ersetzt wird u. ein Mg^{2+} sich in eine der 4 je Elementarkörper vorhandenen Leerstellen einschiebt (Radius der Leerstelle wird zu 0,74 Å berechnet, Ionenradius von Mg = 0,75 Å), was eine Grenze der festen Lsg. von 3 ZrO_2, 2 MgO auf 4 ZrO_2 ergibt u. mit 15% aufnehmbarem MgO übereinstimmt. — Derartige Fälle scheinen nach Ansicht des Vf. dafür zu sprechen, daß man die Definition der chem. Verb. revidieren u. den Begriff der Kontinuität wieder in die anorgan. Chemie einführen müsse. (Bull. Soc. chim. France, Mém. [5] **18**. 465–67. Mai/Juni 1951. Lille, Fac. des Sci., Labor. de Chim. Appl. et Métallurgie Générale.) v. DECHEND. 195

M. Boudart, *Heterogenität von Metalloberflächen.* Theoret. Betrachtungen über die Adsorption von nichtmetall. Atomen an Metalloberflächen. An reinen Oberflächen findet die chem. Adsorption durch eine Anzahl von kovalenten Resonanzbindungen (metall. Bindungen) statt. Wenn ein Bruchteil θ einer reinen Oberfläche durch Fremdatome bedeckt ist, so bildet sich eine Doppelschicht aus, wodurch die Aktivierungsenergie um den Betrag $\Delta\,\varphi$ u. die Adsorptionswärme um den Betrag Δ q geändert wird. Findet zwischen den Fremdatomen keine Wechselwrkg. statt, so ändern sich $\Delta\,\varphi$ u. Δ q linear mit θ. Ferner gilt die Beziehung $\Delta\,q = n\,\Delta\,\varphi/2$, wo n die Zahl der Valenzelektronen, die an der Adsorption der Fremdatome beteiligt sind, bedeutet. Vf. bezeichnet diese Erscheinung als „Induktion". Eine quantitative Beziehung für die Abhängigkeit von Δ q von θ wird auf Grund bekannter Adsorptionsdaten abgeleitet. Durch die Wechselwrkg. zwischen den Fremdatomen oder durch die heterogene Beschaffenheit der Oberfläche fällt die Adsorptionswärme ebenfalls ab; ein prinzipieller Unterschied zwischen einer verunreinigten u. einer heterogenen Oberfläche besteht nicht. Schließlich wird die Induktionserscheinung noch zur Deutung der katalyt. Vorgänge u. der Natur der akt. Zentren angewendet. (J. Amer. chem. Soc. **74**. 3556–61. 20/7. 1952. Princeton, N. J., Univ., Frick Chem. Labor.) FUCHS. 196

A. Münster und **W. Ruppert,** *Oberflächenschichten aus Titannitrid.* Vff. finden in Übereinstimmung mit HARTMANN u. SCHLÄFER (private Mitt.), daß beim Durchleiten eines Gemisches von *$TiCl_4$* u. *H_2* durch ein auf ca. 1200° erhitztes Fe-Rohr sich an der Rohrinnenfläche eine sehr fest haftende, poröse, gelbe Schicht von metall. Aussehen niederschlägt, die außergewöhnlich widerstandsfähig gegen korrodierende Agentien ist. Nach thermodynam. Berechnungen ist es wahrscheinlich, daß diese Schicht aus *TiN* oder *TiO* besteht, welches sich durch die Ggw. von Verunreinigungen in den Reaktionsgasen gebildet hat. DEBYE-SCHERRER-Aufnahmen ergaben ein kub. flächenzentriertes Gitter mit a = 4,23 Å (TiN: a = 4,21–4,23 Å). Diese Schicht ließ sich auch nach der Gleichung $2\,TiCl_4 + 4\,Fe + N_2 = 2\,TiN + 4\,FeCl_2$ sowie nach $2\,TiCl_4 + 4\,H_2 + N_2 = 2\,TiN + 8\,HCl$ herstellen. Läßt man die Gleichungen in der angegebenen Reihenfolge nacheinander ablaufen, so entstehen schwach glänzende, porenfreie Schichten, die härter als Stahl, aber weicher als Diamant oder Korund sind. Sie zeigen hervorragende Ölhaftung u. lassen sich stark deformieren, ohne sich abzulösen. Bei Belegungstempp. von 750–1200° wurde stets die gleiche Gitterkonstante gemessen, obgleich die Farbe der Schichten mit steigender Temp. heller wird. (Naturwissenschaften **39**. 349–50. Aug. 1952. Frankfurt M., Metall-Labor. der Metallgesellschaft Akt.-Ges.) R. MATTNER. 196

R. E. Hoffman, *Die Selbstdiffusion von flüssigem Quecksilber.* Ausführliche Mitt. zu der C. **1953**. 3526 referierten Arbeit. Zu ergänzen ist, daß der Zusammenhang zwischen der Selbstdiffusion des fl. *Hg* u. der Viscosität besser durch die Gleichung von STOKES

u. EINSTEIN als durch die von EYRING dargestellt werden kann. (J. chem. Physics **20.** 1567—70. Okt. 1952. Schenectady, N. Y., General Electric. Res. Labor.) FUCHS. 197

Gérard Fournet, *Die Theorie gekoppelter Erscheinungen.* Es werden die Theorien von KIKUCHI (C. **1952.** 489) u. YVON (Cahier de Physique **28.** [1945.] 1) über Ordnungs-Unordnungs-Umwandlungen in bin. Legierungen A_n B_m miteinander verglichen. Als Beispiel wird die Bildungsenergie eines einfachen kub. Gitters mit 50% A- u. 50% B-Atomen oberhalb der krit. Temp. betrachtet. Dabei zeigt sich, daß beide Theorien zum gleichen Ergebnis führen. (Physic. Rev. [2] **85.** 692. 15/2. 1952. Châtillon s/Bagneux, Seine, Off. Nat. d'Etudes de Rech. Aéronautiques.) KLEFFNER. 197

H. Jones, *Die Änderung der elastischen Konstanten von β-Messing mit der Zusammensetzung.* Vf. nimmt Bezug auf eine Arbeit von ARTMAN u. THOMSON (vgl. C. **1952.** 6981), in der die elast. Konstanten von β-Messing mit 55,12 At.-% Cu bestimmt worden waren. Aus einem Vgl. mit anderen Arbeiten an β-Messing mit 51,74 At.-% Cu schließt Vf., daß die Scherkonstanten $\frac{1}{2}(C_{11}-C_{12})$ u. C_{44} sowie der Gesamtmodul K mit zunehmendem Cu-Geh. abnehmen. Die Abnahme von $\frac{1}{2}(C_{11}-C_{12})$ wurde auf eine Zunahme der nichtcoulombschen Ion–Ion-Wechselwrkg. zurückgeführt. Vf. weist darauf hin, daß durch den gleichen Effekt eine Zunahme von C_{44} u. K berechnet werden kann. (J. appl. Physics **23.** 697. Juni 1952. London, Imp. Coll.) GOTTFRIED. 200

A_7. Gleichgewichte. Kinetik.

Francis Bonner und **Jacob Bigeleisen,** *Nichtvorhandensein eines Austausches von Sauerstoff zwischen Wasser und einigen Stickstoffverbindungen.* Vff. untersuchen den Austausch von Sauerstoff zwischen W. u. N_2O, W. u. $N_2O_2^{2-}$ u. W. u. $N_2O_3^{2-}$ über einen weiten p_H-Bereich. Das für die Verss. verwendete W. ist an ^{18}O angereichert (^{18}O-Geh. 1,5%). Beim 40std. Schütteln von N_2O mit W. bei 22° wird weder bei Verwendung von mit Na-Metall stark alkal. gemachtem W. noch bei Ausführung des Vers. in 1,75n H_2SO_4 ein Austausch festgestellt. Länger dauernde Austauschverss. mit $Na_2N_2O_2$ müssen an der Luft u. bei relativ hohen p_H-Werten ausgeführt werden, da sich $Na_2N_2O_2$-Lsgg. im Vakuum u. bei $p_H \leqq 7$ rasch zersetzen. Aus den Ergebnissen von 5 Verss., bei denen $Na_2N_2O_2$ mit W. im p_H-Bereich 0,05—10,6 u. bei Austauschzeiten bis zu 16 Std. (bei p_H 10,6) zers. wurde, in dem anfallenden N_2O jedoch in keinem Falle eine merkliche ^{18}O-Anreicherung festgestellt werden konnte, wird geschlossen, daß weder $H_2N_2O_2$ noch $N_2O_2^{2-}$ mit W. Sauerstoffatome austauschen. Wss. Lsgg. von $Na_2N_2O_3$ zers. sich beim Erwärmen bei hohem p_H unter Bldg. von NO_2^{2-} u. N_2O. Die Zersetzungsgeschwindigkeit nimmt mit abnehmendem p_H zu; bei $p_H < 7$ tritt neben NO_2^{2-} u. N_2O auch NO als Zersetzungsprod. auf, in stark sauren Lsgg. fast nur NO. Drei Verss. werden ausgeführt, bei welchen in W. gelöstes $Na_2N_2O_3$ unter solchen Bedingungen zers. wird, daß vorherrschend NO_2^{2-} u. N_2O entstehen; dabei wird in keinem Falle eine merkliche ^{18}O-Anreicherung im N_2O beobachtet. (J. Amer. chem. Soc. **74.** 4944—45. 5/10. 1952. Upton, Long Island, N. Y., Brookhaven Nat. Labor., Chem. Dep.) GEDSCHOLD. 221

Arnaldo Liberti und **Enrico Papée,** *Spektrophotometrische Untersuchung einiger tetrakoordinierter Halogenide des zweiwertigen Kobalts.* Durch Mischen einer wss. Lsg. von Co-Halogenid, der entsprechenden Halogenwasserstoffsäure u. Chinolin (Chin) im Verhältnis 1 : 2 : 2 u. Eindampfen werden unter Umschlag der rosa Farbe nach Blau, Grünblau bzw. Grün die entsprechend gefärbten Salze erhalten: $(ChinH)_2CoCl_4$ (I), F. 157—158°, $(ChinH)_2CoBr_4$ (II), F. 157—158°, u. $(ChinH)_2CoJ_4$ (III), F. 153—154°. Die Farbe ihrer aceton. Lsgg. wird durch Zusatz von Halogenwasserstoff u. Li-Halogenid vertieft. Die spektrophotometr. Unters. ergibt, analog den von KATZIN (J. Amer. chem. Soc. **72.** [1950.] 5464) gefundenen Gruppen $CoCl_2X_2$, $CoXCl_3^-$ u. $CoCl_4^{2-}$, das Vorhandensein folgender Gruppen (in Klammern Absorptionsmaxima in mμ): CoX_2Br_2 (590, 630, 665, 690), $CoXBr_3^-$ (630), $CoBr_4^{2-}$ (675, 710), CoX_2J_2 (640, 670, 690, 725), $CoXJ_3^-$ (690), CoJ_4^{2-} (730, 770). Die Spektren sind vor allem durch die Ionen $CoHal_3^-$ u. teilweise durch $CoHal_4^{2-}$ bestimmt. Bei Zusatz von W. verlieren die aceton. Lsgg. ihre Farbe, die in Rosa übergeht (Grenzkonz. an W. bei Cl 6,5, bei Br 4, bei J 2 mol.). Vff. nehmen folgende Rkk. an: $CoCl_4^{2-} + H_2O \rightleftharpoons CoCl_3H_2O^- + Cl^-$; $CoCl_3H_2O^- + 5\,H_2O \rightleftharpoons Co(H_2O)_6^{2+} + 3\,Cl^-$ (analog für die Br- u. J-Verbb.). Für die Gleichgewichtskonstante der 1. Stufe (Hydratation) $K = \left[[CoCl_{(4-z)}(H_2O)_z{}^{(-2+z))}\right][Cl^-]/\left[CoCl_4^{2-}\right]\left[[H_2O]^z\right] = \left[(CoCl_{(4-z)}\cdot(H_2O)_z^{(-2+z)}\right](z+1)/\left[CoCl_4^{2-}\right]\left[H_2O\right]^z$ ergibt sich (bei z = 1) $18{,}6\cdot 10^{-4}$, für das Bromid $23{,}1\cdot 10^{-4}$, für das Jodid $41{,}6\cdot 10^{-4}$. (Atti Accad. naz. Lincei, Rend., Cl. Sci. fisiche, mat. natur. [8] **12.** 697—704. Juni 1952. Roma, Univ., Ist. di Chim. gen. ed inorgan.) R. K. MÜLLER. 223

Winslow H. Hartford, Raymond L. Costa und **Paul E. Moore,** *Die Löslichkeit und der Umwandlungspunkt von Lithiumchromat.* Zur Klärung der sich widersprechenden Angaben in der Literatur untersuchten Vff. die Löslichkeit des Lithiumchromats in W. über den Temperaturbereich von 0—100°. Bis 74,6° entspricht die Löslichkeit der Gleichung $S = 47,25 + 0,05037 \cdot T + 0,0009143 \cdot T^2$ (maximale Abweichung 0,09%). Als Bodenkörper liegt $Li_2CrO_4 \cdot 2\,H_2O$ vor, während oberhalb 74,6° der Bodenkörper Li_2CrO_4 ist u. die Löslichkeit durch $S = 52,646 + 0,06265 \cdot T + 0,0002096 \cdot T^2$ (maximale Abweichung 0,02%) wiedergegeben wird. Die Umwandlungswärme beträgt ca. 1—2 kcal/Mol. In Methanol u. A. bestimmten Vff. die Löslichkeit des Li_2CrO_4 zu 15,7 bzw. 1,8 bei 24,4°. Die Löslichkeit des Dihydrates ist etwas größer. Lithiumcromat ist unlösl. in Ae. u. kaum lösl. in Aceton, was die Zers. des $Li_2Cr_2O_7$ zu Li_2CrO_4 in Aceton-Lsg. erklärt. Die in Toluol bestimmten pyknometr. Dichten sind $LiCrO_4$ $D.^{25}_4$ 2,426; $Li_2CrO_4 \cdot 2\,H_2O$ $D.^{25}_4$ 2,149. (J. Amer. chem. Soc. **74**. 4454. 5/9. 1952. Baltimore, Md., Mutual Chem. Com. of. Am., Res. Labor.) PLUST. 224

Harold S. Johnston, Louise Foering, Yu-Sheng Tao und **G. H. Messerly,** *Die Kinetik des thermischen Zerfalls von Salpetersäuredampf.* Die Geschwindigkeit des therm. Zerfalls von HNO_3-Dampf gemäß $2\,HNO_3 = 2\,NO_2 + H_2O + \frac{1}{2}\,O_2$ (vgl. FORSYTHE u. GIAUQUE, C. **1943**. I. 1649) wird zwischen 100 u. 465° mittels der colorimetr. u. oscillograph. Meth. zur Verfolgung schnell verlaufender Rkk. bei konstanter Temp. u. konstantem Vol. untersucht. Es werden 2 Reaktionszellen mit verschied. Oberfläche/Volumenverhältnis verwendet (Glas, umwickelt mit Cu-Folie, Asbest, Heizdraht u. Isolierung); es wird mit N_2 als Trägergas gearbeitet u. das Fortschreiten der Rk. an der in regelmäßigen Intervallen colorimetr. bestimmten NO_2-Konz. verfolgt. Das Gleichgewicht ist unter den eingehaltenen Bedingungen nach rechts verschoben. Oberhalb 400° ist die Rk. erster Ordnung; unterhalb 300° ist nur ein kleiner Teil der Rk. 1. Ordnung, dann folgt eine Rk. mit geringerer Geschwindigkeit. Bei einem Gesamtdruck von 1 at, wobei $P_{HNO_3} = 5—25$ mm, ist die Geschwindigkeit die gleiche, wenn N_2, O_2 oder CO_2 als Trägergas zugegen sind; bei niedrigeren Gesamtdrucken macht sich ein Fremdgaseinfl. bemerkbar. Die Kurve log k/reziproke Temp. ist keine Gerade: für die kleine Zelle ändert sich log k oberhalb 400° schnell mit der Temp. u. ist unter 300° temperaturunempfindlich; den beiden Kurvenästen, die sich so ergeben, entspricht eine Aktivierungsenergie von 40 kcal bzw. 5 kcal. Die Kurven verlaufen für große u. kleine Zelle oberhalb 400° gleich, unter 300° sehr verschieden. Der Zerfall ist demnach oberhalb 400° eine schnell verlaufende homogene Rk. 1. Ordnung u. unterhalb 300° eine heterogene Rk. mit der niedrigen Aktivierungsenergie von 5 kcal. Während die heterogene Rk. durch die Prodd. H_2O u. NO_2 an der Oberfläche verlangsamt wird, ist ein solcher Einfl. auf die homogene Rk. nicht zu beobachten. Der oberhalb 400° stattfindende Zerfall von NO_2 in $NO + O_2$ stört nicht, da der HNO_3-Zerfall wesentlich schneller als diese Rk. verläuft. Für die homogene Rk. wird ein Mechanismus vorgeschlagen: der geschwindigkeitsbestimmende Vorgang ist wahrscheinlich der monomol. Zerfall von HNO_3 zu $OH + NO_2$, was auch zu einer Aktivierungsenergie von 40 kcal stimmt; als folgende Stufe ist $4\,OH = 2\,H_2O + O_2$ oder Rk. von OH mit HNO_3 denkbar. (J. Amer. chem. Soc. **73**. 2319—21. Mai 1951. Stanford, Calif., Univ., Dep. of Chem., u. Hersey City, N. J., M. W. Kellogg Co.) v. DECHEND. 225

J. Ibarz Aznárez und **J. Virgili Vinadé,** *Kinetische Untersuchung der Zersetzung der unterchlorigen Säure.* 1. Mitt. *Reaktionsordnung und Geschwindigkeitskonstante.* Bei den Unterss. wird Cl^- maßanalyt. nach VOLHARD, die Alkalität potentiometr. mit H_2SO_4 bestimmt. Die Methoden zur Berechnung der Reaktionsordnung n (Differential- u. Integrationsmeth.) werden erläutert. Bei der Berechnung der Geschwindigkeitskonstante k ist die Kenntnis des richtigen Wertes von n erforderlich. Die Zersetzungsgeschwindigkeit der HClO wird bei 25° u. in verschied. p_H-Bereichen mit u. ohne Zusatz verschied. Mengen NaCl untersucht. Die Zers. ist eine autokatalyt. Rk. von 2. Ordnung bzgl. ClO^- u. von 1. Ordnung bzgl. Cl^-. Mit steigender Konz. an zugesetztem NaCl nehmen die k-Werte deutlich zu, so daß neben dem autokatalyt. auch ein Salzeffekt anzunehmen ist. (An. Real Soc. españ. Física Quím., Ser. B **48**. 653—72. Sept./Okt. 1952. Barcelona, Inst. A. de G. Rocasolano, Secc. Electroquim.) R. K. MÜLLER. 225

J. Ibarz Aznárez und **J. Virgili Vinadé,** *Kinetische Untersuchung der Zersetzung der unterchlorigen Säure.* 2. Mitt. *Der Salzeffekt und seine Deutung.* (1. vgl. vorst. Ref.) Bei der Nachprüfung des Salzeffektes bei der Zers. von ClO^- mit anderen Salzen als NaCl (Na_2SO_4, $NaNO_3$) ergibt sich eine Abhängigkeit der Geschwindigkeitskonstante k von der Ionenstärke μ, die damit zu erklären ist, daß die Haupt-Rk. zwischen ClO^- u. Cl^- stattfindet. Für $\mu = 0$ ist bei 25° $dx/dt = 0,033_8\,[Cl^-]\,[ClO^-]^2$. Die Natur der Neben-Rkk. wird nicht aufgeklärt. Die beobachtete Gasentw. unter Verlust an Oxydationsvermögen wird vielleicht als Bldg. von O_2 zu erklären sein. (An. Real Soc. españ. Física Quím., Ser. B **48.** 673—80. Sept./Okt. 1952.) R. K. MÜLLER. 225

Everett R. Johnson und **Augustine O. Allen,** *Die Molekularausbeute bei der Zersetzung des Wassers durch harte Röntgenstrahlen.* Um die Frage zu klären, ob bei der Zers. von W. durch harte Röntgenstrahlen außer der intermediären Zers. in freie H- u. OH-Radikale auch eine unmittelbare Zers. in H_2 u. H_2O_2 (bzw. $\frac{1}{2}$ O_2 u. H_2O)-Moll stattfindet, untersuchten Vff. verd. wss. Lsgg. einer Anzahl von oxydierenden bzw. reduzierenden Agentien durch Bestrahlung mit harten Röntgenstrahlen mit dem Ergebnis, daß bei den verschiedensten Konzz. der Zusätze die Initialausbeute an H_2-Gas ident. war. Die Bldg. von mol. H_2 ist daher charakterist. für die Wrkg. der Röntgenstrahlen auf W. u. findet gleichzeitig mit der Bldg. der freien H-Radikale statt, die unter den Versuchsbedingungen mit den zugesetzten Stoffen reagieren, bevor sie sich mit ihresgleichen zu H_2-Moll. rekombinieren können. Die Mol.-Ausbeute nimmt um ca. 18% ab bei Zusatz von 4% H_2SO_4 zum W. infolge Aufnahme eines Teiles der eingestrahlten Energie durch die HSO_4^--Ionen. (J. Amer. chem. Soc. **74.** 4147—50. 20/8. 1952. Long Island, N. Y., Brookhaven Nat. Labor., Chem. Dep.) NIEMITZ. 226

Robert E. Cleary, Willam H. Hamill und **Russell R. Williams jr.,** *Die Szilard-Chalmers-Reaktion mit anorganischen Jodverbindungen.* Es werden die chem. Folgeerscheinungen des Neutroneneinfangs von Jod in verschied. anorgan. Verbindungsformen untersucht. Die Aktivierung fester Jodate ($MeJO_3$; Me = H, Li, Na, K, NH_4) hat zur Folge, daß die Hauptmenge des gebildeten ^{128}J im red. Zustand erscheint. Die Retention als JO_3^--Ion wächst jedoch, wenn das Targetmaterial nach der Bestrahlung einer erhöhten Temp. oder einer ionisierenden Strahlung ausgesetzt wurde. Der Neutronenbeschuß wss. Jodatlsgg. liefert akt. J in red. Form; in neutraler Lsg. beträgt die Retention 20%. Durch Reduktionsmittel läßt sie sich auf 6% herabdrücken, durch Oxydationsmittel auf 40% erhöhen. Die beobachteten Änderungen der Retention lassen sich halbquantitativ durch ein einfaches kinet. Modell deuten, in dem Jodit als Zwischenprod. angenommen wird. Neutronenbeschuß von Perjodat liefert akt. Jodat u. red. Zustände. Auch in diesem Fall wird die Verteilung zwischen Jodat u. red. Zuständen durch die Zus. der Lsg. beeinflußt. Ähnlichkeit des Verh. zum Jodatsyst. wird festgestellt u. ein einheitlicher Mechanismus angegeben, der das Spektr. der Rückstoßatome wiedergibt. Die chem. Trennverff. werden im einzelnen beschrieben. (J. Amer. chem. Soc. **74.** 4675—79. 20/9. 1952. Notre Dame, Ind., Univ. of Notre Dame, Dep. of Chem.) WEIGEL. 226

H. Schüler und **V. Degenhart,** *Über chemische Reaktionen als Folge der Elektronenstoßanregung in der positiven Säule der Glimmentladung (Toluol, Benzol, Ammoniak).* Zur Deutung neuer Spektren, die bei organ. Substanzen in der positiven Säule einer Glimmentladung beobachtet werden (vgl. SCHÜLER u. REINEBECK, C. **1953.** 1147 u. 3214) wurden mehratomige Radikale als Träger dieser Spektren angenommen. Da mit dem Auftreten dieser Radikale auch Reaktionsprodd. erwartet werden sollten, wird hier der Vers. gemacht, die Gase aus dem Entladungsrohr abzupumpen u. chem. zu untersuchen. Auf diese Weise wird festgestellt, daß aus *Toluol, Dibenzyl, Bzl.* u. eine *3. Komponente* entsteht, die bei ca. 30° sd. u. nicht mehr aromat. Charakter hat. Vorverss. beim Bzl. ergaben *Diphenyl*-Bldg., u. beim NH_3 wird die Bldg. von N_2H_4 beobachtet. (Z. Naturforsch. **7a.** 753—56. Nov. 1952. Hechingen, Forschungsstelle für Spektroskopie in der Max-Planck-Gesellschaft.) D. BRÜCK. 226

Anders Nielsen, *Katalyse und Katalysatoren.* Übersicht über die Entw. seit 1946 mit 61 Literaturhinweisen. (Kem. Maanedsbl. nord. Handelsbl. kem. Ind. **33.** 13—18. 1952.) R. K. MÜLLER. 227

George W. Watt und **Sidney G. Parker,** *Die Zusammensetzung von W-6-Raney-Nickel.* IPATIEFF u. PINES (C. **1951.** II. 800) fanden in W-6-RANEY-Nickellegierungen 21% Al_2O_3. Im Gegensatz hierzu folgern Vff. aus ihren Analysenergebnissen, daß in den betreffenden Legierungen höchstens 1% Al_2O_3 enthalten ist, u. die von IPATIEFF u. PINES erhaltenen Werte auf Oxydation von Al durch Lösen in HNO_3 zurückzuführen sind. (J. Amer. chem. Soc. **74.** 1103—04. 20/2. 1952. Austin, Tex., Univ.) KLAFFKE. 227

B. Anorganische Chemie.

M. O. Charmandarian, *Herstellung von Hydrazin durch Einwirkung von gebranntem Kalk und von Natriummethylat auf Hydraziniumchlorid.* Hydrazin wird im Labor. aus einem Dichlorid durch Rk. mit CaO hergestellt. $N_2H_4 \cdot 2\,HCl$ (I) gewinnt Vf. aus dem Sulfat durch Einw. konz. $BaCl_2$-Lsg.; nach Abtrennen des $BaSO_4$ u. Eindampfen werden die erhaltenen Kristalle (kub., mikrokrist.) durch Umfällen aus W. mit HCl gereinigt (hexagonale Kristalle). I ist zerfließlich, gibt beim Erwärmen HCl ab u. geht bei 120—140° in das Monochlorid, F. 98°, über. Die N_2H_4-Bldg. aus I bei Einw. von CaO ist exotherm u. beginnt schon bei gewöhnlicher Temperatur. Erhitzt man das Gemisch der beiden Stoffe auf 60°, so setzt die Rk. brüsk ein (reichliche Entw. von N_2H_4-Dämpfen), u. unter Temperaturanstieg bis 170° backt die M. zusammen. Da die Herst. des Gemisches wegen des Einsetzens der Rk. bei gewöhnlicher Temp. schwierig ist, arbeitet Vf. so, daß er I auf eine CaO-Schicht in ein Schiffchen bringt u. mit einer 2. CaO-Schicht bedeckt. Durch 2std. Erhitzen im elektr. Ofen auf 250—300°, der in einer besonderen Versuchsreihe durch Titration mit Jod ermittelten günstigsten Temp. für die — mit der Temp. u. Dauer zunehmende — Zers., erreicht man eine Zers. von 90%; etwas schlechter ist das Ergebnis mit nur einer CaO-Schicht (über I). Bei der durchschnittlichen Ausbeute von 80% N_2H_4 u. 10% NH_3 ist die Zers. des N_2H_4 an der Luft in Ggw. von Feuchtigkeit zu berücksichtigen. Ähnliche Beobachtungen werden mit Na-Methylat statt CaO gemacht. — Bei Einw. von CaO auf $N_2H_4 \cdot H_2SO_4$ wird H_2SO_4 zu H_2S u. S red. u. N_2H_4 zu NH_3 oxydiert. (Bull. Soc. chim. France, Mém. [5] **18.** 325—27. Mai/Juni 1951.) v. Dechend. 243

Martin Schmeißer und **Stefan Elischer,** *Zur Kenntnis anorganischer Säurefluoride.* 2. Mitt. *Ein neuer Weg zur Darstellung des Nitrylfluorids NO_2F.* (1. vgl. C. **1952.** 7783.) Beim Überleiten von NO_2Cl über in einem Pt-Rohr auf 240° erhitzten AgF entsteht *NO_2F* mit nur 5%ig. Ausbeute. Befriedigende Ausbeuten erhält man, wenn man in eine Lsg. von N_2O_5 in Nitromethan äquivalente Mengen wasserfreier HF u. BF_3 (oder SiF_4) einleitet u. das nach den Gleichungen $N_2O_5 + BF_3 + HF = HNO_3 + NO_2(BF_4)$ bzw. $2\,N_2O_5 + SiF_4 + 2\,HF = 2\,HNO_3 + (NO_2)_2SiF_6$ ausgefallene *Nitrylfluoborat* bzw. *Nitrylfluosilicat* mit NaF im Pt-Rohr auf 240° erhitzt: $NO_2(BF_4) + NaF \rightarrow NaBF_4 + NO_2F$ bzw. $(NO_2)_2SiF_6 + 2\,NaF \rightarrow Na_2SiF_6 + 2\,NO_2F$. Um das Arbeiten mit dem zersetzlichen N_2O_5 zu umgehen, kann man auch die aus N_2O_5 u. BF_3 leicht erhältliche u. unter Feuchtigkeitsausschluß stabile Verb. *$N_2O_5 \cdot BF_3$* in Nitromethanlsg. mit HF umsetzen. (Z. Naturforsch. **7b.** 583. Sept./Okt. 1952. München, Univ., Inst. für anorgan. Chem.) Forche. 246

Martin Schmeißer und **Herbert Jenkner,** *Zur Kenntnis anorganischer Säurefluoride.* 3. Mitt. *Reaktion von SiF_4, BF_3 und AsF_3 mit Äthylenoxyd.* (2. vgl. vorst. Ref.) Während sich *Äthylenoxyd* (I) mit *$SiCl_4$* zu β-chlorierten Kieselsäureestern (vgl. D. B. P. 833646, BASF, Hopf u. Jost), mit *BCl_3* zu den Estern *$B(OC_2H_4Cl)_3$*, *$ClB(OC_2H_4Cl)_2$* (Kp.$_{12}$ 119 bis 121°) u. *$Cl_2BOC_2H_4Cl$* (Kp.$_{12}$ 142—144°) u. mit *$AsCl_3$* zu den β-chlorierten Arsenigsäureestern $As(OC_2H_4Cl)_3$, $ClAs(OC_2H_4Cl)_2$ u. $Cl_2AsOC_2H_4Cl$ (vgl. Malinowski, C. **1941.** II. 333) umsetzt, entsteht aus I u. *SiF_4* bzw. *BF_3* oder *AsF_3* stets *Dioxan.* Die Umsetzung mit BF_3 verläuft bes. heftig. Diese Dimerisierung des I geht möglicherweise über Additionsverbb. von I mit SiF_4, BF_3 u. AsF_3 vonstatten. Auch das Dioxan bildet mit diesen Fluoriden Addukte, von denen die Verbb. *$C_4H_8O_2 \cdot 2\,BF_3$* (Zerfall bei 130°) u. *$C_4H_8O_2 \cdot AsF_3$* (F. 71,5°; Zerfall oberhalb 105°) isoliert werden konnten. (Z. Naturforsch. **7b.** 583—84. Sept./Okt. 1952. München, Univ., Inst. für anorgan. Chem.) Forche. 246

Glenn V. Elmore und **E. O. Huffman,** *Die Darstellung von makrokristallinem, radioaktiven Phosphor enthaltendem Fluorapatit.* (Vgl. Egan jr., Wakefield u. Elmore, C. **1952.** 6815.) Zur Darst. von makrokrist., sehr reinem akt. *$Ca_{10}(PO_4)_6F_2$* (I) wird 0,1 g reines mikrokrist. I in einigen ml konz. HNO_3 gelöst u. mit 2 ml einer salpetersauren, 50 mC trägerfreies ^{32}P als Phosphat enthaltenden Lsg. vermischt. Die Lsg. wird im Pt-Tiegel unter Vermeidung von Kochen eingedampft. Der Rückstand wird, nach Zerstörung des Nitrats durch Erhitzen auf Dunkelrotglut, mit NaF versetzt u. in einem Pt-Tiegel, der in einem ebensolchen von etwas größerem Durchmesser aufgehängt ist (die Schmelze zeigt starke Neigung, über den Rand des Tiegels zu kriechen), durch Erhitzen des äußeren Pt-Tiegels mittels Induktionsheizung auf 1200° umkristallisiert. Spektrograph. Analyse der erhaltenen, 1—5 mm langen Kristalle von I zeigt folgende Verunreinigungen (in %): Na_2O 0,14; MgO 0,1; SrO 0,01; SiO_2 0,05; Fe_2O_3 $<0{,}01$; Al_2O_3 $<0{,}01$; CuO $<0{,}002$. Die Kristalle sind hexagonal; $n_\varepsilon = 1{,}627$; $n_\omega = 1{,}631$. Die Meth. ist bei Verwendung von NaCl an Stelle von NaF zur Darst. von makrokrist. *Chloroapatit* geeignet. (J. Amer. chem. Soc. **74.** 4950. 5/10. 1952. Wilson Dam, Ala., Tennessee Valley Authority, Div. of Chem. Development.) Gedschold. 283

R. Flatt, G. Brunisholz und **P. Clerc,** *Beitrag zur Untersuchung des quinären Systems $Ca^{2+}-NH_4^+-H^+-NO_3^--PO_4^{3-}-H_2O$.* 6. Mitt. *Das vierdimensionale Löslichkeitsdiagramm des Monocalciumphosphats.* (5. vgl. C. **1952.** 2309.) Es wird die Löslichkeit von *$CaH_4(PO_4)_2 \cdot H_2O$* (I) im genannten quinären Syst. bei 25° u. bes. die Bldg. von krist. I aus Lsgg. von Ca-Phosphaten in HNO_3, in die nach Auskristallisieren eines Teiles des $Ca(NO_3)_2 \cdot 4\,H_2O$ Ammoniak eingeleitet wird, untersucht. Ein Löslichkeitsdiagramm wird aufgestellt, das die Ausbeute an krist. I zu berechnen erlaubt, wobei der Bodenkörper der Endlsg. ausschließlich I enthalten soll. Hierzu ist die Lage des Darstellungspunktes der Endlsgg. im Innern des Kristallisationsgebietes von I zu bestimmen. Da diese gesätt. Lsgg. durch 4 Zahlenwerte definiert sind, von denen 3 (Geh. der verschied. Ionen im Syst.) unabhängige Variabeln sind, ist für ihre Darst. ein Diagramm mit 4 Dimensionen erforderlich. Bei Verwendung eines derartigen Diagrammes mit 3 Koordinatenachsen u. einer Reihe „Isohydren" (Flächen, die die Punkte aller Lsgg. mit gleicher Wassermenge vereinigen u. die verschied. Kristallisationsgebiete durchdringen, vgl. auch 5. Mitt.) wären eine große Zahl von Löslichkeitsbestimmungen u. schwierige Interpolationen nötig; daher gehen Vff. von diesem „allg. Diagramm" zu einem „speziellen" über, in dem nicht wie im „allg." alle Werte auf 100 g-Äquivalent gelöster Elektrolyte, sondern auf 100 g-Äquivalent NO_3^- bezogen sind, u. als Lösungsm. das Gemisch von $Ca(NO_3)_2 + NH_4NO_3 + HNO_3 + H_2O$ u. als gelöster Stoff I betrachtet wird. Durch die 2 horizontalen Achsen wird der Geh. an $Ca(NO_3)_2$, NH_4NO_3 bzw. HNO_3 definiert, durch die vertikale Achse die Wassermenge. Die 4. Koordinate ist die Löslichkeit des I; sie wird durch eine Reihe von Flächen dargestellt, die alle Punkte gleicher Löslichkeit von I je 100 g-Äquivalent NO_3^- des Lösungsm. vereinigen, sogenannte „Isophosphaten". Diese schneiden die horizontalen Ebenen, auf denen alle Punkte der Lsgg. mit verschied. Lösungsm. u. gleicher Wassermenge liegen. Die Schnittlinien werden, wie im Versuchsteil gezeigt wird, mittels der experimentell gefundenen Löslichkeitswerte von I konstruiert (Abb. eines Raumdiagramms). Aus den Koordinaten des „speziellen" Diagramms lassen sich die des „allg." berechnen u. umgekehrt (Umwandlungsformeln). — Die Zus. einer großen Zahl an I gesätt. Lsgg. wird mitgeteilt. Die Anwendung der Diagramme zur Best. der Löslichkeit von I in einer Lsg. gegebener Zus. u. zur Best. der Ausbeute an I aus Lsgg., die nach dem eingangs erwähnten Verf. hergestellt sind, wird an Beispielen gezeigt. (Helv. chim. Acta **34**. 2348—71. 1/12. 1951. Lausanne, Univ., Labor. de Chim. minérale et analyt.) v. Dechend. 283

Helmut Hartmann und **Günter Dobek**, *Darstellung und Eigenschaften des Cercyanamides. Cer(III)-cyanamid* (I) wird durch Überleiten von Cyanwasserstoff u. Ammoniak im N_2-Strom bei 880° aus bei 400° verglühtem Ceroxalat hergestellt. Bei der Bldg. von I spielen der Zerfall der HCN, Red. des Cer(IV)-oxydes u. Zerfall des $(CN)_2$ eine Rolle, bes. die Ggw. von NH_3 ist von großer Wichtigkeit, da er den bei der Zers. von HCN gebildeten Kohlenstoff unter Bldg. von neuem HCN u. H_2 entfernt. I ist eine gelbe, krist., in verd. Mineralsäuren lösl. Substanz, die in W. langsam Hydrolyse erleidet, seine D. beträgt 3,97 g/cm³. (Z. anorg. allg. Chem. **271**. 138—43. Febr. 1953. Braunschweig, TH, Anorg.-chem. Inst.) Elchlepp. 304

Félix Bertaut und **André Durif**, *Die Existenz eines 1,4-Spinells mit ein- und vierwertigem Kation.* Vff. stellten erstmalig einen Ti–Li-Spinell her. Dazu wurden Li_2CO_3 u. TiO_2 bei 900° im Pt-Tiegel geglüht, wobei sich eine Verb. von der annähernden Zus. $7\,TiO_2 \cdot 2\,Li_2O$ bildete; die Formel ergab sich aus der Diskussion der Debye-Scherrer-Diagramme (a = 8,359). (C. R. hebd. Séances Acad. Sci. **236**. 212—14. 12/1. 1953.) Elchlepp. 321

Walter Hieber und **Wilhelm Abeck**, *Die Basenreaktion des Chromhexacarbonyls.* Läßt man alkoh. Kalilauge oberhalb 65° auf $Cr(CO)_6$ einwirken, so erfolgt in kurzer Zeit vollständige Umsetzung, bei 95° in 30—40 Minuten. Die Farbe der Lsg. geht mit steigender Temp. von Gelb über Orange nach Rot über unter Abscheidung gelber bis orangefarbener Kristalle u. H_2-Entwicklung. Die Rk. $Cr(CO)_6 + 4\,OH^- \rightarrow [Cr^{-II}(CO)_5]^{2-}$ (I) $+ CO_3^{2-} + 2\,H_2O$ geht in alkal. Medium sofort weiter nach $I + H_2O \rightarrow [Cr^{-I}(CO)_5]^-$ (II) $+ OH^- + \frac{1}{2}\,H_2$, u. schließlich erfolgt sehr langsam vollständige Umsetzung nach $II + H_2O \rightarrow [Cr^0(CO)_5]_{polymer} + OH^- + \frac{1}{2}\,H_2$. Möglicherweise erfolgt noch weiterer CO-Abbau. Aus der alkoh.-alkal. Reaktionslsg. läßt sich nach Abdest. von A. im Vakuum bei gewöhnlicher Temp. u. Abstumpfen mit verd. NH_4Cl eine rein gelbe kristalline Substanz ausfällen, $Cr(CO)_{6-x} \cdot xR$ (R = H_2O, NH_3 u. a.), die im alkal. Reaktionsmedium zunächst als orangerotes Hydroxoanion vorliegt, beim Ansäuern in einen gelben Aquokomplex übergeht: $[Cr(CO)_{6-x} \cdot xH_2O]$ gelb $\underset{H^+}{\overset{OH^-}{\rightleftarrows}} \left[Cr(CO)_{6-x} \begin{pmatrix} OH \\ OH_2 \end{pmatrix}_{x-1}\right]^-$ orangerot $+ H^+$. Die CO-ärmeren Chromcarbonyle besitzen typ. Carbonyleigenschaften. Unter O_2-Ausschluß sind die orangeroten alkal. Lsgg. recht beständig, Säuren zers. rasch unter Gelbfärbung u. H_2-Entw., gleichzeitig scheidet sich $Cr(CO)_6$ aus. Mit Pyridin, o-Phenanthrolin u. a. entstehen die von Hieber u. Mühlbauer (Z. anorg. Chem. **221**. [1935.] 337) beschriebenen Derivv. des Chromcarbonyls. Beim trockenen Erhitzen sublimiert Hexacarbonyl. (Z. Naturforsch. **7b**. 320—21. Mai 1952. München, TH, Anorgan.-chem. Labor.) Gehlen-Keller. 335

Helmut Behrens, *Neuartige Reaktionen der Metallcarbonyle mit Alkalimetallen.* Vf. untersucht das Verh. reiner Metallcarbonyle u. Metallcarbonylhalogenide gegenüber Na in fl. NH_3. Ist die Anzahl der CO-Gruppen im Carbonyl gleich derjenigen im *Carbonylwasserstoff* (I), so erfolgen die Umsetzungen nach: $[Me(CO)_n]_x + yNa = xNa_y \cdot [Me(CO)_n]$. Aus $[Co(CO)_4]_2$ bzw. $[Fe(CO)_4]_3$ wird $[Co(CO)_4]Na$ bzw. $[Fe(CO)_4]Na_2$ erhalten. Ist die Anzahl der CO-Gruppen größer als die in I, so erfolgt teilweise CO-Substitution durch Na. Aus $Fe(CO)_5$ u. 2 Na entsteht in quantitativer Umsetzung $[Fe(CO)_4]Na_2$ u. CO. Ebenso setzt sich Enneacarbonyl, $Fe_2(CO)_9$ mit Na um. Ist die Anzahl der CO kleiner als die in I, wird im Falle von $[Co(CO)_3]_4 + 3\,Na = 3\,Na[Co(CO)_4] + Co$ erhalten. Zu den Rkk. von Hexacarbonylen der Chromgruppe u. mit $Ni(CO)_4$ mit Na wurden orientierende Verss. unternommen. In allen Fällen erfolgt Rk. unter teilweiser Abgabe von CO. $Cr(CO)_6$ gibt ein gelbes, in fl. NH_3 lösl. Reaktionsprod., $Ni(CO)_4$ eine tiefrote Lösung. Die Metallcarbonylhalogenide setzen sich in ähnlicher Weise mit Na um. $Fe(CO)_4J_2 + 4\,Na = [Fe(CO)_4]Na_2 + 2\,NaJ$. (Z. Naturforsch. **7b**. 321—22. Mai 1952. München, TH, Anorgan.-chem. Labor.) Gehlen-Keller. 355

Marcel Mathis, *Untersuchung über den Wärmezerfall und die Hydrierung der Nitride von Nickel, Kobalt, Eisen, Molybdän, Wolfram.* Es werden Nitride des Ni, Co, Fe, Mo u. W durch Überleiten von NH_3 über das erhitzte Metallpulver (bei Ni über $NiCl_2 \cdot 6\,NH_3$) hergestellt, röntgenograph. untersucht u. der Wärmespaltung im Vakuum oder im H_2-Strom unterworfen. Es wird bei festgelegter Temp. gearbeitet u. der Gewichtsverlust in Abhängigkeit von der Zeit aus dem Druck des freiwerdenden N_2 bzw. durch Titrieren des entstandenen NH_3 mit HCl bestimmt. Man erhält so für jedes Nitrid ein charakterist. Netz von Isothermen, deren Stufen intermediär gebildete Nitride erkennen lassen; die durch Punkte auf den Isothermen bestimmten Halbwertszeiten sind eine exponentielle Funktion der Temperatur. Durch die entsprechende logarithm. Gerade wird die Reaktionsschwelle festgelegt. Nach der Pyrolyse wird die Druckänderung beim Abkühlen verfolgt. — Schließlich wird noch der Angriff der Nitride durch Säuren untersucht. — Das *Nickelnitrid, NiN_3*, wird aus $NiCl_2 \cdot 6\,NH_3$ im schnellen NH_3-Strom bei 350° (8 Std.) erhalten. Es ist ein metall., grauschwarzes Pulver, nicht ferromagnet., Isothermen regelmäßig, kein Haltepunkt. Temperaturschwelle der Rk. 290°, Druckänderung beim Abkühlen linear. Zerfall verläuft ohne Zwischenstufe zum Ni u. ist irreversibel. In Ggw. von H_2 setzt Zerfall bei 115° ein. Bei Einw. von HCl, H_2SO_4, $HClO_4$ oder H_3PO_4 wird der gesamte N als NH_4-Salz gebunden u. H_2-frei, konz. HNO_3 greift heftig, NaOH in wss. Lsg. oder Schmelze greift nicht an. Struktur hexagonal in Übereinstimmung mit der Arbeit von Juza u. Sachsze (C. **1944**. II. 517), D. 7,61. — *Kobaltnitride*: *CoN_2* aus Co-Pulver (Herst. durch Red. von CoO bei 360°) mit schnellströmendem NH_3 bei 390° (24 Std.). Die Isothermen zeigen eine Änderung des Verlaufes bei einem Gewichtsverlust, der der Bldg. von Co_3N entspricht; Temperaturschwelle des Zerfalls 210°. In Ggw. von H_2 dagegen Isothermen regelmäßig u. ununterbrochen. Angriff durch Säuren analog wie bei Ni_3N. — *Co_3N* durch gelenkte Pyrolyse von Co_2N bei 280° (60 Std.). Wärmezerfall führt, auch in Ggw. von H_2, direkt zum Co; Temperaturschwelle 250 bzw. 110°. Lineare Druckänderung beim Abkühlen; die Rkk. $6\,Co_2N \rightarrow 4\,Co_3N + N_2$; $2\,Co_3N \rightarrow 6\,Co + N_2$ sind irreversibel. CO_2N ist rhomb., Co_3N hexagonal, Röntgenspektren stimmen mit denen beider Verbb. von Juza u. Sachsze (vgl. C. **1948**. I. 22) überein. Beide Nitride sind metall., graue Pulver, nicht ferromagnet. — ***Eisennitride***: ***Fe_2N***, bildet sich leicht aus Fe-Carbonyl-Pulver im langsamen NH_3-Strom bei 420°, metall.-grau, nichtferromagnet; Wärmezerfall in 3 Stufen (im 1. Teil schneller verlaufend) über die Nitride Fe_3N u. Fe_4N; ersteres wird nur bei sehr langsamer therm. Zers. u. hinreichend niedriger Temp. beobachtet (bei 350° nach 21 Tagen). In Ggw. von H_2 keine Zwischenstufe zwischen Fe_2N u. Fe auf den Isothermen erkennbar, Temperaturschwelle 205° (gegen 330° ohne H_2). ***Fe_4N*** aus Fe_2N im Vakuum bei 380° in 5 Tagen. Aussehen wie Fe_2N. Zerfall ohne Zwischenstufe zum Fe; Temperaturschwelle 370°, mit H_2 210°, Druckänderung nach der Pyrolyse linear. In Übereinstimmung mit der Literatur Fe_4N kub. u. Fe_2N hexagonal; Verh. gegen Säuren wie das der anderen Nitride. An der Luft werden beide unter N-Verlust zu braunen Prodd. oxydiert, Fe_4N leichter als Fe_2N, aber weniger leicht als Fe. W. in Ggw. von Luft greift Fe_4N unter Bldg. einer braunen Abscheidung an, Fe_2N bleibt unverändert. — ***Molybdän-*** u. ***Wolframnitride***: Die Ergebnisse sind hier weniger sicher, die N-Gehh. der Nitrierungsprodd. schwanken, Röntgenspektren sind unscharf u. zur Strukturbest. nicht brauchbar. Im NH_3-Strom bei 700° gibt Mo ein Prod., dessen N-Geh. annähernd Mo_3N_2 entspricht; für die Prodd. aus W liegen die Analysen zwischen W_2N u. W_3N. Die Prodd. sind gegen therm. Zers.

wesentlich beständiger als die anderen Nitride; erst ab 600° setzt der Zerfall ein. Er ist für „Mo_3N_2" (bei 850°) durch einen längeren Halt nach Verlust von 2% N — entsprechend einem Nitrid Mo_2N — charakterisiert. H_2 erleichtert auch hier Abgabe des N. Säurebeständigkeit größer als bei den anderen Nitriden; Angriff erfolgt durch HNO_3–HF u. durch kochende H_2SO_4 (66° Bé). (Bull. Soc. chim. France, Mém. [5] **18.** 443—51. Mai/Juni 1951. Paris, Fac. des Sci., Labor. du Pr. Chrétien.) v. Dechend. 356

R. Vogel, *Über Rhabdit und Schreibersit.* An Hand des Zustandsdiagrammes Fe–Ni–P wird die Bldg. von Schreibersit u. Rhabdit untersucht, die Glieder der Mischkristallreihe Fe_3P–Ni_3P sind. Beide scheiden sich im festen Zustand aus, Schreibersit auch aus der Schmelze. Die abgerundeten Formen des Schreibersits sind jedoch keine Tropfen, sondern entstehen durch Ausscheidung bei hoher Temperatur. Hierzu muß örtlich eine höhere P-Konz. vorhanden sein. Das gemeinsame Vork. von Schreibersit mit *Troilit* bzw. *Cohenit* wird am Zustandsdiagramm Fe–P–S bzw. Fe–P–C gedeutet. Die Gefügeerscheinungen durch Auflösung von Fe-Ni-Phosphid, die ein wichtiges Merkmal für wiedererhitztes Eisen bilden, werden an Hand des Syst. Fe–Ni–P erklärt. (Neues Jb. Mineralog., Abh. **84.** 327—49. Sept. 1952. Göttingen, Metallograph. Labor.) Hiller. 356

Gmelins Handbuch der Anorganischen Chemie. 8. Aufl., herausgegeben vom Gmelin-Institut in Clausthal-Zellerfeld. System-Nr. 9: *Schwefel.* Teil B, Lieferung 1. *Hydride und Oxyde des Schwefels.* Weinheim/Bergstraße: Verlag Chemie G. m. b. H. 1953. (I, XI + 372 S. m. 75 Abb.) DM 122,50.

Im Teil B werden die Verbb. des Schwefels, und zwar in der vorliegenden Lieferung die Hydride (H_2S, HDS, D_2S, HS und DS sowie die Wasserstoffpersulfide) und die Oxyde des Schwefels (Verbrennungsreaktion des S, System Schwefel–Sauerstoff, SO, S_2O_3, SO_2, SO_3) in der bekannten Gmelin-Anordnung und mit großer Präzision behandelt. Den Schluß bilden die beiden höheren Schwefeloxyde S_2O_7 und SO_4. Die Literatur ist bis Ende 1949 berücksichtigt. Pflücke. 253

C. Mineralogische und geologische Chemie.

K. E. Bullen, *Über die Dichte und die Kompressibilität bei Drucken über 30 Millionen Atmosphären.* Vf. setzt sich mit dem Modell der Erde nach Elsasser (Rev. mod. Phys. **21.** [1949.] 625) auseinander, welches sich von dem von ihm angenommenen wesentlich unterscheidet, bes. sind die Annahmen über den Zustand der äußeren Hülle des Erdkerns nicht miteinander zu vereinigen. (Monthly Notices Roy. astronom. Soc., geophys. Suppl. **6.** 383—401. Sept. 1952. Sydney, Univ.) Ensslin. 372

Robert D. Allen, *Schwankungen der chemischen und physikalischen Eigenschaften von Fluorit.* Es werden 39 verschied. Fluorite auf ihre Farbe, Brechungsindex, Gitterkonstanten, Chemismus, Beeinflussung durch Röntgenstrahlen, ultramkr. u. Fluorescenzerscheinungen untersucht. Spektrograph. wurden folgende Elemente gefunden: *Be, Na, Mg, Al, Si, Mn, Fe, Cu, Sr, Y, Zr, Ag, Ba, La, Eu, Yb* u. *Pb.* Von diesen ist Sr mit 0,05—0,5% immer vorhanden, Mg, Al, Mn u. Y meistens. Die Gitterkonstanten für synthet. Fluorit opt. Reinheit ist a = 5,46295 bei 28° u. zeigt keine bedeutenden Veränderungen. Die Gesamtveränderung des Brechungsindex beträgt (D-Linie, 20°) 0,00111. Fluorite mit Hauptabsorption bei langen Wellenlängen zeigen niedrige Brechungsindices u. umgekehrt. Die niedrigen Brechungsindices werden durch *F*-Defizit u. koll. *Ca*, die hohen durch Ca-Überschuß in Hohlräumen erklärt. Vf. nimmt an, daß das Absorptionsmaximum bei kurzen Wellenlängen durch Farbzentren hervorgerufen wird. Sind die Zentren klein, mittel, groß, so hat der Fluorit grüne, blaue, violette Farbe. Das Licht wird hierbei an Aggregaten neutraler Ca-Atome gestreut. Durch Röntgenbestrahlung wird meist blaue Farbe erzeugt, nur die gelben oder braunen werden blauschwarz. Die Ca-Atome, die die F-Zentren in den letzteren bilden, werden zu koll. Teilchen zusammengeschlossen u. erzeugen die blaue Farbe. (Amer. Mineralogist **37.** 910—30. Nov./Dez. 1952. Claremont, Calif.) Hiller. 380

George Switzer, *Guadarramit diskreditiert.* Guadarramit vom Originalfundort vom Monte de Lagasca, Spanien, zeigt ein mit *Ilmenit* ident. Röntgenogramm. Es ist auch nicht radioakt., sondern die Radioaktivität kommt von am gleichen Stück vorkommenden *Monazit.* Der Name muß gestrichen werden. (Amer. Mineralogist **37.** 1061. Nov./Dez. 1952. Washington, U. S. National Museum.) Hiller. 380

Mary E. Mrose, *Hurlbutit, $CaBe_2(PO_4)_2$, ein neues Mineral.* Ausführliche Darst. der C. **1953.** 3853 referierten Arbeit. Nachgetragen ist die chem. Zus. des Hurlbutits: CaO 21,84, BeO 21,30, P_2O_5 56,19, unlösl. 0,76%. (Amer. Mineralogist **37.** 931—40. Nov./Dez. 1952. Salem, State Teachers College, u. Cambridge, Mass., Harvard Univ.) Hiller. 380

C. J. Payne, *Sinhalit — ein neues Mineral und ein neuer Edelstein.* Sinhalit — ein neues, bisher nur in Ceylon gefundenes Mineral — ist ein Mg–Al-Borat, dessen Farbe je nach dem auftretenden Fe-Geh. zwischen hell Gelbbraun oder Strohfarben über

Goldbraun bis Schwarz variiert. Das rhomb.-holoedr. kristallisierende Mineral hat ausgesprochenen Pleochroismus mit α tiefbraun, β grün u. γ hellbraun in tiefgefärbten Stücken. Die Brechungsindices u. die Dichten für verschieden gefärbte Proben sind tabellar. zusammengestellt. Eine chem. Analyse ergab B_2O_3 24,2(%); Al_2O_3 41,0; Fe_2O_3 2,0; MgO 32,3; H_2O 0,3. Obwohl chem. vollkommen verschieden von Olivin, sind Elementarzellen u. Achsenverhältnisse sehr ähnlich. Sinhalit hat a = 4,328 Å; b = 9,878 Å, c = 5,675 Å. Die Daten des Absorptionsspektr. sind tabellar. angegeben. (Gemmologist **21.** 177—81. Okt. 1952.) GOTTFRIED. 380

Charles J. Vitaliano und **Brian Mason,** *Stibiconit und Cervantit.* Vff. untersuchen 33 Vorkk. von Stibiconit (I) (Antimonocker) chem. u. physikalisch. I ist kub. mit a = 16,26 Å u. hat eine Struktur des Pyrochlortyps. Die Formel ist $(Sb^{3+}, Ca)_y Sb^{5+}\cdot(O, OH, H_2O)_{6-7}$ mit y nahe 1 u. x zwischen 0 u. 1. Analyse (Material von Palotes district, Duranjo, Mexiko): Sb 62,5, O 19,6, CaO 8,56, H_2O 0,77, H_2O^+ 3,67, SiO_2 3,65, Al_2O_3 0,07, Fe_2O_3 0,06, MgO 0,05%. Die D. schwankt zwischen 3,3—3,5, der Brechungsindex von 1,62—2,05. Cervantit ist ein späterer Name u. sollte gestrichen werden. *Volgerit, Stibianit* u. *Hydroromeit* sind Synonyme mit I. *Arsenostibit* ist ein Arsenstibiconit. *Stibioferrit, Rivotit* u. *Barcenit* sind Gemenge. (Amer. Mineralogist **37.** 982—99. Nov./Dez. 1952. Bloomington, Ind., Univ.) HILLER. 380

F. H. S. Vermaas, *Zunyit von Postmasbury, Südafrika.* Vf. untersucht Zunyit aus Tonen u. Sandstein bei Postmasbury. Er hat ein kub.-flächenzentriertes Gitter mit mit a = 14,034 Å. $D_{gemessen} = 2{,}87$, $D_{berechnet} = 2{,}85$. Formel: $Al_{13}Si_5O_{20}(OH,F,Cl)_{18}$. Analyse: SiO_2 24,10, Al_2O_3 56,85, Fe_2O_3 1,45, MgO 0,30, CaO 0,20, Na_2O 1,45, K_2O Spuren, Cl_2 4,80, F_2 0,40, P_2O_5 0,25, H_2O 11,65, H_2O 0,35%; $n_{Na} = 1{,}600$. Die d-Werte der Pulveraufnahme u. die Indizierung wird angegeben. Beim Erhitzen auf 1100° bildet sich *Mullit.* (Amer. Mineralogist **37.** 960—65. Nov./Dez. 1952. Pretoria, Geolog. Survey of the Union of South Africa.) HILLER. 380

Gerhard Rein, *Der Werdegang des Orthits in der magmatischen und metamorphen Abfolge des mittleren Schwarzwaldes.* An verschied. Gesteinen des Schwarzwaldes wird der Orthit im Hinblick auf seine Verbreitung in den Gesteinstypen, seine Kornform, Korngröße, Optik u. Chemismus untersucht. Es lassen sich hieraus Schlüsse für die Petrogenese der Gneise bes. in den älteren, präanatekt. Bildungsstadien ableiten. In den orthitführenden Kalksilicatgneisen von Wildschapbach ist der Orthit in den peripheren Teilen eines alten Intrusionskörpers unter kontakt-pneumatolyt. Bildungsbedingungen ausgeschieden. Im orthitführenden Mischgneis ist er kataklast., also bei relativ niedriger Temp. verformt, während er im Orthoklasmetablastit vom Zinken teilweise vis völlig regeneriert, also später wieder unter höhere Temperaturbedingungen gekommen ist. In den jüngsten Deformationszonen schließlich ist er zerbrochen u. zum Teil diapthorit. verändert. Es zeichnet sich in dem Wechsel von Kristallisation u. Deformation der Rhythmus größerer Bewegungen der Erdkruste ab. (Neues Jb. Mineralog., Abh. **84.** 365—435. Sept. 1952. Freiburg/Br., Univ., Mineralog. Inst.) HILLER. 385

Elisabeth Jérémine und **Edouard Roch,** *Genaue Angaben über den Perthit-Syenit von Baïbokoum und den Perthit-Granulit von Passi (südliches Tschad-Territorium).* Eine frühere Arbeit (C. **1953.** 1305) wird durch Angaben über die Lagerstätte dieser Gesteine u. andere am Ort gemachte Beobachtungen ergänzt. Als neue wichtige Tatsache wird festgestellt, daß gewisse Syenite gequetscht sind. Es erfolgte eine Myolinitisierung, die sich darin zeigt, daß Bruchstücke von Mineralien in einer unbestimmbaren kryptokristallinen M. eingeschlossen sind. (C. R. somm. Séances Soc. géol. France **1952.** 251—54.) HALLER. 385

Lodovico Edlmann, *Zu der von A. Comel veröffentlichten „Kritischen Prüfung italienischer Untersuchungen über die rote Erde“.* Gegenüber COMEL (N. Ann. Ist. Chim. Agr. sper. di Gorizia, 1952) weist Vf. darauf hin, daß er in jedem einzelnen Fall seiner Unterss. über „rote Erden“ über die zur Bldg. des roten Rückstandes führende Säurebehandlung genaue Angaben gemacht habe, u. erläutert die Eigg. der bei den verschied. untersuchten Proben gefundenen Rückstände aus roten u. schwarzen Erden. (Ricerca sci. **23.** 223—25. Febr. 1953. Firenze, Univ., Ist. di Geol. appl.) R. K. MÜLLER. 385

D. Organische Chemie.

D_1. Allgemeine und theoretische organische Chemie.

L. E. Orgel, *Elektronenstruktur und Spektrum einiger Moleküle, die sauerstoffähnlich sind.* Während bei O_2 der Grundzustand ein $^3\Sigma_g^-$-Zustand ist u. die beiden Anregungszustände die Formen $^1\Delta_g$ bzw. $^1\Sigma_g^+$ haben, vermindert sich, wie Vf. zeigt, bei dem isoelektron. Mol. HNO der Energieinhalt des $^1\Delta_g$-Zustandes mit steigendem H—N-Ab-

stand. Der $^3\Sigma_g-^1\Delta_g$-Übergang beim O_2 wird durch einen Singlett–Triplett ($\sigma-\pi$)-Übergang ersetzt, daneben tritt ein neuer Singlett–Singlett ($\sigma-\pi$) -Übergang (**A**) auf. In beiden Fällen sind die π_g-Elektronen im Grundzustand in einer Ebene, in den Anregungszuständen gleichmäßig in dieser Ebene u. senkrecht dazu verteilt. Die Banden mit E_{max} 10—100 bei *Nitrosoverbb.*, *Nitriten*, *Nitrosaminen* u. *NOCl* schreibt Vf. dem Übergang **A** zu, auch die Absorption von *Azoverbb.* bei 25000 cm^{-1} kann darauf zurückgeführt werden. (J. chem. Soc. [London] **1953**. 1276—78. April. Oxford, Magdalen Coll.)
KRESZE. D 118

D. N. Schigorin, *Raman-Spektren der Hydrochloride von Amidinen und Imidoäthern.* Vf. gibt tabellar. die RAMAN-Frequenzen der Hydrochloride von *Guanidin*, *Acetamidin* (I), *Benzamidin* (II) u. *Diphenylacetamidin* (III) in salzsaurer Lsg., sowie der von $CH_3-C(R)=NH$ (IV), $C_6H_5-C(R)=NH$ (V), $C_6H_5-NH-C(R)=NH$ (VI) ($R = OC_2H_5$). Aus der Erniedrigung der C=N-Frequenz beim Übergang zur $-C\langle{}^{N}_{N}$-Frequenz entsprechend dem Übergang vom Mol. zum Hydrochlorid für **I**—**III** (bei **I** beispielsweise 1640 cm^{-1} → 1568 cm^{-1}) u. aus der C=N-Frequenzerniedrigung beim Übergang vom Mol. zum Ion für **IV**—**VI** sowie $C_6H_5-CH=N-OH$ u. $C_6H_5C(CH_3)=N-OH$ schließt Vf. auf den Bau des Amidiniumions $R-C\langle{}^{\overset{(+)}{N}H_2}_{\underset{(+)}{N}H_2}$. (Журнал Физической Химии [J. physik. Chem.] **25**. 798—802. Juli 1951. Moskau, Physikal.-Chem. Karpow-Inst.)
AMBERGER. D 120

D. J. Bell, *Thermische Mutarotation einiger methylierter D-Fructosen.* Vf. untersucht die Änderung des Gleichgewichtswertes von $[\alpha]_D$ verschied. Monosaccharide mit der Temperatur. Die Änderung von $[\alpha]_D$ bei einem Temperaturanstieg von 1° zwischen den Tempp. t_1 u. t_2 wurde mit $[^{t_1}\Delta^{t_2}]_D$ bezeichnet. Für methylierte D-Fructosederivv. wurde gefunden: *1-Methyl-* (Sirup, n_D^{20} 1,5066) ($[\alpha]_D^{20}$) $-63,3°$; ($[^5\Delta^{30}]_D$) $+0,450$; *3-Methyl-* (aus A., F. 129°) $-61,3°$; $+0,700$; *1.3.4-Trimethyl-* (I), $-55,7°$; $-0,820$; *1.3.4.5-Tetramethyl-* (II), $-122°$; $+0,112$; *3.4.6-Trimethyl-* (III), $+29,5°$; $-0,130°$; *1.3.4.6-Tetramethyl-D-fructose* (IV) $+30,3°$, $-0,169°$. Höhere Werte für $[\Delta]_D$ ergeben sich für Zucker, die sowohl in der Pyranose- als auch in der Furanose-Form existieren können, verglichen mit Zuckern, die nur in einer Ringform vorkommen. Bei den letzten beruht die „therm. Mutarotation" (**M**) auf einer Änderung des anomeren Gleichgewichts, der gleiche Grund gilt wahrscheinlich auch teilweise für die andere Gruppe. — Die **M** tritt im übrigen bei Monosacchariden u. ihren Derivv. auf, die in bezug auf den Ring mit der zu reduzierenden Gruppe Arabosekonfiguration besitzen u. beim Übergang Pyranose ⇌ Furanose ident. stereoisomere Veränderungen erleiden. Zucker mit einer symm. Anordnung der Radikale um den Pyranosering zeigen keine **M**. — *1.3.4.6-Tetramethyl-D-fructose* (IV), $Kp._{0,01}$ 70°, durch Chromatographie des Hydrolysats von methyliertem Irisin; n_D^{20} 1,4506. — *1.3.4.5-Tetramethyl-D-fructose* (II), F. 99° (Ae.), durch Methylierung von β-Methyl-D-fructopyranosid u. nachfolgende Hydrolyse. — *3.4.6-Trimethyl-D-fructose* (III), Sirup, durch Chromatographieren von hydrolysiertem Trimethylinulin, n_D^{20} 1,4651. — *1.3.4-Trimethyl-D-fructose* (I), F. 73—75° (CCl_4), aus dem Hydrolysat vom methylierten Gras-Levan. Sämtliche Messungen in W. zwischen 0 u. 30°, Zuckerkonz. 2—8% (kein Konzentrationseffekt). (J. chem. Soc. [London] **1953**. 1231—33. April. Cambridge, Biochem. Labor.)
PAULIG. D 122

O. Schnepp und **D. S. McClure,** *Eine Schwingungsanalyse der Fluorescenz von Naphthalindampf.* Ausführliche Mitt. über die C. **1953**. 1622 referierte Arbeit. (J. chem. Physics **20**. 1375—83. Sept. 1952. Berkeley, Calif., Univ. of California, Dep. of Chem. and Chem. Engng.)
RUDOLPH. D 125

Earl H. Gilmore, *Die spektrale Energieverteilung der Fluorescenz von Natrium-Fluorescein.* (Sitzungsbericht.) Mittels Monochromator u. Elektronenvervielfacher werden die Emissionen von Na-Fluoresceinlsgg. verschied. Konzz. gemessen u. die reine, nicht durch Selbstabsorption verfälschte spektrale Emissionsverteilung ermittelt. Diese gleicht nahezu der von NICHOLS u. MERRITT (Physic. Rev. [2] **30**. [1910.] 328) visuell gemessenen Emission. (Physic. Rev. [2] **88**. 174. 1/10. 1952. Inyokern.) RUDOLPH. D 125

N. A. Bogomolow und **N. N. Stepanenko,** *Dielektrische Verluste und Absorptionskoeffizienten von Dioxan.* Die mit der Meth. von DRUDE u. COOLIDGE gemessenen Werte der DK. (ε) u. der Polarisation (P, cm^3) von *Dioxan* betrugen bei $\lambda = 1,5$ m u. den Tempp. t°: t° (ε; P) $-12°$ (2,26; 24,5); 0° (2,29; 25,1); 5° (2,35; 26,2); 10° (2,37; 26,5); 18° (2,29; 25,6); 34° (2,26, 25,5); 45° (2,23; 25,4). Hierbei waren $D.^{20}_4$ 1,0316; Kp. 101,2°; n_D^{18} 1,423. Bei $\lambda = 63,5$ cm u. $D.^{22}_4$ 1,0348 wurde gemessen: t° (ε; P) $-6°$

(2,21; 24,0); 0° (2,26; 24,7); 6° (2,31; 25,5); 10° (2,34; 26,0); 17° (2,29; 25,5); 45° (2,23; 25,2) u. 79° (2,18; 24,9). Vff. schließen auf Grund des Ganges der Polarisation auf den nichtpolaren Charakter von Dioxan. Die Absorptionskoeffizienten von Dioxan waren in dem untersuchten Temperaturbereich gleich Null. (Журнал Физической Химии [J. physik. Chem.] **26**. 1664—65. Nov. 1952. Moskau, 2. Med. Inst.) Amberger. D 132

G. Briegleb und **A. Bieber**, *Dissoziationskonstanten substituierter Benzoesäuren bei verschiedenen Temperaturen und thermodynamische Größen der Säuredissoziation (Potentialmessungen an Ketten ohne Flüssigkeitspotentiale).* Um die Abhängigkeit der Säuredissoziationskonstanten K von der Konst. aufzuklären, ermittelten Vff. potentiometr. unter Verwendung des abgeänderten Verf. von Harned u. Ehlers (J. Amer. chem. Soc. **54**. [1932.] 1355) zwischen 15 u. 45° die K von *Benzoesäure* (**I**), *m-* u. *p-Cyan-* (**II** u. **III**), *m-* u. *p-Chlor-* (**IV** u. **V**), *m-* u. *p-Brom-* (**VI** u. **VII**), *p-Oxy-* (**VIII**) u. *p-Nitrobenzoesäure* (**IX**). Hierzu wurde unter sauerstofffreiem N_2 u. mit O_2-freien Lsgg. mit der Kette Ag/AgCl/NaCl, NaX, HX, Chinhydron/Pt unter Ausschaltung von Flüssigkeitspotentialen gearbeitet (X = Säurerest). Die K zeigen ein Maximum im untersuchten Temperaturbereich [in () K_{max}, Temp.] **I** (6,13·10^{-5}; 20°); **II** (2,53·10^{-4}; 30°); **III** (2,81·10^{-4}; 20—25°); **IV** (1,50·10^{-4}; 25°); **V** (1,04·10^{-4}; 30—40°); **VI** (1,55·10^{-4}; 25°); **VII** (9,97·10^{-5}; 35°); **VIII** (2,65·10^{-5}; 30°) u. **IX** (3,63·10^{-4}; 30°). Vff. berechneten ferner die Änderung der Enthalpie, Entropie u. freien Enthalpie bei der Dissoziation für die untersuchten Säuren sowie für *m-Nitro-*, *m-Jod-* u. *m-Oxybenzoesäure*, *m-* u. *p-Toluylsäure.* (Z. Elektrochem. angew. physik. Chem. **55**. 250—59. April 1951. Würzburg, Univ., Chem. Inst.) Gnauck. D 139

G. Edwards, *Der Dampfdruck von Tetranitromethan.* Mittels einer stat. manometr. Meth. bestimmt Vf. den Dampfdruck von Tetranitromethan im Temperaturintervall von 40—100° in Abständen von jeweils 10°. Die Meßergebnisse können durch die Gleichung $\log_{10}p = 7{,}23 - 2130/T$ wiedergegeben werden. Sie stehen in guter Übereinstimmung mit den von Menzies nach einer anderen Meth. gemessenen Werten (J. Amer. chem. Soc. **41**. [1919.] 1336). Aus der Gleichung ergibt sich eine latente Verdampfungswärme von 9,7 kcal/Mol. (Trans. Faraday Soc. **48**. 513—15. Juni 1952. Glasgow, Royal Technical Coll.) E. Heinrich. D 150

E. R. Hopke und **G. W. Sears**, *Dampfdrucke unter 1 mm Hg mehrerer aromatischer Verbindungen.* Vff. bestimmen die Dampfdrucke der 3 isomeren *Picoline* u. von *p-Di-tert.-butylbenzol* in einem Druckbereich von annähernd 5—250·10^{-3} mm Hg unter Verwendung eines Rodebush-Manometers sowie von Effusionsmanometern. Die experimentellen Ergebnisse beider Methoden zeigen gute Übereinstimmung. Vff. vergleichen beide Manometer u. diskutieren die Vorteile jeder Methode. Die Ergebnisse werden graph. dargestellt u. lassen sich durch die Gleichungen wiedergeben, in denen P = Druck in 10^{-3} mm Hg, T = absol. Temp. u. L = Verdampfungs- bzw. Sublimationswärme in kcal/Mol: *α-Picolin*: $\log P = 1164{,}1/(T - 71{,}0) + 9{,}106$; L = 9,0 (—38°); *β-Picolin*: $\log P = -3246{,}9/T + 15{,}120$; L = 14,9 (—45 bis —19°); *γ-Picolin*: $\log P = -3277{,}6/T + 16{,}121$; L = 15,0 (—43 bis —16°); *p-Di-tert.-butylbenzol*: $\log P = -4346{,}4/T + 15{,}746$; L = 19,8 (12—52°). (J. chem. Physics **19**. 1345—51. Nov. 1951. Durham, N. C., Duke Univ., Dep. of Phys.) Freiwald. D 150

George T. Furukawa, Robert E. McCoskey und **Gerard J. King**, *Calorimetrische Eigenschaften der Benzoesäure zwischen 0 und 410° K.* In einem adiabat. Vakuumcalorimeter wurde die spezif. Wärme C_p zwischen 14 u. 410° K u. die Schmelzwärme von *Benzoesäure* bestimmt. Zwischen 0 u. 14° K wurde für C_p die Interpolationsformel $C_p = 38{,}97 \cdot D\,(116{,}1/T)$ verwendet; für 298,16° ist die Entropie 167,59 J/Grad·Mol. Die Schmelzwärme beträgt 18,000 kJ/Mol, die Bildungsentropie u. -enthalpie —469,25 ±0,37 J/Grad·Mol bzw. —385,19 ±0,46 kJ/Mol; die freie Bildungsenthalpie —245,28 ±0,47 kJ/Mol. (J. Res. nat. Bur. Standards **47**. 256—61. Okt. 1951. Washington, D. C., Nat. Bur. of Stand.) Wittig. D 152

Toshio Tanaka, Ukiko Takahashi, Rokuro Okawara und **Takeo Watase**, *Verbrennungs- und Bildungswärme einiger Organosiliciumverbindungen.* In einem mit Standard-Benzoesäure geeichten Verbrennungscalorimeter wurden die Verbrennungswärmen einiger Organosiliciumverbb. auf ±0,10% bestimmt u. daraus die Bildungswärmen berechnet. Es ergeben sich als Bildungswärmen für $[(CH_3)_2SiO]_3$ —356,5, für $[(C_6H_5)_2SiO]_3$ —232,4, für $(C_2H_5)_2 \cdot Si(OH)_2$ —219,5, für $(CH_3)_2Si(OC_2H_5)_2$ —197,5 u. für $(n\text{-}C_3H_7)_2Si(OC_2H_5)_2$ —240,6 kcal/Mol. Die experimentell bestimmten Werte werden mit den Ergebnissen theoret. Rechnungen verglichen, es ergeben sich zum Teil erhebliche Abweichungen. (J. chem. Physics **19**. 1330. Okt. 1951. Osaka, Japan, Osaka Univ., Inst. of Ind. Chem., Fac. of Engng.) Wittig. D 155

A. M. Posner, J. R. Anderson und **A. E. Alexander**, *Die Oberflächenspannung und das Oberflächenpotential wässeriger Lösungen von normalen aliphatischen Alkoholen.* Vff.

führen erstmalig vollständige Messungen der Oberflächenspannung u. des Oberflächenpotentials als Funktion der Konz. u. der Temp. für eine homologe Reihe n. aliphat. Alkohole (*n-Butyl-*, *n-Amyl-*, *n-Hexyl-*, *n-Heptyl-* u. *n-Octylalkohol*) durch. Die Ergebnisse lassen sich in eine 2-dimensionale Zustandsgleichung einordnen. Die Oberflächenspannungsmessungen werden hinsichtlich ihrer Übereinstimmung mit den entsprechenden Ergebnissen der Oberflächenpotentialmessungen verglichen. Aus der Temperaturabhängigkeit der Oberflächenspannung können die Zahlenwerte für Δ H (Enthalpie), Δ S^0 (Entropie) u. Δ G^0 (freie Adsorptionsenergie) für den Adsorptionsprozeß berechnet werden. Die Ergebnisse werden mit der Thermodynamik der Lsgg. in Beziehung gebracht. Die mol. Konfiguration in der Oberfläche wird versuchsweise abgeleitet. Vff. stellen fest, daß die Oberflächenphase mehr der Lsg. als ihrem Dampf gleicht. Die negative Entropie der Adsorption aus dem Dampf ist sehr groß, u. es wird vermutet, daß diese hohen Werte eine Erklärung durch die Änderung der inneren Freiheitsgrade in dem KW-stoffanteil des Mol. u. durch die „cluster"-Bldg. im W. in nächster Nähe der gelösten Moll. findet. (J. Colloid Sci. **7**. 623—44. Dez. 1952. Cambridge, Dep. of Coll. Sci., u. Sydney, N. S. W., Univ. of Technol., School of Appl. Chem.) G. HEINRICH. D 166

Louis Robert, *Einteilung organischer Verbindungen auf Grund der verschiedenen Adsorbierbarkeit an festen Oberflächen.* Untersucht werden die Adsorptionsisothermen (bei 20°) von bin. Gemischen organ. Fll. an festen Oberflächen (Aktivkohle, Silicagel, Al_2O_3-Gel). 2 Typen von Isothermen werden festgestellt. Bei dem U-förmigen Typ wird die eine Komponente stets stärker adsorbiert ungeachtet der Konz., bei dem S-förmigen Typ existiert eine Konz., bei der die Komponenten in gleichem Verhältnis adsorbiert werden. Aus diesem Verh. läßt sich eine Einteilung gegenüber den 3 Adsorptivsubstanzen durchführen, woraus das Verh. der Komponenten bei der Trennung solcher Gemische durch Chromatographie im voraus ermittelt werden kann. Zur Unters. der Konzentrationsänderungen wurden die n-Werte der Gemische vor u. nach der Adsorption ermittelt. *Naphthalin* (I), gelöst in *Bzl.*, besitzt einen höheren Adsorptionsgrad als dieses. — Untersucht wurden I, *Tetralin, Bzl., Toluol, Xylol, Pentan, Hexan, Heptan, Octan, A., Methyl-, Isopropyl-, Butyl-* u. *Isoamylalkohol* sowie *n-Butylbenzol.* (C. R. hebd. Séances Acad. Sci. **233**. 742—44. 1/10. 1951.) BOYE. D 176

O. Klement, *Methode zur Bestimmung der Elektronenformel organischer Verbindungen.* 2. Mitt. (1. vgl. C. **1952**. 4430.) Unter Benutzung des HEITLER-RUMER-Verf. leitet Vf. Ausdrücke für die Elektronenverteilung (das Prod. $\psi\psi^*$) sowie für Bindungs- u. Atomindices, wie in der 1. Mitt., jetzt auch für Systeme aus mehrvalentigen Atomen ab. (Helv. chim. Acta **36**. 691—701. 30/4. 1953. Fribourg u. Zürich, Univv.) KRESZE. D 182

G. A. Jeffrey und **G. S. Parry,** *Nachweis für eine intramolekulare Anziehung zwischen Hydroxyl- und Carbonylsauerstoffatomen.* Aus den Kristallstrukturanalysen von *α-Oxalsäure* u. *Oxalsäuredihydrat* ist ersichtlich, daß die zentrale C—C-Bindung innerhalb der Fehlergrenze genau der Länge einer Einfachbindung entspricht. Es ist als sicher anzunehmen, daß kein nennenswerter Grad von π-Konjugation durch die zentrale Bindung hindurch vorhanden ist. Es ist daher die Frage zu klären, warum sowohl die wasserfreien α- u. β-Formen, sowie das Dihydrat vollkommen eben sind. In der wasserfreien α-Form wie in dem Dihydrat sind die Längen der C—O-Bindungen verschieden; die eine neigt mehr zur Doppelbindung, die andere mehr zur Einfachbindung. Wegen des Symmetriezentrums des Mol. muß zwischen den Bindungen trans-Konfiguration bestehen. Eine ähnliche transplanare Konfiguration tritt in den Moll. der kristallinen *Weinsäure* u. des *Traubensäurehydrats* auf. Die kristallograph. unabhängigen C(OH)COOH-Hälften sind ebenfalls innerhalb der experimentellen Fehlergrenzen planar. Aus Winkelmessungen folgt, daß die OH-Gruppen ebenfalls in trans-Stellung zueinander stehen. Die Argumente der VAN DER WAALSschen Kräfte allein sprechen gegen die ebene Anordnung, da sie einen O—O-Abstand von 2,65 Å enthält, der sich durch Rotation um die C—C-Bindung auf 2,95 Å vergrößern könnte, ohne andere intramol. Entfernungen zu beeinflussen. Es besteht auch keine Möglichkeit einer intramol. Bindung durch H-Atome, wie z. B. in Salicylsäure. Die einfachste Deutung über die Kräfte zwischen nichtgebundenen Atomen in dem gleichen Mol. ist die, daß, wenigstens im kristallinen Zustand, eine deutliche elektrostat. Anziehung zwischen den OH- u. den Carbonyl-O-Atomen besteht. (Nature [London] **169**. 1105—06. 28/6. 1952. Leeds, Univ., Dep. of Inorg. and Phys. Chem.) GOTTFRIED. D 182

W. J. Orville Thomas, *Die Fundamentalfrequenzen von FCN.* Von dem Vf. wurde kürzlich (vgl. C. **1952**. 5054) eine Meth. entwickelt, um einen physikal. plausiblen Bereich von Kraftkonstanten in einfachen Moll. zu erhalten. Man erhält die Kraftkonstanten als Funktionen eines Parameters p u. kann sie in graph. Form ausdrücken.

Mittels dieser Meth. wurden vom Vf. die Kraftkonstanten für die Reihe X·CN (X = CH, Cl, Br, J) hergeleitet. Die erhaltenen Werte sind tabellar. wiedergegeben. Trägt man r_{CN} gegen die At.-Geww. der Halogenverbb. graph. auf, so erhält man durch Extrapolation der Kurve für r_{CN} in FCN einen Wert von 1,165 Å. Durch Kombination mit den Werten von r_{CN} u. der Kraftkonstante f_{CN} in HCN erhält man für FCN die Kraftkonstante $f_{CN} = 17{,}5 \cdot 10^5$ Dyn/cm. Trägt man f_{CN} gegen das Ionisationspotential von X graph. auf, so erhält man für die Reihe X·CN eine gerade Linie, aus der man durch Extrapolation für f_{CF} einen Wert von $8{,}07 \cdot 10^5$ Dyn/cm erhält. Für f_{12} erhält man den Wert $0{,}45 \cdot 10^5$ Dyn/cm. Unter Benutzung der Standard-Frequenz-Kraftkonstantebeziehungen für lineare dreiatomige Moll. u. den obigen Werten für f_{CN}, f_{CF} u. f_{12} für FCN errechnen sich die folgenden Frequenzen: ν_1 (ν_{CN}) = 2294 cm^{-1} u. ν_3 (ν_{CF}) = 1052 cm^{-1}. (J. chem. Physics **20.** 920. Mai 1952. Aberystwyth, Wales, Univ. Coll., Edward Davies Chem. Labor.) GOTTFRIED. D 182

P. Ss. Pelkiss, *Tautomerie von Diphenylthiocarbazon* (*Dithizon*). Durch Methylierung von Diphenylthiocarbazon (I; Dithizon) entstand ein Monomethylierungsprod., dessen Absorptionsspektr. in Bzl. 2 Maxima (Max.), bei 545 u. 430 mμ hatte. Beim Chromatographieren von 0,6 g an Al_2O_3 in PAe. bildeten sich 2 Zonen, eine obere rote u. eine untere dunkelbraune, die getrennt mit Bzl. + Chlf. eluiert wurden u. 2 krist. Monomethylderivv. gaben: **IIa**, F. 127—128° (Zers.); ein einziges Max. in Bzl. bei 430 mμ; 0,2 g; **IIb**, F. 124°; ein einziges Max. in Bzl. bei 545 mμ; 0,4 g. Bei I ist Thioketon–Thiol-Tautomerie anzunehmen. Das Methylderiv. **IIb** muß sich von der Thioketonform ableiten, da sich Thioketone durch tiefere Färbung auszeichnen; es ist als das *N²-Methylderiv.* $C_6H_5NHN(CH_3)CSN{=}NC_6H_5$ anzusehen, während **IIa** das *S-Methylderiv.* $C_6H_5NHN{=}C(SCH_3)N{=}NC_6H_5$ ist. **IIb** geht in verschied. Lösungsmitteln in **IIa** über. Spektroskop. verfolgt, ist die Isomerisationsgeschwindigkeit in Bzl. anfangs groß; nach 20 Std. ist ein Gleichgewicht erreicht; im Spektr. sind dann beide Max. vorhanden. I selbst konnte chromatograph. nicht in die 2 Formen zerlegt werden. Die Thiolform allein liegt in der verd., gelben CH_3OH-Lsg., Max. bei 470 mμ, vor; diese Lsg. liefert die komplexen I-Metallverbb. u. mit Alkalihydroxyd die für I charakterist. roten Lösungen. Die auf Zugabe von Bzl. entstehende grüne Färbung der CH_3OH-Lsg. ist für die Thioketonform, Max. bei 620 mμ, charakterist.; in diesen Lsgg. liegen beide Formen vor. Bzl. wirkt hier wohl nur als Gleichgewicht verschiebendes Lösungsm.; vielleicht zerstört es aber den von TSCHERNITZKAJA (vgl. C. **1953.** 27) festgestellten Thiol-CH_3OH-Komplex. Die Absorptionsstärke an den Stellen der Max. wurde für einige Lösungsmittel ermittelt. Außer einer geringfügigen Verschiebung der Max. bei einigen zeigte sich, daß bei hoher DK. Absorption fast nur bei dem kürzerwelligen Max. erfolgt. — Für nachst. Thiocarbazone wurde die Lage der Max. in Bzl. bestimmt: *Diphenyl* (I)-, 450; 620, *Di-o-tolyl* (III)-, 470; 632, *Di-p-tolyl-*, 465; 630, *Di-m-tolyl-*, 465; 635, u. *Di-p-diphenylylthiocarbazon*, 480; 655 mμ. *Di-β-* (**IV**)- u. *Di-α-naphthylthiocarbazon* (**V**) haben nur 1 Max. bei 662 bzw. 683 mμ. Diejenigen Thiocarbazone, bei denen das kürzerwellige Max. schwach ausgebildet ist oder fehlt — schwache oder fehlende Ausbldg. der Thiolform —, z. B. **III, IV** u. **V**, sind in wss. Alkalilaugen weniger lösl., bilden innerkomplexe Schwermetallsalze bei höherem p_H u. sind gegen Oxydationsmittel beständiger im Vgl. mit **I**; **IV** u. **V** lösen sich sogar in 10%ig. Lauge nicht.

Versuche: Zur Methylierung wurden äquimol. Mengen I u. CH_3J in alkal. Lsg. bei Zimmertemp. zur Rk. gebracht. Das Methylierungsprod., $C_{14}H_{14}N_4S$, F. 122 bis 123°, bildet braune, metallglänzende Kristalle; die Lsgg. in organ. Lösungsmitteln sind violettrosa; 67% (Ausbeute). (Доклады Академии Наук СССР [Ber. Akad. Wiss. UdSSR] [N. S.] **88.** 999—1002. 21/2. 1953. Inst. für organ. Chem. der Akad. der Wiss. der UkrSSR.) R. KNOBLOCH. D 184

Neil Campbell, Andrew W. Henderson und **Duncan Taylor,** *Geometrische Isomerie von Azoverbindungen.* Vff. untersuchten das Verh. bin. Gemische aus *cis-Azobenzol* (**I**), *Azoxybenzol* (**II**) u. *Hydrazobenzol* (**III**) durch F.-Best. nach KOFLER u. durch Aufnahme der DEBYE-SCHERRER-Diagramme von **I** sowie von **II–III**-Gemischen. Sie fanden für **II** u. **III** ein Eutektikum bei 31,5°, für **I** u. **III** bei 58° u. für **I** u. **II** bei 19°. Durch wiederholtes Schmelzen u. Abkühlen wurde **I** teilweise in die trans-Form umgewandelt, mit der es ein Eutektikum bei 40° bildete. Die Ergebnisse beweisen, daß 1. nicht, wie HODGSON u. DODGSON (J. chem. Soc. [London] **1948.** 1102) angeben, **I** sich wie eine Doppelverb. aus **II** u. **III** verhält, u. 2. **I** die instabile Form von Azobenzol ist. Auch *cis-2.2'-Azopyridin* (**IV**) bildet mit der *trans-Verb.* (**V**) ein Eutektikum bei 56°, bei wiederholtem Schmelzen u. Abkühlen geht **IV** über ein Eutektikum (55—57°) quantitativ in **V** über. Absorptionsspektren bestätigen die cis–trans-Isomerie von **V** [**IV**, λ_{max} 284 mμ (log ε = 3,87) u. 446 mμ (log ε = 3,03), **V**, λ_{max} 314 mμ (log ε = 3,97) u. 450 mμ (log ε = 2,53)]. — Bei 3.3'-Azopyridin erfolgt die cis (**VIa**)–trans (**VI**)-

Umlagerung schneller als bei **IV**, **VIa** hat auch hier charakterist. Kristallstruktur. Es gelang nicht, die cis-Form einer Reihe anderer Azopyridinderivv. zu isolieren, doch läßt die Änderung des Dipolmoments μ nach Bestrahlen der trans-Form mit UV-Licht auf ihre Existenz schließen. Es wurde gefunden: für **IV** (μ =) 4,0 D, **V** 1,77 D; für **VIa** 2,85, **VI** 2,40 D; für *trans-2-Phenylazopyridin* (**VII**) μ = 2,2 D, $\Delta\mu$ (Änderung von μ nach Bestrahlung mit UV-Licht) +0,6; für *trans-3-Phenylazopyridin* (**VIII**) μ 2,3, $\Delta\mu$ +0,2; für *4-Phenylazopyridin* (**IX**) μ 2,7, $\Delta\mu$ −0,1; für *4.4'-Azopyridin* (**X**) μ 2,0, $\Delta\mu$ −0,3; für *4-Methyl-2-phenylazopyridin* (**XI**) μ 2,7, $\Delta\mu$ +0,4; für *5-Brom-2-phenylazopyridin* (**XVII**) μ 2,6, $\Delta\mu$ +0,2; für *3.5-Dibrom-2-phenylazopyridin* (**XII**) μ 1,8, $\Delta\mu$ +0,2; für *2-o-Chlorphenylazopyridin* (**XIII**) μ 2,1, $\Delta\mu$ +0,8 u. für *3-o-Chlorphenylazopyridin* (**XIV**) μ 2,4 u. $\Delta\mu$ +0,3. Eine Anzahl dieser Verbb. ist polymorph, Monotropie herrscht vor Enantiotropie vor. Die Verbb. wurden durch Mikro-FF. u. Eutektika mit Kontaktsubstanzen, wie *Azobenzol, Benzil, p-Nitrophenol, Phenylessigsäure* oder *Phenacetin*, charakterisiert; ihre trans-Formen bilden häufig mit den Kontaktsubstanzen bei angenähert gleicher Mol.-Größe u. Konfiguration feste Lösungen. — Die allg. Meth. zur Darst. von Azoverbb. aus Nitrosobenzol (**XV**) u. prim. Amin gelang nicht mit 2-Aminopyridin (**XVI**) in Eisessig, sondern nur mit alkal. Kondensationsmitteln.

Versuche: Darst. von Azopyridinen: a) durch Oxydation von Aminopyridinen mit NaOCl: **V**, tiefrote Nadeln, F. 85—86° (PAe.), aus **XVI**, daneben *5-Chlor-2.2'-azopyridin*, F. 136°, chromatograph. abgetrennt. — Ebenso: *5.5'-Dibrom-*, $C_{10}H_6N_4Br_2$, orange Nadeln, F. 260° (Bzl.–PAe.); *3.3'.5.5'-Tetrabrom-*, $C_{10}H_4N_4Br_4$, orange Nadeln, polymorph, F. der stabilen Form ($F._{st.}$) 103°, 23% (Ausbeute); *3.3'-Dinitro-*, $C_{10}H_6O_4N_6$, rote Rhomben, F. 230° (Bzl.), 23%; *5.5'-Dinitro-2.2'-azopyridin*, bräunlichrote Nadeln, F. 220° (Bzl.), 41%; *trans-3.3'-Azopyridin* (**VI**), orange Nadeln, F. 140° (PAe.); *4.4'-Azopyridin* (**X**), $C_{10}H_8N_4$, orange Nadeln, F. 108—109° (PAe.), 41%. — b) Durch Red. von Nitropyridinen mit Alkaliarsenit: **V**, 20%; *4.4'-Dimethyl-2.2'-azopyridin*, $C_{12}H_{12}N_4$, orange Nadeln, F. 149—151° (PAe.), 65%, u. **VI**, 62%. — c) Durch Kondensation von **XV** mit Aminopyridinen: *2-Phenylazopyridin* (**VII**), $C_{11}H_9N_3$, rote Nadeln, F. 32 bis 34° (PAe.), aus **XVI** u. **XV** in warmer 50%ig. NaOH u. Bzl., 20 Min., chromatograph. Reinigung; analog: *5-Brom-* (**XVII**), $C_{11}H_8N_3Br$, scharlachrote Oktaeder, polymorph, $F._{st.}$ 115°, 86%; *3.5-Dibrom-* (**XII**), $C_{11}H_7N_3Br_2$, karmesinrote Platten, polymorph, $F._{st.}$ 112°, 84%; *4-Methyl-2-phenylazopyridin* (**XI**), $C_{12}H_{11}N_3$, rote Prismen, polymorph, $F._{st.}$ 55°, 68%; *3-* (**VIII**), orange Blättchen, polymorph, $F._{st.}$ 52—53°, 60%; *4-Phenylazopyridin* (**IX**), orange Blättchen, F. 98°, 69%. Aus o-Chlornitrosobenzol ebenso: *2-* (**XIII**), $C_{11}H_8N_3Cl$, rote Nadeln, F. 54—55°, 48%, u. *3-o-Chlorphenylazopyridin* (**XIV**), rote Nadeln, polymorph, $F._{st.}$ 60°, 47%. Kondensationsverss. mit Aminonitropyridinen bzw. 2.6-Diaminopyridin mißlangen. — Umlagerungen von trans- in cis-Isomere durch Bestrahlen einer Lsg. der trans-Verbb. mit einer Hg-Dampflampe für 12 Std. u. Chromatographieren, Extrahieren mit Bzl.–Aceton-Gemisch (20:1). — **I**, F. 71° (PAe.). — *cis-m-Nitroazobenzol*, F. 69—71°. F. sank bei wiederholtem Schmelzen zunächst auf 60° u. stieg danach auf 94—95° (trans-Verb.) an. — *cis-p-Jodazobenzol*, rote Blättchen, F. 74—76° (PAe.); Eutektikum bei 62,5°, dann F. 99° (trans-Verb.). — *cis-2.2'-Azopyridin* (**IV**), $C_{10}H_8N_4$, tiefrote Nadeln, F. 87° (PAe.); Eutektikum bei 56°, dann Ansteigen auf F. 83° (**V**). **IV** ist in W. fast unlösl., **V** sehr leicht lösl., **V** gibt mit Eisen(III)-Salzen eine tiefblaue Färbung, mit $CuSO_4$ oder $AgNO_3$ in A. Ndd., **IV** nicht. — *cis-3.3'-Azopyridin* (**VIa**), scharlachrote Rhomben, F. 82° (PAe.). Beim Erhitzen über 100° wieder fest, F. 142° (**VI**). — *4-Methyl-2-nitropyridin*, $C_6H_6O_2N_2$, F. 65,5—66,5° (PAe.), durch Oxydation von 2-Amino-4-methylpyridin mit H_2O_2–H_2SO_4. (J. chem. Soc. [London] **1953**. 1281—85. April. Edinburgh, Univ.) PAULIG. D 184

Bertrand Dreyfus-Alain und **Rodolphe Viallard**, *Kristallstruktur des Methanols von 159—175° K.* Ein Modell wird vorgeschlagen, das mit den in einer früheren Arbeit (C. R. hebd. Séances Acad. Sci. **234**. [1952.] 320) gegebenen Gitterkonstanten u. der Symmetrie der hexagonalen Kristallklasse C_{3v} verträglich ist. Die H_3COH-Moll. liegen mit der C—O-Bindung in der 3-zähligen Achse, u. zwar so, daß die Moll. durch an den CH_3-Gruppen angreifende VAN DER WAALSsche Kräfte u. durch Wasserstoffbrücken (bei den OH-Gruppen) zusammengehalten werden. Analog der Struktur von Eis I stehen in diesem Fall jeder Hydroxylgruppe 3 zueinander symm. Lagen zur Verfügung, die statist. besetzt sind. Mit den üblichen Atomabständen u. dem Valenzwinkel COH = 104° 40' ergibt sich OH···O = 2,65 Å, mit COH = 110° 15' OH···O = 2,84 Å. Der tatsächliche Abstand dürfte zwischen diesen Werten liegen. (C. R. hebd. Séances Acad. Sci. **234**. 536—38. 28/1. 1952.) DORNBERGER. D 195

M. Shahat, *Die Kristall- und Molekülstruktur der Maleinsäure.* Durch langsames Verdunsten einer gesätt. Acetonlsg. bei Zimmertemp. wurde die Maleinsäure in Form dünner monokliner Platten mit (0 0 1) als Plattenebene erhalten; die a-Achse war die kürzere, die b-Achse die längere Plattendiagonale. Dreh-, Schwenk- u. WEISSENBERG-Aufnahmen ergaben die Zelldimensionen $a = 7{,}47 \pm 0{,}01$ Å; $b = 10{,}15 \pm 0{,}01$ Å; $c = 7{,}65 \pm 0{,}01$ Å; $\beta = 123{,}5 \pm 0{,}5^0$. Raumgruppe ist $P\,2_1/c$; $Z = 4$. Gegenüber der bisherigen, in der Literatur angegebenen Aufstellung entspricht die neue [1 0 0]-Achse der [1 0 1]-Richtung in der alten Zelle. Auf Grund der Beobachtung, daß die Kristalle große u. einachsige magnet. Anisotropie mit der numer. maximalen diamagnet. Suseptibilität senkrecht zu (0 0 1) besitzen, u. daß ferner auf allen Aufnahmen große diffuse Interferenzen auftreten, kann geschlossen werden, daß die Struktur Schichtentyp besitzt. Aus PATTERSON- u. FOURIER-Projektionen wurden die folgenden Parameter erhalten: O_1 (x =) 0,962; (y =) 0,238; (z =) 0,248; O_2 0,112; 0,418; 0,243; O_3 0,404; 0,253; 0,244; O_4 0,654; 0,153; 0,242; C_1 0,966; 0,352; 0,254; C_2 0,807; 0,431; 0,257; C_3 0,624; 0,390; 0,262; C_4 0,565; 0,253; 0,245. Im Gitter hat das Mol. cis-Konfiguration u. ist fast eben mit angenähert gleichen C—C-Abständen ($1{,}45 \pm 0{,}02$ Å) u. erweiterten C—C—C-Winkeln ($125{,}7 \pm 1^0$); es besitzt eine Pseudosymmetrieebene, da eine wirkliche Symmetrieebene infolge der verschied. C=O- u. C—OH-Bindungen (1,20 u. 1,275 Å) nicht auftreten kann. Durch das Auftreten einer intramol. H-Bindung (2,46 Å) besitzt das Mol. effektiv eine sechsgliedrige Ringstruktur. Benachbarte Moll. sind durch längere intermol. H-Bindungen (2,75 Å) verknüpft u. bilden so Säulen entlang der [1 0 0]-Richtung; diese Spulen sind wieder durch noch schwächere H-Bindungen (2,98 Å) verknüpft u. bilden dadurch Schichten parallel zu den (0 0 1)-Ebenen. Diese Schichten werden durch VAN DER WAALSsche Kräfte gebunden. (Acta crystallogr. [Copenhagen] **5.** 763—68. 10/11. 1952. London, Univ., Coll., Chem. Dep.)

GOTTFRIED. D 195

A. W. Hanson, C. A. Taylor und **H. Lipson,** *Bestimmung der Kristallstruktur durch optische Beugungsmethoden.* Nach der von Vff. ausgearbeiteten Meth. der opt. Beugung zur Best. von Kristallstrukturen (vgl. HANSON u. LIPSON, Acta crystallogr. [Copenhagen] **5.** [1952.] 145 u. früher) wurden mit gutem Erfolg die folgenden Strukturen untersucht: *p-Diisocyanbenzol*; Raumgruppe C 2/m; a = 9,80 Å; b = 7,15 Å; c = 4,72 Å; $\beta = 97^0\,11'$; Moll. in 2/m; *Diphenylennaphthacen*; Raumgruppe $P\,2_1/c$; a = 11,0 Å; b = 5,15 Å; c = 19,6 Å; $\beta = 126^0$; Moll. in $\bar{1}$; *Thioharnstoffdioxyd*; Raumgruppe $P\,2_1\,n\,b$; a = 9,95 Å; b = 10,64 Å; c = 3,93 Å; Moll. in den allgemeinsten Lagen; *Di-p-anisylstickstoffoxyd*; Raumgruppe A b a 2; a = 7,33 Å; b = 26,8 Å; c = 6,08 Å; Moll. in 2; *Purpurogallin*; Raumgruppe $P\,2_1\,2_1\,2$; a = 9,78 Å; b = 24,6 Å; c = 3,65 Å; Moll. in allgemeinster Lage. (Nature [London] **169.** 1086. 28/6. 1952. Manchester, Coll. of Technol., Phys. Dep.)

GOTTFRIED. D 195

I. Prigogine und **A. Desmyter,** *Thermodynamische und spektroskopische Eigenschaften assoziierter Lösungen.* 2. Mitt. (1. vgl. Bull. Soc. chim. belges **58.** [1949.] 547.) In der 1. Mitt. zeigten Vff., daß bei der Betrachtung einer bin. Lsg. als eines Syst. von einzelnen Moll. u. assoziierten Komplexen, die sich im Gleichgewicht befinden, die Beziehung $\alpha = f_A/f_B$ (1) gilt, wobei f_A u. f_B die Aktivitätskoeffizienten der Mol.-Arten A u. B u. α den Bruchteil der nicht assoziierten Moll. bedeuten. Die Aktivitätskonstanten erhalten Vff. aus thermodynam. Messungen, während α aus spektroskop. Messungen gewonnen wurde. Vff. untersuchen im Hinblick auf die Gültigkeit obiger Gleichung die Systeme: *tert.-Butylalkohol* (I)–CCl_4; I–*Cyclohexan* u. I–CS_2; im Gegensatz zur 1. Mitt. wurden diesmal die Partialdampfdrucke direkt gemessen (App. sowie graph. Darst. der Messungen vgl. Original). Mit Ausnahme der Lsgg. mit hohen Konzz. an I gilt die Beziehung (1) recht gut, für Abweichungen der thermodynam. ermittelten Werte für f_A/f_B von den spektroskop. gemessenen α-Werten werden neben einem eventuellen Entropieeffekt von Vff. auch eine Abweichung vom BEER-LAMBERTschen Gesetz diskutiert. (Trans. Faraday Soc. **47.** 1137—42. Nov. 1951. Brüssel, Belgien, Univ. Libre, Fac. des Sci.)

ZIMMER. D 221

L. J. Andrews und **R. M. Keefer,** *Polymethylbenzolkomplexe von Jod und Jodmonochlorid.* Die Gleichgewichtskonstanten für die Bldg. von Komplexen zwischen J_2 oder JCl einerseits u. verschied. methylierten Benzolen andererseits (im Verhältnis 1 : 1) werden spektrophotometr. bestimmt. Bei 25° in CCl_4 ergab sich bei J_2-Komplexen für *Bzl.* (**V**) λ_{max} 292, $\varepsilon_{max} \cdot 10^{-3}$ 16,4, K_c 0,15 (λ_{max}, $\varepsilon_{max} \cdot 10^{-3}$ u. K_c sind bei allen folgenden Verbb. stets in der gleichen Reihenfolge angegeben); *Toluol* (**VI**) 302, 16,7, 0,16; *o-Xylol* (**VII**) 316, 12,5, 0,27; *m-Xylol* (**VIII**) 318, 12,5, 0,31; *p-Xylol* (**IX**) 304, 10,1, 0,31; *Mesitylen* (**X**) 332, 8,85, 0,82; *Durol* (**XI**) 332, 9,00, 0,63; *Pentamethylbenzol* (**XII**) 357, 9,26, 0,88; *Hexamethylbenzol* (**XIII**) 375, 8,20, 1,35; *Hexaäthylbenzol* (**XIV**) 378, 16,7, 0,13; *Brombenzol* (**I**) 290, 10,4, 0,13; *Phenanthren* 396, 13,0, 0,15; *Naphthalin* (**II**) 360, 7,64, 0,25; *Styrol* (**XV**) 330, 7,35, 0,31; *Stilben* (**III**) 373, 7,14, 0,31; *Dibenzyl* (**IV**) 304, 11,2, 0,46. — Bei den JCl-Komplexen ergab sich: **V** 282, 8,13, 0,54;

VI 288, 8,00, 0,87; *Äthylbenzol* 290, 8,26, 0,88; *Isopropylbenzol* 290, 8,06, 0,88; *tert.-Butylbenzol* 290, 7,94, 0,88; **VII** 298, 7,87, 1,24; **VIII** 298, 9,18, 1,39; **IX** 292, 6,54, 1,51; **X** 307, 7,87, 4,59; **XI** 306, 7,25, 4,25; **XII** 322, 7,81, 6,43; **XIII** 334, 4,0, 22,7; **XIV** 340, 6,60, 1,24; **I** 286, 5,91, 0,32; **II** 341, 3,88, 1,39; **IV** 292, 8,20, 1,48. — Die relative Größe der Gleichgewichtskonstanten für die 1 : 1-Komplexe entspricht im allg. der Neigung der aromat. Substanzen, mit HF–BF_3-Lsgg. in Wechselwrkg. zu treten (MCCAULAY u. LIEN, C. **1952.** 2146). Die K_c der Halogenkomplexe von **I, II, III** u. **IV** haben die gleiche Reihenfolge wie die der Ag-Komplexe dieser Verbindungen. Bei **XV** ergab sich jedoch eine Abweichung. Theoret. Betrachtung der Ergebnisse. (J. Amer. chem. Soc. **74.** 4500—03. 20/9. 1952. Davis, Calif., Univ., Dep. of Chem.) J. MATTNER. D 223

D. E. Pearson und **Max Levine,** *Verteilungsverhältnisse organischer Säuren für die Identifizierung.* Zur Best. der Verteilungskoeffizienten K von *p-Toluolsulfonsäure, d-Campher-10-sulfonsäure, Glycin, 2.5-Dichlorbenzolsulfonsäure, Citronensäure, d-Weinsäure, Sulfanilsäure, Benzolsulfonsäure, N-Acetylglycin, dl-Äpfelsäure, Sulfosalicylsäure, Diglykolsäure, Oxalsäure* (**III**), *Tricarballylsäure, Milchsäure, Malonsäure* (**IV**), *Bernsteinsäure* (**V**), *Maleinsäure, K-Hydrogenphthalat, Methoxyessigsäure, Glutarsäure* (**VI**), *Ameisensäure* (**I**), *Aconitsäure, Essigsäure* (**II**), *Itaconsäure, Cyanessigsäure, Adipinsäure* (**VII**), *Trifluoressigsäure, Fumarsäure, Propionsäure, Phthalsäure, Acrylsäure, Trichloressigsäure, Pikrinsäure, Sorbinsäure* u. *Resorcylsäure* zwischen W. u. *Methylisobutylketon* (**VIII**) bzw. *Methylisobutylcarbinol* (**IX**) werden 25 ml einer 0,5- u. 1%ig. wss. Säurelsg. mit 25 ml des mit W. gesätt. Lösungsm. geschüttelt, die Säurekonz. titrimetr. bestimmt u. die K-Werte tabellar. mitgeteilt. Ferner wird der Effekt der Kettenlänge auf K von **I** u. **II** in W.–Alkohol-Systemen mit *1-Pentanol, 1-Hexanol, 1-Heptanol, 1-Octanol* u. *1-Decanol* bestimmt u. in Abhängigkeit von der C-Zahl graph. dargestellt. Schließlich ergeben sich fallende K-Werte von **III—VII** bei Verwendung von *Ae.*, **VIII, IX** u. *Isobutylalkohol* als 2. Lösungsmittel. Die Ergebnisse werden hinsichtlich der Wasserstoffbindung, der polaren u. VAN DER WAALSschen Kräfte diskutiert u. eignen sich zur Identifizierung unbekannter Säuren. Auf die besondere Wrkg. von Alkoholen bei der Extraktion organ. Säuren wird hingewiesen. (J. org. Chemistry **17.** 1351—55. Okt. 1952. Nashville, Tenn., Vanderbilt Univ., Furman Chem. Labor.) WEITBRECHT. D 224

D. E. Pearson und **Max Levine,** *Die Veränderung der Verteilungsverhältnisse in gemischten Lösungsmitteln.* (Vgl. vorst. Ref.) Vff. bestimmen die Verteilungskoeffizienten K von 0,1n-, 0,05n u. 0,025n *Ameisensäure* in den Systemen W.–reines Lösungsm. u. W.–Lösungsmittelgemisch (50 : 50), wobei als organ. Lösungsmittel *Methylisobutylketon* (**I**), *Pivalonitril, Isopropyläther, Mesityloxyd, Butylacetat, Chlf., Cyclohexanon Methylisobutylalkohol* (**II**), *Cyclohexanol, 1-Hexanol, Methyldibutylcarbinol, Octandiol-(1.2), N.N-Dibutylformamid* verwendet werden. Ferner werden die K-Werte von *Oxalsäure, 1-Naphthalinsulfonsäure, Bernsteinsäure, N-Acetyl-D-valin, Essigsäure, Propionsäure, Acrylsäure,* NH_3, *Methylamin, Di-* u. *Trimethylamin* im Syst. W.–I, W.–II u. W. (50 I + 50 II) bestimmt. Die K-Werte werden tabellar. mitgeteilt u. diskutiert. Man erhält eine gesteigerte Löslichkeit um 30—100% in der organ. Phase, wenn Lösungsmittel von H-Bindungsacceptoreigg. mit solchen von H-Bindungsspendereigg. kombiniert werden. (J. org. Chemistry **17.** 1356—60. Okt. 1952.) WEITBRECHT. D 224

H. Blades und **C. A. Winkler,** *Die Reaktion von Stickstoffatomen mit Methan und Äthan.* (Vgl. GREENBLATT u. WINKLER, Canad. J. Res., Sect. B **27.** [1949.] 732.) Vff. untersuchten die therm. Rk. zwischen N_2 u. CH_4 bei 322—435° unter Variation des Verhältnisses CH_4/(atomarem N) von 0,3—2,2 im Gasstrom bei Gesamtdrucken von 1,65—1,93 mm Hg u. Strömungsgeschwindigkeiten v von 6,45—9,23·10^{-4} (für atomaren N) bzw. 2,60—20,1·10^{-4} Mol/Min. (für CH_4); ferner die Rk. zwischen *N* u. C_2H_6 bei 176—295° bei C_2H_6/atomarem N-Verhältnis 0,256—3,4, bei Drucken von 1,27—1,62 mm Hg u. v von 5,11—9,23·10^{-4} für N bzw. 2,36—5,24·10^{-4} Mol/Min. für C_2H_6. Bei Überschuß von C_2H_6 betrug v für dieses ca. 1,70·10^{-3} Mol/Minute. Nur atomarer N reagiert, nicht aber N_2. Bei hohen Tempp. war die Reaktionsgeschwindigkeit von der Temp. unabhängig, was auf völligen Verbrauch des N zurückgeführt wird. Die Rkk. verliefen nach der 2. Ordnung, der entstandene HCN wurde volumetr. bestimmt. Die Gefäßwand war zur Vermeidung von Wand-Rkk. mit phosphoriger Säure behandelt, Wasserdampf wurde ausgeschlossen. Bei der Rk. mit CH_4 wurde neben HCN eine geringe Menge höherer KW-stoffe (ca. 2% des CH_4) gebildet. Die Aktivierungsenergien betrugen für CH_4/N 11 kcal, für C_2H_6/N 6,2 kcal bzw. bei Annahme einer turbulenten Strömung, d. h. gleicher Konz. im gesamten Reaktionsgefäß, 7,9 kcal. Die ster. Faktoren betrugen für CH_4/N 5·10^{-3}, für C_2H_6/N 3·10^{-3} bzw. 7·10^{-2} bei Annahme der wirksamen Stoßquerschnitte von 3,75 Å für CH_4 u. C_2H_6

bzw. 3,0 Å für atomaren N. Vff. nehmen an, daß die Rk. nicht über ein N-haltiges, einigermaßen stabiles Zwischenprod. oder über NH=-Radikale verläuft, sondern sich aus CH_4 bzw. C_2H_6 u. N ein Stoßkomplex bildet, der bei CH_4 in HCN, H_2 u. H (das zu H_2 rekombiniert), bei C_2H_6 in HCN, H_2 u. CH_3 (das mit N zu HCN u. H_2 weiterreagiert) zerfällt. Die Rk. zwischen $CH_3\cdot$ u. N wird als schnell verlaufend angenommen, da sonst $CH_3 + C_2H_6 \rightarrow C_2H_5 + CH_4$ auftreten müßte. (Canad. J. Chem. **29**. 1022–27. Nov. 1951. McGill Univ., Phys. Chem. Labor.) Gnauck. D 225

W. A. Nekrassowa, *Thermische Chlorierung der Alkane und ihrer Monochlorderivate.* (Vgl. C. **1953**. 4841.) Bei der therm. Chlorierung von *n-Hexan* (I) werden die besten Ausbeuten an *1-Chlorhexan* (neben sek.-Chlorhexanen) bei 197° u. I : Cl_2 = 10 : 1 erhalten (71%), daraus die optimale Ausbeute an Dichlorhexanen bei weiterer Chlorierung bei 257° (6 : 1). Bei den höheren Homologen sind die entsprechenden Zahlen: *n-Heptan* 257°, 10 : 1, 67% *1-Chlorheptan*; 277°, 6 : 1; *n-Octan*: 277°, 6 : 1, 61,3% *1-Chloroctan*; *n-Nonan*: 317°, 10 : 1, 58,3% *1-Chlornonan*; *n-Decan*: 357°, 10 : 1, 55,0% *1-Chlordecan*. Mit zunehmendem Mol.-Gew. der Ausgangsstoffe nimmt die Selektivität der Rk. ab u. treten neben Monochloriden auch merkliche Mengen Dichloride bereits in den Reaktionsprodd. der 1. Stufe auf. (Доклады Академии Наук СССР [Ber. Akad. Wiss. UdSSR] [N. S.] **88**. 475–78. 21/1. 1953. Inst. für organ. Chem. der Akad. der Wiss. der UdSSR.) R. K. Müller. D 225

W. Rubin, *Die Kinetik der Fettsäureveresterung von Polyalkoholen.* Vf. untersuchte die Veresterung von halbtrocknenden Fettsäuren (I), die durch Hydrolyse einer Walölfraktion erhalten wurden, sowie von Fettsäuren aus Leinöl (II) mit Bisphenolresinen (Epikote Resin 1004 u. 1007 der Shell Chem. Ltd.) (**IIIa** bzw. **b**) mit u. ohne Katalysator unter CO_2 durch Verfolgung der SZ.; ferner wurde von I u. II SZ. (176,7 bzw. 195,2) u. JZ. (172 bzw. 175), von den Endprodd. VZ., SZ. u. Hydroxylzahl, von **IIIa** u. **b** Epoxydzahl, Mol.-Gew. (1290 ± 40 bzw. 2296 ± 60) u. das Äquivalentgewicht bzgl. OH-Gruppen (215 bzw. 230) u. Epoxydgruppen (1080 bzw. 1180) bestimmt. Das angewandte Äquivalentverhältnis Resin : Säure betrug 1,5–0,8. Als Katalysatoren wurden benutzt: p-Toluolsulfonsäure (**IV**), Bleiglätte (**V**), Pb- u. Ca-Naphthenat (**VI** bzw. **VII**) sowie gelöschter Kalk. Die Veresterung verlief stets nach der 2. Ordnung u. war homogen katalysiert. Die Kettenlänge der Resine hatte keinen Einfl. auf die Reaktionsgeschwindigkeitskonstante k, ein kleiner Teil endständiger Epoxydgruppen in **III** wird mitverestert. Die k-Werte ($k \cdot 10^2$ in kg/g-Äquivalent·Min.) betrugen bei der unkatalysierten Rk. zwischen **I** u. **IIIa** bzw. **IIIb** zwischen 230 u. 270° 1,05 ± 0,05 bis 3,52 ± 0,10, bei der katalysierten Rk. mit **IV** 12,6 ± 4,0 (260°) bzw. 5,0 ± 0,3 (240°); **V** 9,8 ± 1,3 (260°) bzw. 5,2 ± 0,1 (250°) bzw. 3,72 ± 0,2 (240°); **VI** 5,2 ± 0,1 (250°); **VII** 2,6 ± 0,2 (250°); bei der unkatalysierten Rk. zwischen **II** u. **IIIa** bei 260° 3,29 ± 0,3. Sowohl für die Veresterung mit als auch ohne Katalysator von I beträgt die Aktivierungsenergie 16,6 kcal, die Wrkg. der Katalysatoren wird auf Veränderung des Stoßzahlfaktors zurückgeführt. – Ferner wurde die Veresterung von **IIIa** mit mitteltrocknenden Fettsäuren bei 260° unter Veränderung der Größe des Reaktionsgefäßes (1 Pint bis 70 Gallonen) durchgeführt. Hierbei sinken die k-Werte mit der Gefäßgröße, was Vf. mit der schwierigeren Entfernung des Reaktionswassers u. der dadurch bewirkten Hydrolyse erklärt. – Für die unkatalysierte Rk. nimmt Vf. an, daß die Fettsäuren autokatalyt. wirken, während für die mit PbO katalysierte Rk. Bldg. einer Pb-Seife u. folgende Umsetzung über orientierten Zwischenstufe nach nebenst. Schema angenommen wird.

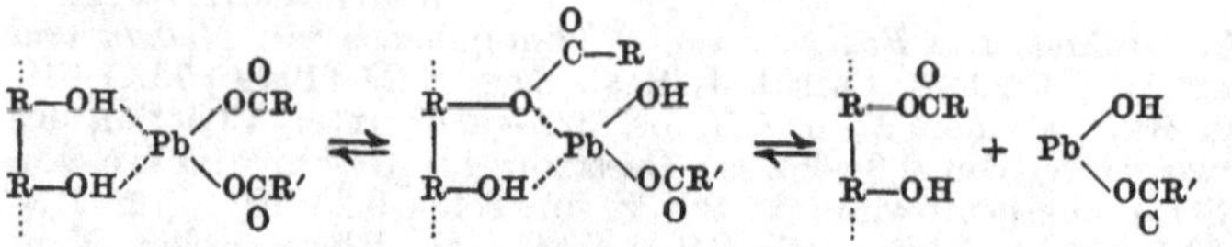

Bei der Katalyse mit **IV** vermutet Vf., daß die Fettsäuren durch Dipolwrkg. des Katalysators orientiert werden. (J. Oil Colour Chemists' Assoc. **35**. 418–30. Aug. 1952. Kingston-on-Thames, Cellon Ltd., Res. Sect.) Gnauck. D 225

H. G. Ivory, W. D. McKenzie, J. Packer und **J. Vaughan,** *Die Hydrolyse der Amide zweibasischer Säuren.* 1. Mitt. *Die saure Hydrolyse von Malonamid und Malonamidsäure.* Vff. untersuchten die Hydrolyse von *Malonamid* [I, F. 170° (wss. A.)] u. von *Malonamidsäure* (**II**, F. 118°) bei 80 u. 98° mit 0,0625–0,75 mol. HCl titrimetr. durch Best. des NH_3 mit Hypobromit. Die Rk. ist 1. Ordnung, die Reaktionsgeschwindigkeitskonstanten k sind der [HCl] proportional. Es wurde gefunden: für **I** bei 80° $k_1 = 0{,}0002 + 0{,}026$ [HCl], bei 98° $k_1 = 0{,}002 + 0{,}093$ [HCl], die Aktivierungsenergie E ist 18,4 kcal/Mol; für **II** bei 80° $k_2 = 0{,}0006 + 0{,}032$ [HCl], bei 98° $k_2 = 0{,}001 + 0{,}10$ [HCl] u. E = 16,5 kcal/Mol. Vff. fanden keinen Unterschied in der Hydrolysengeschwindigkeit der beiden Amidgruppen in I u. das Verhältnis $k_1 \approx 2\,k_2$, wodurch auf eine 2-Stufen-Hydrolyse des I geschlossen wird. Die Ergebnisse mit II stehen im Widerspruch zu den Befunden von HALL (C. **1952**. 5713), der eine Decarboxylierung von II bei den Versuchsbedingungen fand. (J. chem. Soc. [London] **1952**. 3264—68. Aug. Christchurch, New Zealand, Canterbury Univ. Coll.) GNAUCK. D 225

J. Packer, A. L. Thomson und **J. Vaughan,** *Die Hydrolyse der Amide zweibasischer Säuren.* 2. Mitt. *Die saure Hydrolyse von Oxamid und Oxamidsäure.* (1. vgl. vorst. Ref.) Die Hydrolyse von *Oxamid* (I, Darst. durch Ammonolyse von Äthyloxalat) u. *Oxamidsäure* (II, F. 209° [Zers.]) wurde bei 79,5 u. 97,5° mit 0,0156—0,75 mol. HCl verfolgt. Die Rk. ist 1. Ordnung, die Reaktionsgeschwindigkeitskonstanten k sind der [HCl] proportional. Bei I waren die Ergebnisse bis zur 50%ig. Hydrolyse reproduzierbar, bei 79,5° ist k = 0,0249 [HCl], bei 97,5° k = 0,0972 [HCl], die Aktivierungsenergie E beträgt ca. 20,5 kcal/Mol; für II ist bei 79,5° k = 0,0008 + 0,0475 [HCl], bei 97,5° k = 0,007 + 0,184 [HCl], E ist ca. 20,5 kcal/Mol. Vff. fanden bei 79,5°, daß keinerlei CO_2-Entw. stattfand, also auch keine Spaltung der C—C-Bindung unter den Versuchsbedingungen eintritt. (J. chem. Soc. [London] **1952**. 4516—18. Nov.) GNAUCK. D 225

J. G. Lindsay, A. N. Bourns und **H. G. Thode,** *Temperatureinfluß auf den intermolekularen ^{13}C-Isotopeneffekt bei der Decarboxylierung der normalen Malonsäure.* LINDSAY, BOURNS u. THODE (C. **1953**. 511) fanden für den 2. intermol. ^{13}C-Isotopeneffekt bei der therm. Decarboxylierung der *Malonsäure* den Wert von 1,046 für das Verhältnis $k_1/k_3 + k_4$, während BIGELEISEN u. FRIEDMAN (C. **1950**. II. 24) diesen Wert zu 1,037 ± 0,002 bestimmten. k_1 bedeutet dabei die Geschwindigkeitskonstante der Decarboxylierungs-Rk. $^{12}CH_2(^{12}COOH)_2 \rightarrow {}^{12}CO_2 + {}^{12}CH_3{}^{12}COOH$; $k_3 = {}^{12}CH_2\cdot(^{12}COOH)(^{13}COOH) \rightarrow {}^{13}CO_2 + {}^{12}CH_3{}^{12}COOH$ u. $k_4 = {}^{12}CH_2(^{12}COOH)(^{13}COOH) \rightarrow {}^{12}CO_2 + {}^{12}CH_3{}^{13}COOH$. Eine genaue Nachprüfung dieser Rk. bei 137, 149, 173 u. 196° ergab, daß dieser ^{13}C-Isotopeneffekt temperaturunabhängig ist u. das strittige Verhältnis den Wert von 1,036 ± 0,003 besitzt. (Canad. J. Chem. **30**. 163—65. Febr. 1952. Hamilton, Ontario, McMaster Univ., Hamilton Coll., Dep. of Chem.) ZIMMER. D 225

Hans von Euler, Hans Hasselquist und **Erik Eriksson,** *Decarboxylierung von α-Ketosäuren durch Amine; Isolierung von Zwischen- und Endprodukten.* Zur Unters. der enzymat. Decarboxylierung der Brenztraubensäure (I) durch Aneurinphosphat (II) wird die nichtenzymat. Decarboxylierung von I u. Diketogulonsäure (III) durch Amine als „Carboxylasemodelle“ untersucht. Vff. vermuten, daß diese Amine durch Bindung an die Carbonylgruppe von I ebenso in wirksame Reaktionsnähe gebracht werden wie II durch Vermittlung der Apo-Carboxylase. Der zeitliche Verlauf der Decarboxylierung von I u. III in Abhängigkeit vom p_H u. bei Anwendung verschied. Amine (0,1 bis 0,5 Äquivalente) wird mittels Best. des entwickelten CO_2 verfolgt. — I wird durch Anilin (IV), p-Phenylendiamin (V), Phenylhydrazin u. o (VI)- oder p-Aminobenzoesäure (VII) unter intermediärer Bldg. der SCHIFFschen Basen decarboxyliert. Die Reaktionsgeschwindigkeit ist am größten bei p_H 3,5 u. wächst mit der Konz. des zugesetzten Amins, die Ausbeute strebt Endwerten zu, die von der Aminkonz. abhängen. Die Rk. verläuft anfangs monomol., durch Weiter-Rk. ändert sich jedoch die Reaktionsordnung im Verlauf des Ansatzes. Endprodd. sind aus I u. IV *2-Methylcinchoninsäure,* aus I u. V *1.2.3.4-Tetrahydro-6-aminochinaldindicarbonsäure-(2.4)* (VII)(F. 195—198° unter CO_2-Abspaltung, Wiedererstarren u. F. 304—305°). VII geht bei Kochen mit Säure in *6-Aminochinaldincarbonsäure-(4),* F. > 306°, über, diese mit Fe-Pulver in *6-Aminochinaldin.* Endprod. aus I u. VI ist bei 25° *1.2-Dihydrochinaldintricarbonsäure-(2.4.8)* (VIII), $C_{13}H_{11}O_6N$, F. 232°, die durch blaues Licht reversibel von Gelb nach Grün verfärbt wird; *Methylester,* F. 215—215,5. Aus der Mutterlauge von VIII wird *Chinaldindicarbonsäure-(4.8)* isoliert. Bei der Einw. von 2 Mol I auf 1 Mol VI kann *2-[o-Carboxyphenylamino]-2-methyl-4-carboxy-$\Delta^{3,4}$-butenolid* als Vorprod. gefaßt werden. — III (aus Ascorbinsäure durch Schütteln mit einer äther. Lsg. von Chinon) wird durch IV decarboxyliert, Geschwindigkeitsmaximum ebenfalls bei p_H 3,5. — 3-Aminooxindol zeigt bei I u. III keine katalyt. Wirkung. (Liebigs Ann. Chem. **578**. 188—94. 1952. Stockholm, Univ., Inst. für org.-chem. Forsch., u. Vitamin-Inst.) MACHOLDT. D 225

Robert Berner Loftfield, *Die alkalische Umlagerung von α-Halogenketonen.* 2. Mitt. *Der Mechanismus der Faworski-Reaktion.* (1. vgl. C. **1950**. II. 2912.) *$^{14}C_{(1\ oder\ 2)}$-2-Chlorcyclohexanon-(1)* (I) gibt mit Na-Isoamylat *Cyclopentancarbonsäureisoamylester* (II). Um die Rolle des Carbonyl-, α- u. β-C-Atoms bei der Rk. u. die Frage einer möglichen Wanderung des Halogens vom C-Atom 1 nach 6 bei der Umlagerung zu klären, wurden Abbau-Rkk. für I u. II entwickelt. 1. I, markiert mit ^{14}C zu je 50% in 1- u. 2-Stellung, gab II mit 50% ^{14}C im Carboxyl u. je 25% in α- bzw. β-Stellung, Nachw. durch Verseifung zur Cyclopentancarbonsäure, Bromierung, Hydrolyse zur α-Oxysäure, Oxydation zu CO_2 u. Cyclopentanon (III) (beide gleiche Aktivität), Abbau von III mit HN_3 zu Putrescin (IV) u. CO_2 (beide Prodd. gleich akt.). 2. Eine Wanderung des Cl während der FAWORSKI-Rk. findet nicht statt. Dies wurde nachgewiesen, indem bei der Rk. ein Überschuß von I verwendet u. nach der Rk. das überschüssige I von II getrennt u. abgebaut wurde: Hydrolyse zum α-Oxycyclohexanon, Oxydation zu Adipinsäure, die mit HN_3 u. H_2SO_4 CO_2 (akt.) u. IV (inakt.) ergab. 3. Das Carbonyl-C-Atom von I erscheint in II ausschließlich in der Carboxylgruppe. Nachw. durch FAWORSKI-Rk. mit $^{14}C_{(1)}$-2-Chlorcyclohexanon-(1) u. Abbau des entstandenen II (mit nur einem ^{14}C) wie oben (III inakt.). — Die Zuverlässigkeit der Abbaumeth. erwies sich durch Darst. von $^{14}C_{(1)}$-Cyclopentancarbonsäure-(1) auf anderem Wege u. analogen Abbau. — Die Ergebnisse sind durch die bisher vorgeschlagenen Mechanismen nicht zu deuten. Vf. meint, daß die Reaktionsstufe, die während der FAWORSKI-Umlagerung zur Verteilung der ^{14}C-Radioaktivität in α- u. β-Stellung führt, irreversibel sein muß. Als Zwischenprod. nimmt er ein Cyclopropanonderiv. an, allg. sollen für diese Rkk. von Polyhalogenketonen so Bedingungen u. Verlauf richtig vorausgesagt werden können. — Diskussion.

Versuche: *$^{14}C_{(1,7)}$-Pimelinsäure*, F. 98—101°, aus Pentamethylendibromid, $K^{14}CN$ u., ohne das Dinitril zu isolieren, Verseifen mit KOH, 100% (Ausbeute). — *$^{14}C_{(1)}$-Cyclohexanon-(1)* aus 3,2 g der vorst. Verb. mit $CaCl_2$ (→ Ca-Salz) u. trockene Dest.; 3,15 g. — *$^{14}C_{(1)}$-2-Chlorcyclohexanol-(1)*, $Kp._{12}$ 78—82°, aus vorst. Verb. mit Essigsäure u. Chlorharnstoff bei 24°, Ausschütteln mit Bzl. u. Kochen der Benzollsg. mit Al-Isopropylat in Isopropanol. 60% (54% trans-Isomeres). — Zwischenprod. *$^{14}C_{(1)}$-2-Chlorcyclohexanon-(1)*, F. 20—24°, $Kp._{14}$ 89—90°; 77%. — *$^{14}C_{(1)}$-1.2-Cyclohexenoxyd*, Kp. 129—134°, aus dem Chlorhydrin mit NaOH in wss. A.; 70%. — *trans-$^{14}C_{(1 \text{ oder } 2)}$-2-Chlorcyclohexanol-(1)*, F. 26—28°, $Kp._{17}$ 86—87°, aus vorst. Verb. in Ae. durch Sättigen mit HCl-Gas bei —40° u. Dest. im Vakuum; 89%. — *$^{14}C_{(1 \text{ oder } 2)}$-2-Chlorcyclohexanon-(1)* (I), C_6H_9OCl, F. 13—19°, $Kp._6$ 69—71°, aus vorst. Verb., $K_2Cr_2O_7$ u. verd. H_2SO_4 bei 20—22°; 58%. — *Cyclopentancarbonsäureisoamylester* (II), $Kp._{14}$ 108—109°, aus 13,8 g der vorst. Verb., in Isoamylalkohol, durch Zugabe zu einer Lsg. aus 1,8 g Na in Isoamylalkohol bei —5°, 6,8 g, n_D^{26} 1,4413, $D.^{25}_{20}$ 0,9239. — *$^{14}C_{(1)}$-Cyclopentanol-(1)*, $Kp._{22}$ 54—55°, aus $K^{14}CN$ u. Tetramethylendibromid, über Adipinsäure, Cyclopentanonbisulfitverb. u. Red. mit $LiAlH_4$; *$^{14}C_{(1)}$-Cyclopentyl-(1)-p-brombenzolsulfonat*, $C_{11}H_{13}O_3BrS$, F. 45,5—46° (Ae.-PAe.); zers. sich in einigen Tagen bei Zimmertemperatur. — *$^{14}C_{(1)}$-1-Jodcyclopentan*, $Kp._{17}$ 57—58° aus vorst. Verb. mit NaJ in Aceton unter N_2. — *$^{14}C_{(1)}$-Cyclopentancarbonsäure-(1)*, $Kp._{17}$ 111—112°, aus der GRIGNARD-Verb. vorst. Jodids in Ae. bei —5° mit CO_2. — Die Umlagerung von I unter Wrkg. von $NaOC_2H_5$ bei 0° ist eine Rk. 2. Ordnung. (J. Amer. chem. Soc. **73.** 4707—14. Okt. 1951. Boston, Mass., Harvard Univ.) CLEVE. D 225

G. A. Rasuwajew und **G. G. Petuchow**, *Reaktionen von Arylquecksilberhydroxyden.* (Vgl. C. **1952.** 2488.) Der Zerfall des Radikals $C_6H_5Hg\cdot$ beim Bestrahlen mit UV-Licht, bei dem Hg entsteht, wird präzisiert. In Bzl. oder Äthylcellosolve bilden sich *$(C_6H_5)_2 \cdot Hg$* (I) u. *Hg* als prim. Prodd. in äquivalenter Menge, demnach nach dem Schema $2\,C_6H_5Hg\cdot \rightarrow (C_6H_5HgHgC_6H_5) \rightarrow (C_6H_5)_2Hg + Hg$. Dann erst erfolgt die weitere Umwandlung $(C_6H_5)_2Hg + h\nu \rightarrow C_6H_5Hg\cdot + C_6H_5\cdot$, die schon früher untersucht wurde. Auch die therm. Zers. von C_6H_5HgOH (II) in CH_3OH, 70 Std. bei 180—185°, liefert I (25%) u. *Hg* (74%), doch ist die Wrkg. des UV-Lichts der Wärmewrkg. nicht gleichzusetzen, wie folgender Vers. zeigt. Bei der Bestrahlung von II in Bzl.-Jodbenzol bilden sich Diphenyl u. *C_6H_5HgJ* (80%), offenbar gemäß $C_6H_5HgOH + C_6H_5J + h\nu \rightarrow C_6H_5HgJ + C_6H_5C_6H_5 + H_2O$; hierbei reagiert HO· mit H des Bzl. (aus dem Lösungsm.) unter Bldg. von H_2O u. $C_6H_5\cdot$. Nach dem Mechanismus der therm. Zers. wären höchstens 50% C_6H_5HgJ zu erwarten. Außerdem werden Photo-Rkk. von anderen Arylmercurihydroxyden untersucht. In Äthylcellosolve verlaufen diese nach dem Schema $RC_6H_4 \cdot HgOH + HOCH_2CH_2OC_2H_5 + h\nu \rightarrow C_6H_5R + Hg + H_2O + 2\,CH_3CHO$ [R = o- u. p-CH_3 sowie p-$N(CH_3)_2$]; ebenso reagiert Mesitylmercurihydroxyd (III, 1.3.5-Trimethylphenyl-(2)-mercurihydroxyd). In Bzl. geben o- u. p-$CH_3C_6H_4HgOH$ *o- u. p-Methyldiphenyl* u. *Hg*, d. h. H des Lösungsm. wird substituiert. Abweichend verhält sich III: in Bzl. keine Rk. bei 200 std. Bestrahlung; in Chlf. Bldg. von *Mesitylen, C_2Cl_6, $HgCl_2$* u. *HgCl*; in CCl_4 Bldg. von *2-Chlormesitylen, C_2Cl_6, HgCl* u. einer unlösl. Hg-organ. Verb. [aus $(CH_3)_3C_6H_2Hg\cdot$?]. Ungeklärt blieb die Rk. von p-$(CH_3)_2NC_6H_4HgOH$ in CCl_4; isoliert wurden *Hg, $HgCl_2$* u. *HgCl*; außerdem bildete sich ein violetter Farbstoff. Mit nichtermitteltem Reaktionsmechanismus verlaufen Rkk. in Gemischen von Lösungsmitteln; z. B. gibt die Bestrahlung von II u. Bzl. + CCl_4 außer *C_6H_5HgCl, HgCl, $HgCl_2$, C_2Cl_6* noch *$C_6H_5CCl_3$*. (Журнал Общей Химии [J. allg. Chem.] **23.** (**85.**) 37—41. Jan. 1953. Gorki, Univ., Lehrstuhl für organ. Chem.) R. KNOBLOCH. D 226

Masao Koizumi, *Streitfragen der Photochemie photoaktiver Farbstoffe.* Darlegung der Anschauungen von Kautsky, Lewis u. Klotz mit 25 Literaturangaben. (Chem. and chem. Ind. [Kagaku to Kogyo] **4.** 224—28. Juni 1951. [Orig.: japan.]) Schuler. D 226

R. A. Buckley und **R. J. Altpeter**, *Die Geschwindigkeit der katalytischen Dampfphasenveresterung.* Es wurde die Reaktionsgeschwindigkeit der Veresterung von *Essigsäure* (I) mit *A.* in Dampfphase über einem Kieselgelkontakt untersucht. Es wird geschlossen, daß der geschwindigkeitsbestimmende Schritt in der Adsorption der I besteht. Die Molfraktion von I am Kontakt lag unter 0,7 bei Tempp. zwischen 200 u. 260° u. einem Gesamtdruck von 1—2,33 at, der Wassergeh. des SiO_2 beeinflußt die Adsorptionsgeschwindigkeit der I. Die scheinbare Gesamt-Rk.-Geschwindigkeitskonstante, die Geschwindigkeitskonstante der I-Adsorption am Kontakt u. eine Gleichgewichtskonstante für den Einfl. des W. auf die Anzahl der akt. Zentren am Kontakt ergaben sich als ungefähr linear abhängig von der reziproken absol. Temperatur. (Chem. Engng. Progr. **47.** 243—50. Mai 1951. Madison, Wis., Univ. of Wisconsin.)
Nowotny. D 227

C. G. Bertil Hammar, *Reaktionskinetik der katalytischen Dampfphasenoxydation von Benzol zu Maleinsäureanhydrid.* Vf. untersucht die Dampfphasenoxydation von *Bzl.* (I) zu *Maleinsäureanhydrid* (II) an auf Al_2O_3 gefällten Vanadinmolybdänoxydkatalysatoren bei 375—400° in einem eigens dafür konstruierten App., der bei einer Unters. im Strömungsverf. einen schnellen Wärmeaustausch u. damit schnelle Abkühlung gewährleistet. Die k-Werte sind nicht konstant, sondern von der Geschwindigkeit des Gasstromes abhängig. Die Primär-Rk. $I + O_2 \rightarrow II + CO + CO_2 + H_2O$ verläuft danach sehr schnell an einem kleinen Teil der Katalysatoroberfläche, die Reaktionsgeschwindigkeit wird nur durch die Strömungsgeschwindigkeit bestimmt. Die Weiteroxydation von II findet auch ohne Katalysator statt, diese Rk. ist von komplexer Ordnung, ihre Geschwindigkeit durch die des Umsatzes bestimmt. (Svensk kem. Tidskr. **64.** 165—76. 1952.) Kleinwächter. D 227

D_2. Präparative organische Chemie. Naturstoffe.

A. F. Lukownikow, M. B. Neiman, A. A. Bag, L. M. Rodionowa, I. Ss. Ssamoukina und **N. W. Blisnjak**, *Synthese von* $^{14}C_{(1)}$*-Pentan und* $^{14}C_{(3)}$*-Pentan.* Die Synth. von $C_4H_9{}^{14}CH_3$ (I) erfolgt auf dem Wege $Ba^{14}CO_3 \rightarrow {}^{14}CO_2C_4H_9{}^{14}COOH \rightarrow C_4H_9{}^{14}COO \cdot C_2H_5 \rightarrow I$, die Synth. von $C_2H_5{}^{14}CH_2C_2H_5$ (II) auf dem Wege $Ba^{14}CO_3 \rightarrow {}^{14}CO_2 \rightarrow C_2H_5{}^{14}COOH \rightarrow Ba(C_2H_5{}^{14}COO)_2 \rightarrow (C_2H_5)_2{}^{14}CO \rightarrow II$. Die Grignard-Rkk. werden bei —25 bis —20° durchgeführt, optimale Ausbeute mit 0,5n äther. Grignard-Lsg., Zers. des erhaltenen Komplexes mit verd. H_2SO_4 (1:1). Isolierung der Propionsäure durch Vakuumdest. des wss. Extraktes, der Valeriansäure durch Wasserdampfdest., Sättigung des Destillats mit Na_2CO_3, Entfernung der Nebenprodd. mit Ae., Zers. mit H_2SO_4 u. Extraktion mit Äther. Die in beiden Fällen als letzte Stufe erfolgende Hydrierung wird mit H_2 u. Cu-Chromitkatalysator in 2 Stufen (über den Alkohol) durchgeführt; durch bes. Herst. des Katalysators gelingt es, bevorzugte Bldg. der KW-stoffe zu erreichen; Bedingungen bei I: 280—285°, Anfangsdruck 139 atü, 3,5 Std., bei II: 225—230°, 116 atü, 2 Std.; Ausbeute an I 85%, an II 82% der Theorie; beider Kp. 35,5°, F. —130,5°, n_D^{10} 1,3578. In I sind 43%, in II 30% des ^{14}C des Ausgangs-$BaCO_3$ enthalten. (Доклады Академии Наук СССР [Ber. Akad. Wiss. UdSSR] [N. S.] **88.** 297—300. 11/1. 1953.) R. K. Müller. 510

A. Je. Borissow, *Reaktion von Polyhalogeniden des Methans mit quecksilberorganischen Verbindungen in Gegenwart von Peroxyden.* Bei der Rk. von trans-β-Chlorvinylmercurichlorid (I) mit CCl_4 in Ggw. von Acetyl- (II) oder Benzoylperoxyd (III) entstehen *1.1.1.3-Tetrachlorpropylen* (IV) u. $HgCl_2$; Hexachloräthan (V) wird nicht gebildet. Außerdem wird *cis-β-Chlorvinylmercurichlorid* (VI) unter den Reaktionsprodd. gefunden. Bis-[trans-β-chlorvinyl]-quecksilber (VII) liefert bei dieser Rk. ebenfalls IV u. $HgCl_2$. In Abwesenheit von II oder III erfolgt keine Reaktion. Analog bildet sich aus I mit CBr_4 *1.1.1-Tribrom-3-chlorpropylen* u. *HgClBr*; *1.1.1.2.3-Pentabrom-3-chlorpropan*, das isoliert wurde, entsteht wahrscheinlich erst bei der Fraktionierung. Diphenylquecksilber (VIII) reagiert mit CCl_4 in Ggw. von II u. liefert *Benzotrichlorid* (IX), *Phenylmercurichlorid* (X) u. V. Aus VIII u. Chlf. werden *Bzl.*, X, wenig IX u. V erhalten. Es werden die Rkk. von I bzw. VII mit CCl_4 u. die Rk. von VIII mit CCl_4 miteinander verglichen u. verschied. Reaktionsmechanismen, von denen einige besprochen werden, vermutet. Rasuwajew (Ученые Записки Горьковского Гос. Университета [Wiss. Nachr. staatl. Univ. Gorki] **1949.** Heft 15. 81) erhielt bei der Rk. von VIII mit CCl_4 unter Initiierung mit UV-Licht *Chlorbenzol* u. X, aber kein IX. Das Resultat konnte vom Vf. bei Wiederholung des Vers. bestätigt werden. Das verschied. Ergebnis der Rkk. in Ggw. von **II** u. bei Belichtung läßt den Schluß zu, daß es sich um homolyt. Ketten-Rkk. handelt, die innerhalb des Komplexes der reagierenden Verbb., aber nicht bei beiden Rkk. über völlig freie Radikale verlaufen.

Versuche: *1.1.1.3-Tetrachlorpropylen* (**IV**), Kp. 144—145°, a) bei 4std. Erwärmen von 5 g **I** mit 75 g CCl_4 in Ggw. von 0,2 g **II** oder **III** auf 60—70°; 1,4 g (Ausbeute) neben 0,6 g **VI** (F. 77—78°) u. 3,8 g $HgCl_2$; b) aus 3 g **VII**, u. 30 g CCl_4 + 0,2 g **II** oder **III**, 4 Std. im geschlossenen Rohr bei 100°; 1,2 g neben $HgCl_2$. $D.^{20}_4$ 1,5085; n_D^{20} 1,5078; Mol.-Refr. 35,52. — *1.1.1-Tribrom-3-chlorpropylen*, Kp.$_{80}$ 73—75°; aus 7,5 g **I** u. 5 g CBr_4 + 0,2 g **II** in 5 ml Bzl., 5 Std. im geschlossenen Rohr bei 100°; $D.^{20}_4$ 2,0498; n_D^{20} 1,5408; Nebenprod. in etwa gleicher Menge ist *1.1.1.2.3-Pentabrom-3-chlorpropan*, Kp.$_{63}$ 84—87°; $D.^{20}_4$ 2,4006; n_D^{20} 1,5764. — Bei der Rk. von 5 g **VIII** mit 15 g CCl_4 + 0,1 g **II**, 3 Std. im Rohr bei 120—125°, nach Zugabe von nochmals 0,1 g **II** weitere 2 Std., wurden erhalten: **IX** (nach Behandeln mit rauchender HNO_3 0,25 g *m-Nitrobenzoesäure*), 2,2 g **X** (F. 257°) u. 0,1 g **V** (F. 185° im geschlossenen Röhrchen) neben viel unverändertem **VIII**. — Die Rk. von 5 g **VIII** mit 15 g Chlf. + 0,2 g **II** (in 2 Anteilen) analog Vorst. ergab 0,3 g **IX**, 1,8 g **X**, *Bzl.* (hieraus 0,7 g *m-Dinitrobenzol*) u. Spuren **V** neben viel unverändertem **VIII**. (Известия Академии Наук СССР, Отделение Химических Наук [Nachr. Akad. Wiss. UdSSR, Abt. chem. Wiss.] **1951**. 524—29. Sept./Okt. Inst. für organ. Chem. der Akad. der Wiss. der UdSSR.)

R. KNOBLOCH. 520

L. C. Leitch und **A. T. Morse**, *Synthese von cis- und trans-1.2-Dichloräthylen-d.* Vff. stellten *cis-* u. *trans-1.2-Dichloräthylen-d* (**Ia** u. **Ib**) dar durch 42std. UV-Bestrahlung von Trichloräthylen (**II**), DBr u. Dibenzoylperoxyd im geschlossenen Rohr nach KHARASCH, NORTON u. MAYO (J. org. Chemistry **3**. [1939.] 48), Behandlung des fast quantitativ erhaltenen *1.1.2-Trichlor-2-bromäthans-1-d* mit Zn-Staub in A. u. Trennung der cis- u. trans-Verb. durch Fraktionieren. Zufolge des Infrarotspektr., u. da **II** nur in Ggw. von OH^- oder OD^- eine Austausch-Rk. eingeht, nehmen Vff. an, daß **Ia** bzw. **Ib** höchstens Spuren von CHCl=CHCl oder dem dideuterierten Prod. enthalten. Verss. zur Darst. von **Ia** durch Mercurierung von trans-Dichloräthylen mit HgO u. einer Spur $Hg(CN)_2$ in Ggw. von $NaOC_2H_5$ nach FITZGIBBON (J. chem. Soc. [London] **1938**. 1218) führte nur zu Spuren von *Bis-dichloräthylenylquecksilber* sowie zu *Quecksilber-bis-chloracetylid* neben viel polymercurierten Stoffen. Ferner wurde trans-β-Chloracrylsäure (dargestellt aus Propiolsäure nach GRYSZKIEWICZ-TROCHIMOWSKI u. Mitarbeitern (C. **1949**. I. 42) bei 0° in CS_2 zu *α.β.β-Trichlorpropionsäure* chloriert. Erhitzen des Na-Salzes am Rückfluß in wss. Na_2CO_3 ergab jedoch kein Dichloräthylen, sondern *α.β-Dichloracrylsäure*. Auch Erhitzen des Ag-Salzes der β-Brom-α.β-dichlorpropionsäure am Rückfluß mit Br_2 in CCl_4 ergab nur wenig 1.2-Dibrom-1.2-dichloräthan. — *α.β.β-Trichlorpropionsäure*, $C_3H_3O_2Cl_3$, F. 54—55° (PAe.); *Anilid*, F. 121 bis 122°. — *α.β-Dichloracrylsäure*, $C_3H_2O_2Cl_2$, F. 85—86°; *Amid*, F. 133—134°. — *1.1.2-Trichlor-2-bromäthan-1-d*, Kp.$_{22}$ 70—72°, n_D^{20} 1,5295. (Canad. J. Chem. **29**. 1034—35. Nov. 1951. Ottawa, Can., Nat. Res. Council, Div. of Appl. Chem.) GNAUCK. 520

René Heilmann, Gabriel de Gaudemaris und **Rudolf Heindl**, *Über die Willgerodt-Reaktion in der aliphatischen Reihe.* Die Anwendung der WILLGERODT-Rk. auf aliphat. Ketone wurde an Methylisobutylketon geprüft: es bildet sich *Isocapronsäureamid* in 60%ig. (Ausbeute). Daraufhin wurde Methylneopentylketon ebenfalls in wss. Dioxan bei 180—185° während 3 Std. mit NH_4-Polysulfid u. S-Pulver umgesetzt, eingedampft, der Rückstand mit sd. W. ausgezogen u. eingeengt; nach Kühlung fiel *Neopentylacetamid*, F. 140—141°, aus; 88%. Dieses wurde mit konz. $H_2SO_4/NaNO_2$ zu *Neopentylessigsäure* verseift, Kp.$_3$ 83—85°, Kp.$_{15}$ 100—102°; 85%. Daraus mit $SOCl_2$ das *Säurechlorid*, Kp.$_2$ 58°; 70%, das mit Organ-Cd-Verbb. zu nachst. Ketonen kondensiert wurde: *Methylneohexylketon*, Kp.$_{14}$ 59,5—61°, n_D^{20} 1,4190; *2.4-Dinitrophenylhydrazon*, $C_{14}H_{20}O_4N_4$, F. 96,5°. — *Butylneohexylketon*, Kp.$_{15}$ 91,5—93°, n_D^{20} 1,4269; *2.4-Dinitrophenylhydrazon*, $C_{17}H_{26}O_4N_4$, F. 41,5°. (C. R. hebd. Séances Acad. Sci. **235**. 544—46. 8/9. 1952.) MACHOLDT. 810

H. Vanderhaeghe und **G. Derudder**, *Cholinderivate als curarewirksame Substanzen.* Ausführliche Wiedergabe der C. **1951**. II. 2629 referierten Arbeit. Nachzutragen ist: *β-Dimethylaminoisopropanolhydrochlorid*, Kp. 122—126°, durch 24std. Sieden von 0,3 Mol Propylenchlorhydrin mit einer 21%ig. benzol. Lsg. von Dimethylamin auf 120° u. Rektifikation des Nd.; 23 g (Ausbeute). — Analog *β-Diäthylaminoisopropanol*, Kp. 152—158°; 30 g. — *1-Phenyl-3-chlorpropanol-(2)*, aus Phenyl-MgBr u. Epichlorhydrin. — *1-Phenyl-3-dimethylaminopropanol-(2)*, Kp.$_{20}$ 136—138°, aus 42 g des Chlorhydrins durch 24std. Erhitzen mit Dimethylamin im Bombenrohr auf 120°; 50 g. — *1-Phenyl-3-diäthylaminopropanol-(2)*, Kp.$_1$ 100—102°, aus 26 g Chlorhydrin wie oben;

17,5 g. — *Dimethylaminomethylphenylcarbinol*, $Kp._{20}$ 130—131°, durch 2std. Erwärmen von 25 g Styrolbromhydrin in absol. A. mit 10%ig. Dimethylaminlsg. in Bzl., Abdest., Alkalisieren u. Ausäthern; 8 g. Bei 20std. Erhitzen ohne A. im Bombenrohr wie oben entsteht *Acetophenon*, $Kp._{15}$ 90°. *Semicarbazon*, F. 197—198°. — Nachst. *Bis-[β-dimethylamino-α-alkyl-* bzw. *-aryläthyl]-succinate*, aus dem entsprechenden vorst. Aminoalkohol u. Succinoylchlorid in Xylol auf 130—140°, Abdekantieren, Behandeln des Rückstandes mit wss. Pottaschelsg. u. Extraktion mit Ae. (Meth. **A**) oder durch Sättigen der Xylollsg. von Aminoalkohol mit HCl u. Zufügen von Succinoylchlorid u. Behandeln wie vorst. (Meth. **B**): *Methyl*, $Kp._2$ 143—146°, nach **A** 55%, nach **B** 47%. — *Benzyl*, $Kp._1$ 225—230°; nach **A** 42%. — *Phenyl*, $Kp._2$ 175—180°; nach **A** 45%. — Analog *Bis-[1-diäthylaminopropyl-(2)]-succinat*, $Kp._1$ 147—150°; nach **A** 60%, nach **B** 50%. *Bismethojodid*, F. 163—165° (Zers.). *Bisäthojodid*, F. 229—230° (Zers.). — *Bis-[1-phenyl-3-diäthylaminopropyl-(2)]-succinat*, $Kp._1$ 230—240°; nach **A** 53%. *Bisäthojodid*, F. 202—203° (Zers.). (Bull. Soc. chim. belges **61**. 322—27. 31/7. 1952. Genval, S. A. R. I. T.) LEHWALD. 820

R. P. Linstead, L. N. Owen und **R. F. Webb**, *Eliminierungsreaktionen von Estern.* 1. Mitt. *Die Bildung α.β-ungesättigter Säuren aus β-Acyloxyverbindungen.* Um den Einfl. der Substituenten X u. Y auf das Auftreten der Eliminierungs-Rk. $RR'C(OY)CH_2COOX \rightarrow RR'C{=}CHCOOX + YOH$ bei Einw. von Alkali zu ermitteln, untersuchten Vff. die alkal. Hydrolyse [in ( ) angewandtes Alkali, Reaktionsdauer in Std., Menge der gebildeten bzw. isolierten ungesätt. Säure in %] von *β-Acetoxy-* (n-Na_2CO_3; 8; 54; 30; bzw. 0,8nNaOH; 4; 44; 30), *β-Benzoyloxy-* (n-Na_2CO_3; 8; 73; 35; bzw. 0,8nNaOH; 4; 60; 40), *β-Mesyloxy-* (**III**) (n-Na_2CO_3; 8; 85; 63; bzw. 0,8nNaOH; 2; 98; 68) u. *β-p-Tosyloxybuttersäureäthylester* (n-Na_2CO_3; 8; 79; 61; bzw. 0,8nNaOH; 2; 96; 65), sowie von *β-Nitratobuttersäuremethylester* (n-KOH; 2; —; 80), *β-Diphenylphosphato-* [$(C_6H_5)_2O_3\cdot POCH(CH_3)\cdot CH_2COOC_2H_5$] (n-KOH; 2; —; 75) u. *β-Phosphatobuttersäureäthylester* (n-KOH; 2; —; 33) in 50%ig. wss. Dioxan am Rückfluß; ferner von *1-Acetoxycyclohexylessigsäureäthylester* (**VIII**) am Rückfluß in W. (0,25nNa_2CO_3; 28; —; 23) u. in A. (0,1n$NaOC_2H_5$; 17; —; 23) sowie bei n. Temp. in 50%ig. wss. Methanol (0,1nKOH; 160; —; 26; bzw. 0,5nKOH; 48; —; 24), von *β-Phenyl-β-acetoxypropionsäure* (**IX**) bei 90° in W. (n-Na_2CO_3; 2; —; 11; bzw. 0,1n$Ba(OH)_2$; 2; —; 0) u. bei n. Temp. (n-NaOH; 48; —; 54) u. am Rückfluß in 50%ig. wss. Methanol (0,1nKOH; 2; —; 0); von **IX**-*Methylester* (**IXa**) am Rückfluß in 50%ig. wss. Methanol (0,1nKOH; 2,5; —; 55; bzw. 0,1n$Ba(OH)_2$; 2,5; —; 0) u. bei n. Temp. (n-NaOH; 48; —; 54) sowie in W. am Rückfluß (n-Na_2CO_3; 2,5; —; 49) u. schließlich in 50%ig. wss. A. von *β-Acetoxy-δ-phenylvaleriansäureäthylester* (**X**) am Rückfluß (0,5nNa_2CO_3; 8; 22; —; bzw. 0,1nKOH; 8; 19; —) u. bei n. Temp. (n-Na_2CO_3; 48; 14; —; bzw. 0,2nKOH; 48; 15; 12) u. von *β-Benzoyloxy-δ-phenylvaleriansäureäthylester* (**I**) am Rückfluß (0,5nNa_2CO_3; 8; 34; —; bzw. 0,1nKOH; 8; 29; —) u. bei n. Temp. (n-Na_2CO_3; 48; 33; —; bzw. 0,2nKOH; 48; 24; —). Vff. stellten fest, daß die titrimetr. bestimmte Bldg. der ungesätt. Verb. mit wachsender Säurestärke von YOH zunimmt, wobei die β-Oxyverbb. (YOH = H_2O) durch Alkali unter den Versuchsbedingungen nicht dehydratisiert werden. Die Rk. ist charakterist. für β-Oxyesterderivv., da α-Mesyloxybuttersäuremethylester unter den Versuchsbedingungen nur sehr wenig *Crotonsäure* lieferte. Die Hydrolyse von **VIII** ergab nur die α.β-ungesätt. Säure, was im Gegensatz zu der hautpsächlich zum β.γ-ungesätt. Ester (**II**) führenden Dehydratation von 1-Oxycyclohexylessigsäureäthylester (**V**) steht. Auch bei Verss., den Mesyloxy- u. p-Tosyloxyester darzustellen, entstand nur **II**. Im Gegensatz zu β-Oxy-β-phenylpropionsäureäthylester, der mit Benzoyl-, Mesyl- u. p-Tosylchlorid in kaltem Pyridin Zimtsäureäthylester gibt, führt δ-Phenyl-β-oxyvaleriansäure (**VI**)-Äthylester glatt zu **X** u. **I**, die durch alkal. Hydrolyse **VI** u. die α.β-, aber keine β.γ-ungesätt. Säure bilden, wobei die Eliminierungs-Rk. in geringerem Maße als bei **IXa** auftritt. Die größere Reaktionsfähigkeit von **IX** bzw. **IXa** gegenüber den β-Oxybuttersäurederivv. wird mit der Bldg. eines durchkonjugierten Syst., Zimtsäure, erklärt. Eine β.γ-ungesätt. Säure, *5-Phenylpenten-(3)-säure*, wurde vermutlich neben *5-Phenylpenten-(2)-säure* bei der Dest. des β-Acetoxy-δ-phenylvaleriansäureanhydrids (**VII**) erhalten. Da die erhaltenen bekannten Prodd. der trans-Konfiguration angehören, schließen Vff., daß die Eliminierungs-Rk. nach einem uni- oder bimol. heterolyt. Mechanismus verläuft.

Versuche: *β-Oxybuttersäureäthylester* (**IV**), $Kp._{11}$ 74°, durch Hydrierung von Acetessigester bei n. Temp. u. 50 at mit RANEY-Ni; n_D^{17} 1,4221; hieraus mit entsprechendem Säurechlorid in Pyridin bei 0°: *β-Acetoxybuttersäureäthylester*, $C_8H_{14}O_4$, $Kp._{0,4}$ 72°, n_D^{20} 1,4282, u. *β-Benzoyloxybuttersäureäthylester*, $C_{13}H_{16}O_4$, $Kp._{3\cdot10^{-4}}$ 95° (geringe Zers.), n_D^{19} 1,5000. — *β-Mesyloxybuttersäureäthylester* (**III**), $C_7H_{14}O_5S$, F. ca. 6°, $Kp._{10^{-4}}$ 90°, aus **IV** u. Mesylchlorid in Pyridin bei —5° während 1,5 Std. unter Rühren, dann 12 Std. bei 0°, Abkühlen auf —5° u. Verdünnen mit Eiswasser. — *β-p-Tosyloxybuttersäure-*

äthylester, $C_{13}H_{18}O_5S$, nicht destillierbares Öl, analog **III**. — *β-Nitratobuttersäuremethylester*, $C_5H_9O_5N$, Kp.$_{17}$ 94°, aus Na-β-Oxybutyrat, rauchender HNO_3 u. H_2SO_4 bei —15° u. Einw. von äther. CH_2N_2; n_D^{21} 1,4253. — *β-[Diphenylphosphato]-buttersäureäthylester*, $C_{18}H_{21}O_6P$, Kp.$_{0,0003}$ 120° (Bad), aus **IV** u. Diphenylchlorphosphonat in Pyridin bei 0° während 20 Std. u. Verdünnen mit Eiswasser; n_D^{23} 1,5319. — *β-Phosphatobuttersäureäthylester*, unbeständig, aus vorst. Verb. durch Hydrierung bei n. Temp. u. Druck mit Adams-Pt in Äthylacetat über das *Dibenzylaminsalz* ($C_{20}H_{31}O_6N_2P$, F. 144°) u. Leiten der wss.-äthanol. Lsg. durch eine Kationenaustauschkolonne (Zeo-Karb). — *Crotonsäure*, F. 72° (W.). — *α-Mesyloxybuttersäureäthylester*, $C_7H_{14}O_5S$, Kp.$_{0,005}$ 65°, aus α-Oxybuttersäureäthylester analog **III**; n_D^{18} 1,4363. — *1-Oxycyclohexylessigsäure*, F. 64° (Bzl.–PAe.). *Äthylester* (**V**), Kp.$_1$ 94—100°, n_D^{20} 1,4681. — *1-Acetoxycyclohexylessigsäureäthylester* (**VIII**), Kp.$_4$ 116—118°, nach Auwers u. Ellinger [1912]; n_D^{25} 1,4557. — *Cyclohexylidenessigsäure*, F. 90° (wss. A.), durch alkal. Hydrolyse von **VIII**; *Äthylester*, Kp.$_1$ 62—70°, n_D^{20} 1,4790. — *Cyclohexen-(1)-ylessigsäureäthylester* (**II**), Kp.$_{0,7}$ 66°, aus **V** u. p-Tosylchlorid während ½ Std. bei 0° in Pyridin, 6 Tage bei 0° u. Zugabe von Eiswasser; n_D^{22} 1,4622. — *β-Acetoxy-β-phenylpropionsäuremethylester* (**IXa**), $C_{12}H_{14}O_4$, Kp.$_{0,03}$ 84°, aus **IX** mit äther. CH_2N_2, n_D^{25} 1,5139. — *Zimtsäure*, F. 133° (W.). — *β-Oxy-β-phenylpropionsäure*, F. 100° (W.). — **VI**-*Methylester*, $C_{12}H_{16}O_3$, Kp.$_{0,5}$ 114—116°, aus **VI** (Darst. nach Farmer u. Hose, J. chem. Soc. [London] **1953**. 962); n_D^{20} 1,5100. — *β-Acetoxy-δ-phenylvaleriansäureäthylester* (**X**), $C_{15}H_{20}O_4$, Kp.$_{10}$-5 100°, aus **VI**-Äthylester u. Acetylchlorid in Pyridin, 6 Std. bei 0°, u. Zugabe von Eiswasser. — *β-Benzoyl-δ-phenylvaleriansäureäthylester* (**I**), $C_{20}H_{22}O_4$, F. ca. 25°, Kp.$_{10}$-5 120°, analog **X**. — *5-Phenylpenten-(2)-säure*, $C_{11}H_{12}O_2$, F. 104° (W.), durch Dest. von **VI** (F. 130° [W.]) bei 160°/1,0 mm; oder durch Dest. von **VII** u. Sublimation bei 0,4 mm/115°, daneben *5-Phenylpenten-(3)-säure*, F. 28°. — *5-Phenylpenten-(4)-säure* (?), F. 90°, durch alkal. Hydrolyse von **VI**-Äthylester. — *δ-Phenylvaleriansäure*, F. 58° (W.). — *β-Acetoxy-δ-phenylvaleriansäureanhydrid* (**VII**), $C_{26}H_{30}O_7$, aus **VI** u. Acetanhydrid, 2,5 Std. bei 80°. (J. chem. Soc. [London] **1953**. 1211—18. April. London, Imp. Coll. of Sci. and Technol.) Gnauck. 850

R. P. Linstead, L. N. Owen und **R. F. Webb**, *Eliminierungsreaktionen von Estern. 2. Mitt. Die Bildung von α-Ketosäuren aus Derivaten von α.β-Dioxysäuren und verwandte Reaktionen.* (1. vgl. vorst. Ref.) Es wurde die alkal. Hydrolyse von *Diestern* der *α.β-Dioxybutter-* u. *α.β-Dioxy-β-phenylpropionsäuremethylester* untersucht. Während mit konz. wss. alkoh. KOH am Rückfluß erythro-α.β-Diacetoxybuttersäuremethylester nur die *erythro-α.β-Dioxybuttersäure* ergab, lieferten erythro- u. threo-α.β-Ditosyl- (**I** u. **II**) u. erythro- u. threo-α.β-Dimesyloxybuttersäuremethylester (**III** u. **IV**) *α-Ketobuttersäure* (**V**). Bei Verwendung kalter verd. KOH in W.–Dioxan wurden aus **I**, **II**, **III** bzw. **IV** *cis-* u. *trans-α-Tosyl-* bzw. *cis-* u. *trans-α-Mesyloxycrotonsäure* erhalten, die bei weiterer Hydrolyse alle **V** ergaben. Da jedes Disulfonat ein verschied. Monosulfonat ergab, nehmen Vff. einen bimol. Eliminierungsmechanismus an u., daß bei Annahme einer trans-Eliminierung, erythro- bzw. threo-Disulfonate zu cis- bzw. trans-α-Sulfonyloxyverbb. führen. Die Hydrolyse von threo-α.β-Diacetoxy- u. threo-α.β-Dibenzoyloxy-β-phenylpropionsäuremethylester mit wss. KOH bei 20° während 3 bzw. 12 Std. ergab nur *threo-α.β-Dioxy-β-phenylpropionsäure*, während die Disulfonate bei Behandlung mit KOH in W.–Dioxan auch hier eine Eliminierungs-Rk. eingingen, wobei aber erythro- u. threo-α.β-Di-p-tosyloxy- u. erythro- u. threo-α.β-Dimesyloxy-β-phenylpropionsäuremethylester das gleiche Monosulfonat der Zimtsäure lieferten, das bei weiterer Hydrolyse *Phenylbrenztraubensäure* (**VIII**) ergab. Da **VIII**-Methylester mit p-Tosylchlorid in Pyridin das gleiche Prod. ergab wie die Behandlung des Mono-p-tosylsulfonats mit CH_2N_2, ist die α-Stellung der Sulfonatgruppen erwiesen. Vff. vermuten, daß diese Verbb. trans-Konfiguration haben. — Durch 16 std. Hydrolyse der Disulfonate der threo-α.β-Dioxy-β-phenylpropionsäure mit konz. KOH in Methanol wurde „*Di-[phenylbrenztraubensäure]*" (**VI**) erhalten. — Die Hydrolyse von threo-α-Mesyloxy-β-p-tosyloxy-β-phenylpropionsäuremethylester, der aus α.β-Epoxy-β-phenylpropionsäuremethylester mit p-Toluolsulfonsäure über den *threo-α-Oxy-β-p-tosyloxy-β-phenylpropionsäuremethylester* (**VII**) u. Rk. mit Mesylchlorid dargestellt wurde, mit KOH in W.–Dioxan führte zu *α-Mesyloxyzimtsäure*. Die Konst. von **VII** wurde durch Bldg. der threo-Di-p-tosylverb. mit p-Tosylchlorid bestätigt. — Vff. untersuchten ferner das Verh. von **III**, **IV** u. den entsprechenden Verbb. der β-Phenylpropionsäure gegenüber NaJ in sd. Aceton unter Lichtabschluß während 28—49 Std., wobei langsam *cis-* bzw. *trans-Crotonsäure-* u. *cis-* bzw. *trans-Zimtsäuremethylester* entstanden. Hieraus schließen Vff. auf eine cis-Eliminierung, was im Gegensatz zu den Beobachtungen bei der Debromierung von Dibromiden mit KJ

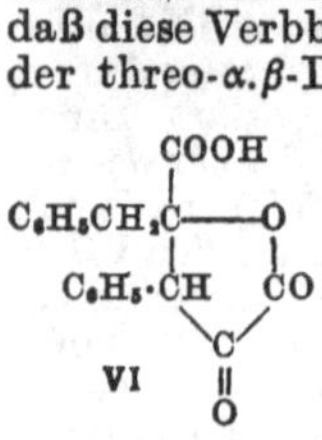

VI

(vgl. CROMBIE (C. **1953.** 2254) steht. — Vff. vergleichen die Rkk. der Sulfonylester mit denen der Halogenverbb. u. stellen fest, daß die 1. Stufe der Hydrolyse für beide ähnlich ist. Wegen der Bldg. von **VIII** aus α-Sulfonyloxyzimtsäuren vermuten Vff., daß, falls die dem Bruch der C-Halogenbindung entsprechende Spaltung der Alkyl-O-Bindung bei Sulfonsäureestern behindert ist, eine Trennung der Acyl-O-Bindung: $RO-SO_2R$ auftritt. Dies erklärt auch die Bldg. von **VIII** u. das Fehlen von α-Methoxyzimtsäure bei der Einw. von methanol. KOH auf die Disulfonate der threo-α.β-Dioxy-β-phenylpropionsäure. — Die benutzten Stoffe waren sämtlich rac. Gemische.

Versuche: *erythro-α.β-Dioxybuttersäuremethylester* (**IX**), F. 82—83°, durch katalyt. Oxydation von Crotonsäure mit wss. Perwolframsäure bei 70° u. Einw. von äther. CH_2N_2; *α.β-Diacetylverb.*, $C_9H_{14}O_6$, Kp.$_{0,01}$ 85°, aus **IX** mit Acetanhydrid in Pyridin 12 Std. bei 0°, n_D^{20} 1,4289; *α.β-Dimesylverb.* (**III**), $C_7H_{14}O_8S_2$, F. 63—64° (Methanol), aus **IX** u. Mesylchlorid in Pyridin; *α.β-Di-p-tosylverb.* (**I**), $C_{19}H_{22}O_8S_2$, F. 73° (Methanol), aus **IX** in Pyridin bei —5° u. Zugabe von p-Tosylchlorid in Pyridin während ½ Std. u. 16 Std. bei 0° oder aus **X** u. p-Toluolsulfonsäure in Ae. 1 Nacht bei n. Temp., Abdunsten u. Einw. von p-Tosylchlorid. — *α.β-Epoxybuttersäuremethylester* (**X**), $C_5H_8O_3$, Kp. 160—161°, aus β-Methylglycidsäure (F. 88°) mit Überschuß an CH_2N_2, n_D^{18} 1,4205. — *threo-α.β-Dioxybuttersäuremethylester*, aus Methylcrotonat in A. bei —40° u. Zugabe einer wss. Lsg. von $KMnO_4 + MgSO_4 \cdot 7\,H_2O$ unter Rühren während 5 Std.; *α.β-Dimesylverb.* (**IV**), F. 128° (Methanol), analog **III**; *α.β-Di-p-tosylverb.* (**II**), F. 90° (Methanol). — *erythro-α.β-Dioxybuttersäure*, F. 81—82° (Äthylacetat). — *cis-α-p-Tosyloxycrotonsäure*, $C_{11}H_{12}O_5S$, F. 118° (CCl_4). — *cis-α-Mesyloxycrotonsäure*, $C_5H_8O_5S$, F. 112—113° (Chlf.-CCl_4). — *α-Ketobuttersäure* (**V**), *2.4-Dinitrophenylhydrazon*, F. 195° (wss. A.). — *trans-α-p-Tosyloxycrotonsäure*, F. 138° (Bzl.). — *trans-α-Mesyloxycrotonsäure*, F. 94—95° (Bzl.). — *erythro-α.β-Dioxy-β-phenylpropionsäuremethylester* (**XI**), F. 87° (CCl_4), aus der Säure (F. 121°) mit CH_2N_2 oder aus cis-Zimtsäuremethylester in A. bei —30° u. wss. $KMnO_4 + MgSO_4 \cdot 7\,H_2O$; *α.β.Di-p-tosylverb.*, $C_{24}H_{24}O_8S_2$, F. 132° (Methanol); *α.β-Dimesylverb.*, $C_{12}H_{16}O_8S_2$, F. 118—119° (Methanol). — *threo-α.β-Dioxy-β-phenylpropionsäuremethylester*, F. 69° (CCl_4), aus Zimtsäuremethylester analog **XI**; *α.β-Di-p-tosylverb.*, F. 132° (Methanol) auch aus **VII** mit p-Tosylchlorid in Pyridin; *α.β-Dimesylverb.*, F. 110° (Methanol). — *α.β-Epoxy-β-phenylpropionsäuremethylester*, $C_{10}H_{10}O_3$, Kp.$_{0,6}$ 100—110° (unrein), aus Benzaldehyd u. Chloressigsäuremethylester in Bzl. unter Kühlen mit Eis-Salz, Zugabe von trockenem $NaOCH_3$ u. 4 std. Rühren, dann 16 std. Rühren bei n. Temp. u. auf Eis gießen. — *threo-α-Oxy-β-phenyl-β-p-tosyloxypropionsäuremethylester* (**VII**), $C_{17}H_{18}O_6S$, F. 92° (CCl_4), aus vorst. Verb. u. wasserfreier p-Toluolsulfonsäure in Ae., 15 Min. am Rückfluß u. 12 Std. bei n. Temp.; *α-Acetylverb.*, $C_{19}H_{20}O_7S$, F. 83°, aus **VII** mit Acetanhydrid; *α-Mesylverb.*, $C_{18}H_{20}O_8S_2$, F. 111°, aus **VII** mit Mesylchlorid. — *threo-α.β-Dioxy-β-phenylpropionsäure*, F. 141°. — *Di-[phenylbrenztraubensäure]* (**VI**), $C_{18}H_{14}O_6$, durch Fällung mit Bzl. aus Chlf., F. 172—173° (Zers.). — *α-p-Tosyloxyzimtsäure*, $C_{16}H_{14}O_5S$, F. 165° (Äthylendichlorid); *Methylester*, $C_{17}H_{16}O_5S$, F. 83° (Methanol). — *α-Mesyloxyzimtsäure*, $C_{10}H_{10}O_5S$, F. 153° (Chlf.); *Methylester*, $C_{11}H_{12}O_5S$, F. 93° (Methanol). — *β-Phenylbrenztraubensäure* (**VIII**), F. 150 bis 154°. — *trans-Zimtsäuremethylester*, F. 36° (PAe.). — *cis-Zimtsäuremethylester*, Kp.$_{16}$ 124—125°; daraus die *freie Säure*, F. 42°. — *cis-Crotonsäure*, Kp. 169°; *Amid*, F. 100—101° (W.). — *trans-Crotonsäure*, F. 73°. (J. chem. Soc. [London] **1953.** 1218—24. April.) GNAUCK. 850

R. P. Linstead, L. N. Owen und **R. F. Webb,** *Eliminierungsreaktionen von Estern.* 3. Mitt. *Derivate zweibasischer Polyoxysäuren.* (2. vgl. vorst. Ref.) Vff. untersuchten an Derivv. zweibas. Polyoxysäuren Eliminierungs-Rkk. mit Alkali u. fanden, daß (±)-β.β'-Diacetoxy- u. (±)-β.β'-Di-p-tosyloxyadipinsäuredimethylester mit kalter KOH in wss. Dioxan nach 16 Std. unter doppelter Eliminierung *trans.trans-Muconsäure* ergaben. Im Gegensatz zu den α-Sulfonyloxyderivv. der Croton- u. Zimtsäure (vgl. 2. Mitt.) waren α.α'-Dimesyloxymuconsäuredimethylester (**II**) u. die entsprechende Di-p-tosylverb. gegen Alkali ziemlich beständig u. ergaben erst nach langem Kochen nur Teere. Tetra-O-acetylschleimsäure (**III**)-Dimethylester ergab nach kurzer Einw. von überschüssigem warmem, alkoh.-wss. Alkali eine gelbe Lsg., deren Lichtabsorption auf α.α'-Dioxymuconsäure hindeutete, aber kein K-Salz der Schleimsäure, wie SIMON u. GUILLAUMIN (C. R. hebd. Séances Acad. Sci. **179.** [1924.] 1324) gefunden hatten. Beim Stehen veränderte sich die Absorption der Lsg., Vff. vermuten, infolge Cyclisierung zu einem α-Pyron u. Ketonisierung zu *α.α'-Diketoadipinsäure*, die durch oxydative Bldg. von *Bernsteinsäure* (F. 184°) nachgewiesen wurde. **III** selbst ergab bei gleicher Behandlung eine farblose Lsg. ohne wesentliche Absorption, woraus Vff. schließen, daß die Aktivierung durch freie COOH-Gruppen nicht als Ursache von Eliminierungs-Rkk ausreicht. Da ELDRIDGE, LINSTEAD u. Mitarbeiter (J. chem. Soc. [London] **1950**

2228) gezeigt hatten, daß die alkal. Isomerisierung von Lactonen zu ungesätt. Säuren ein Spezialfall einer Eliminierungs-Rk. ist, untersuchten Vff. β.β'-Dioxyadipinsäure-di-γ-lacton (**IV**), das in wss. Lsg. über 2200 Å keine Absorption zeigt, aber eine solche in alkal. Lsg. (λ_{max} 2260 Å, $\varepsilon = 1200$) gibt, die beim Ansäuern bestehen bleibt, aber an Intensität abnimmt ($\varepsilon = 400$). Vff. konnten eine Isomerisierung durch Isolieren von *γ-Carboxymethyl-Δ^{α}-butenolid*, das gleiches opt. Verh. zeigt, nach kurzer Einw. von 1 Äquivalent kalter verd. NaOH auf **IV** nachweisen. — D-Mannosaccharodilacton-(1→4;6→3) (**V**; vgl. HESLOP u. SMITH, C. **1945.** II. 997) ergab mit Überschuß an $NaOCH_3$ unter Spaltung beider Lactonringe *α.α'-Dioxymuconsäure*, vermutlich von cis.cis-Konfiguration, das sich aber als Dienol im alkal. Medium sicherlich in die stabilere trans.trans-Verb. umlagert. Ihre Eigg. gleichen denen der von WILLE (Liebigs Ann. Chem. **538.** [1939.] 237) beschriebenen Verbindung. **IV** ergab mit Überschuß an heißer, methanol. $NaOCH_3$ *Lävulinsäuremethylester*, wobei basenkatalysierte Wanderung der C=C-Doppelbindung, vermutlich nach Öffnung des Lactonringes, erfolgt. — Vff. untersuchten ferner die Einw. von NaJ in sd. Aceton auf 2.5-Dimesyl-D-mannosaccharodilacton (**VI**), das aus **V** u. Methansulfonsäureanhydrid erhalten wurde, während Einw. von Mesyl-, p-Tosyl- u. Thionylchlorid auf **V** nur Teere ergab. Hierbei wurde nur eine Sulfonyloxygruppe angegriffen, im Gegensatz zum Befund von WIGGINS u. WOOD. (C. **1953.** 5005) am 2.5-Dimesyl-1.4;3.6-dianhydromannit. Da das Absorptionsspektr. des Prod. dem von γ-Carboxymethylen-Δ^{α}-butenolid (vgl. EISNER, ELDRIGE u. LINSTEAD, J. chem. Soc. [London] **1951.** 1501) entspricht, wird Bldg. von *γ-Carboxymethylen-α-mesyloxy-Δ^{α}-butenolid* (**VII**) angenommen. Die resistente Mesyloxygruppe an $C_{(5)}$ wird unter kräftigen Bedingungen, 120° u. Druck, mit NaJ, LiCl u. K-Thiolacetat, ohne Bldg. identifizierbarer Prodd., angegriffen. **VI** ergab mit $CaCO_3$ in sd. wss. Aceton eine mit **VII** isomere Verb., die wegen des gleichen Absorptionsspektr., aber F.-Depression mit **VII**, als Stereoisomeres bzgl. der exocycl. Doppelbindung angesehen wird. — Verss. zur Darst. von meso-β.β'-Dioxyadipinsäure (**VIII**) mit Perwolframsäure nach MUGDAN u. YOUNG (J. chem. Soc. [London] **1949.** 2988) aus trans-Δ^{β}-Dihydromuconsäure ergab nur ein Gemisch des *γ-Monolactons* von **VIII** mit **IV**; Einw. von Perameisensäure gab nur das Monolacton von **VIII**. Zur Darst. der Disulfonyloxyverb. des Muconsäuredimethylesters aus Schleimsäuredimethylester nehmen Vff. an, daß zuerst die Tetrasulfonyloxyverbb. entstehen, die aber durch Pyridin schnell gespalten werden.

Versuche (zum Teil mit **P. Sims**): *trans-Δ^{β}-Dihydromuconsäuredimethylester*, Kp.$_{0,2}$ 82°, n_D^{21} 1,4490. — *(±)-β.β'-Dioxyadipinsäuredimethylester* (**I**), $C_8H_{14}O_6$, F. 76 bis 77° (CCl_4); *Diacetat*, $C_{12}H_{18}O_8$, F. 78° (CCl_4), Kp.$_{0,001}$ 114—115°; *Di-p-tosylat*, $C_{22}H_{26}O_{10}S_2$, F. 142—143° (Methanol). — *trans.trans-Muconsäure*, F. 301°. — *(±)-β.β'-Dioxyadipinsäuredi-γ-lacton* (**IV**), F. 127—128° (Äthylacetat), aus **I** in n-HCl, 1 Std. auf dem Dampfbad, oder aus trans-Δ^{β}-Dihydromuconsäure in W. u. Zugabe zu WO_3 in 30%ig. H_2O_2 u. W., 6 Std. Rühren bei 70°, Zugabe von $NaHSO_3$, Ansäuern u. im Vakuum Eindampfen; daneben aus der Mutterlauge *γ-Carboxymethyl-β-oxybutanolid* [*meso-β.β'-Dioxyadipinsäure* (**VIII**)*-γ-Lacton*], $C_6H_8O_5$, F. 91° (Äthylacetat), auch bei Einw. von HCOOH u. 30%ig. H_2O_2 auf trans-Δ^{β}-Dihydromuconsäure, 1 Std. bei 45°. —*γ-[Methoxycarbonylmethyl]-Δ^{α}-butenolid*, Kp.$_{0,001}$ 82°, aus **VIII**-γ-Lacton über den Methylester (Kp.$_{0,0001}$ 125°) in Pyridin bei 0° u. Einw. von p-Tosylchlorid während 60 Std. bei 0°; n_D^{23} 1,4715—1,4718. — *trans.trans-α.α'-Dimesyloxymuconsäuredimethylester* (**II**), $C_{10}H_{14}O_{10}S_2$, F. 204° (Diisopropylketon), aus Schleimsäuredimethylester in Pyridin bei —5° u. Zugabe von Mesylchlorid in Pyridin während ½ Std. u. 20 Std. bei 0°; λ_{max} in Dioxan 2720 u. 2800 Å ($\varepsilon = 16100$ u. 18300). — *trans.trans-α.α'-Dioxymuconsäure*, F. 242° (Dioxan), aus **V** u. Na in Methanol, 6 Std. unter N_2 am Rückfluß; *Dimethylester*, F. 166° (Dioxan), λ_{max} 3230 Å ($\varepsilon = 14800$). — *trans.trans-α.α'-Di-p-tosyloxymuconsäuredimethylester*, $C_{22}H_{22}O_{10}S_2$, F. 196° (Chlf.-A.), analog **II**. — *γ-Carboxymethyl-Δ^{α}-butenolid*, F. 110° (A.-Bzl.), λ_{max} 2260 Å ($\varepsilon = 3100$ in 0,05nNaOH, nach Ansäuern $\varepsilon = 1400$). — *Lävulinsäuremethylester*, Kp.$_{0,0001}$ 32°, n_D^{18} 1,4215; *2.4-Dinitrophenylhydrazon*, F. 140°. — *D-Mannosaccharodilacton-(1→4;6→3)* (**V**), F. 187° (A.), durch Erhitzen von Mannit mit konz. HNO_3 u. W. auf 60°, nach 15 Min. mit Eis kühlen, dann 4 Std. bei 60° u. ½ Std. bei 85°, $[\alpha]_D^{22}$ +204° (c = 1,0; W.). — *2.5-Dimesylmannosaccharodilacton-(1→4;6→3* (**VI**), $C_8H_{10}O_{10}S_2$, F. 200—201° (Äthylformiat), aus **V** u. Methansulfonsäureanhydrid durch leichtes Erwärmen, Zugabe 1 Tropfens H_2SO_4 u. 10 Min. bei 70°, abkühlen unter Wasserzugabe; $[\alpha]_D^{20}$ +151° (c = 2; Dioxan). — *γ-Carboxymethylen-α-mesyloxy-Δ^{α}-butenolid* (*trans?*) (**VII**), $C_7H_6O_7S$, F. 155—156° (Äthylendichlorid), λ_{max} 2510, 2690 u. 2800 Å ($\varepsilon = 10500$, 14000 u. 16800); daraus mit CH_2N_2 *Methylester*, $C_8H_8O_7S$, F. 111—112° (Methanol). — *Isomeres* **VII** (*cis?*), F. 144 bis 145° (Äthylendichlorid), λ_{max} 2510, 2690 u. 2800 Å ($\varepsilon = 9400$, 14500 u. 18800 in Dioxan). (J. chem. Soc. [London] **1953.** 1225—31. April.) GNAUCK. 850

William G. Finnegan, Ronald A. Henry und **G. B. L. Smith,** *1-[Alkylamino]-guanidine.* Durch katalyt. Hydrierung von Guanylhydrazonen aliphat. u. aromat. Aldehyde u. Ketone werden *1-[Alkylamino]-guanidine* erhalten. Bei der Rk. zwischen Methylhydrazin u. Nitrosoguanidin wurde das erwartete *1-[Methylamino]-guanidin* (I) nur spurenweise erhalten. Hauptprod. dieser Rk. ist das isomere *1-Methyl-1-aminoguanidin* (II). Der Mechanismus dieser Rk. ist nicht geklärt. Verss., I aus 2-Methylsemicarbazid (III) u. S-Methylisothioharnstoffsulfat zu erhalten, waren ebenfalls erfolglos, da immer *3-Methyldiharnstoff*, $H_2NCON(CH_3)\cdot NHCONH_2$, erhalten wurde. Aus Benzalaminoguanidin u. CH_3J entsteht in quantitativer Ausbeute *1-Methyl-1-benzalaminoguanidinhydrojodid.* Versuche (FF. korr.): *Guanylhydrazone,* R—NHC(=NH)NH_2, aus Aminoguanidinhydrochlorid u. Aldehyd bzw. Keton in W. bei Raumtemperatur. $R = CH_2 = N$, *Pikrat,* F. 199,5° (A.). $R = CH_3(CH_2)_2CH{=}N$, *Pikrat,* F. 198,5—199,5° (A.). $R = CH_3\cdot(CH_2)_5CH{=}N$, *Pikrat,* F. 186—187° (A.). $R = (CH_3)_2C{=}N$, *Pikrat,* F. 205,5—206,5° (A.). $R = C_6H_{10}{=}N$, *Pikrat,* F. 187—187,5° (A.); *Hydrochlorid,* F. 208—210° (A. + Ae.). $R = 4\text{-}CH_3\cdot C_6H_9 = N$, *Pikrat,* F. 188—189° (A.); *Hydrochlorid,* F. 190—191° (A. + Ae.). $R = C_6H_5CH = N$, *Pikrat,* F. 255—256° (A.); *Hydrochlorid,* F.139—140° (A. + Ae.). — *1-Alkylaminoguanidine R—NH·NHC(=NH)NH_2,* durch Hydrierung vorst. Hydrazone mit PtO_2/H_2 in Eisessig, wobei vorherige Isolierung nicht erforderlich ist, bei Raumtemp. in ½—2 Std.: $R = CH_3$ (I), *Pikrat,* $C_8H_{11}O_7N_7$, dimorph, F. 193 bis 194° u. 182—183°; *Hydrochlorid,* $C_2H_9N_4Cl$, F. 154,5—156°. $R = CH_3(CH_2)_3$, *Pikrat,* $C_{11}H_{17}O_7N_7$, F. 174—175°. $R = CH_3(CH_2)_6$, *Pikrat,* F. 163—164°. $R = (CH_3)_2\cdot CH$, *Pikrat,* F. 195—196°. $R = C_6H_{11}$, *Pikrat,* $C_{13}H_{19}O_7N_7$, F. 196—196,5°; *Hydrochlorid,* F. 159—161°. $R = 4\text{-}CH_3C_6H_{10}$, *Pikrat,* F. 196—198°; *Hydrochlorid,* F. 156 bis 157°. $R = C_6H_5CH_2$, *Pikrat,* F. 233°, *Hydrochlorid* $C_8H_{13}N_4Cl$, F. 147—148°. — Bei der Rk. von Methylhydrazinsulfat u. Nitrosoguanidin durch Erhitzen in W. in Ggw. von NaOH (5 Std.), Eindampfen des neutral gestellten Reaktionsprod. (**A**) u. Extraktion des Rückstandes mit 79%ig. A. wird *1-Methyl-1-aminoguanidin* (II) als Pikrat ($C_8H_{11}\cdot O_7N_7$, F. 229,5—230° [Zers.], gelbe Nadeln aus W.) isoliert. Beim Schütteln von **A** mit Benzaldehyd in W. entsteht das *Doppelsalz aus Guanidinsulfat u. 1-Methyl-1-benzalaminoguanidinsulfat* ($C_{10}H_{19}O_4N_7S$, F. 280—282°, Nadeln aus 70%ig. A.), neben *1-Methyl-1-benzalaminoguanidin* (*Sulfat,* $C_{18}H_{26}O_4N_8S$, F. 229—230° (Zers.), aus A.; *Pikrat,* $C_{15}H_{15}O_7N_7$, F. 220—221°, orange Nadeln aus A.), das durch A.-Extraktion abgetrennt wird. Aus den alkoh. Mutterlaugen von **II** werden weitere Mengen von **II**, **I** (*Pikrat,* F. u. Misch.-F. 188—189°), NH_3 u. andere nicht identifizierte Prodd. isoliert. — *1-Methyl-1-benzalaminoguanidinhydrojodid,* $C_9H_{13}N_4J$, F. 278—280° (CH_3OH), aus Benzalaminoguanidin u. CH_3J in absol. CH_3OH bei 20° in 2 Tagen; (82,5%). — *3-Methyldiharnstoff,* $C_3H_8O_2N_4$, F. 226—226,5° (W.), aus **III** u. S-Methylisothioharnstoffsulfat durch Kochen in W. (60%) oder aus **III** u. KCN in Eisessig. — **III**-*Pikrat,* $C_8H_{10}O_8N_6$, F. 157—157,5°, orange Nadeln aus Äthanol. — *Benzal-2-methylsemicarbazidpikrat,* $C_{15}H_{14}O_8N_6$, F. 146,5—147,5°, aus A. orange Nadeln. (J. Amer. chem. Soc. **74.** 2981—83. 20/6. 1952. Inyokern, China Lake, Calif., U. S. Naval Ordnance Test Stat., Chem. Div., Inorg. chem. Branch.) K. FABER. 880

H. J. Barber und **K. Gaimster,** *Ein wenig lösliches Hexamethoniumsalz und seine Anwendungen: Einige Beobachtungen über verwandte quaternäre Ammoniumsalze.* Leichtlösl. Hexamethonium (**II**)-salze (Salze des Hexan-1.6-bis-[trimethylammoniumhydroxyds]) lassen sich mit „*Embonsäure*" (**I**; *2.2'-Dioxy-3.3'-dicarboxydinaphthyl-(1.1')-methan* in das schwerlösl. *Hexamethoniumembonat* (**IIa**) verwandeln. **I** entsteht durch Kondensation von 2-Oxynaphthoesäure-(3) (**III**) mit Formaldehyd. Die Darst. von **IIa** aus **I** u. einem leichtlösl. **II**-Salz erfolgt zweckmäßig zur Vermeidung unfiltrierbarer Ndd. in der Hitze. Für die Anwendung von **IIa** führen Vff. die Überführung von einem leichtlösl. **II**-Salz in ein anderes über **IIa** an, wobei **I** wegen seiner Schwerlöslichkeit quantitativ zurückgewonnen werden kann, u. die Gewinnung von **II**-Salzen aus Reaktionslsgg. (**II**-Bromid entsteht aus dem Nylonzwischenprod. 1.6-Diaminohexan durch Methylierung mit HCOOH u. Formaldehyd u. Quaternisierung durch CH_3Br in Ggw. von Soda). Austausch der Methylgruppen in **II** ganz oder teilweise durch Äthyl-, n-Propyl- u. n-Butylgruppen bewirkt keine Änderung der Löslichkeit der Embonate, wohl aber nimmt diese bei Einführung von Isopropyl- u. Isobutylgruppen zu. — Ferner untersuchen Vff. weitere Alkamethoniumverbb. $(CH_3)_3N^+(CH_2)_n{}^+N\cdot(CH_3)_3\cdot 2X^-$]. Bis zu $n = 10$ werden ebenfalls schwerlösl. Embonate gebildet, bei $n < 6$ nimmt die Löslichkeit der Salze schnell zu (vgl. Tabelle im Original). Es wird weiter die Möglichkeit untersucht, andere schwerlösl. **II**-Salze mit anderen organ. Säuren als **I** zu finden. Hierbei erwiesen sich folgende Säuren als ungeeignet: Stilbendicarbonsäure-(4.4'), 1.3-Bis-[4-carboxyphenoxy]-propan, Phthalsäure, Dioxy- u. Tetrabromphthalsäure, **III**, Salicylsäure, 5-Brom-2-oxy-, 2-Oxy-3.5-dijod-, 3.5-Dibrom-

4-oxy-, p-Oxybenzyl-, 3.4.5-Trioxy-, 2.4-Dichlor- u. 2.3.5-Trijodbenzoesäure, [Naphthyl-(1)]-essigsäure, Benzilsäure, Diphenylessigsäure, 2.4-Dichlorphenoxyessigsäure u. Trimethoxyhydrozimtsäure. — Bei einem Vers., Bis-[3-carboxy-2-oxyphenyl]-methan durch Kondensation von Salicylsäure mit Formaldehyd darzustellen, entstand *4.4'-Dioxy-3.3'-dicarboxydiphenylmethan*, dessen **II**-Salz leichtlösl. ist. Verss., die Methylenbrückenbldg. in o-Stellung zur OH-Gruppe zu erzwingen (durch Blockierung der $C_{(5)}$-Position mit Br), schlugen bei der Kondensation fehl. Methylierung von **I** ergibt ein Monomethoxyderiv., das ein lösl. **II**-Salz bildet. Das aus 2.2'-Dioxydinaphthyl-(1.1')-dicarbonsäure-(3.3') erhaltene **II**-Salz ist auffallenderweise leichter lösl. als das entsprechende Pentamethoniumsalz.

Versuche: *2.2'-Dioxy-3.3'-dicarboxydinaphthyl-(1.1')-methan* (**I**), a) aus 750 g **III** durch Lösen in Eisessig bei 95—100° u. langsames Zufügen von Eisessig, Formalin u. konz. H_2SO_4 bei 95—100°; 700 g (Ausbeute); b) durch Zufügen von Formalin bei 90—95° zur Lsg. von 500 g **III** in 10%ig. NaOH; nach 4std. Stehen bei 95° Aufnehmen des abfiltrierten Nd. in W. + Aceton u. Zufügen von Eisessig; 480 g. — 1.1-Bis-[2-oxy-3-carboxynaphthyl-(1)]-äthan konnte durch Kondensation von **III** mit Acetaldehyd nicht gewonnen werden. Desgleichen nicht 5.5'-Dibrom-2.2'-dioxy-3.3'-dicarboxydiphenylmethan aus 5-Brom-2-oxybenzoesäure u. Formalin. — *„Methylembonsäure“*, $C_{24}H_{18}O_6$, F. 277—282° (Zers.), aus 39 g **I** u. Dimethylsulfat in Alkali, 2 Std. am Rückfluß, Ausfällen unveränderter **I** mit **II**-Bromid als **IIa** (52 g) in der Wärme; aus der Mutterlauge durch Abkühlen u. Ansäuern mit HCl; gelbe M.; 0,9 g. — *„Jodembonsäure“*, $C_{23}H_{15}O_6J$, F. 218—221° (Zers.), aus einer n NaOH-Lsg. von 19,4 g **I**, 11,1 g KJ u. 7,1 g KJO_3 durch Eintropfen in 4,9 g H_2SO_4 in 111 cm³ A. + 78 cm³ W., 5 Std. bei 50°; orangefarbenes Pulver; 29 g (roh). — *2.2'-Dioxydinaphthyl-(1.1')-dicarbonsäure-(3.3')*, $C_{22}H_{14}O_6 \cdot \frac{1}{2} H_2O$, F. 330—333°, aus 18,8 g **III** in NaOH durch Zutropfen von 23 g $FeCl_3 \cdot 6 H_2O$, 26 cm³ konz. HCl u. 29 g W. im Sieden; aus dem Nd. blaßgelbe Kristalle aus wss. A.; 2,8 g. — **II**-Salze: *Embonat* [*Hexan-1.6-bis-[trimethylammonium]-2.2'-dioxydinaphthyl-(1.1')-methandicarboxylat-(3.3')*] (**IIa**), $C_{35}H_{44}O_6N_2$, F. 290 bis 291° (Zers.; als Hydrat), durch 1½ std. Methylierung von 116 g 1.6-Diaminohexan mit Dimethylsulfat in Sodalsg. bei 60°, dann 2 Std. bei 90°, Zufügen von Aceton, Kühlen auf 0°; aus dem Filtrat nach Verdünnen mit W. durch Zufügen von 388 g **I**, NaOH u. W.; lederfarbene M., wasserfrei gelb; 530 g. *Bitartrat* (*Hexan-1.6-bis-[trimethylammoniumhydrogentartrat]*), *Monohydrat*, $C_{20}H_{40}O_{12}N_2 \cdot H_2O$, F. ca. 180—185° (Zers.; Methanol), aus 588 g **IIa** durch Zufügen von 300 g Weinsäure zur sd. wss. Lsg. u. Abfiltrieren der ausfallenden **I**; 400 g. Analog: *Sulfat* (*Hexan-1.6-bis-[trimethylammonium]-sulfat*), *Dihydrat*; *Bisulfat* (*Hexan-1.6-bis-[trimethylammoniumhydrogensulfat]*); u. *Dihydrogenphosphat* (*Hexan-1.6-bis-[trimethylammoniumdihydrogenphosphat*), *Dihydrat*. *Bis-oxynaphthoat* [*Hexan-1.6-bis-[trimethylammonium]-2.2'-dioxydinaphthyl-(1.1')-dicarboxylat-(3.3')*], $C_{34}H_{42}O_6N_2$, F. 276—278° (Zers.), aus 3,74 g der Säure u. 4 g **II**-Bromid; cremegelbe Nadeln aus sd. W.; 3,72 g. — *Hexan-1.6-bis-[äthyldimethylammonium]-embonat*, $C_{37}H_{48}O_6N_2$, als *Hydrat*, F. 262—265° (Zers.), aus 97 g **I** in 2n NaOH durch Zufügen von 97,5 g des Bromids in W. + Aceton bei 60°; Nadeln aus Aceton + Wasser. *Bis-hydrogentartrat*, $C_{22}H_{44}O_{12}N_2 \cdot H_2O$, F. 169—170°, aus CH_3OH/Aceton Mikroprismen. — *Pentan-1.5-bis-[trimethylammonium]-embonat*, $C_3\ H_{42}O_6N_2$, F. 266—269° (Zers.). *Bis-hydrogentartrat*, $C_{19}H_{38}O_{12}N_2$, F. 197°, aus CH_3OH Mikroprismen. *2.2'-Dioxydinaphthyl-(1.1')-dicarboxylat-(3.3')*, $C_{33}H_{40}O_6N_2$, F. 310° (Zers.), aus W. cremefarbene Nadeln. — *Hexan-1.6-bis-[dimethyl-n-propylammonium]-embonat*, $C_{39}H_{52}O_6N_2$, F. 264—267° (Zers.). *Hexan-1.6-bis-[n-butyldimethylammonium]-embonat*, $C_{41}H_{56}O_6N_2$, F. 277—279° (Zers.). — *Hexan-1.6-bis-[diäthylmethylammonium]-embonat*, $C_{39}H_{52}O_6N_2$, F. 266—268° (Zers.). — *Hexan-1.6-bis-[triäthylammonium]-embonat*, $C_{41}H_{56}O_6N_2$, F. 268—270° (Zers.). — *1.6-Bis-[dimethylamino]-hexanembonat*, $C_{33}H_{40}O_6N_2$, F. 240—242° (Zers.). — *Butan-1.4-bis-[äthyldimethylammoniumbromid]*, $C_{12}H_{30}N_2Br_2$, F. 301—304° (Zers.), durch 3std. Kochen von 21,6 g 1.4-Dibrombutan u. 14,6 g Äthyldimethylamin in A., Abdampfen u. Gießen in Aceton; hygroskop. Prismen (A. + Aceton); 23 g. — *Butan-1.4-bis-[diäthylmethylammoniumbromid]*, $C_{14}H_{34}N_2Br_2$, F. 284—287° (Zers.), analog; hygroskop. Prismen aus A. + Aceton. — *Butan-1.4-bis-[triäthylammoniumbromid]*, $C_{16}H_{38}N_2Br_2$, F. 178—280° (Zers.), Prismen (A.). — *Pentan-1.5-bis-[äthyldimethylammoniumbromid]*, sehr hygroskopisch. — *Pentan-1.5-bis-[diäthylmethylammoniumbromid]*, $C_{15}H_{36}N_2Br_2$, F. 275—277° (Zers.), Prismen aus A. + Aceton. — *Pentan-1.5-bis-[triäthylammoniumbromid]*, $C_{17}H_{40}N_2Br_2$, F. 276—278° (Zers.), Prismen aus A.–Aceton. — *1.7-Bis-[dimethylamino]-heptan*, $Kp._{10}$ 105—108°. — *Heptan-1.7-bis-[trimethylammonium]-embonat*, $C_{36}H_{46}O_6N_2 \cdot 4 H_2O$, F. 276°. — *1.7-Bis-[diäthylamino]-heptan*, $C_{15}H_{34}N_2$, $Kp._{10}$ 118—120°. — *Heptan-1.7-bis-[triäthylammoniumbromid]*, $C_{19}H_{44}N_2Br_2$, Prismen aus A. + Aceton. — *Heptan-1.7-bis-[äthyldimethylammoniumbromid]*, $C_{15}H_{36}N_2Br_2$, F. 274—276° (Zers.),

Prismen aus A. + Aceton. — *Heptan-1.7-bis-[diäthylmethylammoniumbromid]*, $C_{17}H_{40}N_2Br_2$, F. 281—284° (Zers.), Prismen aus A. + Aceton. (J. appl. Chem. **2**. 565—75. Okt. 1952. Dagenham, Essex, May & Baker Ltd., Res. Labors.) LEHWALD. 910

John A. King, Freeman H. McMillan und **Jerome D. Genzer**, *Anhydrophenacetylglutaminsäure*. Bei der Behandlung von N-Phenacetyl-L-glutaminsäure mit Acetanhydrid entsteht nicht 2-Benzyl-DL-4-[2-carboxyäthyl]-oxazolon-(5), wie BAKER u. JONES (C. **1952**. 1499) berichten, sondern *α-Phenacetylaminoglutarsäureanhydrid* (I) u. bei der Behandlung dieser Verb. mit NH_3 in Chlf. nicht nur das α- (II), sondern auch das *γ-Amid* (III) der *N-Phenacetyl-DL-glutaminsäure*. Dies folgt aus dem Infrarotspektr. von I sowie aus Löslichkeitsanalysen für das erhaltene II–III-Gemisch. (J. Amer. chem. Soc. **74**. 5202—03. 20/10. 1952. New York, N. Y., Warner Inst. for Therapeut. Res.) LEHWALD. 950

William E. Truce und **Cecil E. Olson**, *Die aluminiumchloridkatalysierte Kondensation von γ-Butyrolacton mit Benzol*. (Vgl. hierzu CHRISTIAN jr., C. **1953**. 367.) Die Zus. der Reaktionslsg. bei der genannten Kondensation, bestehend aus *α-Tetralon* (I; $Kp._{10}$ 120—124°; n_D^{20} 1,5691; *Semicarbazon*, F. 214—216°) u. *γ-Phenylbuttersäure* (II; $Kp._{10}$ 148—155°, F. 47—48°), ist abhängig von der verwendeten Menge $AlCl_3$. Bei Ggw. von 1,25 Mol $AlCl_3$ entsteht 11% I u. 73% II, mit 1,67 Mol $AlCl_3$ 32% I u. 43% II, mit 2,5 Mol $AlCl_3$ nur 66% I. Der mögliche Reaktionsmechanismus wird angedeutet. (J. Amer. chem. Soc. **74**. 4721. 20/9. 1952. La Fayette, Ind., Purdue Univ., Dep. of Chem.) LEHWALD. 1010

Gábor Fodor und **György Wilhelm**, *Zersetzung von Acetylsulfanilylthiosemicarbazid und -hydrazid in 4.4'-Diacetamidodiphenyldisulfid*. Bei der Zers. von Acetylsulfanilylthiosemicarbazid (III) mit Monochloraceton in Pyridin entsteht eine Verb. $(C_8H_8ONS)_n$ (IV) ohne festen Schmelzpunkt. Hydrolyse ergibt *p.p'-Diaminodiphenyldisulfid*, nachgewiesen als *Dibenzal-* u. *Dibenzoylderiv.* (II). IV ist demnach vermutlich *p.p'-Diacetamidodiphenyldisulfid*. Die Mol.-Gew.-Best. von II nach RAST liefert allerdings vermutlich infolge therm. Dissoziation zum *p-Benzoylaminophenylthiylradikal* zu niedrige Werte. III erleidet unter der Einw. von Pyridin wahrscheinlich Disproportionierung zum *Bis-[p-acetamidophenyl]-disulfid* (IV). Zu diesem Schluß kommen Vff. 1. durch das Auftreten von IV bei der Durchführung der Rk. bei Zimmertemp. u. 2. durch das Auftreten von N-Acetonylpyridiniumchlorid (I) in der Reaktionslösung. — Bei der Zers. von Acetylsulfanilsäurehydrazid (V) entsteht in sd. Benzylalkohol IV, in sd. Xylol dagegen *p-Acetylaminophenyl-p-acetylaminobenzolthiolsulfonat*. Es scheint demnach, daß sowohl die —NH—NH- als auch die =C—SH-Gruppe die Stabilität von III herabsetzen.

Versuche: *p.p'-Diacetamidodiphenyldisulfid* (IV), $C_{16}H_{16}O_2N_2S_2$, F. 186° (80%ig. Aceton; nach Trocknen bei 1 mm F. 216°), aus III durch 1std. Erwärmen mit Pyridin u. Monochloraceton unter H_2O-Ausschluß u. Gießen in angesäuertes W.; 55% (Ausbeute). — *p.p'-Diaminodiphenyldisulfid, Hydrochlorid*, $C_{12}H_{14}N_2Cl_2S_2$, F. 232—233°, aus vorst. Verb. durch 3—4std. Sieden mit 14%ig. HCl. *Freie Base*, $C_{12}H_{12}N_2S_2$, F. 80 bis 81° (Bzl. + Ligroin). *Dibenzalderiv.*, F. 133—136°, aus der Base u. Benzaldehyd in A., gelbe Kristalle. *N.N'-Dibenzoylderiv.*, $C_{26}H_{20}O_2N_2S_2$, F. 260—261° (verd. Essigsäure); 95%. Mol.-Gew.-Best. nach RAST liefert hier 228 (= Mol.-Gew. für das *p-Benzoylaminophenylthiylradikal*, $C_{13}H_{10}ONS$). — Zers. von III mit Pyridin u. Chloraceton wie oben liefert bei 72std. Stehen bei Zimmertemp. 28% I u. 37% IV, bei 24std. Erwärmen auf 40° 37% IV u. 32% I, bei 6std. Erhitzen auf 100° 17% IV. — *p-Acetamidophenyl-p-acetamidobenzolthiolsulfonat* (*p-Acetamidodiphenyldisulfoxyd*), $C_{16}H_{16}O_4N_2S_2$, F. 233°, durch 4std. Kochen von V in Xylol; 75% (roh); bei 2½std. Kochen in Benzylalkohol entstehen 55% IV. (Acta chim. Acad. Sci. hung. **2**. 183—87. 1952. Szeged, Univ., Inst. of Organ. Chem.) LEHWALD. 1090

Hugh Felkin, *Beitrag zur Oxydation einiger Arylacetone mit Perjodsäure*. Es konnte gezeigt werden, daß *Arylacetone* der Formel Ar—CH(R)—CO—R' im Gegensatz zu aliphat. Ketonen in der Kälte von HJO_4 angegriffen werden. Die Reaktionsgeschwindigkeit ist um so größer, je beweglicher das H-Atom in Nachbarstellung zur Carbonylgruppe ist. Folgender Reaktionsmechanismus wird angegeben:

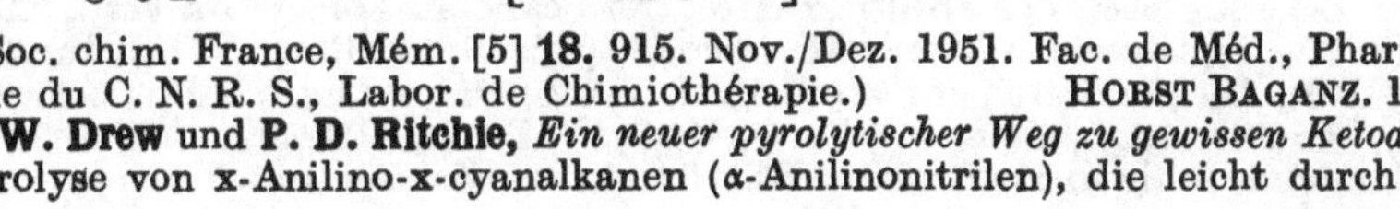

(Bull. Soc. chim. France, Mém. [5] **18**. 915. Nov./Dez. 1951. Fac. de Méd., Pharmacodynamie du C. N. R. S., Labor. de Chimiothérapie.) HORST BAGANZ. 1150

E. W. Drew und **P. D. Ritchie**, *Ein neuer pyrolytischer Weg zu gewissen Ketoanilen*. Die Pyrolyse von x-Anilino-x-cyanalkanen (α-Anilinonitrilen), die leicht durch Kondensation von Ketonen mit Anilin u. HCN erhältlich sind, stellt eine einfache Meth. zur Darst. gewisser Ketoanile dar. Beim Erhitzen tritt zunächst eine Gleichgewichtsdissoziation in Anil u. HCN ein, die man durch Ableiten des gebildeten HCN während der Rk. zugunsten des Anils verschieben kann. Bei längerem Erhitzen treten allerdings Sekundär-Rkk. ein.

Versuche: *Acetophenonanil*, $C_{14}H_{13}N$, F. 39° (PAe.), durch 1 std. Erhitzen von α-Anilino-α-cyanäthylbenzol (F. 156°) auf ca. 210°; 49% (Ausbeute); zerfällt beim Schütteln mit verd. HCl in Acetophenon u. Anilin. — *Cyclohexanonanil*, $C_{12}H_{15}N$, Kp.₄ 132°, aus 1-Anilino-1-cyancyclohexan (F. 75°) durch 15 Min. Erhitzen auf 245°; 79%; zerfällt in Säure quantitativ in Anilin u. Cyclohexanon; wird durch Hydrierung mit ADAMS-Katalysator in *N-Cyclohexylanilin* (66%; *Benzoat*, F. 101—102°; *p-Toluolsulfonat*, F. 141—142°) verwandelt. (Chem. and Ind. **1952**. 1104. 8/11. Birmingham, Coll. of Technol., u. Glasgow, Royal Techn. Coll.) LEHWALD. 1160

József Kiss, *Reduktive Spaltung von Oxomonophenylhydrazonderivaten*. (Vgl. C. **1953**. 5797.) Bei der reduktiven Spaltung des *Monophenylhydrazons von Phenylmethyldiketon* (I), dargestellt aus Formylpropiophenon-Na u. Benzoldiazoniumchlorid (III), mittels Pd-Kohle entsteht *1-Phenyl-2-aminopropanol* (II), das in das *N-Benzoylderiv.* **IIb**, wahrscheinlich eine isomorphe Form des *N-Benzoylnorephedrins* (**IIa**), verwandelt wird. Hierdurch wird im Gegensatz zu KOLB (Liebigs Ann. Chem. **291**. 287) das Ergebnis von AUWERS u. LUDEWIG (Liebigs Ann. Chem. **526**. 130), wonach **I** ein A-(Acetyl)-Phenylhydrazon (**IA**) ist, bestätigt. Durch Umkristallisieren aus verschied. Lösungsmitteln läßt sich **IIb** in **IIa** umwandeln. **IIb** liefert bei Behandlung mit $SOCl_2$ unter Inversion u. N → O-Wanderung der Benzoylgruppe *O-Benzoylnorpseudoephedrinhydrochlorid*, aus dem sich durch umgekehrte O → N-Wanderung das *N-Benzoylderiv.* bildet. Die Feststellung, daß, falls die Asymmetriezentren in das Mol. nacheinander eingebaut werden, nur einer der diastereoisomeren Aminoalkohole gebildet wird u. dadurch die Bldg. des Ephedrins begünstigt (vgl. FODOR, BRUCKNER, KISS u. ÓHEGYI, J. org. Chemistry **14**. [1949.] 337), gilt also auch für Dioxomonophenylhydrazone. — Ferner wird das aus Formylacetophenon-Na u. **III** dargestellte *Benzolazoformylacetophenon* (**IV**; lagert sich nach BENARY, Ber. dtsch. chem. Ges. **59**. [1935.] 108, zu *Formylphenyldiketon-A-phenylhydrazon* [**V**] um) unter verschied. Bedingungen mit nachst. Ergebnissen der reduktiven Spaltung unterworfen: Mit $NaHSO_3$ keine Spaltung, mit Al-Isopropylat keine krist. Prodd., bei Hydrierung mit Pd- oder Ni-Katalysatoren unter verschied. Druck- u. Temperaturbedingungen *Anilin* u. amorphe Substanzen, dagegen mit Pd-Kohle in absol. alkoh. HCl *Anilin*, NH_4Cl, *2.5-Dibenzoyl-1.4-diazin* (**IX**; liefert bei Oxydation *Benzoesäure*) u. N-haltige, amorphe Substanzen. Durch Benzoylierung der wasserlösl. Fraktion der Reaktionlsg. kann neben *Benzanilid Tribenzoylphenylhydrazin* (**X**) gefaßt werden, dessen Struktur durch Hydrolyse u. quantitative Best. der Bestandteile sichergestellt wird. Aus diesen Ergebnissen entwickeln Vff. den Spaltungsmechanismus, wobei dieser entweder zwischen den beiden N-Atomen oder zwischen dem tert. C- u. N-Atom einsetzen kann. Das anomale Verh. von **IV** bei der Spaltung löste Zweifel an der klass. Strukturformel von **IV** aus, da schließlich neben **V** auch noch die Formulierung **VI** zutreffen kann. Die Erfassuug der Aldehydgruppe mittels Dimedon oder durch Rk. mit FEHLINGs Reagens blieb erfolglos, andererseits lieferte die Behandlung mit $FeCl_3$-Lsg. keine Färbung. Rektifikation ergab nur eine Verbindung. Ein Vgl. der UV-Spektren von **IV** u. *Benzolazoformylaceton* weist auf Benzolazostruktur hin. Auf Grund dieser Ergebnisse nehmen Vff. an, daß weder die Aldehyd- noch die Enolstruktur für **IV** zutreffen, vielmehr durch H-Brückenbldg. die Verb. etwa durch die Formeln **VII** oder **VIII** wiedergegeben werden kann.

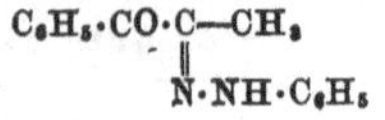
IA

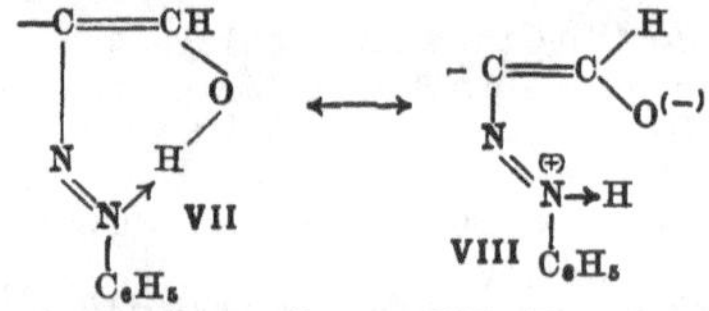
VII VIII

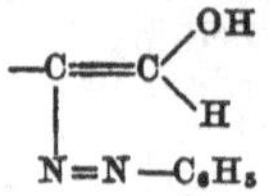
VI

Versuche: *Benzolazoformylacetophenon* (**IV**), F. 102—105°, durch Zutropfen von 2 Mol Acetophenon u. 2,16 Mol Äthylformiat unter Schütteln zu 2 Mol Na-Draht in 2 Litern Bzl., Auflösen der abfiltrierten u. getrockneten Formyl-Na-Verb. (290 g) in 2 Litern W., Versetzen bei 5° mit **III** (aus 186 g Anilin u. 138 g $NaNO_2$ in 2000 cm³ 10%ig. HCl), Abdekantieren der wss. Lsg. u. Verreiben des öligen Nd. mit A.; 120 bis 125 g. — *2.5-Dibenzoyl-1.4-diazin* (**IX**), $C_{18}H_{12}O_2N_2$, F. 173—174°, durch Hydrieren von 18 g **IV** mit Pd-Kohle in absol. alkoh. HCl (6 Std., 2,3 Mol H_2-Aufnahme); aus dem abfiltrierten Katalysator durch Auswaschen mit sd. absol. A., gelbe Kristalle; 0,3 g. Aus dem Filtrat durch Eindampfen u. Ausziehen mit W. *Anilinhydrochlorid*, F. 192—194°; 8,2 g (roh). Aus den H_2O-unlösl. Teilen weitere 2,3 g **IX**. — *Tribenzoylphenylhydrazin* (**X**), $C_{27}H_{20}O_3N_2$, F. 201—202° (Bzl.), aus **IV** durch Hydrieren wie vorst., Extrahieren des Abdampfrückstandes mit W. u. Benzoylieren nach SCHOTTEN-BAUMANN bei 50°; aus dem Filtrat durch Verdünnen mit PAe.; 0,55 g. Als Nd. *Benzanilid*, F. 162°; 2,2 g; **X** gibt durch Hydrolyse mit 2nHCl u. A. *Benzoesäure* u. *Phenylhydrazin*. — Oxydation von **IX** mit $KMnO_4$ in alkal. Lsg. in der Wärme liefert *Benzoesäure*. — Reduktive Spaltung von **IV**: a) bei Hydrierung in absol. A. (2—2,5 Mol H_2-Aufnahme) *Anilin* u. Harz; b) Hydrierung mit Pd-Kohle bei 64° in absol. alkoh. HCl *Anilinhydrochlorid* u. Harz; c) Spaltung in Eisessig bei Zimmertemp. *Acetanilid* u. kleine Mengen **IX** (F. 172 bis 173°); d) Hydrierung mit RANEY-Ni in absol. A. *Anilin* u. amorphe Prodd.; e) mit $NaHSO_3$ keine Spaltung; f) mit Al-Isopropylat in Bzl. + Isopropanol Harz. — *Phenylmethyldiketonmonophenylhydrazon* (**I**), F. 145—146°, durch Zutropfen von 0,5 Mol Propiophenon u. 0,7 Mol Äthylformiat zu 11,5 g Na-Draht in Bzl. bei 30—40°, 1tägiges Stehen, Abdampfen, Zufügen von **III** bei 5° u. Abfiltrieren des gelbkrist. Nd.; 32 g. — *1-Phenyl-2-benzoylaminopropanol* (**IIb**), $C_{16}H_{17}O_2N$, F. 132—133°, aus 2,1 g **I** durch Red. in absol. alkoh. 2nHCl mit Pd-Kohle, nach Filtration Eindampfen im Vakuum, Aufnehmen in W., Einengen, Einstellen mit NaOH auf p_H 7,5, Einengen bis zur Ausscheidung von Öltropfen, Zufügen von Acetanhydrid u. 2std. Erwärmen; nach Abfiltrieren des *Acetanilids* (0,83 g) durch Benzoylieren nach SCHOTTEN-BAUMANN glänzende Plättchen aus Bzl. + PAe.; 1,3 g; nicht ident. mit *N-Benzoylnorpseudoephedrin* (Misch-F. 110 bis 122°); bei Vers., mit A. + HCl Acylwanderung zu erwirken, entstand *N-Benzoylnorephedrin* (**IIa**), F. 145—146°. — Einw. von $SOCl_2$ auf 0,5 g **II** in Essigester, 24std. Stehen, Abdest. im Vakuum, Aufnehmen in wss. Dioxan u. Zufügen von PAe. bis zur Trübung liefert *O-Benzoylnorpseudoephedrinhydrochlorid*, F. u. Misch-F. 218—220°; 0,5 g. Einw. von Lauge in wss. Lsg. führt zur Acylwanderung. (Acta chim. Acad. Sci. hung. **2.** 199—208. 1952. Szeged, Univ., Inst. für Organ. Chem.) LEHWALD. 1170

Henri Goldstein und **Roger Stamm**, *Über 4.6-Dinitro-3-chlorbenzoesäure*. Durch energ. Nitrierung von m-Chlorbenzoesäure (**II**) entsteht *4.6-Dinitro-3-chlorbenzoesäure* (**I**), deren Konst. daraus folgt, daß sie auch durch CrO_3-Oxydation von 4.6-Dinitro-3-chlortoluol sowie durch Weiternitrierung von 6-Nitro-3-chlorbenzoesäure erhältlich ist; letztere entsteht als Hauptprod. bei der Mononitrierung von **II**; aus dem Nebenprod., 2-Nitro-3-chlorbenzoesäure, konnte ein Dinitroderiv. nicht erhalten werden.

Versuche (FF. korr.): *m-Chlorbenzoesäure* (**II**), aus m-Toluidin über m-Chlortoluol. — *4.6-Dinitro-3-chlorbenzoesäure* (**I**), $C_7H_3O_6N_2Cl$, F. 182—183°, a) durch Erhitzen von **II** in konz. H_2SO_4 auf 40° u. Zusatz von KNO_3 unter stufenweisem Erwärmen auf 140—145°; 68—78% (Ausbeute); b) aus 4.6-Dinitro-3-chlortoluol durch Oxydation mit CrO_3 in konz. H_2SO_4 bei 40—50°; 41%; aus A. oder W. blaßgelbe Prismen. *Methylester*, $C_8H_5O_6N_2Cl$, F. 110°, Blättchen aus Methanol; 75%. *Äthylester*, $C_9H_7O_6N_2Cl$, F. 71°, Nädelchen; 68%. *Chlorid*, Kp.$_{12-13}$ 194—195°, F. 47°, gelbe Kristalle; 100%. *Amid*, $C_7H_4O_5N_3Cl$, F. 212°, schwachgelbliche Nadeln; 81%. *Anilid*, $C_{13}H_8O_5N_3Cl$, F. 226°, gelbliche Nadeln aus A. oder Aceton; 88%. *Nitril*, $C_7H_2O_4N_3Cl$, F. 156°, gelbliche Blättchen; 100%. — *4.6-Dinitro-3-methoxybenzoesäure*, F. 188—189°, aus **I** u. methanol. KOH in 12 Std.; 77%. (Helv. chim. Acta **35.** 1330—33. 16/6. 1952. Lausanne, Univ., Labor. de Chim. organ.) LIEBIG. 1210

J. A. Durant, *Eine eindimensionale papierchromatographische Technik zur Trennung von Phenol, Phenolsäuren und ihren Derivaten*. Für die Trennung von Phenol u. seinen Derivv. wird gepuffertes Filtrierpapier verwendet. Das Filtrierpapier wird 20 Min. mit einer Pufferlsg. durchtränkt, die 486,25 ml einer 0,02 mol. Na_2HPO_4-Lsg. u. 13,75ml 0,01 mol. Citronensäure enthält (p_H 8). Das Papier wird in horizontaler Lage bei Raumtemp. getrocknet. Als bewegliche Phase wird n-Butanol verwandt, das mit wss. gesätt. $NaHCO_3$-Lsg. im Gleichgewicht ist. Bei Raumtemp. u. absteigender Entw. läuft das Lösungsm. in 50 Std. 30 cm weit. Das Chromatogramm wird in einem warmen Luftstrom (35°) getrocknet u. mit MILLONs Reagens besprüht. Bei 35° erscheinen in 5 Std. gelbe Flecken auf weißem Grund, die bei Lichtabschluß 1 Std. haltbar sind. (Nature [London] **169.** 1062—63. 21/6. 1952. Portsmouth, Milton Road, Portsmouth and Isle of Wight Area Pathol. Service.) KAISER. 1250

E. Kerschbaum und **K. Benedikt**, *Spaltung von racemischem N-Isopropyl-noradrenalin*. Isopropylaminomethyl-3.4-dioxyphenylcarbinol, ein als Therapeuticum bereits verwendetes rac. Gemisch, läßt sich mit Hilfe von Weinsäure in Methanol in das schwerlösl. (+)-*Isopropylaminomethyl-3.4-dioxyphenylcarbinol-d-bitartrat* [F. 115° (Zers.; bei 109° sinternd); $[\alpha]_D^{19}$ +322,2° (p = 2,83; W.); 100% (Ausbeute)] u. ein

(—)-*d-Bitartrat* [F. 80—83° (bei 78° sinternd); $[\alpha]_D^{19}$ —14,9° (p = 2,31; W.); 70%] spalten. Die aus den Salzen in Freiheit gesetzten *Basen* zeigen einen Drehwert von $[\alpha]_D^{19}$ + bzw. —45,0° (p = 2; n/2 HCl). In ihrer therapeut. Wirksamkeit zeigen vorläufige, noch nicht abgeschlossene Verss. eine deutliche Überlegenheit der (—)-Form in broncholyt. Wirkung. (Mh. Chem. **83.** 1090. 15/8.; S.-B. österr. Akad. Wiss., math.-naturwiss. Kl., Abt. IIb **161.** 1090. 1952. Wien, Univ., II. Chem. Labor., u. Fa. Sanboa, Wissenschaftl. Abt.) LEHWALD. 1320

Panos Grammaticakis, *Einwirkung gemischter Organomagnesiumverbindungen auf die Aminobenzonitrile (o, m und p) und auf die Aminobenzamide (o, m und p). Darstellung der isomeren Aminoacetophenone und Aminobenzophenone.* Durch Einw. der entsprechenden aliphat. oder aromat. GRIGNARD-Verbb. auf die isomeren Aminobenzonitrile oder Aminobenzamide bzw. deren N-Alkyl- oder N.N-Dialkylderivv. bilden sich mit über 85%ig. Ausbeute die entsprechenden Ketone. Die Stellung der Substituenten hat bei dieser Rk. keinen nennenswerten Einfluß. Bei der Rk. von CH_3MgBr u. C_6H_5MgBr auf N.N-Dimethyl-p-aminobenzonitril u. p-Aminobenzonitril wurden Verbb. vom F. 235 u. 280° erhalten, wahrscheinlich die *Iminoniumsalze,* da durch konz. HCl daraus die gesuchten Ketone entstanden. — Es wurden folgende Ketone dargestellt: *o-Aminoacetophenon,* $Kp._{17}$ 135°. — *m-Aminoacetophenon,* F. 100°. — *p-Aminoacetophenon,* F. 106°. — *N.N-Dimethyl-o-aminoacetophenon,* $Kp._{16}$ 120°; *Oxim,* F. 84°. — *N.N-Dimethyl-m-aminoacetophenon,* $Kp._{15}$ 152°, F. 43°. — *N.N-Dimethyl-p-aminoacetophenon,* F. 106°. — *o-Aminobenzophenon,* F. 110°; *N-Acetylderiv.,* F. 89°; *N-Benzoylderiv.,* F. 91°. — *m-Aminobenzophenon,* F. 87°; *Oxim,* F. 156°; *N-Acetylderiv.,* F. 132°; *N-Benzoylderiv.,* F. 127°. — *p-Aminobenzophenon,* F. 124°. — *N-Methyl-o-aminobenzophenon,* F. 69°. — *N.N-Dimethyl-o-aminobenzophenon,* $Kp._{<1}$ 141—142°; *Oxim,* F. 114°. — *N.N-Dimethyl-m-aminobenzophenon,* $Kp._{16}$ 216°, F. 47°; *Oxim,* F. 134°. — *N.N-Dimethyl-p-aminobenzophenon,* F. 92°; *Oxim,* F. 154°. (C. R. hebd. Séances Acad. Sci. **235.** 546—47. 8/9. 1952.) MACHOLDT. 1340

F. Wessely, H. Eibl und **G. Friedrich,** *Über alkylierte p-Aminosalicylsäuren.* Es wird über Synth. u. tuberkulostat. Wrkg. von *5-* u. *6-Alkyl-p-aminosalicylsäuren* berichtet. Von den p-Alkylanilinen ausgehend, sind über die entsprechenden Nitroverbb. die m-Aminophenole zugänglich, die durch direkte Einführung der Carboxylgruppe in die 5-Alkyl-PAS übergeführt werden [Konstitutionsbeweis durch Synth. des 2.4-Dioxy-5-äthylbenzoesäuremethylesters (I) aus 5-Äthyl-PAS (III)]. Die Aminierung von 2.4-Dioxyäthylbenzol liefert *2-Oxy-4-aminoäthylbenzol* (II), die anschließende Carboxylierung *3-Äthyl-6-aminosalicylsäure* (Konstitutionsbeweis durch Überführung in den Methylester der 2.6-Dioxyverb.). **II** ist nicht ident. mit dem aus 2-Nitro-4-aminoäthylbenzol erhältlichen Produkt. Die Aminierung von Resacetophenon führt zu *2-Oxy-4-aminoacetophenon,* das auch aus m-Anisidin u. Acetylchlorid erhalten werden kann. Red. liefert **II.** Die Synth. der *6-Alkyl-PAS* erfolgte durch Aminierung u.Carboxylierung des Orcins bzw. durch partielle Diazotierung, Verkochung u. Carboxylierung des symm.-Diaminoacetophenons. Alle synthet. Säuren u. deren Ester haben in vitro geringere tuberkulostat. Wrkg. als PAS.

V e r s u c h e: *4-Oxy-2-nitroäthylbenzol,* durch Diazotierung von 4-Amino-2-nitroäthylbenzol in 55%ig. H_2SO_4 bei 0°, Gießen in sd. 55%ig. H_2SO_4, ½ std. Kochen u. Zugabe von NH_4OH (schwach sauer); 89% (Ausbeute). — *4-Oxy-2-aminoäthylbenzol,* $C_8H_{11}ON$, F. 134°, $Kp._1$ 125—130°, aus vorst. Verb. mit Zn/HCl; 89%. — *4-Amino-2-nitro-n-amylbenzol,* F. 88°, gelbliche Kristalle, durch Nitrierung von p-Amino-n-amylbenzol in konz. H_2SO_4 bei +5° mit 61%ig. HNO_3 u. Gießen auf Eis nach einer Nacht im Eisschrank; Isolierung als *Sulfat,* F. 200° (unscharf). — *4-Oxy-2-nitroamylbenzol,* wie oben aus vorst. Verb.; 19%. — *4-Oxy-2-aminoamylbenzol,* $C_{11}H_{17}ON$, F. 108°, $Kp._1$ 167—170°, aus vorst. Verb.; 88%. — *5-Methyl-p-aminosalicylsäure,* F. 167° (Zers.), aus 4-Oxy-2-aminotoluol u. der 10fachen Menge K_2CO_3 bei 150° u. 40 at CO_2-Druck; Reinigung durch Filtration der alkoh. Lsg. über Tierkohle; intensiv violette Eisenchlorid-Rk. (gilt für alle 5-Alkylverbb.); 80—90% Rohprodukt. *Methylester,* $C_9H_{11}O_3N$, F. 129°, mit Diazomethan. — Analog wurden folgende Verbb. erhalten: *5-Äthyl-p-aminosalicylsäure* (III) $C_9H_{11}O_3N$, F. 153—154° (Zers.). *Methylester,* $C_{10}H_{13}O_3N$, F. 96—97°. — *5-n-Amyl-p-aminosalicylsäure,* F. 137—138°. *Methylester,* $C_{13}H_{19}O_3N$, F. 71—72°. — *5-Äthyl-β-resorcylsäuremethylester* (I), F. 126°, aus **III** durch Diazotierung in 4nH_2SO_4 u. Verkochen in 50%ig. $CuSO_4$-Lsg. unter CO_2. — *2-Oxy-4-aminoäthylbenzol* (II), $C_8H_{11}ON$, F. 159—160°, aus Äthylresorcin, NH_4Cl u. 10%ig. NH_3; 54% (roh); ferner durch Red. nach WOLFF-KISHNER aus *4-Amino-2-oxyacetophenon* ($C_8H_9O_2N$, F. 136°, aus Resacetophenon); 95% (roh). — *2-Oxy-6-amino-3-äthylbenzoesäure,* F. 183—184° (Zers.) (A. u. Dioxan), aus 0,95 g **II** wie oben; braune Eisenchlorid-Rk. mit grünlichem Stich; 0,79 g (roh). *Methylester* (**IV**), $C_{10}H_{13}O_3N$, F. 103—104° (PAe.), mit Diazomethan;

methylalkoh. HCl gibt keine Reaktion. — *2.6-Dioxy-3-äthylbenzoesäuremethylester*, $C_{10}H_{12}O_4$, Kp.$_{0,02}$ 70—90°, aus **IV** durch Diazotierung in Eisessig/konz. HCl u. Verkochung wie oben. — *Äthylresorcin*, in geringer Menge beim Eintragen der Diazoniumverb. von **IV** in sd. 66%ig. H_2SO_4/gesätt. Na_2SO_4-Lsg. (1 : 1). — *3-Oxy-5-aminotoluol* (**V**), C_7H_9ON, F. 139°, aus Orcin, NH_4Cl, 25%ig. NH_3 u. W. in 12 Std. bei 180°; 79%. — *3.5-Diaminoäthylbenzol*, F. 126—127° (Aceton/Ae., 1 : 10), aus symm.-Diaminoacetophenon durch Red. mit Hydrazinhydrat; 72%. — *3-Oxy-5-aminoäthylbenzol*, F. 115 bis 116°; 30%. — *6-Methyl-p-aminosalicylsäure*, $C_8H_9O_3N$, F. 159° (Zers.), aus **V** wie die 5-Alkylverb., Reinigung durch Filtration der 80%ig. Acetonlsg. über Tierkohle. — *6-Äthyl-p-aminosalicylsäure*, $C_9H_{11}O_3N$, F. 144° (Zers.), analog. (Mh. Chem. **83**. 24—30; S.-B. österr. Akad. Wiss., math.-naturwiss. Kl., Abt. IIb **161**. 24—30. 1952. Wien, Univ., II. Chem. Labor.) Liebig. 1350

Alexander Müller, *Untersuchung an dimeren Propenylphenoläthern. Zusammenfassender Bericht.* 1. Mitt. Übersicht über eigene u. fremde Arbeiten, die zur Konstitutionsermittlung von Diisohomogenol, zur Kenntnis seiner rac. Konfiguration u. seinen Abbau-Rkk. führten, sowie über andere dimere Propenylphenoläther (*Diisoeugenol, Diisosafrol, Diasaron, Metanethol*). — 65 Literaturangaben. (Acta chim. Acad. Sci. hung. **2**. 231—71. 1952. Budapest, L. Eötvös-Univ., Inst. für organ. Chem.) Lehwald. 1460

Jean Matti und **Pierre Reynaud,** *α-Phenylacrylophenon und Derivate.* α-Chlor-α-methyldesoxybenzoin (I) bildet mit Anilin (**II**) bei mehrtägigem Stehen in der Kälte *3-Anilino-1.2-diphenylpropanon-(1)* (**III**, F. 105°; 35% Ausbeute). **III** entsteht auch zu 80% aus **II** u. α-Phenylacrylophenon (**IV**) in der Kälte, es ist ident. mit der von Cameron (Trans. Roy. Soc. Canada Sect. III [3] **23**. [1929.] 53) als 2-Anilino-1.2-diphenylpropanon-(1) bezeichneten Verbindung. Erhitzt man **III** in **II** mit 1 Mol **II**-HCl oder **I** mit **II**, so entstehen *Desoxybenzoin* (F. 57°) u. *Di-[p-aminophenyl]-methan*·2 HCl (*Diacetylderiv.*, F. 225°), u. nicht **IV** + **II**-HCl, wie Garry (Ann. Chimie [11] **17**. [1942.] 47) angegeben hatte. Ohne Ggw. von **II**-HCl bleibt **III** unverändert. (C. R. hebd. Séances Acad. Sci. **236**. 2253—55. 8/6. 1953.) Kresze. 1550

Max Mousseron, Robert Jacquier, Magdeleine Mousseron-Canet und **Robert Zagdoun,** *Einige Reduktionsreaktionen durch Lithiumaluminiumhydrid in der alicyclischen Reihe.* Vff. beschreiben Reduktions-Rkk. mit $LiAlH_4$ an Epoxyden, Amiden, Nitrilen u. Carbonylverbb. der alicycl. Reihe.

V e r s u c h e: *1-Methylcyclohexanol*, aus 1-Methyl-1.2-epoxycyclohexan oder aus Epoxymethencyclohexan. — *Methylcyclohexylcarbinol* (**I**), aus 1-[1.1¹-Epoxyäthyl]-cyclohexan. — *Methylcyclohexylketon* (**IX**), aus **I** durch CrO_3/H_2SO_4-Oxydation; *2.4-Dinitrophenylhydrazon*, F. 136°. — *trans-2-Äthoxycyclohexanol*, aus 1-Äthoxy-2.3-epoxycyclohexan; *3.5-Dinitrobenzoat*, F. 82—83°. — *cis-2-Chlorcyclohexanol*, neben wenig Cyclohexanol aus 1-Chlor-2.3-epoxycyclohexan oder unter Waldenscher Umkehr neben viel Cyclohexanol aus 1-Chlor-1.2-epoxycyclohexan. — Überwiegend *cis-* u. wenig *trans-Cyclohexandiol-(1.2)*, aus 1-Acetoxy-1.2-epoxycyclohexan. — *trans-2-Dimethylaminocyclohexanol*, aus 1-Dimethylamino-1.2-epoxycyclohexan oder aus 2-Dimethylaminocyclohexanon; *Pikrat*, F. 143—144°. — *Hexahydrobenzylpiperidin*, aus dem Piperidid (**II**) der Cyclohexancarbonsäure (**III**) mit mol. Mengen $LiAlH_4$ bei 20°; *Pikrat*, F. 147—148°. — *Methylalcyclohexan* (**X**), aus **II** mit Unterschuß an $LiAlH_4$ unter umgekehrter Zugabe bei —15°; 85% (Ausbeute); oder ebenso aus dem Dibutylamid oder N-Methylanilid von **III**; 40—45%; das N-Methyl- u. das N.N-Dimethylamid von **III** reagieren nicht. *2.4-Dinitrophenylhydrazon*, F. 170—171°. — *Benzaldehyd*, wie vorst. aus N-Benzoylpiperidin (**IV**); 30%. — *N-Benzylpiperidin*, aus **IV** mit mol. Mengen $LiAlH_4$ bei 20°; *Pikrat*, F. 179°. — *N.N-Diäthylbenzylamin*, aus N.N-Diäthylbenzamid, keine Bldg. von Benzylalkohol. *Pikrat*, F. 120—121°. — *1-Methylalcyclohexen*, aus Cyclohexen-(1)-carbonsäurepiperidid (**V**) (Kp.$_5$ 150—153°) mit $LiAlH_4$-Unterschuß bei —15°; 75%; *2.4-Dinitrophenylhydrazon*, F. 214—215°. — *1-Piperidinomethylcyclohexen*, aus **V** durch mol. Mengen $LiAlH_4$; *Pikrat*, F. 155—156°. — *1-Aminomethylcyclohexanol*, aus 1-Cyan-1.2-epoxycyclohexan. — *trans-2-Aminomethylcyclohexanol*, aus trans-2-Cyancyclohexanol oder 2-Cyancyclohexanon. — *Aminomethylcyclohexan*, aus 1-Cyancyclohexen (**VI**) durch Überschuß an $LiAlH_4$; *Pikrat*, F. 185°. **X**, aus **VI** mit Unterschuß an $LiAlH_4$ bei —15°. — *Cyclohexen-(1)-ol-(3)*, aus Cyclohexen-(1)-on-(3); *Phenylurethan*, F. 107—108°. — *1-Methylcyclohexen-(1)-ol-(3)*, Kp.$_{20}$ 83—85°, aus 1-Methylcyclohexen-(1)-on-(3) (**VII**); Konstitutionsbeweis durch Rückoxydation zu **VII**; *2.4-Dinitrophenylhydrazon*, F. 170—171°. — Wenig *1-[α-Oxyäthyl]-cyclohexen* u. viel **I**, aus Methylcyclohexen-(1)-ylketon (**VIII**); Konstitutionsbeweis durch Oxydation zu **VIII** u. **IX**. **VIII**-*2.4-Dinitrophenylhydrazon*, F. 201—203°. — Red. von **VIII** mit $LiAlH_4$-Unterschuß bei -10^0 oder mit Al-Isopropylat (erstes Beispiel einer 1.4-Addition) liefert die gleichen Alkohole, aber in umgekehrten Ausbeuten. (C. R. hebd. Séances Acad. Sci. **235.** 177—79. 16/7. 1952.) LIEBIG. 1800

Earle van Heyningen, *Acyloinkondensation von Aralkylestern.* Bei der Acyloinkondensation von *1-Phenyl-1-carbäthoxycyclopentan* (IV) in Toluol (inerten Lösungsmitteln) entsteht neben einer geringen Menge des erwarteten entsprechenden *Acyloins* (II) überwiegend *Bis-[1-phenylcyclopentyl]* (VIII). Es wird angenommen, daß sich zunächst ein *Na-Ketyl* (III) bildet, aus dem weiter das freie *Phenylcyclopentylradikal* (I) entsteht, das abschließend dimerisiert wird. Aus dem Reaktionsrückstand isoliert Vf. *Phenylcyclopentan, Phenylcyclopenten-(1), Bis-[1-phenylcyclopentyl]-keton* u. II, Verbb., die beweisend für die Anwesenheit von I u. III sind, da sie aus diesen durch Red., Disproportionierung oder Rk. mit sich selbst entstanden sind. — Vorst. Rk. ist allgemeingültig für Aryldialkylessigester, wie analoge Rkk. an *Äthyldimethylphenylacetat* (X), dessen *p-Methoxyderiv.* (VI) sowie *1-Phenylcyclohexancarbonsäureäthylester* (V) beweisen. Allerdings bildet sich nur bei Kondensation des letzteren ein Monoketon.

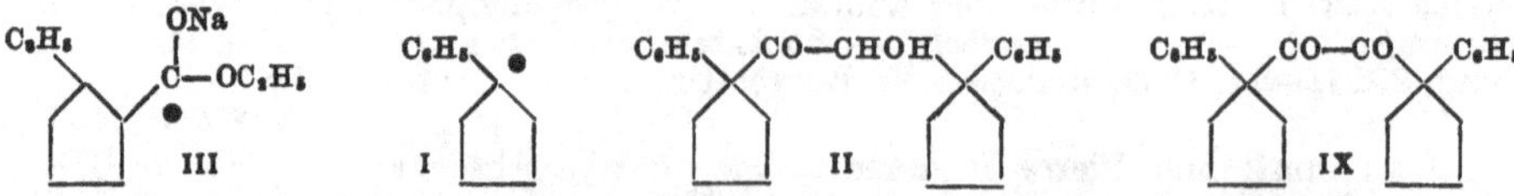

Versuche: *1-Phenylcyclopentancarbonsäure* (VII), F. 154—156° (roh), aus dem Nitril durch 57std. Erhitzen im Bombenrohr mit wss. Methanol u. KOH auf 140° u. Ansäuern. *Äthylester* (IV), $C_{14}H_{18}O_2$, Kp. 121°; n_D^{25} 1,5104; 86,5% (Ausbeute). — *Äthyl-1-phenylcyclohexancarboxylat* (V), $C_{15}H_{20}O_2$, Kp.$_{3,2-3,9}$ 130—133°, aus 46,4 g des entsprechenden Nitrils wie vorst.; n_D^{25} 1,5145; 20,9 g. — *p-Methoxybenzylcyanid,* Kp.$_8$ 106—108°, aus p-Methoxybenzylalkohol in absol. Bzl. u. PAe. durch Einleiten von HCl unterhalb 0°; aus dem *p-Methoxybenzylchlorid* durch Rk. in Aceton mit NaCN u. Ausäthern; n_D^{25} 1,4330; 70,5%. — *p-Anisyldimethylacetonitril,* $C_{11}H_{13}ON$, Kp. 111 bis 113°, aus 1,02 Mol vorst. Verb. durch Zufügen zu 2,3 Mol $NaNH_2$ in fl. NH_3 u. Bzl., Abdampfen des NH_3, Zutropfen von CH_3J unter Rühren u. Erwärmen u. Gießen auf Eis; aus der benzol. Phase durch Abdampfen u. Rektifikation; n_D^{25} 1,5135; 44 g. Daneben *p-Isopropylanisol,* Kp. 73—76°; n_D^{25} 1,5100; 75,8 g. — *Äthyl-p-anisyldimethylacetat* (VI), $C_{13}H_{18}O_3$, Kp.$_{10}$ 120°, aus 44 g vorst. Verb. wie oben; n_D^{25} 14976; 23,4 g. — *Äthylphenyldimethylacetat* (X), Kp.$_{0,5-0,6}$ 68—71°, aus dem analog vorst. Nitrilen dargestellten *Phenyldimethylacetonitril* (Kp.$_8$ 73,5—78°; n_D^{25} 1,5027; 65%) wie vorst.; n_D^{25} 1,4893; 72%. — Acyloinkondensationen: Von IV: Nach Zutropfen von 0,21 Mol IV zu einer Suspension von Na in Toluol u. Rühren unter N_2 u. ½std. Kochen Zufügen von Methanol, dann Eis; aus der benzol. Schicht durch Vakuumabdampfen u. Filtration *Bis-[1-phenylcyclopentyl]* (VIII), $C_{22}H_{26}$, F. 137—138°(A. + W.); 13,3%. Aus den Rekristallisationsmutterlaugen durch Rektifikation *1-Phenylcyclopentan,* Kp.$_{1,7}$ 62°; n_D^{25} 1,5288; 2,4 g; wahrscheinlich verunreinigt mit *1-Phenylcyclopenten* (Br_2-Aufnahme in CCl_4-Lsg.). Ferner IV u. (aus der höhersd. Fraktion durch Chromatographie an Al_2O_3 aus PAe.) VIII, *Bis-[1-phenylcyclopentyl]-keton* ($C_{23}H_{26}O$, F. 93—95° [Essigsäure, dann verd. A.], λ_{max} 5,94, 5,26 u. 9,67 μ) u. II ($C_{24}H_{28}O_2$, F. 69 bis 71° [A.], λ_{max} 2,76 u. 5,86 μ). Aus der Mutterlauge von vorst. Keton durch erneute Chromatographie in unreiner Form *Verb.* IX, $C_{24}H_{26}O_2$, F. 56—66°, λ_{max}5,84. — Von X: Aus 38,2 g wie vorst. *Cumol,* C_9H_{12}, Kp.$_{3,5}$ 32°; n_D^{25} 1,4880; 2,1 g. Aus dem Destillierrückstand *2.3-Dimethyl-2.3-diphenylbutan,* $C_{18}H_{22}$, F. 114—115; 18,5 g. Aus dem Filtrat durch Rektifikation das *Acyloin,* $C_{20}H_{24}O_2$, F. 55—57° (wss. A.). — Von VI: Aus 23,4 g wie oben *2.3-Dimethyl-2.3-di-[p-anisyl]-butan,* $C_{20}H_{26}O_2$, F. 182—184° (Methanol); 2,9 g. Daneben durch Rektifikation der Mutterlauge *p-Methoxycumol,* $C_{10}H_{14}O$, Kp. 59°; n_D^{25} 1,5035; 0,3 g. Ferner das *Acyloin,* $C_{22}H_{28}O_4$, F. 83—85° (W. + A.). Aus dem Chromatographieeluat schließlich das *Diketon,* λ_{max} 5,82 u. 5,92 μ. — Von V: aus 0,088 Mol *Phenylcyclohexan,* $C_{12}H_{16}$, Kp.$_{4,5}$ 83—85°; n_D^{25} 1,5270; 2,6 g; verunreinigt mit *Phenylcyclohexen* (Br_2-Aufnahme). Ferner aus dem Destillationsrückstand *Di-[1-phenylcyclohexyl],* $C_{24}H_{30}$, Nadeln aus A., F. 178—178,5°, schließlich eine Verb. von F. 127 bis 129° mit dem Infrarotspektr. eines *Monoketons* (λ_{max} 5,94, 9,16 u. 9,64), aber anderen Analysenergebnissen. Das *Diketon* nur an der gelben Farbe der Lsg. zu erkennen. Schließlich nach Chromatographie des *Acyloin,* $C_{26}H_{32}O_2$, F. 123—124° (A.). — VIII, aus VII-Na-Salz durch KOLBE-Elektrolyse nach FICHTER u. STENZL (Helv. chim. Acta **22.** [1939.] 970) 4 Std. bei 0,3 A/6 V in absol. Methanol u. Pyridin, Abdampfen, Aufnehmen in W. u. Ausäthern. (J. Amer. chem. Soc. **74.** 4861—64. 5/10. 1952. Indianapolis, Ind., Lilly Res. Labors.) LEHWALD. 1970

Irwin A. Pearl, *Reaktionen von Vanillin und seinen verwandten Verbindungen.* 20. Mitt. *Reduktion von Vanillil.* (19. vgl. Ind. Engng. Chem. **44.** [1952.] 2893.) Durch Red. von Vanillil (I) unter verschied. Bedingungen stellt Vf. *Vanilloin* (*4.4'-Dioxy-3.3'-dimethoxybenzoin,* **III**), *Desoxyvanilloin* (*4.4'-Dioxy-3.3'-dimethoxydesoxybenzoin,* **II**) u. *Bivannillyl* (*4.4'-Dioxy-3.3'-dimethoxybibenzyl,* **IV**), sowie ihre *Methyläther* dar. *4.4'-Dioxy-3.3'-dimethoxystilben* u. *4.4'-Dioxy-3.3'-dimethoxybenzylcarbinol,* die reduktiv nicht aus Vanillil darstellbar waren, wurden durch Red. von Desoxyvanilloin gewonnen. Es wird bemerkt, daß keine Beziehung zwischen der Red. von Benzil u. Vanillil besteht. UV-Spektren von **II**, **III** u. **IV** s. Original.

Versuche: *Vanilloin* (**III**), $C_{16}H_{16}O_6$, F. 161—162°, aus **I** in A. u. Eisessig in der Wärme mit Zn-Staub; aus der filtrierten Lsg. durch Einengen, Verdünnen mit W. u. Abdest. von ca. $^1/_5$ der Lsg.; Nadeln aus Bzl.; 84% (Ausbeute); oder durch Red. mit Fe-Feile in Essigsäure; 89%, bzw. mit $NaHSO_3$ in Alkali; 87%; gibt bei Acetylierung mit Acetanhydrid in Pyridin nicht identifizierbares Gemisch; liefert bei Methylierung nach SCHOTTEN-BAUMANN *Veratroin* als gelbes Harz, bei langsamer Methylierung aber *Veratril.* — *Desoxyvanilloin* (**II**), $C_{16}H_{16}O_5$, F. 154—155°, durch Erwärmen von **I** u. Zn-Staub in A. in Ggw. von NH_4Cl-Lsg.; nach 1std. Erwärmen u. Filtrieren Ansäuern mit Eisessig, Einengen im Vakuum u. Austausch der alkoh. Phase durch eine wss., Nadeln aus A.; 84%; entsteht ebenfalls bei Red. von **I** mit Fe in HCl oder A. (70%), mit Sn oder Sn-Amalgam in HCl oder A. (82 bzw. 79%) u. Zn in Alkali (59%). *Diacetat,* $C_{20}H_{20}O_7$, F. 172—173°. — *Desoxyveratroin,* F. 100—101°, durch Methylierung von **II**. — *Bivanillyl* (**IV**), $C_{16}H_{18}O_4$, F. 161—162°, durch Red. von **I** in A. mit Zn-Staub oder Zn-Amalgan u. konz. HCl, Nadeln aus Methanol; 99%. *Diacetat,* $C_{20}H_{22}O_6$, F. 138—139°, Nadeln aus Alkohol. — *Biveratryl,* $C_{18}H_{22}O_4$, F. 105—106°, durch Methylierung von **IV**, gelbe Kristalle (PAe.). — *Hydrovanilloin,* F. 222—223°, aus **I** in n NaOH mit RANEY-Ni-Folien u. Sättigen des Filtrats mit SO_2; 94%. — *4.4'-Dioxy-3.3'-dimethoxystilben,* F. 210—211° (A. oder Eisessig), aus **II** durch Red. mit RANEY-Ni in Alkali wie vorst.; 8,5 g aus 10 g. *Diacetat,* F. 226—227°, dessen Hydrolyse mit alkoh. NaOH nur das *trans-Deriv.*, F. 211—212°, liefert. — Red. von **I** mit Na + A., Zn + NH_3 in A. u. Mg + HCl in Eisessig oder A., sowie mit Al in A. oder HCl blieben ohne Erfolg. (J. Amer. chem. Soc. **74.** 4593—94. 20/9. 1952. Appleton Wis., Inst. of Paperchem.) LEHWALD. 2380

G. V. Génie, *Synthese von polycyclischen aromatischen Kohlenwasserstoffen durch Cyclodehydrierung.* Vf. berichtet kurz über die Synth. von *polycycl. aromat. KW-stoffen* aus alkylierten aromat. KW-stoffen niedrigerer Ringzahl durch von S katalysierte cyclisierende Dehydrierung in der Gasphase. Die Unterss. werden zunächst mit verschied. *4-Alkylphenanthrenen* durchgeführt, die dargestellt wurden durch Kondensation von Alkyl-MgJ mit 4-Keto-1.2.3.4-tetrahydrophenanthren, Dehydratisierung der entstandenen Carbinole u. nachfolgende Dehydrierung. So dargestelltes *4-Äthylphenanthren* (**I**) gibt unter der Einw. von S (1 Std. bei 360°) mit 30—35% Ausbeute *Pyren* (**II**), ebenso reagiert *4-Äthyl-4-oxy-1.2.3.4-tetrahydrophenanthren.* Unter der Einw. von Se bei 360—400° wird **I** ebenfalls in **II** umgewandelt, jedoch wird unter der Einw. von Pd-Kohle bei 320° aus **I** kein **II** erhalten. *4-n-Propylphenanthren* gibt beim Erhitzen mit S (1 Std. auf 280°) *1-Methylpyren.* Die Unters. der Dehydrierungs-Rk. von *4-n-Butylphenanthren* ist noch im Gange. Unter den bei der Dehydrierung von *4-Methylphenanthren* mit S erhaltenen Reaktionsprodd. wurde das erwartete 4.5-Methylenphenanthren nicht gefunden. *9-Äthyl-1.2-benzanthracen* gibt beim Erhitzen mit S (1 Std. auf 360°) *3.4-Benzopyren,* daneben aber auch *1.2-Benzanthracen.* (Ind. chim. belge **16.** 576—78. 1951. Brüssel, Univ., Libre, Fac. des Sci.) KLASSKE. 2600

Pierre Vallette, *Dem 2.3-Diphenylinden entsprechende Fulvene und Bifulvene.* 2.3-Diphenylindon (**I**) reagiert n. mit GRIGNARD-Verbb. zu *1-substituierten 1-Oxy-2.3-diphenylindenen,* die sich mehr oder weniger leicht zu den zugehörigen *2.3-Diphenylbenzofulvenen* dehydratisieren lassen. Mit Indenyl-(1)-MgBr, das sich aus Inden u. C_2H_5MgBr darstellen läßt, krist. erhalten werden kann u. unter Ae. mehrere Tage haltbar ist, reagiert **I** in Toluol so heftig, daß Verharzung stattfindet; bei 0° in Ae., in dem beide Reaktionspartner nur wenig lösl. sind, gelingt die Umsetzung zu *1-Oxy-2.3-diphenyl-bis-indenyl-(1.1')* (**IV**), wenn in Ggw. von Glasperlen kräftig gerührt wird. **IV** konnte weder mit $ZnCl_2$, $KHSO_4$, P_2O_5 noch mit HCl in A. dehydratisiert werden; im letzten Falle entstand **IV**-*Äthyläther.* **IV** wurde daher mit PBr_3 in Ae. bei 0° zu *1-Brom-2.3-diphenyl-bis-indenyl-(1.1')* (**V**) umgesetzt. Wenn hierbei zur Hydrolyse von überschüssigem PBr_3 an Stelle von Eis W. verwendet wird, so entsteht wahrscheinlich *1-[2'-Bromindanyl-(1')]-1-brom-2.3-diphenylinden* (**VI**) infolge Anlagerung des gebildeten HBr an **V**; **VI** ist auch aus **V** selbst durch HBr-Anlagerung erhältlich. **V** u. **VI** spalten mit Pyridin bei 50° 1 bzw. 2 Mol HBr ab zum gewünschten *2.3-Diphenyl-bis-*

indenyliden-(1.1') (**VII**), von dem beide möglichen Stereoisomeren isoliert werden konnten, die sich durch Anlagerung u. Abspaltung von HBr ineinander umwandeln lassen, ferner wird das höherschm. Isomere (**VIIa**) durch Einw. von Sonnenlicht in das niedrigerschm. Isomere (**VIIb**) verwandelt. — Es wurden ferner verschied. Wege zur Darst. von *1-Brom-2.3-diphenylinden* (**VIII**) als Zwischenprod. für die Synth. von *2.3.2'.3'-Tetraphenyl-bis-indenyliden-(1.1')* (**IX**) untersucht. Die Synth. von **VIII** nach THIELE u. RUGGLI [1912] aus 1-Acetoxy-2.3-diphenylinden ist wegen der geringen Ausbeuten an letzterem bei der Cyclisierung von Benzaldesoxybenzoin unvorteilhaft. Die Bromierung von 2.3-Diphenylinden (**X**) mit Br_2 liefert im Gegensatz zu den Angaben von BANUS u. MEDRANO (An. Soc. españ. Física Quím. **207**. [1923.] 461) nicht **VIII**, sondern ein nicht näher untersuchtes *Tribromderiv.* $C_{21}H_{13}Br_3$. Dagegen läßt sich **X** mit N-Bromsuccinimid in Allylstellung zu **VIII** bromieren. Einfacher gelingt die Darst. von **VIII** durch Bromierung von 1.2-Diphenylinden (**XIII**) mit überschüssigem Br_2; wahrscheinlich findet zunächst Anlagerung von Br_2 an **XIII** zu *2.3-Dibrom-1.2-diphenylindan* statt, das dann HBr zu **VIII** abspaltet. Die direkte Überführung von **VIII** in die GRIGNARD-Verb. gelang nicht, auch nicht die Umsetzung von **X** mit C_2H_5MgBr durch 8std. Kochen in Toluol, in Xylol wurde die GRIGNARD-Verb. in sehr geringer Menge gebildet, denn es entstanden bei der Umsetzung mit Benzophenon etwas **XI** sowie *2.3.2'.3'-Tetraphenyl-bis-indenyl-(1.1')* (**XII**). Auch Verss. zur Darst. der Li-Verb. aus **X** oder **VIII** u. n-Butyl-Li waren erfolglos. Bei dem Vers., in **VIII** das Br-Atom gegen das reaktionsfähigere Jod durch Umsetzung mit NaJ in Aceton auszutauschen, bildete sich **XII**; in schlechterer Ausbeute kann **XII** auch aus **VIII** mit Na erhalten werden. Wegen der beiden asymm. C-Atome $C_{(1)}$ u. $C_{(1')}$ kann **XII** in 2 stereoisomeren Formen existieren, die auch beide isoliert werden konnten; die leichter lösl. vom F. 265° (**XIIa**) entsteht in größerer Menge als die schwerer lösl. vom F. 327° (**XIIb**). Dehydrierung beider Isomerer mit PbO oder Nitrobenzol liefert das gesuchte **IX**, das auch direkt aus **VIII** mit KOH bei 300° erhalten werden kann. Obgleich bei **IX** wegen der Doppelbindung zwischen $C_{(1)}$ u. $C_{(1')}$ cis–trans-Isomerie möglich sein sollte, wurde stets nur eine Form erhalten. Modellbetrachtungen zeigen, daß die Existenz der trans-Form wegen ster. Hinderung unwahrscheinlich ist, so daß es sich bei dem tatsächlich isolierten **IX** wohl um die cis-Form handeln dürfte. Bei dem um 2 Phenylgruppen am einen Indenmol. ärmeren **VII** ist die ster. Hinderung geringer, weswegen von **VII** auch beide Stereoisomeren erhalten werden konnten. **IX** lagert an die Äthylendoppelbindung HBr an zu *1-Brom-2.3.2'.3'-tetraphenyl-bis-indenyl-(1.1')*, das beim F. wieder HBr zu **IX** abspaltet. **IX** ist nicht photooxydabel; Oxydationsverss., die zu **I** führen sollten, waren erfolglos; unter milden Bedingungen wird **IX** nicht oxydiert, unter drast. Bedingungen findet Verharzung statt, da das erwartete **I** viel oxydationsempfindlicher ist als **IX**. Mit $Pb(OCOCH_3)$ gibt **IX** *1.1'-Diacetoxy-2.3.2'.3'-tetraphenyl-bis-indenyl-(1.1')*, das nicht gespalten werden konnte.

Versuche: *2.3.8-Triphenylbenzofulven*, F. 185°, durch Zufügen von $C_6H_5CH_2 \cdot MgCl$ zu **I** in Ae. bei 0°, Zers. nach 10 Min. mit Eis + HCl, 2std. Wasserdampfdest., Dehydratation des als Rückstand erhaltenen rohen *1-Oxy-1-benzyl-2.3-diphenylindens* mit $KHSO_4$ während 1 Std. bei 200° u. Extraktion mit Bzl.; aus Bzl. kleine gelbe Nadeln; 60% (Ausbeute). — *1-Oxy-1-methyl-2.3-diphenylinden*, $C_{22}H_{18}O$, F. 143°, aus **I** u. $CH_3 \cdot MgJ$ in Ae. bei 0° u. Zers. mit HCl; aus A. kleine Platten; 76%. — *2.3-Diphenylbenzofulven*, $C_{22}H_{16}$, F. 283°, durch 3std. Erhitzen von 0,5 g vorst. Carbinols mit Al_2O_3 auf 110 → 250°, Benzolextraktion u. Chromatographie aus Cyclohexan + 10% Bzl.; aus Cyclohexan 0,1 g gelbe Prismen, zers. sich zu einem dunkelroten Harz. Aus den ersten Eluaten 0,1 g *Bis-[1-methyl-2.3-diphenylindenyl-(1)]-oxyd*, $C_{44}H_{34}O$, F. 282°, Prismen. — *1-Oxy-1-äthyl-2.3-diphenylinden*, $C_{23}H_{20}O$, F. 160°, aus **I** u. C_2H_5MgBr unter Eis–Kochsalz-Kühlung; aus A. kleine Prismen; 74%. — *2.3-Diphenyl-8-methylbenzofulven*, $C_{23}H_{18}$, F. 140°, durch 1std. Erhitzen vorst. Carbinols mit $ZnCl_2$ auf 100°, Aufnehmen in Bzl. u. Behandlung des Benzolrückstands mit Ae.; aus CH_3COOH verlängerte gelbe Prismen; 80%. — *1-Oxy-1-butyl-2.3-diphenylinden*, $C_{25}H_{24}O$, F. 127°, aus **I** u. Butyl-MgBr oder Butyl-Li; aus Cyclohexan in Prismen als *Solvat*, F. 115°, das durch ½std. Erwärmen auf 100° im Vakuum das Lösungsm. abgibt. — *2.3-Diphenyl-8-propylbenzofulven*, $C_{25}H_{22}$, F. 104—105°, aus A. hellgelbe Nadeln. — *1-Oxy-1-isopropyl-2.3-diphenylinden*, $C_{24}H_{22}O$, F. 159°, aus **I** u. Isopropyl-MgBr in Ae. bei —10 bis —15° u. saure Hydrolyse; aus A. u. dann Eisessig kleine Prismen; 67%. — *2.3-Diphenyl-8.8-dimethylbenzofulven*, $C_{24}H_{20}$, F. 138°, durch 1std. Erhitzen vorst. Carbinols mit $ZnCl_2$ auf 160° u. Benzolextraktion; aus CH_3COOH kleine gelbe Prismen; 72%. — *1-Oxy-1-benzhydryl-2.3-diphenylinden* (**II**), $C_{34}H_{26}O$, F. 177,5—178°, durch 10 Min. Schütteln von **I**, Benzhydrylchlorid, Mg, Ae. u. Glasperlen unter Verschluß, Gießen auf Eis u. Zers. mit NH_4Cl; beim Einengen der Ae.-Lsg. wurde zunächst *Tetraphenyläthan* (**III**), F. 211°, erhalten; Chromatographie des Ae.-Rückstands aus Cyclohexan an Al_2O_3 u. Elution ergab **III**, *Diphenylmethan*, **I** u. **II**, aus Ligroin Prismen; 71% (unter Berücksichtigung des wiedergewonnenen **I**). — *2.3.8.8-Tetraphenylbenzofulven* (**XI**), $C_{34}H_{24}$, F. 232°, durch 20 Min. Erwärmen von **II** mit $ZnCl_2$ auf 150° u. Extraktion mit Bzl.; gelbe Prismen; 80% (50% bezogen auf **I**); ohne Isolierung von **II** mittels Chromatographie durch gleiche Dehydratation des rohen vorst. Reaktionsprod. 40% (bezogen auf **I**). — *Indenyl-(1)-MgBr*, aus Inden u. C_2H_5MgBr in Toluol durch 5std. Erwärmen auf 115—120°; krist. aus der Toluollsg. bei —10° aus. — *1-Oxy-2.3-diphenyl-bis-indenyl-(1.1')* (**IV**), $C_{30}H_{22}O$, F. 150°, aus vorst. GRIGNARD-Verb. u. **I** in Ae. durch Rühren mit Glasperlen bei 0°, saure Hydrolyse, Verjagen des Ae. u. Aufnehmen in warmem CH_3OH zunächst als *Solvat* (F. 88°), das bei 100°/7 mm getrocknet wurde; 80%. *Äthyläther*, $C_{32}H_{26}O$, F. 178°, durch 10 Min. Kochen von 0,3 g **IV** in HCl-haltigem A.; aus A.–Bzl. (2:1) längliche Tafeln; 0,08 g. — *1-Brom-2.3-diphenyl-bis-indenyl-(1.1')* (**V**), $C_{30}H_{21}Br$, F. 148°, durch ½std. Stehen von **IV** mit PBr_3 in Ae. u. Hydrolyse mit Eis; aus Cyclohexan kleine Prismen; 80%. — *1-[2'-Bromindanyl-(1')]-1-brom-2.3-diphenylinden*(**VI**), $C_{30}H_{22}Br_2$, F. 170°, a) wie vorst. aus **IV**, aber Zers. mit W.; 70%; b) durch ½std. Stehen von **V** in mit HBr gesätt. CH_3COOH, Eingießen in W. u. Benzolextraktion; aus Ae. kleine Prismen. — *2.3-Diphenyl-bis-indenyliden-(1.1')* (**VII**), $C_{30}H_{20}$, a) durch ½std. Erwärmen von **V** mit Pyridin auf 50°; beim Abkühlen scheidet sich zunächst das *niedrigerschm. Isomere* (**VIIb**), F. 209—210°, dunkelrote Nadeln, aus; Verdünnen mit W. u. Benzolextraktion liefert das *höherschm. Isomere* (**VIIa**), F. 240°, lange verfilzte braunrote Nadeln; zusammen 90%; Misch-F. von **VIIa** u. **VIIb** 222°; b) durch 1std. Erwärmen von 0,17 g **VI** mit Pyridin auf 50° wurden 0,04 g **VIIb** erhalten, **VIIa** konnte nicht isoliert werden. Durch Lösen von 50 mg **VIIa** in mit HBr gesätt. CH_3COOH Eingießen in W., Benzolextraktion u. übliche Behandlung mit Pyridin entstanden 35 mg **VIIb**, ebenso aus 50 mg **VIIb** 32 mg **VIIa**. **VIIa** wurde durch 8std. Einw. von Sonnenlicht in **VIIb** umgelagert, **VIIb** gab bei gleicher Behandlung aber kein **VIIa**, sondern eine sich oberhalb 265° zers. Verb., die sich in **VIIb** zurückverwandelt u. möglicherweise ein Dimeres darstellt. — *1.2-Diphenylinden* (**XIII**), F. 177°, durch Kochen von Benzylhydrobenzoin mit frisch dest. Acetylchlorid, bis eine Probe mit H_2SO_4 keine grüne Färbung mehr liefert; 94% (bei größeren Ansätzen, bei kleineren weniger). — *2.3-Diphenylinden* (**X**), F. 109—110°, durch Zufügen von **XIII** zu KOH in A. bei 90° u. Einengen; aus CH_3COOH, dann Ligroin Nadeln; 75%. — *Tribromderiv.* $C_{21}H_{13}Br_3$, F. 196—197°, aus **X** mit überschüssigem Br_2 in CCl_4; aus CH_3COOH längliche gelbe Prismen; 65%. — *1-Brom-2.3-diphenylinden* (**VIII**), F. 158°, a) nach THIELE u. RUGGLI [1912] in geringer Ausbeute; b) durch 4std. Kochen von **X** mit N-Bromsuccinimid in CCl_4, Filtration u. Eindampfen; aus CH_3COOH längliche gelbe Prismen; 87%; c) durch Zufügen von Br_2 zu **XIII** in CCl_4, Eindampfen, Aufnehmen in Bzl. u. Eindampfen; 80% (bei kleinen Ansätzen, bei größeren weniger). **VIII** gibt beim Erwärmen mit Zn-Staub in CH_3COOH wieder **X**. Gemische von **X** u. **VIII** schm. bei Tempp. zwischen den FF. beider Verbindungen. — *2.3.2'.3'-Tetraphenyl-bis-indenyl-(1.1')* (**XII**), $C_{42}H_{30}$. a) **VIII** wurde ½ Std. mit 10%ig. NaJ in Aceton gekocht, die Lsg. wurde in W. gegossen, der Nd. mit Bzl. extrahiert u. die Benzollsg. eingeengt, wobei zunächst das *schwererlösl. Isomere* (**XIIb**), F. 327°, u. bei weiterem Einengen das *leichterlösl. Isomere* (**XIIa**), F. 265°, ausfiel; zusammen 70%; das Gemisch von **XIIa** u. **XIIb** schm. bei 255°. b) 2std. Kochen von **VIII** mit Na in Bzl. lieferte nur **XIIa**; 36%. — *2.3-2'.3'-Tetraphenyl-bis-indenyliden-(1.1')* (**IX**), $C_{42}H_{28}$, F. 278°, a) durch Erhitzen von **VIII** u. KOH auf 300° während 3 Min., Benzolextraktion u. Eindampfen; aus Cyclohexan–Ae. kleine violettschwarze Prismen; 72%; b) durch Erhitzen von **XIIa** u. PbO auf 300° bzw. von **XIIb** u. PbO auf 350° während 3 Min. u. Benzolextraktion; 70%; c) durch Dehydrierung von **XIIa** durch 8std. Kochen mit Nitrobenzol u. Eindampfen; 60%. — *1-Brom-2.3.2'.3'-tetraphenyl-bis-indenyl-(1.1')*, $C_{42}H_{29}Br$, F. 216°, durch Versetzen von **IX** in Bzl. mit HBr in CH_3COOH, Zugabe von W. nach der Entfärbung u. Einengen der Benzolschicht; aus Cyclohexan kleine Rechtecke; 73%; gibt beim ½std. Erwärmen auf den F. wieder **IX**. — *1.1'-Diacetoxy-2.3.2'.3'-tetraphenyl-bis-indenyl-(1.1')*, $C_{46}H_{34}O_4$, F. 315°, durch Kochen von **IX** mit $Pb(OCOCH_3)_4$ in CH_3COOH bis zur Entfärbung, Eingießen in W., Benzolextraktion u. Eindampfen der Benzollsg.; aus CH_3COOH Prismen; 50%. (Ann. Chimie [12.] **7**. 537—67. Sept./Okt. 1952. Coll. de France, Labor. de Chim. organ.)

SPAETH. 2650

A. M. Ssimonow und **N. P. Anschukowa**, *Über betainähnliche Verbindungen, die sich bei Abspaltung eines Protons von der NH-Gruppe bilden.* 5. Mitt. *β-Anthrachinonsulfonsäurederivate.* (4. vgl. C. **1951**. I. 2278.) Es wurden *quartäre Salze* $[RNHC_6H_4N\cdot(CH_3)_3]^+X^-$ dargestellt (R = β-Anthrachinonsulfonyl; X = Anion der p-Toluolsulfonsäure; $N(CH_3)_3$ in m- u. p-Stellung zur RNH-Gruppe im Benzolring). Diese Salze werden

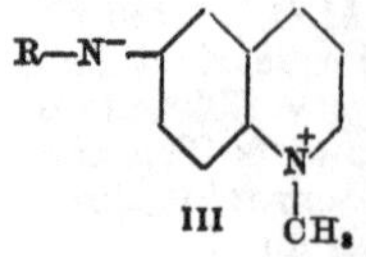
III

durch Alkali in die entsprechenden *Betainazeniate* $RN^-C_6H_4N^+\cdot(CH_3)_3$ (I u. II) umgewandelt (Einfl. von R auf die Beweglichkeit von H der NH-Gruppe). Bes. leicht entsteht das *Betainazeniat* III, dessen Azeniat-N mit einem Chinolkern verbunden ist. Das Salz $[RN(CH_2\cdot C_6H_5)$ ⟨⟩ $N(CH_3)_3]^+X^-$, in dem der H der NH-Gruppe substituiert ist, bildet kein Betain.

Versuche: Zur Herst. dieser Salze wurde β-Anthrachinonsulfochlorid (IV) mit m- u. p-Aminodimethylanilin u. 6-Aminochinolin zur Rk. gebracht; die entstehenden substituierten Anilide wurden mit p-Toluolsulfonsäuremethylester bei 130—140° verschmolzen. *p-[β-Anthrachinonsulfamido]-N.N-dimethylanilin*, $C_{22}H_{18}O_4N_2S$; aus 7 g **IV** u. 3,2 g p-Aminodimethylanilin in 25 ml Pyridin, ½ Std. bei 50°; rotbraune Nadeln aus Aceton; Zers. bei 234—235°; 8,8 g (Ausbeute). Löst sich bei schwachem Erwärmen in 1—2%ig. NaOH, wobei ein leicht hydrolysierbares, violettes *Na-Salz* entsteht. *Metho-p-toluolsulfonat*, $C_{30}H_{28}O_7N_2S_2$, blaßgelbe Kristalle; Zers. bei 238°. Hieraus auf Zusatz von NaOH, NH_3 oder Soda zur wss. oder wss.-alkoh. Lsg. das *Betainazeniat* (I), $C_{23}H_{20}O_4N_2S$, braunorange Nädelchen; Zers. bei 225—230°; 97%. — *m-[β-Anthrachinonsulfamido]-N.N-dimethylanilin*, $C_{22}H_{18}O_4N_2S$, F. 154—154,5°, rotbraune Kristalle (aus A.). *Na-Salz*, braune Nadeln. *Metho-p-toluolsulfonat*, $C_{30}H_{28}O_7N_2S_2$, F. 242—244°; blaßgelbe Kristalle (aus 70%ig. A.). Hieraus zu 96% das *Betainazeniat* (II), $C_{23}H_{20}O_4N_2S$, rotbraune Nadeln; Zers. >250°. — *6-[β-Anthrachinonsulfamido]-chinolin*, $C_{23}H_{14}O_4N_2S$, F. 273—274°; aus Pyridin hellgelbe Kristalle. *Metho-p-toluolsulfonat*, $C_{31}H_{24}O_7N_2S_2$, F. 258—259°; citronengelbe Nadeln aus Nitrobenzol. Hieraus fast quantitativ das *Betainazeniat* (III), $C_{24}H_{16}O_4N_2S$; braune Nädelchen; Zers. bei ca. 280°. — *p-Dimethylamino-N-benzylanilid der β-Anthrachinonsulfonsäure*, $C_{29}H_{24}O_4N_2S$, F. 215—216°; aus **IV** u. N^1-Benzyl-N^2.N^2-dimethyl-p-phenylendiamin in Pyridin; aus Bzl. bräunlichrosafarbene Kristalle. *Metho-p-toluolsulfonat*, $C_{37}H_{34}O_7N_2S_2$; blaßgelbe Kristalle aus Methanol; Zers. bei 213—215°. (Журнал Общей Химии [J. allg. Chem.] **20.** (**82.**) 1802—06. Okt. 1950. Moskau, Textil-Inst., Labor. für organ. Chem.) v. WILPERT. 2800

A. G. Anderson jr. und **Helen Frances Greef**, *Synthese von 5.6.7.7a.8.9.10.11-Oktahydro-4H-benzo-[ef]-heptalen.* Im Verlauf der Synth. tricycl. kondensierter Ringsysteme wird *5.6.7.7a.8.9.10.11-Oktahydro-4H-benzo-[ef]-heptalen* (I) ausgehend von *5-Keto-6.7.8.9-tetrahydro-5H-cycloheptabenzol* (II) dargestellt, das in guter Ausbeute aus Phenylvaleriansäure (III) nach FRIEDEL-CRAFTS erhalten wurde. Die REFORMATSKI-Rk. von II mit Bromcrotonsäuremethylester liefert einen unbeständigen Ester, der hydriert, anschließend dehydratisiert, verseift u. hydriert zu *6.7.8.9-Tetrahydro-5H-cycloheptabenzol-5-buttersäure* (IV) führt, deren Chlorid nach FRIEDEL-CRAFTS zu *5.6.7.7a.8.9.10.11-Oktahydro-4H-benzo-[ef]-heptalenon-(4)* (V) cyclisiert werden konnte. Modifizierte WOLFF-KISHNER-Red. gab schließlich I, dessen Konst. sich aus der $KMnO_4$-Oxydation zu *Hemimellitsäure* ergab.

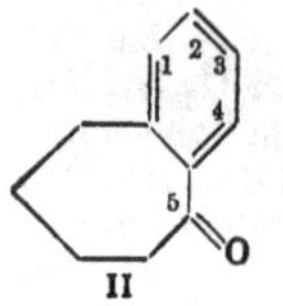
II

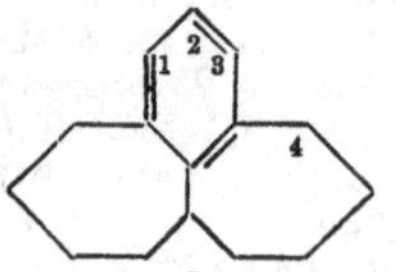
I

Versuche: *Cinnamylidenmalonsäure*, F. 205—207° (Zers.; A.), aus Zimtaldehyd u. Malonsäure mit 10%ig. alkoh. KOH in Bzl.; 83% (Ausbeute). — *Phenylpropylmalonsäure*, F. 92—95°; 99%. — *Phenylvaleriansäure* (III), F. 58—59° (Ligroin), durch Decarboxylierung vorst. Verb. bei 170—180°; 94%. — *5-Keto-6.7.8.9-tetrahydro-5H-cycloheptabenzol* (II), $Kp._{11}$ 134—136°, $Kp._1$ 99—102°, n_D^{20} 1,5636, aus dem mit $SOCl_2$ erhaltenen Chlorid von III mit $AlCl_3$ nach ASPINALL u. BAKER (C. **1951.** I. 3481); 89%. — *8.9-Dihydro-7H-cycloheptabenzol-5-buttersäuremethylester*, $C_{16}H_{20}O_2$, $Kp._{0,2}$ 120—122°, aus II mit Bromcrotonsäuremethylester u. Zn nach REFORMATSKI, Hydrieren des entstandenen Öls u. Dehydratation mit $KHSO_4$ als an der Luft gelb werdendes Öl; λ_{max} 243 mμ (ε = 7200 in A.); 25%. — *6.7.8.9-Tetrahydro-5H-cycloheptabenzol-5-buttersäure* (IV), $C_{15}H_{20}O_2$, $Kp._{0,2}$ 135°, F. 87—88°, durch Verseifen des vorst. Esters mit KOH in sd. 50%ig. A. u. Hydrieren der rohen öligen Säure in Eisessig in Ggw. von PtO_2 unter 30—40 lbs.; aus Nitromethan oder Acetonitril hellbraune Kristalle; 70%. — *5.6.7.7a.8.9.10.11-Oktahydro-4H-benzo-[ef]-heptalenon-(4)* (V), $C_{15}\cdot H_{18}O$, $Kp._{0,2}$ 130°, n_D^{25} 1,5763, durch Behandeln des aus **IV** mit PCl_5 in Bzl. bei 40—50° (1 Std.) erhaltenen Chlorids mit $AlCl_3$ in sd. CS_2 (6 Std.) als gelbes Öl; 58%. — *5.6.7-7a.8.9.10.11-Oktahydro-4H-benzo-[ef]-heptalen* (I), $C_{15}H_{20}$, Kp. 95—97°, n_D^{25} 1,5634, aus **V** durch Kochen mit 85%ig. Hydrazinhydrat u. Erwärmen des mit Ae. extrahierten gelben Öles mit KOH auf 150—160°; 38%. — *Hemimellitsäuretrimethylester*, F. 100 bis 101°, durch $KMnO_4$-Oxydation von I in W. bei 100° (5 Std.) u. Verestern der rohen Säure mit Diazomethan; aus Methanol Tafeln; 70%. (J. Amer. chem. Soc. **74.** 5124—25. 20/10. 1952. Seattle, Wash., Univ., Dep. of Chem. u. Chem. Engng.) GOLD. 2950

V. Bruckner, J. Kovács und **P. Huhn**, *Über die Struktur der durch Addition von Maleinsäureanhydrid an 1.2-Diaryläthylene gebildeten Bis-Addukte.* Analog zu früheren Verss. (vgl. C. **1949**. I. 1364) erhalten Vff. aus 1-Phenyl-1-[p-methoxyphenyl]-äthylen (**I**) u. Maleinsäureanhydrid (**II**) ein *Bis-Addukt* (**III**), dessen Konst. ermittelt wird. Von den zahlreichen Isomeriemöglichkeiten werden unter Berücksichtigung der bei Diensynthesen üblichen Ausbldg. des endo–cis-Typs von Vff. nur noch 2 (**IIIa** bzw. **IIIb**) in Betracht gezogen; das Vorliegen der ersteren in **III** wird folgendermaßen bewiesen: Durch Hydrolyse von **III** entstehen unter gleichzeitiger Lactonisierung u. Aufhebung der olefin. Doppelbindung in der Endoäthylenbrücke 2 dreibas. *Säuren*, denen Konst. **IV** bzw. **V** zugeschrieben wird. Der aus **IV** mit CH_2N_2 entstehende *Trimethylester* liefert mit sd. HCOOH den sauren *Ketotetracarbonsäuretrimethylester* **VI**, der schließlich mit CH_2N_2 den neutralen *Ester* **VII** ergibt, welcher auch aus **V** oder direkt durch Methanolyse von **III** erhalten wird. Aus **V** u. Phenylhydrazin entsteht unter doppelter Kondensation eine *Verb.* $C_{28}H_{24}O_7N_2$, der in Analogie zu ähnlichen, mit γ-Ketosäuren erfolgenden Rkk. die Struktur **VIII** zugeschrieben wird. Bei Annahme der Struktur **IIIb** für das ursprüngliche Addukt lassen sich zwar die zu **VI** u. **VII** führenden Rkk. entsprechend deuten, aber keine Verb. analog **VIII** ableiten; somit erscheint Formel **IIIa** gesichert. Während durch Einw. von Essigsäureanhydrid **IV** zu **III** zurückverwandelt wird, entsteht damit aus **V** ein neues *Bis-Anhydrid* (**IX**), welches auch unmittelbar aus **III** mit heißer konz. HCOOH gebildet wird. Durch Einw. von sd. konz. HCl wird aus **III**, **IV**, **V** oder **IX** die gleiche *Tetracarbonsäure* (**X**) erhalten, welche kein Anhydrid bildet u. daher trans–trans-Konfigu-

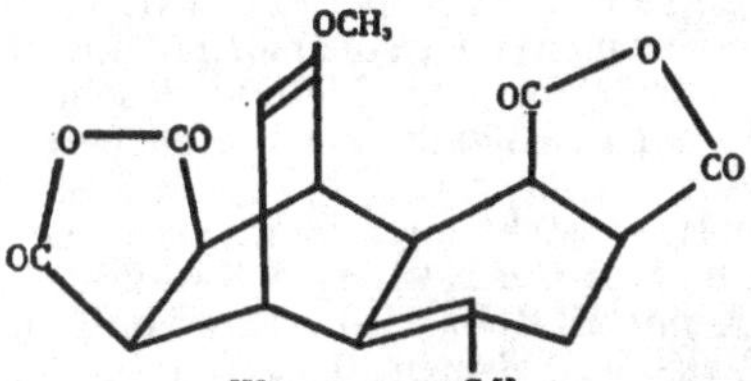
IIIa

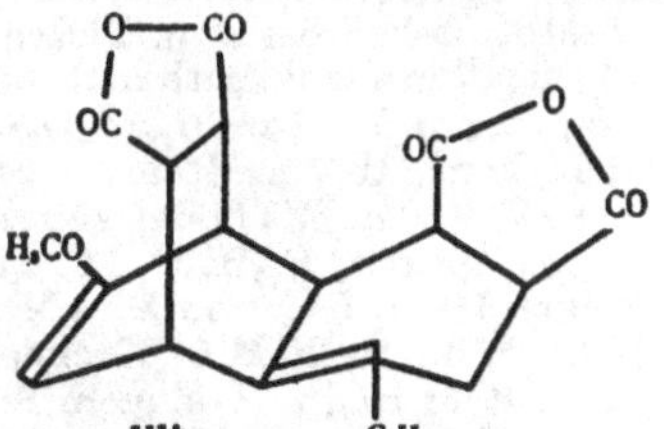
IIIb

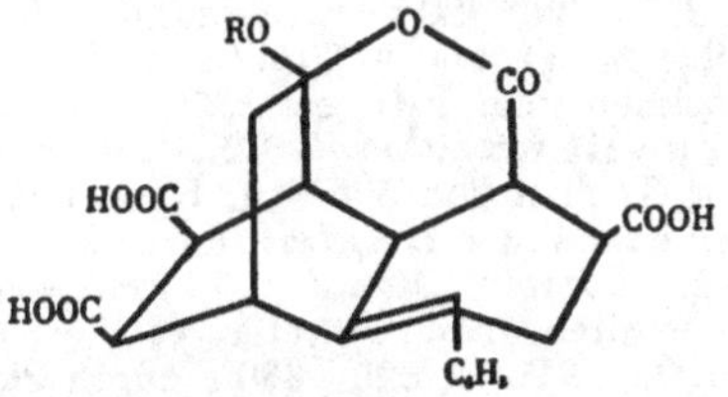
IV R = CH_3
V R = H

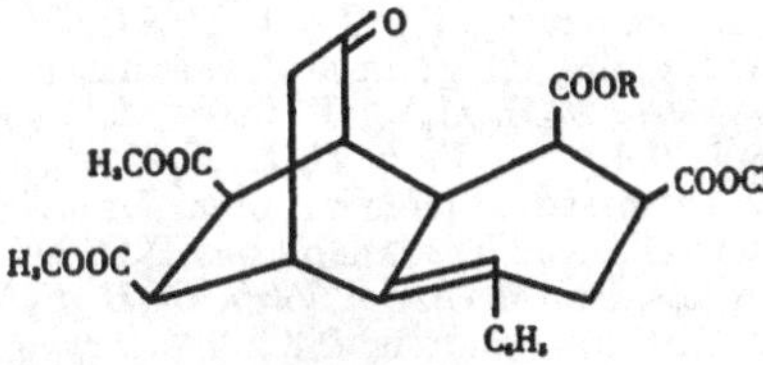
VI R = H
VII R = CH_3

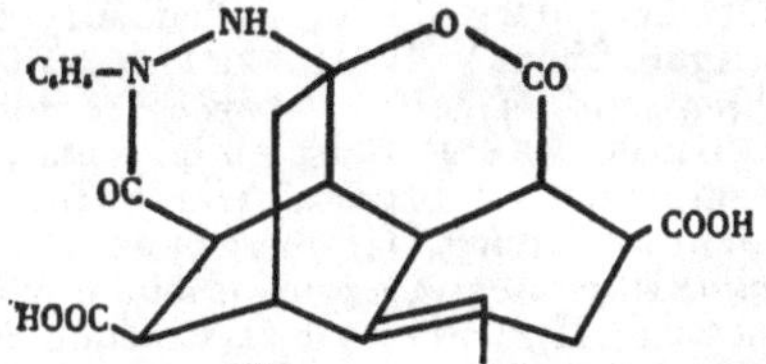
VIII

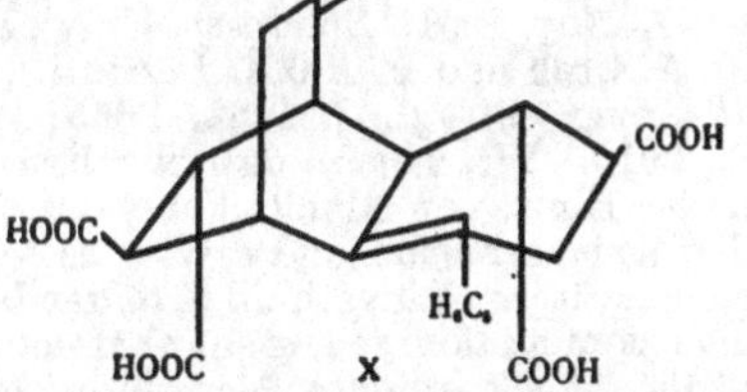
X

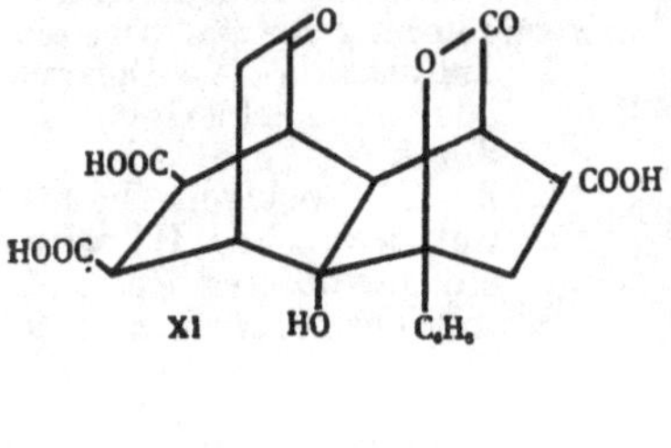
XI

ration besitzen muß. **V** reagiert auch mit $HONH_2$ unter doppelter Kondensation, wobei ein Prod. erhalten wird, dessen Konst. ähnlich der von **VIII** sein muß, was aber noch nicht vollständig gesichert erscheint. Der Nachw. der 2. Doppelbindung in **III** gelingt nicht durch Addition von Br_2, da uneinheitliche Prodd. entstehen u. HBr-Entw. auftritt. Aus **V** wird aber mit H_2O_2 ein tribas. *Oxylacton* erhalten, dessen Lactonring von CH_2N_2 nicht angegriffen wird; Vff. ordnen der Verb. daher die von **V** wesentlich abweichende Struktur **XI** zu u. diskutieren einen entsprechenden Reaktionsmechanismus.

Versuche: *1-Phenyl-1-[p-methoxyphenyl]-äthylen–Maleinsäure-1 : 2-Addukt* (**III**), $C_{23}H_{18}O_7$, F. 232—234° (Zers.; Essigester), durch 1—2std. Erhitzen von 21 g **I** u. 19,6 g **II** in Ggw. von Dimethylanilin auf dem Wasserbad u. 24std. Stehen mit Essigsäureanhydrid; aus Essigsäureanhydrid dünne Blättchen; 27,4 g (Ausbeute); daneben aus der Mutterlauge etwas **V**. — *Säure* $C_{23}H_{22}O_9 \cdot ½ H_2O$ (**IV**), F. 210—212° (W.), durch Lösen von 5 g **III** in 2nNaOH bei 0°, Verdünnen mit W., Ansäuern mit 2nHCl u. 12std. Stehen bei 0°; 3,8 g; gibt mit Essigsäureanhydrid **III**. *Trimethylester*, $C_{26}H_{28}O_9$, F. 204°, aus 3,5 g **IV** u. CH_2N_2 in Ae.; aus Methanol Prismen; 2,2 g. — *Ketotetracarbonsäuretrimethylester* $C_{25}H_{26}O_9$ (**VI**), F. 148—149°, durch 2std. Kochen von 0,8 g vorst. Esters in 98%ig. HCOOH, Zugeben von verd. CH_3OH u. 24std. Stehen; aus 60%ig. Methanol Nadeln; lösl. in verd. Alkali u. in Na_2CO_3-Lsg. unter CO_2-Entw.; 0,2 g. — *Säure* $C_{22}H_{20}O_9 \cdot 2 H_2O$ (**V**), F. 181—182° (W.), a) durch 5—6std. Kochen einer wss. Lsg. von **III**; faserartige, lange Nadeln; 79%; b) durch ½std. Kochen von **III** in 80%ig. HCOOH u. Verdünnen mit W.; 72%; c) neben der gleichen Menge **IV** bei ¼std. Kochen von **III** in 2nNaOH, Ansäuern, Stehen bei 0° u. fraktionierte Kristallisation als leichter lösl. Prod.; bei längerem Erhitzen die reine Verb. **V**; d) durch Hydrolyse von **IX**. — **V**-*Bisanhydrid* (**IX**), $C_{22}H_{16}O_7$, F. 298—300° (Essigsäureanhydrid), a) durch Aufkochen von **V** in Essigsäureanhydrid; b) durch ¼std. Kochen von **III** in 98%ig. HCOOH u. 24std. Stehen bei 0°. — *Ketotetracarbonsäuretetramethylester* $C_{26}H_{28}O_9$ (**VII**), F. 172—173° (Methanol), a) durch 2std. Kochen von 3 g **III** in Methanol in Ggw. von etwas konz. H_2SO_4, 8std. Stehen bei 0° u. Fällen mit W.; 2,1 g; b) durch Einw. von äther. CH_2N_2-Lsg. auf 1,2 g **V** in absol. Methanol; beim Einengen Prismen; 0,9 g; c) analog b) aus **VI**. — *Keto-trans-tetracarbonsäure* $C_{22}H_{20}O_9 \cdot 3 H_2O$ (**X**), F. 272° (W.), durch 10std. Kochen von 10 g **III** in konz. HCl u. 3tägiges Stehen bei 0°; 2,1 g; entsteht auch nach derselben Meth. aus **IV**, **V** oder **IX**; bildet kein Anhydrid; gibt mit äther. CH_2N_2-Lsg. in Essigester den *Tetramethylester*, $C_{26}H_{28}O_9$, F. 196° (Methanol), entsteht auch beim Einengen von 10 cm³ einer 5%ig. Lsg. von **X** in Methanol; Prismen. **X**-*Oxim*, $C_{22}H_{21}O_9N + 2—3 H_2O$, F. 234—237°, durch 20 Min. Kochen von 0,7 g **X** mit $HONH_2 \cdot HCl$ in 2nNaOH; nach Ansäuern mit 2nHCl u. 1tägigem Stehen bei 0° aus W. Prismen; 0,3 g. Daraus (0,1 g) mit äther. CH_2N_2-Lsg. in Methanol *Tetramethylester*, $C_{26}H_{29}O_9N$, F. 192°; aus Methanol Nadeln; 0,065 g. — *Verb.* $C_{28}H_{24}O_7N_2$ (**VIII**), F. 217—220° (80%ig. Methanol), durch ½std. Kochen von 5 g **V** u. $C_6H_5NHNH_2$ in W.; ölig (3,2 g); aus 60%ig. CH_3OH hygroskop. Nadeln; 2,3 g; kristallwasserfrei durch Trocknen über P_2O_5 bei 135°/5 mm. *Dimethylester*, $C_{30}H_{28}O_7N_2$, F. 220° (Methanol), aus 1 g **VIII** mit äther. CH_2N_2-Lsg. in Methanol; 0,6 g. — *Verb.* $C_{22}H_{19}O_8N$, durch 20 Min. Kochen von 5 g **V** u. $HONH_2 \cdot HCl$ in W., mehrstd. Stehen bei 0° u. Umkristallisation aus W. als *Dihydrat*; 3,4 g; kristallwasserfrei durch Trocknen über P_2O_5 bei 135°; hygroskopisch. Daraus (0,5 g) mit äther. CH_2N_2-Lsg. in Methanol *Verb.* $C_{25}H_{25}O_8N$, wahrscheinlich Trimethylester, F. 275°; aus CH_3OH dünne Nadeln; 0,3 g. — *Oxylacton* $C_{22}H_{20}O_{10}$ (**XI**), F. 325—330°, durch 2std. Einw. von 33%ig. H_2O_2 auf 10 g **V** in Eisessig bei 80°; nach Einengen u. Stehen bei 0° aus W. dünne Nadeln; 4,5 g. Daraus (0,5 g) mit CH_2N_2 in absol. Methanol *Trimethylester*, $C_{25}H_{26}O_{10}$, F. 291—295°; aus Methanol dünne Nadeln; 0,22 g. — *1-Phenyl-1-[p-methoxyphenyl]-äthylen* (**I**), F. 78°, entsteht bei der Zers. von 1 g **III** durch Dest. bei 300°/1 mm; nach Versetzen mit nNaOH aus Ae. gelbe Blättchen; 0,2 g. (J. org. Chemistry **16**. 1649—57. Nov. 1951. Budapest, Univ., Inst. of Organ. Chem.) W. HOFFMANN. 2950

C. A. Grob und **P. Ankli**, *Derivate des α-Aminopyrrols*. 1. Mitt. *Sterische Resonanzbeeinflussung*. (2. vgl. C. **1952**. 2665; vgl. auch GROB, ANKLI, Helv. chim. Acta **32**. [1949.] 2010.) Vff. zeigen, daß N-substituierte Aminomethylenbernsteinsäurenitrile (**I**) unter der Einw. von Alkalialkoholaten in *α-Aminopyrrolderivv.* (**II**) übergehen. Die in gleicher Weise erhältlichen Derivv. des *1-Carbäthoxymethyl-2-aminopyrrols* erleiden spontan einen weiteren Ringschluß u. bilden bicycl. *Lactame* (**III**). Letztere unterscheiden sich deutlich vom analog gebauten, aber monocycl. *1-Äthyl-2-acetylamino-4-cyanpyrrol* (**IV**) durch ihre stark erhöhte Acidität u. längerwellige Absorption im UV. Bei der Methylierung entstehen die *N-Methylverbb.* (**VI**) in überwiegender Ausbeute neben den isomeren *O-Methyläthern* (**VII**). Diese Rk. spricht gegen die Formulierung der Lactame als

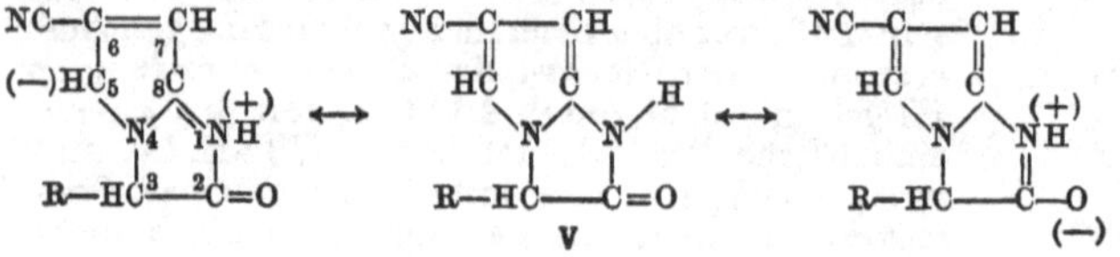

V

Imidazolon-(4)-Derivv. oder Imidazolderivv., was durch Vgl. der Infrarot- u. UV-Spektren bestätigt wird. Für **III** wird ein mesomerer Zustand mit den Grenzformen **V** angenommen. Die Resonanz zwischen den Grenzformen ist durch die erzwungene Coplanarität des Pyrrolringes u. der mesomeren Carbonamidgruppe bes. begünstigt, während bei **IV** eine nennenswerte Resonanz nur eintreten könnte, wenn eine Fixierung der drehbaren Acetamidgruppe in der Ebene des Pyrrolringes eintreten würde. Dies ist aber, wie Betrachtungen an FISHER-HIRSCHFELDER-Modellen erkennen lassen, infolge ster. Hinderung durch den o-Substituenten nicht ohne Spannung realisierbar. Es werden andere in der Literatur beschriebene Fälle, in denen Ringschlüsse eine Rotverschiebung im UV-Spektr. zur Folge haben, erwähnt u. darauf hingewiesen, daß die Änderung der UV-Adsorption wahrscheinlich auch eine Folge ster. Resonanzbeeinflussung ist. Ferner werden die Darst. u. Eigg. von *Oxymethylenäthylendicyanid* (**VIII**) beschrieben.

Versuche: *Oxymethylenäthylendicyanid* (**VIII**), K-Salz, aus absol. A. (beim Umkristallisieren bereits Zers., sehr hygroskop.), F. 205—210°, aus 50 g Äthylendicyanid in absol. Bzl. durch Vermischen mit 52 g Ameisensäureäthylester u. Zugabe von 26 g K, gelöst in tert.-Amylalkohol–Bzl., unter Rühren, Feuchtigkeitsabschluß u. N_2-Atmosphäre während 2std. Stehen bei Zimmertemp.; 82 g (Ausbeute). — [*α-Carbäthoxyäthylaminomethylen*]-*bernsteinsäuredinitril*, **Ia**, $C_{10}H_{13}O_2N_3$, gelbes zähfl. Öl, aus **VIII** mit DL-Alaninäthylesterhydrochlorid in Mischung von Eisessig u. absol. A. durch ½std. Erhitzen auf dem Wasserbad; 82%. — [*Carbäthoxymethylaminomethylen*]-*bernsteinsäuredinitril* (**Ib**), $C_9H_{11}O_2N_3$, rhomb. Plättchen aus A., F. 57°, aus **VIII** mit Glycinäthylesterhydrochlorid wie vorst.; 75%. — *Äthylaminomethylenbernsteinsäuredinitril* (**Ic**), $C_7H_9N_3$, Nadeln aus Chlf./PAe., F. 102—103°, aus **VIII** mit Äthylaminhydrochlorid wie vorst.; 71%. — [*Phenylaminomethylen*]-*bernsteinsäuredinitril* (*Anil von* **VIII**) (**Id**), $C_{11}H_9N_3$, F. 148—155°, aus **VIII** mit Anilin in Eisessig, Nadeln aus verd. Methanol, vermutlich Gemisch beider Isomeren, daraus durch Sublimieren im Hochvakuum dünne Blättchen, F. 139—140°, gleiche Zus., wahrscheinlich eines der beiden Isomeren. — *2-Oxo-3-methyl-6-cyan-1.2.3.4-tetrahydroimidazo-[1.2:a]-pyrrol* (**IIIa**), $C_8H_7ON_3$, Nadeln aus Chlf., F. 165—166°, aus **Ia** mit K-tert.-Amylat in absol. Bzl. unter N_2-Atmosphäre; 81%; bei 140° Umwandlung in rhomb. Blättchen. — *2-Oxo-6-cyan-1.2.3.4-tetrahydroimidazo-[1.2:a]-pyrrol* (**IIIb**), $C_7H_5ON_3$, rhomb. Blättchen aus Methanol/Aceton, ab 280° Zers., aus **Ib** wie vorst.; 91%. — *2-Amino-1-äthyl-4-cyanpyrrol* (**IIa**), $C_7H_9N_3$, Kristalle vom F. 34—35°, die sich schnell gelbbraun färben, aus **Ic** wie vorst., als Öl, auch im Vakuum nach einigen Std. dunkelrot verfärbt; 85%; *Acetylverb.*, $C_9H_{11}ON_3$, Nadeln aus Chlf./PAe., F. 154°. — *2-Amino-1-phenyl-4-cyanpyrrol* (**IIb**), aus **Id** wie vorst., bräunlicher Sirup, färbt sich an der Luft rot, dest. unzers. im Hochvakuum, bildet unbeständiges Hydrochlorid, Rk. mit EHRLICHs Reagens positiv; *Acetylverb.*, $C_{13}H_{11}ON_3$, Stäbchen aus A./W., F. 171°. — *2-Oxo-1.3-dimethyl-6-cyan-1.2.3.4-tetrahydroimidazo-[1.2:a]-pyrrol* (**VIa**), $C_9H_9ON_3$, Nadeln aus Aceton/PAe., F. 178—179°, aus **IIIa** mit Dimethylsulfat oder Diazomethan. — *2-Oxo-1-methyl-6-cyan-1.2.3.4-tetrahydroimidazo-[1.2:a]-pyrrol* (**VIb**), $C_8H_7ON_3$, Nadeln aus Aceton/PAe., F. 210° (ab ca. 160° Umwandlung), aus **IIIb** wie vorst., Reinigung durch Chromatographie. *O-Methylverb.* von **IIIa**, $C_9H_9ON_3$, **VIIa**, Blättchen, F. 133—134°, aus **IIIa** mit Diazomethan neben **VIa**. — *O-Methylverb.* von **IIIb** (**VIIb**), $C_8H_7ON_3$, Nadeln aus Aceton/PAe., F. 151°, aus **IIIb**. (Helv. chim. Acta **33**. 273—85. 15/3. 1950. Basel, Univ., Organ.-chem. Anst.) G. WINKLER. 3081

Ph. Buu-Hoï und **René Royer**, *Möglicherweise carcinogene Stickstoffheterocyclen. 11. Mitt. Substitutionsreaktionen von N-Alkylcarbazolen.* (10. vgl. C. **1953**. 5824.) Die FRIEDEL-CRAFTS-Rk., Halogenierung u. Nitrierung einiger *9-Alkyl-* u. *9-Benzylcarbazole* wurden untersucht. Die neuen Verbb. sollen zur biol. Prüfung als Lebergifte dienen.

Versuche (mit **M. Hubert-Habart**): *N-n-Butylcarbazol* (**I**), F. 58°, durch Kochen von 50 g Carbazol (**II**) in Toluol mit 14,5 g $NaNH_2$ bis zum Aufhören der NH_3-Entw., Abkühlen, Zugabe von 82 g n-C_4H_9Br u. nach 48std. Kochen Zers. mit W.; Kp.$_{19}$ 218 bis 219°; PAe. ließ 2 g **II** ungelöst; 44 g (Ausbeute). — *N-Isoamylcarbazol* (**III**), Kp.$_{29}$ 230—232°, F. 44°, aus 30 g **II** analog **I**, aus PAe. Prismen; 36 g. — *N-Benzylcarbazol* (**IV**), Kp.$_{24}$ 267—268°, F. 112—113°; mit $C_6H_5CH_2Cl$; Abtrennung von **II** durch Vakuumdestillation. — *1.3.6-Trichlor-9-n-butylcarbazol* (**V**), $C_{16}H_{14}NCl_3$, Kp.$_{19}$ 276—278°, F. 71—72°, aus **I** in Chlf. u. SO_2Cl_2 durch ½std. Wasserbaderhitzen u. Gießen in W., Nadeln aus CH_3OH; 4,5 g. — *3-Chlor-9-n-butylcarbazol* (**VI**), $C_{16}H_{16}NCl$, Kp.$_{15}$ 240—245°, durch langsame Zugabe von SO_2Cl_2 zu 22,5 g **I** in Chlf. unter Eiskühlung; 15 Min. bei Zimmertemp., 10 Min. Kochen, dann wie bei **V**; Kp.$_{15}$ 240—250°, krist. beim Stehen; von nachst. Verb. getrennt u. dest., gelbes viscoses Öl, festwerdend; 22 g. — *3.6-Dichlor-9-n-butylcarbazol*, $C_{16}H_{15}NCl_2$, F. 68°; Prismen aus Ligroin, seidige Nadeln aus CH_3OH; 3 g roh. — *3-Brom-9-n-butylcarbazol* (**VII**), $C_{16}H_{16}NBr$, Kp.$_{17}$ 260—265°, aus

20 g **I** u. 14,5 g Br_2 in CH_3OH (Eiskühlung); nach 15 Min. in W. gegossen u. mit Bzl. ausgezogen, gelbes viscoses Öl; 15 g; aus Benzolunlöslichem: *3.6-Dibrom-9-n-butylcarbazol*, $C_{16}H_{15}NBr_2$, F. 72°, Nadeln aus CH_3OH; 11,5 g. — *1.6.8-Tribrom-3-chlor-9-n-butylcarbazol*, $C_{16}H_{13}NClBr_3$, F. 140°, aus **VI** u. Br_2 in CH_3COOH u. Gießen in W., Nadeln aus Aceton. — *1.3.6-Trichlor-8-brom-9-n-butylcarbazol*, $C_{16}H_{13}NCl_3Br$, F. 112°, aus **V** wie vorst., aus A. seidige Nadeln. — *1.6.8-Trichlor-3-brom-9-äthylcarbazol*, $C_{14}H_9NCl_3Br$, F. 133°, aus 3-Brom-9-äthylcarbazol u. SO_2Cl_2 in Chlf. (40 Min., Wasserbad), Verdampfen im Vakuum; aus A. Nadeln. — *3-Nitro-9-n-butylcarbazol*, $C_{16}H_{16}O_2N_2$, F. 98°, aus 15 g **I** in CH_3COOH u. HNO_3 (D. 1,49) in CH_3COOH, 1 std. Stehen u. Gießen in W., blaßgelbe Blättchen aus CH_3COOH; 18 g; mit H_2SO_4 Violettfärbung. — *3-Amino-9-n-butylcarbazol*, $C_{16}H_{18}N_2$, F. 93°, aus vorst. Verb. in heißem A. u. $SnCl_2$ in konz. HCl durch einige Min. Kochen u. Zers. des abgeschiedenen *Chlorostannats* (graustichige Nadeln) mit wss. KOH, graustichige Nadeln aus Bzl.; mit H_2SO_4 tiefe Blaufärbung; gibt mit 2.3-Dichlor-1.4-naphthochinon tiefviolette Nadeln (aus A.), in H_2SO_4 dunkelblauviolette Färbung. — *3-Brom-6-nitro-9-n-butylcarbazol*, $C_{16}H_{15}O_2N_2Br$, F. 179 bis 180°, durch Nitrierung von 3 g **VII** in CH_3COOH, gelbe Nadeln aus CH_3COOH; 3 g. — *3.6-Diacetyl-9-n-butylcarbazol*, $C_{20}H_{21}O_2N$, F. 129°, aus 10 g **I** u. CH_3COCl in Bzl. mit $AlCl_3$ durch 8 std. Stehen, seidige Nadeln aus A.; 3 g; mit H_2SO_4 Grüngelbfärbung. — *3-[α-Toluyl]-9-n-butylcarbazol*, $C_{24}H_{23}ON$, $Kp._{20}$ 350°, F. 102°, aus 10 g **I** u. $C_6H_5CH_2COCl$ (**VIII**) in Bzl. mit $AlCl_3$ (tiefgrüne Halochromie), Nadeln aus A.; 7,5 g; mit H_2SO_4 braungelb, dann grün. — *3-Acetyl-9-isoamylcarbazol* (?) (**IX**), $Kp._{20}$ 300°, aus 15 g **III** u. CH_3COCl mit $AlCl_3$; 4 g; (*Pikrat*, F. 99°, orange); gibt mit NaOBr *9-Isoamylcarbazolcarbonsäure-(3)* (?), F. 226° (bei >200° Dunkelfärbung), aus A. Nadeln, als Nebenprod. von **IX** eine *Diacetylverb.*, $C_{21}H_{23}O_2N$, $Kp._{20}$ >305°, F. 149°, seidige Nadeln aus CH_3OH; 4,5 g; mit H_2SO_4 grünlichgelbe Färbung. — *3-[α-Toluyl]-9-isoamylcarbazol*, $C_{25}H_{25}ON$, $Kp._{15}$ 346—348°, F. 90°, aus 15 g **III**, **VIII** u. $AlCl_3$ in Bzl. (12 Std., Zimmertemp.), Blättchen aus A.; 12 g; keine PFITZINGER-Rk. bei 24 std. Kochen mit Isatin in Ggw. von NaOH. — *3-Acetyl-6-chlor-9-n-butylcarbazol*, $C_{18}H_{18}ONCl$, $Kp._{15}$ 290°, F. 113°, aus 15 g **VI** u. CH_3COCl in CS_2 mit $AlCl_3$ unter Eiskühlung; über Nacht bei Zimmertemp.; Nadeln aus A.; 15 g; in H_2SO_4 orangegelb; gibt bei der PFITZINGER-Rk. eine gelbe *Cinchoninsäure*. — *3-[α-Toluyl]-6-chlor-9-n-butylcarbazol*, $C_{24}H_{22}ONCl$, $Kp._{16}$ 360°, F. 151°, aus **VI** u. **VIII** wie vorst., aus A. Nadeln; 50%. — *3-Brom-9-äthylcarbazol*, $Kp._{18}$ 265—270°, durch Eintropfen von Br_2 in CH_3COOH in die CH_3COOH-Lsg. von 23 g N-Äthylcarbazol; 9 g. 5 g gaben nach FRIEDEL-CRAFTS (CS_2) 3 g *3-Acetyl-6-brom-9-äthylcarbazol*, $C_{16}H_{14}ONBr$, $Kp._{18}$ 300°, F. 132—133°, blaßgelbe Nadeln aus A.; mit H_2SO_4 braungelb. — *3-Acetyl-6-chlor-9-äthylcarbazol* (**X**), $Kp._{20}$ 290°, aus 3-Chlor-9-äthylcarbazol (**XI**) nach BUU-HOI u. ROYER (Recueil Trav. chim. Pays-Bas **66**. [1947.] 533), aber in Bzl.; aus dem Oxim durch 10 Min. langes Schütteln mit PCl_5 in Ae. u. Gießen auf Eis *3-Acetamido-6-chlor-9-äthylcarbazol*, $C_{16}H_{15}ON_2Cl$, F. 245° (Zers. >233°), aus A. Nadeln. — *6-Chlor-9-äthylcarbazolcarbonsäure-(3)*, F. 245°, aus **X** mit NaOBr, aus A. graustichige Nadeln, Sublimation >240°. — *3-Propionyl-6-chlor-9-äthylcarbazol*, $C_{17}H_{16}ONCl$, $Kp._{29}$ 306—309°, F. 104°, aus 12 g **XI** u. C_2H_5COCl in Bzl. mit $AlCl_3$, Blättchen aus A.; 10 g; mit H_2SO_4 orangegelb. *Oxim*, $C_{17}H_{17}ON_2Cl$, F. 170—172°, aus A. Nadeln. Daraus nach BECKMANN *3-Propionylamino-6-chlor-9-äthylcarbazol*, $C_{17}H_{17}ON_2Cl$, F. 204°, aus A. Prismen. — *3-n-Butyryl-6-chlor-9-äthylcarbazol*, $C_{18}H_{18}ONCl$, $Kp._{25}$ 300°, F. 100°, aus 7 g **XI**, n-C_3H_7COCl u. $AlCl_3$ in Bzl., Nadeln aus A.; 6 g. — *3-Chloracetyl-6-chlor-9-äthylcarbazol* (?), F. 157—158°, aus **XI** u. $CH_2ClCOCl$ wie vorst., Nadeln aus A.; Menge reichte nicht zur Analyse; mit H_2SO_4 orange. — *3-Benzoyl-6-chlor-9-äthylcarbazol*, $C_{21}H_{16}ONCl$, $Kp._{18}$ 342—344°, F. 122°, aus 18 g **XI**, C_6H_5COCl u. $AlCl_3$ in Bzl. (3 Tage, Zimmertemp.), Nadeln aus A.; 18 g; mit H_2SO_4 orangerot; gibt mit $C_6H_5CH_2MgCl$ in Ae. u. Vakuumdest. *α.β-Diphenyl-β-[6-chlor-9-äthylcarbazolyl-(3)]-äthylen* (?), blaßgelbes Harz; mit H_2SO_4 tiefrot. — *3.6-Dichlor-9-benzylcarbazol*, $C_{19}H_{13}NCl_2$, F. 145°, aus 7 g **IV** in Chlf. u. SO_2Cl_2 durch 10 Min. langes Kochen; $Kp._{15}$ 293—300°; aus A. + Bzl. (1:1); leichtlösl. Fraktion (F. 100—107°) ließ sich nicht reinigen; schwerlösl.: Nadeln; 5 g. — *3.6-Dibrom-9-benzylcarbazol* (**XII**), $C_{19}H_{13}NBr_2$, F. 158°, durch Eintropfen von Br_2 in CH_3COOH in die CH_3COOH-Lsg. von 7 g **IV** unter Kühlung u. Gießen in W.; seidige Nadeln aus A.-Bzl.; 4,5 g roh; in H_2SO_4 fast farblos; aus den Mutterlaugen Prod. vom F. ca. 111°; konnte nicht gereinigt werden. — *3-Nitro-9-benzylcarbazol*, $C_{19}H_{14}O_2N_2$, F. 144°, durch Nitrierung von 3 g **IV** in CH_3COOH, grünlichgelbe Nadeln aus CH_3COOH; 2,2 g; mit H_2SO_4 violett; in CH_3COOH unlösl. *Nebenprod.*, F. >320°, gelbe Nadeln aus o-$C_6H_4Cl_2$; seine Konst. wurde wie die des *Nitrierungsprod.* von **XII** (F. ca. 213—214°, gelbe Nadeln) nicht aufgeklärt. — Aus 15 g **IV**, CH_3COCl u. $AlCl_3$ in Bzl. nach 4 Tagen bei Zimmertemp. 18 g Ketongemisch ($Kp._{25}$ 350—380°); daraus durch Umlösen aus A. + Bzl.:

3-Acetyl-9-benzylcarbazol, $C_{21}H_{17}ON$, F. 112°, Nadeln aus A.; in H_2SO_4 orangebraun; weniger lösl.: *3.6-Diacetyl-9-benzylcarbazol*, $C_{23}H_{19}O_2N$, F. 233°, Nadeln; mit H_2SO_4 bräunlichgelb. Beide Verbb. gaben mit Isatin nach PFITZINGER gelbe *Cinchoninsäuren*. (J. org. Chemistry **16**. 1198—1205. Aug. 1951. Paris, Univ., Radium Inst., Labor. Org. Chem.) LEHMSTEDT. 3081

Francis L. Scott und **Joseph Reilly**, *Untersuchungen in der Pyrazolreihe*. 1. Mitt. *Die Halogenierung von 1-Guanylpyrazolen*. Chlorierung u. Bromierung von 1-Guanyl-3.5-dimethylpyrazol (I) u. seinem N'-Benzoyl- (**X**) u. N'-p-Toluolsulfonylderiv. (I, R = $CH_3C_6H_4SO_2$) verlaufen n. unter Halogenierung in 4-Stellung. Bei der Jodierung mit J_2 u. Na-Acetat tritt neben n. Substitution auch Abspaltung des Guanylgruppe unter Bldg. von *4-Jod-3.5-dimethylpyrazol* (**VII**) u. Harnstoff ein. Das N'-Naphthyl-(1')-carbamyl- (**V**) u. N'-Phenylthiocarbamylderiv. (**VI**) von I geben mit Cl_2 u. Br_2 zunächst die n. Substitutionsprodd., welche dann weiter in komplexer Rk. gespalten werden. Mit J_2 verlaufen die Rkk. übersichtlicher. Neben **VII** werden auch Urethane bzw. Disulfide gebildet.

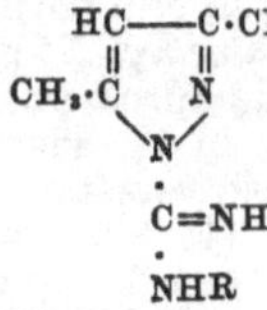

I R = H
V R = α-$C_{10}H_7$NHCO-
VI R = C_6H_5NHCS-
X R = C_6H_5CO-

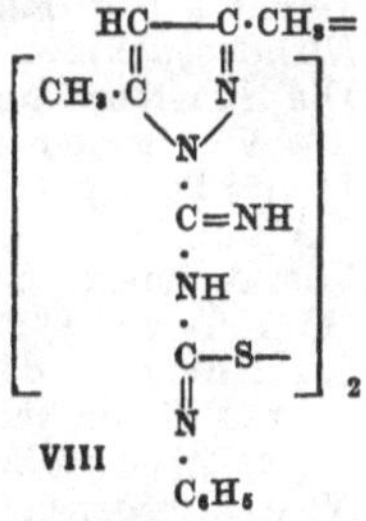

VIII

Versuche: *1-Guanyl-3.5-dimethylpyrazol* (I), $C_6H_{10}N_4$, F. 70—71° (Nadeln aus Bzl.), aus nachst. Nitrat mit konz. wss. KOH-Lsg.; 80—90% (Ausbeute). *Nitrat*, $C_6H_{11}O_3N_5$, durch Erhitzen äquimol. Mengen von Acetylaceton u. Aminoguanidinnitrat in wss. A. (3 Std.); ca. 70%. *Pikrat*, $C_{12}H_{13}O_7N_7$, F. 207—208,5° (Nadeln aus wss. A.). *Flavianat*, $C_{22}H_{26}O_8N_{10}\cdot H_2O$, F. 194—195° (gelbe Nadeln aus wss. A.). — Bei Chlorierung von I-Nitrat in sd. W. entsteht *1-Guanyl-3.5-dimethyl-4-chlorpyrazolnitrat*, F. 180°. *Freie Base* (**II**), $C_6H_9N_4Cl$, F. 54—56° (50—60%). — *1-Guanyl-3.5-dimethyl-4-brompyrazol* (**III**), $C_6H_9N_4Br$, F. 66—67°, aus I-Nitrat mit Br_2 in W. (20°) u. Behandeln mit KOH; 50—60%. *Nitrat*, F. 171°. — Jodieren von I-Nitrat oder -Sulfat durch Erhitzen mit je 1 Mol J_2 u. Na-Acetat (8 Std.) in wss. A. gibt *3.5-Dimethyl-4-jodpyrazol* (**VI**), F. 134° (*Pikrat*, $C_{11}H_{10}O_7N_5J$, F. 191—192°) in guter Ausbeute. Erhitzen mit J_2 allein liefert 15% **VII**. Jodieren von I-Nitrat nach TUCKER (J. chem. Soc. [London] **1926**. 546) gibt 48% **VII** u. daneben *3.5-Dimethyl-4-jod-1-guanylpyrazol* (**IV**), F. 224°, *Pikrat*, $C_{12}H_{12}O_7N_7J$, F. 224° (absol. A.); 12%. Erhitzen von I-Nitrat mit ClJ in Eisessig (30 Min.) gibt **VII** neben einer *Verb.* $C_{11}H_{13}N_4J_4$ (?), F. 232°, die ein *Chloroplatinat*, F. 241° (hellrote Sechsecke), bildet. — Bei Rk. zwischen I-Nitrat u. Na-Acetat durch 8std. Kochen in W. u. anschließendes 24std. Stehenlassen entsteht *3.5-Dimethylpyrazol* (**IX**), F. 101—103°, u. Harnstoff (*Dixanthylderiv.*, F. 252—258°), aber kein NH_3. Bei analoger Hydrolyse von 3.5-Dimethyl-1-carbamylpyrazol werden **IX**, NH_3 u. CO_2 gebildet. — *1-[N'-(Naphthyl-(1')-carbamyl)-guanyl]-3.5-dimethylpyrazol* (**V**), $C_{17}H_{17}ON_5$, F. 140—141°, aus I u. Naphthylisocyanat in Bzl. + Ae.; 90%. — Bei Erhitzen von **V** mit alkoh. Na-Acetat (8 Std.) entstehen **IX** u. *Naphthyl-(1)-urethan* (**XI**). Mit J_2 werden **VII** u. **IX** erhalten, während mit ClJ in Eisessig **VII**, **IV** u. ein Oxydationsprod. von **X** erhalten werden. HCl spaltet zu **IX**-*Hydrochlorid*, *α-Naphthyl-* u. *N.N'-Dinaphthyl-(1)-harnstoff*. Mit Phenylhydrazin in sd. A. wird *1-Phenyl-4-naphthyl-(1')-semicarbazid* gebildet. *1-[N'-(Naphthyl-(1')-carbamyl)-guanyl]-3.5-dimethyl-4-chlorpyrazol*, $C_{17}H_{16}ON_5Cl$, F. 157—158°, aus **II** ebenso; 90%. — *1-[N'-(Naphthyl-(1')-carbamyl)-guanyl]-3.5-dimethyl-4-brompyrazol*, F. 182°, aus **V** mit Br_2 in sd. CCl_4. — *1-[N'-(Phenylthiocarbamyl)-guanyl]-3.5-dimethylpyrazol* (**VI**), $C_{13}H_{15}N_5S$, F. 106°, aus I u. C_6H_5NCS in A.; 82%. — *1-[N'-(Phenylthiocarbamyl)-guanyl]-3.5-dimethyl-4-chlorpyrazol*, $C_{13}H_{14}N_5ClS$, F. 136 bis 137°, aus **II** u. C_6H_5NCS in A.; 68%. — *1-[N'-(Phenylthiocarbamyl)-guanyl]-3.5-dimethyl-4-brompyrazol*, $C_{13}H_{14}N_5BrS$, F. 139—140°, aus **III** mit C_6H_5NCS in A.; 64%; oder aus **VI** mit Br_2 in CCl_4 durch kurzes Erhitzen u. 24std. Stehenlassen bei 20°; fast 100%. Beim Umkristallisieren aus wss. A. entsteht *Verb.* $C_{34}H_{30}N_{14}Br_3S_2$ (?), F. 221 bis 223°, Nadeln. — *Bis-[(3.5-dimethyl-1-guanylpyrazolyl)-N'-(phenyliminomethyl)]-disulfid* (**VIII**), $C_{26}H_{28}N_{10}S_2$, F. 233° (Nadeln aus absol. A.), aus **VI** durch langsames Eintropfen von Br_2 in Chlf. oder mit J_2. — *1-[N'-(p-Toluolsulfonyl)-guanyl]-3.5-dimethylpyrazol*, $C_{13}H_{16}O_2N_4S$, F. 141—142°, aus I-Nitrat u. p-Toluolsulfochlorid nach SCHOTTEN-BAUMMNN; 13%. — *1-[N'-(p-Toluolsulfonyl)-guanyl]-3.5-dimethyl-4-brompyrazol*, F. 158—159°, aus vorst. Verb. mit Br_2 in CCl_4 bei 20°. — *1-[N'-Benzoylguanyl]-3.5-dimethylpyrazol* (**X**), $C_{13}H_{14}ON_4$, F. 111—112°, aus I-Nitrat u. C_6H_5COCl; 73%. — *1-[N'-Benzoylguanyl]-3.5-dimethyl-4-chlorpyrazol*, F. 127—128°, aus **X** mit Cl_2 in Chlf. bei 20°. — *1-[N'-Benzoylguanyl]-3.5-dimethyl-4-brompyrazol*, F. 136°, aus **X** mit Br_2 in

warmen wss. Alkohol. — Bei Erhitzen von **X** mit J_2 u. Na-Acetat in absol. A. (30 Min.) wird unter Spaltung *Benzoylharnstoff*, $C_8H_8O_2N_2$, F. 208—210° (aus A.) u. **VII** erhalten. Hydrolyse von **X** mit 10%ig. HCl führt zu **IX**-*Hydrochlorid* u. Benzoesäure. (J. Amer. chem. Soc. **74**. 4562—66. 20/9. 1952. Cork, Ireland, Nat. Univ., Dep. of Chem.)
K. FABER. 3122

A. F. McKay, *Reaktion von Methylamin mit 1-Nitroso-2-nitramino-Δ^2-imidazolin.* Bei der Zugabe von Methylamin zu 1-Nitroso-2-nitramino-Δ^2-imidazolin (**I**) wird **I** zum Teil zu *2-Nitramino-Δ^2-imidazolin* entnitrosiert; weitere Prodd. der Rk. sind *N-Methyl-N'-nitroguanidin, N.N''-Dimethyl-N'-nitroguanidin* u. *2-Methylamino-Δ^2-oxazolin* (**II**). Die Struktur von **II** wurde durch unabhängige Synth. gesichert.

Versuche: 30 g **I**, in W. suspendiert, wurden während 5 Min. bei 5—7° mit 44 cm³ 25%ig. CH_3NH_2-Lsg. versetzt; nach beendeter Gasentw. (2 Std. 10 Min.) wurde *2-Nitramino-Δ^2-imidazolin* [F. 220—221° (Zers.); 12,6% (Ausbeute)] abfiltriert; das Filtrat lieferte beim Einengen 2,82 g eines Gemisches von *N-Methyl-N'-nitroguanidin* (F. 160—160,8°; 380 mg) u. *N.N''-Dimethyl-N'-nitroguanidin* ($C_3H_8O_2N_4$, F. 170,5 bis 171°; 100 mg), das durch fraktionierte Kristallisation aus A. getrennt wurde. Aus dem Filtrat dieser beiden Verbb. fiel durch Zugabe von gesätt. Pikrinsäurelsg. *2-Methylamino-Δ^2-oxazolin* (**II**)-*Pikrat* aus, $C_{10}H_{11}O_8N_5$, F. 167° (A.); 8,8%. — *N-β-Chloräthyl-N'-methylharnstoff*, $C_4H_9ON_2Cl$, F. 95—96° (Bzl.-PAe.), durch Versetzen von β-Chloräthylamin in Bzl. mit Methylisocyanat (Kp. 34—36°) unter Kühlung; 99,8%; gab durch 10 Min. Kochen mit W. u. Versetzen mit Triäthanolaminpikratlsg. **II**-Pikrat; 88%. (Canad. J. Chem. **31**. 284—86. März 1953. Ottawa, Ontario, Can., Defense Res. Chem. Labors.)
SPAETH. 3122

Gábor Fodor und **György Wilhelm**, *Synthese und Struktur des 2-Hydrazino-4-methylthiazols.* Bei der Rk. einer Suspension von Acetonthiosemicarbazon in Chlf. mit Monochloraceton (**I**) erhalten Vff. *2-Hydrazino-4-methylthiazol* (**II**)-*hydrochlorid* in krist. Form. MCLEAN u. WILSON (J. chem. Soc. [London] **1937**. 556) erhielten diese Verb. nur amorph. Aus der Mutterlauge läßt sich *2-[Isopropylidenhydrazino]-4-methylthiazol*-(**III**)-*Hydrochlorid* isolieren, dessen *freie Base* (**III**) einen erheblich höheren F. aufweist, als MCLEAN u. WILSON (l. c.) angaben. Nach Ansicht der Vff. ist **III** als Primärprod. aufzufassen, das durch die sich bildende HCl hydrolysiert wird. Statt **II** wäre hier vor allem noch die Bldg. von 4-Methyl-3-aminothiazolonimid-(2) (**IV**) möglich. Zur Klärung werden daher nachst. Verss. unternommen: **II** bildet ein *Monoacetat* u. läßt sich zu *[N.N'-Dimethylhydrazino]-4-methylthiazol* methylieren; bei Rk. mit HNO_2 entsteht *4.5-[4'-Methyl-2.3-dihydrothiazolo]-tetrazol-(1.2.3.4)*; Behandlung mit Phenylglyoxal liefert eine Verb., deren Analysedaten mit denen des *Phenylglyoxalmonohydrazons* übereinstimmen, die jedoch nicht die gleichen physikal. Daten aufweist (möglicherweise Strukturisomeres). Mol.-Gew.-Best. nach RAST liefert 171. Es sind also 2 N-Atome abgespalten worden, wodurch die Struktur von **II** als erwiesen erachtet wird, da bei **IV** eine ähnliche Rk. nicht möglich ist. Verss., **II** mit 2-Brom- oder 2-Oxy-4-methylthiazol zum Bisthiazolylabkömmling zu kondensieren, blieben erfolglos. Behandlung von **II**-HCl mit KSCN ergab zunächst nach Ansicht von Vff. 4-Methylthiazolyl-(2)-Alnosemicarbazid (**A**). Anschließende Kondensation mit **I** zur Gewinnung von N.N'-Bis-[4-methylthiazolyl-(2)]-hydrazin führten statt dessen zu *2-Amino-5-methyl-1.3.4-thiadiazin* (**V**) als Hydrochlorid. Es schien hier zunächst also **I** mit der SH-Gruppe zu reagieren, dann eine Abspaltung der Thiosemicarbazidgruppe einzutreten u. schließlich Kondensation mit der Acetonylkomponenten einzutreten. Dagegen spricht, daß **A** mit Ag^+ einen AgSCN-Nd. bildet, wobei aber zu berücksichtigen ist, daß in der Mutterlauge von **A** auch *Rhodanaceton* isoliert wurde (läßt sich mit HCl zu 2-Oxy-4-methylthiazol isomerisieren u. anschließend mit p-Nitrobenzylbromid veräthern). Einw. von Phenacylbromid auf die Lsg. von **A** liefert *Rhodanacetophenon* u. **II**-*Hydrobromid*, Damit dürfte es sich bei **A** um das Rhodanid von **II** handeln u. nicht um **V**, wobei allerdings berücksichtigt werden muß, daß es sich gegebenenfalls um ein Gleichgewicht beider Verbb. handeln könnte.

Versuche: *2-Hydrazino-4-methylthiazol* (**II**), *Hydrochlorid*, $C_4H_8N_3ClS$, F. 165°, a) durch 5—6 std. Schütteln von Acetonthiosemicarbazon in Chlf. mit **I**, hellgelbe Tafeln aus A.; 19,8% (Ausbeute); b) wie vorst. durch Schütteln mit 5 n. absol. dioxan. HCl; 31%. Aus der chloroformhaltigen Mutterlauge durch Verdünnen mit Ae. *2-[Isopropylidenhydrazino]-4-methylthiazol*(**III**)-*Hydrochlorid*, $C_7H_{12}N_3ClS$, F. 66—70° (roh; A.+Ae.). — Daneben bei vorst. b) als in A. unlösl. Bestandteil **V**-HCl. — *2-Hydrazino-4-methylthiazol* (**II**), $C_4H_7N_3S$, F. 140°, glänzende Tafeln (Chlf.). *Pikrat*, $C_4H_7N_3S \cdot C_6H_3O_7N_3$, F. 190°, als gelbes Pulver (W.). *Benzalderiv.*, F. u. Misch-F. 189—190°. *Acetylderiv.*, $C_6H_{19}ON_3S$, F. 162° (Methanol); 75%. *Dimethylderiv.*, $C_6H_{11}N_3S$, F. 136°, aus **II**-HCl nach SCHOTTEN-BAUMANN, gelbe M. (W.). — *2-Isopropylidenhydrazino-4-methylthiazol* (**III**) $C_7H_{11}N_3S$, F. 122°, aus dem Hydrochlorid, Nadeln (PAe.). — *N-Acetonyl-*

hydrazino-4-methylthiazoldihydrochlorid, $C_7H_{11}ON_3S \cdot 2HCl$, F. 109—111° (Aceton), durch 15 Min. langes Erwärmen von Acetonthiosemicarbazon u. I; 45%. — *4.5-[4'-Methyl-2'.3'-dihydrothiazolo]-tetrazol-(1.2.3.4)*, $C_4H_4N_4S$, F. 115°, durch langsames Zufügen von festem $NaNO_2$ zu einer Lsg. von **II**-HCl in 10%ig. HCl, gelbe Nadeln (Methanol); 42%. — *Verb.* $C_8H_8ON_2$, F. 212—214°, aus 1 g **II** in 10 cm³ W., Zufügen von 1,15 g Phenylglyoxalhydrat, dann A. u. Erhitzen; gelbe Kristalle aus A.; 0,3 g. — *[4-Methylthiazolyl-(2)]-hydraziniumrhodanid* (**A**), $C_4H_7N_3S \cdot HSCN$, F. 168—170°, aus **II**-HCl u. NH_4SCN durch 4std. Erwärmen auf dem Wasserbad, orangegelbe Nadeln aus A.; 32%. — *2-Amino-5-methyl-1.3.4-thiadiazin* (**V**)-*Hydrochlorid*, $C_4H_8N_3ClS$, F. 214—216°, aus NH_4SCN, I u. A. durch 1std. Erwärmen, glänzende, gedrungene Kristalle; 83,6%. Aus der eingeengten Mutterlauge durch Extraktion mit CS_2 *Rhodanaceton*; ergibt nach kurzem Sieden mit konz. HCl *2-Oxy-4-methylthiazol* (F. 98°; 0,26 g). Hieraus durch 1std. Erwärmen mit p-Nitrobenzylbromid in alkoh. Alkali *2-[p-Nitrobenzyloxy]-4-methylthiazol*, $C_{11}H_{10}O_3N_2S$, F. 158—160°, glänzende Blättchen aus Dioxan; 23%. — *Phenacylrhodanid*, F. 70—72°, aus A. u. ω-Bromacetophenon durch 2std. Sieden in Alkohol. Daneben als schwerlösl. Verb. **V**-HCl, F. 206—208° (**V**-HBr, F. 214—216°). (Acta chim. Acad. Sci. hung. **2**. 189—97. 1952. Szeged, Univ., Inst. für Organ. Chemie.)

LEHWALD. 3142

Sigurd Olsen, *Über die Umsetzung von Formaldehyd mit Allylcarbinol.* 2. Mitt. *Zur Kenntnis des 4-Oxytetrahydropyrans und des Δ³-Dihydropyrans.* Zugleich 9. Mitt. *über Formaldehyd–Olefin-Reaktionen.* (1. bzw. 8. vgl. C. **1951**. II. 46.) Zur Darst. größerer Mengen *4-Acetoxytetrahydropyran* (**I**) trennt Vff. das aus Propylen u. Formaldehyd erhaltene Gemisch von **I** u. *Butandiol-(1.3)-diacetat* (l. c.), verwandelt letzteres in *Allylcarbinacetat* u. setzt dieses erneut mit Formaldehyd zu **I** um. **I** liefert bei Einw. von Acetylbromid + $ZnCl_2$ *1-Brompentandiol-(3.5)-diacetat* u. geht bei Dest. mit p-Toluolsulfonsäure glatt in *Δ³-Dihydropyran* (**II**) über. Hydroxylierung von **II** mit 90%ig. Ameisensäure u. H_2O_2 führt zu *3.4-Dioxytetrahydropyran.* Bei Rk. von **II** mit HCl + H_2O_2 entsteht *3-* bzw. *4-Chlortetrahydropyranol-(4)* bzw. *-(3)*.

Versuche: *4-Acetoxytetrahydropyran* (**I**), $Kp._{10}$ 70—71°, durch Einleiten von Propylengas in eine auf 90° erhitzte Lsg. von 200 g Paraformaldehyd, 30 cm³ konz. H_2SO_4 u. 1000 cm³ Eisessig bis zur Gewichtszunahme von 185 g, Zufügen von 59 g Soda (H_2O-frei) u. Rektifikation; 109 g (Ausbeute). Daneben *Butandiol-(1.3)-diacetat*, $Kp._{10}$ 89°; 290 g. — *1-Brompentandiol-(3.5)-diacetat*, $Kp._{10}$ 151—153°, aus 100 g **I** mit 65 g Acetylbromid + $ZnCl_2$ bei 165° u. Rektifikation; 150 g. — *Δ³-Dihydropyran* (**II**), C_5H_8O, Kp. 92—93°, durch Dest. von **I** mit p-Toluolsulfonsäure; aus dem Destillat durch Aufnehmen mit Ae., Auswaschen u. Dest. **II**; $n_D^{24,5}$ 1,4428; 60%. — *3.4-Dibromtetrahydropyran*, $C_5H_8OBr_2$, $Kp._{13}$ 106,5°, aus 50 g **II** in Chlf. mit Br_2 in Chlf. unter Kühlung u. Dest.; $D.^{22,5}_4$ 1,9354, $n_D^{22,8}$ 1,550; 145 g. — *3.4-Dioxytetrahydropyran*, $Kp._{11}$ 148°, aus 60 g **II**, 194 cm³ 90%ig. Ameisensäure u. 78 cm³ Perhydrol durch Erwärmen bis zur beginnenden Rk.; nach Beendigung (Temp. nicht über 70°) Zufügen von W. u. Abdest. der Lösungsmittel; aus dem Destillationsrückstand durch Sieden mit 2%ig. methanol. HCl u. Rektifikation 60 ml Öl; $D.^{19,5}_4$ 1,232, $n_D^{19,5}$ 1,4820, Mol.-Refr. 27,30. *Bisphenylurethan*, $C_{19}H_{20}O_5N_2$, F. 206—208°, Nadeln (Aceton + Bzl.). *Dibenzoat*, $C_{19}H_{18}O_5$, F. 87—90°. — *3-* bzw. *4-Chlortetrahydropyranol-(4)* bzw. *-(3)*, $C_5H_9O_2Cl$, $Kp._9$ 89,5°, aus 64,5 g **II** u. Perhydrol durch Zutropfen von konz. HCl unter Rühren (Temp. nicht über 40°), Trennen der Schichten, Ausziehen der wss. Schicht mit Chlf. u. Rektifikation der organ. Phasen; $D.^{21}_4$ 1,12719, n_D^{21} 1,4896; 30 g. *Phenylurethan*, $C_{12}H_{14}O_3NCl$, F. 152—153° (Bzl.). (Acta chem. scand. **5**. 1168—72. 1951. Oslo, Blindern Univ., Kjemiske Inst.)

LEHWALD. 3211

Richard R. Otter und **R. L. Shriner,** *Benzopyryliumsalze.* 5. Mitt. *Darstellung und Eigenschaften von substituierten 2.3-Diphenylbenzopyryliumperchloraten.* (4. vgl. C. **1946**. I. 2047.) Vff. kondensieren Salicylaldehyd mit α-substituierten Acetophenonen in HCl u. $HClO_4$ enthaltendem absol. Ae. zu substituierten *Flavyliumperchloraten.* Von allen Verbb. wird die Leitfähigkeit in Acetonitril gemessen; die Verbb. sind starke, in CH_3CN prakt. vollständig dissoziierte Elektrolyte. Die Anwesenheit der CH_3- bzw. CH_3O-Gruppen in den dargestellten Verbb. hat auf die Leitfähigkeit kaum einen Einfl., wie der Vgl. mit *3-Phenylflavyliumperchlorat* zeigt; ebenso hat *Tri-[p-anisyl]-carboniumperchlorat* die gleiche Leitfähigkeit. Die Absorptionsspektren von allen Verbb. werden graph. angegeben. Von den 10 möglichen

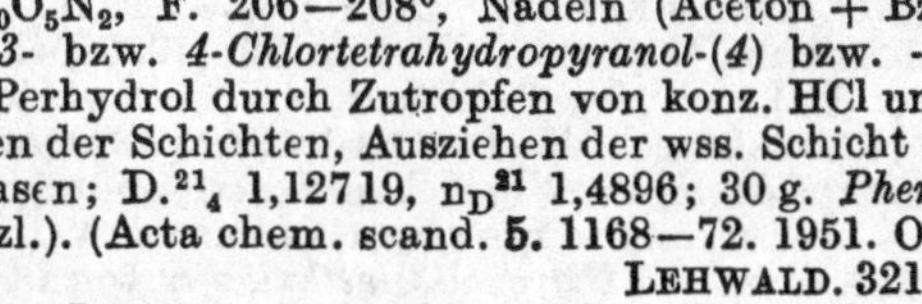

kation. Resonanzstrukturen (ohne Berücksichtigung der KEKULÉ-Formen) machen die vorst. die Darst. u. Eigg. der Verbb. bes. verständlich.

Versuche: *α-[o-Tolyl]-acetophenon*, Kp.$_{15-19}$ 184—189°, aus o-Tolunitril in Ae. durch Zugabe zu Benzylmagnesiumchlorid in Ae., 13½ std. Rk., Gießen auf Eis + HCl u. Erhitzen des Nd. in W.; hellgelbe Fl.; n_D^{20} 1,5789; $D.^{20}_4$ 1,0741; 68% (Ausbeute). *2.4-Dinitrophenylhydrazon*, $C_{21}H_{18}O_4N_4$, aus Essigester u. A. gelbe Platten, F. 191 bis 191,5° (korr.; vgl. dagegen HILL u. SHORT, C. **1935**. II. 3908). — *α-[m-Tolyl]-acetophenon*, F. 51—52°, ebenso aus m-Tolunitril; 69%. *Semicarbazon*, $C_{16}H_{17}ON_3$, F. 183 bis 184°. — *α-[o-Anisyl]-acetophenon*, $C_{15}H_{14}O_2$, Kp.$_6$ 181—183°, aus o-Methoxybenzonitril; Öl; n_D^{20} 1,5888; $D.^{20}_4$ 1,1235; 74,6%. *Semicarbazon*, $C_{16}H_{17}O_2N_3$, aus A. monokline Kristalle, F. 198—200° (korr.). — *α-[m-Anisyl]-acetophenon*, $C_{15}H_{14}O_2$, F. 41—42°, Kp.$_7$ 187—189°; aus Ligroin Nadeln; 70%. *Semicarbazon*, $C_{16}H_{17}O_2N_3$, F. 152—154° (korr.; A.). — *α-[p-Tolyl]-acetophenon*, F. 107,5—108,5° (korr.), aus Phenacetylchlorid in Toluol durch Zugabe zu $AlCl_3$ bei 45—50°, 1 std. Erhitzen auf 95°, Gießen auf Eis + HCl u. Kristallisation des Nd. aus A.; Aufarbeitung der Toluolschicht u. Kristallisation der bei 165—170°/4 mm sd. Fraktion gibt weitere Mengen; 51,2%. *Semicarbazon*, F. 166—167° (korr.; A.). — Nach 5 std. Erhitzen von Phenylessigsäurephenylester mit $AlCl_3$ auf 125—135°, Gießen auf Eis + HCl, Erhitzen, Ausäthern, Ausziehen der äther. Lsg. mit 0,5%ig. NaOH u. Ansäuern fällt *α-[p-Oxyphenyl]-acetophenon* (**I**), F. 146 bis 147,5° (korr.; 50%ig. A.); 33%. Aus der äther. Lsg. wird nach Eindampfen u. Aufnehmen in heißem Leichtbenzin *α-[o-Oxyphenyl]-acetophenon* erhalten; F. 57—58°; aus PAe. gelbe Prismen; 15%. — *α-[p-Anisyl]-acetophenon*, F. 74,5—75° (korr.; CH_3OH), aus **I** u. $(CH_3O)_2SO_2$; 44,5%. *Oxim*, F. 116—117° (korr.). — Nach Einleiten von HCl in die Lsg. aus dem substituierten Acetophenon, Salicylaldehyd u. $HClO_4$ in Ae. unter Kühlung, 12—14 std. Stehen in der Kälte, erneutem Einleiten von HCl u. mehrstd. Stehen, Kristallisation aus Eisessig, Lösen in heißem $ClCH_2CH_2Cl$ u. Zugabe von warmem Äther wurden die folgenden *3-Phenylflavyliumperchlorate* erhalten: *2'-Methyl-*, F. 244—245° (Zers.); gelb; 86%. — *3'-Methyl-*, F. 215—216° (Zers.); gelb; 90%. — *4'-Methyl-*, F. 234—235° (Zers.); gelb; 85%. — *2'-Methoxy-*, F. 225—226° (Zers.); gelb; 88%. — *3'-Methoxy-*, F. 193—194° (Zers.); orangefarben; 95%. — *4'-Methoxy-*, F. 199—201° (Zers.); rot; 76%. — *Tri-[p-anisyl]-carboniumperchlorat*, $C_2H_{21}O_7Cl$, F. 198—199°, aus p-Anisyl-MgBr in Ae. durch langsame Zugabe von Diäthylcarbonat, ½ std. Kochen, Gießen auf Eis + NH_4Cl u. Rk. der äther. Lsg. mit 70%ig. $HClO_4$ + Acetanhydrid; durch mehrfaches Lösen in Aceton u. Fällen mit Ae. rote Kristalle; 22%. — Die Leitfähigkeit aller Verbb. in Acetonitril wird in Abhängigkeit von der Konz. tabellar. angegeben. (J. Amer. chem. Soc. **73**. 887—91. März 1951. Bloomington, Ind., Indiana Univ., Chem. Labor.) NITZSCHKE. 3211

H. M. Lynch, T. M. O'Toole und **T. S. Wheeler,** *Thermische Cyclisierung von o-Aroyloxyacetoaronen*. 2. Mitt. *Weitere Synthesen in der Flavonreihe* (*Diflavone und Flavonole*). (1. vgl. C. **1951**. II. 51.) Durch therm. Cyclisierung (vgl. l. c.) von *Aroylestern des 4.6-Diacetylresorcins* (**I**) wurden neben *6-Acetyl-7-oxyflavonen* auch „*Diflavone*" (*6'.6''-Diaryldipyrono-[2'.3':1.2;3''.2'':4.5]-benzole*) erhalten. Erstere lassen sich durch Aroylierung an der OH-Gruppe u. therm. Cyclisierung in letztere überführen. Die BAKER-VENKATARAMAN-Rk. läßt sich mit den **I**-Estern nicht durchführen. Die von GULATI u. VENKATARAMAN (vgl. C. **1931**. II. 2739) bzw. von JHAVERI, KHORANA u. MOTIWALA (Indian J. Pharm. **12**. [1950.] 42) angegebenen FF. für *6-Acetyl-7-oxyflavon* (**III**) bzw. der *4'-Methoxyverb.* sind unrichtig. — Auf *2.4-Diacetylresorcindibenzoat* (**VII**) läßt sich die BAKER-VENKATARAMAN-Rk. anwenden; es entsteht *3-Acetyl-2.6-dioxydibenzoylmethan* neben *6-Acetyl-5-oxyflavon* (**VI**), welches aus ersterem auch durch Cyclisierung in Eisessig u. direkt aus **VII** auch durch therm. Ringschluß erhalten werden kann. — *Flavonol-3-methyläther* wurden aus *Aroylestern* des *ω-Methoxyphloracetophenons* (**II**) synthetisiert, u. zwar in fast gleichen Ausbeuten durch therm. Cyclisation, mit der ALLAU-ROBINSON-Meth. oder durch die BAKER-VENKATARAMAN-Reaktion. *ω.2.4.6-Tetrabenzoyloxyacetophenon* ließ sich nicht zum unveränderten Flavonol cyclisieren.

Versuche: *6-Acetyl-7-oxyflavon* (**III**), $C_{17}H_{12}O_4$, F. 204—207° (A.), durch 3 std. Erhitzen von 1 g **I**-Dibenzoat in Glycerin auf 230° unter N_2, Gießen in W. u. Ausziehen mit Chlf.; Chlf. mit 2%ig. NaOH ausgezogen u. mit verd. HCl gefällt; 0,15 g (Ausbeute). — *Diflavon* (*6'.6''-Diphenyldipyrono-[2'.3':1.2;3''.2'':4.5]-benzol*) (**IV**), $C_{24}H_{14}O_4$, F. 278°, aus vorst. $CHCl_3$-Lsg. durch Eindampfen; blaßgelbe Kristalle aus Toluol; 0,05 g. — *6-Acetyl-7-benzoyloxyflavon* (**V**), $C_{24}H_{16}O_5$, F. 177—178° (A.), aus **III** u. C_6H_5COCl in Pyridin; gab durch 3 std. Erhitzen in Glycerin unter N_2 u. Aufarbeiten mit Chlf. **IV**. — **I**-*Di-p-anisoat*, $C_{26}H_{22}O_8$, F. 138—140° (A.). — *6-Acetyl-7-oxy-4'-methoxyflavon*, $C_{18}H_{14}O_5 \cdot ½ H_2O$, F. 238—241° (A.), aus 1 g vorst. Verb. wie **III**; 0,1 g; daneben vermutlich unreines *6'.6''-Di-[p-methoxyphenyl]-dipyrono-[2'.3':1.2;3''.2'':4.5]-benzol* (*4.4'-Dimethoxydiflavon*), F. 318—320°, blaßgelbe Kristalle aus wss. CH_3COOH;

0,007 g. — *6-Acetyl-5-oxyflavon* (**VI**), $C_{17}H_{12}O_4$, F. 201°, a) aus 1 g 2.4-Diacetylresorcindibenzoat (**VII**) in Glycerin (5 Std., 200°) u. Gießen in W.; aus wss. Dioxan blaßgelbe Kristalle; 0,5 g; b) (BAKER-VENKATARAMAN-Rk.:) durch 2std. Dampfbaderhitzen von je 4 g **VII** u. $CH_3C(ONa){=}CHCOOC_2H_5$ in Pyridin u. Gießen in 5%ig. NaOH; 0,3 g; aus NaOH-Filtrat mit konz. HCl *3-Acetyl-2.6-dioxydibenzoylmethan*, $C_{17}H_{14}O_5$, F. 135 bis 137°, gelbe Kristalle aus A.; 0,3 g; 0,6 g wurden in sd. CH_3COOH u. etwas konz. HCl blaß u. gaben mit W. 0,4 g **VI**. — **II**-*Tribenzoat* (**VIII**), $C_{30}H_{22}O_8$, F. 116—118° (CH_3OH), aus **II**; Fällen mit 10%ig. HCl; Ausäthern u. Dest./0,1 mm; 10 g. — *5.7-Dioxy-3-methoxyflavon* (*Galangin-3-methyläther*) (**V**), $C_{16}H_{12}O_5$, F. 298°, a) aus 1 g **VIII** in Glycerin (½ Std., 250°) unter N_2; in W. gegossen, ausgeäthert, Lsg. mit 5%ig. NaOH ausgezogen u. mit CO_2 gefällt; Nd. bei 1 mm sublimiert; aus A. gelbe Tafeln; 0,5 g; (*Diacetat*, F. 175—176°); b) aus 1 g **VIII** in sd. Pyridin in Ggw. von K_2CO_3 u. Gießen in 10%ig. HCl; 0,35 g; c) durch ½std. Erhitzen von 1 g **VIII** auf 280°/3 mm; kein Destillat; Eindampfungsrückstand des Ätherauszugs in konz. H_2SO_4 gelöst u. nach 15 Min. auf Eis gegossen; 0,08 g. — **II**-*Tri-p-anisoat*, $C_{33}H_{28}O_{11}$, F. 169—171° (CH_3COOH) aus 2 g **II**; 3,5 g. — *5.7-Dioxy-3.4'-dimethoxyflavon* (*Kaempferol-3.4'-dimethyläther*), $C_{17}H_{14}O_6$, F. 233—234°, a) aus 1 g vorst. Verb. wie **V** nach a); gelbe Kristalle aus wss. CH_3COOH; 0,21 g; b) analog **V** nach b); 0,26 g. — **II**-*Triveratroat*, $C_{36}H_{34}O_{14}$, F. ca. 78° aus wss. CH_3OH. — *5.7-Dioxy-3.3'.4'-trimethoxyflavon* (*Quercetin-3.3'.4'-trimethyläther*), $C_{18}H_{16}O_7$, F. 238—242°, aus 1 g vorst. Verb. analog nach a), aus A.–Essigester gelbes Pulver; 0,35 g; wie **V** nach b): 0,3 g roh. (J. chem. Soc. [London] **1952**. 2063—67. Juni. Dublin, Univ. Coll.) LEHMSTEDT. 3211

R. L. Shriner und **Calvin N. Wolf**, *Die Struktur der Nitrierungsprodukte von 9-Phenylxanthyliumsalzen. 9-Phenylxanthyliumperchlorat* (**I**) bzw. *-sulfat* liefern bei der Nitrierung nicht, wie von LE FÈVRE u. PEARSON (C. **1933**. II. 384) angegeben, die 9-[p-Nitrophenyl]-Verb., sondern die *m-Nitro-Verb.*, zunächst als *Carbinol* (**VI**), das zu *9-[m-Nitrophenyl]-xanthen* (**II**) red. werden kann, welches katalyt. weiter zu *9-[m-Aminophenyl]-xanthen* red. wurde. Dieses ist verschieden von dem aus Anilin u. Xanthhydrol (**III**) dargestellten *9-[p-Aminophenyl]-xanthen* (**X**), dessen Konst. durch Überführung in *9-[p-Methoxyphenyl]-xanthen* bewiesen wurde, welches ident. ist mit einem aus Xanthon (**IX**) u. p-Anisyl-MgBr bei nachheriger Red. erhaltenen Produkt. Daß die Nitrierung von **I** in m-Stellung eintritt, wurde durch unabhängige Synth. von **II** aus **III** u. o-Nitranilin (**IV**) in Ggw. von HCl zu *9-[p-Amino-m-nitrophenyl]-xanthen* (**V**) u. Entfernung der NH_2-Gruppe bewiesen. In A. + Essigsäure entsteht aus **III** u. **IV** durch Wasserabspaltung aus NH_2- u. OH-Gruppe *9-[o-Nitrophenylamino]-xanthen* (**XI**), das zu **III** u. **IV** wieder hydrolysiert werden kann u. das mit Essigsäure + HCl zu **V** umgelagert wird. — **VI** gibt bei Oxydation mit $KMnO_4$ in Übereinstimmung mit LE FÈVRE u. PEARSON (l. c.) wenig *p-Nitrobenzoesäure* (**VII**), mit Bichromat jedoch 49,5% *m-Nitrobenzoesäure* u. 4,2% **VII**.

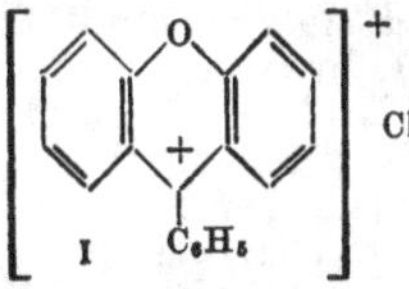

Versuche: *9-Phenylxanthenol* (**VIII**), F. 158—159°, aus Xanthon (**IX**) u. C_6H_5MgBr; 86% (Ausbeute). — *9-Phenylxanthyliumperchlorat* (**I**), $C_{19}H_{13}O_5Cl$, F. 280 bis 281°, aus **VIII** in Bzl. + Aceton durch Zugabe von 70%ig. $HClO_4$; gelb; 97,5%. — *9-Phenylxanthyliumferrichlorid*, $C_{19}H_{13}OCl_4Fe$, F. 170°, aus **VIII** u. $FeCl_3$ in HCl; gelbe Kristalle aus Eisessig; 70%. — *9-[m-Nitrophenyl]-xanthenol* (**VI**), $C_{19}H_{13}O_4N$, F. 55 bis 59° (roh), aus **VIII** in konz. H_2SO_4 durch Zugabe von konz. HNO_3 in der Kälte, Gießen auf Eis u. Neutralisieren mit NH_4OH; 99,2% roh; die Verb. konnte nicht umkrist. werden. — *9-[m-Nitrophenyl]-xanthyliumperchlorat*, $C_{19}H_{12}O_7NCl$, F. 255—257° (korr.), aus **VI** in Bzl. + Aceton (1:1) u. 70%ig. $HClO_4$; gelbe Kristalle aus Eisessig; 90% rein. — *9-[m-Nitrophenyl]-xanthyliumferrichlorid*, $C_{19}H_{12}O_3NCl_4Fe$, F. 242—243° (korr.), aus **VI** u. $FeCl_3$ in konz. HCl; aus Essigsäure orangefarbene Kristalle; 86%. — *9-Methoxy-9-[m-nitrophenyl]-xanthen*, $C_{20}H_{15}O_4N$, F. 134—135° (CH_3OH), aus **VI** in konz. H_2SO_4 u. CH_3OH u. Gießen auf Eis; 82%. — *9-Äthoxy-9-[m-nitrophenyl]-xanthen*, $C_{21}H_{17}O_4N$, F. 118—119° (A.); 83%. — *9-[m-Nitrophenyl]-xanthen* (**II**), $C_{19}H_{13}O_3N$, F. 155—156°, aus **VI** in 90%ig. HCOOH durch 1½std. Kochen mit Soda; aus A. blaßbraune Kristalle; 91,6%. — Nitrierung von **I** wie **VIII** liefert **VI**; 99%. — Nach 2—3std. $KMnO_4$-Oxydation von **VI** in H_2SO_4 unter Erhitzen auf dem Dampfbad, Sättigen mit SO_2 u. Ausäthern wurde *p-Nitrobenzoesäure* (**VII**), F. 238—239° (korr.), nachgewiesen; blaßgelbe Kristalle aus W.; 3,8% roh, 1,9% rein. **VII**-*Methylester*, aus CH_3OH blaßgelbe Kristalle, F. 96°. — Zugabe von konz. H_2SO_4 zu **VI** u. $Na_2Cr_2O_7$ in W. u. 2std. Kochen führt zu 59% Oxydationprod.; Lösen in 10%ig. NaOH, Ansäuern, Lösen der Säuren in W., Filtration u. mehrfache Kristallisation aus W. liefert **VII**; 4,2% rein. Aus der

Mutterlauge wurde durch Einengen *m-Nitrobenzoesäure* gewonnen; F. 137—139°; 49,5%. *Methylester*, F. 78°; blaßgelbe Kristalle aus CH_3OH. — *9-[m-Aminophenyl]-xanthen*, $C_{19}H_{15}ON$, F. 154—155°, a) aus **II** in A. durch katalyt. Red. mit PtO_2 bei 25° u. 20 lbs.; 98%; b) aus **II** durch 8std. Kochen mit HCl, Essigsäure u. Zn, Alkalisieren u. Ausziehen mit Bzl.; 22%. — *9-[p-Aminophenyl]-xanthen* (**X**), $C_{19}H_{15}ON$, F. 185°, aus Xanthhydrol (**III**), Anilin, konz. HCl u. Eisessig durch 4std. Kochen, Eingießen in Sodalsg., heiße Filtration, Kochen des Rückstandes mit alkoh. HCl, Gießen in W. u. Neutralisieren mit Soda; aus A. Prismen; 61%. — *9-[p-Acetylaminophenyl]-xanthen*, $C_{21}H_{17}O_2N$, F. 186—187° (A.); 58%. — *9-[p-Methoxyphenyl]-xanthenol*, F. 120—121°, aus p-Anisyl-MgBr in Ae. u. **IX** in Bzl.; Prismen aus Aceton; 60%. — *9-[p-Methoxyphenyl]-xanthen*, F. 113—114°, a) aus vorst. Verb. durch 1std. Kochen mit 90%ig. HCOOH u. Soda; aus A. Prismen; 93%; b) aus **X** durch Diazotierung in Essigsäure + H_2SO_4, langsames Eingießen in H_2SO_4, Gießen auf Eis, Methylierung des isolierten Nd. (F. 130—140°) mit Dimethylsulfat in verd. Alkali u. Gießen in W.; aus CH_3OH Prismen; 22%. — *9-[p-Amino-m-nitrophenyl]-xanthen* (**V**), $C_{19}H_{14}O_3N_2$, F. 160—161°, aus **III**, o-Nitranilin (**IV**), konz. HCl u. Eisessig durch 4std. Kochen, Gießen in Sodalsg., 8std. Kochen des Nd. mit alkoh. HCl, Gießen in W. u. Neutralisieren mit Soda; aus A. gelbe Kristalle; 46,6%. — *9-[o-Nitrophenylamino]-xanthen* (**XI**), $C_{19}H_{14}O_3N_2$, F. 197—199°, aus **III** in A. durch Zugabe von **IV**, dann von Eisessig; aus Pyridin orangefarbene Kristalle; 94,6%. — Nach 4std. Kochen von **XI** in 15%ig. HCl fällt **III** aus; 96%; Alkalisieren des Filtrats gibt **IV**, F. 70—71°; aus 80%ig. A. orangefarbene Nadeln; 57%. *N-Xanthylacetamid*, aus **III** u. Acetamid in Essigsäure; F. 237—239°. — **V** entsteht aus **XI** durch Kochen in Eisessig mit einigen Tropfen konz. H_2SO_4, Gießen in W. u. Behandeln mit Soda; 96%. — **II** wird aus **V** durch Diazotieren in Eisessig + H_2SO_4, Zugabe von 50%ig. H_3PO_2, 16std. Rk. bei 0—5°, erneute Zugabe von H_3PO_2, Verdünnen mit W. u. Ausziehen mit Bzl. erhalten; 5,3% rein. (J. Amer. chem. Soc. **73**. 891—94. März 1951. Iowa City, Iowa, State Univ. of Iowa, Chem. Labor.) NITZSCHKE. 3211

Louis H. Goodson und **Hope Christopher**, *Diphenyläthylamine*. 1. Mitt. *Die Darstellung von tertiären Aminen durch die Grignard-Reaktion.* Zur Unters. ihrer Wrkg. auf Tumoren stellten Vff. eine Anzahl *1.2-Diphenyläthylamine* mit tert. N-Atom dar. Die Synth. erfolgte nach folgendem Schema: $ArCH(CN)NR_2' + RMgX \rightarrow$ *ArCH·RNR$_2$'* (A) oder $\rightarrow$ *RCOCHArNR$_2$'* (B). In Fällen, in denen das α-Aminophenylacetonitril aus Piperidin, alkylsubstituiertem Piperidin oder aliphat. sek. Amin dargestellt wird, verläuft die Rk. vornehmlich nach A, in Fällen, in denen die Amine durch Morpholin oder Dioxyalkylamin gebildet werden, hauptsächlich nach B. Da α-Dioxyalkylaminophenylacetonitrile mit Benzyl-MgCl (**V**) überwiegend Benzylaminobenzylketonderivv. bilden, wurden hier auf anderem Wege zunächst *2-substituierte 3-Alkyloxazolidine* dargestellt, die mit **V** die gewünschten *N.N-Dioxyalkyl-1.2-diphenyläthylamine* bilden. Ebenfalls auf anderem Wege gelang Vff. auch die Darst. von *N-[1.2-Diphenyläthyl]-piperidin*, das aus N.N'-Benzaldipiperidin u. **V** entsteht. Analog läßt sich *N-[1.2-Diphenyläthyl]-4-methylpiperidin* darstellen. Rk. von 2-[2-Oxyäthyl]-piperidin, Benzaldehyd (**IV**) u. HCN ergab wahrscheinlich *α-[2-Oxyäthylpiperidyl-(1)]-phenylacetonitril*, das jedoch bei der Dest. wieder HCN abspaltet u. *2-Phenyl-3.4-tetramethylentetrahydro-1.3-oxazin* (**I**) bildet. **I** entsteht auch bei Abwesenheit von HCN. Analog bildet sich aus **IV** u. 2-[3-Oxypropyl]-piperidin *2-Phenyl-3.4-tetramethylenhexahydro-1.3-oxazepin* (**II**). **I** u. **II** reagieren mit **V** zu *1-[1.2-Diphenyläthyl]-2-[β-oxyäthyl]-piperidin* bzw. *1-[1.2-Diphenyläthyl]-2-[γ-oxypropyl]-piperidin*.

V e r s u c h e: Nachst. *α-Aminophenylacetonitrile*, $R-C_6H_5-CH(CN)-NR_1R_2$, werden durch Neutralisieren des entsprechenden sek. Amins mit HCl, Zufügen des aromat. Aldehyds, Zutropfen der äquimol. Menge wss. KCN unter Rühren u. Dest. nach 1—2std. Erwärmen auf dem Wasserbad gewonnen ($R_{(1,2)}$ = H, wenn nicht bes. erwähnt): $R_1 = R_2 = CH_3$, $C_{10}H_{12}N_2$, Kp.$_1$ 85—87°; n_D^{25} 1,5128; 75% (Ausbeute). — $R_1 = R_2 = C_2H_5$, $C_{12}H_{16}N_2$, Kp.$_{0,05}$ 78—80°; n_D^{25} 1,5029; 80%. — $R_1 + R_2 = -C_5H_{10}-$, $C_{13}H_{16}N_2$, F. 62—64° (Ae.); 94%. — $R = 4\text{-}OH$, $R_1 + R_2 = -C_5H_{10}-$, $C_{13}H_{16}ON_2$, F. 149—151° (Methanol); 61%. — $R = 4\text{-}OCH_3$, $R_1 + R_2 = -C_5H_{10}-$, $C_{14}H_{18}ON_2$, F. 76—78° (Ae.); 60%. — $R = 4\text{-}CH_3$, $R_1 + R_2 = -C_5H_{10}-$, $C_{14}H_{18}N_2$, Kp.$_{0,2}$ 108 bis 110°; n_D^{25} 1,5299; 79%. — $R = 4\text{-}N(CH_3)_2$, $R_1 + R_2 = -C_5H_{10}-$, $C_{15}H_{21}N_3$, F. 78—80° (A. + W.); 89%. — $R = 4\text{-}OCH_3$, $R_1 + R_2 = -CH(CH_3)-(CH_2)_4-$, $C_{15}H_{20}ON_2$, Kp.$_{0,05}$ 134—136°; F. 55—58° (A. + Ae.); 49%. — $R = 4\text{-}CH_3$, $R_1 + R_2 = -CH_2CH-(CH_3)-(CH_2)_3-$, $C_{15}H_{20}N_2$, Kp.$_{0,05}$ 103—106°; n_D^{25} 1,5224; 71%. — $R_1 + R_2 = -CH(CH_3)-(CH_2)_4-$, $C_{14}H_{18}N_2$, Kp.$_{0,06}$ 104—106°; n_D^{25} 1,5257; 81%. — $R_1 + R_2 = -CH_2-CH(CH_3)-(CH_2)_3-$, $C_{14}H_{18}N_2$, Kp.$_{0,2}$ 100—103°; n_D^{25} 1,5237; 82%. — $R_1 + R_2 = -(CH_2)_2CH(CH_3)-(CH_2)_2-$, $C_{14}H_{18}N_2$, Kp.$_{0,5}$ 99—101°; F. 53 bis 54,5°; n_D^{25} 1,5208; 81%. — $R_1 + R_2 = -CH_2CH_2OCH_2CH_2-$, $C_{12}H_{14}ON_2$, F. 68

bis 70° (Ae.); 82%. — $R_1{=}R_2 = CH_2CH_2OH$, $C_{12}H_{16}O_2N_2$, F. 91—94° (Toluol); 56%. — $R_1{=}R_2 = -CH_2CH(OH)CH_3$, $C_{14}H_{20}O_2N_2$, F. 113—116° (A.); 63%. — Nachst. *1.2-Diphenyläthylamine*, $C_6H_5CH_2CH(C_6H_4{-}R){-}NR_1R_2$, werden durch 3std. Kochen vorst. Verbb. mit Benzyl-MgCl (**V**) in Ae. u. Zers. mit Eis u. konz. HCl als *Hydrochloride* erhalten: $R_1{=}R_2 = CH_3$, $C_{16}H_{19}N\cdot HCl$, F. 187° (A.), dann Wiedererstarren u. zweiter F. 210—211°; 82%. — $R_1{=}R_2 = C_2H_5$, $C_{18}H_{23}N\cdot HCl$, F. 167—169° (Methylisobutylketon); 80%; entsteht auch durch 3std. Erhitzen von N-Äthyl-1.2-diphenyläthylamin u. C_2H_5Br im Bombenrohr auf 120—140°, Erwärmen des Harzes mit verd. HCl, Abfiltrieren des ausgefallenen *Stilbens* (F. 123—125°), Diazotieren bei 0°, Zufügen von Ae., Alkalisieren der wss. Schicht, Ausäthern u. Einleiten von HCl; 70%. — $R_1 + R_2 = -C_5H_{10}-$, $C_{19}H_{23}N\cdot HCl$, F. zuerst bei 158°, dann bei 207—208,5° (W. oder Methyläthylketon); 32%; entsteht auch durch Rk. von 44 g 1.2-Diphenyläthylbromid (**III**; aus 1.2-Diphenyläthanol u. PBr_3 bei 0—10°) mit 30 g Piperidin in A. (1 Monat bei Zimmertemp.); 3,8 g; daneben *Stilben* (24 g); ferner durch Rk. von 64,5 g Benzaldipiperidin mit **V**; 14 g. — $R = 4\text{-}OH$, $R_1 + R_2 = -C_5H_{10}-$, $C_{19}H_{23}ON\cdot HCl$, F. 173—175° (A.); 73%. — $R = 4\text{-}OCH_3$, $R_1 + R_2 = -C_5H_{10}-$, $C_{20}H_{25}ON\cdot HCl$, F. 132—135° (Toluol); 78%. — $R = 4\text{-}CH_3$, $R_1 + R_2 = -C_5H_{10}-$, $C_{20}H_{25}N\cdot HCl$, F. 152—156° (Methyläthylketon); 41%. — $R = 4\text{-}N(CH_3)_2$, $R_1 + R_2 = -C_5H_{10}-$, $C_{21}H_{28}N_2\cdot 2\,HCl$, F. 173 bis 175° (Zers.; absol. A.); 44%. — $R = 4\text{-}OCH_3$, $R_1 + R_2 = -CH(CH_3)(CH_2)_4-$, $C_{21}H_{27}\cdot ON\cdot HCl$, krist. mit $^3/_4$ Kristalltoluol aus Toluol, F. 104—108° (Zers.); 57%. — $R = 4\text{-}CH_3$, $R_1 + R_2 = CH_2CH(CH_3){-}(CH_2)_3-$, $C_{21}H_{27}N\cdot HCl$, F. 235—237°; 32%. — $R_1 + R_2\ -CH(CH_3){-}(CH_2)_4-$, $C_{20}H_{25}N\cdot HCl$, F. 193,5—195° (Methyläthylketon); 79%. — $R_1 + R_2 = CH_2CH(CH_3){-}(CH_2)_3-$, $C_{20}H_{25}N\cdot HCl$, F. 226—228,5° (Methyläthylketon); 67%. — $R_1 + R_2 = -(CH_2)_2{-}CH(CH_3){-}(CH_2)_2-$, $C_{20}H_{25}N\cdot HCl$, F. 230,5 bis 231,5° (Methyläthylketon); 71%; auch durch 4std. Kochen von 26,5 g Benzaldehyd (**IV**), 50 g γ-Pipecolin u. Bzl. unter Abfangen des entstehenden W. u. Zufügen des gebildeten *Benzaldi-γ-pipecolins* zu **V**, Ersetzen des Ae. durch Bzl., 2std. Erwärmen auf 80° u. Zers. mit Eis + konz. HCl; 17,5 g; ferner durch 3std. Kochen von **V** + 53,6 g α-[4-Methylpiperidino]-phenylacetonitril; 17,5 g. — Nachst. *α-Aminobenzylketone*, $C_6H_5CH_2COCH(C_6H_4{-}R){-}NR_1\cdot R_2$, werden wie vorst. dargestellt, wobei die Rk. nach Schema B verläuft: $R_1 + R_2 = -CH_2CH_2OCH_2CH_2-$, $C_{19}H_{21}O_2N\cdot HCl$, F. 203—206° (absol. A.); 56%. — $R_1{=}R_2 = -CH_2CH(OH)CH_3$, $C_{21}H_{27}O_3N\cdot HCl$, F. 193—196° (Methanol); 53%. — Nachst. *Oxazolidine* wurden aus dem entsprechenden aromat. Aldehyd u. Oxyalkylalkyl- oder Dioxyalkylaminen hergestellt: *2-Phenyl-3-äthyl-*, $C_{11}H_{15}ON$, Kp.$_{0,1}$ 73—75°; n_D^{25} 1,5189; 98%. — *2-[4-Methylphenyl]-3-äthyl-*, $C_{12}H_{17}ON$, Kp.$_{0,03}$ 68—70°; n_D^{25} 1,5183; 88%. — *2-Phenyl-3-[2-oxyäthyl]-*, $C_{11}H_{15}O_2N$, Kp.$_{0,2}$ 130 bis 133°; n_D^{25} 1,5417; 91%. — *2-[4-Methylphenyl]-3-[2-oxyäthyl]-*, $C_{12}H_{17}O_2N$, Kp.$_{0,2}$ 123 bis 124°; n_D^{25} 1,5385; 83%. —*2-[4-Isopropylphenyl]-3-[2-oxyäthyl]-*, $C_{14}H_{21}O_2N$, Kp.$_{0,2}$ 128—130°; n_D^{25} 1,5286; 97%. — *2-[3.4-Methylendioxyphenyl]-3-[2-oxyäthyl]-*, $C_{12}H_{15}\cdot O_4N$, Kp.$_{0,2}$ 148—150°; n_D^{25} 1,5553; 92%. — *2-Phenyl-3-[2-oxypropyl]-5-methyl-*, $C_{13}H_{19}O_2N$, Kp.$_{0,05}$ 96—98°; n_D^{25} 1,5160; 88%. — Nachst. *1.2-Diphenyläthylamine*, $C_6H_5CH_2CH(C_6H_4{-}R){-}NR_1R_2$, entstehen aus vorst. Verbb. u. **V** wie oben: $R_1 = CH_2\cdot CH_2OH$, $R_2 = C_2H_5$, als *Hydrochlorid*, $C_{18}H_{23}ON\cdot HCl$, F. 115,5—118,5° (Butanon); 88%; auch durch Rk. von **III** u. Äthyläthanolamin; 13%. —$R = 4\text{-}CH_3$, $R_1 = CH_2\cdot CH_2OH$, $R_2 = C_2H_5$, als *Pikrat*, $C_{19}H_{25}ON\cdot C_6H_3O_7N_3$, F. 150—152° (Methanol); 76%. — $R_1{=}R_2 = CH_2CH_2OH$, als *Hydrochlorid*, $C_{18}H_{23}O_2N\cdot HCl$, F. 166—167,5° (Methyläthylketon oder A.); 97%; auch durch Rk. von **III** u. Diäthanolamin; 34%. — $R = 4\text{-}CH_3$, $R_1{=}R_2 = CH_2CH_2OH$, als *Pikrat*, $C_{19}H_{25}O_2N\cdot C_6H_3O_7N_3$, F. 153,5—155,5° (Methyläthylketon); 89%. — $R = 4\text{-}CH(CH_3)_2$, $R_1{=}R_2 = CH_2CH_2OH$, als *Hydrochlorid*, $C_{21}H_{29}O_2N\cdot HCl$, F. 120—124° (Methyläthylketon); 58%. — $R = 3.4\text{-}OCH_2O-$, $R_1{=}R_2 = CH_2CH_2OH$, als *Pikrat*, $C_{19}H_{23}O_4N\cdot C_6H_3O_7N_3$, F. 142,5—143,5° (Methylisobutylketon); 71%. — $R_1{=}R_2 = -CH_2CH(OH)CH_3$, als *Chloroplatinat*, $(C_{20}H_{27}O_2N)_2\cdot H_2PtCl_6$, F. 196—199° (Zers.); 90%. — *N-Äthyl-1.2-diphenyläthylaminhydrochlorid*, $C_{16}H_{19}N\cdot HCl$, F. 240—241° (A.), aus 73 g N-Äthylbenzalamin u. **V**; 110 g. — *2-Phenyl-3.4-tetramethylentetrahydro-1.3-oxazin* (**I**), $C_{14}H_{19}ON$, F. 55—58° (Hexan), a) durch Zutropfen von KCN zu einer Mischung von 2-[2-Oxyäthyl]-piperidin, HCl u. 53 g **IV** u. 1std. Erhitzen auf dem Wasserbad; 65 g; b) wie vorst. ohne KCN unter Abdampfen des gebildeten W. im azeotropen Gemisch mit Benzol. — *2-[2-Oxyäthyl]-1-[1.2-diphenyläthyl]-piperidinhydrochlorid*, $C_{21}H_{27}ON\cdot HCl$, F. 195—198° (absol. A.), durch Kochen von 61,1 g **I** mit **V**; 14 g. — *2-Phenyl-3.4-tetramethylenhexahydro-1.3-oxazepin* (**II**), $C_{15}H_{21}ON$, Kp.$_{0,04}$ 93°, aus **IV** u. 2-[3-Oxypropyl]-piperidin wie bei **I**; n_D^{25} 1,5433; 91%. — *2-[3-Oxypropyl]-1-[1.2-diphenyläthyl]-piperidinhydrochlorid*, $C_{22}H_{29}ON\cdot HCl$, F. 188 bis 191°, aus 57,8 g **II** u. **V**; 25 g. (J. Amer. chem. Soc. **72**. 358—62. Jan. 1950. Kansas City, Mo., Midwest Res. Inst., Chem. Div.) LEHWALD. 3231

G. R. Clemo und **R. J. W. Holt,** *Synthese von 5.6.7.8-Tetrahydro-1-methyl-β-carbolin.* Cyclohexanon-[2-methylpyridyl-(3)-hydrazon] wurde nach FISCHER zu *5.6.7.8-Tetrahydro-1-methyl-β-carbolin* cyclisiert u. dieses zu *Harman* dehydriert, womit erstmalig der FISCHER-Ringschluß in der Pyridinreihe durchgeführt wurde.

Versuche: *6-Amino-2-methyl-3-nitropyridin,* aus 6-Amino-2-picolin durch Zugabe zu HNO_3 (D. 1,42), Addition des Nitrats zu kalter konz. H_2SO_4, 1 std. Erhitzen auf 100°, Zugabe von 20%ig. Oleum u. erneutes 1 std. Erhitzen auf 100°. — *3-Amino-2-methylpyridin,* aus 40 g von aus vorst. Verb. nach BAUMGARTEN u. SU (C. **1953**. 1480) gewonnenem 6-Chlor-2-methyl-3-nitropyridin durch Hydrieren mit 15%ig. Pd-Kohle in CH_3OH, Filtrieren, Eindampfen, Alkalisieren u. Ausziehen mit heißem Bzl.; 22 g (Ausbeute). — *[2-Methylpyridyl-(3)]-hydrazin,* $C_6H_9N_3$, F. 130—131°, aus 10 g vorst. Verb. durch Diazotieren bei —20°, tropfenweise Zugabe der Lsg. zu $SnCl_2$ in HCl bei —20°, Alkalisieren des Festprod. u. Ausäthern; aus Bzl. gelbe Nadeln; 2,5 g. — *Brenztraubensäureäthylester-[2-methylpyridyl-(3)-hydrazon],* $C_{11}H_{15}O_2N_3$, F. 119—120°, aus 1 g vorst. Verb., 1 g Brenztraubensäureäthylester u. Pyridin durch ½ std. Erhitzen auf dem Wasserbad u. Zugabe von W.; aus wss. A. Nadeln; 1,4 g. — *Cyclohexanon-[2-methylpyridyl-(3)-hydrazon],* $C_{12}H_{17}N_3$, F. 128°, ebenso aus 1 g Cyclohexanon; 1,5 g. — *5.6.7.8-Tetrahydro-1-methyl-β-carbolin,* $C_{12}H_{14}N_2$, F. 233—235°, aus 1 g vorst. Verb., $ZnCl_2$ u. absol. A. durch 18 std. Erhitzen auf 100° im Rohr, Einengen, Alkalisieren u. Ausäthern; Kristallisation aus Bzl.–Aceton, dann Sublimation bei 160°/16 mm; 0,1 g. — *Harman,* $C_{12}H_{10}N_2$, F. 237—238° (Bzl.), aus 0,01 g vorst. Verb. durch 1 std. Kochen mit 15%ig. Pd-Kohle u. Diphenyläther–Diphenyl (3 : 1), Zugabe von Bzl., Ausziehen mit 2 n HCl, Alkalisieren u. Extrahieren; 0,007 g. (J. chem. Soc. [London] **1953**. 1313—14. April. Newcastle-on-Tyne, Univ. of Durham, King's Coll.) NITZSCHKE. 3231

Károly Nádor, Máté Kovatsits und **László Gyermek,** *Synthese von Verbindungen des β-Haloäthylamintyps mit Adrenalinblockierungswirkung.* Auf der Suche nach neuen Verbb. mit Adrenalinblockierungswrkg. kondensieren Vff. Bis-[β-oxyäthyl]-amin mit Alkyl- oder Aralkylhalogeniden zu *Alkyl-* bzw. *Aralkyl-bis-[β-oxyäthyl]-aminen,* stellen hieraus mittels Na + Aralkylhalogeniden *N-[β-Aralkoxyäthyl]-N-alkyl-N-[β-oxyäthyl]-amine* her, deren freie OH-Gruppe mittels SOX_2 durch Halogen ausgetauscht wird. Diese Verbb. werden in Form der *Hydrochloride* bzw. *Hydrobromide* pharmakol. untersucht. — Ferner wird N-Benzyl-β-oxyäthylamin mit Benzyl-β-chloräthyläther kondensiert. Es entsteht hier *N-[β-(Benzyloxy)-äthyl]-N-benzyl-N-[β-oxyäthyl]-amin,* dessen OH-Gruppe ebenfalls gegen Halogen ausgetauscht wird. Bei Verwendung von 2-Chlormethyl-1.4-benzodioxan zur Kondensation entsteht eine Verbindungsgruppe, die bes. pharmakol. akt. ist.

Versuche: *Methyl-[β-oxyäthyl]-[β-(benzyloxy)-äthyl]-amin* (**I**), $C_{12}H_{19}O_2N$, Kp.₆ 167—170°, durch 6 std. Sieden von 37,5 g Bis-[β-oxyäthyl]-methylamin in Toluol mit Na u. Zutropfen von 40 g Benzylchlorid in Toluol; nach Abfiltrieren des ausgefallenen NaCl Dest., gelbliches Öl; 25,4 g (Ausbeute). — *n-Butyl-[β-oxyäthyl]-[β-(benzyloxy)-äthyl]-amin,* $C_{15}H_{25}O_2N$, Kp.₅ 160—163°, wie vorst. aus n-Butyl-bis-[β-oxyäthyl]-amin, gelbliches Öl; 65,5%. — *Benzyl-[β-oxyäthyl]-[β-(benzyloxy)-äthyl]-amin* (**II**), $C_{18}H_{23}O_2N$, Kp.₂ 203—206°, a) analog I, gelbliches Öl; 55%; b) durch Zutropfen von 17 g Benzyl-β-chloräthyläther zu einer Suspension von 15,1 g Benzyl-β-oxyäthylamin u. 4 g $NaNH_2$ in Toluol unter Rühren in der Wärme; 12 g. — *1-Menaphthyl-[β-oxyäthyl]-[β-(benzyloxy)-äthyl]-amin,* $C_{22}H_{25}O_2N$, Kp.₄₋₅ 218—220°; 66%. — *Benzyl-[β-oxyäthyl-[β-menaphthyloxy-(1))-äthyl]-amin,* $C_{22}H_{25}O_2N$, Kp.₃ 220—222°; 59%. — *Methyl-[β-oxyäthyl]-[β-(benzomedioxanyloxy-(2))-äthyl]-amin* (**III**), $C_{14}H_{21}O_4N$, Kp.₃ 120—124°, analog aus 6,1 g Methylbase u. 6,1 g 2-Chlormethyl-1.4-benzodioxan; 4 g. — *Benzyl-[β-oxyäthyl]-[β-(benzomedioxanyloxy-(2))-äthyl]-amin,* $C_{20}H_{25}O_4N$, Kp.₄ 160—165°, analog vorst. Verbindung. — *Methyl-[β-bromäthyl]-[β-(benzyloxy)-äthyl]-ammoniumbromid,* $C_{12}H_{19}ONBr_2$, durch Zutropfen von 1,5 cm³ $SOBr_2$ in Chlf. zu 4 g I in Chlf., 1 std. Erwärmen, Abdampfen, Aufnehmen des Rückstandes in sd. absol. A. u. Zufügen von Ae.; Kristalle; 2,5 g. Die Darst. der entsprechenden β-Chloräthylverb. gelang nicht. — *Benzyl-[β-chloräthyl]-[β-(benzyloxy)-äthyl]-ammoniumchlorid,* $C_{18}H_{23}ONCl_2$, F. 120°, aus **II** u. $SOCl_2$ wie vorst., Blättchen (A. + Ae.). — *Benzyl-[β-bromäthyl]-[β-(benzyloxy)-äthyl]-ammoniumbromid,* $C_{18}H_{23}ONBr_2$, F. 98° (A. + Ae.), aus **II** u. $SOBr_2$. — *1-Menaphthyl-[β-chloräthyl]-[β-(benzyloxy)-äthyl]-ammoniumchlorid,* $C_{22}H_{25}ONCl_2$, F. 180° (unscharf), analog. — *Benzyl-[β-chloräthyl]-[β-menaphthyloxy-(1))-äthyl]-ammoniumchlorid,* $C_{22}H_{25}ONCl_2$, F. 195° (Zers.), analog. — *Methyl-[β-chloräthyl]-[β-(benzomedioxanyloxy-(2))-äthyl]-ammoniumchlorid,* $C_{14}H_{21}O_3NCl_2$, F.

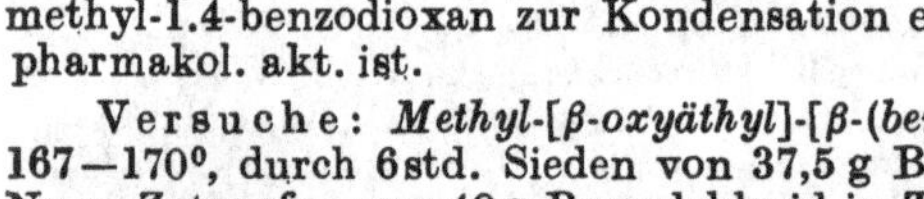

120° (A. + Ae.). — *Benzyl-[β-chloräthyl]-[β-(benzomedioxanyloxy-(2))-äthyl]-ammoniumchlorid*, $C_{20}H_{25}O_3NCl_2$, F. 130° (A. + Ae.). — *Benzyl-[β-bromäthyl]-[β-(benzomedioxanyl-(2))-äthyl]-ammoniumbromid*, $C_{20}H_{25}O_3NBr_2$, F. 119—120° (A. + Ae.); ist 3 mal so wirksam wie *Debenamin*. (Acta chim. Acad. Sci. hung. **2.** 153—61. 1952. Budapest, Med. Univ., pharmakol. Inst.) LEHWALD. 3252

T. L. Cairns, J. C. Sauer und **W. K. Wilkinson,** *Darstellung von Pyrimidinen und Pyridinen aus Acetylen und Nitrilen.* Acetylen reagiert mit verschied. Nitrilen in Ggw. von metall. K bei 175—200° u. 13—20 at unter Bldg. 2.4-disubstituierter *Pyrimidine*, wobei Ausbeuten bis zu 51% erreicht werden. Bei der Rk. zwischen C_2H_2 u. C_6H_5CN entsteht als Nebenprod. in geringer Menge *2-Phenylpyridin*. Bei der Rk. mit CH_3CH_2CN wird neben *2.4-Diäthylpyrimidin* eine isomere Verb. erhalten, bei der es sich auf Grund verschied. Verss. entweder um *2-Äthyl-3-methyl-4-aminopyridin* oder um *2-Amino-3-methyl-6-äthylpyridin* handelt; ihr UV-Spektr. wird mit dem von *2-Aminopyridin* verglichen. Angegeben werden auch die zwischen 2300 u. 3200 Å in Chlf. ermittelten Absorptionsspektren aller synthetisierten Pyrimidine. Einige Reaktionsmechanismen werden diskutiert.

V e r s u c h e: *2.4-Dimethylpyrimidin* (I), $C_6H_8N_2$, F. —4°, Kp. 150—151°, $Kp._{13}$ 37—41°, durch Einpressen von C_2H_2 in eine mit 156 g CH_3CN u. 2 g K gefüllte Bombe bei 0° mit 8 at, Steigern der Temp. auf 175°, Nachdrücken von C_2H_2, 7 std. Rk. bei 175—200° u. 16—17 at, Filtrieren des Rohprod. u. Vakuumdest.; n_D^{25} 1,4880; 8,2% (Ausbeute); daneben 71 g unverbrauchtes Nitril. *Pikrat*, $C_{12}H_{11}O_7N_5$, F. 137 bis 140,5° (A.). *Dibenzalderiv.*, $C_{20}H_{16}N_2$, F. 142—143°. — *2.4-Diäthylpyrimidin*, $C_8H_{12}N_2$, $Kp._{28}$ 85—86°, $Kp._{15}$ 68—72°, analog I aus 250 g CH_3CH_2CN u. 4 g K nach 8 Std. bei 180° u. 14—20 at; n_D^{25} 1,4829; 9,7%; gibt kein festes Pikrat; daneben *2-Äthyl-3-methyl-4-aminopyridin* oder *2-Amino-3-methyl-6-äthylpyridin*, F. 55—60°, $Kp._{15}$ 116°; n_D^{25} 1,5531; 12,5%. *Acetylderiv.*, $C_{10}H_{14}ON_2$, F. 93—96°, $Kp._{15}$ 167—170°. *Pikrat*, $C_{14}H_{15}\cdot O_7N_5$, F. 196,5° (A.). — *2.4-Diisopropylpyrimidin*, $C_{10}H_{16}N_2$, $Kp._{15}$ 77—84°, analog I aus 150 g $(CH_3)_2CHCN$ u. 1 g K nach 6 Std. bei 200° u. 15—20 at; n_D^{25} 1,4721; 29,4%; daneben 90 g unverbrauchtes Nitril. *Pikrat*, $C_{16}H_{19}O_7N_5$. — *2.4-Diphenylpyrimidin*, $C_{16}H_{12}N_2$, F. 58—59°, $Kp._3$ 190—194°, analog I a) aus 125 g C_6H_5CN u. 2 g K nach 14 Std. bei 180—200° u. 10—15 at; 51%; daneben 25 g unverbrauchtes Benzonitril ($Kp._7$ 62—70°); b) aus 200 g C_6H_5CN u. 2 g K nach 6¹/₄ Std. bei 170—180° u. 13—16 at; n_D^{25} 1,6543; 29%; daneben *2-Phenylpyridin*, $C_{11}H_9N$, $Kp._{13}$ 142—145,5°; n_D^{25} 1,6147; 1,8%. *Pikrat*, $C_{17}H_{12}O_7N_4$, F. 172—172,5° (A.). (J. Amer. chem. Soc. **74.** 3989—92. 20/8. 1952. Wilmington, Del., E. I. Du Pont de Nemours.) W. HOFFMANN. 3272

Paul E. Gagnon, Jean L. Boivin und **Jacques Giguere,** *Synthese 5-substituierter 1-Anilino-4-iminobarbitursäuren.* (Vgl. GAGNON, BOIVIN u. JONES, Canad. J. Res., Sect. B **28.** [1950.] 34.) Vff. stellten 5-substituierte 1-Anilino-4-iminobarbitursäure (**A**) aus 1-Phenylsemicarbazid (**I**) u. entsprechenden Cyanessigestern dar. Die 4-Iminogruppe konnte durch Hydrolyse der 5-Benzylverb. (**II**) zur 5-Benzyl-1-anilinobarbitursäure, die Stellung der Anilinogruppe durch Überführung von 5-Octyl-1-anilino-4-iminobarbitursäure (**III**) mit $NaOC_2H_5$ in Octylcyanessigsäurephenylhydrazid, CO_2 u. NH_3 nachgewiesen werden. Die UV-Spektren in 95%ig. A., in 0,01 n alkoh. HCl u. 0,01 n alkoh. NaOH wurden aufgenommen.

V e r s u c h e: Die **A** wurden dargestellt aus 0,06 Mol substituiertem Cyanessigsäureäthylester u. 0,06 Mol 1-Phenylsemicarbazid (**I**) in A. mit 0,12 Mol Na, 8 Std. bei 150° Badtemp., Abpumpen des A. u. Zugabe kochenden W.; umkrist. wurde aus verd. Essigsäure; Ausbeute 75—85%: *5-Methyl-*, $C_{11}H_{12}O_2N_4$, F. 254—256°. — *5-Äthyl-*, $C_{12}H_{14}O_2N_4$, F. 239—241°. — *5-n-Propyl-*, $C_{13}H_{16}O_2N_4$, F. 222—223°. — *5-n-Butyl-*, $C_{14}H_{18}O_2N_4$, F. 229—230°. — *5-n-Pentyl-*, $C_{15}H_{20}O_2N_4$, F. 189—191°. — *5-n-Hexyl-*, $C_{16}H_{22}O_2N_4$, F. 122—123°. — *5-n-Heptyl-*, $C_{17}H_{24}O_2N_4$, F. 129—130°. — *5-n-Octyl-* (**III**), $C_{18}H_{26}O_2N_4$, F. 140—142°. — *5-n-Nonyl-*, $C_{19}H_{28}O_2N_4$, F. 139—141°. — *5-n-Decyl-*, $C_{20}H_{30}O_2N_4$, F. 136—137°. — *5-Benzyl-* (**II**), $C_{17}H_{16}O_2N_4$, F. 144—145°. — *5-o-Chlorbenzyl-*, $C_{17}H_{15}O_2N_4Cl$, F. 202—203°. — *5-β-p-Methylphenoxyäthyl-*, $C_{19}H_{20}O_3N_4$, F. 196 bis 197°. — *5-γ-p-Methylphenoxypropyl-*, $C_{20}H_{22}O_3N_4$, F. 130—131°. — *5-β-p-Äthylphenoxyäthyl-*, $C_{20}H_{22}O_3N_4$, F. 197—199°. — *5-γ-p-Äthylphenoxypropyl-*, $C_{21}H_{24}O_3N_4$, F. 128—129°. — *5-γ-p-Chlorphenoxypropyl-*, $C_{19}H_{19}O_3N_4Cl$, F. 142—143°. — *5-γ-p-Bromphenoxypropyl-1-anilino-4-iminobarbitursäure*, $C_{19}H_{19}O_3N_4Br$, F. 126—128°. — *5-Benzyl-1-anilinobarbitursäure*, $C_{17}H_{15}O_3N_3$, F. 107° (verd. A.), analog vorst. Verbb. aus **I** u. Benzylmalonester oder aus **II** durch Kochen mit wss. NaOH. — *Octylcyanessigsäurephenylhydrazid*, $C_{17}H_{25}ON_3$, F. 125—126° (A.), aus **III** u. Na in A., 2 Std. im geschlossenen Rohr bei 165—170°. (Canad. J. Chem. **29.** 1028—35. Nov. 1951. Quebec, Laval Univ., Dep. of Chem.) GNAUCK. 3272

P. A. Barrett, F. H. S. Curd und **W. Hepworth,** *Die Synthese von Trypanociden. 1. Mitt. Einige Pyrimidylaminochinolinderivate.* Vff. stellten auf der Suche nach neuen Trypanociden durch Kondensation von 4.6-Diamino-2-methylchinolin (**I**) mit substituierten Chlorpyrimidinen *4-Amino-6-[2'-amino-6'-methylpyrimidyl-(4')-amino]-* (**II**), *4-Amino-6-[4'-amino-6'-methylpyrimidyl-(2')-amino]-* (**III**), *4-Amino-6-[2'-methyl-4'-aminopyrimidyl-(6')-amino]-* (**IV**) u. *4-Amino-6-[2'.6'-diaminopyrimidyl-(4')-amino]-2-methylchinolin* (**V**) dar. Der Nachw. über die 6-Amino-Verknüpfung beider heterocycl. Ringsysteme wurde durch eine Parallelsynth. von **II** aus 4-Oxy-6-[2'-amino-6'-methylpyrimidyl-(4')-amino]-2-methylchinolin über die entsprechende 4-Chlorverb. (**VI**) erbracht. Da die Anwesenheit der 4-Aminogruppe im Chinolinkern für die trypanocide Wirksamkeit der Verbb. **II—V** von ausschlaggebender Bedeutung erschien, wurden zum Vgl. die am $C_{(4)}$ unsubstituierten analogen Verbb. hergestellt. Die durch Einw. von CH_3J auf die Pyrimidylaminochinoline erhaltenen *chino-Jodmethylate* waren ident. mit den Kondensationsprodd. aus den entsprechenden quartären 6-Amino-1.2-dimethylchinoliniumsalzen u. den Chlorpyrimidinen. Über die chemotherapeut. Eigg. der Stoffe wird gesondert berichtet.

Versuche: *6-Acetamido-4-amino-1.2-dimethylchinoliniumchlorid, Monohydrat,* $C_{13}H_{16}ON_3Cl \cdot H_2O$, F. 318°; aus 6-Acetamido-4-amino-2-methylchinolin in Nitrobenzol u. Dimethylsulfat durch 1std. Erhitzen auf 100°, *Methysulfat*-Nd. mit Aceton waschen, in wenig W. lösen u. durch Sättigen mit NaCl fällen; Nadeln aus A.; 59%. *Jodid, Monohydrat,* $C_{13}H_{16}ON_3J \cdot H_2O$, F. 294—295° (sintert bei 285°); aus dem Chlorid in W. mit KJ; aus 50%ig. A. Nadeln. — *4.6-Diamino-1.2-dimethylchinoliniumchlorid* (**VII**), *Monohydrat,* $C_{11}H_{14}N_3Cl \cdot H_2O$, F. 300—301°; aus vorst. Methylsulfat durch Kochen in 20%ig. HCl über das *Hydrochlorid* ($C_{11}H_{14}N_3Cl \cdot HCl$, F. 292—293°; Prismen), dessen wss. Lsg. mit Na_2CO_3 alkal. gemacht (Brilliantgelb) u. mit NaCl gefällt wurde; aus A. gelbe Plättchen. — *6-[2'-Amino-6'-methylpyrimidyl-(4')-amino]-4-oxy-2-methylchinolin, Dihydrat,* $C_{15}H_{15}ON_5 \cdot 2\,H_2O$, F. 356—357° (Zers.), aus 6,45 g 6-Amino-4-oxy-2-methylchinolindihydrochlorid u. 4,6 g 2-Amino-4-chlor-6-methylpyrimidin (**VIII**) durch 6std. Kochen in W., dann mit NH_4OH alkal. machen; hellgelbe Nadeln aus W./2-Äthoxyäthanol; 7,8 g. — *6-[2'-Amino-6'-methylpyrimidyl-(4')-amino]-4-chlor-2-methylchinolin* (**VI**), $C_{15}H_{14}N_5Cl$, F. 254°; aus 10 g der vorst. Verb. u. 20 cm³ PCl_3 (20 Min. kochen), dann in verd. NaOH gießen; aus absol. Methanol Nadeln; 6,3 g. — *4-Amino-6-[2'-amino-6'-methylpyrimidyl-(4')-amino]-2-methylchinolin* (**II**), $C_{15}H_{16}N_6$, F. 302—303°; aus 13,2 g **I** u. 10 g **VIII** in 150 cm³ W. u. 18 cm³ konz. HCl durch 1std. Kochen, dann mit NH_4OH alkal. machen; mit NaCl fällt das *Hydrochlorid-Semihydrat* [$C_{15}H_{16}N_6 \cdot HCl \cdot \frac{1}{2}\,H_2O$, F. 345° (Zers., A./W.)], aus dem mit NaOH das *Monohydrat* der *Base* (F. 299—300°, Nadeln aus 60%ig. A.) entsteht, das beim Kochen mit absol. A. entwässert wird.; oder aus **VI** (4,3 g) in Phenol (8 g) bei 100° durch Einleiten von NH_3; Temp. steigt u. wird 3 Std. auf 180° gehalten; aus 50%ig. A. *Hydrat,* $C_{15}H_{16}N_6 \cdot 1\frac{1}{2}\,H_2O$. — *4-Amino-6-[2'-amino-6'-methylpyrimidyl-(4')-amino]-1.2-dimethylchinoliniumjodid* (**IX**), *Dihydrat,* $C_{16}H_{19}N_6J \cdot 2\,H_2O$, F. 322—323°; aus vorst. Verb. u. CH_3J durch 6std. Kochen in A.; aus 50%ig. A. hellgelbe feine Nadeln; oder aus **VII** u. **VIII** bei 1std. Kochen in verd. HCl zum *Chlorid–Hydrochlorid–Monohydrat* [$C_{16}H_{19}N_6Cl \cdot HCl \cdot H_2O$, F. 351—352°, Nadeln aus A./W. (3 : 1)], das mit wss. NaJ das *Jodid–Hydrochlorid–* (oder *Chlorid–Hydrojodid–*) *Monohydrat* [$C_{16}H_{19}N_6J \cdot HCl \cdot H_2O$, F. 316—317° (A./W., hellgelbe Nadeln)] liefert; daraus mit heißer NaJ-Lsg. das *Jodid–Hydrojodid–Semihydrat* [$C_{16}H_{19}N_6J \cdot HJ \cdot \frac{1}{2}\,H_2O$, F. 323—324° (aus W. gelbliche Nadeln)]. Aus dem Chlorid–Hydrochlorid entsteht in W. bei 80° mit Na_2CO_3 das *Chlorid–Hydrat* ($C_{16}H_{19}N_6Cl \cdot 1\frac{1}{2}\,H_2O$, F. 336 bis 338°), das mit NaJ das *Jodid–Monohydrat,* $C_{16}H_{19}N_6J \cdot H_2O$, F. u. Misch-F. 322—323°, liefert. — *6-Amino-1.2-dimethylchinolon-(4),* $C_{11}H_{12}ON_2$, F. 321—323°; aus **VII**-Hydrochlorid durch 3std. Kochen mit n-NaOH; gelbe Prismen. — *6-[2'-Amino-6'-methylpyrimidyl-(4')-amino]-1.2-dimethylchinolon-(4),* $C_{16}H_{17}ON_5$, F. 365° (Zers.); aus vorst. Verb. u. **VIII** durch 1std. Kochen in verd. HCl, dann mit NaOH alkalisieren; oder aus **IX** durch Kochen in n-NaOH; aus 50%ig. A. feine gelbe Nadeln. — *4-Amino-6-[4'-amino-6'-methylpyrimidyl-(2')-amino]-2-methylchinolin* (**III**), *Dihydrat,* $C_{15}H_{16}N_6 \cdot 2\,H_2O$, F. 272 bis 273°, hellgelbe Prismen aus A.; durch 4std. Kochen von 4,2 g **I** u. 3,4 g 4-Amino-2-chlor-6-methylpyrimidin (**X**) in verd. HCl über das *Dihydrochlorid–Hydrat* ($C_{15}H_{16}N_6 \cdot 2\,HCl \cdot 1\frac{1}{2}\,H_2O$, F. >300°); 5 g. — *4-Amino-6-[4'-amino-6'-methylpyrimidyl-(2')-amino]-1.2-dimethylchinoliniumjodid,* $C_{16}H_{19}N_6J$, F. 340° (Zers., sintert vorher); au vorst. Base mit CH_3J durch 6std. Kochen in A.; hellgelbe Nadeln aus 50%ig. A. m etwas NH_3; 2,3 g. *Chlorid–Hydrochlorid–Dihydrat,* $C_{16}H_{19}N_6Cl \cdot HCl \cdot 2\,H_2O$, F. 366° (Zers.); aus 3,6 g **X** u. 5,6 g **VII** in verd. HCl durch 1std. Kochen; feine Nadeln aus 75%ig. A.; 7,5 g. Hieraus mit Na_2CO_3 das *Chlorid* ($C_{16}H_{19}N_6Cl$, F. >380°; aus 50%ig. A. gelbe Prismen). Hieraus wie oben das *Jodid,* F. u. Misch-F. 340° (Zers.). — *4-Amino-*

6-[4'-amino-2'-methylpyrimidyl-(6')-amino]-2-methylchinolin (**IV**)-*Semihydrat*, $C_{15}H_{16}N_6 \cdot \frac{1}{2} H_2O$, F. 292—294°; aus 50%ig. A. Nadeln; aus **I** u. 6-Amino-4-chlor-2-methylpyrimidin (**XI**) durch 4std. Kochen in verd. HCl über das *Dihydrochlorid–Hydrat* ($C_{15}H_{16}N_6 \cdot 2 HCl \cdot 3,5 H_2O$, F. >380°; hellgelbe Nadeln aus A./W.). — *4-Amino-6-[4'-amino-2'-methylpyrimidyl-(6')-amino]-1.2-dimethylchinoliniumjodid, Monohydrat*, $C_{16}H_{19}N_6J \cdot H_2O$, F. 344° (Zers.); aus vorst. Verb. mit CH_3J in A. bei 12std. Kochen; aus 50%ig. A. gelbe Nadeln; *Dihydrat*, $C_{16}H_{19}N_6J \cdot 2 H_2O$, u. *Hydrat*, $C_{16}H_{19}N_6J \cdot 1,5 H_2O$. *Chlorid–Monohydrat*, $C_{16}H_{19}N_6Cl \cdot H_2O$, F. 358° (Zers., Gelbfärbung bei 100°); aus **VII**-Hydrochlorid u. **XI** beim Kochen in W., dann mit Na_2CO_3 alkalisieren; aus 50%ig. A. feine Nadeln. — *4-Amino-6-[2'.6'-diaminopyrimidyl-(4')-amino]-2-methylchinolin* (**V**), $C_{14}H_{15}N_7$, F. 335—336° (Zers.); aus **I**-Hydrochlorid u. 2.6-Diamino-4-chlorpyrimidin (**XII**) mit Essigsäure bei 150—160° (16 Std.); fleischfarbenes Pulver aus Propanol. — *4-Amino-6-[2'.6'-diaminopyrimidyl-(4')-amino]-1.2-dimethylchinoliniumjodid, Semihydrat*, $C_{15}H_{18}N_7J \cdot 0,5 H_2O$, F. 314° (Zers.); aus 4 g **VII**-Hydrochlorid u. 2,2 g **XII** in Essigsäure bei 150—160° (2 Std.), dann gegen Lackmus alkalisieren u. NaJ-Überschuß zugeben; aus 50%ig. A. Pulver; 2,65 g. — *6-Amino-1.2-dimethylchinoliniumchlorid*, $C_{11}H_{13}N_2Cl$, F. 282—283°; bräunlichgelbe Nadeln aus A.; aus 6-Acetamido-2-methylchinolin in $C_6H_5NO_2$ mit $(CH_3O)_2SO_2$ beim Erhitzen, dann mit 20%ig. HCl kochen; über das *Hydrochlorid–Monohydrat* [$C_{11}H_{13}N_2Cl \cdot HCl \cdot H_2O$, F. 267° (Zers.), rötlichgelbe Nadeln aus 20%ig. HCl]. — *6-[2'-Amino-6'-methylpyrimidyl-(4')-amino]-1.2-dimethylchinoliniumchlorid*, $C_{16}H_{18}N_5Cl$, F. 304—305°; aus vorst. Verb. u. **VIII** beim Kochen in verd. HCl, dann alkal. machen; aus 50%ig. A. gelbe Nadeln. — *6-[4'-Amino-6'-methylpyrimidyl-(2')-amino]-1.2-dimethylchinoliniumjodid, Monohydrat*, $C_{16}H_{18}N_5J \cdot H_2O$, F. 246 bis 248°, aus dem Hydrochlorid vorvorst. Verb. u. **X** durch 1std. Kochen in verd. HCl, Alkalisieren mit Na_2CO_3 u. Umsetzung mit KJ; aus 50%ig. A. gelbe Nadeln. — *6-[2'-Amino-6'-methylpyrimidyl-(4')-amino]-chinolin, Semihydrat*, $C_{14}H_{13}N_5 \cdot 0,5 H_2O$, F. 233—234°; aus **VIII** u. 6-Aminochinolinhydrochlorid (**XVI**) in verd. HCl beim Kochen, dann mit NH_4OH versetzen; aus A. gelbe Nadeln. — *6-Acetamido-1-methylchinoliniumjodid*, $C_{12}H_{13}ON_2J$, F. >280°; aus 6-Acetamidochinolin mit $(CH_3O)_2SO_2$ in Nitrobenzol, dann das *Methylsulfat* mit NaJ versetzen; aus W. gelbe Tafeln. — *6-Amino-1-methylchinoliniumchlorid, Hydrochlorid* (**XIII**), $C_{10}H_{11}N_2Cl \cdot HCl$, F. 246—247° (Zers.); aus 12 g des vorst. Methylsulfats durch Kochen mit verd. HCl, dann mit Aceton fällen; Prismen aus A./konz. HCl (1 : 1); 6,2 g. Daraus nach Neutralisieren mit Na_2CO_3 durch Zusatz von NaCl das *Chlorid–Monohydrat* (**XIV**), $C_{10}H_{11}N_2Cl \cdot H_2O$, F. 244°; aus A. lange gelbe Prismen. Durch Zugabe von NaJ das *Jodid–Monohydrat*, $C_{10}H_{11}N_2J \cdot H_2O$, F. 194 bis 195°; aus A. orangefarbene Nadeln. — *6-[2'-Amino-6'-methylpyrimidyl-(4')-amino]-1-methylchinolinium-Salze*: *Chlorid–Dihydrat*, $C_{15}H_{16}N_5Cl \cdot 2 H_2O$, F. 277—278°; aus 4 g des vorst. Chlorids u. 2,8 g **VIII** wie oben; aus 50%ig. A. goldgelbe Nadeln; 6,6 g. *Jodid–Dihydrat*, $C_{15}H_{16}N_5J \cdot 2 H_2O$, F. 258—259°; aus 50%ig. A., orangefarbene Nadeln; oder aus 6-[2'-Amino-6'-methylpyrimidyl-(4')-amino]-chinolin mit $(CH_3O)_2SO_2$ in Nitrobenzol bei 100—110° (10 Min.) über das Methylsulfat, oder mit CH_3J in A. (6 Std. 100° im Einschlußrohr oder 18std. Kochen unter Rückfluß) über das *Jodid–Hydrojodid–Hydrat* [$C_{15}H_{16}N_5J \cdot HJ \cdot 1,5 H_2O$, F. 314—315° (Zers.); aus A. orangefarbene Nadeln]. — *6-[4'-Amino-6'-methylpyrimidyl-(2')-amino]-chinolin, Monohydrat* (**XV**), $C_{14}H_{13}N_5 \cdot H_2O$, F. 100—103°; aus 1,45 g **X** durch Kochen mit verd. HCl über das *Dihydrochlorid–Monohydrat* [$C_{14}H_{13}N_5 \cdot 2 HCl \cdot H_2O$, F. >300° (aus W. gelbe Platten; 2,05 g)]; dann mit NaOH alkal. machen; hellgrüne Prismen aus 50%ig. A.; oder aus 6-[4'-Chlor-6'-methylpyrimidyl-(2')-amino]-chinolin im Rohr bei 175° (12 Std.) mit konz. NH_4OH. — *6-[4'-Amino-6'-methylpyrimidyl-(2')-amino]-1-methylchinoliniumjodid*, $C_{15}H_{16}N_5J$, F. 285—286°; aus **XIV** u. **X** wie oben, mit $NaHCO_3$ alkal. machen u. NaJ zusetzen; oder aus **XV** u. CH_3J über das *Hydrojodid* [$C_{15}H_{16}N_5J \cdot HJ$, F. ca. 285° (Zers., aus W. gelbe Nadeln)]; aus W. gelbe Nadeln. — *6-[6'-Amino-2'-methylpyrimidyl-(4')-amino]-chinolin*, $C_{14}H_{13}N_5$, F. 229—230°; aus 10 g **XVI** u. 7,2 g 4-Amino-6-chlor-2-methylpyrimidin in CH_3COOH bei 150—160° (3 Std., Rühren); gelbe Plättchen aus Methanol; 12,3 g. — Daraus (3 g) mit CH_3J in A. bei 18std. Kochen *6-[6'-Amino-2'-methylpyrimidyl-(4')-amino]-1-methylchinoliniumjodid*, $C_{15}H_{16}N_5J$, F. 291 bis 292° (Zers.); aus W. gelbe Nadeln; 2 g. — *6-[2'.6'-Diaminopyrimidyl-(4')-amino]-chinolin*, $C_{13}H_{12}N_6$, F. 248—249°; aus 9 g **XVI** u. 7 g **XII** in $CH_3 \cdot COOH$ (18 Std. 130—140°), dann mit NH_4OH fällen; Platten aus A., sublimiert bei 180°/0,1 mm; 5,7 g. Daraus mit CH_3J oder aus 1 g **XIII** u. 0,7 g **XII** in CH_3COOH (2 Std. 150—160°), dann Alkalisieren u. Zusatz von NaJ *6-[2'.6'-Diaminopyrimidyl-(4')-amino]-1-methylchinoliniumjodid, Hydrat*, $C_{14}H_{15}N_6J \cdot 1,5 H_2O$, F. 281°; aus W. gelbe Platten; 1,1 g. (J. chem. Soc. [London] **1953**. 50—58. Jan. Manchester, Imperial Chem. Ind. Ltd., Res. Labors.) GOEBEL. 3272

E. E. Percival und **Rolf Zobrist**, *Synthese der 3.4- und 3.5-Dimethylxylose.* Die Darst. der *3.5-Dimethyl-D-xylose* (I) erfolgte durch Bldg. des *3.5-Isopropylidenmethyl-D-xylosids* aus Xylose, Veresterung am $C_{(2)}$ mit *p-Toluolsulfosäure* (II), Abspaltung des Isopropylidenrestes, Methylierung, reduktive Abspaltung des II-Restes u. Verseifung der glucosid. Gruppe. Die Anwesenheit eines Furanoseringes wurde durch die Hydrolysegeschwindigkeit bewiesen. Mit Bromwasser lieferte I *3.5-Dimethyl-D-xylonsäurelacton.* Durch Methylierung von I zum *Trimethylmethyl-D-xylosid,* Oxydation mit HNO_3 u. Amidbldg. wurde das (+)-*2.3-Dimethoxysuccindiamid* erhalten, ein Beweis, daß bei der Abspaltung des II-Restes keine WALDENsche Umkehr stattgefunden hat. — Die nur in Spuren stattgehabte Bldg. von *3.4-Dimethyl-D-xylose* (III) unterstreicht die stabilisierende Wrkg. des II-Restes auf den Furanosering. — Durch Wiederholung der Unterss. von ROBERTSON u. SPEEDIE (J. chem. Soc. [London] **1934.** 825) wurde bestätigt, daß sich bei der Herst. von Dimethylmethyl-D-xylosid über das *3.5-Isopropyliden-2-benzoylmethyl-D-xylosid* nicht das 3.5-Deriv., sondern unter Ringerweiterung *3.4-Dimethylmethyl-D-xylosid* (IV) bildet. Die Struktur von IV wurde durch die Hydrolysegeschwindigkeit der glucosid. Gruppe sowie durch Überführung in das *3.4-Dimethyl-D-xylonsäurelacton* bewiesen. Durch vollständige Methylierung von IV, Oxydation mit HNO_3 u. Amidbldg. wurde das inakt. *xylo-Trimethoxyglutarsäurediamid* erhalten. In dem Muttersirup von IV fanden sich nach Hydrolyse *2.3.4-Trimethylxylose,* 41% *Dimethylxylosen,* 5% kristalline *2.4-Dimethylxylose* u. 31,5% Monomethylxylose u. Xylose. Es wird angenommen, daß die Ringerweiterung während der Abspaltung des Isopropylidenrestes statthatte. Dabei wandert offenbar auch die Benzoylgruppe zum Teil in die 3-Stellung, u. ein weiterer Teil des Benzoyls wird unter Bldg. des 2.3.4-Trimethylderiv. abgespalten.

Versuche: *Methyl-D-xylosid,* durch 5std. Umsetzung von 22 g Xylose mit 0,5%ig. methanol. HCl bei Zimmertemp.; 19,2 g (Ausbeute). — *3.5-Isopropylidenmethyl-D-xylosid,* $C_9H_{16}O_5$, $Kp._{0,1}$ 110°, aus vorst. Verb. (vgl. C. **1950.** II. 1689), n_D^{15} 1,4640, $[\alpha]_D^{15}$ −26° (c = 0,6 in W.); 21,3 g. — *3.5-Isopropyliden-2-p-toluolsulfonylmethyl-D-xylosid,* $C_{16}H_{22}O_7S$, F. 120° (aus Methanol), aus 21,3 g vorst. Verb. mit II-Chlorid in Pyridin bei 15° in 2 Tagen, $[\alpha]_D^{15}$ −15° (c = 0,1 in Methanol); 19,1 g. — *2-p-Toluolsulfonylmethylxylofuranosid,* durch 1std. Erhitzen vorst. Verb. mit 1%ig. methanol. HCl bei 70°; gelber Sirup; n_D^{15} 1,5269; $[\alpha]_D^{15}$ +41° (c = 1,2 in Methanol); 16,9 g. — *3.5-Dimethyl-2-p-toluolsulfonylmethyl-D-xylosid,* $C_{15}H_{22}O_7S$, durch 3malige Methylierung von 16,5 g vorst. Verb. mit CH_3J u. Ag_2O u. Entfernung von vollständig methyliertem Xylosid durch Lösen in PAe. u. Extraktion mit W., Öl; n_D^{18} 1,5061; 15,5 g. — *3.5-Dimethylmethyl-D-xylosid* (V), $C_8H_{16}O_5$, $Kp._{0,1}$ 105—115°, durch 16std. Rühren vorst. Verb. in Methanol mit Na-Amalgam bei 35°, Extraktion mit Chlf. u. mit Essigester u. Dest. (sehr geringe Verunreinigungen von Xylose, Monomethylxylose u. III); Sirup; n_D 1,4500; $[\alpha]_D^{15}$ +102° (c = 1,39 in W.); 5,4 g. — *3.5-Dimethyl-D-xylose* (I), durch ½std. Hydrolyse von V mit 0,1nH_2SO_4 bei 100° u. Reinigung von Spuren von III, Monomethylxylose mittels einer Cellulosesäule (Elution mit PAe./n-Butanol 6 : 4, mit W. gesätt.); Sirup; n_D 1,4583; $[\alpha]_D$ +23° (c = 1,3 in W.), +10° (c = 1,3 in Chlf.). Bei Verss. zur Darst. des *Anilids* wurde nur einmal eine winzige Menge von Kristallen, F. 126—127°, erhalten. — *3.5-Dimethyl-D-xylonsäurelacton,* $Kp._{0,08}$ 110—125°, durch Oxydation von 0,8 g I; $[\alpha]_D$ +75° nach 4 Min. → +82° nach 24 Min. → +72° nach 24 Std. → +67° nach 7 Tagen → +56° nach 11 Tagen → +27° konstant nach 33 Tagen (c = 1,34 in W.); 0,7 g. — *2.3.5-Trimethylmethyl-D-xylosid,* $C_9H_{18}O_5$, durch 3malige Methylierung von 0,8 g V mit CH_3J u. Ag_2O; Sirup; n_D^{15} 1,4431; $[\alpha]_D^{15}$ +114° (c = 0,1 in Methanol), +134° (c = 0,33 in W.); 0,8 g. — *2.3-Dimethoxybernsteinsäure,* durch 2std. Oxydation von 0,7 g vorst. Verb. mit HNO_3 (D. 1,4) bei 50°; Sirup; 0,42 g. — *2.3-Dimethoxybernsteinsäuredimethylester,* $Kp._{0,1}$ 120—130°, durch 6std. Veresterung vorst. Verb. mit 2%ig. methanol. HCl bei 65°; n_D^{15} 1,4370; $[\alpha]_D^{15}$ +52° (c = 0,1 in Methanol); 0,25 g. — *2.3-Dimethoxybernsteinsäurediamid,* $C_6H_{12}O_4N_2$, F. u. Misch-F. 270° (Zers.), durch 2tägige Behandlung vorst. Verb. bei 0° mit methanol. NH_3; $[\alpha]_D$ + 100° (c = 0,31 in W.); 18 mg. — *2-Benzoyl-3.5-isopropylidenmethyl-D-xylosid,* $C_{16}H_{20}O_6$, F. 86°, aus 3.5-Isopropylidenmethyl-D-xylosid u. Benzoylchlorid nach ROBERTSON u. SPEEDIE (l. c.), bei 0° zum Teil kristallisierender Sirup; $[\alpha]_D^{15}$ +114° (c = 0,1 in Chlf.); 94,5%. — *2-Benzoylmethyl-D-xylosid,* $C_{13}H_{16}O_6$, durch Verseifen von 7,6 g vorst. Verb. mit methanol. HCl; Sirup; n_D 1,5217, $[\alpha]_D^{15}$ +31° (c = 1,3 in Chlf.); 6,6 g. — *2-Benzoyl-3.4-dimethylmethyl-D-xylosid,* durch 3malige Methylierung vorst. Verb. mit CH_3J u. Ag_2O u. teilweise Entfernung vom Trimethylmethyl-D-xylosid durch Behandeln der benzol. Lsg. mit W., hellgelber Sirup; 71%. — *3.4-Dimethylmethyl-D-xylosid* (IV), $C_8H_{16}O_5$, F. u. Misch-F. 88—89° (aus PAe.), durch Debenzoylierung nach ZEMPLÉN (Ber. dtsch. chem. Ges. **62.** [1929.] 1613) aus vorst.

Verb.; Nadeln; $[\alpha]_D^{18}$ -33^0 (c = 2,47 in Chlf.), -58^0 (c = 0,47 in W.); 68% (als Rohsirup). — *3.4-Dimethyl-D-xylose* (**III**), durch 430minütige Hydrolyse von **IV** mit 0,1n H_2SO_4 bei 100°, Sirup; $[\alpha]_D$ $+35^0$ in Wasser. — *3.4-Dimethyl-D-xylonsäurelacton*, F. u. Misch-F. 68°, Kp.$_{0,03}$ 125—135°, durch Oxydation von **III** mit Bromwasser; große Nadeln aus Petroläther. — *2.3.4-Trimethylmethyl-D-xylosid*, F. 44—45°, durch 2malige Methylierung von 250 mg **IV** mit CH_3J u. Ag_2O u. Reinigung durch Sublimation; $[\alpha]_D^{15}$ -46^0 (c = 1,0 in Chlf.); 106 mg (Ausbeute). — *xylo-Trimethoxyglutarsäurediamid*, F. u. Misch-F. 197°, aus vorst. Verb. durch Oxydation mit HNO_3, Veresterung mit methanol. HCl u. Amidbldg. mit methanol. NH_3; $[\alpha]_D$ 0^0 (c = 0,5 in W.). — Der Rohsirup, aus dem **IV** krist., wurde nach dem Entfernen der Kristalle mit n-H_2SO_4 bei 100° hydrolysiert, bis $[\alpha]_D$ mit $+36^0$ konstant war. Papierchromatograph. wurden festgestellt: *Trimethylxylose* (R_G = 0,94), **I** (R_G = 0,52), **III** (R_G = 0,42), *2.4-Dimethylxylose* (R_G = 0,39), ein unidentifizierter Zucker (R_G = 0,30) u. etwas Monomethylxylose u. Xylose. 1,06 g dieses Gemisches wurden mittels einer Cellulosesäule getrennt (Elution mit mit W. gesätt. PAe./n-Butanol 1 : 1). Fraktion 1 : 0,260 g *Trimethylxylose*; Fraktion 2: 0,423 g *Dimethylxylosen*; Fraktion 3: 0,052 g *2.4-Dimethylxylose*; Fraktion 4: 0,32 g *Monomethylxylose* u. *Xylose*. In Fraktion 2 wurden nach der Meth. von HIRST, HOUGH u. JONES (J. chem. Soc. [London], **1949**. 928) 26% **I**, 37% **III**, 23% *2.4-Dimethylxylose* u. 14,5% eines unidentifizierten Zuckers (R_G = 0,30) gefunden (Elution mit Bzl./Amylalkohol/A./W. = 1,7 : 1 : 1 : 0,25). (J. chem. Soc. [London] **1952**. 4306—10. Nov. Edinburgh, Univ., King's Buildings.) WILLENBERG. 3400

L. Hough, J. K. N. Jones und **E. L. Richards,** *Die Reaktionen von Aminoverbindungen mit Zuckern.* 1. Mitt. *Die Einwirkung von Ammoniak auf D-Glucose.* Unter den Reaktionsprodd. von D-Glucose mit NH_3 wurden durch Extraktion mit Chlf. u. Verteilungschromatographie *4(5)-Methylimidazol*, *2-Methyl-5-[D-arabo-tetraoxybutyl]-pyrazin* (**I**) u. ein Isomeres (**II**) davon mit der wahrscheinlichen 2-Methyl-6-Substitution gefunden. Bei der Perjodatoxydation von **I** u. **II** wurden je 2 Mol Ameisensäure u. 1 Mol Formaldehyd erhalten; bei der Permanganatoxydation gab **I** *Pyrazin-2.5-dicarbonsäure* u. **II** wahrscheinlich *Pyrazin-2.6-dicarbonsäure.* Die 2.6-Struktur von **II** wird auch durch die Molekularrotation gestützt. Die Pyrazinderivv. bilden sich wahrscheinlich durch Kondensation von aldehydo-D-Glucose mit NH_3 u. Methylglyoxal.

V e r s u c h e : Bei den papierchromatograph. Trennungen wurde n-Butanol/A./W. = 40 : 11 : 19 verwendet. — 100 g D-Glucose wurden in 1,6 Liter W. mit 400 ml NH_3-Lsg. (D. 0,88) 2 Wochen bei 37° reagieren gelassen u. die dunkelbraune Lsg. auf 30 ml konzentriert. Papierchromatograph. wurden mindestens 15 Substanzen im Reaktionsgemisch festgestellt, u. a. *Allulose* (?), *Fructose, Mannose* u. *Glucose.* Durch Besprühen mit diazotierter Sulfanilsäurelsg. wurde die Ggw. von Imidazolderivv. festgestellt. — Durch einwöchige kontinuierliche Extraktion des Reaktionsgemisches mit Chlf. wurden 5,9 g eines dunkelbraunen Sirups erhalten. Verteilungschromatographie an einer Cellulosesäule in n-Butanol ergab: aus Fraktion 1 (2,5 g), R_G = 0,99, 0,33 g *4(5)-Methylimidazolpikrat*, $C_{10}H_9O_7N_5$, F. 158°, orangefarbene Nadeln aus W.; aus Fraktion 2 (1,4 g) 2 nicht näher untersuchte Komponenten mit R_G = 0,85 u. 0,68; aus Fraktion 3 (0,4 g), einem Gemisch von hellbraunem Sirup u. Kristallen, 0,2 g *2-Methyl-5-[D-arabo-tetraoxybutyl]-pyrazin* (**I**), $C_9H_{14}O_4N_2$, F. 201° (aus A.); $[\alpha]_D^{13}$ $-62,4^0$ (c = 0,42 in W.); R_G = 0,49. — *Pyrazin-2.5-dicarbonsäure*, $C_6H_4O_4N_2$, durch 18std. Kochen von 0,2 g **I** mit 2%ig. $KMnO_4$-Lsg., sublimiert bei 265—270°, gibt blauviolette Färbung mit Eisensulfatlsg.; 19 mg (Ausbeute). — *2-Methyl-6-[D-arabo-tetraoxybutyl]-pyrazin* (**II**), $C_9H_{14}O_4N_2$, F. 170° (aus A.), durch Eindicken der Mutterlauge von **I**; $[\alpha]_D^{13}$ -74^0 (c = 0,425 in W.); R_G = 0,51; 0,1 g. — Bei der Oxydation mit $KMnO_4$ (wie bei **I**) entstanden aus 0,2 g **II** 4 mg blaßgelbe Substanz, offenbar *Pyrazin-2.6-dicarbonsäure*, Sublimationspunkt 220°, rötlichblaue Färbung mit Eisensulfatlösung. (J. chem. Soc. [London] **1952**. 3854—57. Okt. Bristol, Univ.) WILLENBERG. 3400

Burckhardt Helferich und **Hans-Jürgen Höfmann,** *p-Oxystyrol-β-d-glucosid.* Durch Bromierung des *Tetraacetyl-β-d-glucosids des p-Äthylphenols* u. Umsetzung des erhaltenen *p-[1-Bromäthyl]-phenoltetraacetyl-β-glucosids* (**I**) mit Essigsäure u. Na-Acetat wurde das *p-Oxystyroltetraacetyl-β-d-glucosid* (**II**) u. daraus das *p-Oxystyrol-β-d-glucosid* (**III**) erhalten. Das schwer zu reinigende **II** ließ sich über **III** fast rein gewinnen. **II** u. **III** lassen sich — wenn auch schwerer als Styrol — polymerisieren, wobei Prodd. anderer Drehung u. geringerer Löslichkeit entstehen. Aus den nicht sehr hochmol. Polymerisaten ließen sich bis zu 81% der Glucose wiedergewinnen. Süßmandelemulsin spaltet nur das monomere **III**, nicht seine Polymerisate.

V e r s u c h e : *p-[1-Bromäthyl]-phenoltetraacetyl-β-d-glucosid* (**I**), $C_{22}H_{27}O_{10}Br$, F. 175—180° (Zers.; aus Chlf./Ligroin), aus p-Äthylphenoltetraacetyl-β-d-glucosid in

Chlf. in Ggw. von $NaHCO_3$ mit Br_2-Lsg. unter Bestrahlung mit Hg-Licht bei 25° (30 Min.); red. FEHLINGsche Lsg. nach der Hydrolyse mit Säuren, zeigt die Löslichkeiten der Acetylzucker, $[\alpha]_D^{18}$ —15,8° (Chlf.); 78%. — *p-[1-Oxyäthyl]-phenoltetraacetyl-β-d-glucosid* (**IV**), $C_{22}H_{28}O_{11}$, F. 148—149° (Chlf./Ligroin oder Methanol), durch 2std. Kochen von I mit Ag_2CO_3 in wasserhaltigem Aceton, zeigt die Löslichkeiten der Acetylzucker, $[\alpha]_D^{18}$ —16,7° (Chlf.); 64%. — *p-[1-Acetoxyäthyl]-phenoltetraacetyl-β-d-glucosid*, F. 137—139°, aus vorst. Verb. mit Essigsäureanhydrid in Pyridin, $[\alpha]^{16}$ —36,1° (Chlf.). — *p-[1-Methoxyäthyl]-phenoltetraacetyl-β-d-glucosid*, F. 167—168°, aus I durch 3std. Aufbewahren mit Na-Methylat in Methanol/Chlf. oder durch kurzes Kochen mit $AgNO_3$ in viel Methanol; red. FEHLINGsche Lsg. erst nach der Hydrolyse, $[\alpha]_D^{17}$ —23,9° (Chlf.). — *p-Oxyacetophenontetraacetyl-β-d-glucosid*, durch 1—2std. Erhitzen von **IV** mit $Na_2Cr_2O_7$ in Eisessig auf dem Wasserbad. — *o-[1-Oxyäthyl]-phenoltetraacetyl-β-d-glucosid*, $C_{22}H_{28}O_{11}$, F. 157,5° (aus Methanol), durch Umsetzung von Tetraacetylhelicin mit CH_3MgJ in Ae./Bzl. unter Eiskühlung; red. FEHLINGsche Lsg. erst nach der sauren Hydrolyse, $[\alpha]_D^{22}$ —22,7° (Chlf.); 27%. — *p-Oxystyrol-β-d-glucosid* (**III**), $C_{14}H_{18}O_6$, F. 175—180° (W.), mit 98% „En"-Geh., durch 8std. Kochen von I in Na-Acetat/Eisessig, Einrühren in Eiswasser, Umkristallisieren der ausgefallenen Acetylglucoside aus Methanol u. Entacetylierung des 75—85% **II** enthaltenden, schwer zu reinigenden Zwischenprod. mittels Na-Methylats in Methanol in der Kälte; leicht lösl. in Pyridin u. Tetrahydrofuran, etwas schwerer in Dioxan u. W., schwer in Methanol u. Eisessig, sehr schwer bis unlösl. in Chlf., Aceton, Bzl. u. Ligroin, red. FEHLINGsche Lsg. erst nach saurer Hydrolyse, $[\alpha]_D^{17}$ —79,9° (W.); 58—59%. — *p-Oxystyroltetraacetyl-β-d-glucosid* (**II**), $C_{22}H_{26}O_{10}$, F. 110° (Methanol/W.), aus **III** mit Essigsäureanhydrid in Pyridin (24 Std. bei Zimmertemp.); red. FEHLINGsche Lsg. erst nach saurer Hydrolyse, zeigt die Löslichkeiten der Acetylzucker, En-Titration: 96%, $[\alpha]_D^{21}$ —19,6° (Chlf.); 78%. — *p-[1.2-Dibromäthyl]-phenoltetraacetyl-β-d-glucosid*, $C_{22}H_{26}O_{10}Br_2$, zers. sich beim Erhitzen, aus rohem **II** mit Br_2 in Chlf. unter Eiskühlung; in einer Neben-Rk. dürfte in kleinem Umfange auch Substitution durch Br eingetreten sein; $[\alpha]_D^{19}$ —8,5° (Chlf.); 58%. — *Polymeres* **III**, $(C_{14}H_{18}O_6)_x$, durch 10tägiges UV-Bestrahlen von 6 g **III** in Dioxan unter Zusatz von 0,1 g Benzophenon (CO_2-Atmosphäre) u. Extraktion des Nd. mit sd. Methanol; F. oberhalb 230° unter Braunfärbung, unlösl. in allen üblichen Lösungsmitteln; 27% Ausbeute, ohne Zusatz von Benzophenon wurde nach 7 Tagen ein in W. etwas lösl., offenbar weniger hochmol. Polymerisat von etwas niedrigerem F. erhalten, $[\alpha]_D^{17}$ —52,9° in W.; Polymerisation in Ggw. von Dibenzoylperoxyd im sd. Wasserbad gab nach 24 Std. ein hygroskop., in W. etwas lösl. Reaktionsprod., $[\alpha]_D^{19}$ —51,6° (W.); 45% (Ausbeute). — *Polymeres* **II**, $(C_{22}H_{26}O_{10})_x$, F. ca. 150—160°, durch 30std. Erhitzen von **II** in Dioxan in Ggw. von Dibenzoylperoxyd auf dem Wasserbad (CO_2-Atmosphäre) u. 3maliges Umlösen des Sirups mit Methanol; sehr leicht lösl. in Chlf., etwas schwerer in Aceton u. Dioxan, noch schwerer in kaltem Methanol, in Eisessig u. Pyridin, prakt. unlösl. in Ligroin, addiert kein Br_2 mehr, $[\alpha]_D^{20}$ —8,6 (Chlf.); ca. 18% Ausbeute; ein ähnliches Prod. wird bei Polymerisation im UV-Licht mit oder ohne Zusatz von Benzophenon in 190 Std. erhalten, desgleichen aus ungereinigtem **II**. — **III** ließ sich bei p_H 4,8 u. 30° durch Süßmandelemulsin spalten im Gegensatz zu seinem Polymerisat; $k \cdot 10^4 = 5,45$. Nach 180 Min. 20,2% Spaltung. — Die Spaltung von **III** u. polymerem **III** mit nHCl wurde bei 60 u. 80° durch die Drehungsveränderung gemessen. Nach 1800 Min. bei 60° waren 81,8% von **III**, nach 840 Min. bei 80° 81,3% von seinem Polymeren gespalten (bei 60° sehr viel langsamere Spaltung des Polymeren). (Chem. Ber. 85. 175—80. 1952. Bonn, Univ., Chem. Inst.) WILLENBERG. 3400

Frank Ablondi, Samuel Gordon, John Morton II und **J. H. Williams**, *Ein antimalariawirksames Alkaloid aus Hydrangea.* 2. Mitt. *Isolierung.* Aus der in China als Fiebermittel verwendeten Ch'ang Shan-Wurzel isolierten Vff. in dem wss. Auszug durch Fällung mit Phosphorwolframsäure ein antimalariawirksames Alkaloid als *Hydrochlorid* der Zus. $C_{16}H_{19}O_3N_3 \cdot 2\,HCl$. Die gleiche Verb. wurde aus den Blättern einer Gewächshausart der *Hydrangea* isoliert, F. 223—225° (Zers.), Nadelrosetten (CH_3OH/Aceton); $[\alpha]_D^{31}$ +12,8° (c = 0,75; W.); *Base*, F. 137—138°. Die Identität der aus den verschied. Pflanzen isolierten Substanzen wird durch Misch-F., gleiche UV- u. Ultrarotspektren u. Antimalariawirksamkeit als gesichert angesehen. (J. org. Chemistry **17**. 14—18. Jan. 1952. Pearl River, N. Y., Amer. Cyanamid Co., Lederle Labors. Div.) NEZEL. 3500

B. L. Hutchings, S. Gordon, F. Ablondi, C. F. Wolf und **J. H. Williams**, *Ein antimalariawirksames Alkaloid aus Hydrangea.* 3. Mitt. *Abbau.* (2. vgl. vorst. Ref.) Das aus *Hydrangea* isolierte antimalariawirksame Alkaloid (I) (vgl. vorst. Ref.) wurde zusammen mit Modellsubstanzen zahlreichen Abbau-Rkk. unterworfen. Prüfung auf

O-, N- u. C-Methylgruppen, Amino-N u. isolierte, nichtaktivierte Doppelbindungen war negativ. Durch Hydrolyse mit 2nNaOH entstanden 93% an o-Aminobenzoesäure, während mit NaOH nur 59% davon gebildet wurden. Aus der Bldg. von o-Aminobenzoesäure wurde auf das Vorliegen eines 4-Chinazolons in I geschlossen, was durch das UV-Absorptionsspektr. sehr wahrscheinlich gemacht wurde. Danach enthält I noch in 3-Stellung einen Substituenten. Modellhydrolyseverss. mit 3-substituierten 4-Chinazolonen bestätigten diese Annahme. I gab ein krist. Mono-O-acetylderiv., womit die Anwesenheit eines Hydroxyls gesichert war. Bei der Oxydation mit neutraler $KMnO_4$-Lsg. lieferte I *3-[Carboxymethyl]-chinazolon-(4)*. Mit Hydroxylamin bildete I ein Oxim. Aus dem I-Acetat entstand bei gleichzeitig eintretender Desacetylierung die zweite Form des Oxims (syn u. anti). Bei der Zn-Staubdest. lieferte I *3-[β-Ketopropyl]-chinazolon-(4)*. Im *3-[β-Keto-γ-piperidyl-(2')-propyl]-chinazolon-(4)* wurde eine Modellsubstanz gefunden, die bis auf die Hydroxylgruppe in zahlreichen Rkk. I glich. Schließlich erwies sich I als mit *3-[β-Keto-γ-3'-oxypiperidyl-(2')-propyl]-chinazolon-(4)* identisch.

Versuche: I-*Mono-O-acetylderiv., Hydrochlorid*, $C_{18}H_{21}O_4N_3 \cdot 2\,HCl$, aus I-Dihydrochlorid in Eisessig u. $SOCl_2$, F. 184—188° (A./Ae.). *Base*, $C_{18}H_{21}O_4N_3$, F. 110° (Chlf./PAe.). — Mit Phenylisothiocyanat gibt I eine *Verb.* $C_{23}H_{22-24}O_{2-3}N_4S$ ohne definierten F., die durch Alkalihydrolyse nach anschließender Benzoylierung eine *Verb.* $C_{29}H_{27-29}O_{3-4}N_3S$ liefert, Zers. 230°. Mit KCNO gibt I das *N-Carbamylderiv.*, $C_{17}H_{20}O_4N_4$, F. 205—210°, das mit salzsaurem A. zur *Verb.* $C_{17}H_{18}O_3N_4 \cdot HCl$ cyclisiert. — 3-[β-Oxyäthyl]-, 3-[β-Butylaminoäthyl]- 3-[γ-Diäthylamino-β-oxypropyl]- u. 3-[γ-Piperidino-β-oxypropyl]-chinazolon-(4) geben wie I bei der Oxydation mit $KMnO_4/MgSO_4$ unter Kühl-Fll. *3-[Carboxymethyl]-chinazolon-(4)*, $C_{10}H_8O_3N_2$, F. 240—242°. *Methylester*, F. 151—151,5°. — Aus 3-[α-Methylol-β-oxyäthyl]-chinazolon-(4) entsteht bei der Oxydation *4-Chinazolon*, F. 219—220°. — Zn-Staubdest. von I bei 250°/1—2 mm gibt nach Isolierung mit Phenylhydrazin das *Phenylhydrazon des 3-[β-Ketopropyl]-chinazolons-(4)*, $C_{17}H_{16}ON_4$, F. 155—159°. *3-[β-Ketopropyl]-chinazolon-(4)*, F. 159—160°. — I-*Oxim*, $C_{16}H_{20}O_3N_4$, F. 232—233°, aus I mit Hydroxylaminhydrochlorid in Pyridin/A.; Hydrolyse mit HCl gibt I. *Isomeres Oxim*, F. 152—153°, aus I-Acetat wie vorst. nach Extraktion mit Essigester. — *Diäthylmercaptol des 3-[β-Ketopropyl]-chinazolon-(4)-hydrochlorids*, $C_{15}H_{20}ON_2S_2 \cdot HCl$, F. 120—125°, aus 3-[β-Ketopropyl]-chinazolon-(4) in eisgekühlter konz. HCl mit Äthylmercaptan. *Base*, F. 55—56°. Hydrolyse über RANEY-Ni gibt neben 3-[β-Ketopropyl]-chinazolon-(4) Chinazolon-(4). Das Alkaloid gab kein Mercaptol. Bei der Red. von I mit Zn/HCl, Zn-Amalgam/HCl entstand ein m- oder p-Amin, das durch Öffnen des Chinazolonringes entstanden war. Durch HJ/P wurde I nicht angegriffen. Der Vers. einer BECKMANN-Umlagerung des I-Oxims blieb ohne Erfolg. — 3-[β-Keto-γ-piperidyl-(2')-propyl]-chinazolon-(4) gab bei der Zn-Staubdest. 3-[β-Ketopropyl]-chinazolon-(4) u. mit KCNO die *Verb.* $C_{17}H_{20}O_3N_4$, die zur *Verb.* $C_{17}H_{18}O_2N_4 \cdot HCl$ cyclisiert wurde. (J. org. Chemistry 17. 19—34. Jan. 1952.) NEZEL. 3500

B. R. Baker, Merle V. Querry, Arthur F. Kadish und **James H. Williams,** *Ein antimalariawirksames Alkaloid aus Hydrangea.* 4. Mitt. *Von 3-Alkyl-4-chinazolonen abgeleitete Derivate.* (3. vgl. vorst. Ref.) Zur Synth. von *3-Alkyl-4-chinazolonen* eignete sich die Umsetzung von Isatosäureanhydrid mit prim. aliphat. oder aromat. Aminen u. Orthoameisensäureester oder die Rk. des Alkalisalzes des 4-Chinazolons (I) mit einem Alkylhalogenid. *2-Methyl-3-alkyl-4-chinazolone* waren durch Rk. von Acetanthranil mit einem prim. Amin zugänglich. Ungeeignet hierfür waren Amine, deren Aminogruppe mit einem tert. C-Atom verknüpft ist. Zur Darst. von *3-Oxyalkyl-4-chinazolonen* eigneten sich weniger Aminoalkohole als vielmehr Epoxyverbb., wobei nach der Rk. der Oxidoring geöffnet wurde. Für die Synth. von *3-Alkyl-4-chinazolonen* mit einem sek. Amin in der Seitenkette wurde z. B. 3-β-Oxyäthylchinazolon-(4) tosyliert u. mit einem prim. oder sek. aliphat. oder aromat. Amin umgesetzt. Eine 2-Methyl- oder 6-Chlorgruppe im Chinazolon beeinflußte die Rk. nicht. *3-Alkylaminomethyl-4-chinazolone* wurden in einer MANNICH-Rk. erhalten, wenn I HCHO u. die Amine Piperidin oder Morpholin als Basen in wss. Lsg. angewandt wurden. Gegen Säuren war die N—C—N-Bindung sehr empfindlich. Eine Rk. zwischen I u. Isopropyljodid oder Cyclohexylbromid in Ggw. von $NaOCH_3$ trat nicht ein. Die gewünschten Verbb. wurden aber erhalten durch Formylierung des entsprechenden o-Aminobenzalkylamids u. Ringschluß mit sd. Acetanhydrid in Ggw. von etwas H_3PO_4.

Versuche: *3-[γ-Piperidinopropyl]-chinazolon-(4)-dihydrochlorid*, F. 230—232° (Zers.). 12 g Isatosäureanhydrid, 11 g γ-Piperidinopropylamin u. 13,2 ml Orthoameisensäuretriäthylester werden auf dem Wasserbad bis zur Beendigung der Gasentw. erhitzt, dann 1 Std. bei 125°. Das Öl wird mit alkoh. HCl ins Dihydrochlorid verwandelt; 69% (Ausbeute). — Entsprechend wurden folgende *4-Chinazolone* erhalten: *3-[β-Oxyäthyl]-*, F. 150—152° (W.); 75%. — *3-[β-Piperidinoäthyl]-*, *Dihydrochlorid*, F. 220—222° (Zers.; salzsaurer absol. A.); 58%, aus dem Tosylat 77%; aus der Jodverb. 87%. — *3-[β-Pyridyl-(2')-äthyl]-*, *Dihydrochlorid*, F. 222—223° (Zers.); 49%. — *3-[γ-Morpholinopropyl]-*, *Dihydrochloridhemihydrat*, F. 220—222° (Zers.); 73%. — *3-[γ-Oxypropyl]-*, *Hydrochlorid*, F. 162—164°; 37%. — *3-[β-Oxypropyl]-*, *Hydrochlorid*, F. 196—198° (Zers.); 70%. — *3-[β-Oxy-γ-diäthylaminopropyl]-*, *Dihydrochlorid*, F. 217—219° (Zers.); 59%. — *3-[β-Oxy-γ-piperidinopropyl]-*, *Dihydrochlorid*, F. 205—207° (Zers.); 59%. — *3-Benzyl-*, F. 112—114°; 83%. — *3-Pyridyl-(2')-*, F. 132—134°; 40%. — *3-[β-Carbäthoxyäthyl]-*, *Hydrochlorid*, F. 177 bis 179°; 63%. — *3-Piperidinobutyl-*, F. 118—120°; 43%. — *2-Methyl-3-[γ-piperidinopropyl]-*, *Dihydrochlorid*, F. 226—228° (Zers.). Zu 15,9 g γ-Piperidinopropylamin werden 17 g Acetanthranil gegeben u. 30 Min. bei 125° erhitzt. Das Öl wird in alkoh. HCl mit Ae. als Dihydrochlorid ausgefällt; 38%; *Dipikrat*, F. 147—149°. — *2-Methyl-3-[β-oxy-γ-piperidinopropyl]-*, F. 120—122°, wie vorst.; 40%. — *3-[β.γ-Epoxypropyl]-*(**II**), $C_{11}H_{10}O_2N_2$, F. 82—84° (Heptan). 1 g 4-Chinazolon (I), 1 ml Epichlorhydrin u. 2 Tropfen Pyridin werden 15 Min. auf dem Wasserbad nicht über 100° erhitzt. Das Öl wird aus Bzl. krist., in 5 ml absol. A. gelöst u. mit 10%ig. alkoh. NaOH phenolphthaleinalkal. gemacht, 5 Min. erhitzt, mit W. verd., mit Salz gesätt. u. mit Chlf. extrahiert. Wenn Epichlorhydrin nicht im Überschuß zugesetzt wird, entsteht *1.3-Bis-[chinazolon-(4')-yl-(3')]-propanol-(2)* ($C_{19}H_{16}O_3N_4$, F. 231—232°) in größerem Ausmaß. — *2-Methyl-3-[β.γ-epoxypropyl]-*, $C_{12}H_{12}O_2N_2$, F. 90—92°, durch Kondensation von 2 g 2-Methylchinazolon-(4) [durch Schmelze von Acetanthranil (8 g) u. 4,3 g Ammoniumacetat bei 170—180° Badtemp., F. 234—236°; 59%] u. 5 ml Epichlorhydrin in 13,2 ml $NaOCH_3$-Lsg.; 14%. — *3-[β.γ-Epoxypropyl]-6-chlor-*, $C_{11}H_9O_2N_2Cl$, F. 152—155°; 42%. — *3-[β- Oxy-γ-cyclohexylaminopropyl]-*, F. 144—146° (Bzl.), aus **II** u. Cyclohexylamin auf dem Wasserbad; 78%; auf (**I**) bezogen 54%. — *3-[β-Oxy-γ-(β'-oxyäthylamino)-propyl]-*, *Dihydrochlorid*, F. 140—190° (Zers.); 76%. — *3-[β-Oxy-γ-(oxy-tert.-butylamino)-propyl]-*, *Dihydrochloridhemihydrat*, F. 228—230° (Zers.); 70%. — *3-[β-Oxy-γ-(β'-oxypropylamino)-propyl]-*, *Dihydrochlorid*, F. 160—170° (Zers.); 63%. — *3-[β-Oxy-γ-aminopropyl]-*, *Dihydrochloridhemihydrat*, F. 240—242° (Zers.); 21%. — *3-[β-Oxy-γ-n-butylaminopropyl]-*, *Hydrochlorid*, F. 238—240° (Zers.); 55%. — *6-Chlor-3-[β-oxy-γ-cyclohexylaminopropyl]-*, F. 160—162°; 34%. — *3-[β.γ-Dioxypropyl]-*, *Sulfat*, F. 230 bis 232° (Zers.); durch 3std. Kochen mit nH_2SO_4; 63%. — *3-[β-Oxy-γ-anilinopropyl]-*, F. 152—153°; 47%. — *2-Methyl-3-[β-oxy-γ-cyclohexylaminopropyl]-* F. 110—112°; 27%. — *3-[β-Oxy-γ-allylaminopropyl]-*, *Dihydrochlorid*, F. 203—207° (Zers.); 56%; *Base*, F. 117—120°. — *3-[β-Oxy-γ-morpholinopropyl]-*, F. 106—108°; 50%. — *3-[β-Oxy-γ-isopropylaminopropyl]-*, *Hydrochlorid*, F. 209—212° (Zers.); 38%. — *3-[β-Tosyloxyäthyl]-*, $C_{17}H_{16}O_4N_2S$, F. 160° (Zers.), aus 3-[β-Oxyäthyl]-chinazolon-(4) u. p-Toluolsulfochlorid in Pyridin bei 5°; nach 2 Std. in W. gießen; 55%. — *3-[β-Jodäthyl]-*, $C_{10}H_9ON_2J$, F. 124—125° (A.), aus vorst. Verb. mit NaJ in Aceton während 16 Std. unter Rückfluß kochen; 88%. — *3-[γ-Chlorpropyl]-*, $C_{11}H_{11}ON_2Cl$, F. 98—100°, aus **I** u. Trimethylenchlorbromid in Ggw. von $NaOCH_3$ während 6 Std. unter Rückflußkochen; mit W. verd. u. mit Chlf. extrahieren; 69%. Entsprechend: *3-[β-(N-Tosyläthylamino)-äthyl]-*, *Hydrochlorid*, F. 207—211° (Zers.); 41%. — *3-[β-Äthylaminoäthyl]-*, *Dihydrochloridmonohydrat*, F. 220—221° (Zers.); durch Hydrolyse vorst. Verb. mit 48%ig. HBr u. Essigsäure während 16 Std. unter Rückfluß; 67%. — *3-[β-Piperidyl-(2')-äthyl]-*, *Dihydrochlorid*, F. 234—237°. — *3-[γ-Phthalimidopropyl]-*, F. 152—154°; 72%. — *6-Chlor-3-[γ-chlorpropyl]-*, F. 115—117°; 83%. — *3-[γ-1'-Tosylpiperidyl-(4')-propyl]-*, *Hydrochloridmonohydrat*, F. 190—193° (Zers.); 55%. — *3-[γ-Piperidyl-(4')-*, *Dihydrochloridhemihydrat*, F. 228—231° (Zers.); durch Hydrolyse vorst. Verb.; 35%. — *3-[β-Oxy-γ-methoxypropyl]-*, F. 121—124°; 55%. — *3-Allyl-*, *Hydrochlorid*, F. 200 bis 202° (Zers.); 45%; *Base*, F. 64—65°. — *3-Acetonyl-*, F. 157—159°; 83%. — *3-[Tetrahydrofuryl-(2')-methyl]-*, *Hydrochlorid*, F. 196—198° (Zers.); 27%. — *3-[4'-Ketopentyl]-*, F. 85—87°; 5%. — *3-[ω-Brom-n-hexyl]-*, *Hydrochlorid*, F. 188—190° (Zers.); 38%. — *3-[β-Bromallyl]-*, F. 65—67°; 60%. — *3-[γ-Cyclohexylaminopropyl]-*, *Dihydrochlorid*, F. 237—240° (Zers.), durch Erhitzen von 10 g 3-γ-Chlorpropylchinazolon-(4), 20 ml Cyclohexylamin, 0,5 g NaJ u. 30 ml Methylcellosolve auf dem Wasserbad während 17 Std.; nach dem Verdünnen mit W. wird ammoniakal. gemacht u. mit Chlf. extrahiert; 84%. Entsprechend: *3-[β-n-Butylaminoäthyl]-*, *Dihydrochloridmonohydrat*, F. 110—130° (Zers.); 30%. — *3-[β-(β'-Oxyäthylamino)-äthyl]-*, *Dihydrochlorid*, F. 203 bis 205°; 10%. — *3-[β-Cyclohexylaminoäthyl]-*, *Dihydrochlorid*, F. 242—244° (Zers.);

55%. — *3-[β-Oxy-tert.-butylaminoäthyl]-*, *Dihydrochlorid*, F. 246° (Zers.); 64%. — *3-[β-Phthalimidoäthyl]-*, F. 207—209°; durch Umsetzung des Tosylats mit Phthalimid-K in Propylalkohol während 75 Min. bei 100°; 54%. — *3-[β-Aminoäthyl]-*, *Dihydrochlorid*, F. 260° (Zers.), durch Hydrazinhydrolyse des vorst. Deriv. in Methylcellosolve; 93%. — *3-[β-Dioxy-tert.-butylaminoäthyl]-*, *Dihydrochloridhemihydrat*, Doppel-F. 160 u. 210° (Zers.); 23%. — *3-[γ-(β'-Oxyäthylamino)-propyl]-*,*Dihydrochloridhemihydrat*, F. 170—180° (Zers.); 56%. — *3-[γ-Oxy-tert.-butylaminopropyl]-*, *Dihydrochlorid*, F. 215—217° (Zers.); 71%. — *3-[γ-(β'-Oxy-n-propylamino)-propyl]-*, *Dihydrochlorid*, F. 205—207° (Zers.); 70%. — *3-[γ-Dioxy-tert.-butylaminopropyl]-*, *Dihydrochlorid*, F. 213—215° (Zers.); 52%. — *6-Chlor-3-[γ-cyclohexylaminopropyl]-*, *Dihydrochloridmonohydrat*, F. 242 bis 244° (Zers.); 63%. — *3-[γ-Anilinopropyl]-*, *Dihydrochlorid*, F. 203—205° (Zers.); 61%. — *6-Methyl-3-[γ-chlorpropyl]-*, *Hydrochlorid*, F. 209—211° (Zers.); 24%. — *3-γ-[Tosyloxypropyl]-*, F. 173—175°, aus der Oxyverb. durch Tosylierung in Pyridin bei 0°; 23%. — *3-[γ-Aminopropyl]-*, *Dihydrochlorid*, F. 250—252° (Zers.), aus der Phthalimidoverb. durch Hydrazinhydrolyse; 51%. — *3-[ω-Cyclohexylamino-n-hexyl]-*, *Dihydrochlorid*, F. 211—213° (Zers.); 51%. — *3-[N-Tosyl-β-oxy-γ-äthylaminopropyl]-*, *Hydrochlorid*, F. 128° (Zers.). N-Äthyl-p-toluolsulfonamid (2 g) u. 3,9 ml Epichlorhydrin in 10 ml n-$NaOCH_3$-Lsg. werden nach 3 Std. Stehen mit W. verd., mit Chlf. extrahiert, das erhaltene *N-[β.γ-Epoxypropyl]-N-äthyl-p-toluolsulfonamid* wird mit I u. $NaOCH_3$ in CH_3OH umgesetzt, nach 18 Std. mit W. verd. u. mit Chlf. extrahiert. Das Öl wird mit alkoh. HCl ins Hydrochlorid übergeführt. — *3-[β-Oxy-γ-(äthylamino)-propyl]-*, *Dihydrochloridhemihydrat*, F. 213—216° (Zers.), durch Hydrolyse vorst. Verb.; 39%. — *1-Tosyl-4-[γ-tosyloxypropyl]-piperidin*, $C_{22}H_{29}O_5NS_2$, F. 88—90°, durch Tosylierung von 4-γ-Oxypropylpiperidin in Trimethylamin/Pyridin unterhalb 12°; 74%. — *N-[β-Tosyloxyäthyl]-N-äthyl-p-toluolsulfonamid*, Öl, entsprechend, aber ohne Trimethylamin. — *1-Tosyl-2-[β-tosyloxyäthyl]-piperidin*, $C_{21}H_{27}O_5NS_2$, F. 72—75° (verd. CH_3OH), aus 2-β-Oxyäthylpiperidin u. Tosylchlorid in Pyridin bei 0—3°. — *3-Chloracetamidomethylchinazolon-(4)*, $C_{11}H_{10}O_2N_3Cl$, F. 180—182° (CH_3OH), aus I u. Methylolchloracetamid durch 2 std. Kochen in Essigsäure; 53%. — *3-Benzamidomethyl-*, F. 178—180°; analog; 63%. — *3-[Piperidinomethyl]-*, $C_{14}H_{17}ON_3$, F. 105° (Heptan), aus I, Formalin u. Piperidin in W. auf dem Wasserbad während 15 Min.; 78%. — *3-[Morpholinomethyl]-*, $C_{13}H_{15}O_2N_3$, F. 93—95°; 40%. — *Chinazolon-(4)-essigsäure-(3)-äthylester*, $C_{12}H_{12}O_3N_2$, F. 72—75° (Heptan), aus I, Chloressigsäureester u. $NaOCH_3$ in absol. A.; 68%. — *Chinazolon-(4)-essigsäure-(3)*, F. 237—239°. — *Chinazolon-(4)-malonsäure-(3)-diäthylester*, $C_{15}H_{16}O_5N_2$, F. 64—67° (wss. CH_3OH), aus I, Brommalonester u. $NaOCH_3$ in CH_3OH; 34%. *Hydrochlorid*, $C_{15}H_{16}O_5N_2 \cdot HCl$, in 2 Formen: F. 208 bis 209° (Zers.) u. F. 143—145° (Zers.). — *3-Cyclohexylchinazolon-(4)*, $C_{14}H_{16}ON_2$, F. 111—113° (Heptan), aus o-Amino-N-cyclohexylbenzamid durch Formylierung in 90%ig. HCOOH während 1 Std. auf dem Wasserbad u. Ringschluß des Vakuumrückstands in Acetanhydrid mit 5% P_2O_5 während 1 Std. unter Rückfluß; 47%. *Hydrochlorid*, $C_{14}H_{16}ON_2 \cdot HCl$, F. 224° (Zers.). — *o-Formamido-N-cyclohexylbenzamid*, $C_{14}H_{18}O_2N_2$, F. 144—147°. — *3-[α-Methylol-β-oxyäthyl]-chinazolon-(4)*, *Hydrochlorid*, $C_{11}H_{12}O_3N_2 \cdot HCl$, F. 172—174°; 1,9 g 2-Amino-1.3-propandiol, 20 ml absol. A. u. 3,4 g Isatosäureanhydrid 10 Min. kochen, Vakuumrückstand mit 50 ml Orthoameisensäureester 2 Std. kochen u. Vakuumrückstand in Acetanhydrid/P_2O_5 1 Std. kochen. Den Vakuumrückstand danach mit absol. alkoh. HCl kochen u. mit dem 4fachen Vol. Aceton u. Ae. bis zur Trübung versetzen; 33%. — Analog *3-[δ-Diäthylaminopentyl]-*, *Dipikrat*, F. 147 bis 149°. — *3-[β-Carboxyäthyl]-*, *Hydrochlorid*, $C_{11}H_{10}O_3N_2 \cdot HCl \cdot H_2O$, F. 212—214° (Zers.), durch Säurehydrolyse des Esters; 79%. — *3-[γ-Ketobutyl]-*, *Hydrochlorid*, $C_{12}H_{12}O_2N_2 \cdot HCl$, F. 165—167° (Zers.) (absol. A./Ae.), aus vorst. Verb. über das mit $SOCl_2$ dargestellte *Säurechloridhydrochlorid* [F. 165—170° (Zers.)] durch Umsetzung mit Äthoxy-Mg-Malonester in Bzl. während 5 Min. unter Rückfluß; mit Essigsäure wird angesäuert, die organ. Schicht eingedampft, der überschüssige Malonester bei 1 mm herausdest., das Ketomalonat 3 Std. mit 6nHCl gekocht u. im Vakuum zur Trockne gebracht; 48%. *Phenylhydrazon*, $C_{18}H_{18}ON_4$, F. 148—150° (verd. A.). — *3-[β-Chlor-γ-methoxypropyl]-*, *Hydrochlorid*, $C_{12}H_{13}O_2N_2Cl \cdot HCl$, F. 166—169° (Zers.), aus der β-Oxyverb. mit $SOCl_2$ in Chlf./Pyridin; 82%. (J. org. Chemistry 17. 35—51. Jan. 1952.) NEZEL. 3500

B. R. Baker, Merle V. Querry, Arthur F. Kadish und **James H. Williams**, *Ein antimalariawirksames Alkaloid aus Hydrangea.* 5. Mitt. *Einige 3-[β-Keto-sek.-aminoalkyl]-4-chinazolone.* (4. vgl. vorst. Ref.) Zur Prüfung, wann *3-[β-Keto-sek.-aminoalkyl]-4-chinazolone* mit KCNO bei Säureeinw. unter Ringschluß reagieren (vgl. vorvorst. Ref.) — ob dabei die NH-Gruppe in α- oder β-Stellung zum Carbonyl stehen muß — wurden einige Modellsubstanzen auf folgendem Wege synthetisiert: Piperidyl-(2)-essigsäure wurde benzoyliert, ins Säurechlorid übergeführt, mit CH_2N_2 u. HBr ins Brommethylketon (**II**) verwandelt, dieses mit Na-4-Chinazolon umgesetzt u. die Benzoylgruppe abgespalten.

Versuche: *1-Benzoylpiperidyl-(2)-essigsäure* (I), F. 144—145° (W.), durch zweimaliges Benzoylieren von Piperidyl-(2)-essigsäure mit Benzoylchlorid in n-NaOH bei 25—35°; 74% (Ausbeute). — *1-[3'.5'-Dinitrobenzoyl]-piperidyl-(2)-essigsäure*, F. 204 bis 207° (wss. CH_3OH); 32%. *Anilid*, F. 189—191° (wss. CH_3OH); 66%. — *1-Benzoyl-l-pyrrolidin-2-carbonsäure*, F. 154—156°; 94%. — *1-[3'.5'-Dinitrobenzoyl]-l-pyrrolidin-2-carbonsäure*, F. 153—155° (W.); 88%. *Anilid*, F. 151—153°; 68%. — *1-[3'.5'-Dinitrobenzoyl]-piperidin-3-carbonsäure*, F. 215—217°; 56%. — *1-Benzoyl-4-oxypiperidin-3-carbonsäure*, F. 162—164° (W.), durch Verseifung des Methylesters (F. 136—138°); 55%. — *1-Benzoyl-4-acetoxypiperidin-3-carbonsäure*, F. 193—195°; aus vorst. Verb. mit Acetanhydrid; 92%. *Anilid*, F. 122—124° (Bzl./PAe.); 64%. — *1-Benzoyl-2-[γ-bromacetonyl]-piperidin* (II), orangefarbiges Öl. I wird in Acetylchlorid mit PCl_5 in das Säurechlorid übergeführt, dessen benzol. Lsg. unter Rühren in eiskalte äther. CH_2N_2-Lsg. eingetropft, nach der Umsetzung mit Essigsäure versetzt u. 30%ig. HBr (in Essigsäure) unter Kühlen eingetragen; 80%. — Entsprechend wurden erhalten (für die Darst. der Chlorketone diente alkoh. HCl): *1-[3'.5'-Dinitrobenzoyl]-2-[γ-chloracetonyl]-piperidin*, F. 107—111°, gelb; 60%. — *1-[3'.5'-Dinitrobenzoyl]-2-[γ-bromacetonyl]-piperidin*, F. 90—93°, gelb; 42%. — *1-Benzoylpyrrolidyl-(2)-brommethylketon*, Öl; 72%. — *1-[3'.5'-Dinitrobenzoyl]-pyrrolidyl-(2)-chlormethylketon*, F. 130—132°, gelb (Essigester); 21%. — *1-[3'.5'-Dinitrobenzoyl]-pyrrolidyl-(2)-brommethylketon*, F. 110 bis 112° (CH_3OH), gelb; 27%. — *N-[3'.5'-Dinitrobenzoyl]-3-diazoacetylpiperidin*, F. 110 bis 112° (Zers.). N-[3'.5'-Dinitrobenzoyl]-piperidin-3-carbonsäure wird in äther. Lsg. in Ggw. von 0,5% Pyridin mit $SOCl_2$ ins Säurechlorid verwandelt u. das isolierte rohe Säurechlorid wie vorst. ins Diazoketon übergeführt; 66%. — *N-[3'.5'-Dinitrobenzoyl]-3-chloracetylpiperidin*, F. 125—127° (absol. A.), gelb; 95% (auf Diazoketon bezogen). — *1-Benzoyl-4-acetoxy-3-bromacetylpiperidin*, Öl; 71%. — *3-[β-Keto-γ-(1-benzoylpiperidyl-2)-propyl]-chinazolon-(4)-hydrochlorid*, F. 195—196°. Zur Lsg. von 4-Chinazolon in n. methanol. $NaOCH_3$ wird die methanol. Lsg. von **II** gegeben, nach 1 Std. mit Eiswasser u. 10%ig. NaOH-Lsg. versetzt, mit Chlf. extrahiert u. der Verdampfungsrückstand mit alkoh. HCl ins Hydrochlorid übergeführt; 78%. — *3-[β-Keto-γ-piperidyl-(2)-propyl]-*, *Dihydrochlorid*, F. 228—230° (Zers.), durch Säurehydrolyse vorst. Verb.; 74%. — *3-[β-Keto-γ-phthalimidopropyl]-*, F. 254—256°; 28%. — *3-[β-Keto-γ-aminopropyl]-*, *Dihydrochlorid*, F. 198—202° (Zers.); 42%. — *3-[β-Keto-β-(1'-benzoylpyrrolidyl-(2'))-äthyl]-*, *Hydrochlorid*, F. 200—202° (Zers.); 45%. — *3-[β-Keto-β-(1'-{3''.5''-dinitrobenzoyl}-pyrrolidyl-(2'))-äthyl]-*, F. 215—217° (Zers.); 14%. — *3-[β-Keto-β-pyrrolidyl-(2')-äthyl]-*, *Dihydrochlorid*, F. 170° (Zers.), durch Hydrolyse des Benzoylderiv.; 65%. — *3-[β-Keto-β-N-(3''.5''-dinitrobenzoyl)-piperidyl-(3')-äthyl]-*, F. 231 bis 233° (Zers.); 57%. — *3-[β-Keto-β-piperidyl-(3')-äthyl]-*, *Dihydrochlorid*, F. 235 bis 237° (Zers.); 97%. — *3-[β-Keto-β-(1'-benzoyl-4'-oxypiperidyl-(3'))-äthyl]-*, *Hydrochlorid*, F. 190—192° (Zers.); 31%. — *3-[β-Keto-β-(4'-oxypiperidyl-(3'))-äthyl]-*, *Dihydrochlorid*, F. 240—242° (Zers.); 76%. (J. org. Chemistry **17**. 52—57. Jan. 1952.)

NEZEL. 3500

B. R. Baker, Merle V. Querry, Robert E. Schaub und **James H. Williams**, *Ein antimalariawirksames Alkaloid aus Hydrangea. 6. Mitt. Eine zweite Synthese für 3-[β-Keto-γ-piperidyl-(2')-propyl]-chinazolon-(4).* (5. vgl. vorst. Ref.) Für die Synth. von *3-[β-Keto-γ-piperidyl-(2')-propyl]-chinazolon-(4)* benutzten Vff. *3-[β.δ-Diketo-ω-aminoalkyl]-chinazolon*, wobei das Aminoketon zum Tetrahydropyridinring cyclisiert u. hydriert wurde. Die Diketone wurden durch Ester–Keton-CLAISEN-Kondensation dargestellt. Während sich 3-Acetonylchinazolon-(4) mit Essigester nicht zum Diketon nach CLAISEN kondensieren ließ, gelang die Umsetzung bei Chinazolon-(4)-essigsäure-(3)-äthylester (I) mit Aceton oder Methyläthylketon. Zur Darst. von Methyl-δ-phthalimidobutylketon (II) wurde γ-Brompropylphthalimid mit Acetessigsäuremethylester umgesetzt u. decarboxyliert. Durch Kondensation mit I, anschließende Abspaltung der Phthalgruppe bildete sich das Tetrahydropyridinderiv., das zum Piperidinderiv. katalyt. hydriert wurde. Als Schutz für die Aminogruppe war der Phthalylrest weniger geeignet, da die Gesamtausbeuten recht niedrig lagen. Am besten eignete sich die Carbäthoxygruppe. Die Benzoyl- u. Carbobenzoxygruppe waren weniger günstig. Die Diketonsynth. eignete sich auch für die Herst. der 2-Methylchinazolon-(4)-homologen. So gab Acetanthranil mit Glycin bei 190° *2-Methylchinazolon-(4)-essigsäure-(3)*, deren Ester mit 1-Carbäthoxyaminohexanon-(5) (**III**) das entsprechende Diketon, das nach Hydrolyse, Ringschluß u. Hydrierung *2-Methyl-3-[β-keto-γ-piperidyl-(2')-propyl]-chinazolon-(4)* lieferte. Es ist im Gegensatz zum methylfreien Homologen nicht antimalariawirksam In ähnlicher Weise wurde auch ein Pyrrolidinanaloges dargestellt.

V e r s u c h e: *1-Phthalimidohexanon-(5)* (II), $C_{14}H_{15}O_3N$, F. 66—68° (Ae./PAe.). Zur Lsg. von 12 g $NaOCH_3$ u. 48 ml Acetessigsäuremethylester in 300 ml CH_3OH werden 60 g γ-Brompropylphthalimid gegeben, es wird 18 Std. gekocht, im Vakuum konz., mit W. verd. u. mit Essigsäure angesäuert. Der Vakuumrückstand des Chloroformauszuges wird mit 100 ml CH_3OH u. 250 ml 3nHCl 3½ Std. gekocht, mit W. verd. u. mit Essigester extrahiert; 82%. *Semicarbazon*, $C_{15}H_{18}O_3N_4$, F. 152—157° (CH_3OH). *2.4-Dinitrophenylhydrazon*, $C_{20}H_{19}O_6N_5$, F. 158—160°, orangegelbe Kristalle (Methylcellosolve). — *1-Carbäthoxyaminohexanon-(5)* (III), Öl, aus vorst. Ketoester (roh mit 6nHCl verseift) Chlorameisensäureäthylester bei 5° in W.; 56%. *2.4-Dinitrophenylhydrazon*, $C_{15}H_{21}O_6N_5$, F. 128—129°, gelbe Kristalle (CH_3OH). — *1-Carbobenzoxyaminohexanon-(5)*, entsprechend mit Chlorameisensäurebenzylester; 68%. *2.4-Dinitrophenylhydrazon*, $C_{20}H_{23}O_6N_5$, F. 106 bis 108°, orangegelbe Kristalle (CH_3OH). — *1-Benzolsulfonamidohexanon-(5)-2'.4'-dinitrophenylhydrazon*, $C_{18}H_{21}O_6N_5S$, F. 116—117°, gelborange Kristalle (Bzl./Heptan). — *3-[β.δ-Diketoamyl]-chinazolon-(4)*, $C_{13}H_{12}O_3N_2$, F. 130—130,5° (A.), aus I u. Aceton nach CLAISEN; 52%. *Cu-Salz*, F. 260° (Zers.), blau. — *3-[β.δ-Diketohexyl]-chinazolon-(4)*, entsprechend mit Methyläthylketon; 32%. *Cu-Salz*, $C_{28}H_{26}O_6N_4Cu$, F. 225—227° (Zers.), blaugrün. — *3-[2'.4'-Diketo-8'-phthalimidooctyl]-chinazolon-(4)*, aus I u. II durch CLAISEN-Kondensation. Isolierung aus dem Essigesterauszug als *Cu-Salz*, $C_{48}H_{40}O_{10}N_6Cu$, F. 235° (Zers.), blaugrün; 11%. — *3-[2'.4'-Diketo-8'-carbäthoxyaminooctyl]-chinazolon-(4)*, analog; *Cu-Salz*, $C_{38}H_{44}O_{10}N_6Cu$, F. 208—210° (Zers.), blau; 32%. — *3-[2'.4'-Diketo-8'-carbobenzoxyaminooctyl]-chinazolon-(4)*, *Cu-Salz*, $C_{48}H_{48}O_{10}N_6Cu$, F. 184—185°, blau; 17%. — *3-[2'.4'-Diketo-8'-benzamidooctyl]-chinazolon-(4)*, $C_{23}H_{23}O_4N_3$, F. 125—127°; 30%. *Cu-Salz*, $C_{46}H_{44}O_8N_6Cu$, F. 227—229° (Zers.), blau. — *3-[β-Keto-γ-(1'.4'.5'.6'-tetrahydropyridyl-(2'))-propyl]-chinazolon-(4)*, $C_{16}H_{17}O_2N_3$, F. 176—178° (A.). Das Cu-Salz des Phthalimidoderiv. wird in 6nHCl 4 Std. gekocht, gekühlt, filtriert u. im Vakuum bis zur beginnenden Phthalsäureausscheidung konz., das Filtrat in wss. NH_3-Lsg. gegossen, mit Chlf. extrahiert u. der Vakuumrückstand mit Essigester zur Kristallisation gebracht; 29%. Mit dem Carbobenzoxyderiv. wurden 69%, dem Carbäthoxyderiv. 36% (bei der Hydrolyse mit HBr 63%) u. mit dem Benzamidoderiv. 44% Ausbeute erzielt. — *3-[β-Keto-γ-piperidyl-(2')-propyl]-chinazolon-(4)*, $C_{16}H_{19}O_2N_3$, F. 138—140°, durch Hydrierung vorst. Verb. in salzsaurem CH_3OH über PtO_2; *Dihydrochlorid*, F. 212—214°; 66%. — *3-[β-Keto-γ-(1'-benzolsulfonylpiperidyl-(2'))-propyl]-chinazolon-(4)*, $C_{22}H_{23}O_4N_3S$, F. 166—167°, Blättchen (Methylcellosolve/W.), aus vorst. Verb. u. Benzolsulfochlorid; 78%. — *2-Methylchinazolon-(4)*, F. 234—236°, aus Acetanthranil u. NH_4-Acetat bei 130° u. schließlich bei 170—180° (Badtemp.); 59%. — *2-Methylchinazolon-(4)-essigsäure-(3)*, $C_{11}H_{10}O_3N_2$, F. 263° (Zers.), aus Acetanthranil u. Glycin in Diäthylcarbitol bei 180° unter Rühren; 60%. *Methylester*, $C_{12}H_{12}O_3N_2$, F. 114—115° (Bzl./Heptan). Zur Lsg. von 60 g vorst. Verb. in 330 ml CH_3OH werden 33 ml Acetylchlorid eingetropft u. die Lsg. 30 Min. gekocht; 45%. — *2-Methyl-3-[2'.4'-diketo-8'-carbäthoxyaminooctyl]-chinazolon-(4)*, *Cu-Salz*, $C_{40}H_{48}O_{10}N_6Cu$, F. 201—202° (Zers.), durch Kondensation vorst. Esters mit III, blau; 21%. — *2-Methyl-3-[β-keto-γ-(1'.4'.5'.6'-tetrahydropyridyl-(2'))-propyl]-chinazolon-(4)*, $C_{17}H_{19}O_2N_3$, F. 198—198,5° (A.), durch Hydrolyse vorst. Verb. mit 48% HBr; 84%. — *2-Methyl-3-[β-keto-γ-piperidyl-(2')-propyl]-chinazolon-(4)-dihydrochlorid*, $C_{17}H_{21}O_2N_3 \cdot 2\,HCl$, F. 187—189° (Zers.). — *4-Phthalimidobutyrylmalonsäurediäthylester*. 4-Phthalimidobuttersäure wird mit $SOCl_2$ ins Säurechlorid verwandelt u. dieses in benzol. Lsg. in eine Lsg. von Malonester u. Mg-Methylat in Bzl. eingetropft, mit Essigsäure angesäuert u. der Vakuumrückstand des Bzl. in alkoh. Lsg. mit Cu-Acetat ins *Cu-Salz* ($C_{38}H_{40}O_{14}N_2Cu$, F. 190—191°, blau) verwandelt; 89%. — *1-Phthalimidopentanon-(4)*, aus vorst. Verb. durch Hydrolyse mit wss. alkoh. HCl; 78%. *2.4-Dinitrophenylhydrazon*, $C_{19}H_{17}O_6N_5$, F. 230° (Toluol), orange. *Semicarbazon*, $C_{14}H_{16}\cdot O_3N_4$, F. 190—192° (Methylcellosolve). — *1-Carbobenzoxyaminopentanon-(4)-2'.4'-dinitrophenylhydrazon*, $C_{19}H_{21}O_6N_5$, F. 134—135° (CH_3OH), gelb; 41%. — *3-[2'.4'-Diketo-7'-carbobenzoxyaminoheptyl]-chinazolon-(4)*, *Cu-Salz*, $C_{46}H_{44}O_{10}N_6Cu$, F. 182—184° (Zers.); 17%. — *3-[2'.4'-Diketo-7'-phthalimidoheptyl]-chinazolon-(4)*, *Cu-Salz*, $C_{46}H_{36}\cdot O_{10}N_6Cu$, F. 232—235° (Zers.); 19—25%. — *3-[β-Keto-γ-(4'.5'-dihydropyrrolyl-(2'))-propyl]-chinazolon-(4)*, $C_{15}H_{15}O_2N_3$, F. 207—208° (Toluol), durch Hydrolyse vorst. Carbobenzoxyverb.; 35%. (J. org. Chemistry **17**. 58—67. Jan. 1952.) NEZEL. 3500

B. R. Baker, Merle V. Querry, Ralph Pollikoff, Robert E. Schaub und **James H. Williams**, *Ein antimalariawirksames Alkaloid aus Hydrangea*. 7. Mitt. *3-[β-Keto-γ-(5'-oxypiperidyl-(2'))-propyl]-chinazolon-(4), ein Isomeres*. (6. vgl. vorst. Ref.) Beim Vers., *3-[β-Keto-γ-(5'-oxypiperidyl-(2'))-propyl]-chinazolon-(4)* (I) über 3-[2'.4'-Diketo-7'-oxy-8'-phthalimidooctyl]-chinazolon-(4) darzustellen, zeigte sich, daß 1-Phthalimido-2-oxyhexanon-(5) (II) bei der CLAISEN-Kondensation nicht mit der Methyl-, sondern mit der Methylengruppe in Rk. tritt u. mit Chinazolon-(4)-essigsäure-(3)-äthylester (III)

3-[2-Keto-5'-oxy-6'-phthalimidohexyl]-chinazolon-(4) bildet. Nach Überführung der Oxygruppe in die Methoxygruppe verlief die CLAISEN-Kondensation bei *1-Benzamido-2-methoxyhexanon-(5)* normal. Nach Hydrolyse mit 9nH_2SO_4, Ringschluß u. Demethylierung mit 48%ig. HBr entstand *3-[β-Keto-γ-(5'-oxy-1'.4'.5'.6'-tetrahydropyridyl-(2'))-propyl]-chinazolon-(4)*, das zu I hydriert wurde. I ist mit dem *Hydrangea*-Alkaloid isomer.

Versuche: *2-Aceto-5-phthalimidovalerolacton-(4)*, $C_{15}H_{13}O_5N$, F. 108—110° (Bzl./Heptan). Epoxypropylphthalimid wird mit Acetessigsäuremethylester in Ggw. von $NaOCH_3$ in tert.-Butanol gekocht, mit verd. Essigsäure angesäuert, mit Essigester extrahiert u. über das *Cu-Salz* [$C_{30}H_{24}O_{10}N_2Cu$, F. 278° (Zers.)] isoliert; 41%. — *1-Phthalimido-2-oxyhexanon-(5)* (II), $C_{14}H_{15}O_4N$, F. 102—103° (Bzl./Heptan), Rosetten, durch Kochen des Lactons in wss.-alkoh. HCl. — *2-Carboxy-5-phthalimidovalerolacton-(4)*, $C_{14}H_{11}O_6N$, F. 171—172° (A./Heptan), aus der 2-Carbäthoxyverb. durch Hydrolyse mit wss.-alkoh. HCl; 40%. — *5-Phthalimidovalerolacton-(4)*, $C_{13}H_{11}O_4N$, F. 161—164° (A.), durch Erhitzen vorst. Verb. im Bad bei 180—190°; 97%. — *3-[2'-Keto-5'-oxy-6'-phthalimidohexyl]-chinazolon-(4)*, $C_{22}H_{19}O_5N_3$, F. 224—225° (Methylcellosolve), bei der CLAISEN-Kondensation von II mit III in n. methanol. $NaOCH_3$-Lsg.; 35%. — *2-[Chinazolon-(4')-acetyl-(3')]-5-phthalimidovalerolacton-(4)*, $C_{23}H_{17}O_6N_3$, F. 209—210° (Methylcellosolve/W.), aus γ-[Chinazolon-(4)]-acetessigsäure-(3)-äthylester u. Epoxypropylphthalimid in n-$NaOCH_3$-Lsg.; 19%. — *3-[2'-Keto-5'-oxy-6'-aminohexyl]-chinazolon-(4)-dihydrochlorid*, $C_{14}H_{17}O_3N_3 \cdot 2\,HCl$, F. 197—198° (Zers.), aus vorst. oder vorvorst. Verb. durch Kochen mit 6nHCl; 70%. — *3-[5'-Oxy-1'.4'.5'.6'-tetrahydropyridyl-(2')-methyl]-chinazolon-(4)*, $C_{14}H_{15}O_2N_3$, F. 172—174° (A./Essigester), aus vorst. Dihydrochlorid in W./Chlf. mit K_2CO_3; 78%. *Dihydrochlorid*, $C_{14}H_{15}O_2N_3 \cdot 2\,HCl$, F. 213—214° (Zers.). *Dipikrat*, F. 214° (Zers.), gelbe Kristalle (A.). — *3-[5'-Oxypiperidyl-(2')-methyl]-chinazolon-(4)*, $C_{14}H_{17}O_2N_3$, F. 120—132° (vermutlich ein Gemisch von cis- u. trans-Form), durch Hydrierung vorst. Verb. über PtO_2 in CH_3OH aus dem *Dihydrochlorid* [$C_{14}H_{17}O_2N_3 \cdot 2\,HCl \cdot H_2O$, F. 175—177° (Zers.)]. — *Allylphthalimid*, aus K-Phthalimid u. Allylbromid, F. 59—60° (roh); 87%. — *2-Methoxy-3-phthalimidopropylmercuriacetat*, F. 129—132°. 5 g vorst. Verb. in 50 ml CH_3OH werden mit 7,7 g Hg-Acetat versetzt u. 10 Min. erhitzt. — *2-Methoxy-3-phthalimidopropylmercurijodid*, $C_{12}H_{12}O_3NJHg$, F. 154—156°. Allylphthalimid u. Hg-Acetat werden in CH_3OH gekocht u. mit einer warmen methanol. KJ-Lsg. versetzt. — *2-Methoxy-3-phthalimidopropyljodid*, $C_{12}H_{12}O_3NJ$, F. 107—108°. Allylphthalimid wird über das Hg-Acetat ins Hg-Jodid verwandelt, mit J_2 versetzt, 15 Min. gekocht, das ausgeschiedene HgJ_2 mit KJ-Lsg. in Lsg. gebracht, mit $NaHSO_3$-Lsg. bis zum Verschwinden der Jodfarbe versetzt, mit W. verd. u. auf 25° gekühlt. Der Nd. wird aus A. krist.; 75%. — *1-Phthalimido-2-methoxyhexanon-(5)*, aus vorst. Verb. u. Na-Acetessigsäuremethylester in tert.-Butanol während 42 Std. unter Rückflußkochen; nach Ansäuern mit Essigsäure wird im Vakuum zur Trockne eingedampft, mit wss.-alkoh. HCl bis zur Beendigung der CO_2-Entw. gekocht, das Keton mit Essigester extrahiert, über die Bisulfitverb. gereinigt u. als *2.4-Dinitrophenylhydrazon* [$C_{21}H_{21}O_7N_5$, F. 180,5—181°, orange Kristalle (Bzl.)] isoliert. — *1-Benzamido-2-methoxyhexanon-(5)-2'.4'-dinitrophenylhydrazon*, $C_{20}H_{23}O_6N_5$, F. 132—134°, gelbe Kristalle (A.). — *3-[2'.4'-Diketo-7'-methoxy-8'-benzamidooctyl]-chinazolon-(4)*, F. 113—116° (Bzl./Heptan), durch CLAISEN-Kondensation der vorst. Verb. mit III. Isolierung über das *Cu-Salz* [$C_{48}H_{48}O_{10}N_6Cu$, F. 218—220° (Zers.), blau]; 30%. *Hydrochlorid*, $C_{24}H_{25}O_5N_3 \cdot HCl$, F. 178—180° (Zers.). — *3-[β-Keto-γ-(5'-oxy-1'.4'.5'.6'-tetrahydropyridyl-(2'))-propyl]-chinazolon-(4)*, $C_{16}H_{17}O_3N_3$, F. 229—230°, Nadeln (A.). 12,2 g vorst. Cu-Salzes werden mit 47 ml W. u. 15,6 ml konz. H_2SO_4 2 Std. gekocht, gekühlt, in überschüssiges 15nNH_3/Eis gegossen u. mit Chlf. extrahiert; der Auszug wird auf dem Wasserbad erhitzt, mit Methylcellosolve völlig in Lsg. gebracht u. im Vakuum zur Trockne gebracht, der Rückstand mit 51 ml 48%ig. HBr 20 Min. unter Rückfluß gekocht, in 51 ml 15nNH_3/Eis gegossen, der Nd. abgetrennt, die Lsg. mit Chlf. extrahiert, der Nd. mit der Chloroformlsg. vereinigt u. mit Methylcellosolve gelöst; der Vakuumeindampfrückstand wird aus Essigester u. A. kristallisiert. — *3-[β-Keto-γ-(5'-oxypiperidyl-(2'))-propyl]-chinazolon-(4)* (I), F. 130—133°, durch Hydrierung vorst. Verb. in 6nHCl mit PtO_2 über das *Dihydrochlorid* [$C_{16}H_{19}O_3N_3 \cdot 2\,HCl$, F. 225—227° (Zers.)]; 54%. (J. org. Chemistry 17. 68—76. Jan. 1952.) NEZEL. 3500

B. R. Baker, Robert E. Schaub, Merle V. Querry und **James H. Williams**, *Ein antimalariawirksames Alkaloid aus Hydrangea.* 8. Mitt. *Syntheseversuch des 3-[β-Keto-γ-(4'-oxypiperidyl-(2'))-propyl]-chinazolons-(4) auf dem Wege über das Diketon.* (7. vgl. vorst. Ref.) 3-Phthalimidopropionylchlorid wurde zum Aldehyd nach ROSENMUND red. u. nach Kondensation mit Malonester in *5-Phthalimidopenten-(2)-säure* (I) übergeführt. Der Aldehyd war auch durch Anlagerung von Phthalimid an Acrolein zugänglich. Durch Anlagerung von CH_3OH an I entstand *3-Methoxy-5-phthalimidovaleriansäure*. Das Säurechlorid von I konnte leicht mit Mg-Malonester u. durch anschließende milde Säurehydrolyse in *1-Phthalimidohexen-(3)-on-(5)* (II) verwandelt werden. II ging mit Chinazolon-(4)-essigsäure-(3)-äthylester (III) keine CLAISEN-Kondensation ein. Auch 1-Phthalimido-3-methoxyhexanon-(5) lieferte mit III kein CLAISEN-Kondensationsprod. (Prüfung der verschiedensten Ester der Säure von III in zahlreichen Lösungsmitteln u. mit wechselnden Kondensationsmitteln). Durch Acylierung von Na-Benzylacetessigester mit n-Butyrylchlorid, anschließende Hydrogenolyse u. milde Decarboxylierung entstand *n-Butyrylaceton*. Entsprechend verlief auch die Diketonsynth. mit 5-Benzamidovalerylchlorid (IV). Mit Chinazolon-(4)-acetessigsäure-(3)-benzylester (V) lieferte IV das entsprechende Diketon, jedoch nur zu 1%. Dagegen wurde bei dieser Rk. mit 5-Phthalimidovalerylchlorid eine Ausbeute von 11% erzielt. Mit 3-Methoxy-5-phthalimidovalerylchlorid u. V wurde unter den verschiedensten Bedingungen wiederum nur eine Diketonausbeute von maximal 6,2% erreicht. Die Phthalylgruppe ließ sich jedoch nachher nicht ohne Zerstörung des Mol. abspalten. Wenn aber die Aminogruppe des 3-Methoxy-5-aminovalerylchlorids durch andere Reste geschützt war, bildete sich überhaupt kein Diketon mit V.

Versuche: *5-Phthalimidopenten-(2)-säure* (I), $C_{13}H_{11}O_4N$, F. 200—201°, a) nach ROSENMUND durch Red. von 81 g β-Phthalimidopropionylchlorid in 500 ml Xylol mit 7 g 5%ig. Pd/BaSO$_4$, 0,7 ml Chinolin/Schwefel-Lsg. u. H_2; nach Filtration u. Eindampfen im Vakuum wird mit Malonsäure in 16,5 ml Pyridin u. 0,4 ml Piperidin bei 50° während 2½ Std. kondensiert, in verd. HCl gegossen u. aus dem Nd. die Säure mit $NaHCO_3$ extrahiert; 19% (Ausbeute); b) 400 g Phthalimid, 800 ml Pyridin u. 200 ml Acrolein werden mit 16 ml 38%ig. Trimethylbenzylammoniumhydroxyd-Lsg. versetzt u. bei 28—30° zur Rk. gebracht; nach 30 Min. Zugabe von 400 g Malonsäure u. 16 ml Piperidin (Temp. bei 50—55°) u. nach 20 Std. Stehen Eingießen in wss. Na_2CO_3-Lsg.; Zugabe des Filtrats zu einer Mischung Toluol/6nHCl, Nd. mit W. u. Toluol gewaschen u. aus A. kristallisiert. *Methylester*, $C_{14}H_{13}O_4N$, F. 90—92°, durch Eintropfen von Acetylchlorid in die methanol. Lsg. vorst. Verb.; 97%. — *3-Methoxy-5-phthalimidovaleriansäure*, $C_{14}H_{15}O_5N$, F. 119—121° (Bzl./PAe.). 103 g vorst. Esters, 450 ml CH_3OH u. 3,3 g $NaOCH_3$ werden 1 Std. gekocht, mit Essigsäure angesäuert, im Vakuum eingeengt, mit Essigsäure/6nHCl hydrolysiert, im Vakuum zum Sirup konz. u. mit Essigester/W. ausgeschüttelt; 75%. *Anilid*, $C_{20}H_{20}O_4N_2$, F. 132—133° (verd. A.), aus dem Säurechlorid. — *5-Benzamidopenten-(2)-säure*, $C_{12}H_{13}O_3N$, F. 167—169°. 88 g I werden in 440 ml W. u. 20,2 g Na_2CO_3 auf 85° erwärmt u. mit 18 g Hydrazinhydrat 10 Min. erhitzt, mit 62 ml 12nHCl angesäuert u. weitere 10 Min. erhitzt. Bei 25° wird vom Phthalhydrazid abgetrennt u. das Filtrat bei 5° mit Benzoylchlorid/NaOH-Lsg. benzoyliert; 56%. *Anilid*, $C_{18}H_{18}O_2N_2$, F. 229—231° (Methylcellosolve/W.); 82%. Hydrierung der Säure über PtO_2 gab *5-Benzamidovaleriansäure*, F. 98—100°. — *5-Carbobenzoxyaminopenten-(2)-säure*, $C_{13}H_{15}O_4N$, F. 139—141° (Essigester), analog; 99%. *Anilid*, $C_{19}H_{20}O_3N_2$, F. 159—161° (Bzl.); 88%. *Methylester*, niedrigschm. Substanz. — *5-Benzamidopenten-(2)-säuremethylester*, $C_{13}H_{15}O_3N$, F. 86—87° (Bzl./Heptan), Blättchen; 85%. — *3-Methoxy-5-benzamidovaleriansäure*, Öl, aus der Säure durch CH_3OH-Anlagerung wie oben. *Anilid*, $C_{19}H_{22}O_3N_2$, F. 148—150° (Bzl./Heptan). — *3-Methoxy-5-carbobenzoxyaminovaleriansäure*, Öl. *Anilid*, $C_{20}H_{24}O_4N_2$, F. 102—104° (Bzl.). — *3-Methoxy-5-carbäthoxyaminovaleriansäure*, Öl. *Anilid*, $C_{15}H_{22}O_4N_2$, F. 91 bis 92° (Bzl./PAe.). — *3-Methoxy-5-benzolsulfonamidovaleriansäure*, $C_{12}H_{17}O_5NS$, Öl. *Anilid*, gummiartige Substanz. — *N-Benzyl-3-methoxy-5-benzolsulfonamidovaleriansäure*, $C_{19}H_{23}O_5NS$, Öl. *Anilid*, gummiartige Substanz. — *5-Phthalimidovaleriansäure*, F. 118—120°, aus γ-Brompropylphthalimid u. Na-Malonester; 51%; oder durch Hydrierung von I; 99%. — *5-Carbobenzoxyaminovaleriansäure*, $C_{13}H_{17}O_4N$, F. 106 bis 108° (Toluol). *Anilid*, $C_{19}H_{22}O_3N_2$, F. 125—126° (Bzl./PAe.). — *3-Brom-5-benzamidovaleriansäure*, $C_{12}H_{14}O_3NBr$, F. 128—130° (Essigester/Heptan), durch HBr-Anlagerung an 5-Benzamidopenten-(2)-säure; 78%. — *5-Phthalimidopenten-(2)-oylmalonsäurediäthylester*. I wird mit $SOCl_2$ ins Säurechlorid verwandelt u. mit Mg-Malonester umgesetzt u. als *Cu-Salz*, $C_{40}H_{40}O_{14}N_2Cu$, F. 192—194°, blau, isoliert. — *5-Benzamidopenten-(2)-oylmalonsäurediäthylester*, *Cu-Salz*, $C_{38}H_{44}O_{12}N_2Cu$, F. 181—183°, grün (Essigester/Heptan). — *3-Methoxy-5-phthalimidovalerylmalonsäurediäthylester*, *Cu-Salz*, $C_{42}H_{48}O_{16}N_2Cu$, F. 121—123°, grüne Nadeln (A.). — *1-Phthalimidohexen-(3)-on-(5)* (II), durch Verseifung u. Decarboxylierung, Öl; 60%. *2.4-Dinitrophenylhydrazon*, F. 198—201° (Zers.), rot (Toluol/A.). — *3-[2'.4'-Diketo-6'-methylhepten-(5')-yl]-chinazolon-(4)*, *Cu-Salz*, $C_{32}H_{30}O_6N_4Cu$, F. 229—232° (Zers.), aus III u. Mesityloxyd; 19%. — *Malonsäuredibenzylester*, Kp.$_{0,2}$ 188°; durch Veresterung von Malonsäure in Toluol/

H_2SO_4; 95%. — *Chinazolon-(4)-essigsäure-(3)-phenylester*, $C_{16}H_{12}O_3N_2$, F. 122—124° (CH_3OH), aus Na-Chinazolon-(4) (mit NaH dargestellt) u. Chloressigsäurephenylester über das *Hydrochlorid*, F. 205—213° (Zers.). — *Chinazolon-(4)-essigsäure-(3)-benzylester*, $C_{17}H_{14}O_3N_2$, F. 114—115° (CH_3OH), aus dem Äthylester durch Umesterung in Ggw. von etwas $NaOCH_3$; 67%. — *3-Methoxy-5-benzamidovalerylmalonsäuredibenzylester*, aus 3-Methoxy-5-benzamidovalerylchlorid u. Mg-Malonsäuredibenzylester in Toluol. *Cu-Salz*, $C_{60}H_{60}O_{14}N_2Cu$, F. 145—147°, blaugrün (Essigester/Heptan); 50%. — *3-Methoxy-5-phthalimidovalerylmalonsäuredibenzylester, Cu-Salz*, $C_{62}H_{56}O_{16}N_2Cu$, F. 109—111°, grün; 64%. — *5-Phthalimidopenten-(2)-oylmalonsäuredibenzylester, Cu-Salz*, $C_{60}H_{48}O_{14}\cdot N_2Cu$, F. 162—165°; 45%. — *1-Phthalimido-3-methoxyhexanon-(5)*, $C_{15}H_{17}O_4N$, Öl, durch Hydrogenolyse vorvorst. Verb. in Essigsäure/Essigester u. anschließende Decarboxylierung durch Rückflußkochen des Filtrats bis zur Beendigung der CO_2-Entw.; 93%. Beim Vers., das 2.4-Dinitrophenylhydrazon darzustellen, entsteht unter CH_3OH-Austritt das 2.4-Dinitrophenylhydrazon von **II**. — *1-Benzamido-3-methoxyhexanon-(5)*, $C_{14}H_{19}O_3N$, Öl, wie vorst.; 80%. Mit 2.4-Dinitrophenylhydrazin bildet sich auch hier *1-Benzamidohexen-(3)-on-(5)-2'.4'-dinitrophenylhydrazon*, $C_{19}H_{19}O_5N_5$, F. 185—188°, orange (Bzl./Heptan). — *1-Phthalimido-3-methoxyhexanon-(5)-äthylenketal*, $C_{17}H_{21}O_5N$, Öl, durch Kochen des Ketons mit Äthylenglykol u. etwas p-Toluolsulfonsäure; 92%. *Propylenketal*, $C_{18}H_{23}O_5N$, Öl; 92%. — *α.γ-Bis-[chinazolon-(4)]-acetessigsäure-(3)-äthylester*, $C_{22}H_{18}O_5N_4$, F. 202—204° (A.), durch CLAISEN-Kondensation von **III**; 56%. *Cu-Salz*, F. 236—239° (Zers.) (verd. A.). — *1.3-Bis-[chinazolon-(4')-yl-(3')]-aceton*, $C_{19}H_{14}O_3N_4$, F. 309—311° (Zers.), durch Hydrolyse vorst. Ketoesters in 6n HCl während 20 Min. unter Rückflußkochen; 60%. — *Acetessigsäurebenzylester*, $Kp._{10}$ 156—159°, durch Umesterung des Äthylesters bei gleichzeitigem Abtreiben des A.; 89%. — *n-Butyrylaceton*, Kp. 170—175°, aus dem Mg-Salz vorst. Esters u. n-Butyrylchlorid in Toluol, Hydrogenolyse in Essigsäure/Essigester u. Decarboxylierung; 49%. *Cu-Salz*, F. 163—165°, blau. — *8-Benzamido-2.4-octandion, Cu-Salz*, $C_{30}H_{36}O_6N_2Cu$, F. 215—216°, blau (Methylcellosolve/W.). *Freies Diketon*, $C_{15}H_{19}O_3N$, F. 72—73° (Bzl./Heptan). — *6-Methoxy-8-benzamido-2.4-octandion, Cu-Salz*, $C_{32}H_{40}O_8N_2Cu$, F. 168—170°, blau, entsprechend mit 3-Methoxy-5-benzamidovalerylchlorid; 31%. *Freies Diketon*, F. 75 bis 76°. — *Äthylbenzylmalonat*, $C_{12}H_{14}O_4$, $Kp._1$ 138—139°, aus dem Diäthylester durch Umesterung; 66%. — *n-Butyrylessigsäureäthylester*, aus dem Mg-Salz vorst. Esters u. n-Butyrylchlorid, Öl, $Kp._{10}$ 88—90°; 56%. *Cu-Salz*, F. 123—124°, blau. — *5-Benzamidovalerylessigsäureäthylester*, $C_{16}H_{21}O_4N$, F. 45°, wie vorst. mit **IV**; 38%; über das *Cu-Salz*, F. 174—176° (Zers.). — *Chinazolon-(4)-acetylchlorid-(3)-hydrochlorid*, F. 230° (Zers.), aus der Säure mit $SOCl_2$; 94%. *Anilid*, $C_{16}H_{13}O_2N_3$, F. 243—245° (A.). — *Chinazolon-(4)-acetyl-(3)-malonsäuredibenzylester*, aus Mg-Dibenzylmalonat u. vorst. Verb.; gelbes Öl (44%) über das *Cu-Salz*, $C_{54}H_{42}O_{12}N_4Cu$, F. 210—211° (Essigester), hellgrüne Nadeln. *Diäthylester*, Öl; 49%. *Cu-Salz*, $C_{34}H_{34}O_{12}N_4Cu$, F. 224° (Zers.), blau. — *Phthalimidoacetylmalonsäuredibenzylester*, $C_{27}H_{21}O_7N$, F. 111—113°; *Cu-Salz*, $C_{54}H_{40}O_{14}N_2Cu$, F. 228—230°, blaugrün (Methylcellosolve). — *Chinazolon-(4)-acetessigsäure-(3)-benzylester* (**V**), $C_{19}H_{16}O_4N_2$, F. 134—136°, aus Chinazolon-(4)-acetyl-(3)-malonsäuredibenzylester durch Kochen in W.; 65%, oder durch Umesterung des nachst. Äthylesters; 39%. *Cu-Salz*, $C_{38}H_{30}O_8N_4Cu$, F. 214° (Zers.), blaugrün. — *Chinazolon-(4)-acetessigsäure-(3)-äthylester*, $C_{14}H_{14}O_4N_2$, F. 123—125° (W.). — *γ-Phthalimidoacetessigsäurebenzylester*, $C_{19}H_{15}O_5N$, F. 87—87,5°, aus Phthalimidoacetylmalonsäuredibenzylester durch Kochen in W.; 97%. — *3-Methoxy-5-phthalimidovalerylessigsäurebenzylester*, $C_{23}H_{23}O_6N$, durch Kochen des entsprechenden Malonesters in W./Dioxan, Öl. *Cu-Salz*, F. 94—96° (Zers.). — *3-[2'.4'-Diketo-8'-phthalimidooctyl]-chinazolon-(4), Cu-Salz*, F. 229° (Zers.). Na-**V** (mit NaH in Butanol hergestellt) wird in Diäthylcarbitol suspendiert u. mit 5-Phthalimidovalerylchlorid acyliert, mit W. verd. u. in Essigester aufgenommen, der Rückstand des Auszuges in Essigsäure mit Pd/Kohle der Hydrogenolyse unterworfen u. durch Kochen decarboxyliert; 11%. — *3-[2'.4'-Diketoheptyl]-chinazolon-(4), Cu-Salz*, $C_{30}H_{30}O_6N_4Cu$, F. 252° (Zers.), durch Acylierung von Na-**V** mit n-Butyrylchlorid in Aceton u. weitere Behandlung wie vorst.; 12%. — *3-[2'.4'-Diketo-6'-methoxy-8'-phthalimidooctyl]-chinazolon-(4), Cu-Salz*, $C_{50}H_{44}O_{12}N_6Cu$, F. 218° (Zers.), aus Na-**V** u. 3-Methoxy-5-phthalimidovalerylchlorid wie vorvorst.; 2,4%. Mit Li-**V** wurden 6,2% Ausbeute erzielt. *Freies Diketon*, F. 105—108°. — *Chinazolon-(4)-acetyl-(3)-acetonmonoäthylenketal*, $C_{15}H_{16}O_4N_2$, F. 85—87° (Bzl./Heptan), durch Kochen des Diketons mit Äthylenglykol in Bzl./Butanolin Ggw. von p-Toluolsulfonsäure unter beständiger Wasserabscheidung. *Monopropylenketal*, $C_{16}H_{18}O_4N_2$, Öl. *Monoäthylenmonothioketal*, $C_{15}H_{16}O_3N_2S$, F. 113—115°. — *3-[2'.4'-Diketo-8'-phthalimidooctyl]-chinazolon-(4)-äthylenketal*, Öl. (J. org. Chemistry **17**. 77—96. Jan. 1952.)

NEZEL. 3500

B. R. Baker, Robert E. Schaub, Merle V. Querry und **James H. Williams,** *Ein antimalariawirksames Alkaloid aus Hydrangea.* 9. Mitt. *Synthese des 3-{β-Keto-γ-[4'-oxypiperidyl-(2')]-propyl}-chinazolons-(4) eines Isomeren.* (8. vgl. vorst. Ref.) Da der in vorst. Ref. beschrittene Weg für die Darst. von *3-{β-Keto-γ-[4'-oxypiperidyl-(2')]-propyl}-chinazolon-(4)* (I) nicht zum Erfolg führte, versuchten Vff. einen neuen Syntheseweg über 4-Methoxypiperidyl-(2)-essigsäure als Schlüsselprodukt. Acetondicarbonsäureester wurde mit β-Alaninester der reduzierenden Aminierung unterworfen, der gebildete Glutaconsäureester benzoyliert u. nach DIECKMANN cyclisiert. Dabei entstanden *1-Benzoyl-2-carbäthoxymethyl-3-*(u. *5*)*-carbäthoxypiperidon-(4)*. Nach Decarboxylierung u. Rebenzoylierung entstand *1-Benzoyl-2-carbäthoxymethylpiperidon-(4)*. Nach Red. der Ketogruppe zur Oxygruppe wurde acetyliert u. das Säurechlorid hergestellt. Hieraus entstand mit CH_2N_2 u. HBr das Bromketon nur in geringer Menge. Auf einem anderen Wege wurde 5-Carbobenzoxyaminovaleriansäurechlorid in den Ketomalonester übergeführt. Bei der Hydrogenolyse trat Ringschluß zum Tetrahydropyridinderiv. ein, das zum Piperidin hydriert wurde. Nach Hydrolyse u. Benzoylierung wurde *1-Benzoylpiperidyl-(2)-essigsäure* (II) erhalten. Aus *[3-Methoxy-5-carbobenzoxyaminovaleryl]-malonsäurediäthylester* wurde unter diesen Bedingungen nur II erhalten. Die Methoxylgruppe war durch Hydrogenolyse verlorengegangen. Es gelang aber, in neutraler Lsg. durch Hydrogenolyse die Carbobenzoxygruppe abzuspalten, ohne daß dabei die Methoxylgruppe abgetrennt wurde. *[3-Methoxy-5-carbobenzoxyaminovaleryl]-essigsäureäthylester* lieferte bei der Hydrierung mit Pd/Kohle in A. *4-Methoxy-1.4.5.6-tetrahydropyridyl-(2)-essigsäureäthylester*, der bei 120° mit RANEY-Ni hydriert wurde u. nach Benzoylierung *1-Benzoyl-4-methoxypiperidyl-(2)-essigsäure* gab. Nach Überführung ins Bromketon über das Säurechlorid wurde mit Chinazolon-(4) schließlich I erhalten.

V e r s u c h e: *Acetondicarbonsäurediäthylester*, Kp.₁ 104°. 200 g Citronensäure werden mit 200 ml 25%ig. Oleum verrührt, nach 45 Min. Überschichten mit 400 ml Bzl. u. Kühlen im Eisbad, Zusatz von 200 ml absol. A. (Temp. bei 35—45°); nach 4std. Rühren unter Feuchtigkeitsausschluß Gießen in Eiswasser u. Isolierung des Esters aus dem Bzl.; 41—45% (Ausbeute). — *β-Alanin-n-butylester*, $Kp._1$ 56—57°, durch Veresterung mit n-Butanol/HCl; 59%. — *β-Alaninmethylesterhydrochlorid*, F. 96—100°. 22,5 g HCl, 400 ml CH_3OH u. 50 g β-Alanin werden tropfenweise mit 40 ml Acetylchlorid versetzt u. 1 Std. gekocht; 59%. — *β-[β'-Carbäthoxyäthylamino]-glutarsäurediäthylester*, $C_{14}H_{25}O_6N$, $Kp._1$ 165—168°. 100 g Acetondicarbonsäureester u. 63,4 g β-Alaninester in 300 ml absol. A. u. 200 ml Essigsäure werden nach 20std. Stehen mit H_2 bei 1—3 at bis zur Aufnahme von 0,7 Mol.-Äquivalenten H_2 geschüttelt; nach Einengen Verdünnung mit W., Alkalisieren mit Pottasche u. Ausschütteln mit Chlf.; 56%. *Dimethylbutylester*, $C_{14}H_{25}O_6N$, $Kp._1$ 158—161°, aus β-Alanin-n-butylester u. Acetondicarbonsäuredimethylester wie vorst.; 57%. *Trimethylester*, $C_{11}H_{19}O_6N$, $Kp._1$ 145—147°; 60%. — *N-[β'-Carbäthoxyäthyl]-β-benzamidoglutarsäurediäthylester*, $C_{21}H_{29}O_7N$, durch Benzoylierung des Triäthylesters, Öl; 98%. — *1-Benzoyl-2-carbäthoxymethyl-3-*(u./oder *5*)*-carbäthoxypiperidon-(4)*. Zu 54 g vorst. Verb., 10,5 ml absol. A. u. 195 ml Bzl. werden 8,6 g $NaOCH_3$ gegeben, 2 Std. gekocht, auf 2° abgekühlt, mit Eiswasser ausgeschüttelt u. die wss. Auszüge in Essigsäure gegossen. Mit Essigester wird das ausgeschiedene Öl aufgenommen; 40%. — *1-Benzoylpiperidon-(4)-essigsäure-(2)*, $C_{14}H_{15}O_4N$, F. 190—191°, durch Kochen vorst. Verb. mit 6nHCl u. dann Benzoylieren; 9%. *2.4-Dinitrophenylhydrazon*, $C_{20}H_{19}O_7N_5$, F. 150°. *Semicarbazon*, $C_{15}H_{18}O_4N_4$, F. 205°. — *1-Benzoyl-4-oxypiperidyl-(2)-essigsäure*, durch RANEY-Ni-Hydrierung des Na-Salzes in W.; 60%. — *1-Benzoyl-4-acetoxypiperidyl-(2)-acetylchlorid*, $C_{16}H_{18}O_4NCl$, F. 130 bis 137°, durch Acetylieren vorst. Säure u. Umwandlung mit Acetylchlorid/PCl_5 ins Säurechlorid. — *[3-Methoxy-5-carbobenzoxyaminovaleryl]-malonsäurediäthylester*, $C_{21}H_{29}O_8N$, Öl. 3-Methoxy-5-carbobenzoxyaminovaleriansäure wird mit $SOCl_2$ ins Säurechlorid verwandelt u. dieses mit Mg-Malonester in Bzl. umgesetzt; 77%. — *[5-Carbobenzoxyaminovaleryl]-malonsäurediäthylester*, $C_{20}H_{27}O_7N$, Öl; 95%. — *[3-Methoxy-5-carbobenzoxyaminovaleryl]-essigsäureäthylester*, $C_{18}H_{25}O_6N$, Öl, aus dem Malonat durch Kochen in W. bis zur Beendigung der Gasentw.; 94%. — *[5-Carbobenzoxyaminovaleryl]-essigsäureäthylester*, $C_{17}H_{23}O_5N$, Öl; 92%. — *1-Benzoylpiperidyl-(2)-essigsäure* (II), $C_{14}H_{17}O_3N$, F. 144—145° (Bzl./Heptan). Das entsprechende vorst. Ketomalonat wird in Essigsäure über Pd/Kohle bei 2—3 at H_2 geschüttelt u. anschließend über PtO_2 weiterhydriert; nach Filtration Kochen mit 6nHCl u. dann Benzoylieren; 55%. *Anilid*, $C_{20}H_{22}O_2N_2$, F. 142—144°. Aus dem Ketoacetat wurde II in 14—20%ig. Ausbeute erhalten. — *4-Methoxy-1.4.5.6-tetrahydropyridyl-(2)-essigsäureäthylester*, $C_{10}H_{17}O_3N$, $Kp._1$ 124—126°, durch Schütteln des entsprechenden Ketoacetats in A./Methylcellosolve über Pd/Kohle bei 2—3 at während 15—20 Std., Aufnehmen des Vakuumrückstands in $CHCl_3$. — *1.4.5.6-Tetrahydropyridyl-(2)-malonsäurediäthylester*. $C_{12}H_{19}$·

O_4N, Öl, $Kp._1$ 143—144°; 63%. Hydrolyse mit 6nHCl gab 1-Aminohexanon-(5). Benzoylieren gibt *1-Benzamidohexanon-(5)*, F. 74—77°. *2.4-Dinitrophenylhydrazon*, $C_{19}H_{21}O_5N_5$, orangegelbe Kristalle (CH_3OH), F. 127—129°. — *1.4.5.6-Tetrahydropyridyl-(2)-essigsäureäthylester*, Öl, $Kp._1$ 96—98°. — *5.6-Dihydropyridyl-(2)-malonsäurediäthylester*, $C_{12}H_{17}O_4N$, $Kp._1$ 153°; 42%. — *4-Methoxypiperidyl-(2)-essigsäureäthylester*, $C_{10}H_{19}O_3N$, $Kp._1$ 85—92°, durch Hydrierung der Tetrahydroverb. über RANEY-Ni bei 120°. — *1-Benzoyl-4-methoxypiperidyl-(2)-essigsäure*, $C_{15}H_{19}O_4N$, F. 153—156°, durch Hydrolyse vorst. Verb. u. anschließende Benzoylierung. *Anilid*, $C_{21}H_{24}O_3N_2$, F. 133—135°. — *1-Carbäthoxy-4-methoxypiperidyl-(2)-essigsäure*, $C_{11}H_{19}O_5N$, gelbe gummiartige Substanz. *Anilid*, $C_{17}H_{24}O_4N_2$, Öl. — *1-Carbäthoxy-2-[γ-bromacetonyl]-4-methoxypiperidin*, Öl, aus vorst. Verb. über das Säurechlorid mit CH_2N_2 u. HBr. — *3-[β-Keto-γ-(4'-oxypiperidyl-(2'))-propyl]-chinazolon-(4)* (I), *Dihydrochlorid*, $C_{16}H_{19}O_3N_3 \cdot 2\,HCl \cdot H_2O$, F. 232—233° (Zers.), durch Kondensation von Na-Chinazolon-(4) mit vorst. Bromketon; 36%. *Carbamylderiv.*, $C_{17}H_{20}O_4N_4$, F. 190—191° (Zers.), durch Umsetzung mit KCNO. (J. org. Chemistry **17**. 97—108. Jan. 1952.) NEZEL. 3500

Barbara Roth, Martin E. Hultquist, Marvin J. Fahrenbach, Donna B. Cosulich, Harry P. Broquist, John A. Brockman jr., James M. Smith jr., Robert P. Parker, E. L. R. Stokstad und **Thomas H. Jukes**, *Synthese von Leucovorin. Leucovorin* (I), eine als *Leuconostoc citrovorum-Faktor* (I) wirksame u. wahrscheinlich mit diesem ident. Verb. der wahrscheinlichen Konst. *5-Formyl-5.6.7.8-tetrahydropteroylglutaminsäure*, wurde durch katalyt. Red. von *Pteroylglutaminsäure* (III) oder *10-Formylpteroylglutaminsäure* (IV) in Ameisensäure u. Alkalieinw. synthetisiert. Red. von IV mit Na-Amalgam in wss. Bicarbonatlsg., Al-Amalgam, $NaBH_4$, Mg-Amalgam, Mg-NH_4C u. Zn-NH_4Cl führte ebenfalls zu Prodd. mit II-Aktivität. Das bei der katalyt. Red. von IV in HCOOH zunächst erhaltene Prod. war von I verschieden u. besaß nur geringe II-Wirkung. Durch Einw. von 0,1nNaOH (p_H 12—13) bei 100° (1 Std.) u. Neutralisieren wurden optimal 40—50% II-Aktivität erhalten. Die Isolierung von I erfolgte durch Adsorption an *Magnesol*, einem synthet. Mg-Silicat. Bei $p_H \leq 2$ verliert I fast vollständig die II-Aktivität unter Beibehaltung der III-ähnlichen Wirksamkeit für *S. faecalis R* u. *L. casei*. Die Hemmwrkg. von *4-Aminopteroylglutaminsäure* (*Aminopterin*) gegenüber *S. faecalis* wird durch IV weitergehend als durch III, jedoch weniger als durch II-Konzentrat, aufgehoben.

V e r s u c h e: Chem. Red. von IV (10 mg) durch 1std. Schütteln mit einer 30%ig. NH_4Cl-Lsg. (1 cm³) u. überschüssigem Zn-Staub, 10 Min. Erhitzen auf 100°; 1000fache Aktivitätszunahme. — Hydrierung von III in HCOOH: 90%ig. III (100 g) 1 Std. in HCOOH (ca. 90%ig, 650 cm³) auf 50° erwärmen, bei 15° u. n. Druck in Ggw. von PtO_2 (3 g) u. Ascorbinsäure (5 g) hydrieren (Aufnahme 92% von 2 Mol H_2), filtrierte Lsg. nach 3tägigem Stehen (N_2) in $NaHCO_3$-Lsg. (1400 g/9 Liter) geben (Lsg. **A**), p_H 13 einstellen (NaOH), 1 Std. auf 90—95° erwärmen, abkühlen, neutralisieren (p_H 7,5, Lsg. **B**), 15 Min. mit *Magnesol* (450 g) rühren; hellgelbes Filtrat (Lsg. **C**), bei p_H 4 mit *Darco G-60* (400 g) 15 Min. rühren (Filtrat + Waschwasser, Lsg. **D**), Adsorbat mit NH_3 (250 cm³) + A. (1 Liter) + W. (750 cm³) u. nochmals mit der halben Menge extrahieren (Lsg. **E** u. **F**), vereinigte Extrakte konzentrieren (385 cm³), bei p_H 7 $BaCl_2$ (50 g in 100 cm³ heißem W.) zugeben, mit NaOH p_H 13 einstellen, Nd. verwerfen, aus Filtrat bei p_H 7 mit A. (2,5 Liter) rohes *Ba-Leucovorin* fällen (**G**, 73,5 g); I-Geh. (bestimmt mit *L. citrovorum 8081*) der Fraktionen **A**—**G** 14,4, 36,8, 32,6, 3,7, 21,5, 5,02, 21,3 g. Reinigung von **G** durch Adsorption der wss. Lsg. an Magnesol u. Eluierung mit W.; I-haltige Eluate konzentrieren (Vakuum), p_H 10—11 einstellen, Nd. verwerfen, aus Filtrat bei p_H 7,0—7,5 mit 25%ig. $BaCl_2$ u. A. *Ba*-I fällen, Wiederholung des Reinigungsverf.; *Ba*-I, $C_{20}H_{21}O_7N_7Ba \cdot 5\,H_2O$. — *Ca*-I, $C_{20}H_{21}O_7N\,Ca \cdot 4\,H_2O$; analog. — *Triäquivalentes Ba-Salz*, $C_{20}H_{20}O_7N_7Ba_{3/2} \cdot 5\,H_2O$; aus *Ba*-I (1,0 g) u. $Ba(OH)_2 \cdot 8\,H_2O$ (0,23 g) in 10 cm³ warmem W. durch A.-Fällung (25 cm³); polarograph. Verh. wie I. — *Leucovorin* (I), $C_{20}H_{23}O_7N_7 \cdot 3\,H_2O$, F. 248—250° (korr., Zers.), $[\alpha]_D^{25}$ +16,76° [c = 3,52 (wasserfrei) in 5%ig. $NaHCO_3$, p_H 8,36], aus chromatograph. gereinigtem neutralem Ba-I durch Ansäuern der mit Darco G-60 geklärten wss. Lsg. mit HCOOH auf p_H 3,5 u. Abkühlen auf 3° u. Wiederholung der Fällung; aus 0,5%ig. Ca-I-Lsg. mit HCOOH bei 35°, Abkühlen auf 30° u. Animpfen I in Form flacher Plättchen, n_L 1,80, n_φ 1,50, Extinktionswinkel 9°; mehrfach wurde I in verschieden stark hydratisierter Form (5—8 u. 9—14%) erhalten. — Wasserfreies I, durch Trocknen des Hydrats bei 100° (Hochvakuum, 2 Std.), 11,8% Gewichtsverlust. — Der Einfl. von p_H, Temp. u. Acetanhydrid auf den Verlauf der I-Bldg. aus III-HCOOH wurde untersucht. — Hydrierung von III (*Dihydrat*, 17 g) in 98—100%ig. HCOOH (170 cm³) mit PtO_2 (0,5 g) unter Zusatz von Ascorbinsäure (1 g) bei 2°, H_2-Aufnahme 97,5% von 2 Mol H_2; aliquote Mengen des Filtrats sofort, nach 3tägigem Stehen bzw. nach Acetanhydridzusatz in $NaHCO_3$-Lsg. geben, mit NaOH alkal. stellen, 20 Min. erhitzen; II-Ausbeute 11,5, 27 bzw. 8,3%. — Hydrierung von IV in 98—100%ig. HCOOH, Alkalibehandlung wie vorher, II-Ausbeute 15,3%. — Hydrierung von IV (2 g) in W. mit RANEY-Ni (p_H 7,0, 120°, 1470 lbs.); Aktivität 0,393 mg/cm^3 (Endvol. 178 cm^3). — *Dihydropteroylglutaminsäure* (V) u. Äthylformiat wurden mit Na-Methylat im Rohr (N_2) 4 Std. auf 150° erhitzt; 0,019 mg I-Aktivität/mg Reaktionsprod.; mit Glykolformiat 0,004 mg I-Aktivität/mg; durch Erwärmen von V mit HCOOH u. Acetanhydrid auf 50°, 4std. Stehenlassen, Eingießen in $NaHCO_3$-Lsg., 1std. Erhitzen auf 100° keine I-Aktivität. — *Tetrahydropteroylglutaminsäure* (VI) u. Äthylformiat wurden mit Na-Methylat im Rohr (N_2) 4 Std. auf 150° erhitzt; 0,073 mg I-Aktivität/mg Reaktionsprod.; mit Glykolformiat 0,096 mg I-Aktivität/mg. — VI u. HCOOH (98—100%ig) wurden a) 1 Std. bei 0°, b) 1 Std. bei 25°, c) 1 Std. bei 60° gehalten, dann in $NaHCO_3$-Lsg. gegeben; II-Aktivität 0,171, 0,345 bzw. 0,467 mg/cm^3 (Endvoll. 315, 320 bzw. 325 cm^3). (J. Amer. chem. Soc. **74**. 3247—52. 5/7. 1952. Bound Brook, N. J., Amer. Cyanamid Co., Calco Chem. Div., Pharmaceut. Res. Sect., u. Pearl River, N. Y., Lederle Labors. Div.)

K. MAIER. 3800

G. R. Clemo und **F. J. McQuillin**, *Synthese in den Santoninreihen.* 1. Mitt. *Einige Oxydationsprodukte von α-[2-Keto-4-methylcyclohexyl]-propionsäure. α-[2-Keto-4-methylcyclohexyl]-propionsäure* (I) entsteht durch Hydrolyse von *Äthyl-α-[1-carbäthoxy-2-keto-4-methylcyclohexyl]-propionat* (III). I sowie sein Methylester liefern bei Oxydation mit SeO_2 im neutralen Medium nur inhomogene Gemische, in Essigsäure dagegen eine *Verb.* $C_{10}H_{14}O_3$ (**IIa**; F. 150°), die in Alkali ein stabiles Lacton bildet. In ihren chem. Eigg. stimmt **IIa** mit dem Autoxydationsprod. von Menthofuran, *α-[2.2-Dioxy-4-methylcyclohexyliden]-propionsäurelacton* (**IIb**; F. 188°; WOODWARD u. EASTMANN, J. Amer. chem. Soc. **72**. [1950.] 399) überein. Desgleichen bildet es dasselbe Dehydratisierungsprod., *α-[2-Oxy-4-methylcyclohexen-(2)-yliden]-propionsäurelacton*. **IIa** ist also ein rac. Gemisch derselben Struktur wie **IIb**. — Alkoholyse von III liefert *2-Methylheptantricarbonsäure-(1.5.6)-triäthylester*, der bei Recyclisierung *α-[3-Carbäthoxy-2-keto-4-methylcyclohexyl]-propionsäureäthylester* (IV) ergibt. Die Ausführung dieser Operation in einem Schritt mit alkoh. Alkali (vgl. OPENSHAW u. ROBINSON, C. **1946**. I. 54) führt bei Vff. zu bedeutend höhersd. Material. Oxydation von IV mit HNO_3 ergibt *α-[2-Oxy-4-methyl-3-oximinocyclohexen-(1)-yl]-propionsäurelacton* (V; grüne $FeCl_3$-Rk.), das bei Säurehydrolyse unter Aromatisierung (Oxydation) *2.3-Dihydro-7-oxy-2-keto-3.6-dimethylbenzofuran* liefert, nachgewiesen durch Kupplungs-Rk. mit diazotiertem p-Nitroanilin, durch Spektrenvgl. mit anderen Brenzcatechinderivv. u. durch Rk. mit ADAMS-PtO_2 zu *α-[4-Methyl-3-oxycyclohexyl]-propionsäure*. Wird dagegen die Hydrolyse in Ggw. von Formaldehyd vorgenommen, so entsteht *α-[2.3-Diketo-4-methylcyclohexyl]-propionsäure*. Antibiot. Aktivität wurde bei keiner der Verbb. festgestellt.

Versuche: *Äthyl-2-keto-4-methylcyclohexancarboxylat*, $Kp._{17}$ 127—128°, nach Org. Syntheses Coll., Vol. II. 532; n_D^{18} 1,4763; 60% (Ausbeute). — *Äthyl-α-[1-carbäthoxy-2-keto-4-methylcyclohexyl]-propionat* (III), $Kp._{0,1}$ 105°, durch Kondensation vorst. Verb. mit Äthyl-α-brompropionat in Ggw. von Na-Alkoholat; n_D^{18} 1,4737; 55%. — *α-[1-Carbäthoxy-2-keto-4-methylcyclohexyl]-propionsäure*, $C_{13}H_{20}O_5$, $Kp._{0,04}$ 135 bis 140°, durch Hydrolyse in konz. HCl: n_D^{19} 1,4778. — *α-[2-Keto-4-methylcyclohexyl]-propionsäure* (I), $C_{10}H_{16}O_3$, F. 117°, durch Hydrolyse von 6,9 g wie vorst. in Ggw. von Eisessig (6 Std. erwärmen), Rosetten kleiner Prismen aus Bzl./PAe.; 2,2 g (roh). *2.4-Dinitrophenylhydrazon*, $C_{16}H_{20}O_6N_4$, F. 219° (A. + Essigester), orangegelbe Prismen. — *α-[2.2-Dioxy-4-methylcyclohexyliden]-propionsäurelacton* (**IIa**), $C_{10}H_{14}O_3$, F. 150°, durch 2std. Erhitzen eines Gemisches von 9,2 g vorst. Verb. u. 5,6 g SeO_2 in Essigsäure, Filtrieren, Aufnehmen in Sodalsg. u. Ansäuern; 5,5 g (roh). — *(±)-2-Methyladipinsäure*, F. 89°, aus 0,4 g vorst. Verb. durch Oxydation mit $KMnO_4$ in 6%ig. NaOH; 0,4 g (roh). — *α-[2-Oxy-4-methylcyclohexen-(2)-yliden]-propionsäurelacton*, $C_{10}H_{12}O_2$, $Kp._{0,01}$ 90°, durch Kochen von **IIa** mit $KHSO_4$ u. Dest.; $D._4^{17}$ 1,5471. — *2-Methylheptantricarbonsäure-(1.5.6)-triäthylester*, $C_{17}H_{30}O_6$, $Kp._{0,3}$ 135—145°, durch 3tägiges Stehen von 22,8 g III u. Na-Alkoholat in A. in der Kälte unter N_2, Verdünnen mit Eis + HCl u. Ausäthern; n_D^{22} 1,4463; 13,3 g. — *Äthyl-α-[3-carbäthoxy-2-keto-4-methylcyclohexyl]-propionat* (IV), $C_{15}H_{24}O_5$, aus 20 g vorst. Verb. in Bzl. u. Na (+ etwas A.) durch 3½std. Erwärmen, nach Stehen Gießen in Eiswasser, Ansäuern mit Essigsäure; aus der organ. Phase durch Dest.; n_D^{21} 1,4618; 9,8 g; $FeCl_3$-Rk. rotviolett; aus 2,5 g hiervon mit Essigsäure + konz. HCl 1,2 g I. — *α-[2-Oxy-4-methyl-3-oximinocyclohexen-(1)-yl]-propionsäurelacton* (V), $C_{10}H_{13}O_3N$, $Kp._{0,05}$ 120—125°, aus 5,65 g IV durch 24std. Schütteln mit $NaNO_2$ in alkal. Lsg.; nach Ausäthern aus der wss. Schicht durch Zutropfen von konz. H_2SO_4 bei 0° u. Ausäthern braunes Öl; 4,7 g; $FeCl_3$-Rk. dunkelgrün. — *2.3-Dihydro-7-oxy-2-keto-3.6-dimethylbenzofuran*, $C_{10}H_{10}O_3$, F. 107°, $Kp._{0,2}$ 115—120°, aus vorst. Verb., Essigsäure u. konz. HCl wie oben, Aussalzen, Ausäthern, Dest. u. Ausziehen mittels $NaHCO_3$-Lsg.; Prismen aus PAe.; 3 g; löst sich bei Luftzutritt in Alkali rot; gibt keine Carbonylderivv.; $FeCl_3$-Rk. negativ, bei Ausschütteln aus alkal. Lsg. mit Ae. $FeCl_3$-Rk. grün. Aus der sauren Phase **I**. — *α-[3-Oxy-4-methylcyclohexyl]-propionsäure*, $C_{10}H_{18}O_3$, Kp.$_{0,02}$ 145°, aus vorst. Verb. durch Hydrierung mit ADAMS-PtO_2 in Essigsäure. — *α-[2.3-Diketo-4-methylcyclohexyl]-propionsäure*, $C_{10}H_{14}O_4$, F. 155 bis 156°, aus 5,65 g **V**, 30%ig. Formalin u. konz. HCl, nach Stehen Neutralisieren mit NH_3 u. Ausäthern; 1,6 g (roh). (J. chem. Soc. [London] **1952**. 3835—39. Okt. Newcastle-on-Tyne, Kings Coll.) LEHWALD. 3950

G. R. Clemo und **F. J. McQuillin**, *Synthese in den Santoninreihen*. 2. Mitt. (1. vgl. vorst. Ref.) (—)-Dihydrocarvon (**I**) wird durch Benzopersäure überwiegend zu (—)-*2-Keto-8.9-epoxy-p-menthan* (**II**) oxydiert, daneben zu *2-Keto-p-menthandiol-(8.9)*. Rk. von **II** mit Semicarbazid liefert das *Semicarbazon*, mit 2.4-Dinitrophenylhydrazin dagegen unter Spaltung u. Oxydation *2-[3-Keto-4-methylcyclohexyl]-lactaldehyd-bis-2.4-dinitrophenylhydrazon*. Die bimol. Geschwindigkeitskonstante für die Oxydation von **I** wird bei 0° mit ca. $5 \cdot 10^{-4}$ Mol·sec gemessen. Red. von **II** mit RANEY-Ni liefert neben etwas *p-Menthol p-Menthandiol-(2.9)* (**VI**), das bei Oxydation linksdrehende *α-[3-Keto-4-methylcyclohexyl]-propionsäure* (**III**) ergibt. Dehydrierung von **III**-Methylester liefert *α-[3-Oxy-4-methylphenyl]-propionsäure*, charakterisiert als *Monophenylazoderivat*. — Kondensation von **III**-Methylester mit Diäthylaminopentanon-(3)-methojodid liefert (+)-*Methyl-α-[1.2.3.4.5.6.7.10-oktahydro-7-keto-8.10-dimethylnaphthyl-(2)]-propionat* (**IV**). Dies lagert bei Hydrierung in Ggw. von PtO_2 2 H an, das Hydrierungsprod. läßt sich nach Hydrolyse mit Se zu *7-Äthyl-1-methylnaphthalin* dehydrieren. — **III**-Methylester kondensiert mit Äthyläthinylketon in Ggw. von Natriumtriphenylmethan (**VIII**) zu *Methyl-α-[1.2.3.4.7.10-hexahydro-7-keto-8.10-dimethylnaphthyl-(2)]-propionat* (**V**) nur in geringer Ausbeute, da nur die cis-Form des Zwischenprod., α-[4-(β-Carbäthoxyvinyl)-3-keto-4-methylcyclohexyl]-propionsäuremethylester, cyclisieren kann. Bei Bromierung von **IV** mit N-Bromsuccinimid in Ggw. von Benzoylperoxyd erfolgt die Bromierung nicht in 8-Stellung, wie erwartet werden konnte, sondern, wahrscheinlich infolge ster. Hinderung, in 3-Stellung. Nach HBr-Abspaltung entsteht ein Gemisch, aus dem durch Chromatographie **V** isoliert wurde. Konstitutionsbeweis durch Verwandlung in das *Semicarbazon* u. durch desmotrope Umlagerung in rauchender HCl in (±)-Desmotroposantonin. Der mögliche Verlauf der Rk. wird abschließend erörtert. UV-Spektren vgl. Original.

Versuche: (—)-*2-Keto-8.9-epoxy-p-menthan* (**II**), $C_{10}H_{16}O_2$, Kp.$_{0,1}$ 65°, aus **I** in Chlf. u. Benzopersäure in Chlf. bei 0° (24 Std.) u. Rektifikation; $[\alpha]_D$ —13,2° (c = 1,27; Chlf.); n_D^{20} 1,4751; 18,3 g roh (Ausbeute). *Semicarbazon*, $C_{11}H_{19}O_2N_3$, F. 187°, Prismen aus Methanol. Daneben als höhersd. Fraktion *2-Keto-p-menthandiol-(8.9)*, $C_{10}H_{18}O_3$, Kp.$_{0,1}$ 120—125°; n_D^{20} 1,4841; Öl. — *2-[3-Keto-4-methylcyclohexyl]-lactaldehyd-bis-2.4-dinitrophenylhydrazon*, $C_{22}H_{24}O_9N_8$, F. 205°, aus **II** u. 2.4-Dinitrophenylhydrazin in alkoh. H_2SO_4, orangegelbe Prismen aus A. + Essigester. — *p-Menthandiol-(2.9)* (**VI**), $C_{10}H_{20}O_2$, Kp.$_{0,4}$ 115—117°, durch 3std. Hydrierung von 18 g **II** mit RANEY-Ni in A. bei 100°/90 at u. Rektifikation; n_D^{19} 1,4922; $[\alpha]_D$ —14,1° (c = 1,2; Chlf.); 10,2 g (roh). Daneben *p-Menthol*, $C_{10}H_{20}O$, Kp.$_{0,2}$ 45°; n_D^{22} 1,4677; 4,3 g (roh). — *α-[3-Keto-4-methylcyclohexyl]-propionsäure* (**III**), $C_{10}H_{16}O_3$, Kp.$_{0,05}$ 125—130°, aus **VI** in Aceton mit CrO_3 in H_2SO_4 8 Std. bei 25—35°, Aussalzen u. Ausäthern. *2.4-Dinitrophenylhydrazon*, $C_{16}H_{20}O_6N_4$, F. 168°, orangefarbene Prismen (PAe. + Bzl.). *Methylester*, $C_{11}H_{18}O_3$, Kp.$_{0,1}$ 73°; n_D^{19} 1,4664; $[\alpha]_D$ —10,3° (c = 2,8; Chlf.). — Daneben bei vorst. Rk. *2-[3-Keto-4-methylcyclohexyl]-propionaldehyd*, Kp.$_{0,1}$ 75—80°; n_D^{20} 1,4709. *Bis-2.4-dinitrophenylhydrazon*, $C_{22}H_{24}O_8N_8$, F. 231°, orangefarbene Prismen aus Essigester. — *α-[3-Oxy-4-methylphenyl]-propionsäure*, $C_{10}H_{12}O_3 \cdot H_2O$, F. 47°, aus 1 g **III**-Methylester mit Pd-Kohle bei 285° (3 Std.), Prismen (Bzl./PAe.); wird bei Dehydratisierung glasartig. *Phenylazoderiv.*, $C_{16}H_{16}O_3N_2$, F. 144°, gelbe Prismen, aus vorst. Verb. u. Benzoldiazoniumchlorid. — *Methyl-α-[1.2.3.4.5.6.7.10-oktahydro-7-keto-8.10-dimethylnaphthyl-(2)]-propionat* (**IV**), $C_{16}H_{24}O_3$, Kp.$_{0,1}$ 125—127°, aus 1-Diäthylaminopentanon-(3)-methojodid ($C_{10}H_{22}ONJ$, F. 70—71°; Prismen aus Aceton) u. **III**-Methylester in Ae. + Na-Triphenylmethan (**VIII**) in Ae. bei 0° u. 36 Std. bei Zimmertemp., dann 3std. Kochen in KOH u. A. (alles unter N_2); aus dem alkalilösl. Teil durch Ausziehen des Triphenylmethans mit Ae. + Bzl. durch Veresterung mit Methanol; n_D^{20} 1,5188; $[\alpha]_D$ +21,2° (c = 3,9; Chlf.); λ_{max} 245 mμ (log ε = 4,05). *2.4-Dinitrophenylhydrazon*, $C_{22}H_{28}O_6N_4$, F. 166° (scharlachrote Prismen aus A. Essigester. — *7-Äthyl-1-methylnaphthalin*, aus vorst. Verb. durch Hydrierung mit ADAMS-PtO_2 in Essigsäure, Hydrolysieren mit alkoh. KOH u. 18std. Erhitzen der Säure mit Se bei 320—340°. *Pikrat*, F. 95° (A.), goldgelbe Nadeln. — *Methyl-α-[1.2.3.4.7.10-hexahydro-*

7-keto-8.10-dimethylnaphthyl-(2)]-propionat (**V**), $C_{16}H_{22}O_3$, Kp.$_{0,05}$ 125°, aus **III**-Methylester, *Pentin-(1)-on-(3)* (**VII**) u. **VIII** wie bei **IV** u. Neutralisieren mit verd. HCl; aus dem ätherlösl. Anteil durch Hydrolysieren, Dest. u. Verestern des Rückstandes mit CH_2N_2; geringe Ausbeute; b) als *Semicarbazon*, $C_{17}H_{25}O_3N_3$, F. 75°, aus **IV** in CCl_4 durch 4std. Kochen mit N-Bromsuccinimid + etwas Benzoylperoxyd, Filtrieren, Vakuumabdampfen, Kochen mit Kollidin, nach Verdünnen mit Ae. u. Kühlen Abfiltrieren, Auswaschen des Kollidins mit Säure u. Chromatographie aus PAe. an Al_2O_3 u. Eluieren mit PAe.-Bzl. (1:1); gelbes Pulver aus Methanol; λ_{max} 272 mμ (log ε = 4,17). Nach 24std. Stehen von **V** mit rauchender HCl unter Verschluß bei 35° u. Chromatographie verbleibt eine harzige M. von λ_{max} 212 u. 290 mμ (log ε = 3,97 u. 3,32). — **VII**, C_5H_6O, Kp. 106°, aus Pentinol-(3) durch CrO_3-Oxydation in Aceton; n_D^{20} 1,4813. *2.4-Dinitrophenylhydrazon*, $C_{11}H_{10}O_4N_4$, F. 151°, goldgelbe Plättchen (A. + Essigester). (J. chem. Soc. [London] **1952**. 3839—44. Okt.) LEHWALD. 3950

D_3. Makromolekulare Chemie.

Ming Chen Wang und **Eugene Guth**, *Statistische Theorie der Netzstruktur nicht-Gaußscher flexibler Ketten.* Ausgehend von der Netzstrukturtheorie der Kautschukelastizität, wobei die Netzstruktur aus Kettensegmenten mit GAUSSschen Verteilungsfunktionen (JAMES u. GUTH, vgl. C. **1946**. I. 1202 u. **1948**. I. 892) besteht, wurde eine umfassendere Theorie der kautschukelast. Prodd., die aus Netzstrukturen mit nicht-GAUSSschen Kettenmoll. bestehen, entwickelt. Für folgende Fälle wurden Berechnungen durchgeführt: 1. die freien Vernetzungsstellen bewegen sich ohne Behinderung, u. 2. die freien Vernetzungsstellen befinden sich in ihren wahrscheinlichsten Lagen. Die in beiden Fällen erhaltenen Gleichungen für die elast. Energie werden miteinander verglichen, u. es wird gezeigt, daß der prozentuale Unterschied der beiden Ausdrücke in der Größenordnung von 1/n liegt (n = durchschnittliche Zahl der Glieder pro Kette), so daß er bei genügend großem n unbedeutend wird. Unter der Annahme, daß alle Vernetzungsstellen fixiert sind, wird schließlich eine Gleichung für die elast. Energie erhalten, die — wie gezeigt wird — im allg. eine Funktion von 3 sogenannten Spannungsinvariablen ist. So führt die hier entwickelte Theorie folgerichtig zu einer Theorie großer Deformationen, bei der die elast. Theorie eine Funktion der 2 (bzw. 3) Spannungsinvariablen ist, entsprechend der phänomenolog. Theorie von MOONEY (J. appl. Physics **11**. [1940.] 582) bzw. von RIVLIN (Philos. Trans. Roy. Soc. London, Ser. A **240**. [1948.] 459 u. 491). Die Theorie wurde experimentell geprüft. Wegen der wechselseitigen Abhängigkeit der Koeffizienten können die beobachteten Abweichungen von der GAUSSschen Theorie nur teilweise durch die neue Theorie gedeutet werden. Die nicht erklärbaren Abweichungen müssen auf VAN DER WAALSsche Kräfte zurückzuführen sein; dies müßte sich in einer Temperaturabhängigkeit äußern. (J. chem. Physics **20**. 1144—57. Juli 1952. Notre Dame, Ind., Univ.) SCHÄFF. 4000

A. D. Abkin, Ss. N. Kamenskaja und **Ss. Ss. Medwedew,** *Über die Natur der Verzweigungsreaktionen bei der Radikalpolymerisation von Dienen.* Es werden die Reaktionsgeschwindigkeiten (RG) der Umsetzung von Polybutadienradikalen mit Polybutadienteilchen an der mono- u. disubstituierten Doppelbindung untersucht. Die als Modell gewählten Pentene [*Penten-(1)* (**I**) u. *Penten-(2)* (**II**)] werden mit *Vinylacetat* (**III**) in Ggw. von Benzoylperoxyd bei 50° polymerisiert. Für die Mischpolymerisationskonstanten werden folgende Werte gefunden: **III–I** $\alpha = 3{,}60$, $\beta = 0{,}40$; **III–II** $\alpha = 1{,}50$, $\beta = 0{,}25$. Schon geringe Zusätze von **I** oder **II** zu **III** bewirken eine starke Herabsetzung der RG, vermutlich infolge Übertragungs-Rk. zwischen hochakt. **III**-Radikal u. **I** (**II**)-Moll., die zu wenig reaktionsfähigen Radikalen vom Allyltyp führt. Bei *Styrol* (**IV**) wird eine solche Hemmwrkg. von **I** (**II**) nicht beobachtet, weil **IV** selbst weniger reaktionsfähig ist als **III**. Aus $\beta = K_{IV\cdot IV}/K_{IV\cdot III} = 55$ u. $K_{IV\cdot IV} = 39{,}60$ folgt $K_{IV\cdot III} = 0{,}72$, ferner ist $K_{IV\cdot I} = 0{,}2$, $K_{IV\cdot IV}K_{IV\cdot II} = 0{,}5$ u. bei Butadien (**V**) $K_{V\cdot I} = 0{,}05$, $K_{V\cdot II} = 0{,}12$. Die Wahrscheinlichkeit von Verzweigungs-Rkk. bei Umsetzung von **V**-Radikalen mit Poly-**V**-Moll. an der mono- u. disubstituierten Doppelbindung ist infolge der kleinen RG der Elementar-Rkk. sehr gering, die Bldg. verzweigter Polymerer bei der Radikalpolymerisation von **V** (—1,3) erfolgt wahrscheinlich durch Kettenübertragung, wobei durch Austritt von H-Atomen aus der CH_2-Gruppe des Poly-**V**-Mol. Verzweigungszentren entstehen (Aktivierungsenergie ca. 10 kcal/Mol). (Доклады Академии Наук СССР [Ber. Akad. Wiss. UdSSR] [N. S.] **88**. 269—71. 11/1. 1953. Wiss. Karpow-Forschungsinst. für physikal. Chem.) R. K. MÜLLER. 4010

W. A. Kargin und **T. I. Ssogolowa,** *Deformation von kristallisierten Polymeren in weitem Temperaturbereich.* Polymere mit kristallin. Struktur, wie *Polyamide* (**I**) u. *Polyäthylene* (**II**), zeigten bei —180 bis +140° starke Abweichungen von den Eigg. amorpher Polymerer. Im Spannungs–Dehnungs-Diagramm sind 3 Bereiche unterscheidbar, von denen einer der Verformung bei gleichbleibender Last entspricht u. als „Plattform“ bezeichnet wird. Der Beginn der „Plattform“ fällt mit dem Entstehen einer kurzen Verengung zusammen, die mit weiterer Reckung länger wird u. gegen Ende der „Plattform“ sich über das ganze Untersuchungsobjekt erstreckt. Strukturunterss. zeigten, daß das isotrope Objekt im Bereich der Verengung anisotrop wurde, während der übrige Teil isotrop blieb. Es erfolgt somit eine sprunghafte Umwandlung. Wird die anisotrope „Modifikation“ von I deformiert, so ergibt sich, wenn der Winkel zwischen Molekülorientierung u. Reckrichtung 30° übersteigt, auch ein Diagramm mit einer „Plattform“. Es liegen 2 anisotrope „Modifikationen“ vor, die sich nur durch die räumliche Orientierung der Kristalle unterscheiden. Temperaturerhöhung bewirkt Herabsetzung der erforderlichen Spannung, während die Länge der „Plattform“ unverändert bleibt. II unterscheidet sich von I durch größere Länge der „Plattform“ u. geringere, für die Umwandlung erforderliche Spannung. Bei höheren Tempp. hat das Diagramm von II eine für amorphe Polymere charakterist. Form. Der Unterschied zwischen I u. II soll durch das Fehlen von polaren Gruppen in II bedingt sein. Die sprunghafte Änderung der Eigg. der kristallin. Polymeren bei der Verformung wird durch die „Rekristallisation“ der chaot. angeordneten Kristalle in orientierte gedeutet. Je höher der F. der Kristalle ist, desto höher muß die Umwandlungstemp. sein. Im Zusammenhang damit steht, daß bei I (F. $>200°$) höhere Spannungen als bei II (F. ca. 110°) erforderlich sind. (Доклады Академии Наук СССР [Ber. Akad. Wiss. UdSSR] [N. S.] **88.** 867—70. 11/2. 1953. Phys.-Chem. Karpow-Inst.) ZELLENTIN. 4010

M. M. Koton und **T. M. Kisselewa,** *Über die Beziehung zwischen der Struktur und Polymerisationsfähigkeit der Vinylderivate des Naphthalins.* Bei den Vinylderivv. des Naphthalins nimmt die Polymerisationsfähigkeit mit der Zahl der im Mol. enthaltenen Doppelbindungen ab. *1-Vinylnaphthalin* u. *2-Vinylnaphthalin* polymerisieren mit größerer Geschwindigkeit als *6-Vinyl-1.2.3.4-tetrahydronaphthalin* (Aktivierungsenergien: 16927, 18787, 20985 cal/Mol), *Vinyldekahydronaphthalin* polymerisiert bei 30tägigem Erhitzen auf 100° nicht. Die erhaltenen Polymeren sind durchsichtige, farblose thermoplast. Massen mit niedrigen Werten der red. Viscosität (η_{sp}/c), gut lösl. in organ. Lösungsmitteln (außer A.), nach Verdampfen des Lösungsm. spröde Filme bildend. (Доклады Академии Наук СССР [Ber. Akad. Wiss. UdSSR] [N. S.] **88.** 465—66. 21/1. 1953. Leningrad, Physikal.-Techn. Inst. der Akad. der Wiss. der UdSSR.) R. K. MÜLLER. 4010

E. Jenckel und **E. Klein,** *Die Bestimmung von Relaxationszeiten aus der Rückprallelastizität.* Unter Verwendung der Kugelfallmeth. wurde die Rückprallelastizität von folgenden Hochpolymeren gemessen: *Polystyrol* (**Ia**), **Ia** mit *Divinylbenzol* (**II**) vernetzt (**Ib**), *Polymethacrylsäuremethylester* (**IIIa**), **IIIa** mit 4,6% **II** vernetzt (**IIIb**), **IIIa** mit 9% **II** vernetzt (**IIIc**), **IIIa** mit 1,08% *Maleinsäurediallylester* (**IV**) vernetzt (**IIId**), **IIIa** mit 11,3% **IV** vernetzt (**IIIe**), *Polyvinylchlorid* (**V**) u. *Polyurethan* (**VI**). Bestimmt wurde die Rückprallhöhe h_r in Abhängigkeit von der Meßtemp. zwischen ca. 20 u. 200° (über den Einfl. der M. der Kugel auf die Werte von h_r vgl. Original). In allen Fällen bleibt h_r mit steigender Temp. zunächst fast konstant, fällt bei Annäherung an die Einfriertemp. t_e steil ab bis zum Wert Null, steigt dann 20° oberhalb t_e wieder an, um schließlich durch ein Maximum zu gehen (wie bei **Ia, Ib** mit 2 u. 4,75% **II**, bei **IIIa** u. **IIIe**) oder konstant zu werden (stärker vernetztes **Ia** u. **IIIa**); bei **V** steigt die (h_r, t)-Kurve bei 200° noch stark an. Die untere Grenze des Temperaturintervalls ohne Rücksprung liegt um 30° (**Ia**) bzw. 37° (**V**) bzw. 55° (**IIIa**) höher als t_e. Bei **VI** geht h_r nur durch ein breites Minimum, ohne hier auf Null abzufallen. Weiter wurden folgende E-Moduln E_1 (in Einheiten von 10^9 Dyn/cm²) u. E_2 (10^7 Dyn/cm²) bestimmt: $E_1 = 4{,}4$ für **Ia, Ia** + 10 bzw. 16,6% **II** u. **Ia** + 10% *Nitrobenzol*; $E_2 = 7{,}5$ für **Ia** + 10% **II** bzw. 11,6 für **Ia** + 16,6% **II**; $E_1 = 5$ für **IIIa, IIIa** + 9,3% **II** u. **IIIa** + 11,3% **IV**; $E_2 = 3{,}3$ (**IIIa**) bzw. 6,8 (**IIIa** + 9,3% **II**) bzw. 8,3 (**IIIa** + 11,3% **IV**); $E_1 = 10$ für **V**. E_1 ist energet. Natur (Abstands- u. Winkeländerungen), E_2 ist statist. Natur (Orientierung des Netzwerkes). Im theoret. Teil werden in Fortführung der früher (vgl. KLEIN u. JENCKEL, C. **1953.** 3414) entwickelten Vorstellungen die Erscheinungen der Rückprallelastizität theoret. behandelt. Die Gleichungen für h_r werden für folgende Kombinationen plast.-elast. Zusammenhaltsmechanismen abgeleitet: Vorliegen eines einzigen plast.-elast. Mechanismus; Vorliegen je eines plast.-elast. u. eines rein elast. Mechanismus; Vorliegen von 2 plast.-elast. Mechanismen. Mit Hilfe dieser Gleichungen wird aus den Meßdaten für h_r die Temperaturabhängigkeit der Relaxationszeiten τ berechnet; bei der graph. Auftragung von $-\log \tau$ gegen 1/T ergaben sich dabei monoton ansteigende, flachgekrümmte Kurven. Schließlich wird eine Meth. zur Abschätzung der Verteilungsfunktion der τ-Werte angegeben. (Z. Naturforsch. **7a.** 619—30. Sept. 1952. Aachen, TH, Inst. für theoret. Hüttenkunde u. Physikal. Chem.) FUCHS. 4010

G. Meyerhoff und **G. V. Schulz,** *Molekulargewichtsbestimmungen an Polymethacrylsäureestern mittels Sedimentation in der Ultrazentrifuge und Diffusion.* 31. Mitt. *über Molekulargewichtsbestimmungen an makromolekularen Stoffen.* (30. vgl. HELLFRITZ, C. **1953.** 4741.) Von 9 verschied. fraktionierten Proben von *Polymethacrylsäuremethylester* wurden bei mehreren Konzz. mit der Ultrazentrifuge die Sedimentationskonstante s u. in einer neu konstruierten Diffusionszelle die Diffusionskonstante D gemessen. Da die Messungen bis zu sehr kleinen Konzz. ($c < 1$ g/Liter) ausgedehnt werden konnten, war eine direkte Extrapolation der s- u. D-Werte auf $c = 0$ möglich. Die aus s_0 u. D_0 berechneten Mol.-Geww. M der Proben liegen zwischen 77200 u. 7440000. Von den gleichen Proben wurde ferner die Viscositätszahl $Z\eta$ in Chlf., Bzl. u. Aceton gemessen. Der Zusammenhang zwischen $Z\eta$ u. M läßt sich darstellen durch $Z\eta = K \cdot M^a$ mit $K = 4{,}85 \cdot 10^{-6}$ bzw. $8{,}35 \cdot 10^{-6}$ bzw. $3{,}90 \cdot 10^{-6}$ für Chlf., Bzl. u. Aceton u. entsprechend $a = 0{,}80$ bzw. 0,73 bzw. 0,76. Die M-Werte werden ferner mit den aus den Messungen des osmot. Druckes u. der Lichtzerstreuung erhaltenen M-Werten verglichen; bei Berücksichtigung der verschied. Mittelwertsbldg. der einzelnen Methoden zur M-Best. besteht gute Übereinstimmung zwischen den auf verschied. Weise erhaltenen M-Werten. (Makromolekulare Chem. **7.** 294—319. Jan. 1952. Mainz, Univ., Inst. für physikal. Chem.) FUCHS. 4010

George B. Butler und **Francis L. Ingley,** *Darstellung und Polymerisation von ungesättigten quaternären Ammoniumverbindungen.* 2. Mitt. *Halogenierte Allylderivate.* (1. vgl. C. **1950.** II. 1813.) Es werden *ungesätt. quaternäre Ammoniumhalogenide,* die eine halogenierte Allylgruppe enthalten, polymerisiert. Dabei entstehen in W. lösl. Polymere, wenn höchstens 2 Doppelbindungen vorhanden sind, in W. unlösl., wenn mehr als 2 Doppelbindungen vorliegen. Gegenüber den in der Kette halogenfreien Polymeren zeichnen sich die neuen Polymeren durch eine bessere Wrkg. als Ionenaustauscher u. durch eine geringere Polymerisationsgeschwindigkeit aus.

V e r s u c h e: *cis-1.3-Dichlorpropen-(1),* Kp. 103,5—104,5°. — *trans-1.3-Dichlorpropen-(1),* Kp. 112—113°. — *Diallyl-2-chlorallylamin,* $C_9H_{14}NCl$, Kp.$_{19-20}$ 81—82°, aus Diallylamin u. $NaHCO_3$ in W. durch Erhitzen auf 100°, Zugabe von 2.3-Dichlorpropen-(1) (I) u. 5½std. Erhitzen; D.$^{25}_4$ 0,9394; n_D^{25} 1,4680; 60,4% (Ausbeute). — *Tri-[2-chlorallyl]-amin* (II), $C_9H_{12}NCl_3$, Kp.$_{9,3}$ 120—121,5°, aus I durch tropfenweise Zugabe zu verd. NH_4OH bei 100° u. 8std. Kochen; D.$^{25}_4$ 1,1868; n_D^{25} 1,5036; 73,5%. — *N-[2-Chlorallyl]-morpholin,* $C_7H_{12}ONCl$, Kp.$_{26}$ 99—101°; D.$^{25}_4$ 1,0887; n_D^{25} 1,4796; 88,7%. — *N-[cis-3-Chlorallyl]-morpholin,* $C_7H_{12}ONCl$, Kp.$_{26}$ 109—110°; D.$^{25}_4$ 1,0967; n_D^{25} 1,4866; 71%. — *N-[2-Chlorallyl]-piperidin,* $C_8H_{14}NCl$, Kp.$_{10}$ 70—71°; D.$^{25}_4$ 0,9969; n_D^{25} 1,4767; 71%. — *N-[trans-3-Chlorallyl]-morpholin,* $C_7H_{12}ONCl$, Kp.$_{8,5}$ 91 bis 92°; D.$^{25}_4$ 1,0973; n_D^{25} 1,4869; 82,6%. — *Methyl-bis-[trans-3-chlorallyl]-amin,* $C_7H_{11}NCl_2$, Kp.$_{10}$ 94—95°; D.$^{25}_4$ 1,1069; n_D^{25} 1,4910; 32,8%. — *Allyldi-[2-chlorallyl]-amin,* $C_9H_{13}NCl_2$, Kp.$_{5,6}$ 88,5°; D.$^{25}_4$ 1,0692; n_D^{25} 1,4863; 22%. — *Diallyl-trans-3-chlorallylamin,* $C_9H_{14}NCl$, Kp.$_{3,9}$ 66—67°; D.$^{25}_4$ 0,9477; n_D^{25} 1,4748; 54%. — Die nachst. *quaternären Ammoniumsalze* sind sehr hygroskop.; *N-Allyl-N-cis-3-chlorallylmorpholiniumbromid* konnte nur als viscose Fl. erhalten werden. Aus II konnte mit Allylbromid kein quaternäres Ammoniumderiv. erhalten werden. Darst. der nachst. Salze vgl. 1. Mitt. (l. c.): *N-Allyl-N-[2-chlorallyl]-morpholiniumbromid,* $C_{10}H_{17}ONClBr$, F. 172°; 29,7%. — *N-Allyl-N-[2-chlorallyl]-piperidiniumbromid,* $C_{11}H_{19}NClBr$, F. 164°; 90,5%. — *N-Allyl-N-[trans-3-chlorallyl]-morpholiniumbromid,* $C_{10}H_{17}ONClBr$, F. 160—165°; 67,4%. — *Triallyl-2-chlorallylammoniumbromid* (III), $C_{12}H_{19}NClBr$, F. 155—160°; 28,2%. — *Butyldiallyl-trans-3-chlorallylammoniumchlorid,* $C_{13}H_{23}NCl_2$, aus trans-3-Chlorallylchlorid, F. 146—149°; 85,5%. — Nach 10tägigem Stehen von 10 g III, 0,57 g W. u. 0,17 g 60%ig. tert.-Butylhydroperoxyd bei 30° wurden die lösl. Substanzen mit W. ausgewaschen; 4,3 g Polymeres. Bei dem gleichen Verf. wurden aus Tetraallylammoniumbromid 6,55 g wasserunlösl. Polymeres erhalten. (J. Amer. chem. Soc. **73.** 895—96. 15/3. 1951. Gainesville, Fla., Univ. of Florida, Dep. of Chem.) NITZSCHKE. 4010

A. M. Bueche, *Eine physikalische Theorie der Gummiverstärkung.* Für die Spannung einer gedehnten, mit einem Verstärker (I) gefüllten *Gummi*-Probe (II) wird eine Beziehung abgeleitet, in die die Volumenanteile von I u. II, die D. u. M. von II, der Radius r von I u. die Zahl f der Berührungspunkte zwischen I u. II pro 1 cm² von I eingehen. Der Berechnung liegt die Annahme zugrunde, daß die Gesamtzahl der Berührungspunkte proportional der Oberfläche von I ist (also im Falle von kugelförmigen I-Teilchen gleich $4\pi r^2 f$) u. daß diese Punkte statist. verteilt sind. Die Ergebnisse stehen in guter Übereinstimmung mit den von CATTON u. THOMPSON (Rubber Chem. Technol. **22.** [1949.] 812) an Ruß–Neopren erhaltenen experimentellen Daten. f-Werte werden für mehrere Füllmittel berechnet. (J. appl. Physics **23.** 154—55. Jan. 1952. Schenectady, N. Y., Gen. Electric Res. Labor.) FUCHS. 4030

—, *Fließeigenschaften konzentrierter Kautschuklösungen.* (Vgl. BESTUL u. BELCHER, C. **1951.** I. 865.) Kurze Erörterung der Befunde von Viscositätsmessungen an konz. Lsgg. von GR-S (0,1—10%ig.) in o-Dichlorbenzol mit dem MCKEE-Konsistometer u. mehreren BINGHAM-Capillarviscosimetern. (Rubber Age [New York] **72.** 69—70. Okt. 1952.) SCHÄFF. 4030

M. Abdel Akher, F. Smith und **D. Spriestersbach,** *Die Konstitution von Mesquitegummi.* 4. Mitt. *Bestimmung der Struktur des Amids des 6-β-[4-Methyl-D-glucopyruronosyl]-α-methyl-D-galaktopyranosids.* (3. vgl. C. **1952.** 7348.) Die Konst. des durch Methanolyse von abgebauter Mesquitesäure oder von den Aldobiuronsäuren aus Mesquitesäure u. Umsetzung mit methanol. NH_3 erhaltenen, zu *4-Methyl-D-glucuronsäure* u. *D-Galaktose* hydrolysierbaren *Amids eines Monomethylaldobiuronosids* (**I**) wurde folgendermaßen aufgeklärt: **I** verbrauchte 3 Mol $NaJO_4$/Mol **I** unter Bldg. von 1 Mol Ameisensäure, wobei 1 Mol $NaJO_4$ zur Ringsprengung des Glucuronsäurerestes u. 2 Mol zur Oxydation des Galaktoserestes unter Oxydation des $C_{(3)}$ zu Ameisensäure benötigt werden. Durch völlige Methylierung von **I** zu *6-β-[2.3.4-Trimethyl-D-glucopyruronosyl]-2.3.4-trimethyl-α-methyl-D-galaktopyranosidmethylester* (**II**) u. nachfolgende Red. mit $LiAlH_4$ wurde ein *Heptamethyldisaccharid* (**III**) erhalten, das sich von dem bereits bekannten mittels $LiAlH_4$ aus *6-β-[2.3.4-Trimethyl-D-glucopyruronosyl]-2.3.4-trimethyl-β-methyl-D-galaktopyranosidmethylester* (**IV**) dargestellten *6-β-[2.3.4-Trimethyl-D-glucopyranosyl]-2.3.4-trimethyl-β-methyl-D-galaktopyranosid* (**V**) (vgl. JACKSON u. SMITH, J. chem. Soc. [London] **1940.** 74) unterschied, obwohl beide Verbb. zu *2.3.4-Trimethyl-D-glucose* u. *2.3.4-Trimethyl-D-galaktose* hydrolysiert werden konnten. Diese Umsetzungen u. die Perjodatoxydation bewiesen, daß in **I** eine 1.6-Verknüpfung vorliegt. Auch das Amid von **II** unterschied sich vom Amid von **IV.** Da aber für letzteres, das direkt aus Mesquitegummi gewonnen wurde (vgl. CUNNEEN u. SMITH, C. **1948.** E. 417), allein die β-1.6-Bindung bewiesen ist, müssen die Verbb. anomer sein, so daß **I** die Konst. eines *Amids des 6-β-[4-Methyl-D-glucopyruronosyl]-α-methyl-D-galaktopyranosids* besitzt.

Versuche: **I** lieferte nach 18std. Hydrolyse mit nH_2SO_4 auf dem sd. Wasserbad *D-Galaktose* u. *4-Methyl-D-glucuronsäure.* Identifizierung papierchromatographisch. — *Amid des 4-Methyl-α-methyl-D-glucopyruronosids,* F. 229—230° (aus Methanol), aus **I** durch 20std. Umsetzung mit 8%ig. methanol. HCl bei 100° u. nachherige Behandlung mit methanol. NH_3. — *6-β-[2.3.4-Trimethyl-D-glucopyruronosyl]-2.3.4-trimethyl-α-methyl-D-galaktopyranosidmethylester* (**II**), $C_{20}H_{36}O_{12}$, $Kp._{0,01}$ 210°, $Kp._{0,02}$ 196° (Badtemp.), aus 225 mg **I** durch dreimalige Methylierung mit Dimethylsulfat u. NaOH, nachfolgende Methylierung nach PURDIE u. Dest.; 0,158 g Ausbeute; oder durch Verseifen von **I** mit 0,1nNaOH, Ansäuern, Extraktion mit Methanol, Umsetzung mit äther. Diazomethan u. dreimalige Methylierung mit PURDIEs Reagens; krist. nicht beim Impfen mit **IV,** n_D^{20} 1,4670, $[\alpha]_D^{23}$ +15,5° (c = 1,5 in Methanol), $[\alpha]_D^{20}$ +17,5 (c = 2,4 in Methanol). —*Amid des 6-β-[2.3.4-Trimethyl-D-glucopyruronosyl]-2.3.4-trimethyl-α-methyl-D-galaktopyranosids,* $C_{19}H_{35}O_{11}N$, F. 160°, durch Umsetzung von **II** mit NH_3 in Methanol 12 Std. bei 5° u. 5 Std. bei 25°, Nadeln aus A./Ae., $[\alpha]_D^{23}$ +40,5° (c = 0,65 in W.). — Vorst. Verb. lieferte wieder **II** nach Verseifen mit nNaOH bei 50—60°, Ansäuern u. Methylierung des mit Chlf. extrahierten Reaktionsprod. mittels Diazomethan. — *6-β-[2.3.4-Trimethyl-D-glucopyranosyl]-2.3.4-trimethyl-α-methyl-D-galaktopyranosid* (**III**), $C_{19}H_{36}O_{11}$, F. 114—115°, aus **II** durch Red. mit $LiAlH_4$ (10 Std. bei 25°, 4 Std. beim Kp. der äther. Lsg.), Nadeln aus Ae./PAe., $[\alpha]_D^{24}$ +50° (c = 0,5 in W.). — **III** wurde 20 Std. mit nH_2SO_4 auf dem sd. Wasserbad hydrolysiert. Nach Passage durch einen Anionenaustauscher wurden in der Lsg. *2.3.4-Trimethyl-D-glucose* u. *2.3.4-Trimethyl-D-galaktose* papierchromatograph. festgestellt. Die Mischung dieser Substanzen lieferte bei 3std. Umsetzung mit Anilin in sd. A. *2.3.4-Trimethyl-D-galaktoseanilid,* F. u. Misch-F. 164°, rhomb. Tafeln. — *6-β-[2.3.4-Trimethyl-D-glucopyranosyl]-2.3.4-trimethyl-β-methyl-d-galaktopyranosid* (**V**), $C_{19}H_{36}O_{11}$, F. 145,5° (aus Ae./PAe.), durch 30minütige Red. von **IV** mit $LiAlH_4$ in Ae. bei Zimmertemp., $[\alpha]_D^{25}$ −39° (c = 3,9 in Chlf.). — 2std. Behandlung mit 0,1nNaOH bewirkte keine Verseifung von **V. V** wurde 6 Std. im sd. Wasserbad mit nH_2SO_4 erhitzt. Im Hydrolysat wurden *2.3.4-Trimethyl-D-glucose* u. *2.3.4-Trimethyl-D-galaktose* papierchromatograph. festgestellt. (J. chem. Soc. [London] **1952.** 3637—40. Sept. St. Paul, Minn., Univ. of Minnesota.) WILLENBERG. 4050

Shin-ichi Shibuya, Shigeyuki Suzuki und **Moriei Nishida,** *Enzymatische Phosphorolyse von Stärke und Inulin.* Die Aktivität von *Stärkephosphorylase,* die stärkehaltigen Pflanzen im Preßsaft entzogen werden kann, läßt sich mit Stärke als Substrat durch Messung der Phosphorylierung bestimmen. Der Einfl. der Dauer, des p_H, der Konz. der Stärke u. der Phosphorsäure wurde untersucht. Die Phosphorylase aus inulinhaltigen Pflanzen läßt sich in gleicher Weise durch Bldg. von Inulinphosphorsäureester bei einem optimalen p_H von ca. 4,8 nachweisen. (J. chem. Soc. Japan, pure Chem. Sect. [Nippon Kagaku Zassi] **73.** 168—70. März 1952. Fukuoka, Kyushu Univ. [Orig.: japan.]) Schuler. 4050

R. Lontie, M. Dessent und **K. Heirwegh,** *Der Anteil der Lichtbeugung an der Extinktion der Proteine.* Der Extinktionskoeff. ergibt sich aus der Summe des Beugungs- u. des Absorptionskoeffizienten. Unter Anwendung der infolge p_H-Veränderung auftretenden starken Verminderung der lichtbeugenden Wrkg. von Helix pomatia Hämocyanin gelingt es, den Beugungskoeff. im UV zu messen. Die gefundenen konstanten Werte für beide Koeffizienten werden angegeben. (Meded. Kon. vlaamse Acad. Wetensch., Letteren schone Kunsten België, Kl. Wetensch. **13.** Nr. 1. 3—14. 1951. Löwen, Univ., Labor. of Biochem.) Wesly. 4070

P. Larose, *Farbstoffbindung durch monomolekulare Proteinschichten.* Im Gegensatz zu Wunderly, der die Bindung organ. Farbstoffe durch gespreitete Proteinfilme mit der Reihenfolge ihres Dispersitätsgrades zu erklären versucht, vertritt Vf. eine strukturchem. Auffassung, wonach die Bindung anion. durch Vermittlung der Sulfosäuregruppen der Farbstoffmoll. erfolgt. (Experientia [Basel] **8.** 198—99. 15/5. 1952. Ottawa, Can., Nat. Res. Council, Div. Chem.) Hentschel. 4070

Ch. Wunderly, *Über die Farbstoffbindung durch monomolekulare Proteinschichten. Erwiderung auf die vorstehenden Bemerkungen von P. Larose.* (Experientia [Basel] **8.** 199. 15/5. 1952. Zürich, Kantonsspital, Med. Universitätsklinik.) Hentschel. 4070

G. Ja. Rosenberg und **N. D. Papusch,** *Über den Mechanismus der Wirkung von Glucose auf die Eiweißstoffe des Plasmas und des Blutserums.* Unter der Einw. von *Glucose* (**I**) wird beim Trocknen von Plasma u. Serum sowie bei deren Aufbewahrung die Stabilität gegen Wärmedenaturierung u. gegen Säure–Salz-Koagulation erhöht. Dies wird elektrophoret. an dem mit u. ohne **I** erhitzten Serum bestätigt. Die Erhöhung der Stabilität erklärt sich aus der Bldg. eines Schutzfilms aus **I** auf den koll. Eiweißteilchen. Durch **I**-Mengen bis zu **30%** wird infolge der Bldg. bestimmter Bindungen zwischen **I** u. Eiweiß der osmot. Druck der koll. Eiweißteilchen des fl. Serums u. des zuvor mit **I** getrockneten gelösten Serums stark erhöht. In den Lsgg. von Hämoglobin u. Albumin aus Menschenblut wird der osmot. Druck durch **I** vervielfacht. Die Sedimentationskonstante der reinen Albuminlsg. wird durch **I** nicht verändert, ein Beweis für das Fehlen einer Veränderung der Zus. u. des Mol.-Gew. des Eiweißes. (Биохимия [Biochemie] **17.** 329—35. Mai/Juni 1952. Moskau, Zentralinst. für Hämatol. u. Blutübertragung des Gesundheitsminist. der UdSSR, Labor. für Blutfraktionierung.) Lebtag. 4070

Je. L. Rosenfeld und **Je. G. Plyschewskaja,** *Über die Rolle der Struktur der Glykogenmoleküle bei der Bildung von Glykogen–Eiweiß-Komplexen. Glykogen* (**I**) wurde der Einw. von *β-Amylase* (**II**) unterworfen u. die hierbei gebildeten *β-Dextrine* (**III**) auf ihre Fähigkeit untersucht, mit Eiweißstoffen Glykogen–Eiweiß-Komplexe zu bilden. **III** wird durch **II** nicht gespalten. Während das Maximum des Absorptionsspektr. λ 2775 Å von *Myosin* (**IV**) im Komplex **IV/I** nach 2625 Å verschoben wird, tritt in Ggw. von **III** keine Verschiebung des Maximums von **IV** ein. Die **III** (**I**-Kern, **I**-Mol. ohne endständige Verzweigung) bilden demnach mit **IV** keinen Komplex. Die durch Einw. von Phosphorylase auf Muskel-**I** gebildeten Dextrine bilden mit **IV** ebenfalls keinen Komplex. Aus den Ergebnissen wird geschlossen, daß für die Komplexbldg. von **I** mit Eiweiß nicht nur die Halbacetalhydroxyle, sondern auch die endständigen Nichtaldehydzweige des Mol. von Bedeutung sind. (Доклады Академии Наук СССР [Ber. Akad. Wiss. UdSSR] [N. S.] **85.** 615—18. 21/7. 1952. Labor. für physiol. Chem. der Akad. der Wiss. der UdSSR, u. Abt. für biol. Wiss. der Akad. der Wiss. der UdSSR, Labor. für Biophysik der Isotope u. Strahlungen.) Lebtag. 4070

E. Biologische Chemie. Physiologie. Medizin.

E_1. Allgemeine Biologie und Biochemie.

M. Pepe und **C. Vacca,** *Histaminämieveränderungen beim Menschen, der Luftunterdrucken, mit oder ohne Sauerstoff, und willkürlicher Hyperventilation ausgesetzt wird.* Vff. benutzen zur biol. Best. der Bluthistamine den Meerschweinchen-Ileusdarm. Aus den noch ziemlich ungenauen Resultaten der Verss. am Menschen kann nur gefolgert werden, daß bei Unterdruck mit oder ohne Hypoxamie keine Hyper-, sondern etwa eine geringe Hypohistaminämie hervorgerufen wird, während bei Akapnie ohne Hypoxamie (Hyperventilation) keine Veränderung einzutreten scheint. (Riv. Med. aeronaut. **14.** 516—25. Juli/Sept. 1951. Neapel.) Grimme. 4102

Ellen Myrberg Rasch, *Kern- und Zellteilung in Allium cepa unter dem Einfluß langsamer Neutronen und Röntgenstrahlen.* Bestrahlungen von Setzlingen (Allium cepa) mit

Röntgenstrahlen (100; 1000; 10000 r) oder langsamen Neutronen ($5,8 \cdot 10^{10}$ Neutronen/cm^2/Sek.) u. einer Dauer von 2, 4, 8 u. 16 Min. beeinträchtigen das Wachstum. Späteres Absterben nach Neutronenbeschuß oder nach der stärksten Röntgenstrahleinwirkung. Die Schädigungen begannen mit zeitweiser Hemmung der Mitose u. anomaler Kernteilung, die durch Chromosomenänderung hervorgerufen wurde, worauf anomale Zellteilung u. schließlich Kern- u. Zelldegeneration folgten. Die Strahlendosis hatte keinen Einfl. auf die Art der Chromosomenänderung, jedoch war diese bei Neutronenbeschuß intensiver als bei Röntgenbestrahlung. (Bot. Gaz. **112**. 331—47. Juni 1951. Chicago, Ill., American Meat Inst. Found.) W.-D. Weinmann. 4150

Maurice Hocquette und **Hocquette,** *Die heterochromatischen Zonen des ruhenden Kerns von Cucurbita und Phaseolus. Wirkung der Folsäure.* Die ruhenden Zellkerne des Hypocotyls von Kürbis u. Bohne enthalten auffällig viel gefärbte Substanz, deren Menge sich mit der Zelldifferenzierung u. dem physiol. Zustand der Zelle ändert. Es wird auf eine Hyperaktivität der Eiweißsynth. geschlossen, u. es wurde gefunden, daß die intranucleare chromat. Substanz an Stellen auftritt, die der Lokalisation der *Desoxyribonucleinsäure* bzw. der *Ribonucleinsäure* entsprechen. — *Folsäure* unmittelbar zu der Zellteilung gegeben, ruft innerhalb 24 Std. eine beträchtliche Vergrößerung des Kernvolumens hervor, häufig unter Bldg. zahlreicher Granulationen, die sich bei der Färbung nach May-Grünwald bzw. Giemsa dunkelmarineblau färben. Es treten zahlreiche bi- u. trinucleare Zellen auf, deren einzelne Kerne sich verschieden stark färben. Amitosen werden oft beobachtet, die Kerne sind deformiert u. häufig amöboid u. erinnern auffällig an die amöboiden Kerne von Krebszellen. (C. R. hebd. Séances Acad. Sci. **236**. 841—44. 23/2. 1953.) Klesse. 4150

Adolf Butenandt und **Wolfgang Albrecht,** *Bestimmungen des Tryptophangehaltes verschiedener Rassen der Mehlmotte Ephestia Kühniella als Beitrag zur Analyse der Genwirkungen.* In Übereinstimmung mit den Ergebnissen Casparis an Drosophilamutanten werden bei verschied. aa-Ephestiamutanten (Larven wie Motten) bedeutend höhere Tryptophanwerte der Proteine als bei $a+a+$-Wildformen gefunden. Der gleiche erhöhte Tryptophanwert findet sich auch bei aa-Mutanten mit verschied. Augenfarbnuance u. wird durch unterschiedlichen Tryptophangeh. des Futters nicht sehr beeinflußt. Das Wesen der Genwirkungen wird an Hand der aus den Ergebnissen zu ziehenden Schlüsse besprochen. (Z. Naturforsch. **7b**. 287—90. Mai 1952. Tübingen, Max-Planck-Inst. für Biochemie, u. Univ., Physiol.-Chem. Inst.) Itzerott. 4150

F. Leuthardt und **B. Exer,** *Über den Einfluß des Methylenblaus auf die Atmung der Lebermitochondrien.* Die Unters. des Einfl. verschied. bas. Farbstoffe (*Janusgrün B, Toluidinblau, Pyronin*) auf den O_2-Verbrauch von Lebermitochondrien in Ggw. von *Succinat* (I) u. *Pyruvat* (II) ergab, daß die I-Oxydation durch Farbstoffkonzz. $>10^{-4}$ mol. stark gehemmt wird (Hemmung der *Succinodehydrase*). Zusatz von *Methylenblau* (III) (10^{-5} mol.) beschleunigt anfänglich die II-Oxydation, jedoch fällt nach wachsenden Zeitintervallen der O_2-Verbrauch auf sehr kleine Werte ab. Diese charakterist. Wrkg. von III tritt bes. deutlich in Erscheinung, wenn das Substrat aus II u. sehr kleinen Mengen von I, *Fumarat, α-Ketoglutarat* oder *Citrat* besteht. Ohne III beeinflussen diese Dicarbonsäuren die Geschwindigkeit der II-Oxydation nicht. Der III-Effekt besteht aus 2 sich überlagernden Vorgängen: 1. Beschleunigung der Atmung, analog der Stimulierung der Erythrocytenatmung in Ggw. von III (Barron u. Harrop); 2. irreversible Schädigung der Mitochondrien durch III, wodurch das Atmungssyst. inaktiviert wird. (Helv. chim. Acta **36**. 519—26. 16/3. 1953. Zürich, Univ., Physiol.-chem. Inst.) K. Maier. 4150

R. Parmentier, *Untersuchung über Zellschädigungen durch verschiedene Phenole und aromatische Amine.* Vf. untersuchte an Zellen des Mäusedünndarms die antimitot. Wrkg. verschied. *Phenole* (I), aromat. Amine u. verwandter Stoffe. Unter den Zellschädigungen wird eine neue Anomalie der Metaphase, „Metaphase zu 3 Gruppen" „métaphase à trois groupes") beschrieben. I u. die *Kresole* besitzen eine teilweise röntgenstrahlenähnliche Wrkg. (Kernnekrose) u. Wrkg. vom Colchicintyp (cytostat.). *Nitrophenole, Chlorphenole* u. *Resorcin* sind unwirksam. Bei I, o- u. m-Kresol, *Hydrochinon* u. *Toluhydrochinon* findet man Metaphase zu 3 Gruppen. *Pyrogallol* ist das einzig wirksame Triphenol. Die 3 *Monoaminophenole* u. *Phenylendiamine* zeigen ähnliche antimitot. Wirkungen. Das Phänomen der Metaphase zu 3 Gruppen scheint in engem Zusammenhang mit der Ggw. des injizierten oder im Stoffwechsel gebildeten Hydrochinons zu stehen. Der biol. Mechanismus der antimitot. Wrkg. der Phenole u. aromat. Amine wird erörtert. — 123 Literaturangaben. (Rev. belge Pathol. Méd. exp. **22**. 1—54. Juni 1952. Bruxelles, l'Univ., Labor. d'Anatomie patholog. et Centre National pour l'étude de la croissance.) K. Böhm. 4150

E. Picha, *Thyreostatica bei Carcinom.* Vf. berichtet über Verss. an 25 carcinomkranken Patientinnen, denen *Prothiucil* (= *Propylthiouracil*) u. vor allem *Thyreocordon* (=*Mercaptobenzimidazol-N.N'-dimethylol*) verabreicht wurden (Dosis: 200 mg/Tag, 8 Tage lang, hierauf Dauerdosis von 100 mg/Tag). Es gelang zwar, den allg. körperlichen Verfall der Kranken hinauszuschieben, eine direkte Beeinflussung des Carcinoms durch die Thyreostatica wurde jedoch nicht festgestellt. (Wiener med. Wschr. **103.** 154—55. 21/2. 1953. Wien, Univ., I. Frauenklinik.) R. KÖNIG. 4160

George F. Cahill, *Phäochromocytom: Diagnose und Behandlung.* Zur Diagnose des Phäochromocytoms ist der Nachw. pressor. Substanzen im Blut oder Urin wünschenswert. Wenn nach der operativen Entfernung des Tumors die nun eintretende Blutdrucksenkung durch pressor. Pharmaca kompensiert wird, ist die Prognose in 90% der Fälle gut, da die Tumoren an sich nicht bösartig sind. (J. Urology **67.** 779—86. Juni 1952. New York, N. Y., Columbia Presbyterian Med. Center, J. Bentley Squier Urolog. Clinic.) DRUCKREY. 4160

J. P. Greenstein and Alexander Haddow, eds., Advances in cancer research. Vol. 1. New York: Academic Press. 1953. (602 S. m. Abb., Bibl.) $ 12,—.

E_2. Enzymologie. Gärung.

Helen A. Padykula, *Das Vorkommen von Succinodehydrase in den Organen der Ratte.* Die Meth. nach SELIGMAN u. RUTENBURG (C. **1952.** 3344) zum histochem. Nachw. von *Succinodehydrase* (I) wird modifiziert. Die Mikrotomschnitte werden feucht gehalten, die Imprägnierungs-Fl. wird mit $CaCl_2$ u. $AlCl_3$ versetzt, um das Enzym zu aktivieren, die Gewebsimprägnierung erfolgt anaerob unter Stickstoff für 2 Std. bei 37°. *Diformazan* entsteht bei Einhaltung dieser Bedingungen einheitlich innerhalb des Cytoplasmas, nicht in den Kernen. I war nachweisbar im Sarkoplasma der Herz- (höchste I-Aktivität), Skelett- u. glatten Muskulatur (niedrigste I-Aktivität). Eine starke Rk. zeigten in den Nieren alle Teile des Nephroms mit Ausnahme des Glomerulus. Die Leberzellen reagierten positiv. Im Gehirn, Kleinhirn u. Rückenmark befand I sich in der grauen Substanz, aber nicht in der weißen. Weitere Einzelangaben über das Vork. von I in den Organen u. Gewebsteilen. — 24 Mikrophotos. (Amer. J. Anatomy **91.** 107—45. Juli 1952. Boston, Mass., Harvard Med. School.) FRESENIUS. 4210

M. Teti, *Wirkung eines Chloramins auf die Hyaluronidase in vivo.* Um die lokale Wrkg. der Stickstofflost-Verwandten zu prüfen, wurde Ratten u. Kaninchen ein Chloramin (*Methyl-bis-[β-chloräthyl]-amin*) (I) intradermal in Verdünnungen zwischen $1:10^{-3}$ u. $1:10^{-4}$ injiziert. Es bildete sich daraufhin ein circumskriptes lokales Ödem, dessen Randzonen entzündlich verändert sind u. in dem sich gleichzeitig injizierte Farbstoffe korpuskulär niederschlagen (Tusche). Bei Injektion der Tuschelsg. allein entstand ein durchschnittlich 303 mm² großes Ödem. Die entsprechende Fläche betrug bei Injektion von I 265 mm². Bei Injektion von *Hyaluronidase* (II) 889 mm² u. schließlich bei gleichzeitiger Injektion von I mit II 1415 mm² (am Kaninchen). I potenziert also die Wrkg. von II u. ist dabei nicht von der Konz. der Cl-Ionen abhängig, zeigt auch keine Beziehung zum jeweiligen p_H. (Riv. Ist. sieroterap. ital. **27.** 455—61. Nov./Dez. 1952. Roma, Ist. „Regina Elena" per lo Studio e la Cura dei Tumori.) P. G. SCHEURLEN. 4210

Jin H. Kinoshita und **Eric G. Ball,** *Eine Transpeptidisierungsreaktion zwischen Glutathion und Arginin. Glutathion* (I) u. *Arginin* (II) reagieren in Ggw. von Rindernierenrindenextrakt unter Bldg. von *γ-Glutamylarginin* (III), das aus dem Reaktionsgemisch papierchromatograph. abgetrennt u. durch Darst. des *Dinitrofluorbenzol*-Deriv., Best. von Gesamt-*N*, Amino-N u. *Guanidin-N* als das *Dipeptid* III identifiziert werden konnte. Die Hydrolyse liefert II u. *Glutaminsäure* (IV). Das die Transpeptidisierungs-Rk. katalysierende Enzym (IV) findet sich nur in Niere u. Pankreas. Das p_H-Optimum von IV liegt bei ca. 9,0. I ist durch seine oxydierte Form oder durch *γ-Glutamylglycin,* jedoch nicht durch *Isoglutathion, Glutamin,* IV oder *β-Aspartyltyrosin* ersetzbar. Zeitlicher Verlauf u. optimale Substratkonzz. (je ca. 0,005 mol) der Rk. wurden untersucht. Eine ca. 10fache Anreicherung von IV gelingt durch A.-Fällung (Endkonz. 20%, —5°) des bei 5° u. p_H 4,7 zentrifugierten wss. Extraktes u. Fällung der wss. Lsg. des Nd. mit gesätt. $(NH_4)_2SO_4$-Lösung. (J. biol. Chemistry **200.** 609—17. Febr. 1953. Boston, Mass., Harvard Med. School, Dep. of Biol. Chem.) K. MAIER. 4210

F. Leuthardt, E. Testa und **H. P. Wolf,** *Der enzymatische Abbau des Fructose-1-phosphats in der Leber.* 3. Mitt. *über den Stoffwechsel der Fructose in der Leber.* (2. vgl. C. **1951.** II. 3039.) In Leberextrakten wird *Fructose-1-phosphat* (I) durch ein Enzym,

„*1-Phosphofructaldolase*“ (II), das von krist. Muskelaldolase, „*1.6-Diphosphofructaldolase*“ (III) verschieden ist, in *Dioxyacetonphosphat* (IV) u. *Glycerinaldehyd* gespalten. Die Rk. verläuft unabhängig von Mg^{2+}-Ionen. I wird durch krist. III unter den Bedingungen des opt. Testes nicht angegriffen. Die I-haltigen Proteinlsgg. aus Leber wirken auch auf *Hexosediphosphat* (V). Es ist unbekannt, ob die neue Aldolase beide Substrate spalten kann oder ob der V-Abbau auf Ggw. von III beruht. In Ggw. von *Cozymase* (VI) erleiden die prim. Spaltprodd. eine Dismutation in *Glycerinsäure* u. *α-Glycerinphosphat.* Hierfür sind 2 von VI abhängige Enzyme verantwortlich: *Glycerinaldehyddehydrase* u. *α-Glycerinphosphatdehydrase* (Enzym von BARANOWSKI). Das Gleichgewicht zwischen I u. dessen Spaltprodd. liegt nahezu auf der Seite des Fructoseesters. Der Abbau wird erst merklich, wenn die Triosen durch Hydrazin abgefangen werden oder weitere Rkk., wie z. B. die genannte Dismutation, eingehen. In Ggw. von Mg^{2+}-Ionen erfährt I durch Einw. einer von CORI u. Mitarbeitern beschriebenen Proteinfraktion aus Leber eine teilweise Umwandlung in *Hexose-6-phosphat.* Das von HORS u. KUSAKA hierfür vorgeschlagene Reaktionsschema konnte bestätigt werden: Spaltung von I in 2 C_3-Ketten, Bldg. von *Glycerinaldehydphosphat* aus IV, Kondensation von 2 Triosephosphaten zu V, Dephosphorylierung von V in 1-Stellung durch eine spezif. *Phosphatase, Diphosphofructose-1-phosphatase* (VII) unter Bldg. von *Fructose-6-phosphat* als Spaltprodukt. VII wurde frei von den übrigen Enzymen erhalten. Die VII-Aktivität hängt von der Ggw. von Mg^{2+}-, Mn^{2+}- oder Co^{2+}-Ionen ab. Durch-Kombination von VII-freier II, aldolasefreier VII, krist. III, *Trioseisomerase* u. *Hexoseisomerase* wurde ein Enzymsyst. erhalten, das I in *Glucose-6-phosphat* überführt. Auch Muskel enthält 2 verschied. Aldolasen: eine zum „*Myogen A*“ von BARANOWSKI gehörende, krist. Fraktion spaltet nur V, eine andere sowohl I als auch *Fructose-1.6-diphosphat.* — Als Tiermaterial dienten meist weiße Ratten. Die meisten Rkk. wurden opt. unter Benutzung der VI-Red. oder der Oxydation von red. VI verfolgt. (Helv. chim. Acta **36.** 227—51. 1953.) K. MAIER. 4230

D. M. Hollinger, J. E. Logan, W. A. Mannell und **R. J. Rossiter,** *β-Glucuronidaseaktivität von peripheren Nerven während der Waller-Degeneration.* Beim Durchschneiden von peripheren Nerven erfährt der von der Schnittstelle entfernt liegende Teil des Nerven die für die WALLERsche Degeneration charakterist. Veränderungen. In solchen degenerierten Nerven wurde nur ein Ansteigen des Geh. an *β-Glucuronidase* sowie eine Steigerung der Konz. von *Desoxypentosenucleinsäure* u. von *Pentosenucleinsäure* beobachtet. (Nature [London] **169.** 670. 19/4. 1952. London, Can., Univ. of Western Ontario, Dep. of Biochem.) HESSE. 4230

Zofia Kopankiewicz-Wójciakowa, *Das Auftreten von Urease in den Vegetationsorganen von Soja hispida.* Der Geh. an *Urease* (I) in den vegetativen Organen von *Soja hispida* zeigt große Unterschiede, die bes. bei den Samen auffällig sind. In den unterird. Teilen nimmt der I-Geh. ab, in den oberird. zu. Er hat bes. Bedeutung für die enzymat. Vorgänge in den Samen, spielt aber auch vielleicht eine Rolle, wenn auch nur lokal, bei den Entwicklungsprozessen der Pflanze. (Farmacja polska **8.** 410—15. Nov. 1952. Posen [Poznań], Akad. med., Zakt. Botan. u. Zakt. Farmakol.) R. K. MÜLLER. 4230

M. Schierge, *Die proteolytische Wirkung des Blutserums bei Leberschäden und anderen Krankheitszuständen.* Vf. stellte bei verschied. Krankheitszuständen eine Vermehrung der *Polypeptidasen* (I) im Blutserum im Vgl. zum Normalserum fest. Vf. entwickelte eine einfache Meth. zum Nachw. der I-Wirkung. — M e t h.: 1 cm^3 Serum u. 1 cm^3 5%ig. WITTE-Peptonlsg. u. einige Tropfen Toluol werden nach 24 std. Bebrütung bei 37° mit 6 cm^3 n/100 CH_3COOH, enthaltend 1% NaCl, versetzt u. zum Sieden erhitzt. Nach Abtrennung vom koagulierten Eiweiß läßt sich die Serumfermentwrkg. durch Nachw. von abgespaltenem Tryptophan durch Zufügen von Bromwasser an der Farb-Rk. erkennen. (Dtsch. Gesundheitswes. **7.** 1481—87. 20/11. 1952. Chemnitz, Stadtkrankenhaus im Kuchwald, Innere Abt.) BRATFISCH. 4230

Gladys E. Woodward, *2-Desoxy-D-glucose als Hemmkörper beim aeroben Glucosestoffwechsel der Hefe.* Nach früheren Befunden hemmt *2-Desoxy-D-glucose* (I), ein strukturelles Analogon der Glucose (II), mehrere mit dem Glucosestoffwechsel verbundene Lebensprozesse, nämlich anaerobe Gärung der Hefe, anaerobe Glykolyse durch Schnitte von Rattentumoren sowie das Wachstum der Herzfibroblasten der Hühnerembryonen. Die Hemmung der Gärung beruht auf Konkurrenz zwischen I u. II. Jetzt wurde gefunden, daß I gegenüber dem Wachstum sich stärker als gegenüber der Gärung als Inhibitor erweist. Auch hier liegt kompetitive Hemmung vor. Die Gärung wird unter aeroben Bedingungen ebenso stark wie unter anaeroben Bedingungen gehemmt. Die Atmung wird durch I nicht merklich gehemmt. (J. Franklin Inst. **254.** 553—55. Dez. 1952. Philadelphia, Pa., Franklin Inst., Biochem. Res. Foundation.) HESSE. 4270

E. Quagliozzi und **A. Rescigno,** *Über den Kupferstoffwechsel der Hefe, untersucht mit* ^{64}*Cu.* Radiochem. Unterss. des Cu-Stoffwechsels einer Hefekultur (Sacch. cerevisiae) unter besonderen Kulturbedingungen. In Ruhe beträgt der Cu-Geh. $2\cdot 10^{-5}$ g/g Hefe. Im Stadium der fermentativen Tätigkeit steigt er auf $7{,}2\cdot 10^{-6}$ g/g Hefe/Std. an. (Boll. Ist. sieroterap. milanese **31.** 257—59. Mai/Juni 1952. Busto Arsizio, Centro Tumori.) P. G. SCHEURLEN. 4270

N. van Uden, *Zur Kenntnis von Torulopsis Pintolopesii sp. nov. Mit Beobachtungen über die parasitäre Phase von Acladium Castellanii Pinoy.* Ausgehend von der Arbeitshypothese, daß *Acladium Castellanii Pinoy* (**A**) zur selben Gattung wie die Erreger der nord- u. südamerikan. Blastomykose (Blastomyces dermatitidis u. Paracoccidioidis brasiliensis; **B**) gehört, untersuchte Vf. einen Stamm von **A** auf sein Verh. in Kultur bei 37° u. im Tierkörper. Bei 6 von 10 weißen Mäusen, die intraperitoneal mit **A** geimpft worden waren, zeigten sich nach 3 Wochen Abscesse in Leber, Milz u. Dünndarm. In den Krankheitsherden u. in Kulturen bei 37° zeigte **A** nicht einen hefeähnlichen, sondern einen filamentösen Habitus; hierin unterscheidet sich **A** von den **B**-Stämmen, mit denen es in Kultur bei Zimmertemp. große Ähnlichkeit hat. Aus Leber u. Milz von 3 Tieren, die mit **A** infiziert worden waren, wurde eine neue Hefe isoliert, für die der Name *Torulopsis Pintolopesii* (**I**) vorgeschlagen wird. **I** wächst nur zwischen 28 u. 40° u. benötigt einen thermostabilen, wasserlösl. Wachstumsfaktor, der im Leber- u. Milzgewebe der weißen Maus, in Hefe- u. Fleischextrakt, jedoch nicht in Pepton vorhanden ist. Auf SABOURAUD-Agar mit 0,5% Hefeextrakt erfolgt gutes Wachstum. **I** bildet keine Ascosporen, keine Basidiosporen (Ballistosporen), kein carotinoides Pigment u. kein Pseudomycel. Die Zellen zeigen multipolare Sprossung, sind oval oder rund u. haben starke Neigung zur Bldg. von großen Sproßverbänden. In fl. Medium wird nur Bodensatz gebildet, Ring- u. Hautbldg. sowie Trübung bleiben aus, die Strichkultur ist cremefarbig, weich, glänzend u. glatt, an den Rändern oft leicht gekräuselt. Von den untersuchten C-Quellen [d-Glucose (**I**), d-Galaktose, Saccharose, Maltose, Lactose u. A.] wird nur **I** verwertet; von den untersuchten N-Quellen [KNO_3, $(NH_4)_2\cdot SO_4$, Harnstoff, Asparagin (**II**) u. Pepton (**III**)] wird nur **III** verwendet. **II** zeigte unter den Versuchsbedingungen eine wachstumshemmende Wirkung. (Arch. Mikrobiol. **17.** 199—208. 1952. Lissabon, Inst. Botanico, Dep. de Micologia.) GOEBEL. 4270

E₃. Mikrobiologie. Bakteriologie. Immunologie.

A. Rippel-Baldes, *Die Energieausnützung durch Mikroorganismen in quantitativer Hinsicht.* Vf. erörtert die Höhe der Energieausnutzung bei Heterotrophen (aeroben u. anaeroben) sowie bei chemo-autotrophen Mikroorganismen in bezug auf die gebildete Körpermasse. Prüfung von Literaturangaben u. theoret. Überlegungen ergaben folgende Gesichtspunkte: Die Höhe der Bldg. von Mikroorganismenmasse richtet sich nach dem Verbrennungswert der C-Quelle, vorausgesetzt, daß diese in den Stoffwechsel des jeweiligen Organismus paßt. Die quantitative Feststellung des wahren Nutzwertes von C-Quellen könnte sich als ein Mittel erweisen, den Gang der Verarbeitung festzustellen. Zwischen aerober u. anaerober Atmung (Gärung) ist in Hinsicht auf die Beziehung der Bldg. von Körpermasse zu der tatsächlich umgesetzten Energie kein Unterschied. Der wahre Nutzwert (RUBNER-Koeff.) ist in beiden Fällen hoch (n. Maximum ca. 60). Absol. genommen ist natürlich die Bldg. von Körpermasse bei anaerober Atmung geringer. Am günstigsten liegt die anaerobe Essigsäuregärung, am ungünstigsten die Buttersäuregärung. Das Überwiegen von „gemischter" Gärung bei Bakterien, namentlich solchen mit Bldg. von Essigsäure, stellt offenbar ein Mittel dar, die Bldg. von Körpermasse zu erhöhen bzw. den absol. Energiegewinn zu steigern. Für die chemoautotrophen Bakterien wird die Vorstellung geprüft, daß der „Oxydationsvorgang" nicht den Atmungsvorgang darstellt, sondern daß die CO_2 direkt mit dem betreffenden Stoff (H_2, H_2S, NH_3 usw.) reagiert u. dann der Luftsauerstoff die gebildete organ. Substanz veratmet. Die in der Primär-Rk. wahrscheinlich hohe, in der Gesamtbilanz sehr niedrige Energieausnutzung kann durch das Überwiegen des Erhaltungs- über den Baustoffwechsel gedeutet werden. Damit dürfte eine einheitliche Basis für den Aufbaustoffwechsel der verschied. Typen gegeben sein. (Arch. Mikrobiol. **17.** 166—88. 1952. Göttingen, Univ., Inst. für Mikrobiol.) GOEBEL. 4320

M. Teti und **G. Falcone,** *Manometrische Untersuchungen über die Veränderungen der Atmung einiger Typhusbakterienstämme unter dem Einfluß von Lysozym.* Suspensionen verschied. Stämme von Typhusbakterien wurden 24 Std. mit *Lysozym* (1:1000 in RINGER-Lsg.) gehalten u. danach die Atmung manometr. gemessen. Es ergab sich, daß diese um die Hälfte vermindert war, auch dann, wenn zu den Kulturen noch *Glucose* zugefügt worden war. Es kann daraus geschlossen werden, daß die Bakterien durch diese Behandlung eine gewisse Schädigung erfahren, auch wenn bei morpholog. Unterss. eine solche Schädigung nicht manifest ist. (Riv. Ist. sieroterap. ital. **27.** 462—66. Nov./Dez. 1952. Napoli, Univ., Ist. di Patologia Generale.) P. G. SCHEURLEN. 4330

Edith Mankiewicz, *Die Wirkung lipidolytischer Enzyme der Galleria melonella-Larven auf virulentes Mycobacterium tuberculosis.* Extrakte aus Larven der Wachsmotte, *Galleria melonella,* besitzen gegenüber Lipiden der Tuberkelbakterien eine starke lipidolyt. Aktivität. Die lipidolyt. Enzyme (I), die durch wiederholte Acetonfällung der gepufferten Extrakte bei p_H 7,2 u. Gefriertrocknung angereichert werden können, bewirken (wss. I-Lsgg., 37°, mehrere Tage) bei dem virulenten *M. tuberculosis*-Stamm *H 37 Rv* Änderungen in der Morphologie, den färber. Eigg., den cytochem. Rkk. mit bestimmten Farbstoffen, dem Kulturverh., der Virulenz u. der *Streptomycin* (II)-Empfindlichkeit. I-behandelte Bakterien erscheinen gegenüber den Kontrollen dünner u. länger u. liegen als Einzelzellen oder kettenförmig angeordnet vor. Sie zeigen bei der ZIEHL-NEELSEN- u. der *Auramin-O*-Färbung teilweisen Verlust der Säurefestigkeit u. werden andererseits in 50%ig. Aceton durch *Sudanschwarz B* angefärbt. Die Affinität des *H 37 Rv*-Stammes für *Neutralrot* (cytochem. Rk. von DUBOS u. MIDDLEBROOK geht durch I-Einw. verloren. Das Bakterienwachstum wird durch I-Behandlung, abhängig von I-Konz. u. Einwirkungszeit, verzögert oder unterbunden. Die verzögert wachsenden Kulturen unterscheiden sich durch glattes, sich ausbreitendes Wachstum von der Rauhform der Kolonien unbehandelter *H 37 Rv*-Zellen. Virulente Bakterien verlieren bei Einw. subbakteriostat. Konzz. einer I-Lsg. allmählich ihre Virulenz für Meerschweinchen, bis schließlich die zweifache DL keine tuberkulösen Erscheinungen mehr auslöst. Durch I-Einw. modifizierte, nicht in Proliferation befindliche Tb-Bakterien zeigen eine Zunahme der II-Resistenz (z. B. von 0,05 auf 5 E./cm³.) (Canad. J. med. Sci. **30.** 106—12. Febr. 1952. Montreal, Quebec, Can., McGill Univ., Dep. of Bacteriol. and Immunol.) K. MAIER. 4330

Roland Fischer und **P. Larose,** *Beitrag zum Verhalten und zur Struktur der cytoplasmatischen Membran der Bakterien.* Die früher aufgefundenen Beziehungen zwischen baktericider Wirksamkeit von Verbb. u. ihrer Affinität zu Wolle wurde zur weiteren Unters. der Ähnlichkeit zwischen gramnegativen Bakterien u. intakter Wolle einerseits u. zwischen grampositiven u. abgebauter Wolle andererseits herangezogen. Bei der Gramfärbung, der Differentialfärbung nach EISENBERG-GUTSTEIN (Tanninbehandlung, Färbung mit bas. Farbstoffen) u. der FEULGEN-Rk. besteht ein analoges Verhalten. Mit abgebauter Wolle konnte eine Umwandlung des grampositiven Zustandes in den gramnegativen (entsprechend dem von intakter Wolle) erzielt werden, wie dies auch bei grampositiven Keimen unter Einw. oxydierender ($K_2Cr_2O_7$) u./oder saurer Agentien (HCl, CH_3COOH) möglich ist. Zur Deutung dieser Befunde u. der entsprechenden cytochem., für die cytoplasmat. Membran der Bakterien charakterist. Rkk. wird ein Mechanismus angegeben, der auf der Ähnlichkeit hinsichtlich Zus. u. Struktur (*α-Keratin*) zwischen der cytoplasmat. Membran der grampositiven u. abgebauter Wolle beruht. Auf Grund der Ergebnisse sind gegenüber gramnegativen, -variablen u. -positiven Bakterien baktericide Verbb. *anion-* u. *kationakt.* Substanzen, die chem. u./oder physikal. die cytoplasmat. Membran dieser Keime derart verändern, daß diese ihre Aufgabe im Stoffwechsel nicht mehr zu erfüllen vermag, oder *nichtion.*, die ihre baktericide Aktivität wahrscheinlich ihrer koagulierenden oder denaturierenden Wrkg. auf das Bakterieninnere nach Durchdringung des Ektoplasmas verdanken. (Canad. J. med. Sci. **30.** 86—105. Febr. 1952. Ottawa, Can., Univ., Dep. of Biol.) K. MAIER. 4330

Guido Tappi und **Paolo Vittorio Forni,** *Antituberkulöse Wirkung einiger heterocyclischer Nitroderivate des o-Benzochinons.* Unters. folgender Substanzen auf ihre antituberkulöse Wrkg. in vitro: *4-Nitrofurazan* (I), *5-Nitrofuroxan, 4-Nitrofuroxan* (II), *4.6-Dinitrofuroxan, 5.6-Dinitrofuroxan.* Die größte Wirksamkeit wies II auf, die größer als von I war. Die Dinitroverbb. zeigten ebenfalls eine geringere Aktivität. (Giorn. Batteriol. Immunol. **44.** 349—52. Juli/Aug. 1952. Modena, Univ., Ist. di Chimica Farmaceutica.) P. G. SCHEURLEN. 4330

J. E. Lancaster, R. F. Gordon und **J. Tucker,** *Die Desinfektion von vor dem Bebrüten mit Salmonella Pullorum infizierten Hühnereiern.* Unterss. ergaben, daß zur Entfernung von Salmonella pullorum von künstlich infizierten sauberen u. beschmutzten Eiern bei 25° während 15 Min. als Desinfektionslsg., ohne bestimmten Einfl. auf die Bebrütungsmöglichkeit, 0,2% *Chloramin* u. 1,8% 10%ig. *Na-Hypochlorit* wirksam sind. Hinzufügen von 0,5% *Cetyltrimethylammoniumbromid,* 1,5% *Chlor-m-xylenol* verstärkt die Wirksamkeit. Salmonella thompson u. typhimurium erwiesen sich gegen die Lsgg. widerstandsfähig. (Brit. veterin. J. **108.** 418—31. Nov. 1952. Animal Health Trust, Poultry Res. Stat.) LIEBNER. 4330

P. Gambogi, *Der Einfluß einiger Antibiotica auf die Entwicklung pflanzenpathogener Pilze.* Vf. gibt einen ausführlichen Überblick über die Anwendung von Antibioticis in der Pflanzenpathologie u. berichtet über das Verh. einiger pathogener Pilze gegenüber *Penicillin, Streptomycin* u. *Aureomycin.* Bei den untersuchten pathogenen Pilzstämmen wurde keine antibiot. Wrkg. dieser Substanzen gefunden. — Mit zahlreichen Literaturangaben. (Agric. ital. **52.** ([N. S.] 7) 122—33. Juni 1952. Pisa, Univ., Ist. di Patol. Vegetale.) H. SCHEURLEN. 4340

A. Novelli, *Neue Methode zur Färbung von Bakterienkapseln in Abstrichen und Schnitten.* Durch Färbung mit *Alcian Blau 8 GN 140* u. nachfolgender Behandlung mit Carbofuchsin werden die aus Polysacchariden bestehenden Bakterienkapseln sichtbar gemacht. Statt der ZIEHL-NEELSENschen Färbung kann auch eine GRAM-Färbung als Nachbehandlung gewählt werden. (Experientia [Basel] **9.** 34—35. 15/1. 1953. Genua, Univ., Dep. of general Pathol. and Bacteriol.) BAUMANN. 4350

J. Guallar Segarra, A. Pomares Riquelme und **E. Mas Quiles,** *Hemmende Wirkung des Isonicotinsäurehydrazids auf die Tuberkulinreaktion.* Alttuberkulin in einer Konz. 1:1000 wurde mit 5% *Isonicotinsäurehydrazid* (I) versetzt u. bei 70 Patienten mit verschied. Formen von Lungentuberkulose intracutan (0,1 cm³) verabfolgt. Kontrollen ohne I. Nach 24 Std. war die Haut-Rk. bei 80%, nach 48 Std. bei 74% der Untersuchten herabgesetzt. Die Hemmung der Tuberkulin-Rk. trat nur bei 10% auf, wenn I zunächst zerrieben u. 3 Tage bei Zimmertemp. aufbewahrt wurde. Ob es sich bei den Befunden um einen Neutralisierungseffekt oder um eine direkte Hemmung des allerg. Mechanismus handelt, läßt sich noch nicht sagen. (Rev. clín. españ. **47.** 235—38. 30/11. 1952.) P. G. SCHEURLEN. 4370

W. K. Joklik, *Der Einfluß der Phageninfektion auf die Stoffwechselaktivität der Wirtszelle.* Bact. coli, Stamm B, wurden in Suspension von $5 \cdot 10^9$ Bakterien/ml in Phosphatpuffer mit den Phagen T_1 oder T_2 infiziert u. verschied. Stoffwechselaktivitäten nach WARBURG gemessen. Die Lyse war weitgehend herabgesetzt, so daß die Effekte nicht durch Verdünnung der Bakteriensuspension verfälscht sind. Die O_2-Aufnahme mit den Substraten Glucose, Lactat, Formiat, Salze der Fumar- u. Äpfelsäure wird durch die Phageninfektion nicht gehemmt, ebensowenig die H_2-Aufnahme mit Nitrat, dagegen tritt eine Hemmung ein bei der O_2-Aufnahme mit Salzen der Brenztraubensäure (50%), mit Succinat (60—80%), mit Glykokoll (50%), ferner bei der Adaption an Alanin eine (30—50%ig.) Hemmung u. bei der Adaption an Acetat ebenfalls. Die anaerobe Erzeugung von CO_2 mit Glucose u. mit Brenztraubensäure wird zu 40% gehemmt. Nicht verringert wird die O_2-Aufnahme mit endogenen Substraten. Die Oxydation von Succinat u. Brenztraubensäure wird durch T_1 u. durch T_{2r}^+ gleichmäßig gehemmt. Die Bildung energiereicher Phosphate bei Infektion mit Phagen wurde ebenfalls untersucht. Der Einfl. der Phagen auf die Enzyme der Zelle wird diskutiert. (Brit. J. exp. Pathol. **33.** 368—80. Aug. 1952. Oxford, Sir William Dunn School of Pathol., British Empire Cancer Campaign Unit for Virus Res.) WIEDEMANN. 4374

Joyce D. Stone und **G. L. Ada,** *Elektrophoretische Untersuchungen der Wechselwirkung zwischen Virus und roten Blutkörperchen: Beziehung zwischen der Agglutinierbarkeit und der elektrophoretischen Beweglichkeit.* Die Einw. verschied. Viren: Mumps (M.), atyp. Geflügelpest (a.P.), Influenza A- u. Influenza B-Stämme, Schweineinfluenza (S.I.) sowie des receptorzerstörenden Enzyms (E.) aus Choleravibrionen auf die elektrophoret. Beweglichkeit, gemessen in 1/15 mol Na–K-Phosphatpuffer u. auf die Agglutinierbarkeit roter Blutkörperchen wurde untersucht. Im allg. geht die Herabsetzung der elektrophoret. Beweglichkeit durch die Viren dem „Receptorgradienten", d. h. der Verringerung der Agglutinierbarkeit parallel. S.I. $<$ a.P. $<$ E. zeigen jedoch die erste Wrkg. relativ stärker als die zweite. Aus Verss. über die Behandlung der Erythrocyten erst mit einem u. dann mit einem zweiten Virus wird geschlossen, daß diese 3 eine zusätzliche Wrkg. haben, die wahrscheinlich zu demselben Enzym gehört, aber gegen ein anderes Substrat gerichtet ist. Die Wrkg. gegen die beiden Substrate geschieht vermutlich gleichzeitig. M. fällt aus der Reihe. Die Wrkg. der Viren wurde durch Antikörper abgebremst. (Brit. J. exp. Pathol. **33.** 428—39. Okt. 1952. Melbourne, Walter and Eliza Hall Inst. of Med. Res.) WIEDEMANN. 4374

C. Horton-Smith und **P. L. Long,** *Die Wirkung von Penotran auf das Wachstum in vivo von Candida albicans und Aspergillus fumigatus.* Stark verd. Lsgg. von *Penotran* (*Phenylquecksilberdinaphthylmethandisulfonat*) hemmen das Wachstum von *Candida albicans* u. *Aspergillus fumigatus* bzw. verhindern es ganz. *Penotran* kann also gegebenenfalls zur Bekämpfung von Moniliasis-Erkrankungen bei Geflügel verwendet werden. (J. comparat. Pathol. Therapeut. **62.** 266—74. Okt. 1952. Huntigton, Houghton, Animal Health Trust, Poultry Res. Stat.) BAUMANN. 4380

E_4. Pflanzenchemie. Pflanzenphysiologie. Pflanzenpathologie.

W. G. Schrenk und **J. E. Hawley**, *Zinkgehalt von Kansas-Alfalfa.* In 19 Proben von Kansas-Alfalfa wurden spektrograph. 23,9—88,8, im Durchschnitt 37,2 p.p.m. *Zn* gefunden. In Böden mit niederigeren p_H-Werten ergaben sich die höheren Werte für *Zn.* (Trans. Kansas Acad. Sci. **55.** 489—92. Dez. 1952. Manhattan, Kansas Agric. Exp. Stat.) KRUSEN. 4410

J. Reinert, *Über die Bedeutung von Carotin und Riboflavin für die Lichtreizaufnahme bei Pflanzen.* An der Avenakoleoptile (Haferkeimscheide) wurde (in modifizierter SALKOWSKY-Rk.) das phototrope Verh. von *Indolylessigsäure* (I) mit *Carotin* (II) u. *Riboflavin* (III) in wss. Lsg. untersucht. Bei β-II-Konzz. von $1\cdot10^{-6}$ bis $5\cdot10^{-5}$ g/cm³ u. gleich großen I-Konzz. war in weißem Soffittenlicht (2000 Lux) bei verschied. Zus. der Gemische keine Inaktivierung der I festzustellen, ebensowenig bei Zusatz von Carotinoidepoxyden. Bei der lichtbedingten I-Inaktivierung von Gemischen mit II + III zeigte sich statt Förderung der III-Wrkg. deren Hemmung. Bei einem Geh. von $2\cdot10^{-5}$ g I/cm³ u. Konzz. von $5\cdot10^{-5}$ g II/cm³ + $4\cdot10^{-6}$ g III/cm³ wird die durch III in 1 Std. verursachte 100%ig. I-Inaktivierung auf 5% red., bei einer III-Konz. von $2\cdot10^{-6}$ g/cm³ die sonst auftretende 70%ig. Inaktivierung vollkommen verhindert. Bei Erhöhung der III-Konz. tritt entsprechend dem II–III-Geh. 10—60%ig. Abschwächung der I-Inaktivierung ein. — Der von II absorbierte Teil der Strahlung wird also photochem. unwirksam u. damit der Abbau der I mehr oder weniger gehemmt. — Bei Aufzucht von *Phycomyces* im Tageslicht ist der II-freie Pilz phototrop empfindlicher; hier wirkt also das II bei der Lichtreizaufnahme anscheinend störend, womit die eingipfelige spektrale Wirkungskurve dieses Pilzes (vgl. BÜNNING, Planta **27.** [1937.] 583) erklärbar würde. — Bei der Avenakoleoptile sind die Verhältnisse anders: das III ist gleichmäßig über das ganze Organ verteilt, nur die Spitze weist hohe II-Konz. auf, auf welcher offenbar ihre starke phototrope Empfindlichkeit beruht u. welche für die Entstehung eines starken Gefälles der blauvioletten Strahlung verantwortlich ist, welche den Unterschied der Absorption im III auf Licht- u. Schattenseite erklärt (Mehrgipfligkeit der spektralen Wirkungskurve), obwohl die sensibilisierende Wrkg. möglicherweise nur dem III zukommt. Der Unterschied zwischen den phototropen Wirkungsspektren u. der III-Absorptionskurve unter 410 mμ muß eine Folge der in diesem Teil des Spektr. stark ansteigenden Absorption in der Zellwand sein. Daneben kann bei anderen Lichtreiz-Rkk., bes. wenn I nicht entscheidend beteiligt ist, II als Sensibilisator direkt wichtig werden. (Naturwissenschaften **39.** 47—48. 1952. Tübingen, Univ., Botan. Inst.) FRÜHWALD. 4425

M. Gamil, *Über die Wirkung verschiedener Dampfkonzentrationen ätherischer Öle auf die Transpiration und Wasseraufnahme.* Unterss. über die Wrkg. verschied. Dampfkonzz. von Eucalyptus- u. Pfefferminzöl auf die Transpiration u. Wasseraufnahme von Eucalyptus rostrata, Schinus terebinthifolius u. Alhagi maurorum ergaben bei niedrigen Konzz., die etwa den natürlichen Verhältnissen entsprechen, keine merkliche Beeinflussung der Wasseraufnahme, aber eine Verzögerung der Wasserabgabe. Die Gründe für diese Verzögerung werden diskutiert. Höhere Konzz. bewirkten eine geringere Wasseraufnahme u. eine erhöhte Wasserabgabe, dabei verfärbten sich die Blätter gelb u. begannen zu welken. Chlf. in Konz. von 196 mg/Liter u. 287 mg/Liter zeigte in bezug auf die Wasseraufnahme dieselben Ergebnisse wie niedrige u. hohe Dampfkonzz. äther. Öle. (Bull. Torrey bot. Club Torreya **79.** 459—70. Nov./Dez. 1952. Giza, Ägypten, Fouad I Univ., Fac. of Agricult.) BEINERT. 4450

B. Kok, *Über den Nutzeffekt beim Wachstum von Chlorella.* Zur Beseitigung der Diskrepanz zwischen der Energieausbeute des Lichtes bis zu 25% im Laboratoriumskurzvers. mit Grünalgen u. der photosynthet. nutzbar gemachten Sonnenstrahlung von 2% bei Bodenerträgen müßten einmal die Elementarerkenntnisse der Photosynth. in der Praxis verwertbar gemacht werden. Ein zweiter Weg für die Umwandlung der Sonnenenergie in organ. Substanz wäre der Einsatz von Algenmassenkulturen. — Vf. kombiniert in seinen Verss. an Chlorella die übliche WARBURG-Meth. unter Anwendung von Na-Licht mit Best. des Gewichtes u. der Verbrennungswärme der neugebildeten organ. Substanz u. der Ermittlung ihrer chem. Zus. nach Kohlenhydrat-, Fett- u. Proteinanteil. Die optimale Energieausbeute aus Na-Licht ergab sich zu 20—24%; eine Nutzbarmachung von 20% der Sonnenstrahlung würde je nach geograph. Breite Erträge von 100—300 Tonnen Trockensubstanz/Hektar/Jahr bedeuten. Wenn das Nitrat des Nährmediums durch NH_4-Salze ersetzt wird, dürfte sich die Energieausbeute um ca. 15% erhöhen. Dauerbelichtung ergibt Zellen niedrigen N-Geh., Licht–Dunkel-Wechsel Proteinanreicherung. — Arbeitsmeth. u. Auswertungsverf. werden genau beschrieben. (Acta bot. neerl. **1.** 445—67. 1952. Wageningen, Agricult. Univ., Labor. for Plant physiol. Res.) SCHLOTTMANN. 4460

R. J. Helder, *Analyse des Anionenaufnahmeprozesses bei intakten Maispflanzen.* An Hand von 120 Schrifttumsangaben u. unter Auswertung zahlreicher eigener Einzelunterss. der letzten Jahre wird das Gesamtproblem ausführlich diskutiert. (Acta bot. neerl. **1.** 361—434. 1952. Groningen, Botan. Labor.) SCHLOTTMANN. 4460

Roger David und **Willy Blieck,** *Wirkung des Natriumsalzes von 2.4-D und von Alkylaminderivaten der 2.4-Dichlorphenoxyessigsäure auf die Wundheilung bei Pinus maritimus.* Nach einmaliger Applikation einer öligen Lsg. des *Na-Salzes von 2.4-D* in Konzz. von 0,5—20 g/Liter sowie von *Alkylaminderivv. von 2.4-D* in Konzz. von 5 u. 15 g/Liter vernarben Wunden im Stamm der Strandkiefer bereits im Laufe eines Jahres, während bei den unbehandelten Kontrollen die Zellneubldg. auf der gesamten Wundfläche erst nach mehreren Jahren beendet ist. Höhere Konzz. (20—50 g der Alkylderivv. bzw. 40 g Na-Salz/Liter) rufen nur auf einem Teil der Wundfläche eine unregelmäßige Neubldg. von Zellen hervor. — Besprechung der histolog. Befunde. (C. R. hebd. Séances Acad. Sci. **236.** 837—39. 23/2. 1953.) KLESSE. 4486

R. Kunz, *Die Wirkungsweise von Bacterium solanacearum E. F. S., dem Erreger der tropischen Schleimkrankheit des Tabaks, auf Solanum lycopersicum L.* Zur Feststellung der Wirkungsweise von Bact. solanacearum E. F. S. auf Solanum lycopersicum L. wurden Transpirationsverss. bei 37°, 95% Luftfeuchtigkeit u. im Dunkeln mit ca. 80 cm hohen, ziemlich stark verholzten Tomaten durchgeführt. Aus den patholog. Veränderungen des Wasserhaushaltes konnte geschlossen werden, daß bei einem dauernden Nachschub einer Bakterienaufschwemmung sowie des unfiltrierten Inkubates die Schädigung durch eine tox. Komponente hervorgerufen wird, während bei dem Kulturfiltrat die tox. Wrkg. durch die Wrkg. der Schleimstoffe überlagert wird. Es erfolgte daher eine Alkoholfraktionierung des vergorenen Nährsubstrates. Die so gewonnenen Schleimstoffe beeinflussen den Wasserhaushalt nach der Art der Glucosane, wobei vermutlich das osmot. Syst. der Zellen gestört wird, während eine andere Fraktion den Welkeeffekt toxigen auslöst. (Phytopathol. Z. **20.** 89—112. Nov. 1952. Zürich, ETH, Inst. für Spezielle Botanik.) BEINERT. 4490

H. Kobel, *Untersuchungen über den Einfluß des Kupfers auf die pflanzliche Transpiration.* Transpirationsbestimmungen durch Wägung u. durch Anwendung der Kobaltchlorürmeth. an Bohnen nach Behandlung mit Kupferverbb. ergaben: Spritzen der Bohnen mit Lsgg. von *Kupfersulfat* (I) u. einem Netzmittel bewirkte bei Konzz. von 0,06% u. mehr eine vorübergehende Erniedrigung der Gesamttranspiration u. eine vorübergehende Erhöhung der Transpiration im Dunkeln. Ähnliche Ergebnisse wurden beim Tauchen der Blätter in reine I-Lsg. während 30 Min. erzielt. 90 Min. langes Tauchen der Blätter in eine 0,5%ig. Suspension von Kupferoxydul, Cuprioxyd oder Kupfercarbonat ergab keine merkliche Beeinflussung. Beim Tauchen abgeschnittener Bohnenpflanzen in eine I-Lsg. erfolgte zunächst eine starke Erhöhung der Wasseraufnahme u. -abgabe, später ein Absinken unter das n. Maß. Unterss. der Stomata von mit I behandelten Blättern ergaben eine starke Öffnung sowohl bei Belichtung als auch im Dunkeln. Vf. nimmt an, daß I den Quellungszustand gewisser Membranstoffe verändert u. eine Giftwrkg. ausübt. (Phytopathol. Z. **20.** 39—74. Nov. 1952. Zürich, ETH, Inst. für Spezielle Botanik.) BEINERT. 4495

G. W. Ivens, *Toxizität von Mineralölen und Kohlenwasserstoffen für Pflanzen.* Vf. zeigt an Verss. mit Blättern von *Phaseolus multiflorus*, daß beim Vgl. der Toxizität verschiedenster Arten von KW-stoffen, die in Dampfform angewandt wurden, keine großen Differenzen bestehen. Man kann im allg. nicht sagen, daß irgendeine Klasse von Verbb. toxischer ist als die andere. Im Gegensatz hierzu bestehen bei Anwendung als Fll. beträchtliche Unterschiede in der Toxizität der verschied. Gruppen von KW-stoffen. KW-stoffe mit höherem Kp., die in Dampfform nicht tox. sind, scheinen als Fl. bes. tox. zu sein. (Ann. appl. Biol. **39.** 418—22. Sept. 1952. Oxford, Univ., Agricult. Res. Council Unit of Exper. Agronomy.) K. BÖHM. 4495

E₅. Tierchemie. Tierphysiologie. Tierpathologie.

M. Behrens und **M. Taubert,** *Über die Beziehungen zwischen Hämosiderin und Ferritin.* Es werden Unterss. über die Beziehungen zwischen *Hämosiderin* u. *Ferritin* mitgeteilt, die an einzelnen, aus Pferdemilz gewonenen Gewebsfraktionen von bestimmtem spezif. Gewicht, durchgeführt wurden. Es wird festgestellt, daß Hämosiderin nicht aus Anhäufungen von Ferritin besteht u. dieses auch nicht enthält. Beide Stoffe unterscheiden sich grundsätzlich. (Hoppe-Seyer's Z. physiol. Chem. **289.** 116—19. April 1952. Gießen, Med. Akad., Physiol.-chem. Inst., u. Med. Poliklinik.) FINDEISEN. 4520

Ivar Werner und **Lars Odin,** *Über das Vorkommen von Sialsäure in gewissen Glykoproteinen und in Gangliosiden. Sialsäure* (I) wurde als provisor. Name für die kristalline reduzierende Säure aus Maxillarmucin vorgeschlagen. Sie gibt u. a. folgende Rkk.: 1. Violettfärbung (extrahierbar mit Amylalkohol) mit BIALs Orcinreagens; 2. Violettfärbung mit EHRLICHs p-Dimethylaminobenzaldehydreagens ohne vorhergehende Alkalibehandlung; 3. CO_2-Entw. beim Erhitzen mit verd. Mineralsäuren. Die beiden Farb-Rkk. wurden für quantitative Unterss. einer Reihe von Glykoproteinen u. Gangliosiden zusammen mit der Decarboxylierungs-Rk. benutzt. Beträchtliche Mengen I finden sich danach in Submaxillarmucin, in den Plasmaglucoproteinen, Ovomucin u. Gangliosiden. Das Tryptophan–Perchlorsäure-Reagens u. das Diphenylaminreagens gibt ebenfalls starke Färbung mit I. Auf Blutserum angewandt, rührt die Färbung mit den beiden letzteren Reagentien fast ausschließlich von I her. (Acta Soc. med. Upsaliensis [N.F.] **57.** 230—41. 20/6. 1952. Uppsala, Schweden, Inst. of Med. Chem.) NEHRING. 4520

K. H. Slotta, *Schlangengifte.* Die Schlangengifte, chem. ein fast unentwirrbares Gemisch von Eiweiß u. Polypeptidverbb., sind vor allem physiol. untersucht worden. Man unterscheidet je nach Wrkg. Neurotoxine, Kardiotoxine, Hämolysine, Koaguline, Proteasen u. Hämorrhagine. In der Analytik werden neben den klass. Verff. der Eiweißchemie die Elektrodialyse, Kataphorese u. Elektrophorese angewandt. (Arch. Pharmaz. Ber. dtsch. pharmaz. Ges. **285/57.** Nr. 3; Mitt. dtsch. pharmaz. Ges. **22.** 19—20. 1952. São Paulo, Brasilien, Ind. Farm. Endochimica S. A.) ULEX. 4520

David Pressman und **Leonhard Korngold,** *Experimentelle Überempfindlichkeit.* Mit ^{131}J markiertes Kaninchenserumglobulin wurde Ratten injiziert. Nach 3 Tagen wurden die Tiere getötet u. das markierte Protein aus den einzelnen Organen bei p_H 10—11 eluiert. Dies wiedergewonnene u. frischen Ratten injizierte Kaninchenglobulin wurde in dem Organ wiedergefunden, aus dem es beim ersten Tier eluiert war, z. B. aus der Leber in der Leber. Der Vers. stützt die Hypothese, daß jedes Serumprotein eine besondere Affinität zu einem bestimmten Organ hat. (Science [Washington] **116.** 433. 17/10. 1952. New York, Sloan-Kettering Inst. for Cancer Res.) FISCHOEDER. 4551

M. Albeaux-Fernet, J. R. M. Franckson, J. Robert und **J. Berton,** *Über die der Klinik durch die Hormonbestimmungen geleistete Hilfe.* Zusammenfassender Bericht mit Schilderung des Stoffwechsels der Steroidhormone u. der Best. der *17-Ketosteroide, 11-Oxycorticosteroide,* des *Pregnandiols* u. der *Östrogene.* Diskussion der eigenen Erfahrungen. — 45 Zitate. (Semaine Hopitaux Paris **27.** 3122—29. 26/10. 1951. Paris, Hôp. Laënnec.) VINCKE. 4558

Chr. Hamburger, *Die Applikationsart der Steroidhormone und ihre therapeutische Bedeutung.* Erörterung der Vorzüge der einzelnen Applikationsarten mit besonderer Berücksichtigung der Wirkungsdauer. (Schweiz. med. Wschr. **81.** 995—99. 13/10. 1951. Copenhagen, Statens Seruminst.) VINCKE. 4559

Tobie Muller, *Die Wirkung von Östrogen auf das lockere Bindegewebe der Albinoratte.* An Albinoratten beiderlei Geschlechts von 100—150 g Gewicht wurde die Wrkg. von krist. *Natriumsalz des Östronsulfats* (I) auf das lockere Bindegewebe durch Prüfung der Ausbreitung von chines. Tusche unter der Wrkg. von *Hyaluronidase* (aus Stierhoden), der histolog. Änderungen u. des Verh. von Bindegewebszellen der Versuchstiere in Gewebskulturen untersucht. Die Wrkg. von I wurde an intakten, kastrierten u. hypophysektomierten Tieren geprüft. Weiter wurde die Zwischenzellmasse bei adrenalektomierten u. adrenalektomierten, kastrierten Tieren untersucht. Vgl. des Bindegewebes der Versuchstiere mit dem von neugeborenen u. trächtigen Tieren. — Im lockeren Bindegewebe bewirkte I einen Verjüngungsprozeß, im (dichten) Bindegewebe der Haut einen Reifungsprozeß. Ausführliche Beschreibung der histolog. Befunde. — Es wird geschlossen, daß die *Östrogen*-Wirkungen in beträchtlichem Maße durch Ovar, Hypophyse u. Nebennieren der Versuchstiere beeinflußt wurden. (Anatom. Rec. **111.** 355—79. Nov. 1951. Toronto, Univ., Dep. of Anat.) VINCKE. 4559

Max Hess, *Die Wirksamkeit gonadotroper Hormone auf die Genitalorgane infantiler Kaninchen nach Injektion in den 3. Ventrikel.* Infantilen Kaninchen wurden am 75. Lebenstage 400 I.E. *Gonadotropin* aus dem Serum trächtiger Stuten in den 3. Ventrikel injiziert. Nach der Tötung 8 Tage später waren bei $^2/_3$ der überlebenden Tiere hochgradige Vergrößerungen der Uteri u. der Mammae vorhanden. In den teilweise um das 20fache vergrößerten Ovarien zeigten sich Ovulationen u. zahlreiche Corpora lutea. (Arch. Gynäkol. **179.** 653—59. 1951. Münster/Westf., Univ., Frauenklinik.) VINCKE. 4559

H. Burger und **W. Kunz,** *Über die Beeinflussung des Endometriumstoffwechsels durch Progesteron.* Best. der Atmung von Endometriumgewebe in der WARBURG-App. unter Zusatz geringer Mengen krist. *Progesterons* (I) zur RINGER-Lösung. Vff. glauben aus ihren Verss. schließen zu dürfen, daß I den Endometriumstoffwechsel (Atmung) im allg. hemmt; im Zeitpunkt der Ovulation soll jedoch eine Förderung eintreten. Die Hemmwrkg. beruht nach Vff. wahrscheinlich auf einem Antagonismus zum Follikelhormon, die Förderung auf einem Synergismus. (Arch. Gynäkol. **179.** 660—71. 1951. Tübingen, Univ., Frauenklinik.) VINCKE. 4559

H. Burger und **W. Kunz,** *Der Einfluß des Progesterons auf die Atmung verschiedener Organe der Maus und auf menschliches Myometrium.* Mit der früheren Methodik (vgl. vorst. Ref.) wurde die Gewebsatmung von Bauchmuskulatur, Niere, Milz, Leber u. Samenblase von infantilen, erwachsenen u. kastrierten Mäusen unter dem Einfl. von krist. *Progesteron* (I) bestimmt. Es wurde eine I-Wrkg. (Atmungshemmung bzw. -förderung) auf alle untersuchten Gewebe beobachtet. Die Art der Wrkg. soll vom betreffenden Gewebe abhängen. (Arch. Gynäkol. **179.** 672—76. 1951. Tübingen, Univ., Frauenklinik.) VINCKE. 4559

J. Comsa, *Die Rolle der Schilddrüse bei der Wirkung von Testosteron auf die Thymusdrüse.* Bei kastrierten Meerschweinchen, die Testosteron (I) injiziert erhielten (*Propionat,* 100—250 γ/100 g, täglich, 4 Tage), erlitt die Thymusdrüse eine atroph. Modifikation, die hauptsächlich durch eine Verringerung der Leukocyten gek. war. Bei thyreoidektomierten kastrierten Tieren, die zur Verhinderung der thyreopriven Atrophie der Thymusdrüse Thyroxininjektionen erhielten (6 γ/100 g u. 24 Std.), riefen I-Injektionen keinerlei Veränderungen des Thymus hervor. Demnach können durch I ausgelöste strukturelle Veränderungen als Folge einer I-Stimulierung der Schilddrüse gedeutet werden. (Experientia [Basel] **9.** 29—30. 15/1. 1952. Strasbourg, Univ., Clin. infantile.) K. MAIER. 4559

E. Philipp, *Der Zustand der inneren Genitale bei der Scheidenaplasie — ein hormonal bedingtes Krankheitsbild?* (Geburtshilfe u. Frauenheilkunde **12.** 97—103. Febr. 1952. Kiel, Univ., Frauenklinik.) SCHWEIGER. 4559

E. Wildbolz, *Die Hormonbehandlung der Prostataerkrankungen.* Wiedergabe der persönlichen Ansichten u. Erfahrungen des Verfassers. Zur Behandlung der Prostatahypertrophie u. des -carcinoms werden *Östrogene* empfohlen. (Schweiz. med. Wschr. **81.** 999—1001. 13/10. 1951. Bern, Inselspital, Urolog. Abt.) VINCKE. 4559

Henry G. Kunkel, Sterling P. Taylor jr. und **Vincent du Vigneaud,** *Elektrophoretische Eigenschaften von Oxytocin.* Gereinigte *Oxytocin* (I)-Präpp. (Schwein, 500 E./mg) wurden unter Verwendung von Filtrierpapier u. Stärke als Trägersubstanzen elektrophoret. (100—300 V, 20 cm, 5°) untersucht, wobei die relative Homogenität von gereinigtem I gegenüber Rohextrakten auf Papier gut zu beobachten war. I ist ein Ampholyt mit einem isoelektr. Punkt bei p_H 7,7. Die biol. Unters. der auf Stärketräger ober- u. unterhalb des isoelektr. Punktes erhaltenen Fraktionen ließ eine gute Übereinstimmung zwischen chem. (modifizierter *Tyrosin*-Meth. nach FOLIN) u. I-Aktivitätsbest. erkennen. Die Zonenelektrophoresemeth. erlaubt die direkte Isolierung der elektrophoret. Fraktionen zu Aktivitätsunterss. u. eignet sich für kleine Mengen biol. akt. Peptide u. Proteine. (J. biol. Chemistry **200.** 559—64. Febr. 1953. New York, N. Y., Rockefeller Inst. for Med. Res., Hosp., u. Cornell Univ., Med. Coll., Dep. of Biochem.) K. MAIER. 4560

A. Ursula Pardoe und **M. Weatherall,** *Die antidiuretische Aktivität von Hypophysenextrakten bleivergifteter Ratten.* Nicotin verzögert bei bleivergifteten Ratten die Diurese beträchtlich mehr als bei n. Tieren. Da die Ursache in einer vermehrten Bldg. u. Freisetzung von antidiuret. Hypophysenhormon beruhen könnte, wurde die antidiuret. Aktivität von NaCl-Extrakten der Hypophysen mit Pb-Acetat vergifteter Ratten untersucht (intravenöse Injektion bei Kaninchen oder Ratten). Die Hypophysen der Tiere mit *Pb*-Vergiftung wiesen fast stets mehr antidiuret. Aktivität als die Kontrollen auf (durchschnittlich 540 gegenüber 420 Millieinheiten/100 g Körpergewicht). Die Aktivitätszunahme bei der *Pb*-Intoxikation kann durch eine direkte Wrkg. auf die Hypophysenzellen bedingt sein oder indirekt auf Veränderungen des Wasserhaushalts im Körper beruhen. (J. Physiology **119.** 16 P. 28/1. 1953. London, Hosp. Med. Coll., Dep. of Pharmacol.) K. MAIER. 4560

J. Berton und **J. Robert,** *Diskussion über den Wert des anorganischen Serumphosphors als Test für die Aktivität des hypophysären Somatotropins.* Nach ausführlicher Diskussion der experimentellen u. klin., in der Literatur vorhandenen Befunde kommen die Vff. auch auf Grund zahlreicher eigener Bestimmungen des *anorgan. Serum-P* (I) zu folgenden Schlüssen: die I-Best. als Test für *Somatotropin* (*Wachstumshormon*) ist gut geeignet bei Fällen von Akromegalie, Gigantismus u. Wachstumsstörungen vor der Pubertät.

Bei derartigen Störungen nach der Pubertät sind die diesbzgl. Befunde schwerer zu deuten, da auch andere Faktoren (Sexualhormone) den P-Stoffwechsel beeinflussen. Ähnlich verhält es sich mit Fällen von Infantilismus u. Wachstumsverzögerung, sowie der hypophysären Insuffizienz des Erwachsenen. (Semaine Hôpitaux Paris **27.** 3110—13. 26/10. 1951.) VINCKE. 4560

B. L. Frank, *Gegenwärtiger Stand von ACTH und Cortison.* Krit. grundsätzliche Ausführungen mit Hinweisen auf Gegenindikationen, Begleiterscheinungen der Therapie u. Dosierung. *ACTH* u. *Cortison* sollten nur im Fall der Wirkungslosigkeit anderer Medikamente verwendet werden. (Canad. med. Assoc. J. **67.** 365—67. Okt. 1952. Montreal, Can., McGill Univ., Dep. of Med.) KRUSEN. 4560

M. Albeaux-Fernet, M. Caroit, J. R. M. Franckson und **J. Berton,** *Wirkung des ACTH bei einem Fall von Magersucht.* Wiedergabe der Krankengeschichte eines 18jährigen Mädchens mit einem Körpergewicht von 36 kg bei 158 cm Körpergröße. Nach vergeblicher Behandlung mit den üblichen Methoden gelang es, durch chron. Applikation von *ACTH* neben kleinen Insulindosen eine bestehenbleibende Gewichtszunahme auf 49 kg zu erzielen. (Semaine Hôpitaux Paris **27.** 3121. 26/10. 1951.) VINCKE. 4560

J. Scholten und **G. Schulz,** *Kasuistischer Beitrag zur symptomatischen Behandlung der Lipoidnephrose mit ACTH.* Bericht über einen Fall einer Lipoidnephrose, der sich nach *ACTH*-Gaben u. nachfolgenden Quecksilberdiureticis auffallend besserte, wobei das Körpergewicht von 104,3 kg auf 82,2 kg abfiel u. auch die klin. Laborbefunde sich normalisierten. (Die Medizinische **1952.** 1600—01. 13/12. Hamburg-Rissen, II. Med. Abt. des Allg. Krankenhauses.) K. BÖHM. 4560

Robert P. McCombs, *Die Behandlung des Bronchialasthmas mit Corticotrophin oder Cortison.* Vf. berichtet über die Behandlung des Bronchialasthmas mit *ACTH* (I) oder *Cortison* (II). Bereits kurz nach Applikation der Präpp. trat eine Besserung der Anfälle ein, jedoch war die Besserung nur von kurzer Dauer u. erforderte eine Fortführung der Therapie über eine längere Zeit. Mit I scheinen bessere Resultate erzielt werden zu können als mit II. Die Nebenerscheinungen sind gering. Bericht über 4 Patienten. (New England J. Med. **247.** 1—6. 3/7. 1952. Boston.) REICHLE. 4560

Albeaux-Fernet, *Therapeutische Wirkung des ACTH und des Cortisons bei einigen endokrinen Störungen.* Literaturübersicht. Nach Erörterung der physiol. Wirkungen von *ACTH* u. *Cortison* wird die therapeut. Anwendung bei ADDISONscher Krankheit, Nebenniereninsuffizienz, Hyperthyreoidismus, ovariellen Störungen u. Hypophyseninsuffizienz besprochen. — 44 Zitate. (Semaine Hôpitaux Paris **27.** 3114—20. 26/10. 1951.) VINCKE. 4560

G. Ludány, J. Vajda und **E. Tóth,** *Cortison und die Leukocytenphagocytose.* Die Bakterienphagocytose von Rattenleukocyten wird in vitro durch *Cortison* (I) in einer Endkonz. von 1 mg-% nicht beeinflußt. I-Behandlung von Kaninchen (intramuskulär, 1—3 Tage) verringerte die phagocytosefördernde Fähigkeit des Blutserums (Best. mit Rattenleukocyten nach 24 Std.) für *Staphylococcus pyogenes aureus* um 35%, für Typhusbacillen um 32% (1malige Verabreichung von 20 mg I). Auch die Bakterienphagocytose zirkulierender Leukocyten wurde in Kaninchen durch I-Behandlung herabgesetzt (44 bzw. 36%). Der Effekt ist reversibel u. verschwindet 3—5 Tage nach der I-Zufuhr. Bei 2 Versuchspersonen ergaben sich die gleichen Befunde. Die Phagocytose wurde nach der Meth. von WRIGHT bzw. der von PLATONOO bestimmt. Das nach *N. splanchnicus*-Reizung in der Nebenniere frei werdende phagocytosefördernde Prinzip ist nach vorst. Ergebnissen nicht mit I identisch. (Experientia [Basel] **9.** 28—29. 15/1. 1953. Budapest, Univ., Pathophysiol. Inst.) K. MAIER. 4561

S. Casentini, A. Libretti und **G. Tusini,** *Über das histochemische Bild und den Cholesterin- sowie Ascorbinsäuregehalt der Nebennieren bei Tieren, die eine an Pantothensäure freie Diät erhalten hatten und gleichzeitig mit ACTH behandelt wurden.* Männliche weiße Ratten erhielten über vier Wochen eine an *Pantothensäure* (I) freie Diät u. wurden anschließend 5 Tage lang mit je 10 mg *ACTH* (II)/kg behandelt. Gegenüber der Norm nahm das *Cholesterin* (III) der Nebennieren (polarisationsopt. u. chem. Unterss.) sowohl bei I-Mangel als auch bei Behandlung mit II um nahezu die Hälfte ab. Durch Kombination beider Behandlungsmethoden wurde keine stärkere Abnahme bewirkt. Der Geh. an *Ascorbinsäure* sank nur bei alleiniger Behandlung mit II, während im Gegensatz zu den Beobachtungen über den III-Geh. die Werte bei der Mangeldiät sich im Bereich der Norm verhielten. (Arch. int. Pharmacodynam. Thérap. **92.** 217—22. 15/11. 1952. Milano, Univ., Ist. di Farmacol.) P. G. SCHEURLEN. 4561

A. Libretti und **G. Tusini,** *Einfluß des ACTH auf den Cholesteringehalt und das histochemische Bild der Nebennieren bei C-avitaminotischen Meerschweinchen.* (Vgl. vorst.

Ref.) Unter *ACTH* (I) nimmt der Geh. der Nebennieren an *Cholesterin* (II) um nahezu die Hälfte ab. Diese Abnahme, die chem. u. polarisationsopt. nachgewiesen wurde, ist noch ausgeprägter, wenn die Meerschweinchen eine an Vitamin C freie Diät erhalten (1,71 mg II je 100 mg Frischgewicht gegenüber den n. Tieren mit 7,55 mg/100 mg). Sie ist von einer deutlichen Gewichtszunahme der Organe begleitet (78,66 mg beim Normaltier gegenüber 92,66 unter I allein u. 185 mg unter I u. gleichzeitiger scorbutogener Nahrung). Aus ihren Ergebnissen schließen die Vff., daß dem Vitamin C bei der Bldg. der Steroidhormone keine wesentliche Rolle zukommt. (Arch. int. Pharmocadynam. Thérap. **92.** 223—27. 15/11. 1952. Milano, Univ., Ist. di Farmacol.) P. G. SCHEURLEN. 4561

F. Gross und **R. Meier,** *Versuch zur Differenzierung der Wirkungen verschiedener Nebennierenrindensteroide auf den Wasser- und Elektrolytstoffwechsel.* Nach Vff. beseitigt unter den Nebennierenrindensteroiden das *Desoxycorticosteron* (I) weitestgehend die Störungen im Wasser- u. Elektrolythaushalt des nebenniereninsuffizienten Organismus. Die optimale Therapie wird in einer Kombination von I mit *Cortison* erblickt. (Schweiz. med. Wschr. **81.** 1013—18. 13/10. 1951. Basel, Ciba Akt.-Ges.) VINCKE. 4561

J. Roskam, R. Vivario, H. van Cauwenberge, C. Heusghem und **H. Betz,** *Beitrag zur Untersuchung des Cortisons, des ACTH und ihrer Ersatzmittel.* 1. Mitt. Übersicht in bezug auf eigene Arbeiten, aus denen Vff. schließen, daß *Salicylate* (I) in genügend hohen Dosen die Sekretion der reduzierend wirkenden *Nebennierenrindensteroide* (II) vermehren u. daß diese erhöhte Ausschüttung von einer Stimulierung des Hypothalamus–Hypophyse-Syst. herrührt. Die therapeut. Wrkg. der I bei rheumat. Erkrankungen im besonderen u. Kollagenkrankheiten im allg. wird auf die durch sie bewirkte II-Ausschüttung zurückgeführt. (Bull. Acad. roy. Méd. Belgique [6] **16.** 561—83. 1951.) VINCKE. 4561

José Selfa, *Behandlung und Prophylaxe des kindlichen Rheumatismus.* Allg. Besprechung der Behandlung des kindlichen Rheumatismus mit *Cortison* oder *ACTH,* mit *Salicylpräpp., Pyramidon* u. bestimmten diätet. Maßnahmen. Hinweis auf prophylakt. Kontrollen u. Behandlung der Infektionen des Rachenraumes mit Sulfonamiden u. Penicillin. (Med. españ. **28.** (**15.**) 463—67. Dez. 1952. Valencia, Consejo Sup. de Investig. Cientificas.) P. G. SCHEURLEN. 4561

Nathan Sussmann, *Die Anwendung von Cortison zur geeigneten Behandlung des „Schulter–Hand"-Syndroms. Bericht eines Falles.* Ein Fall mit Hemiplegie war mit physikal. Therapie nicht zu beeinflussen, reagierte aber günstig auf *Cortison* (I). Orale I-Verabreichung von 100 mg täglich, Besserung begann nach 48 Std., Behandlung 10 Tage, dann langsame Verringerung der Dosis bis zum Absetzen von I. Die Erscheinungen gingen zurück. (Arch. physic. Med. **33.** 289—90. Mai 1952. Harrisburg, Pa.) DOSSMANN. 4561

E. Tonutti und **S. Fetzer,** *Einfluß von Desoxycorticosteron und Cortison auf das Resistenzvermögen gegen Giftstoffe des Tuberkelbacillus.* Bei hypophysektomierten Meerschweinchen ist das Resistenzvermögen gegen die Giftstoffe (I) abgetöteter Tuberkelbakterien (*Typus humanus* u. *bovinus*) im Vgl. zum n. Tier sehr stark erniedrigt. Während *Desoxycorticosteron* die Resistenz hypophysenloser Meerschweinchen gegen I nicht verbessert, bewirkt *Cortison* (II) eine weitgehende Normalisierung. Die Beeinflussung der Tuberkulose durch II umfaßt 2 gegensätzliche Mechanismen: Erniedrigung der Resistenz gegen die Ausbreitung des lebenden Erregers; Notwendigkeit von II für Entw. u. Erhaltung eines n. Resistenzvermögens gegen Tb-Bakterien-I. Die Intaktheit der Nebennierenrindenfunktion des Tuberkulösen ist daher für die tox. Komponente des Krankheitsgeschehens von wesentlicher Bedeutung. Die Bedeutung der Befunde für die Tb-Therapie wird diskutiert. (Münchener med. Wschr. **94.** 2161—67. 24/10. 1952. Gießen, Justus-Liebig-Hochschule, Med. Akad., Anatom. Inst.) K. MAIER. 4561

P. Ballan, R. Bondonny, P.-H. Castets und **G. Demange,** *Die 11-Oxycorticosteroide des Urins. Betrachtungen und Ergebnisse ihrer Bestimmung.* Nach einer kurzen Übersicht bzgl. Chemie u. Stoffwechsel der Nebennierenrindenhormone werden Best. u. klin. Bedeutung der *11-Oxycorticosteroide* (I) — bes. in bezug auf arterielle Hypertonie sowie Asthenie bei Nebennierenrindeninsuffizienz — erörtert. Bei der Mehrzahl der 26 kurz geschilderten Astheniefälle mit niedrigem I-Geh. sahen Vff. gute Erfolge mit *Desoxycorticosteronacetat*-Injektion bzw. -Implantation. (J. Méd. Bordeaux Sud-Ouest **128.** 968—77. Nov. 1951.) VINCKE. 4561

Karl Erik Grewin, Gösta von Reis und **Hjalmar Wijnbladh,** *Weitere Untersuchungen mit intravenöser Jodtherapie bei thyreotoxischer Krise mit besonderer Berücksichtigung cardialer Typen.* (Vgl. WIJNBLADH, Nordisk Med. **10.** [1935.] 1921.) Die Anwendung der intravenösen Jodbehandlung (starke LUGOLsche Lsg. in physiol. NaCl-Lsg. mittels intravenöser Tropfinfusion) wird bei 4 Fällen mit thyreotox. Krise beschrieben. Diese schien zunächst cardialer Natur zu sein, nach der Behandlung trat aber ein günstiger Verlauf ein. (Cardiologia [Basel] **21**. 757—62. 1952. Stockholm, Södersjukhuset, Med. Dep. I a, II.) SCHWAIBOLD. 4562

J. D. N. Nabarro, A. G. Spencer und **J. M. Stowers,** *Stoffwechseluntersuchungen bei schwerer diabetischer Ketose.* Über längere Zeit durchgeführte Stoffwechselunterss. bei Patienten nach schwerer diabet. Ketose ergaben, daß die extracelluläre Fl. sich schnell wieder auffüllte (2,9 Liter pro 1,73 m^2 Oberfläche = 20—25% der n. extracellulären Fl. in weniger als 48 Std.). Ein in den ersten Tagen der Behandlung auftretender Verlust an W., Na u. Cl entsprach mengenmäßig der Glucosurie. Die Zellen nahmen zunächst W., dann K, Mg, PO_4 u. schließlich N auf. Zuführung von K zu Beginn der Behandlung beschleunigte die Wiederaufnahme der Elektrolyte durch die Zellen u. verhinderte eine Hypokalämie. Das verzögerte Zustandekommen einer positiven Proteinbilanz der Zellen wird auf verminderte Proteinaufnahme des Körpers u. verstärkte NNR-Tätigkeit (erhöhte Ausscheidung von 11-Oxysteroiden) zurückgeführt. (Quart. J. Med. [N. S.] **21**. 225—43. April 1952. London, Univ. Coll., Hosp. Med. School.) SCHWEIGER. 4564

Paul Kezdi und **Helmuth Steigerwald,** *Über die nervöse Blutzuckerregulation und die Insulinbelastung als vegetative Regulationsprüfung.* Paradoxes Verh. des Blutzuckers nach *Insulin*-Belastung (8—16 E. Insulin intravenös) bei Entzügelungshochdruck (spontan bei Polyneuritis bzw. unter Anästhesie des Carotissinus) wurde durch Umstellung der vegetativen Tonuslage in sympathicotoner Richtung erklärt. Glukagongeh. des Insulinpräp. bzw. prim. Wrkg. der Entzügelung kamen als Erklärung für den Blutzuckeranstieg nicht in Frage. Diencephale Genese des Diabetes läßt sich an Hand der paradoxen Blutzuckerkurve nicht feststellen. (Aerztl. Forsch. **6**. I/309—13. 10/7. 1952. Frankfurt/M., Univ., II. Med. Klinik.) SCHWEIGER. 4564

Max Gaida, *Insulindosis und Hyperlipämie als pathogenetische Faktoren der Retinopathie beim Diabetes mellitus?.* An Hand von 32 Diabetespatienten wird auf die besondere Bedeutung der Insulinüberdosierung (schleichender hypoglykäm. Schock) für die Entstehung der Retinopathie hingewiesen. Als Prophylaxe gegen Gefäßerkrankungen wird beim Altersdiabetes eine fettarme, eiweißbeschränkte u. kohlenhydratreiche Kost empfohlen. (Aerztl. Forsch. **6**. I/314—25. 10/7. 1952. Hamburg-Wandsbek.) SCHWEIGER. 4564

Ernst Strauss und **Johannes Hiller,** *Die Lävuloseverwertung des Diabetes mellitus und ihre biochemischen Grundlagen.* Die Glucosurie wurde bei insulinbehandelten u. bei nichtbehandelten Diabetikern durch eine Fructosezulage (50 g/Tag = 5 g/Std.) nicht vergrößert, in manchen Fällen sogar vermindert. Nach Ersatz der Fructose durch Glucose stieg die Glucosurie wieder an. (Aerztl. Forsch. **6**. I/326—34. 10/7. 1952. Nürnberg, Städt. Krankenanstalt.) SCHWEIGER. 4564

Friedrich Meythaler, Ernst Kühnlein und **Jörn-Erik Lahmann,** *Alloxandiabetes.* Überblick. 157 Literaturangaben. Neben klin. Problemen wird die diabetogene Wrkg. u. die Toxizität von *1-Methyl-, 1-Äthyl-, 1-Propyl-, 1.3-Dimethyl-, 1-Methyl-3-äthyl-* u. *1-Methyl-3-propylalloxan, Dialursäure, 1-Methyl-* u. *1.3-Dimethyldialursäure, Alloxantin, Barbitursäure* u. *Violursäure* behandelt. (Aerztl. Forsch. **6**. I/283—97. 10/7. 1952. Nürnberg, Allg. Städt. Krankenhaus.) SCHWEIGER. 4564

H. Knödgen, *Zur Frage der Hypertonie als hormonale Ausfallserscheinung. Experimentelle Hypertonie nach Thymusexstirpation.* 1. Mitt. Nach Thymusextraktinjektionen beim Menschen u. beim Hund zeigt sich eine Senkung des Blutdrucks. Nach Thymektomie bei jungen Hunden wird nach mehrmonatiger Latenzzeit ein Dauerhypertonus festgestellt. Nach operativer Thymusred. bei erwachsenen Hunden zeigt sich eine meist 3 Wochen dauernde deutliche Blutdrucksteigerung. — Diskussion einschlägiger Unterss., 23 Literaturangaben. (Med. Klin. **47**. 1486—89. 7/11. 1952. Marburg/Lahn, Univ., Kinderklinik.) H.-J. KOCH. 4566

P. Marquardt und **H.-H. Hirsch,** *Acetylcholin im Säugetierblut.* Im Rinderblut wurde durch pharmakol. u. chem. Unterss. regelmäßig *Acetylcholin* (I) in wechselnden Mengen zwischen 10 u. 40 γ/Liter gefunden. Die von Vff. gewählte chem. Charakterisierung von I durch Hydroxamsäure-Rk. ist zwar kein direkter spezif. Nachw., zeigt aber mit Sicherheit einen Cholinester an, dessen Identifizierung als Acetylester durch Vgl. sichergestellt wird. I ist in den Blutextrakten wesentlich kochstabiler als in wss. Lsgg. u. ist an der Oberfläche der Erythrocyten verankert. Durch starke Eingriffe, wie A., nicht aber durch NaCl-Lsg., läßt sich I von der Oberfläche abtrennen, was in Verbindung mit der Beständigkeit gegen Kochen u. Esterase zeigt, daß die Verankerung von I in den Erythrocyten recht stabil sein muß. (Hoppe-Seyler's Z. physiol. Chem. **289**. 131—53. April 1952. Freiburg, Univ., Med. Fak., Abt. für experiment. Therapie.) FINDEISEN. 4569

Alfred Schittenhelm und **Jakob Bauer,** *Klinisch-chemische und tierexperimentelle Untersuchungen über die sogenannten „hohen" und „niedrigen" Blutjodwerte.* Die bisherigen Methoden zur Best. des J im Blut werden erörtert. In eingehenden Unterss. zur Klärung der mit verschied. Methoden erhaltenen „hohen" u. „niedrigen" Blutjodwerte wurden vergleichende Verss. mit einer modifizierten Meth. der Verbrennung in der Calorimeterbombe (ausführliche Beschreibung) u. 3 anderen Methoden durchgeführt, wobei verschied. Blutarten verwendet wurden. Es wurde gefunden, daß mit der neuen Meth. ein „hoher" Jodwert des n. Blutes von ca. 30 γ-% erhalten wird, der mit dem nach der Meth. von PFEIFFER übereinstimmt. Weiter wurde festgestellt, daß bei den Methoden FALLENBERG u. LEIPERT, mit denen niedere Blutjodwerte erhalten werden, der größere Teil des J in einer in A. unlösl. Form im Rückstand zurückbleibt. Wenn dieser Teil einer Red. unterzogen wird, kann auch dieser J-Anteil extrahiert werden, u. es werden J-Werte erhalten, die mit den „hohen" J-Werten übereinstimmen. Es handelt sich bei den genannten Methoden demnach nicht um einen J-Verlust bei der Analyse. Die Ursache des Auftretens u. die Art der in A. unlösl. J-Verb. ist noch nicht geklärt. Es wird darauf hingewiesen, daß diese Unterschiede der Ergebnisse bei den verschied. J-Bestimmungsmethoden nur bei Blut auftreten. (Z. ges. exp. Med. **119.** 45—60. 1952. München, Wissenschaftl. Labors.) SCHWAIBOLD. 4572

Alfred Schittenhelm und **Jakob Bauer,** *Der Blutjodspiegel nach Entfernung der Hypophyse, der Schilddrüse und der Keimdrüsen mit anschließender Belastung durch Zuführung von thyreotropem Hormon.* (Vgl. vorst. Ref.; vgl. auch Z. ges. exp. Med. **111.** [1942.] 145.) In Verss. mit Hunden wurde gefunden, daß durch Entfernung der Schilddrüse der *Blutjodspiegel* (I) gesenkt wird, mäßig auch durch Entfernung der Keimdrüsen. Durch Entfernung beider Drüsen kann die Senkung des I wieder ausgeglichen werden. Nach Entfernung der Hypophyse steigt I zunächst, fällt aber dann sehr stark. Nach Entfernung der Schilddrüse einige Wochen nach Hypophysektomie tritt ein Absinken des I auf $<^1/_3$ der Norm ein. Bei letzteren Tieren steigt der I nach Injektion von thyreotropem Vorderlappenhormon trotz Fehlens der Schilddrüse um ca. $^1/_3$ des Normalwertes u. sinkt nach einigen Tagen wieder ab auf Werte, die kaum noch analyt. erfaßbar sind. Nach einer Wiederholung der Hormoninjektion tritt dieser Vorgang verstärkt auf. Die diesen Befunden wahrscheinlich zugrunde liegenden physiol. Vorgänge werden erörtert. Bes. wird begründet, daß der thyreotrope Faktor neben dem Hauptangriffspunkt (Schilddrüse) auch das J des Organismus zu mobilisieren vermag. (Z. ges. exp. Med. **119.** 61—75. 1952.) SCHWAIBOLD. 4572

Wolfgang Horst und **Julius Tinschert,** *Blutvolumenbestimmung mit dem Farbstoff T 1824 (Evans Blau) und mit Radiophosphat ^{32}P markierten Erythrocyten.* In einer method. Unters. wird geprüft, ob der von anderen Autoren mitgeteilte Befund zu bestätigen ist, wonach Blutvolumenbestimmungen nach der Farbstoffmeth. (mit Evansblau) bis zu 25% höhere Werte ergeben als mit anderen Methoden. Bei 24 Patienten werden Blutproben aus der Cubitalvene entnommen. Durch Mischung mit einer isoton. Lsg. von NaCl u. trägerfreier Radiophosphorsäure (^{32}P) werden die Erythrocyten markiert. Dieses Gemisch wird mit einer 0,5%ig. T 1824-Lsg. gemischt u. intravenös injiziert. Nach 10 Min. entnommene Proben dienen nun dazu, das gesamte Blutvol. einmal aus der Aktivität u. außerdem durch Messung der Extinktion im PULFRICH-Stufenphotometer zu ermitteln. Die Technik der Durchführung u. die Auswertung der Meßergebnisse werden eingehend erläutert. Im Rahmen der Meßfehler wurden Unterschiede in den Resultaten nach den beiden Verff. nicht bestätigt. (Aerztl. Forsch. **6.** I/539—45. 10/12. 1952. Hamburg-Eppendorf, Univ., Allg. Röntgeninst. u. I. Med. Klinik.) REUSSE. 4572

M. Behrens und **M. Taubert,** *Gewinnung einzelner Leukocytenarten des Blutes.* 1. Mitt. *Basophile Leukocyten.* Es wird eine Meth. zur Anreicherung bzw. Trennung einzelner Leukocytenarten beschrieben, die den Nachw. erbringt, daß die basophilen Leukocyten *Heparin* enthalten. (Hoppe-Seyler's Z. physiol. Chem. **289.** 63—66. April 1952. Gießen, Med. Akad., Physiol.-Chem. Inst. u. Med. Poliklinik.) FINDEISEN. 4573

Tomoichi Kusunoki, *Bindung von Farbstoffionen an Plasmaproteine bei Erkrankungen.* Durch spektrophotometr. Unterss. wurden folgende Ergebnisse erhalten: Humanserumalbumin zeigt eine 2stufige Bindungs-Rk. mit Methylorange, während Pferde-, Rinder-, Hühner- u. Kaninchenserumalbumin nur eine 1stufige Rk. zeigen. Die Albuminkonz. u. damit das Albumin: Globulin-Verhältnis von n. u. patholog. Seren kann mit genügender Genauigkeit durch spektrophotometr. Messungen des gebundenen Farbstoffs bestimmt werden; eine Ausnahme bilden Leberinsuffizienz u. Nephrosis. Bei Leberinsuffizienz wird weniger Farbstoff gebunden, als sich aus den Albuminwerten errechnen läßt. (J. Biochemistry [Tokyo] **39.** 349—55. Sept. 1952. Tokyo, Tokyo Univ., Fac. of Med., Dep. of Biochem. [Orig.: engl.].) NEHRING. 4574

John J. Prendergast, Richard L. Fenichel und **Byrne M. Daly,** *Albumin- und Globulinveränderungen bei Verbrennungen, nachgewiesen mit Hilfe der Elektrophorese.* Bericht über Verss. an 8 Patienten mit mäßigen bis schweren Verbrennungen. Mit Hilfe des Aminco–Stern-Elektrophoreseapp. gelang der Nachw., daß bei schweren Verbrennungen eine beträchtliche Zunahme der Konz. an *γ-Globulin* im Blut auftritt. (A. M. A. Arch. Surgery **64.** 733—40. Juni 1952. Detroit, Mich., Chrysler Corp., Med. Dep.) R. KÖNIG. 4574

P. Suomalainen und **Eila Lehto,** *Verlängerung der Gerinnungszeit während des Winterschlafes.* Die Gerinnungszeit des Blutes von winterschlafenden Igeln ist um ca. 100% erhöht. Diese Erhöhung tritt auch bei Tieren auf, die in einen „künstlichen" Winterschlaf versetzt worden waren (Injektion von *Insulin* u. Aufenthalt bei niedrigen Tempp.). Die Ursache liegt in einer Erhöhung der Zahl der Heparinocyten im Bereich der Intestinalorgane u. der Bronchioli. (Experientia [Basel] **8.** 65. 15/2. 1952. Helsinki, Univ., Zoolog. Labor.) LÜPNITZ. 4574

Adolf Krebs, *Zur Frage der intravenösen Eisentherapie. Klinische Erfahrungen mit einem Eisen–Lecithin-Präparat.* Mit *Ferrlecit* pro injectione (40—62,5 mg Fe, insgesamt bis 2,2 g Fe) wurden 15 Patienten mit aregenerator. Anämien behandelt, wobei nach wenigen Tagen ein kontinuierlicher Anstieg der roten Blutwerte eintrat bei rascher subjektiver Besserung des Allgemeinbefindens. Die Wrkg. blieb auch nach Abschluß der Behandlung erhalten, teilweise mit einer Nachwirkung. Nebenwirkungen traten nicht ein. (Dtsch. med. Wschr. **77.** 303—04. 7/3. 1952. Siegburg, Städt. Krankenhaus.) SCHWAIBOLD. 4575

Max Bruckmooser, *Erythropoese, Mitosenverläufe und klinische Erfahrungen bei Infektanämien unter Behandlung mit Ferri-Amphiolen.* Vf. berichtet über 3 bes. schwere Tuberkulosen u. eine floride Endocarditis, wo die blutbildende u. allg. Reizwrkg. des MBK-Eisens (*Ferri-Amphiolen*) am Sternalmark einschließlich der Mitosenabläufe, am peripheren Blutbild u. an den peripheren Reticulocytenwerten kontrolliert wurde. Die parenterale Behandlung (40 mg täglich, insgesamt <1900 mg) bewirkte in jedem Falle eine völlige Beseitigung der bestehenden Blutarmut u. auch eine qualitativ bessere Zellbildung. Auf den günstigen Einfl. der Fe-Therapie auf das Allgemeinbefinden wird bes. hingewiesen. (Dtsch. med. Wschr. **77.** 301—03. 7/3. 1952. Traunstein, Städt. Krankenhaus.) SCHWAIBOLD. 4575

G. Allbrandi, V. Rovati und **E. Genovese,** *Über den Antagonismus zwischen einem Barbiturat und dem Thiamin und über seine physiologische Bedeutung.* 100 mg *Thiamin* (I)/kg vermag an der Ratte den durch 30 oder 45 mg Pentothal/kg hervorgerufenen Schlaf zu verhindern. Der gleiche Effekt wird durch *Prostigmin* (II; 50 γ/kg) erreicht. Da zwischen I u. der Wrkg. des Acetylcholins direkte Beziehungen bestehen, nehmen Vff. an, daß I, wie auch das II, auf die sensible Sphäre der hinteren Zentralwindung wirken. (Arch. int. Pharmacodynam. Thérap. **92.** 173—76. 15/11. 1952. Milano, Univ., Ist. di Farmacol.) P. G. SCHEURLEN. 4587

M. Banche und **M. Salvadori,** *Die Veränderungen des Bluteiweißbildes und einiger Leberfunktionsprüfungen bei Leberkranken nach längerer Gabe von Pantothensäure.* Bei akuter u. chron. Hepatitis nimmt nach Gabe von 0,5—1 g *Pantothensäure*/Tag der Albuminspiegel des Blutes etwas zu. Aus der Ausflockung (TAKATA-DOHOMOTO, *Cadmium*) u. der Blutsenkung können keine Schlüsse gezogen werden. Der *Bilirubin*-Spiegel im Blut fällt bei Ikterus stark ab. Einige erläuternde Hypothesen werden ausführlich diskutiert. (Minerva med. [Torino] **43.** I. 953—59. 7/5. 1952. Torino, Osped. Maggiore di S. Giov. Battista e Osped. della Città, Div. Med.) H. SCHEURLEN. 4587

A. Zink, *Folsäure, ihre Antagonisten, B_{12} und Animal Protein Factor und ihre Bedeutung für den tierischen und menschlichen Organismus. Folsäure* (I), das spezif. Knochenmarkvitamin, ohne das im Mark keine n. Zellentw. erfolgen kann, ist an der *Hämoglobin*-Synth. beteiligt, unentbehrlich für die bakterielle Synth. im Darm (*Vitamin K*) u. die *Vitamin-B_{12}* (II)-Wirkung. I steht zum n. Wachstum aller jungen Zellen u. Gewebe in enger Beziehung u. spielt bei der Aminosäuresynth. u. beim Purinstoffwechsel eine wichtige Rolle. *p-Aminobenzoesäure* (III) stellt einen wichtigen I-Baustein dar. Die antibakterielle Wrkg. der *Sulfonamide* beruht auf dem Austausch gegen III, wodurch die Bakterien an I verarmen. I-Antagonisten, z. B. *Aminopterin,* blockieren bei perniciöser Anämie die Rk. auf II. Die tox. Wrkg. der I-Antagonisten wird nicht durch I, jedoch durch *Citrovorumfaktor* (*Folinsäure* oder *Leukovorin*) aufgehoben. Die physiol. Wirkungen von II werden zusammenfassend angegeben. (Int. Z. Vitaminforsch. **23.** 471—83. 1952. New York, N. Y., Lederle Labors.) K. MAIER. 4587

H. Morawetz, *Leistungssteigerung durch Zufuhr natürlicher Wirkstoffe aus Leber und Hefe.* Vf. berichtet über ca. 40 Patienten, denen er *W 3 Tonicum Waldhof* bei Schwäche

u. Erschöpfungszuständen u. bei Appetitlosigkeit als natürliches Stoffwechselstimulans verordnete. Er erzielte damit ohne Reizmittel eine schnelle Besserung des Allgemeinbefindens u. der Leistungsfähigkeit. W 3 Tonicum Waldhof wird aus Leber u. Hefe gewonnen u. enthält neben einem Aminosäurengemisch alle B-Vitamine einschließlich Vitamin B_{12} u. Spurenelemente. (Die Medizinische **1952**. 1601—02. 13/12. Hilchenbach.) K. BÖHM. 4587

José Erdos, *Leber- sowie Kobalt–Leber-Präparate und Phenylhydrazinanämie.* Bei Kaninchen, die 1 mal intramuskulär 0,2—1 cm^3 5%ig. ölige Lsg. von *Phenylhydrazinoleat*/kg erhielten, entwickelte sich ausnahmslos eine der BIERMERschen Anämie ähnelnde Anämie (bei 10% Mikrocytose, 80% Anisocytose u. Poikilocytose; bei 95% relative Hyperchromie; bei 100% Gewichtsverluste). Leber- sowie Kobalt–Leber-Präpp. bewirkten Normalisierung des Blutbilds u. Gewichtes. *Co*-haltige Leberpräpp., erhalten durch A.-Fällung eines mit $CoCl_2$ vermischten Leberextraktes, besitzen anscheinend einen ausgeprägteren Effekt als reine Leberpräparate. (Int. Z. Vitaminforsch. **23**. 494—503. 1952. Mexico, D. F., TH, u. Forschungslabor. für Organ. Chemie.) K. MAIER. 4587

A. N. Bose und **Satya Ghosh,** *Die Bestimmung der Vitamin-B_{12}-Aktivität in Leberextrakt.* Die Best. der *Vitamin-B_{12}*-Aktivität in Leberextrakten wird durch Begleitstoffe beeinflußt, die unter Umständen eine stimulierende Wrkg. auf die benutzten Mikroorganismen (Lactobacillus leichmannii u. L. lactis DORNER) ausüben. Auch die Art der Durchführung ist von Einfluß. Die Plattenmeth. gab im allg. konstantere Werte u. war für Routineunterss. besser geeignet als die Röhrchenmeth.; aber in einigen Fällen versagte sie, so daß geraten wird, mit verschied. Methoden zu arbeiten. (Sci. and Cult. **18**. 44—45. Juli 1952. Calcutta, Bengal Immunity Res. Inst.) NEHRING. 4587

Kalyan Bagchi, *Ascorbinsäure in Milch und Plasma von Bengalifrauen.* Bei 25 Frauen im 1.—7. Laktationsmonat wurden 4,9—8,6 (im Mittel 6,7) mg-% *Ascorbinsäure* (I) in der Milch gefunden. Im Plasma lagen die Werte zwischen 0,60 u. 0,98 mg-% (0,78). Zwischen beiden Werten besteht das Verhältnis $y = 8{,}0970\,x + 0{,}4506$ (y = mg-% I in Milch; x = mg-% I in Plasma). Bei einer täglichen Milchabsonderung von 0,8 Liter erreicht die damit ausgeschiedene I-Menge die der dort üblichen Nahrung. Da bei laktierenden Frauen trotzdem kein Skorbut auftritt, vermutet Vf. die Möglichkeit der I-Synth. beim Menschen. (Indian med. Gaz. **87**. 198—200. Mai 1952. Calcutta, All-India Inst. of Hyg. and Publ. Health.) KRUSEN. 4587

A. Morana Jiménez, *Vitamin C und arterieller Hypertonus.* Ausgehend von der Beobachtung, daß Hochdruckkranke besser erhaltene Zähne u. Zahnfleisch als gleichaltrige Gesunde haben sollen, untersuchte Vf. bei verschied. Personen mit essentieller u. nephrogener Hypertonie den *Vitamin-C* (I)-Geh. des Serums nach der Meth. von HARRIS u. ABBASY (Lancet **2**. [1937.] 1429). Danach verfügen die Kranken über höhere Reserven an I, die auch höher sind als bei Individuen, die an Krankheiten ohne Hochdruck leiden. Dieser höhere I-Spiegel entsteht weder durch vermehrte Zufuhr noch durch Retention in den hochdruckgeschädigten Nieren. (Rev. clín. españ. **47**. 242—50. 30/11. 1952. Madrid, Hosp. Provincial.) P. G. SCHEURLEN. 4587

J. Guijarro Oliveras, *Therapeutischer Wert des Vitamins E.* Umfassender Überblick der Literatur betreffs Chemie, Pharmakologie u. Anwendungsmöglichkeiten des Vitamins E. (Rev. clín. españ. **47**. 265—82. 30/11. 1952. Granada, Cátedra de Patologia.) P. G. SCHEURLEN. 4587

H. Dam und **Ebbe Søndergaard,** *Schnellere Wirkung von Vitamin K_1 als von Menadion und Synkavit nach intravenöser Injektion bei Küken mit Vitamin-K-Mangel.* Ein Vgl. der Wirkungsgeschwindigkeiten von *Vitamin K_1*- (I), *Methylnaphthochinon*- u. *Synkavit*- (Tetra-Na-Salz von *2-Methyl-1.4-naphthohydrochinondiphosphorsäure*)-Gaben an *Vitamin K*-frei ernährten Küken zeigte, daß in den ersten Std. nach der Injektion I die Prothrombinzeit viel schneller zum Absinken brachte als die beiden anderen Verbindungen. (Experientia [Basel] **9**. 26—27. 15/1. 1953. Kopenhagen, Polytechnic Inst., Dep. of Biochem. and Nutrition.) K. MAIER. 4587

W. Baroni, *Untersuchungen über die dynamisch-spezifische Wirkung durch intravenöse Gabe von Aminosäuren.* Vf. schlägt zur Unters. der dynam.-spezif. Wrkg. der Aminosäuren an Stelle der Eiweißernährung die intravenöse Gabe von 15 cm^3 einer wss. Lsg. der durch enzymat. Hydrolyse der Milch gewonnenen Aminosäuren vor, wodurch viele äußere Faktoren ausgeschaltet werden u. eine größere Zuverlässigkeit der Ergebnisse erreicht wird. (Minerva med. [Torino] **43**. I. 952—53. 7/5. 1952. Bologna, Univ., Ist. di Clin. Med. Generale e Terapia Med.) H. SCHEURLEN. 4589

Harald Thomas, *Erfahrungen über rohkonservierte Frauenmilch mit Streptomycin und Citretten bei Frühgeburten.* An Hand bakteriolog. Unterss. u. 2½jähriger klin. Beobachtung kommt Vf. zu dem Ergebnis, daß der Zusatz von 1½ Citretten zu 100 g Frauenmilch zwar eine günstigere bakteriostat. Wrkg. als der einer 2 mg-%ig. Streptomycin (I)-Lsg. aufweist, daß sich jedoch klin. die I-konservierte Frauenmilch infolge ihrer besseren Verträglichkeit für die Aufzucht von Frühgeburten besser eignet. (Mschr. Kinderheilkunde **100.** 457—61. Nov. 1952. Leipzig, Univ., Kinderklinik.) NEHRING. 4589

J. Bertrand und **A. Niknejad,** *Die Funktion der Magenresorption. Der Natriumjodidtest.* Die Resorption eingeführter Stoffe durch die Magenwand läßt sich durch Instillation von NaJ messen. Dazu werden durch die Sonde in den vorher entleerten u. mit 100 cm^3 Luft gefüllten Magen 10 cm^3 einer 7%ig. NaJ-Lsg. gegeben u. gleichzeitig zur Drüsensekretion Pilocarpin verabfolgt. Aus dem Jodgeh. des Speichels in den darauffolgenden Minuten lassen sich die Geschwindigkeit der J-Resorption verfolgen u. daraus Schlüsse auf das Verh. der Magenschleimhaut ziehen. So ist, wie aus den Beobachtungen der Vff. hervorgeht, bei Gastritis eine Beschleunigung der Resorption festzustellen. (Semaine Hôpitaux Paris **28.** 1646—49. 26/5. 1952. Paris, Hôpital Saint-Antoine.) P. G. SCHEURLEN. 4594

C. L. Yuile, A. E. O'Dea, F. V. Lucas und **G. H. Whipple,** *ε-^{14}C-Lysin-markiertes Plasmaprotein. Seine orale Verfütterung und der damit verbundene Proteinstoffwechsel beim Hund.* Durch Magensonde an Hunde verfüttertes homologes *ε-^{14}C-Lysin*-markiertes Plasmaprotein (I) ruft eine maximale ^{14}C-Ausatmung 1—4 Std. nach der Aufnahme hervor bei gleichzeitigem Auftreten von ^{14}C im Plasma u. Verschwinden von ^{14}C aus der Nichtproteinfraktion. Diese Rk. ist 7—10 Std. nach der Aufnahme abgeschlossen. Gleichzeitig tritt ein rascher Einbau eines beträchtlichen Teils des ^{14}C in Gewebeproteine ein. Orale Gaben von I oder ε-^{14}C-Lysin-haltigen Aminosäurelsgg. unterscheiden sich in ihren Wirkungen kaum. Die nach 48 Std. ausgeatmete $^{14}CO_2$-Menge beträgt nach Verfütterung von I 16—28% der zugeführten Menge, während sie nach intravenöser Zufuhr nur 2,5% beträgt. Vff. nehmen daher an, daß bei der oralen Zuführung ein Abbau des Plasmas zu den Aminosäuren eintritt, nicht aber bei intravenöser Applikation. (J. exp. Medicine **96.** 247—54. 1/9. 1952. Rochester, N. Y., Univ. of Rochester, School of Med. and Dent., Dep. of Pathol.) NEHRING. 4596

Shoshi Ota, *Der Stoffwechsel von dl-Allothreonin, dl-Threonin und dl-Methionin bei Phlorrhizin–Glucosurie-Hunden und normalen fastenden Ratten.* Bei Phlorrhizinhunden liefern *dl-Allothreonin* (I), *dl-Threonin* (II) u. *dl-Methionin* (III) Glucose. Bei n. fastenden Ratten wurde **I, II** u. **III** in Leberglykogen umgebaut, wobei der Glykogengeh. 6 oder 9 Std. nach der Zufuhr nicht stark, aber doch merklich erhöht war. Gewisse Anteile der zugeführten Aminosäuren wurden im Harn der Hunde u. Ratten ausgeschieden: **I** u. **III** in der rac. Form, **II** bevorzugt in der d-Form. (J. Biochemistry [Tokyo] **39.** 403—08. Sept. 1952. Fukuoka, Kyushu Univ., Dep. of Med. Chem. [Orig.: engl.].) NEHRING. 4596

R. Rizzi und **R. Rovis,** *Der Test nach Flack und nach Rehn in der Beurteilung der Operationsfähigkeit.* Es wird kasuist. über die Unters. der Operationstauglichkeit verschiedenartiger Patienten durch den Kreislaufbelastungstest nach FLACK u. den Veritoltest nach REHN berichtet. Jener beruht darauf, daß im Zustand der Apnoe die Patienten eine bestimmte körperliche Leistung zu vollbringen haben u. dabei u. danach Blutdruck u. Herzaktion kontrolliert werden. Der Veritoltest dient ebenfalls als Herz-Kreislauf-Funktionsprüfung (intramuskuläre Injektion von 1,1 cm^3). Der FLACK-Test scheint nach Ansicht der Vff. nur bei Thoraxoperationen indiziert, während der Veritoltest allg. empfohlen wird. (Giorn. ital. Anestesiol. **18.** 669—86. Nov./Dez. 1952. Trieste, Ospedale Maggiore.) P. G. SCHEURLEN. 4597

Michio Fukuda und **Atuhiro Sibatani,** *Nucleinsäuren und Proteine in der Leber an experimentellem Ascorbinsäuremangel sterbender Meerschweinchen.* An Skorbut eingehende Meerschweinchen wiesen neben dem Eiweißverlust der Leber keine gleichzeitige Abnahme der Gesamt-*Pentosenucleinsäure* (I) dieses Organs auf. Sie blieb bis zum Tod normal. Bei verhungernden Ratten wurde dagegen eine I-Abnahme auf ca. $^1/_3$ der Kontrollwerte festgestellt. (Experientia [Basel] **9.** 27—28. 15/1. 1953. Osaka, Japan, Univ., Microbial Diseases Res. Inst.) K. MAIER. 4599

Joachim Brugsch, Porphyrine. Bedeutung, Stoffwechsel, Untersuchungsverfahren beim gesunden u. kranken Menschen. Leipzig: Barth. 1952. (VIII + 177 S. m. 40 Abb. im Text) 8°. DM 13,50.

E₆. Pharmakologie. Therapie. Toxikologie. Hygiene.

E. H. Graul, *Über den Vorgang der indirekten und extranucleären Strahlenwirkung sowie seine strahlenbiologische Bedeutung.* Modellverss. über die Strahlenhydrolyse aliphat. N-Lost-Verbb. u. die Oxydation bzw. Red. von Eisensalzen sowie den Abbau von SCN-Ionen in wss. Lösung. Im letzteren Fall wird festgestellt, daß die absol. Strahlenausbeute unabhängig von der Konz. der Lsg. ist. Dieser Befund steht im Gegensatz zur Treffertheorie, der Mechanismus muß daher indirekter Natur sein. Unter Einbeziehung bereits bekannter Verss. u. Überlegungen u. eingehender Diskussion der möglichen chem. Prozesse im Einzelvorgang wird versucht, einen Einblick in das indirekte radiobiol. Geschehen zu gewinnen. Die Bedeutung der behandelten Fragen für die Strahlentherapie wird herausgestellt. (Strahlentherapie **86.** 489—514. 1952. Münster, Westfäl. Landesuniv., Hautklinik.) REUSSE. 4601

Hannes Schneider, *Ultraschallbehandlung mit bakterieiden Salben als Kontaktsubstanz.* Bei Ultraschall (US)-Behandlung infektiöser Prozesse, deren Krankheitsherd mit der Hautoberfläche in Verbindung steht, benutzte Vf. nicht die üblichen Kontaktmittel, sondern *Cibazol-* oder *Tyrothricinsalbe = Biothricin* (BIOCHEMIE, Kundl, Tirol), weil die durch US hervorgerufene Porenvergrößerung eine raschere Heranbringung der wirksamen Salbenbestandteile an den Krankheitsherd ermöglicht. Die angewandte US-Dosierung betrug nur $^1/_3$ der in der Literatur angegebenen Werte. Besprechung von 28 Fällen mit Hydrosadenitiden, fistelnden Eiterungen u. fistelnder Osteomyelitis. In den meisten Fällen wurde komplikationslose Abheilung erzielt. (Münchener med. Wschr. **94.** 2082—88. 10/10. 1952. Innsbruck, Gebietskrankenkasse, Physikal.-Therapeut. Ambulatorium.) DOSSMANN. 4601

M. Girelli, *Anwendung des Tetrahydrofurfurylesters der Nicotinsäure bei der Ultraschalltherapie einiger rheumatischer Affektionen.* Der *Tetrahydrofurfurylester der Nicotinsäure* (*Trafuril,* CIBA), der als Liniment bei der Behandlung rheumat. Erkrankungen der Muskulatur u. des Bindegewebes angewandt werden kann, wurde mit gutem Erfolg als Gleit- u. Kontaktmittel bei der Ultraschalltherapie solcher Erkrankungen gebraucht. Neben der analget. u. antirheumat. Wrkg. potenziert es den Ultraschalleffekt. Bes. beeinflußt wurden Affektionen des Muskel- u. Sehnengewebes, die bei Anwendung anderer Gleitmittel sich als resistent erwiesen. (Minerva med. [Torino] **43.** II. 1343—46. 13/12. 1952. Milano, Univ., Ist. di Clinica Med. Generale.) P. G. SCHEURLEN. 4601

J. Kowarschik, *Kritische Betrachtungen über die Heilwirkung der Moorbäder.* Für das Moorbad sind nur die chem. Wirkungen charakterist. u. spezif., die therm. Wrkg. ist gleich der eines Wasserbades, die mechan. Wrkg. belanglos. (Wiener klin. Wschr. **64.** ([N. F.] 7) 909—12. 28/11. 1952.) HALLER. 4603

D. Hofmann-Credner, *Die Beeinflussung der vegetativen Reaktionslage durch Jodsolebäder.* Die vegetative Reaktionslage bei Hypertonikern wird unter dem Einfl. einer Jodsolebäderkur mit Hilfe der Elektrodermatographie u. Flackerlicht als unspezif. Reiz untersucht u. nach Diskussion der Ergebnisse eine unspezif. Bäderwrkg. als Umstimmung der vegetativen Tonus- u. Reaktionslage neben der bekannten J-Wrkg. auf die Gefäße angenommen. (Wiener med. Wschr. **102.** 898—901. 8/11. 1952.) HALLER. 4603

E. Rothlin und **A. Cerletti,** *Beitrag zur Frage der Kreislaufwirkung des Calcium.* Die Wirksamkeit des Ca als kreislaufakt. Pharmakon wird auf Grund bisher vorliegender Beobachtungen gekennzeichnet. In den vorliegenden Verss. wurden bei Katzen unter fortlaufender Aufzeichnung der Femoraldurchblutung analoge Dosen von *Calciumgluconolactobionat* direkt in das Arteriensyst. der hinteren Extremität injiziert. Dabei trat eine ausgesprochene lokale Rk. mit Durchblutungszunahme in der Femoralis der injizierten Seite auf, während die Durchblutung der contralateralen Extremität sowie der Blutdruck in der Regel keine Änderung aufwiesen. (Cardiologia [Basel] **21.** 735—42. 1952. Basel, Sandoz Akt.-Ges., Pharmakol. Labor.) SCHWAIBOLD. 4606

M. Goffart und **Z. M. Bacq,** *Die Sensibilisatoren gegen Kalium.* Umfassende Übersicht über die Substanzen anorgan. oder organ. Natur, die die Wrkg. des K auf den quergestreiften Muskel steigern. Unterss. über ca. 30 verschied. Substanzen. Bis zu einem gewissen Grad lassen sich aus diesen Unterss. Schlüsse ziehen auf die Wrkg. auf die motor. Nerven, die sensiblen Nervenfasern u. die vegetativen Nervenganglien. Die untersuchten Sensibilisatoren lassen sich nicht in eine einheitliche Gruppe zusammenfassen. Hinweis auf therapeut. Anwendungsmöglichkeiten. (Ergebn. Physiol., biol. Chem. exp. Pharmakol. **47.** 555—617. 1952. Liège, Belgien, Univ., Labor. de Physiol.) P. G. SCHEURLEN. 4606

W. Wilbrandt, H. Ryser und **P. N. Witt,** *Die Rattenschwanzsehne als Testobjekt für adstringierende Wirkung.* Vff. unterscheiden zwei einander entgegengesetzte Reaktionstypen bei der Einw. chem. Agentien auf die Fasermoll. des Kollagens in der Rattenschwanzsehne. Die denaturierende oder harnstoffartige Wrkg. beruht auf einer Lsg., die adstringierende oder tanninartige auf einer Neubldg. von Brückenbindungen zwischen den Eiweißketten. Im ersten Falle besteht eine spontane Spannungsentw. u.

erhöhte Dehnbarkeit der Sehne, im zweiten herabgesetzte Dehnbarkeit. Als eiweißdenaturierende Agentien wurden *Salicylat, Guanidin, Rhodanid* u. *Jodid* geprüft, als adstringierende *Tannin* u. *Eichenrindemacerat. Metalladstringentien* u. *Formaldehyd* zeigen in therapeut. Verdünnungen tanninartige, in höherer Konz. harnstoffartige Wirkung. Mechanismus der Vermehrung bzw. Verminderung von Querverbb. wird diskutiert. Auf entsprechende Vorgänge, die an der Zellmembran mit Adstringentien auslösbar sind, wird hingewiesen. (Naunyn-Schmiedebergs Arch. exp. Pathol. Pharmakol. **215.** 469—82. 1952. Bern, Univ., Pharmakol. Inst.) NIESWANDT. 4607

C. Heymans, *Pharmakologische Wirkungen auf die Selbststeuerung des Blutdruckes.* Übersicht über die verschied. Pharmaca, die die zentripetalen, zentralen, zentrifugalen oder effektor. Elemente des Blutdruckregulationssyst. beeinflussen können. — 107 Literaturangaben. (Naunyn-Schmiedebergs Arch. exp. Pathol. Pharmakol. **216.** 114—38. 1952. Gent.) DAUTZENBERG. 4607

Richard Stöger, *Tierexperimentelle Untersuchungen mit einem neuen intravenös verabreichbaren Cholesterinester.* (Vorl. Mitt.) Ein Cholesterinester, der intravenös verabfolgt wurde, konnte im Tiervers. die Entzündung durch Senföl hemmen, die osmot. Resistenz der Erythrocyten erhöhen u. den anaphylakt. Schock verhindern. (Wiener med. Wschr. **102.** 384—88. 17/5. 1952.) GERBER. 4607

Takekazu Kôsaki und **Tadao Ikeda,** *Über die Wirkung von Aminosäuregaben auf die Verteilung der Porphyrinkörper in den Geweben.* 1. Mitt. *Der Einfluß der Zufuhr von schwefelhaltigen Aminosäuren. Methionin-* (**I**), *Cystin-* (**II**) u. *Cystein* (**III**)-Gaben vermehren das *Metalloporphyrin* (**IV**) der Gewebe wesentlich, wobei das *Porphyrin* (**V**) nicht vermindert wird. Die Zunahme von **IV** erreicht nach einer gewissen Zeit einen Höchstwert, um dann allmählich abzufallen. Schneller u. stärker ist die Änderung des Gewebe-**IV** nach Gaben von **III** als von **I. III**-Gaben in Höhe von 0,05 mg/100 g u. **I**- u. **II**-Gaben in Höhe von 0,1 mg/g sind am wirksamsten, höhere Dosen zeigen geringere Wirksamkeit. 24 Std. nach Zufuhr von **II** oder **III** in Höhe von 5 mg/100 g sinkt das Leber-**IV** unter den Normalwert ab, wobei **III** wirksamer ist. Wiederholte Zufuhr von **II** in Höhe von 0,5 mg/100 g bewirkt häufig eine Abnahme des Leber-**IV**, während wiederholte Gaben von **I** auch in Höhe von 6 mg/100 g keine derartigen Abnahmen verursachen. Vff. ziehen aus den Ergebnissen den Schluß, daß die physiol. Wrkg. der schwefelhaltigen Aminosäuren sich in Änderungen des **IV**-Geh. der Gewebe manifestiert. (J. Biochemistry [Tokyo] **39.** 367—79. Sept. 1952. Tsu, Mie Med. Coll., Biochem. Inst. [Orig.: engl.].) NEHRING. 4607

Takekazu Kôsaki, Tadao Ikeda und **Yasumichi Noda,** *Über die Wirkung von Aminosäuregaben auf die Verteilung der Porphyrinkörper in den Geweben.* 2. Mitt. *Der Einfluß der Zufuhr von ε-Aminocapronsäure und verwandten Substanzen.* (Vgl. vorst. Ref.) Gaben von *ε-Aminocapronsäure* (**I**) an Meerschweinchen vermehren das *Metalloporphyrin* (**II**) verschied. Gewebe außer Eingeweiden, Haut, Lungen, Hirn u. Knochen u. vermindern das *Porphyrin* (**III**) des Blutes u. die **III**-Körper des Urins. *Capronsäure* (**IV**) wirkt im allg. stärker oder schwächer vermindernd auf das Gewebe-**II**. Je nach α- oder ε-Stellung der Aminogruppe ist die Wrkg. verschieden. ε-Substitution bewirkt Anstieg von **II** u. α-Substitution in einem Teil der untersuchten Gewebe einen Anstieg u. in einem anderen Teil einen Abfall von **II**. Bei *α.ε-Diaminocapronsäure* überwiegt entweder der Einfl. des einen Substituenten (bes. des in α-Stellung befindlichen), oder es machen sich beide Einflüsse gleich stark bemerkbar. (J. Biochemistry [Tokyo] **39.** 381—87. Sept. 1952. Tsu, Mie Med. Coll., Biochem. Inst. [Orig.: engl.].) NEHRING. 4607

Gostof, Homolka und **Zelenka,** *Tromexanderivate in der Muttermilch und ihre paradoxe Wirkung auf den Prothrombinspiegel. Tromexan* wird mit der Muttermilch in einer noch unbekannten Form ausgeschieden, die beim Säugling zu einer Erhöhung des Prothrombinspiegels führt. Durch Herabsetzung der Capillarresistenz schon geschädigter Gefäße führt dieses noch unbekannte Deriv. zu einer erhöhten Blutungsneigung. (Schweiz. med. Wschr. **82.** 764—65. 26/7. 1952. Prag, 1. Kinderklinik.) MATTHIES. 4607

F. Hauschild, *Zur Wirkungsweise von Diäthylaminoäthanol und Novocain.* Am Kreislauf von Katze u. Hund wurden *Diäthylaminoäthanol* (**I**) u. sein p-Aminobenzoesäureester *Novocain* (**II**) geprüft. Bei beiden Stoffen hängt die Blutdruck-Rk. von der Höhe des Ausgangsdruckes ab. Steigerung bei niedrigem, Senkung bei hohem Ausgangswert. Nach Injektion von *Ephedrin* verursacht **I** Druckanstieg u. (adrenalinähnliche) Milzkontraktion, **II** dagegen Druckabfall. (Naunyn-Schmiedebergs Arch. exp. Pathol. Pharmakol. **216.** 164—65. 1952. Leipzig.) DAUTZENBERG. 4607

V. G. Longo und **L. Napolitano,** *Pharmakologie des Vestibular-Okular-Reflexes.* 1. Mitt. *Wirkung der Analgetica, Barbiturate, der krampferzeugenden Mittel und der*

Pharmaka des vegetativen Nervensystems auf den Nystagmus postrotatorius bei Kaninchen. Bei Kaninchen, die 15 Sek. lang einer mäßig starken Drehbewegung ausgesetzt worden waren, wurde der Augennystagmus elektr. registriert. Die Analgetica *Morphium, Dolantin* u. *Amidon* [*2-Dimethylamino-4.4-diphenylheptanon-(5)*] vermögen in etwas der Norm gegenüber erhöhten Dosen den Drehnystagmus zu verhindern. Die Barbiturate *Veronal, Gardenal* (*Phenyläthylbarbitursäure*), *Numal* (*Allylisopropylbarbitursäure*) u. *Evipan*, die alle in ansteigenden Dosen injiziert worden waren, beeinflußten in geringen Dosen den Drehnystagmus kaum, in höheren Dosen bewirkten sie eine Verlängerung des Drehnystagmus. Die krampferzeugenden Mittel *Strychnin, Pikrotoxin* u. *Cardiazol* heben den Nystagmus nur in tox. Dosen auf. *Bulbocapnin* hemmt den Reflex nicht. *Eserin* ruft eine Verlängerung u. eine Verstärkung der Ausschläge der Augen hervor, *Dramamin, Parsidol, Neo-Antergan* u. *Artan* beeinflussen den Nystagmus in wechselnder Weise, sie hemmen den Reflex inkonstant. (Arch. int. Pharmacodynam. Thérap. **92.** 177—91. 15/11. 1952. Milano, Univ., Ist. di Farmacol.) P. G. SCHEURLEN. 4607

H. Kewitz, *Zum Angriffspunkt der Krampfhemmung durch Hexachlorcyclohexan.* Elektrokrämpfe werden durch *β-Hexachlorcyclohexan* gehemmt, desgleichen der Cardiazolkrampf, obwohl hierbei im EEG Krampfströme auftreten. Die Krampfhemmung wurde beseitigt durch Entfernung des ganzen oder halben Vorderhirns, nicht durch Durchtrennung der Verbb. zwischen beiden Vorderhirnhälften. Es wird angenommen, daß *Hexachlorcyclohexan* die motor. hemmende Funktion des Vorderhirns verstärkt. (Naunyn-Schmiedebergs Arch. exp. Pathol. Pharmakol. **216.** 161. 1952. Berlin.) DAUTZENBERG. 4607

H. Herken, *Nervenwirkungen der Hexachlorcyclohexane bei verschiedener Ernährung.* Die krampfhindernde Wrkg. der *Hexachlorcyclohexane* war bei Fleischfütterung verlängert. *Gammexan*-Krämpfe wurden durch reine Haferkost behindert, während bei Fleischkost bei 80% der Tiere mit der gleichen Dosis Krämpfe erzeugt wurden. Mit der *β*-Komponente wurden bei hafergefütterten Tieren Gleichgewichtsstörungen ausgelöst, die bei fleischgefütterten nicht auftraten. Zusatz von *Inosit* zur Diät setzte die krampfhemmende Wrkg. des *β*-Isomeren herab, während die Wrkg. des *Gammexans* nicht beeinflußt wurde. (Naunyn-Schmiedebergs Arch. exp. Pathol. Pharmakol. **216.** 162—63. 1952. Berlin.) DAUTZENBERG. 4607

Loredano Dalla Torre und **Romeo Boldrini,** *Natürlicher und coffeinfreier Kaffee in seinen Wirkungen auf Herz und Gefäße.* Die cardiovasculären Wirkungen des natürlichen Kaffees u. Kaffee HAG werden an Hand von Elektrokardiogrammen besprochen. (Minerva med. [Torino] **43.** I. 853—56. 23/4. 1952.) E. W. HAAS. 4608

Helmut Widmann, *Tierexperimentelle Untersuchungen zur Ätiologie der leukopenischen Phase nach Colchicin.* Vf. beobachtete nach subcutaner Injektion von *Colchicin* (**I**) das Auftreten einer Granulocytopenie u. einer Lymphopenie, gefolgt von einer leukocyt. Phase. Es wurde untersucht, ob **I** Histamin oder H-Substanzen, die diese Erscheinungen verursachen könnten, freisetzt. Daher wurden Mäusen 5 mg **I**/kg oder 50 mg *Casantin* (**II**)/kg verabreicht. Einer dritten Gruppe von Mäusen wurde 1 Std. nach Injektion von **II** wiederum 5 mg **I**/kg injiziert. Es ergab sich, daß **II** keinen Einfl. auf die durch **I** hervorgerufenen Blutbildveränderungen hat. Vf. kommt daher zu der auffallenden Feststellung, daß die durch **I** hervorgerufene Leukopenie nicht durch Freisetzung von Histamin oder H-Substanzen ausgelöst wird. (Folia haematol. [Leipzig] **71.** 257—65. 1952. Tübingen, Univ., Med. Klinik.) REICHLE. 4608

T. H. Rindani, *Die Wirkung von Cobragift auf den Froschdarm.* Die paralysierende Wrkg. von *Cobragift* auf die glatte Muskulatur des Froschdarmes wird durch *Adrenalin* beschleunigt u. durch *Acetylcholin* verzögert. (Indian med. Gaz. **87.** 200—02. Mai 1952. Bombay, Topivala Nat. Med. Coll., Dep. of Physiol.) KRUSEN. 4609

Curt Dolff, *Ist die lokale und intraperitoneale Sulfonamidanwendung in der Gynäkologie und Geburtshilfe noch zeitgemäß?* Vf. berichtet über die indizierte, aber nicht wahllose lokale Sulfonamidanwendung bei einem sehr großen Krankengut unter besonderer Berücksichtigung intrauteriner Eingriffe nach rechtzeitiger u. nach Frühgeburt, infizierter Kaiserschnitte, Abortausräumung, intra- u. extraperitonealer Anwendung in der operativen Gynäkologie, vaginaler Radikaloperationen nach SCHAUTA-STÖCKEL, operierter Ovarialabscesse u. der Mastitisprophylaxe. Gelegentlichen unangenehmen, aber meist schnell vorübergehenden Nebenwirkungen steht der große Vorteil dieser lokalen Behandlungsmeth. gegenüber, die Vf. auch zur Prophylaxe bei allen infektionsgefährdeten Patientinnen empfiehlt. (Die Medizinische **1952.** 1596—97. 13/12. Wuppertal-Elberfeld, Landesfrauenklink der Rheinprovinz.) BÖHM. 4610

R. Canals Mayner, *Der Wert der modernen Chemotherapeutica in der Chirurgie der Verdauungsorgane.* Allg. gehaltener Überblick über den Gebrauch von Sulfonamiden,

Penicillin u. Streptomycin in der Bauchchirurgie. (Med. clin. [Barcelona] **19.** (**10.**) 38–42. Juli 1952.) P. G. SCHEURLEN. 4610

Alvaro Lopez Fernandez, Joaquín Liria, Rafael Colvee, Carlos Zuzuarregui und **Francisco Forriol,** *Moderne Behandlung der Knochen- und Gelenkstuberkulose.* Erfahrungsbericht über die Behandlung von 520 Patienten mit Knochen- u. Gelenkstuberkulose, die teils allein, teils kombiniert mit chirurg. Maßnahmen folgende Präpp. erhielten: *Streptomycin, Isonicotinsäurehydrazid, F. S. R. 3, Thiosemicarbazon, PAS* u. *DDS* (Diaminodiphenylsulfon). Hinweis, daß bei diesen Tuberkuloseformen mehr als bei anderen auf die klass. chirurg. Behandlungsmethoden nicht verzichtet werden kann. (Med. españ. **28.** (**15.**) 373–85. Nov. 1952. Valencia, Sanatorio Marítimo Nacional.) P. G. SCHEURLEN. 4610

F. Tello Valdevieso, *Moderne Chemotherapeutica gegen die Tuberkulose.* Auf eigene Erfahrungen u. Literaturangaben gestützter Überblick u. krit. Betrachtungen über die Anwendung von *Streptomycin, PAS, Isonicotinsäurehydrazid, F. S. R. 3* u. *TB I/698.* (Med. españ. **28.** (**15.**) 400–08. Nov. 1952. Zaragoza, Dispensarion Central Antituberculoso.) P. G. SCHEURLEN. 4610

Alvaro Urgoiti, *Neue Aspekte der Tuberkulosebehandlung im Hinblick auf die Einführung neuer Behandlungsmittel.* Allg. gehaltener kurzer Erfahrungsbericht über die Anwendung von *Streptomycin, PAS, Isonicotinsäurehydrazid, Sulfone* u. *TB I/689.* (Med. españ. **28.** (**15.**) 386–89. Nov. 1952. Dispensarion Antituberculoso Central de la Coruña.) P. G. SCHEURLEN. 4610

F. R. de Partearroyo, *Einfluß der Behandlung mit Bakteriostaticis auf die Entwicklung der Tuberkulose.* Statist. Bearbeitung eines Krankengutes von 310 Tuberkulösen, die mit *Isonicotinsäurehydrazid* behandelt wurden. Bemerkenswert erscheint die Angabe, daß bakterioskop. bei 50 Patienten eine Resistenz gefunden wurde. (Med. españ. **28.** (**15.**) 349–54. Nov. 1952.) P. G. SCHEURLEN. 4610

J. Hein und **H. Stefani,** *Die gewebliche Reaktion der Lungentuberkulose bei Isonicotinsäurehydrazidbehandlung.* Über die histolog. Unters. eines 126 Tage lang mit 0,15–0,3 g *Rimifon* (*Isonicotinsäurehydrazid*) täglich bei einer Gesamtmenge von 29,7 g behandelten Tuberkulosekranken wird berichtet. (Z. Tuberkulose **101.** 180–87. Nov. 1952. Tönsheide, Holstein, Krankenhaus.) RUTKOWSKI. 4610

Josef Patsch, *Erste klinische Beobachtungen und Ergebnisse mit „Rimifon".* Mitt. der ersten Erfahrungen des Vf. mit *Isonicotinylhydrazin* (I) während einer Versuchsdauer von 12 Wochen. Es werden die subjektiven u. objektiven Befunde mitgeteilt u. Vorschläge zur Steigerung der Wrkg. von I gemacht, vor allem in Kombination mit anderen Tuberkulostatica. Die Nebenerscheinungen sind gering u. wohl als Ausdruck der Sympathicusreizung anzusehen. Bei höherer Dosierung kann auch das Zentralnervensyst. gereizt werden. Temperatursteigerungen zu Beginn der Behandlung könnten als HERXHEIMERsche Rk. gedeutet werden. (Wiener med. Wschr. **102.** 856–57. 18/10. 1952. Cumberland/Gmunden.) L. BERGER. 4610

V. Altava, M. Barrera und **J. Pena,** *Eindrücke bei der Anwendung des Isonicotinsäurehydrazids bei Lungentuberkulose.* Kurzer Erfahrungsbericht über die Anwendung des *Isonicotinsäurehydrazids* bei 10 offenen u. 7 geschlossenen Lungentuberkulosen. (Med. españ. **28.** (**15.**) 440–42. Nov. 1952. Castellón, Hosp. Provincial.) P. G. SCHEURLEN. 4610

Juan Guallar Segarra und **Alfonso Pomares Riquelme,** *Resultate bei der Behandlung von 97 Sanatoriumspatienten mit Isonicotinsäurehydrazid.* Ausführliche, durch tabellar. Zusammenstellungen ergänzte Übersicht über die Anwendung des *Isonicotinsäurehydrazids* (I) bei 97 stationären Patienten. Erwähnenswert ist, daß auch über die Ergebnisse der I-Behandlung bei extrapulmonalen Tuberkulosen (Analfisteln, Chondritis u. Darmtuberkulose) berichtet wird. Dosierung drei Monate täglich 5 mg/kg. (Med. españ. **28.** (**15.**) 421–39. Nov. 1952.) P. G. SCHEURLEN. 4610

José Oriol Anguera, *Beitrag zur Klinik des Isonicotinsäurehydrazids.* Kasuist. ausführlich gehaltene Mitt. über die nur zum Teil erfolgreiche Anwendung des *Isonicotinsäurehydrazids* bei 8 Patienten mit fortgeschrittenen Formen der Lungentuberkulose. (Med. españ. **28.** (**15.**) 390–99. Nov. 1952. Barcelona.) P. G. SCHEURLEN. 4610

Werner Stahlmann, *Über die antibakterielle Behandlung des tuberkulösen Empyems.* Von 60 spezif. Pleura- u. Pneumolysenempyemen werden 46 erfolgreich mit *TB I/698, PAS* u. *Streptomycin* behandelt. (Z. Tuberkulose **101.** 130–47. Nov. 1952. Magistrat von Groß-Berlin, Tuberkuloseklinik u. Forschungsstätte „Waldhaus" Sommerfeld.) RUTKOWSKI. 4610

C. Choremis, C. Padiatellis, N. Priftis, N. Allamanis und **C. Danelatou,** *Isonicotinsäurehydrazid bei der Behandlung der Kindertuberkulose. Isonicotinsäurehydrazid* ist zur Behandlung der Kindertuberkulose geeignet. In Verbindung mit *Streptomycin* (**I**) kürzt es die Behandlungsdauer beträchtlich ab u. bewahrt den Organismus vor Zwischenfällen, die sonst im Verlauf einer längeren Behandlung mit **I** allein möglich sind. (Semaine Hôpitaux Paris **29.** 894—99. 14/3. 1953. Athen.) RUTKOWSKI. 4610

R. M. Lányi, *Über die Kalkausscheidung bei Behandlung mit Antituberculoticis. Streptomycin* hemmt dauernd, *TB I/698* blockiert vorübergehend die renale Kalkausscheidung. (Z. Tuberkulose **101.** 190—92. Nov. 1952. Budapest, Med. Univ., Klinik für Lungenheilkunde.) RUTKOWSKI. 4611

J. Boix Barrios, *Ergebnisse bei der Behandlung des Keuchhustens mit Streptomycin, Chloromycetin, Terramycin und Isonicotinsäurehydrazid.* Vf. berichtet über die Ergebnisse der Keuchhustenbehandlung mit *Streptomycin* (**I**; 5 g Totaldosis), *Chloromycetin* (**II**; 12—18 Kapseln je 250 mg), *Terramycin* (**III**; 50 mg/kg täglich) u. *Isonicotinsäurehydrazid* (**IV**; 10 mg/kg täglich). Die geringste Wrkg. zeigte **I**, während bei **II** in 30 von 42 u. bei **III** in 5 von 7 Fällen sehr gute Resultate schon in den ersten Behandlungstagen zu erkennen waren. Da wechselnde Grade von Komplikationen u. Mischinfektionen jeweils vorliegen, ist eine systemat. Beurteilung schwierig, immerhin sind die Antibiotica **II** u. **III** jeder anderen Therapie überlegen. Bei **IV** wurden in 7 von 9 Fällen gute Erfolge erreicht. (Med. españ. **28.** (**15.**) 443—47. Dez. 1952. Valencia, Escuela de Puericultura.) P. G. SCHEURLEN. 4611

Hermann Niklas, *Erfahrungen bei der Keuchhustenbehandlung mit einer Kombination von Aureomycin und Streptomycin.* Vf. berichtet über die Behandlung des Keuchhustens mit einer Kombination von *Aureomycin* (**I**) u. *Streptomycin* (**II**) bei 36 Säuglingen u. 10 Kleinkindern. Dosierung: täglich 50 mg **I**/kg per os für 10 Tage u. 40 mg **II**/kg parenteral. Die Säuglingsletalität sank unter dieser Behandlung auf 4,5% ab (vorher 25%). Vf. nimmt an, daß die Antibiotica bei Pertussis allen bisherigen Behandlungsmethoden überlegen sind u. hält eine Effektsteigerung durch die Kombination für wahrscheinlich. (Münchener med. Wschr. **94.** 2383—87. 21/11. 1952. Augsburg, Städt. Kinderklinik.) K. BÖHM. 4611

B. G. Kane, *Behandlung der Frambösie mit Aureomycin und Penicillin.* Kurzbericht über 4 Fälle von Frambösie, von denen 2 durch insgesamt 4 g *Aureomycin* peroral u. 2 durch *Penicillin* in nicht angegebener Dosierung geheilt wurden. (Indian med. Gaz. **87.** 203. Mai 1952. Duars, Newlands P. O., Jainti-Sankos Med. Assoc.) KRUSEN. 4611

K. O. Vorlaender und **H. Kerp,** *Zur Frage der Diphtheriebehandlung mit Penicillin.* Vff. besprechen an 62 klin. u. bakteriol. gesicherten Diphtheriefällen die Bedingungen für die zu erwartende Wirksamkeit einer *Penicillin* (**I**)-Therapie. Die Diphtherieerreger zeigen geringe **I**-Empfindlichkeit. Trotzdem konnte im Tiervers. nachgewiesen werden, daß bei gleichzeitiger Infektion u. Injektion von $2 \cdot 10^4$ E. **I** die Tiere am Leben blieben. Diskutiert wird der Einfl. der Mischflora auf das Krankheitsgeschehen, der Cutantest tritt bei Mischinfektion deutlicher in Erscheinung, Angabe von Tierverss., bei denen eine bestimmte Diphtherietoxindosis eine Hautnekrose von 1×1 cm verursachte. Zufügung einer Streptokokkensuspension ergab unter gleichen Bedingungen eine Nekrose von 3×3 cm, bei einmaliger **I**-Behandlung mit $2 \cdot 10^4$ E. **I** war die Hautnekrose 1×1 cm groß, also der Effekt der gleiche, als wenn reines Diphtherietoxin injiziert worden war. Danach hemmt **I** die Ausdehnung von spezif. Gewebsveränderungen bei der Diphtherie. (Klin. Wschr. **30.** 982—86. 1/11. 1952. Bonn, Univ., Med. Klinik.) DOSSMANN. 4611

Attilio Branzi und **Giuseppe Kovács,** *Lokalanwendung des Aureomycins in der Prophylaxe und Behandlung der Alveolitis.* Bericht über gute Heilerfolge. (Zahnärztl. Welt **7.** 153—56. 10/4. 1953. Bologna, Univ., Clinica Odontoiatrica.) KLESSE. 4611

A. B. King, S. D. Conklin und **T. S. Collette,** *Bakteroideninfektionen: Bericht über 2 erfolglos mit Antibioticis behandelte Fälle.* Bericht über je einen Fall von Infektionen mit Bacteroides funduliformis bzw. B. fragilis, die trotz Verabreichung von *Aureomycin* u. *Terramycin* ad exitum kamen. (Ann. intern. Med. **37.** 761—67. Okt. 1952. Sayre, Pa., Guthrie Clin.; Robert-Packer-Hosp.). KRUSEN. 4611

D. E. Bergsagel, R. E. Beamish und **J. C. Wilt,** *Brucellaarthritis des Hüftgelenkes: Literaturübersicht und Bericht über einen mit Terramycin behandelten Fall.* Bericht über einen Fall von sept. Hüftgelenkschaden mit komplizierender Brucella abortus-Infektion. Schnelle u. dauerhafte Heilung wurde durch 28 Tage lang alle 4 Std. 0,5 g *Terramycin* erzielt. — 20 Literaturangaben. (Ann. intern. Med. **37.** 767—76. Okt. 1952. Winnipeg, Can., Univ. of Manitoba, Dep. of Med. and Pathol.; Winnipeg Gen. Hosp.) KRUSEN. 4611

J. Hal Doran, *Salmonellosis: Neun erfolgreich mit Chloromycetin behandelte Fälle.* Bericht über 9 Fälle von Salmonellainfektionen, die durch Gesamtdosen von 2,5 bis 271 g *Chloromycetin* klin. geheilt werden konnten. Nachunterss. von 7 Fällen ergaben keine Rückfälle. (Ann. intern. Med. **37.** 714—22. Okt. 1952. Indianapolis, Ind., St. Vincent's Hosp.) KRUSEN. 4611

S. Lehnert, *Über therapeutische Möglichkeiten in der Zahnheilkunde mit Xanthocillin — einem neuen Antibioticum. Xanthocillin* (VEB ARZNEIMITTELWERK DRESDEN, Dresden-Radebeul), das über ein sehr breites Wirkungsspektr. verfügt (wirksam sowohl gegen grampositive als auch -negative Erreger), hat sich in der zahnärztlichen Praxis bei der Behandlung von Alveolitis u. ulceröser Gingivitis sehr gut bewährt. Es ist unempfindlich gegen chem. u. therm. Einflüsse. — Beschreibung von 3 Fällen. (Zahnärztl. Welt **8.** 55—58. 10/2. 1953. Leipzig, Univ., Klinik für Zahn- u. Kieferkrankheiten.) KLESSE. 4611

F. Magrassi, *Probleme bei der Anwendung einiger Antibiotica (Penicillin, Streptomycin, Aureomycin, Chloramphenicol). Komplikationen, die bei der Verabreichung der Antibiotica im allgemeinen und im besonderen entstehen können.* Die umfangreiche Arbeit (ohne eigene Kasuistik) beschäftigt sich zunächst mit der Dosierung der genannten Antibiotica. Es werden sodann die möglichen Komplikationen diskutiert, die durch direkte tox. Wrkg. der Antibiotica oder auf Grund einer allerg. Rk. entstehen können. Weitere Betrachtungen haben die Komplikationen zum Inhalt, die dadurch entstehen können, daß tox. Bakterienprodd. in ihrer schädlichen Wrkg. durch Gebrauch der Antibiotica gesteigert werden oder die durch Entstehen einer falsch ausgerichteten Immunität erwachsen, wenn der Organismus der antibiot. Behandlung wegen daran gehindert wird, den Weg der natürlichen Resistenzentw. zu gehen. Schließlich wird auf die Resistenzentw. bei den Bakterien selbst eingegangen. (Minerva med. [Torino] **43.** II. 1297—1305. 10/12. 1952. Napoli, Univ., Ist. di Patol. Gen. Med.) P. G. SCHEURLEN. 4611

Watts R. Webb, *Wirkung der Hyaluronidase auf die Resorption subcutaner Flüssigkeiten.* Auf Grund von Umfangsmessungen am Oberschenkel wird festgestellt, daß die Resorptionszeit dort subcutan injizierter Kochsalz- bzw. Glucoselsgg. (½ Liter) durch Zugabe von 150 E. *Hyaluronidase* etwa verdoppelt wird. Es wird auf die erhöhten Gefahren der Applikation nichtionisierter Lsgg. infolge Salzentzuges aus den Geweben hingewiesen. (A. M. A. Arch. Surgery **65.** 770—73. Nov. 1952. Washington, Univ., School of Med., Dep. of Surgery.) GIBIAN. 4614

R. Schoen, *Klinische Stellung zu den Analgeticis.* Nach Erörterung der verschied. Arten des Schmerzes u. ihrer Bekämpfung sowie der 3 Gruppen von Analgeticis (Antipyretica; Antipyretica mit Barbitursäurederivv.; Morphin u. ähnliche „stark wirkende Analgetica") wird auf die letzte Gruppe an Hand der Literatur näher eingegangen u. die Wrkg. von *Dolantin, Cliradon, Dromoran* u. *Polamidon* besprochen. — 64 Literaturangaben. (Naunyn-Schmiedebergs Arch. exp. Pathol. Pharmakol. **216.** 90—110. 1952. Göttingen.) DAUTZENBERG. 4621

Gerhard Killius, *Die Trichloräthylenanalgesie.* Empfehlung der Analgesie mit *Trichloräthylen* zur Ausschaltung des Dentinbehandlungsschmerzes bei Kavitäten- u. Vitalstumpfpräparation. Anzuwendende Konz. 0,5 bis höchstens 1%, Dosierung 2—5 cm^3. (Dtsch. dentist. Z. **7.** 162—64. 22/3. 1953. Karlsruhe, Dentist. Inst.) KLESSE. 4621

M. Bogetti, M. Castellano und **V. Forcheri,** *Die Anwendung von Procainamid bei der Verhütung von Herzkreislaufstörungen im Verlauf von operativen Maßnahmen am Herzbeutel. Experimentelle Untersuchungen.* An 6 Hunden wurde die Wrkg. intravenöser Applikationen von *Procainamidmonohydrochlorid* (I) untersucht, indem an diesen Tieren gleichzeitig oder anschließend durch grobe Reize des Herzbeutels Störungen der Herzrhythmik u. des Blutdrucks erzeugt wurden. Gegenüber den unbehandelten Tieren u. auch gegenüber solchen, die statt I Novocain lokal appliziert erhalten hatten, zeigte I eine zum Teil sehr deutliche Dämpfung der bei Herzoperationen üblichen Störungen. I wurde zu 12—25 mg/kg angewandt. Bei einer Dosierung von 30 mg/kg wurden überhaupt keine elektrokardiograph. Störungen beobachtet. (Giorn. ital. Anestesiol. **18.** 662—64. Nov./Dez. 1952. Torino, Univ., Clin. Chirurg. Gen.) P. G. SCHEURLEN. 4621

Diego Carbonera, *Die Derivate des Dibenzoparathiazins in der Anästhesie.* Es wird die Wrkg. von zwei Dibenzo-p-thiazinderivv. in ihrer Anwendung bei der Narkoseeinleitung besprochen. Es handelt sich um *Fargan* (*Phenergan = Dimethylamino-2-methyl-1-äthyldibenzo-p-thiazinhydrochlorid*; I) u. um *Antipar* (*Diparcol = Diäthylamino-2-äthyldibenzo-p-thiazinhydrochlorid*; II). Beide besitzen eine hypnot. Wrkg., II stärker als I. I verfügt außerdem über eine verschieden stark zum Ausdruck kommende temperatursenkende Wrkg., sowie die Eig., den Muskeltonus zu senken, was bes. durch

II hervorgerufen wird. Beide vermindern den Grundstoffwechsel. Vf. verfügt über 145 eigene Beobachtungen der großen Chirurgie. Gewöhnlich wurde unter Unterstützung von Luminal zunächst am Operationsmorgen Pantopon, Atropin u. I (0,05 g) injiziert. Eine viertel Std. vor Operationsbeginn wurde 0,25 g II intravenös verabfolgt. Postoperative Kreislaufstörungen sind bei Anwendung dieser Präpp. seltener, außerdem wird der Bedarf an eigentlichen Anästheticis herabgesetzt. Die Mittel zeichnen sich zudem dadurch aus, daß sie über die Operation hinaus analget. wirken. (Giorn. ital. Anestesiol. **18.** 702—09. Nov./Dez. 1952. Pavia, Univ., Clin. Chirurg. Gen.) P. G. SCHEURLEN. 4621

J. Solé Sagarra, *Amital in der Neuropsychiatrie.* Allg. Überblick über die Therapie verschied. Neurosen u. Psychosen (Angst- u. Zwangsneurosen, Depressionen) mit Kombinationen von Hypnoticis u. Stimulantien. Es wird bes. über die Anwendung von *Amital* (*Isoamyläthylbarbitursäure*) berichtet, das zusammen mit Benzedrin, Sympathin oder ähnlichen Präpp. gegeben wurde. (Med. clin. [Barcelona] **19.** (**10.**) 46—49. Juli 1952.) P. G. SCHEURLEN. 4622

Ladislav Chmel und **Eugen Hegyi,** *Die Hemmwirkung synthetischer Antihistaminica gegenüber der aus der Ferne ausgelösten umgekehrten Prausnitz-Küstnerschen Reaktion.* Die aus der Ferne ausgelöste PRAUSNITZ-KÜSTNER-Rk. auf Ernährungsallergie u. Arzneimittelexantheme wird durch 50—75 mg *Phenergan* (I) in den meisten Fällen völlig unterbunden. Die Feststellung von Allergenen ist also bei Patienten, die unter dem Einfl. von I oder anderen Antihistaminicis stehen, nicht zuverlässig möglich. (Bratislavské Lekárske Listy **32.** 25—30. 1952. Bratislava, SU, Dermato-venerol. Klin.) R. K. MÜLLER. 4625

A. Merli und **R. Mariani,** *Elektrokardiographische Veränderungen bei Asthmakranken unter der Khellin-Behandlung.* Kasuist. ausführliche Mitt. über die Wrkg. des Gefäß- u. Bronchialspasmolyticums *Khellin* bei Asthmakranken, bes. im Hinblick auf die elektrokardiograph. Befunde. Es kommt zu Veränderungen am EKG. die auf eine bessere Durchblutung u. eine Kräftigung des rechten Herzens hinweisen. (Minerva med. [Torino] **43.** II. 1388—93. 17/12. 1952. Milano, Ospedale Nuovo Maggiore.) P. G. SCHEURLEN. 4628

R. Rizzi und **C. Ricci,** *Über ein neues curarewirksames Mittel: Succinylcholinchlorid* (*Scolin*). Kurze Bemerkung über die Anwendung von *Scolin* (*Succinylcholindichlorid*; I). Seine die motor. Endplatten lähmende Wrkg. ist zwar geringer als die des α-Tubocurarins, es erzeugt aber nicht in dem Maße Nebenerscheinungen (Bronchospasmen, Blutdrucksenkungen) u. tritt sehr rasch in Aktion, da es schnell in Bernsteinsäure u. Cholin gespalten wird. I wurde zu 1 mg/kg dosiert; übliche Lachgas–O_2 (2 : 1)-Narkose. (Giorn. ital. Anestesiol. **18.** 732—34. Nov./Dez. 1952. Trieste, Ospedale Maggiore.) P. G. SCHEURLEN. 4628

Lucia Marghieri, *Untersuchungen über ein neues synthetisches Curarepräparat: 436 I.S.* Unter curareähnlichen Substanzen versteht Vf. Präpp., die antagonist. bzgl. der Acetylcholinwrkg. auf die motor. Endplatten wirken, ferner die beim Warmblüterorganismus eine dem *d-Tubocurarin* (I) ähnliche Wrkg. zeigen u. die keine wesentlichen Nebenwirkungen aufweisen. Vf. untersuchte daraufhin am Kaninchen u. am Hund die Wrkg. eines neuen synthet. Präp., des *436 I.S.* (*Bis-methojodid des Bis-*[*β-dimethylaminopropionsäure*]*-glykolesters*; **II**), welches ein Isomeres des Succinylcholins (**III**) ist. Weitere Unterss. galten dem *2259 F. Flaxedil* (**IV**), einem Pyrogalloltriäther u. dem *C_{10} Decontrax* (**V**), einer Dekamethylenverb. mit 2 quaternären N-Atomen. Die DL beträgt am Kaninchen für **II** 0,12 mg/kg, sie ist bei allen anderen untersuchten Substanzen höher (**I** bei 0,20, **III** bei 1,0 mg/kg). Das Intervall zwischen wirksamer Dosis u. tödlicher Dosis liegt bei **II** am günstigsten u. beträgt 0,02 : 0,2 mg/kg beim Hund. Vergleichsweise betragen die Dosen für **I** 0,2 : 0,5 mg, für **III** 0,1 : 0,3 mg, für **IV** 0,4 : 0,8 mg u. für **V** 0,1 : 0,5 mg/kg. Als Nebenerscheinungen wurde bei **II** geringer Speichelfluß beobachtet, Blutdrucksenkungen wie nach **I** u. dem natürlichen Curare wurden nicht festgestellt. Die curarisierende Wrkg. des **II** dauert bei Verabfolgung von 1 mg eine Std. lang an, eine Dauer, wie sie nur durch Gaben von **V** noch erreicht werden kann. Besondere Unterss. zeigten, daß **II** antagonist. zu Acetylcholin u. Eserin wirkt. (Giorn. ital. Anestesiol. **18.** 687—95. Nov./Dez. 1952. Roma, Univ., Ist. di Patol. Spec.) P. G. SCHEURLEN. 4628

Manuel Frade Fernández, *Periphere Kreislaufinsuffizienz: Klinische und therapeutische Beobachtungen beim Schock und Kollaps. Gegenwärtige Ansichten über die Pathogenese.* Es wird ausführlich der verwickelte u. verschieden interpretierte Mechanismus, sowie die Klassifizierung des Schocks u. Kollapses besprochen. Je nach der Ursache u. dem hervorstechendsten Symptom können Infusionen von Blut, Plasma, Glucoselsgg., aber auch Kreislaufmittel u. schließlich Cardiaca angewandt werden. (Medicina [Madrid] **20.** II. 92—112. Aug. 1952.) P. G. SCHEURLEN. 4630

K. Kaiser, *Über die Möglichkeit einer Behandlung der Hypertonie mit peripher dilatierenden Substanzen.* Erfahrungen mit *Dilatol* (I; Suprifenderiv. nicht näher bekannter Zus.), einer aus der Adrenalinreihe abgeleiteten Verb., bei Hypertonien verschied. Genese. 33 Fälle, Dosierung oral bis zu 9 Tabletten täglich, zusätzlich gegebenenfalls I-Injektionen bis zu 9 Ampullen täglich. Ergebnis: nephrogene Hypertonie 8 Fälle, 3 Versager; essentielle Hypertonie 22 Fälle, 13 Versager; maligne Sklerose 3 Fälle, 2 Versager. Unter den Versagern befanden sich auch Verschlechterungen; insgesamt 11 deutliche Besserungen, die mit Sicherheit auf I zurückzuführen waren. Die Notwendigkeit der Beibehaltung der bisherigen Hypertoniebehandlung mit *NaCl*-freier Kost wird betont. (Aerztl. Wschr. **7.** 7—10. 4/1. 1952. Bonn, Univ., Med. Klinik.) DOSSMANN. 4630

John H. Moyer, Arthur B. Tashnek, Sam I. Miller, Harvey Snyder und **Russell O. Bowman** (unter Mitwirkung von **C. Polk Smith**), *Die Wirkung von Theophyllin und Äthylendiamin (Aminophyllin) oder Coffein auf den Gehirndruck bei Patienten mit durch Hochdruck ausgelösten Kopfschmerzen.* Vff. behandelten Patienten mit durch Hochdruck ausgelösten Kopfschmerzen mit *Aminophyllin* (I) u. *Coffein* (II). Beide Substanzen senken den Cerebrospinaldruck u. vermindern die Gehirndurchblutung. I u. II erweisen sich als brauchbare Therapeutica bei der Behandlung der Hochdruckkopfschmerzen. (Amer. J. med. Sci. **224.** 377—85. Okt. 1952. Houston, Univ., Dep. of Med.) REICHLE. 4630

James E. Roberts, Leighton L. Anderson und **Thomas M. Parry,** *Klinische Wirkungen von bestimmten hydrierten Ergotaminalkaloiden bei peripheren Gefäßerkrankungen.* Vff. berichten über ihre Erfahrungen mit *Hydergine* (*CCK 179*) (I) einem Kombinationspräp. aus Dihydroergocristin, Dihydroergokryptin u. Dihydroergocornin, bei Patienten mit arteriosklerot. bedingten Gefäßschäden, Thromboangiitis obliterans, Morbus Buerger, Morbus Raynaud, akuter Thrombophlebitis u. chron. venöser Insufficienz. Gute Erfolge zeigten sich bei den Patienten mit organ. bedingten peripheren Gefäßschäden u. bei ulcerativen Veränderungen, während die Resultate bei den funktionell bedingten arteriellen Erkrankungen wesentlich schlechter waren. (Amer. J. med. Sci. **224.** 431—38. Okt. 1952. Denver, St. Josephs Hosp.) REICHLE. 4630

Arrigo Poppi und **Marcello Martinelli,** *Die Wirkung der intravenösen Anwendung von Cytochrom „c" oder Ferrieisen auf die Sauerstoffschuld bei Herzkranken.* Bei 34 Herzkranken wurde die Wrkg. von Cytochrom c u. Fe^{3+} auf den Gaswechsel durch den „Sauerstoffschuldtest" nach Arbeit untersucht. Es wurde festgestellt, daß beide Stoffe, bes. aber Cytochrom c, eine günstige Wrkg. aufweisen. Es wird angenommen, daß eine katalyt. Wrkg. auf den respirator. Zellstoffwechsel vorliegt. (Cardiologia [Basel] **21.** 718—26. 1952. Bologna, Univ., Ist. di Patol. Spec. Med.) SCHWAIBOLD. 4630

V. Casadio und **N. D'Onghia,** *Die Glucuronsäure bei der Behandlung von Lebererkrankungen.* Von der Hypothese ausgehend, daß die Entgiftungsprozesse durch *Glucuronsäure* (I) in der Leber stattfinden, wandten Vff. das Lacton der I bei 4 Patienten an (akuter Icterus simplex, Hepatocholangitis, subakute Hepatitis, splenomegale Lebercirrhose). Dosierung 2—6 g täglich in Kompretten oder Ampullen intravenös. Die akuten Symptome sollen unter der Behandlung mit I gut ansprechen. Auffallend war eine Beeinflussung des Proteinspiegels im Sinne einer Normalisierung der erhöhten Globulinwerte, während die Labilitätsproben selbst keine wesentliche Rk. zeigten. Unverträglichkeitserscheinungen wurden auch bei höherer Dosierung nicht beobachtet. (Minerva med. [Torino] **43.** II. 1314—17. 10/12. 1952. Milano, Ospedale Fatebenefratelli-Fatebenesorelle-Ciceri-Agnesi.) P. G. SCHEURLEN. 4640

Paolo Alessandrini, *Die Salicylattherapie der chronischen Dickdarmentzündung.* Nach Darst. der gegenwärtigen pathogenet. u. therapeut. Probleme der geschwürigen Dickdarmentzündung untersucht der Vf. die Vorteile der Behandlung mit *Salicylat* im Falle des Fehlschlages der Sulfonamid- u. Antibioticatherapie. (Minerva med. [Torino] **43.** I. 845—48. 23/4. 1952.) E. W. HAAS. 4645

L. Cannavo, *Geschwürige Dickdarmentzündung. Neue pathogenetische Auffassungen und therapeutische Versuche.* Vf. gibt eine Übersicht über die neuere Pathogenie u. Therapie der geschwürigen Dickdarmentzündung. (Athena [Rass. mens. Biol., Clin. Terap.] **18.** 9—14. Jan. 1952.) E. W. HAAS. 4645

D. L. Borri und **A. Maiotti,** *Die Anwendung der Antiemetica in der orthopädischen Chirurgie. Klinisch-experimentelle Arbeit.* Besprechung der verschied. Theorien über die Wrkg. der Narkose sowie über die dabei entstehenden emet. Beschwerden. Vff. prüften die antiemet. Wrkg. zweier Präpp.: *Antiemesyl* (I), bei dem in 2 cm^3 physiol. NaCl-Lsg. 70 mg Pyridoxin, 30 mg Aneurin u. 25 mg N-Dimethylaminoäthyl-p-methoxybenzylα-aminopyridin enthalten sind, u. das *Cortigen* B_6, bei welchem 12 E. eines adrenalinfreien Nebennierenextrakte mit Pyridoxin vereint sind. Die eigentlich antiemet. Wrkg. ist jeweils an das Pyridoxin bzw. das Vitamin B_6 gekoppelt, während dazu in I noch ein anthistaminwirksames Mittel enthalten ist. Bei intramuskulärer Anwendung der Präpp. blieb die günstige Wrkg. aus, während intravenöse Verabfolgung während oder nach der Operation gute Resultate ergab. Längere Zeit präoperativ gegeben, blieb der erwartete Erfolg aus. (Giorn. ital. Anestesiol. **18.** 710—27. Nov./Dez. 1952. Roma, Univ., Clin. Ortopedica e Traumatologica.) P. G. SCHEURLEN. 4646

H. Auterhoff, *Zur Frage der pharmakologischen Wirkung von Anthrachinondrogen.* 3. Mitt. (2. vgl. C. **1953.** **6093.**) Die unterschiedliche Wrkg. von China- u. Rhapontikrhabarber kann nicht auf *Rhaponticin* (I) zurückgeführt werden. Vf. konnte beweisen, daß I die Wrkg. der Anthrachinone nicht hemmt. Zwischen Rhabarber (II) u. Senna besteht Synergismus. Sennoside sind in Mischung mit II durchweg wirksamer, als in reiner Form. (Arzneimittel-Forsch. **3.** 23—25. Jan. 1953. Würzburg, Univ., Inst. für Pharm. u. Lebensmittelchem.) HERRMANN. 4647

B. R. Hillis, *Die Beurteilung von Husten-unterdrückenden Arzneimitteln.* Den Husten mildernde Mittel, wie Opiate u. Analgetica, wirken auf das Hustenzentrum in der Medulla. In dieser Arbeit wurden die Präpp. nach künstlicher Reizerzeugung im tieferen Teil des Rachens durch Versprühen von Pfefferminzöl-W.-Gemischen u. Ae. miteinander verglichen. Aus der Zahl der Hustenstöße vor u. nach Verabreichung der reizlindernden Mittel wurde auf deren Wirksamkeit geschlossen. Bei den Testen nahm der beruhigende Einfl. in der Reihenfolge *Heroin* (I), *Amidon* (II, Polamidon), *Morphin* (III) u. *Codein* (IV; subcutan) ab. Zur Ausschaltung des psycholog. Fehlers dienten Blindverss. unter Injektion von physiol. Kochsalzlösung. Da die Verbb. I—III stark suchterregend sind, wird IV trotz der schwächeren Wrkg. das bevorzugte, den Husten lindernde Mittel bleiben. (Lancet **262.** 1230—35. 21/6. 1952. Glasgow, Stobhill Gen. Hosp., u. Univ. of Glasgow, Dep. of Materia Med. and Therapeut.) ZOPFF. 4650

Francis A. Arnold jr., H. Trendley Dean und **John W. Knutson,** *Einfluß von fluoriertem Trinkwasser auf die Verbreitung der Zahncaries.* An Hand von statist. Unterss. an Schulkindern wird festgestellt, daß nach 7 Jahre langem Gebrauch von fluoriertem Trinkwasser (1 p.p.m. F) die Carieshäufigkeit bedeutend zurückgegangen ist (von 66,6% auf 18,1%). (Publ. Health Rep. **68.** 141—48. Febr. 1953. National Inst. of Dental Res.) KLESSE. 4655

Hans Lodenkämper und **Eugen Wannenmacher,** *Die Desinfektion infizierter Wurzelkanäle mit neuartigen Stoffen* (*ED 84*). (Vgl. C. **1953.** **4243.**) Bericht über ausgezeichnete Erfolge mit dem Desinfiziens *ED 84* bei Pulpitis, Gangrän u. zur Dentindesinfektion. Das Präp. hat sich auch als Zwischeneinlage bei der Ionophorese bewährt. — Ausführliche Beschreibung der Methodik der Wurzelkanalfüllung. (Zahnärztl. Welt **8.** 51—54. 10/2. 1953. Owingen bei Haigerloch.) KLESSE. 4655

Georg Pohl, *Zur Devitalisation der Pulpa.* Besprechung der bekannten *As*-Präpp. mit Hinweis auf *Causticin-rot-Neu* (WOELM) mit 0,001 g As_2O_3 sowie der *Paraformaldehyd* enthaltenden Mittel (u. a. *Sinarsen* u. *Causticin-grün*). (Zahnärztl. Welt **8.** 107—09. 10/3. 1953. Mainz-Kostheim.) KLESSE. 4655

Eduard Leopold, *Pulpendevitalisation.* Besprechung der Pulpendevitalisation mit As-freien Mitteln, bes. *Paraformaldehyd*-haltigen Präparaten. (Dtsch. dentist. Z. **7.** 70—71. 8/2. 1953. Stuttgart.) KLESSE. 4655

Karl Helbig, *Die Devitalisation der Pulpa mit arsenfreien Mitteln.* Stellungnahme u. ergänzende Bemerkungen zu der vorst. referierten Arbeit von LEOPOLD. (Dtsch. dentist. Z. **7.** 164—65. 22/3. 1953. Eisleben.) KLESSE. 4655

Ernst Kergl, *Übersicht über den gegenwärtigen Stand der Glutaminsäuretherapie.* Nach dem vorliegenden Schrifttum gibt Vf. einen Überblick über Erfahrungen mit der *Glutaminsäure* (I)-Therapie, wobei die sehr unterschiedlichen Dosierungen hervorgehoben werden. Hingewiesen wird auf sehr gute Erfolge bei sehr geringer Dosierung, 1,2—3 g I pro die, mit Dragées *Haury*, die neben I als phosphorsaures Na-Salz noch *Lecithin* enthalten, das unter Umständen eine katalyt. Wrkg. im Gehirnstoffwechselverlauf ausübt. (Apotheker-Ztg. **4.** 263. Dez. 1952. München.) DOSSMANN. 4670

Helmuth Grage, *Über die Provokation von Psychosen bei der medikamentösen Behandlung des chronischen Alkoholismus* (*Antabuspsychosen*). In der Behandlung von 11 Fällen von chron. Alkoholismus mit *Antabus* (I) wurden bei 2 Fällen I-Psychosen beobachtet, die 2 Tage nach der A.-Probe auftraten. Vf. folgert daraus, daß I-Kuren unter ständiger ärztlicher Kontrolle stehen müssen. (Psychiatrie, Neurol. med. Psychol. **4.** 108—11. April 1952. Chemnitz, Städt. Nervenklinik.) KRUSEN. 4670

Eliseo Subiza Martín und **José María Torres-Acero Fernández,** *Aktuelle Gesichtspunkte in der Pathogenese und Therapie der Kopfschmerzen (Migräne).* Es werden durch Literaturangaben unterstützte Erfahrungen in der Anwendung u. dem Wirkungsmechanismus folgender Präpp. berichtet: *Ergotamin* u. *Ergotoxin* als vasonconstriktor. u. sympathicolyt. wirkende Mittel, *Dihydroergotamin* (*DHE 45*), *Dihydroergokryptin* u. *Dihydroergocristin,* ferner *Adrenalin, β-Phenylisopropylaminsulfat, N-1.5-Trimethylhexen-(4)-ylamin, Cyclopentamin.* Als vasodilator. wirkende Präpp. werden zitiert: *Nicotinsäure, Acetylcholin, Nitroglycerin, Acetyl-β-methylcholin, Chlorhydrat des 2-Benzyl-4.5-imidazolins,* CO_2, *Kaliumthiocyanat.* Weitere Präpp. sind verschied. *Hormone* wie Östronpräpp., Hypophysen- u. Nebenschilddrüsenpräparate. Außerdem werden *Antiallergica* genannt. (Med. clin. [Barcelona] **19.** (**10.**) 1—9. Juli 1952. Barcelona, Hosp. Centr. de la Cruz Roja.) P. G. SCHEURLEN. 4670

R. A. Schwob und **M. Bonduelle,** *Trypanrot und Trypanblau in der Behandlung der amyotrophischen Lateralsklerose. Anwendung bei der multiplen Sklerose.* An Hand von 12 eigenen Beobachtungen wird über die Anwendung von *Trypanrot* (I) in der Behandlung degenerativer Prozesse des Zentralnervensyst. berichtet. I wurde in einer Lsg. 1 : 100 zu 10 cm^3 intravenös injiziert, u. zwar zunächst jeden 2. Tag. Nach ca. 6 Injektionen trat die zu erwartende leichte Rotfärbung der Haut auf. Daraufhin wurden die Injektionen auf 1—2 mal in der Woche reduziert. Gegenindikationen sind starke Lichtempfindlichkeit u. Conjunctivitis. *Trypanblau* (II) wurde ebenfalls in Lsg. 1 : 100, jedoch seltener u. je nur 5 cm^3 injiziert. Die Anwendung von I u. II basiert auf der Vorstellung, daß dadurch die Permeabilität der Blutliquorschranke herabgesetzt wird u. daß Abbauprodd. der lokalen Prozesse abtransportiert werden. Da nur wenig Fälle beobachtet werden konnten u. die behandlungsfreie Zeit kurz war, meinen Vff. doch bei ca. der Hälfte ihrer Patienten Stillstand der Prozesse festgestellt zu haben. (Semain Hôpitaux Paris **28.** 1637—42. 26/5. 1952.) P. G. SCHEURLEN. 4670

Herbert Riedel, *Hexamethylentetramin als Vorbeugungsmittel gegen die Ausbreitung der Blasenbilharziose.* Verss. in vitro ergaben, daß *Hexamethylentetramin* (I) Bilharziaeier im Harn abtötet. I in einer Verdünnung von 1 : 2000 in Bilharziaharn p_H 5 bewirkte im Durchschnitt zu 85—90% Abtötung der schlupffähigen Eier. Ferner wurde festgestellt, daß der nach oraler I-Verabreichung ausgeschiedene Harn imstande ist, Bilharziaeier in vitro abzutöten. An 3 verschied. schweren Fällen konnte bestätigt werden, daß mit einmaliger oraler I-Verabfolgung von 1 g die Eier im Harntrakt abgetötet werden. Weitere Verss. ergaben, daß als das wirksame Agens nicht I selbst, sondern der aus I im sauren Harnmilieu abgespaltene *Formaldehyd* anzusehen ist. (Klin. Wschr. **30.** 993—95. 1/11. 1952. Alexandria, Egypt., King Faruk I. Univ., Fac. of Med., Dep. of Pharmacol.) DOSSMANN. 4670

Joachim Brugsch, *Über die Bedeutung der Isomerenuntersuchung des Harnkoproporphyrins bei Bleivergiftung.* Das aus dem Harn an Pb-Acetat gebundene *Koproporphyrin* (I) wurde mit 10—25%ig. HCl gelöst, mit Ae. gereinigt u. mit Methylalkohol verestert. Die erhaltenen Kristalle zeigten nach Umkristallisieren aus Chlf. den typ. Doppelschmelzpunkt des III. Isomeren von I. Vf. konnte dieses in 3 Fällen von Pb-Vergiftung u. in einem weiteren Fall von cutaner tox. Porphyrie durch Pb-Vergiftung neben dem III. Isomeren von Uroporphyrin nachweisen. Im Hinblick auf die Tatsache, daß in den meisten Fällen von krankhafter Porphyrie das I. Isomere von I ausgeschieden wird, weist Vf. auf die diagnost. Bedeutung seines Befundes hin. (Z. ges. inn. Med. Grenzgebiete **7.** 378—80. 15/4. 1952. Berlin, Charité, I. med. Klinik.) KRUSEN. 4675

Heinrich Menz, *Beitrag zur forensichen Beurteilung von Thalliumpsychosen.* Bericht über einen Fall von *Tl*-Vergiftung im Jahre 1941, die damals zu einer schweren Polyneuritis u. einer symptomat. Psychose führte. Eine 9 Jahre später durchgeführte Nachunters. zeigte Demenz, Verlangsamung der Denkprozesse, Antriebs- u. Kritikschwäche. In einem forens. Gutachten wurde deshalb der Patientin der § 51, Abs. 2 StGB. (verminderte Zurechnungsfähigkeit) zuerkannt. — 48 Literaturangaben. (Psychiatrie, Neurol. med. Psychol. **4.** 111—15. April 1952. Greifswald, Univ., Nervenklinik.) KRUSEN. 4675

Aldo Colli, *Die hämorrhagische Erkrankung bei Dicumarolvergiftung.* Vf. beschreibt ausführlich die Geschichte, die Symptomatologie, die patholog. Anatomie, die Diagnose u. die Therapie von Vergiftungserscheinungen durch *Dicumarol.* Es wird vor allem auf eine strenge Kontrolle der Leber- u. Nierenfunktion u. der Prothrombinzeit bei der Dicumarolbehandlung hingewiesen. Zur Therapie wird schnelle Bluttransfusion u. *Vitamin-K*-Behandlung vorgeschlagen. (Minerva med. [Torino] **43.** II. 303—07. 3/9. 1952. Pavia, Univ., Ist. di Clinica Med. Gen. e Terap. Med.) H. SCHEURLEN. 4675

D. W. Jolly, *Die Toxizität von DDT und BHC gegenüber Haustieren.* Zusammenstellung von Ergebnissen der Wrkg. von DDT u. BHC auf Hunde, Katzen, Rinder,

Schafe, Ziegen, Schweine, Pferde u. Geflügel. — 45 Literaturangaben. (Veterin. Rec. **64.** 76—81. 9/2. 1952.) LÜPNITZ. 4675

Lucien Dautrebande, Hellmuth Beckmann u. **Wilhelm Walkenhorst**, Neue Untersuchungen über die Koagulation von Feinstaub durch Kochsalz-Aerosole und Betrachtungen über die hygienische Bedeutung feiner und feinster Stäube. Bochum: Bergbau-Berufsgenossenschaft. 1953. (20 S. m. Abb.) 8° = Beiträge zur Silicose-Forschung. H. 19. (In dt., engl. u. frz. Sprache.) DM 6,—.

M. Nevin, Problems in dental local anesthesia. London: Kimpton. 1953. (760 S. m. Abb.) 75 s.

F. Pharmazie. Desinfektion.

K. Münzel, *Kommentar zu den Praescriptiones magistrales (PM). 1. Mitt. Die galenischen Präparate der PM.* Umfassende Zusammenstellung der galen. Präpp. der PM. (Salbengrundlagen, penicillinhaltige Rezepte, Pillenmassen, Emulsionen, Augentropfen u. -wässer, Augensalben). — Ausführlich kommentierte Vorschriften. (Schweiz. Apotheker-Ztg. **91.** 65—76. 31/1. 81—90. 7/2. 113—24. 14/2. 1953.) ULEX. 4750

V. Kettlitz, *Pharmacopoea internationalis, 1. Ausgabe, Band I.* Kurze Besprechung mit Inhaltsübersicht. (Boll. chim. farmac. **90.** 353—55. Sept. 1951.) IPPEN. 4750

J. Keller, *Die Krappwurzel — ein Mittel bei Nierensteinleiden. Herrn Prof. von Bruun, Leipzig, zum 75. Geburtstag gewidmet.* Geschichte des Anbaues, der techn. u. arzneilichen Verwendung des Krapp (Rubia tinctorum L., I). Die wirksamen Inhaltsstoffe, Anthracenglykoside, wirken lösend auf Mg–NH_4-Salze enthaltende, in geringerem Maße auch auf Na- u. NH_4-Salze enthaltende Blasen- u. Nierensteine u. regen den Austreibungstonus der Niere an, während die Krampfbereitschaft herabgesetzt wird. Angaben über die Medikation mit I-Wurzel. (Pharmazie **6.** 675—80. Dez. 1951.) v. GIZYCKI. 4782

Josef Klosa, *Flechten als Heilmittel.* Überblick über die Anwendung der Flechten in der Volksheilkunde u. über ihre heutige therapeut. Bedeutung. Vf. empfiehlt die Präpp. *Evosin* u. *Parmycin* bei Tuberkulose. Den wirksamen Bestandteil stellt *Usninsäure* dar. (Apotheker-Ztg. **3.** 46—47. April 1951. Berlin.) HERRMANN. 4782

Regina Zielińska, *Rhizoma Bistortae, Wurzelstock des Wiesenknöterichs. (Ein Rohstoff des künftigen III. polnischen Arzneibuchs.)* Überblick über die Eigg. u. Wirkungen u. die histor. Entw. der Anwendung. — 28 Literaturangaben. (Farmacja polska **8.** 459—62. Dez. 1952. Lodź, Akad. med., Zakt. Farmakogn. i Upr. Rośl.) R. K. MÜLLER. 4782

B. Akačić, D. Marković und **J. Petričić**, *Beiträge zur Untersuchung von Mohnköpfen (Fructus papaveris) aus Mazedonien.* Mohnköpfe von Bastarden von weißem u. violettgrauem *Papaver somniferum* aus Mazedonien wurden untersucht. Die histochem. Prüfung mit WASICKY-Reagens ergab, daß die Alkaloide sich hauptsächlich in den Milchgefäßen vorfinden, während in den Epidermiszellen nur Spuren vorhanden sind. — Zur vollständigen Extraktion des Morphins (I) wurde die Wasser- u. Kalkwasserextraktion kombiniert. Die colorimetr. bzw. photometr. Best. des I wurde mit Hilfe der Farb-Rk. von WIELAND u. KAPPELMEYER durchgeführt, wobei NaOH durch KOH ersetzt wurde. Die anderen Opiumalkaloide geben die Rk. nicht, wohl aber Mekonsäure. Die Vorschriften zur Ausführung der I-Best. von GOIN (C. **1935.** I. 3569) u. VAN ARKEL (Pharmac. Weekbl. **72.** [1935.] 366) wurden insofern abgeändert, als das Rohalkaloid in Chlf.–Isopropanol (3 : 1) gelöst wurde, wobei die Mekonsäure als Ca-Salz zurückbleibt. — Der I-Geh. von mazedon. Mohnkapseln ist stark abhängig von der Bodenbeschaffenheit. Der höchste Geh. an I (bis zu 1,25%) wurde in reifen, unverletzten, nicht mit A.-Dämpfen stabilisierten Kapseln gefunden, die auf optimal gedüngtem Boden gewachsen waren. Bei schlechterem Bodenzustand war der I-Geh. am höchsten in unreifen Kapseln. In angeschnittenen Kapseln, aus denen der Opiumsaft entfernt war, wurden 40—60% weniger I gefunden als in unverletzten. Die oberen 10 cm des Stengels enthalten 30 bis 50% des I der Kapsel, weswegen sie zur I-Herst. mitverwendet werden sollten. Die Stabilisierung der Mohnköpfe durch A.-Dämpfe in einem Feldsterilisationsapp. hat keinen Einfl. auf die I-Ausbeute. Verschimmelte Mohnköpfe haben einen verminderten I-Gehalt. Die Anwendung der ROTERMEL-Meth. der sauren fermentativen Extraktion der Alkaloide mit Hilfe von *Aspergillus Amstelodami*, Hefe u. *Aerobacter aerogenes* ergab keine Steigerung der I-Ausbeute aus reifen, lufttrockenen Mohnkapseln. (Acta pharmac. jugosl. **1.** 3—26. 1951. Zagreb, Pharmazeut. Fak., Inst. für Pharmakognosie.) BECKMANN. 4782

Mohamed Hassan Aboulwafa, Hussein Rohayem und **Abdel Wahab Elsheehy**, *Isolierung eines gefäßerweiternden Alkaloidglykosids aus den Pollen der Dattelpalme.* Ein wss. Extrakt von Dattelpollen (D.p.) wurde auf dem Dampfbade eingetrocknet, der Rückstand mit 90%ig. A. ausgekocht u. der A. im Vakuum abdestilliert. Der gelbe

Rückstand wurde in absol. A. gelöst u. das Pollensaponin mit trockenem Aceton ausgefällt. Der Trockenrückstand des Filtrats wurde wieder in absol. A. gelöst u. hieraus mit trockenem Ae. ein schwach gelbes, amorphes Alkaloidglykosid (I) (1,2 g aus 1 kg D.p.) gefällt. I erwies sich als Aromat, N-haltig, Halogen- u. S-frei, I ist weder diazotierbar noch kupplungsfähig, also weder ein Ammonsalz noch ein Amin, u. gibt keine LIEBERMANNsche Rk., reagiert in wss. Lsg. auch nicht mit $FeCl_3$ u. SCHIFFS Reagens. Dagegen gibt I die Rk. nach MOLISCH u. mit MAYERS, VULSERS, WANGERS Reagentien, sowie mit Phosphorwolframsäure u. Bromwasser. Nach Hydrolyse konnte Glucose nachgewiesen werden. I zeigt eine Absorptionsbande bei 260 mμ ($\varepsilon = {}^{1\%}_{1\,\mathrm{ccm}} = 13$). Bei Applikation von I in verschied. Konz. wurde an verschied. Tieren Uteruskontraktion, Verlangsamung der Herztätigkeit, Blutdrucksenkung u. Darmrelaxation beobachtet. (J. Roy. Egypt. med. Assoc. **35.** 164—66. 1952.) v. GIZYCKI. 4782

K. Vilstrup Møller, *Praktische Winke. Perkolation und Filtration durch Büchner-Trichter.* Um den Fortschritt der Perkolation laufend verfolgen zu können, setzt man zweckmäßig an den Auslauf mit Schlauch ein T-Rohr an, dessen unteres Ende wie üblich mit Schlauch u. Klemme versehen wird, während der seitliche Ansatz mit einem als Schauglas wirkenden aufsteigenden Glasrohr von der Höhe des Perkolators verbunden wird. — Bei Filtration großer Flüssigkeitsmengen wird empfohlen, die Saugflasche mit BÜCHNER-Trichter umgekehrt in eine mit der Fl. gefüllte Schale einzuführen; die Fl. wird in einer Zwischenflasche aufgefangen. — Abbildung. (Farmac. Tid. **63.** 50. 24/1. 1953.) R. K. MÜLLER. 4790

G. H. Leatherman, *Das selbstpolymerisierende Acrylsäurekunstharz als Füllungsmaterial.* Besprechung der Vor- u. Nachteile bei der Verwendung der Kunstharzpräpp. *Kadon* (CAULK & CO.), *Sevriton* (AMALGAMATED DENTAL CO.) u. *Swedon* (SVEDIN DENTAL INDUSTRIES) als Füllungsmaterial. (Brit. Dental J. **94.** 117—24. 3/3. 1953.) KLESSE. 4798

Paul Brandau, *Die Perlonarmierung in der Prothetik.* Ausführliche Besprechung der Vorzüge der mit Perlon verstärkten Prothesen unter besonderer Berücksichtigung von *Proper-Perlon* (vgl. auch C. **1953.** 4083). (Dtsch. dentist. Z. **7.** 167—72. 22/3. 1953. Lübbecke/Westf.) KLESSE. 4798

—, *Neue Arzneimittel. Daraprim* (BURROUGHS WELLCOME): 2.4-Diamino-5-p-chlorphenyl-6-äthylpyrimidin. Antimalariamittel. — *Bronchocillin* (ROGER BELLON): Diäthylaminoäthylester des Benzylpenicillins mit selektiv bronchopulmonarer Wirkung. Das Präp. reichert sich bes. im Lungengewebe an u. besitzt eine verlängerte Wirkung. (Minerva med. [Torino] **43.** II. 655—58. 11/10. 1952.) HOTZEL. 4800

—, *Neue Arzneimittel und Spezialitäten. Doryl-Augentropfen* und *-Salbe* (E. MERCK, Darmstadt): Enthalten Doryl u. ein Netzmittel. — *Methylandrostendiol* (SCHERING AG., Berlin): Tabletten zu 25 mg, Flasche mit einer Suspension zu 500 mg. — *Solucillin* (FARBENFABRIKEN BAYER, Leverkusen): Spritzfertiges Depotpenicillin. — *Buscopan* (C. H. BOEHRINGER SOHN, Ingelheim): Hyoscin-n-butylbromid. Tabletten, Ampullen u. Suppositorien zu 0,01 g. — *Testoviron-Tabletten* (SCHERING AG., Berlin): Tabletten zu 2 mg Methyltestosteron. — *Cortiron-Tabletten* (SCHERING AG., Berlin): Tabletten zu 1 mg Desoxycorticosteronacetat. — *Testoluton* (Hersteller wie vorst.): 1 cm³ = 15 (mg) Testosteronpropionat u. 10 Progesteron. *Testoluton forte*: 25 (mg) Testosteronpropionat u. 10 Progesteron. — *Thomasco-Dragees* (Dr. K. THOMAE GmbH., Biberach): 0,015 (g) Codeinphosphat, 0,3 Acetylsalicylsäure. — *Apertase* (FARBWERKE HOECHST, Frankfurt/M.): Hyaluronidase. — *Komb-Insulin* (Hersteller wie vorst.): Kombination von Alt- u. Depotinsulin 1 : 2,10 cm³ = 40 Einheiten. — *Lacarnol forte* (Hersteller wie vorst.): Organextrakt in Traubenzuckerlsg., Ampullen. (Dtsch. Apotheker-Ztg. **92.** 283—84. 18/4. 1952.) HOTZEL. 4800

I. E. Balaban und **J. A. Beton,** *Eigenschaften und Reaktionen einiger Methoniumverbindungen.* Zusammenstellung über Eigg. u. Rkk. der therapeut. wichtigen Verbb. *Tetra-, Penta-* u. *Hexamethoniumjodid.* — 14 Literaturangaben. (J. Pharmacy Pharmacol. **3.** 360—67. Juni 1951. Manchester, Geigy Co. Ltd.) C. O. LAUBSCHAT. 4806

K. Weigner, *Verwendung von Maisquellwasser in der Penicillinindustrie.* Hinweis auf das Maisquellwasser (I) als einen wichtigen Rohstoff für die *Penicillin*-Industrie, der neben den für die Gärung notwendigen Mengen an C, N u. Mineralien noch spezif., die Bldg. von Penicillin stimulierende Eigg. besitzt. Gut brauchbar ist I mit ca. 50% Trockensubstanz, p_H 4,0, Acidität 4,5 (g NaOH/100 g I) bei 4—10% reduzierenden Zuckern, 43—48% Eiweiß, 18—20% Asche u. 12—16% Milchsäure in der Trockensubstanz. Ein hoher Geh. an freien reduzierenden Zuckern wirkt sich ungünstig aus. (Stärke **4.** 121—23. Mai 1952. Stolberg.) ULMANN. 4810

J. W. Lord, Elsie M. Thomas und **E. Parker,** *Die baktericide Wirkung von Hexachlorophenseife.* (Amer. Perfumer essent. Oil Rev. **61.** 73—75. Jan. 1953. — C. **1953.** 2486.) WINIKER. 4834

K. Riewerts Eriksen und **Flemming Lund,** *Untersuchungen über die hautdesinfizierenden Eigenschaften eines quartären Ammoniumchlorids* (*Rodalon*). Vff. erörtern die Lokalisierung der Hautbakterien u. die allg. Eigg. der quartären NH_4-Chloride. In eigenen Verss. wird die Wrkg. von *Rodalon* (**I**; *Alkyldimethylbenzylammoniumchlorid*) in 0,1%ig. Lsg. nach vorausgehendem Bürsten mit Seife im Vgl. mit 0,25%ig. Chloramin u. mit „chirurg." Händewaschen als besser bzw. gleichwertig befunden. Die baktericiden Eigg. von **I** werden durch Seife beeinträchtigt, weshalb diese sorgfältig abzuspülen ist. Hautirritierende Nebenwirkungen werden bei der angewandten Konz. nicht beobachtet, **I** scheint die Haut mehr zu schonen als Chloramin u. bes. Alkohol. (Ugeskr. Laeger **115.** 336—41. 26/2. 1953. København, Univ., Inst. for alg. Pathol. u. Rigshosp.) R. K. MÜLLER. 4834

J. L. Forsdike, *Die Bestimmung des Wasserlöslichen in Aloe und in Trockenextrakten von Cascara sagrada und Krameria.* Die Best. des Wasserlöslichen in der Aloe durch einfache Kaltwassermaceration gibt nach Maßgabe von Anthrachinonbestimmungen zu niedrige Werte. Vf. empfiehlt Heißmaceration, Verdünnen des abgekühlten Macerats mit kaltem W., Stehenlassen (Harzausscheidung), Klärung mit Kieselgur u. Eindampfen einer aliquoten Menge zur Trockne. — Die offizinelle Meth. zur Best. des Wasserlöslichen in den Trockenextrakten von *Cascara sagrada* u. *Krameria* ist insofern unbefriedigend, als es unmöglich ist, ein zur Extraktion benötigtes kleines Vol. heißen W. genau zu messen u. diesem nach Maceration durch gelöste Stoffe verschieden stark vergrößerten Vol. eine aliquote Menge zum Eindampfen zu entnehmen. Vf. verkleinert die method. bedingte Fehlerquote durch Verringerung der Extraktmenge von 5 g auf 1 g u. Erhöhung der für die Extraktion benötigten Wassermenge von 50 auf 100 cm^3. Wegen des hygroskop. Charakters der Extrakte wird für die Best. die Forderung erhoben, statt von lufttrockenem nur von bei 100° getrocknetem Material auszugehen. (J. Pharmacy Pharmacol. **3.** 351—59. Juni 1951. Nottingham, Boots Pure Drug Co.) C. O. LAUBSCHAT. 4880

H. Auterhoff, *Die chemische Wertbestimmung der Sennadroge und ihrer galenischen Zubereitungen.* 2. Mitt. *über Anthrachinondrogen.* (1. vgl. C. **1952.** 3866.) Vf. extrahiert heiß mit HCl–Eisessig, gibt Ae. zu u. filtriert nach Erkalten. Die Wirkstoffe werden mit $NaHCO_3$-Lsg. ausgeschüttelt. Nach Ansäuern werden sie in Ae. übergeführt u. hieraus mit n/1 NaOH ausgeschüttelt. Nach 4 Min. Kochen mit 3%ig. H_2O_2 wird die Extinktion der roten Lsg. im Photometer gemessen. Pharmakol. Unters. an Mäusen ergab befriedigende Übereinstimmung der chem. u. pharmakol. Werte. Angabe des Sennosidgeh. verschied. Zubereitungen. (Arzneimittel-Forsch. **1.** 412—14. Dez. 1951. Würzburg, Univ., Inst. für Pharmazie u. Lebensmittelchem.) HERRMANN. 4880

W. H. C. Shaw und **J. P. Jefferies,** *Die Bestimmung von Phenadoxon. Phenadoxon* (**I**; *Heptalgin*; *Heptazon*; *dl-6-Morpholino-4.4-diphenylheptan-3-on*). Von den analyt. Möglichkeiten zur Best. des **I**-*Hydrochlorids,* Polarographie u. Colorimetrie (PAGE u. KING), F.-Best. (225°, Zers.), UV-Absorption (2 Maxima: bei 259 u. 292,5 mμ in W. u. bei 260 u. 294,5 mμ in A.; niedrige, aber ausreichende Extinktionswerte), *N*-Best. u. Best. als Pikrolonat, wurde letztere näher untersucht: Unter Rühren u. in der Hitze (80°) gefälltes **I**-*Pikrolonat* (**II**) wird mit **II**-gesätt. W. gewaschen u. bei 100° getrocknet; F. 205,5—206,0°; 1 g **II** = 0,63 g **I**-*Hydrochlorid.* Verunreinigungen durch ein Nitril (*α.α-Diphenyl-γ-morpholinovaleronitril*), **I**-*Ketimin* oder *Iso*-**I** (*6-Morpholino-5-methyl-4.4-diphenylhexan-3-on*) machen die Meth. unsicher. **I**-Best. durch Titration der Base ist wegen unzureichender Alkalität, **I**-Best. unter Nutzung des Ketoncharakters wegen ster. Hinderung der Ketogruppe nicht möglich. (J. Pharmacy Pharmacol. **3.** 823—28. Nov. 1951. Glaxo Labor. Ltd.) M.-D. LAUBSCHAT. 4880

Dino Coppini, Riccardo Cameroni und **Agar Monzani,** *Über zwei neue Methoden zur Bestimmung von Isonicotinsäurehydrazid.* Zur Best. reinen *Isonicotinsäurehydrazids* (**I**) wurden eine bromometr. u. eine colorimetr. Meth. ausgearbeitet. 1. Bromometr. Best.: 100 mg **I** werden im Schliffkolben in 50 cm^3 W. gelöst, je 15 cm^3 0,2 n KBr- u. 0,04 n $KBrO_3$-Lsg. sowie 5 cm^3 HCl zugefügt, nach 5 Min. mit 10%ig. KJ-Lsg. versetzt u. nach weiteren 5 Min. mit 0,05 n $Na_2S_2O_3$-Lsg. titriert. 2. Colorimetr. Best.: 5 cm^3 einer Lsg. enthaltend 10—100 γ **I** werden mit 2 cm^3 1%ig. $NaHCO_3$- u. 0,2 cm^3 1,5%ig. alkoh. Pikrylchloridlsg. versetzt u. mit W. auf 10 cm^3 aufgefüllt. Diese Lsg. soll ein p_H von 7,1—7,7 haben. Nach 45 Min. Stehenlassen bei 20° bestimmt man die Extinktion im PULFRICH-Photometer mit Filter S 53. Der Geh. an **I** (in γ/10 cm^3) = abgelesene

Extinktion·210,5. Fehlergrenze beider Methoden $\pm 1^0$. (Ricerca sci. **22.** 1783—84. Sept. 1952. Modena, Ist. di chim. farmaceut. dell'Univ.) K. Faber. 4880

Gregorio Varela, *Über die polarographische Bestimmung des Isonicotinsäurehydrazids.* In 0,1 n KCl-Lsg. wird das Halbwellenpotential von Isonicotinsäurehydrazid (**I**) zu —1,50 V bestimmt. Die Wellenhöhe u. Stromstärke ist der **I**-Konz. genau proportional. Die Empfindlichkeit der Meth. entspricht 0,1 γ **I** je mm bzw. einer Stromstärke von $2 \cdot 10^{-2}$ Milliampere. Die Meth. wird an 10 pharmazeut. Präpp. nachgeprüft. (An. Real Soc. españ. Física Quím., Ser. B. **48.** 713—15. Sept./Okt. 1952. Madrid, Fac. de Farm., Labor. de Técn. fis.) R. K. Müller. 4880

Spezific Pharmaceuticals, Inc., New York, N. Y., V. St. A., *Di-n-propylessigsaures Wismut* (**I**) erhält man durch Erwärmen von 41 (g) Di-n-propylessigsäure, $(C_3H_7)_2CH \cdot COOH$, auf 60°, langsamen Zusatz von 26 Bi_2O_3, 2 cm³ W., 6 std. Rühren bei 70—80°, Zusatz von 200 cm³ PAe., Vakuumeindampfen des Filtrats am Wasserbad u. Umkristallisieren des **I**, $Bi(C_8H_{15}O_2)_3$, F. 75—80°, aus absol. CH_3OH, leichtlösl. in PAe., Bzl. u. Pflanzenölen, weniger in Alkohol. — *Therapeuticum,* bes. für Verwendung in *Suppositorien.* (**E. P. 672 475** vom 13/6. 1950, ausg. 21/5. 1952.) Müller-Meiningen. 4767

Parke, Davis & Co., übert. von: **Herman H. Bogin,** Detroit, Mich., V. St. A., *Kapseln für medizinische Zwecke* (Darm). Man verwendet eine 38° warme wss. Lsg. von Na-Celluloseacetatphthalat, Glycerinoleat (Antischaummittel) u. Gelatine, in die die Formköpfe tauchen, kühlt unter 18° u. trocknet mit wasserfreier Luft. Die Kapselhälften haben unterschiedlichen Durchmesser, damit sie aufeinander passen. — App., Zeichnungen. (**A. P. 2 575 789** vom 15/11. 1948, ausg. 20/11. 1951.) Salzmann. 4771

Sharp & Dohme, Inc., Philadelphia, Pa., V. St. A., *Herstellung von medizinischen Kapseln* aus lösl. Stoffen, z. B. Gelatine (**I**), unter Verwendung vorgeformter Kapselhälften durch mechan. Druck, dad. gek., daß die Kapselhälften durch Vakuum geformt werden. Der Kapselinhalt, der nach Herst. der einen Hälfte eingebracht wird, soll eine dünne Isolierschicht aus neutralem Stoff, z. B. Stärke, erhalten; erst dann wird die 2. Hälfte geformt. Durch das Verf. wird der Inhalt in luftleerem Raume u. luftdicht aufbewahrt. — Vorrichtung. (**D. B. P. 870 161** Kl. 30h vom 8/5. 1936, ausg. 12/3. 1953. A. Priorr. 8/5. u. 10/5. 1935.) Schindler. 4771

Walter Kosmath, Feldkirch, Österreich, *Therapeutisch wirksame Mittel aus Peloiden,* wie Torf, Schlamm, Moorerde, Mergel, Löß u. dgl., durch Suspendieren der Ausgangsstoffe in W., A., Glycerin, Mineralwasser oder Öl u. mehrtägiges Rühren unter Luftzutritt bei ca. 55° u. anschließende Behandlung in der Kolloidmühle. — Zur äußerlichen Verwendung. (**Schwz. P. 286 680** vom 4/8. 1950, ausg. 16/2. 1953. **Belg. P. 505 130** vom 7/8. 1951, ausg. 19/12. 1952.) K. Heinze. 4779

Aktiebolaget Pharmacia, Stockholm, Schweden, *Therapeutisch wirksame Dextranfraktionen von möglichst einheitlicher Molekulargröße.* Zu Finn. P. 25 082, C. **1952.** 414, ist nachzutragen: Man behandelt Dextran (**I**) oder teilweise abgebautes **I** mit einem Gemisch aus W. u. einem damit mischbaren organ. Lösungsm., das **I** fällt, aber chem. nicht verändert, wie A., derart, daß entsprechend dem Geh. des Gemisches an organ. Fällungsmittel **I**-Fraktionen von entsprechender durchschnittlicher Molekulargröße abgetrennt werden; zweckmäßig trennt man die **I**-Fraktionen aus wss. **I**-Lsgg. durch stufenweisen Zusatz des organ. Fällungsmittels ab, oder man führt die Trennung der einzelnen **I**-Fraktionen mittels fraktionierter Auflsg. von **I** oder teilweise abgebautem **I** in fester Form oder in Gelform in einem Gemisch aus W. u. organ. Fällungsmittel durch. Die so erhaltenen **I**-Fraktionen eignen sich zur Herst. von *Blutplasmaersatz-Fll.* oder pharmazeut. Präpp. für intravenöse Injektion. (**Oe. P. 172 943** vom 12/10. 1949, ausg. 25/10. 1952. Schwed. Prior. 15/10. 1948.) Raetz. 4791

F. Hoffmann-La Roche & Co., Akt.-Ges., Basel, Schweiz, *Blutgerinnungshemmendes Mittel* durch Sulfonieren eines aus tier. Organen, bes. Leber oder Lunge, gewonnenen Gemisches von Mucoitinsulfonsäuren mit weniger als 3 Schwefelsäureestergruppen bei 50—120° mit $ClSO_3H$ in Pyridin. Als Ausgangsstoffe kommen in Betracht: Das mit Zn- oder Cd-Salzen aus Lsgg. von Rohheparin (**I**) in A. abtrennbare Nebenprod. von 50 I.E./mg (Sulfonierung u. Aufarbeitung über Narcotinsalz ergibt Prod. mit 130 I.E./mg) oder mit A. oder Aceton gefälltes **I** mit 10 I.E./mg (Sulfonierung ergibt Prod. mit 110 I.E./mg). Weitere Beispiele mit Heparinmonosulfonsäure u. mit Heparinmutterlaugen. (**Schwz. P. 277 483** vom 20/10. 1949, ausg. 1/12. 1951.) K. Heinze. 4791

Deutsche Hydrierwerke Akt.-Ges., Düsseldorf (Erfinder: **Wolfgang Gündel,** Dessau, und **Franz Giloy,** Heidelberg), *Salbengrundlage,* bestehend aus neutralen Estern aus mehrwertigen stickstofffreien prim. Alkoholen mit mindestens 3 prim. OH-Gruppen u. höhermol., bes. seifenbildenden Carbonsäuren für sich oder zusammen mit anderen emulgierbaren Stoffen. Genannt sind Trimethyloläthantrioleat, Pentaerythrittetraoleat, Dipentaerythrithexaoleat u. Dipentaerythritdistearoyltetraoleat. — Rezepte. (**D. R. P. 752 491** Kl. 30h vom 12/6. 1941, ausg. 16/3. 1953.) SCHINDLER. 4793

Badische Anilin- & Soda-Fabrik, Ludwigshafen/Rh. (Erfinder: **Wilhelm Wenzel,** Frankfurt/M., und **Hermann v. Czetsch,** Wolfsberg, Österreich), *Salbenbestandteil*, bestehend aus sauerstoffhaltigen Verbb., die durch Rk. von CO u. H_2 unterhalb 250° u. über Katalysatoren der Fe-Reihe, bes. Fe, u. bei erhöhtem Druck, bes. Mitteldruck, erhalten werden. Nach einem Beispiel wird entschwefeltes Wassergas bei 25 at u. ca. 190° über Fe geleitet. Der bei 4 mm Druck sd. Anteil (193—203°) wird abgetrennt. Aus ihm werden die veresterbaren Bestandteile durch Behandeln mit H_3BO_3, Dest. u. Verseifung gewonnen. (**D. B. P. 875 391** Kl. 30h vom 28/5. 1943, ausg. 4/5. 1953.) SCHINDLER. 4793

Sulphite Products Corp., übert. von: **Irwin A. Pearl,** Appleton, Wis., V. St. A., *Hautsalbe*, bestehend aus Alkylvanillat, z. B. Äthyl- oder Propylvanillat, u. Lanolin oder Polyäthylenglykol. Gegen Tinea capitis usw. (**A. P. 2 609 323** vom 23/3. 1948, ausg. 2/9. 1952.) SCHINDLER. 4793

Frederico Bevilacqua und **Mario Porro,** Turin, Italien, *Hautschutzsalbe*. Hauptbestandteile sind: Stearinsäure (I), Lanolin (II), Glycerin (III), Milchcasein (IV) u. NH_3. Beispiel: 10 (Teile) **I**, 1,5 **II**, 5 **III**, 0,3 **IV**, 0,5 NH_3, 35 Wasser. Diese Mischung soll die Hände bes. gegen die Einw. von KW-stoffen u. Anstrichfarben schützen. (**Schwz. P. 283 916** vom 26/6. 1950, ausg. 16/10. 1952.) KALIX. 4793

Johann Schmid, Birkenhöhe, Post Ponholz, *Herstellung eines emulsionsartigen Einreibemittels* aus Eiern durch Behandlung mit verd. Essigsäure (I) u. Terpentinöl (II) nach D. B. P. 801 283, dad. gek., daß die aufgeschlagenen Eier mit **I** u. W. verquirlt werden, die M. unter Rühren auf 30—35° erwärmt, **II**, W. u. verd. **I** zugesetzt u. das Ganze 25—30 Min. bei 30—35° verquirlt wird. Durch Zusatz größerer Mengen **II** entsteht eine pastenartige Emulsion. (**D. B. P. 870 323** Kl. 30h vom 20/11. 1951, ausg. 12/3. 1953. **Zusatz zu D. B. P. 801 283; C. 1951. II. 571.**) SCHINDLER. 4793

Walter Engel, London, England, *Flüchtige Medikamente und Duftstoffe tragende Vinylharze* erhält man bei der Einw. solcher Stoffe auf das erweichte Harz durch Erhöhung ihres Dampfdruckes während der Gelatinierung. Auf diese Weise kann z. B. Methylsalicylat in Polyvinylchlorid (das noch hochchloriertes Paraffin u. Dibutylphthalat enthält) eingeführt werden zur Herst. eines *therapeut. Verbands.* (**E. P. 660 407** vom 20/4. 1949, ausg. 7/11. 1951.) SALZMANN. 4795

Johnson & Johnson, übert. von: **James Joseph Eberl,** Piscataway Township, N. J., V. St. A., *Binde für orthopädische Zwecke.* Ein lockeres, gazeartiges Baumwollgewebe wird mit einer Emulsion von 50 (Teilen) Äthylcellulose in 84 Xylol, 14 Butanol, 99 W., 2 Sorbitmonooleat u. 1 Na-Salz des Sulfobernsteinsäuredioctylesters imprägniert, getrocknet u. bei Gebrauch in die 2,5fache Menge (ihres Gewichtes) einer Lsg. von 90 Trichlortrifluoräthan in 10 A. getaucht. Nach dem Umwickeln härtet die Binde unter warmer Luftzufuhr in weniger als 30 Minuten. (**A. P. 2 582 242** vom 29/11. 1947, ausg. 15/1. 1951.) SALZMANN. 4795

Froget & Cie., Rhône, Frankreich, *Gipsbinde für medizinische und chirurgische Zwecke.* Die Gipsmasse wird zusammengesetzt aus 68—80 (g) Gips, 7—10 feinstgemahlenem krist. Alaun, 15—25 Ca-Carbonat u. 5—8 feinstgemahlenem NaCl. 100 dieses Pulvergemenges werden nun z. B. mit 100 W. vermischt, das 5—8% Polyvinylacetat enthält. Man erhält eine Paste, welche aufquillt u. aufbraust. Das Abbinden beginnt erst, wenn das Aufbrausen beendet ist. Die Paste wird in der erforderlichen Dicke auf eine Gazebinde aufgebracht, die vorher mit einer wss. Dispersion aus Polyvinylacetat behandelt u. dann getrocknet wurde. (**F. P. 997 500** vom 16/9. 1949, ausg. 7/1. 1952.) BEWERSDORF. 4795

Hans Batzer und **Fritz Aly,** Freiburg, *Verbundkörper aus Polymerisationskunstharzen*, bes. für *zahnärztliche* u. andere *Prothesen*. Ein Acrylsäurederiv. wird in monomerer Form an ein Verbundpolymerisat (I) anpolymerisiert, das ganz oder zum Teil weich ist u. ganz bzw. in diesem Teil seine Weichheit vermöge seiner Zus. aus einem harten u. einem weichbleibenden Polymerisat (Polyisobutylen) behält. — Beispiel: Das **I** aus einem weichen Polymerisat u. einem hartpolymerisierbaren Stoff, wie *Methacrylsäureester* (II), wird z. B. mit $CHCl_3$ angepastet u. in die Form für die Prothese an den Stellen, die an der Prothese weich bleiben sollen, hineingegeben; dann wird eine knetbare M. aus einem Gemisch von monomerem u. polymerem **II** zugefüllt u. fertig polymerisiert. (**D.B.P. 869 695** Kl. 39b vom 17/1. 1950, ausg. 5/3. 1953.) SALZMANN. 4799

United States Rubber Co., New York, N. Y., übert. von: **Elbert C. Ladol** und **Merlin P. Harvey,** Passaic, N. J., V. St. A., *γ-Lactone* der allg. Zus. OC—CX_2—CM_2—CR′R″ (Ring über O geschlossen) erhält man durch Erhitzen von 2.2.4-Trihalogenalkanestern RO—CO—CX_2—CH_2—CXR'R'' (X = Cl oder Br, R = niedere Alkylreste, R' u. R'' = H oder niedere Alkylreste), die man aus Monoolefinen CH_2=CR'R'' u. Trihalogenessigsäureestern RO·CO·$C(X)_3$ bei 25—120° erhält, in Ggw. von wasserfreier H_2SO_4, p-Toluolsulfonsäure u. FRIEDEL-CRAFTS-Katalysatoren auf 25—150°. — Beispiel: Eine Mischung aus 1150 (Teilen) Trichloressigsäureäthylester, 106 Isobutylen u. 14,5 Benzoylperoxyd wird im Rührautoklaven 48 Std. auf 70° erhitzt u. fraktioniert destilliert. Man erhält 206 *2.2.4-Trichlor-4-methylpentansäureäthylester*, $Kp._2$ 81—83°, n_D^{20} 1,4688. Mischt man 123,6 g dieser Verb. mit 0,1 wasserfreiem $FeCl_3$ u. erhitzt 12 Std. auf 120° (wobei CH_3Cl entweicht), so erhält man beim Abkühlen 52,6 *2.2-Dichlor-4-methyl-4-oxypentansäurelacton*, das, durch Wasserdampfdest. gereinigt u. aus n-Hexan umgelöst, bei 58—60° schmilzt. — Zwischenprodd. für die Herst. von *Pharmazeutica*. (**A. P. 2 569 064** vom 19/4. 1949, ausg. 25/9. 1951.) MÜLLER-MEININGEN. 4807

Luxema (Soc. An., Soc. Holding Luxembourgeoise à Forme de Soc. An.), Großherzogtum Luxemburg, *Herstellung von Abkömmlingen von β-Ketosäureestern.* β-Ketosäureester, die in α-Stellung einen Alkylrest tragen, werden bei niedriger Temp. mit CH_2O u. einem sek. Amin behandelt. Dabei tritt eine sek. Aminomethylgruppe in die α-Stellung ein. Auf diese Weise werden z. B. folgende Verbb. aus den entsprechenden Ausgangsstoffen hergestellt: *α-Äthyl-α-diäthylaminomethylacetessigsäureäthylester* (I), $Kp._{19}$ 136—138°; *α-Methyl-α-diäthylaminomethylacetessigsäureäthylester*, $Kp._{19}$ 129°; *α-Äthyl-α-dimethylaminomethylacetessigsäureäthylester*, $Kp._{19}$ 108—110°; *α-Methyl-α-dimethylaminomethylbenzoylessigsäureäthylester*, rot, Zers. bei der Dest. (*Hydrochlorid*, F. 146—147°); *α-Äthyl-α-piperidinomethylbenzoylessigsäureäthylester*, rot (*Hydrochlorid*, F. 144—145°). — Die Ketone können zu sek. Alkoholen red. werden, deren OH-Gruppe sich verestern läßt. — Z. B. entsteht bei der Red. von I mit Al-Amalgam *α-Äthyl-α-diäthylaminomethyl-β-oxybuttersäureäthylester*, $Kp._{19}$ 146°; *Benzoylderiv.*, F. 33° (*Hydrochlorid*, F. 138°); *p-Nitrobenzoylderiv.* (*Hydrochlorid*, F. 161°); daraus *p-Aminobenzoylderiv.*, F. 194° (*Hydrochlorid*, F. 198—199°). — Verwendung der veresterten sek. Alkohole als *Lokalanästhetica*. (**F. P. 983 607** vom 23/3. 1949, ausg. 26/6. 1951. Belg. Prior. 27/3. 1948.) NOUVEL. 4807

Merck & Co., Inc., Rahway, übert. von: **Robert L. Clark**, Woodbridge, N. J., V. St. A., *3-Oxy-4.4-diphenyl-6-aminoheptane* der Formel $CH_3CH_2CH(R_4)$—$C(R_1)_2$—CH_2—$CH(R_2)$—R_3 (R_1 = Phenyl, R_2 = Alkylamino, Arylamino, heterocycl. Amino, R_3 = H, Alkyl, R_4 = OH, O-Acyl) entstehen durch Red. der entsprechenden Ketone, z. B. mit PtO + H_2, RANEY-Ni oder $LiAlH_4$. — 4.4-Diphenyl-6-dimethylamino-3-heptanonhydrochlorid gibt durch Hydrieren bei n. Temp. u. 40 lbs./sq. in. in Ggw. von PtO *3-Oxy-4.4-diphenyl-6-dimethylaminoheptanhydrochlorid*, $C_{21}H_{29}ON\cdot HCl$, F. 191—192°. — *3-Acetoxy-4.4-diphenyl-6-dimethylaminoheptan*, $C_{23}H_{31}O_2N\cdot HCl$, F. 208—209°. — *3-Propionoxyderiv.*, $C_{24}H_{33}O_2N\cdot HCl$, F. 185°. — *3-Formoxyderiv.*, $C_{22}H_{29}O_2N\cdot 2H_2O\cdot HCl$, F. 115—120°. — *3-Oxy-4.4-diphenyl-6-morpholinoheptanhydrobromid*, $C_{23}H_{32}O_2NBr$, F. 221°. *3-Acetoxyderiv.*, $C_{25}H_{34}O_3NBr$, F. 223°. *3-Propionoxyderiv.*, $C_{26}H_{35}O_3N\cdot HBr$, F. 120—125°. — *3-Acetoxy-4.4-diphenyl-6-morpholinohexan*, $C_{24}H_{31}O_3N\cdot HCl$, F. 242 bis 243°. — *3-(4'-Nitrobenzoxy)-4.4-diphenyl-6-dimethylaminoheptan*, $C_{28}H_{32}O_4N_2\cdot HCl$, F. 223—224°. — *3-(4'-Aminobenzoxy)-4.4-diphenyl-6-dimethylaminoheptan*, $C_{28}H_{34}O_2N_2\cdot 2HCl$, F. 188—189°. — *3-(4'-Acetaminobenzoxy)-4.4-diphenyl-6-dimethylaminoheptan*, $C_{30}H_{36}O_3N_2\cdot H_2O\cdot HCl$, F. 178—180°. Die Prodd. sind als *Analgetica* stärker wirksam als „Amidon" u. können an Stelle von Morphin verwendet werden. (**A. P. 2 565 592** vom 27/2. 1948, ausg. 28/8. 1951.) KRAUSS. 4807

Farbenfabriken Bayer, Leverkusen (Erfinder: **Robert Behnisch** und **Paul Pöhls**, Wuppertal-Elberfeld), *N.N'-Diäthyl-4.4'-diaminodiphenylsulfon-α.α'-disulfonsäure* entsteht aus 4.4'-Diaminodiphenylsulfon, CH_3CHO u. $NaHSO_3$. Das *Na-Salz* ist in W. mit neutraler Rk. sehr leicht lösl. u. ist wirksam gegen *Streptokokken* u. *Pneumokokken*. (**D. B. P. 870 266** Kl. 12 q vom 8/8. 1941, ausg. 12/3. 1953.) LANGER. 4807

Knoll Akt.-Ges. Chemische Fabriken, Ludwigshafen/Rh. (Erfinder: **Hans Plieninger**, Heidelberg), *Herstellung von Diphenyläther-4.4'-diacetonitril*, F. 68°, durch Rk. des 4.4'-Dichlor- bzw. 4.4'-Dibrommethyldiphenyläthers mit Alkalicyanid, bes. in Aceton u. in Ggw. von etwas NaJ. — *Zwischenprod.* zur Herst. von *Arzneimitteln*. (**D. B. P. 878 653** Kl. 12 q_1 vom 30/1. 1951, ausg. 5/6. 1953.) FABEL. 4807

Imperial Chemical Industries Ltd., übert. von: **Francis Henry Swinden Curd** und **Francis Leslie Rose**, Blackley, England, *N^1-Aryl-N^5-dialkylbiguanide* A—NX—C·(:NH)—NH—C(:NH)NRR' (worin A Aryl; X gleich H oder einem Alkylrest; R u. R' gleich Alkyl, letzteres auch gleich H) werden durch Erhitzen von Aryldicyandiamiden mit Mono- bzw. Dialkylaminen bzw. deren Salzen, gegebenenfalls in Ggw. von Lösungs- oder Verdünnungsmitteln, erhalten. Die Ggw. von Zn- oder Cu-Katalysatoren (auch in Form von Oxyden, Hydroxyden, Salzen oder Anlagerungsprodd.) empfiehlt sich bes. dann, wenn R u. R' aliphat. Reste darstellen. — Z. B. wurden hergestellt: *N^{α}-(p-Chlorphenyl)-N^{ω}-diäthylbiguanid,* farblose Nadeln, F. 133—134° (unkorr.) *N^{α}-Phenyl N^{ω}-diäthylbiguanid;* aus PAe. farblose Prismen, F. 100—101°; *N^{α}-(p-Tolyl)-N^{ω}-dimethylbiguanid,* farblose Plättchen aus Toluol, F. 149—149,5°; *N^{α}-3.4-Dimethylphenyl N^{ω}-diäthylbiguanid,* farblose Plättchen aus PAe., F. 70—71°. *Heilmittel gegen Malaria* (**A. P. 2 548 654** vom 8/8. 1946, ausg. 10/4. 1951.) SCHMAUSER. 4807

Chemische Werke Albert (Erfinder: **Emil Eidebenz**), Wiesbaden, *β.β-Diphenyläthylamine,* die am N disubstituiert sind, entstehen durch Alkylierung von β.β-Diphenyläthylamin (I) oder seinen N-Monoalkylderivaten. — *Dimethyl-(β.β-diphenyläthyl)-amin.* Aus I oder Methyl-(β.β-diphenyläthylamin) u. CH_3J. *Hydrochlorid,* F. 200 bis 202°. — *Lokalanästhetica.* (**D. B. P. 870 560** Kl. 12q vom 23/11. 1941, ausg. 16/3. 1953. **Zusatz zu D. R. P. 725 844; C. 1943. I. 864.**) LANGER. 4807

Farbwerke Hoechst, vormals Meister Lucius & Brüning, Frankfurt/M.-Höchst (Erfinder: **Gustav Ehrhart,** Frankfurt/M.-Unterliederbach, und **Heinrich Ott,** Eppstein), *Aroylacylaminoessigester* erhält man durch neutrale oder saure Hydrolyse von Verbb. der Formel I (R = Aryl, Ac = Säurerest, Alk = CH_3 oder C_2H_5). —

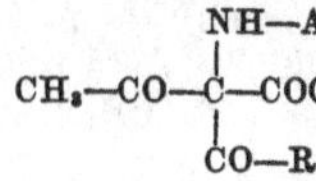

I

p-Nitrobenzoylphenacetylaminoacetessigsäureäthylester gibt in Methanol mit 1nHCl beim Erhitzen *Phenacetylamino-p-nitrobenzoylessigsäureäthylester,* F. 86—87°. — p-Chlorbenzoylphenacetylaminoacetessigsäureäthylester → *Phenacetylamino-p-chlorbenzoylessigsäureäthylester,* F. 117—118°. — α-(p-Nitrobenzoyl)-α-(dichloracetylamino)-acetessigsäureäthylester → *α-(p-Nitrobenzoyl)-α-(dichloracetylamino)-essigsäureäthylester,* F. 125°. — α-Benzoyl-α-(phenacetylamino)-acetessigsäureäthylester → *α-(Benzoyl)-α-(phenacetylamino)-essigsäureäthylester.* — α-(p-Benzyloxybenzoyl)-α-(phenacetylamino)-acetessigsäureäthylester → *α-(p-Benzyloxybenzoyl)-α-(phenacetylamino)-essigsäureäthylester,* F. 97—98°. — *Zwischenprodd.* für *Heilmittel.* (**D. B. P. 868 904** Kl. 12o vom 28/12. 1950, ausg. 2/3. 1953.) KRAUSS. 4807

Rhein-Chemie G. m. b. H., Heidelberg (Erfinder: **Roman Muschaweck,** Heidelberg, **Carl Müller,** Lauda, und **Anton Wolf,** Heidelberg), *Salze von p-Aminobenzoesäureaminoalkylestern* entstehen durch Rk. dieser Ester mit Flavonen, Flavonolen, deren Glykosiden oder Sulfonsäuren, bes. mit Rutin, Quercetin (I) u. I-Sulfonsäuren. — *p-Aminobenzoesäurediäthylaminoäthylesterrutinat,* gelb. — *p-Butylaminobenzoesäuredimethylaminoäthylesterquercetinsulfonat,* gelb. — *Lokalanästhetica.* (**D. B. P. 855 119** Kl. 12q vom 15/4. 1950, ausg. 11/5. 1953.) LANGER. 4807

Upjohn Co., übert. von: **Richard V. Heinzelmann,** Kalamazoo, Mich., V. St. A., *Substituierte Aminoindanonsalze,* die als Substituenten im aromat. Kern Monooxy, Monomethoxy, o-Monooxymonomethoxy, o-Dimethoxy u. Methylen-o-dioxy enthalten, gewinnt man durch Red. der entsprechenden 2-Isonitrosoindanone-(1) mit H_2 in saurer Lsg. in Ggw. von Pd oder Pt auf Trägern, wobei die entsprechende Säure zugesetzt wird, deren Salz erhalten werden soll. — 2-Isonitroso-5-methoxyindanon-(1) wird mit Pd-Kohle in absol. A. unter Einleiten von HCl bei 60° mit H_2 red., bis 2 Mol. H_2 aufgenommen sind: *2-Amino-5-methoxyindanon-1-hydrochlorid,* F. 225—227° (Zers.), $C_{10}H_{12}O_2 \cdot NCl$. — *2-Amino-5-oxyindanon-1-hydrochlorid,* $C_9H_{10}O_2NCl$, F. 275° (Zers.). — *2-Amino-7-methoxyindanon-1-hydrochlorid,* $C_{10}H_{12}O_2NCl$, F. 250° (Zers.). — *2-Amino-6-methoxyindanon-1-hydrochlorid,* $C_{10}H_{12}O_2NCl$, 210—233° (Zers.). — *2-Amino-5.6-dimethoxyindanon-1-hydrochlorid,* $C_{11}H_{14}O_3NCl$. — *2-Amino-4.5-dimethoxyindanon-1-hydrochlorid,* $C_{11}H_{14}O_3NCl$, F. 185° (Zers.). — *2-Amino-5-methoxy-6-oxyindanon-1-hydrochloridmonohydrat,* $C_{10}H_{14}O_4NCl$, F. 300° (Zers.). — *2-Amino-5.6-methylendioxyindanon-1-hydrochlorid,* $C_{10}H_{10}O_3NCl$, F. 243° (Zers.). Auch die Hydrobromide, Citrate, Propionate, Succinate u. Phosphate können hergestellt werden. — Verwendung als *Pharmazeutica.* (**A. P. 2 549 683** vom 29/9. 1948, ausg. 17/4. 1951.) KRAUSS. 4807

Upjohn Co., übert. von: **Richard V. Heinzelmann,** Kalamazoo, Mich., V. St. A., *Mono- und disubstituierte 2-Aminoindanole* u. deren Salze der allg. Formel I (R' = H oder Methoxy, R'' = Oxy, Methoxy u. in o-Stellung zu R', R = Amino, Monoalkylamino, Di-n-alkylamino, Monoaralkylamino) erhält man durch katalyt. Red. der entsprechenden 2-Aminoindanon-1-salze unter erhöhtem Druck bei 40—70° mit H_2 in Ggw. von Pd oder Pt auf Kohle. — 2-Amino-5-methoxyindanon-1-hydrochlorid (vgl. A. P. 2 549 683, vorst. Ref.) wird mit Pd-Kohle bei 2 at u. H_2 bei 60° 5 Std. red., wobei man *2-Amino-5-methoxyindanol-1-hydrochlorid,* $C_{10}H_{14}O_2NCl$, F. 165°, erhält. — *2-Amino-6-methoxyindanol-1-hydrochlorid,* $C_{10}H_{14}O_2NCl$, F. 220° (Zers.). — *2-Amino-7-methoxyindanol-1-hydrochlorid,* $C_{10}H_{14}O_2NCl$,

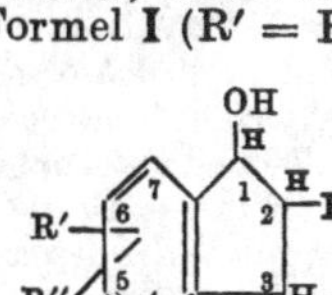

I

F. 170° (Zers.). — Aus den Salzen erhält man die freien Aminoindanole. — 2-Amino-5-methoxyindanol-1-hydrochlorid + Benzaldehyd in Ggw. von $NaHCO_3$ → *2-Phenyl-6-methoxyindano-1'.2'-oxazolidinhydrochlorid*, $C_{17}H_{18}O_2NCl$, F. 154,4° (Zers.). — *2-Phenyl-7-methoxyindano-1'.2'-oxazolidin*, F. 80—82°. *Hydrochlorid*, F. 137°. — *2-Phenyl-8-methoxyindano-1'.2'-oxazolidin*, F. 150,5—152°. *Hydrochlorid*, $C_{17}H_{18}O_2NCl$, F. 187,5° (Zers.). — Wird das Oxazolidin katalyt. mit H_2 in Ggw. von Pd-Kohle hydriert, so erhält man *2-Benzylamino-5-methoxyindanol-1-hydrochlorid*, $C_{17}H_{20}O_2NCl$, F. 189,5°. — *2-Benzylamino-6-methoxyindanol-1-hydrochlorid*, F. 211—213°. — *2-Benzylamino-7-methoxyindanol-1-hydrochlorid*, F. 180—181°. — 2-Amino-6-methoxyindanol-1-hydrochlorid liefert nach Rk. mit Formaldehyd u. Hydrierung *2-Dimethylamino-6-methoxyindanol-1-hydrochlorid*, $C_{12}H_{18}O_2NCl$, F. 215—215,5° (Zers.). — *2-Isopropylamino-6-methoxyindanol-1-hydrochlorid*, $C_{13}H_{20}O_2NCl$, F. 214° (Zers.). — *2-Amino-5.6-dimethoxyindanol-1-hydrochlorid*, $C_{11}H_{16}O_3NCl$, F. 200°. — *2-Amino-4.5-dimethoxyindanol-1-hydrochlorid*, F. 183°. — *2-Amino-5-methoxy-6-oxyindanol-1-hydrochlorid*, $C_{10}H_{14}O_3NCl$, F. 258°. — Mit Benzaldehyd erhält man *2-Phenyl-6.7-dimethoxyindanol-1'.2'-oxazolidin*, F. 165,5—166,5°. *Hydrochlorid*, F. 192° (Zers.). — Durch katalyt. Hydrierung erhält man *2-Benzylamino-4.5-dimethoxyindanol-1-hydrochlorid*, F. 168,5 bis 169°. — *2-Benzylamino-5.6-dimethoxyindanol-(1)*, F. 143—144°. *Hydrochlorid*, F. 200° (Zers.). — *2-Isopropylamino-5.6-dimethoxyindanol-1-hydrochlorid*, F. 190° (Zers.). (**A. PP. 2 549 684** vom 29/9. u. **2 549 685** vom 30/9. 1948, beide ausg. 17/4. 1951.)
KRAUSS. 4807

Badische Anilin- & Soda-Fabrik (Erfinder: **Curt Schuster**), Ludwigshafen/Rh., *Imidazolderivate*. Man setzt N-Vinylimidazole, die am C-Atom 2 ein H-Atom enthalten, mit CH_2O oder diesen abgebenden Stoffen um. N-Vinylimidazol → *N-Vinyl-2-methylolimidazol*, F. 101—102° (Bzl.); N-Vinylbenzimidazol → *N-Vinyl-2-methylolbenzimidazol*, $Kp._{13}$ 196—206°. — *Zwischenprodd.* zur Herst. von *Heilmitteln*. (**D. B. P. 882 702** Kl. 12p vom 5/9. 1951, ausg. 9/7. 1953.) BRÖSAMLE. 4807

F. Hoffmann-La Roche & Co., Akt.-Ges., Basel, Schweiz, übert. von **James George Fife**, London, England, *Herstellung neuer Isochinolinderivate*. Das Reaktionsprod. aus Cyclohexenyläthylamin u. Phenylacetylchlorid bzw. p-Methoxyphenylacetylchlorid wird mit $POCl_3$ oder PCl_5 in Bzl. erhitzt, wodurch Ringbldg. erfolgt. Durch Behandlung mit festem KOH bei 0° wird die freie Base abgeschieden u. mit Ae. extrahiert. Man erhält *1-Benzyl-3.4.5.6.7.8-hexahydroisochinolin* (**I**) bzw. *1-(p-Methoxybenzyl)-3.4.5.-6.7.8-hexahydroisochinolin* (**II**) u. aus diesen mit Alkylhalogeniden, z. B. CH_3Br, die entsprechenden quartären Salze. Durch katalyt. Red. von **I** bzw. **II** erhält man *1-Benzyl-1.2.3.4.5.6.7.8-oktahydroisochinolin* (**III**) bzw. *1-(p-Methoxybenzyl)-1.2.3.4.5.-6.7.8-oktahydroisochinolin*. Rk. von **III** mit CH_2O liefert die entsprechende Formylverb., die durch Red. mit $LiAlH_4$ *1-Benzyl-2-methyloktahydroisochinolin*, $Kp._{0,001}$ 135°, liefert. *Hydrochlorid*, F. 229°; *Oxalat*, F. 125—127°. — *Zwischenprodd.* zur Herst. von *Morphinanderivaten*. (**E. PP. 685 748, 685 749** u. **685 750** vom 14/10. 1949, ausg. 7/1. 1953.)
LÜTTGEN. 4807

G. D. Searle & Co., Chicago, übert. von: **Robert R. Burtner**, Skokie, Ill., V. St. A., *Basische Gallensäureester* mit *krampfstillenden* Eigg. der allg. Formel **I** (Z = Äthylen, Propylen, Trimethylen, R u. R' = Alkyl, in 3-, 7- oder 12-Stellung kann O= oder $<^{H}_{OH}$ stehen) erhält man durch Kondensation der entsprechenden Gallensäuren mit einem tert. Aminoalkylhalogenid in Isopropanol. — Desoxycholsäure (= 3.12-Dioxycholansäure) + β-Diäthylaminoäthylchlorid (I) → *β-Diäthylaminoäthyldesoxycholathydrochlorid*, leicht lösl. in W. u. Alkohol. — Lithocholsäure (= 3-Oxycholansäure) + β-Dibutylaminoäthylchlorid → *β-Dibutylaminoäthyllithocholathydrochlorid*. — Cholsäure (3.7.12-Trioxycholansäure) + **I** → *β-Diäthylaminoäthylcholathydrochlorid* u. *β-Piperidinoäthylcholathydrochlorid*. — Dehydrocholsäure (3.7.12-Triketocholansäure) + **I** → *β-Diäthylaminoäthyldehydrocholathydrochlorid*, F. 229°. — Dehydrodesoxycholsäure (3.12-Diketocholansäure) + **I** → *β-Diäthylaminoäthyldehydrodesoxycholathydrochlorid*, F. 187°, u. die entsprechenden *β-Piperidinoäthyl-*, *β-Dimethylaminoäthyl-*, *β-Diäthylaminopropyl-* u. *γ-Diäthylaminopropylester*. — *β-Diäthylaminoäthyldehydrolithocholat*. — *β-Diäthylaminoäthyldehydrohyodesoxycholathydrochlorid* (= *3.6-Diketocholat*). — *β-Dibutylaminoäthyldehydrohyodesoxycholat*. — *β-Morpholinoäthyldehydrodesoxycholathydrochlorid*. — *β-Diäthylaminoäthyldehydrochenodes-*

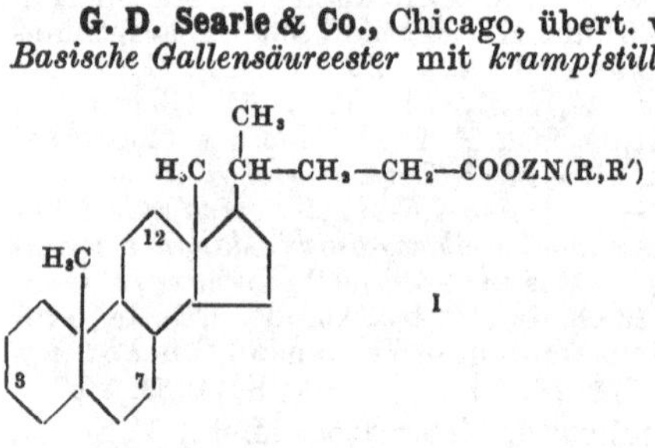

I

oxycholat (= *3.7-Diketocholat*). *Spasmolytica.* (**A. PP. 2 562 350** vom 12/10. 1945 u. **2 562 351** vom 4/3. 1949, beide ausg. 31/7. 1951.) Krauss. 4807

Hans Herloff Inhoffen, Braunschweig, *Totalsynthese eines β-C_{42}-Carotinoids* (**I**). 2.6-Dimethyl-8-[2′.6′.6′-trimethylcyclohexen-(1′)-yl]-octanal-(1), das in der Octankette 3 konjugierte Mehrfachbindungen enthält, wird mit Diacetylen-di-MgBr oder Li-Diacetylid kondensiert u. die erhaltene Dioxyverb. mit 42 C-Atomen in beliebiger Reihenfolge einerseits an den beiden Dreifachbindungen mit 2 Mol H_2 hydriert u. andererseits dehydratisiert u. das entstandene Reaktionsprod. mit Licht u./oder J isomerisiert nach dem Reaktionsschema: C_2H_5MgBr + Diacetylen + C_{19}-Aldehyd → C_{42}-Diindiol (**II**),

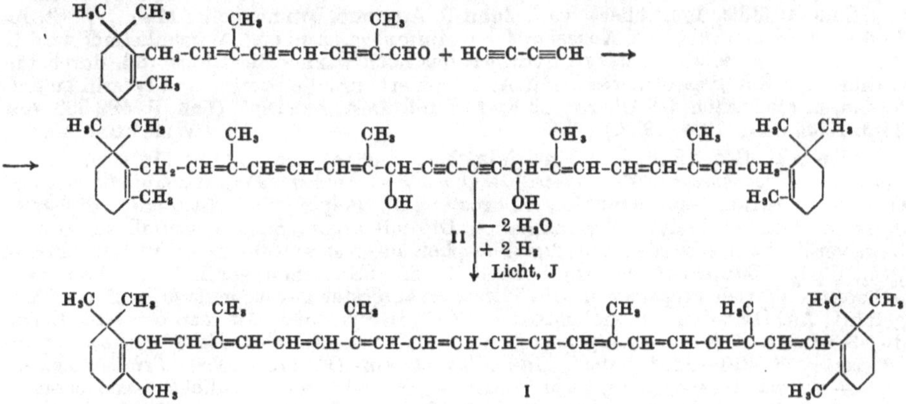

zähes, gelbrotes Öl, → C_{42}-Diin-KW-stoff, goldgelbe Blättchen, F. 168—169°, → *Di-cis-C_{42}-KW-stoff,* $C_{42}H_{58}$, F. 142°, nach Erstarren F. 190°. *all-trans-C_{42}-KW-stoff,* $C_{42}H_{58}$, F. 190°. Verb. besitzt fast die gleiche *biol.* Wirksamkeit wie natürliches β-Carotin. (**D. B. P. 857 963** Kl. 12o vom 11/4. 1951, ausg. 4/12. 1952.) Krauss. 4809

Usines Chimiques des Laboratoires Français (Erfinder: **Henry Penan, Georges Arragon, Robert Refail** und **Henri Veln**), *Lactoflavin* aus Kulturen von Eremothecium Ashbyii (I). Die bisher verwandten festen Nährböden werden durch fl. u. inerte schwammartige oder faserige Trägerstoffe, wie Papier, Baumwolle, Cellulose usw., ersetzt. Sporen von I werden in die fl. Nährlsg. als Oberflächenkulturen eingesät u. bei 27° gehalten. Nach 14 Tagen wird der Geh. an Lactoflavin bestimmt. (**F. P. 997 791** vom 25/7. 1945, ausg. 10/1. 1952.) Wittholz. 4809

American Cyanamid Co., New York, N.Y., V. St. A., *9.10-Dimethylpteroylglutaminsäure.* Man mischt 2.4.5-Triamino-6-oxypyrimidinsulfat, $BaCl_2$, das Di-Na-Salz der p-Methylaminobenzoylglutaminsäure u. W., erwärmt auf 40° u. stellt ein p_H 3,5—4,0 ein, versetzt mit 2.2.3-Trichlorbutyraldehyd in Essigsäure, stellt ein p_H 3,5—4 her u. arbeitet auf. Rötlichgelbes Kristallpulver, zeigt *antagonist. Wrkg.* zur *Folsäure.* (**Schwz. P. 282 220** vom 15/2. 1949, ausg. 1/8. 1952. A. Prior. 5/3. 1948.) Langer. 4809

Centralbolaget för Kemiska Industrier Aktiebolag, Stockholm, Schweden (Erfinder: **R. Nylander**), *Herstellung von Nicotinsäurediäthylamid.* Man setzt Nicotinsäure (I) mit Diäthylamin in Ggw. von P_2O_5 um. Das Molverhältnis P_2O_5:I soll 0,8 bis 1,2:1 betragen. Vorteilhaft verwendet man ein Molverhältnis I:Diäthylamin:P_2O_5 von 1:3:1 an. (**Schwed. P. 133 694** vom 30/12. 1949, ausg. 27/11. 1951.) Jürgen Schmidt. 4809

Merck & Co., Inc., Rahway, übert. von: **Karl Folkers,** Plainfield, N. J., und **John Shavel,** Evanston, Ill., V. St. A., *Reinigen von Leberextrakten* durch Leiten eines Konzentrates über eine mit aktiviertem Al_2O_3 gefüllte chromatograph. Säule u. Eluieren des *APF* mit W., Trocknen, Lösen in W. u. Fällen der akt. Substanz mit A.–Ae.-Gemisch. Der weiße Nd. hat $[\alpha]_D^{25}$ −138° u. 16,06% N. (**A. P. 2 573 702** vom 9/4. 1948, ausg. 6/11. 1951.) Schindler. 4809

Glaxo Laboratories Ltd., Greenford (Erfinder: **Ernest Lester Smith,** North Harrow, und **Stanley Ball,** London), England, *Reinigung antianämisch wirksamer Extrakte* aus tier. Organen, z. B. der Lunge, oder aus Streptomyces griseus-Kultur-Fll. durch Behandlung mit HNO_2 u. Entfernung der störenden Oxysäuren durch Ansäuern auf p_H 1—5, bes. p_H 4, Extrahieren mit organ. Lösungsmitteln u. anschließende Extraktion der Wirkstoffe, bes. des Vitamin B_{12}, mit Phenol (**I**) oder **I**–Butanol. — Beispiele.

(**D. B. P. 876 443** Kl. 30h vom 7/4. 1950, ausg. 11/5. 1953. E. Priorr. 13/7. 1949 u. 27/3. 1950. **Schwz. P. 286 678** vom 6/5. 1950, ausg. 2/3. 1953. E. Prior. 13/7. 1949.) K. HEINZE. 4809

General Mills, Inc., übert. von: **John S. Andrews**, Minneapolis, Minn., V. St. A., *Herstellung von Vitamin-E-Konzentrat und Antioxydationsmittel.* Weizenkeimöl wird mit einem einbas. Alkohol, z. B. Methyl-, Äthyl- oder Propylalkohol, in Ggw. von HCl als Katalysator verestert, der Überschuß an Alkohol abdest., Glycerin u. Sterine abgetrennt. Der durch Dest. im Vakuum erhaltene Rückstand ist reich an Vitamin E u. einem Antioxydationsmittel. (**Can. P. 482 827** vom 18/7. 1938, ausg. 29/4. 1952.) WITTHOLZ. 4809

General Mills, Inc., übert. von: **John S. Andrews**, Minneapolis, Minn., V. St. A., *Festes, haltbares Vitamin-E-Konzentrat und Antioxydationsmittel.* Weizenkeimöl wird in der Wärme bei ca. 200° katalyt. hydriert, das noch warme Reaktionsprod. durch Filtration vom Katalysator befreit, mit A. extrahiert, um die Sterine u. Glycerin zu entfernen, u. schließlich der Überschuß an A. durch Dest. beseitigt. (**Can. P. 482 828** vom 24/9. 1938, ausg. 29/4. 1952.) WITTHOLZ. 4809

Ciba Akt.-Ges. (Erfinder: **Karl Miescher**, Riehen, und **Charles Meystre**), Basel, Schweiz, *Phosphorsäureester keimdrüsenhormonwirksamer Polyoxyverbindungen* (I; Östradiol, Östriol, Androstandiol, Androstendiol, Polyoxydialkylstilbene, -diphenyldialkyläthane, -diphenyldialkylenäthane). Die mit organ. Säuren partiell veresterten bzw. verätherten I werden mit den Phosphorsäurerest einführenden Mitteln ($POCl_3$, PCl_5, P_2O_5, Metaphosphorsäure) behandelt; die erhaltenen gemischten Ester bzw. Ätherester partiell gespalten u. die Phosphorsäureester gegebenenfalls in Salze übergeführt. Aus Östradiol-3-monobenzoat u. $POCl_3$ in Pyridin erhält man bei —10° Östradiol-3-benzoat-17-prim.-monophosphat, das mit konz. HCl *Östradiol-17-monophosphorsäureester*, F. 216—217°, liefert. *Na-*, *Äthanolamin-* (F. 175—205°), *Triäthanolaminsalz.* — *Östradiol-3-monophosphorsäureester.* — Δ^5-Androsten-3.17-diol-3-monoacetat → *Testosteron-17-phosphorsäureester.* (**D. B. P. 860 215** Kl. 12o vom 6/5. 1942, ausg. 18/12. 1952. Schwz. Priorr. 21/7. 1941 u. 2/4. 1942.) KRAUSS. 4809

Syntex Soc. An., übert. von: **George Rosenkranz, Stephen Kaufmann** und **Jesús Romo**, Mexico City, Mexico, *Testosteron-3-enolthioäther* erhält man durch Behandeln von Androstendion-3-enolthioäthern mit $LiAlH_4$ in wasserfreiem Medium u. Zers. des LiAl-Deriv. mit W.; die Thioäther können mit verd. Mineralsäure oder mit $CdCO_3$ oder $HgCl_2$ hydrolysiert werden. — Δ^4-Androstendion-3-benzylthioenoläther, F. 177 bis 179°, gibt mit $LiAlH_4$ u. Zers. mit W. *Testosteron-3-benzylenolthioäther*, F. 168—169°, der mit konz. HCl *Testosteron*, F. 150—153°, liefert. — Androstendion-3-(β-oxyäthyl)-enolthioäther, F. 166—167°, → *Testosteron-3-(β-oxyäthyl)-enolthioäther*, F. 175—177°. — *Testosteronbenzoat*, F. 190—194°; *Acetat*, F. 138—140°; *Propionat*, F. 119—121°. (**A.P. 2 609 378** vom 23/12. 1948, ausg. 2/9. 1952. Mex. Prior. 21/10. 1948.) KRAUSS. 4809

Farbwerke Hoechst, vormals Meister Lucius & Brüning (Erfinder: **Heinrich Ruschig**), Frankfurt/M.-Höchst, *21-Oxypregnen-(5)-ol-(3)-on-(20)-derivate.* Pregnen-(5)-ol-(3)-on-(20)-oxalsäureester-(21) wird in Form der Enolalkalisalze mit J_2 in einem mit W. mischbaren Lösungsm. bei ca. —30 bis 0° behandelt; die erhaltenen 21-Jodpregnen-(5)-ol-(3)-on-(20)-oxalsäureester-(21) werden in alkal. Lsg. der Säurespaltung unterworfen u. das *21-Jodpregnen-(5)-ol-(3)-on-(20)* (I; F. 155—156° [Zers.]) mit Salzen organ. Säuren in einem mit W. mischbaren Lösungsm. in neutraler oder schwach saurer Rk. umgesetzt. — *21-Acetoxypregnen-(5)-ol-(3)-on-(20)*, aus Aceton, F. 179°. (**A. P. 2 554 473** vom 27/4. 1949, ausg. 22/5. 1951. D. Prior. 18/3. 1949.) KRAUSS. 4809

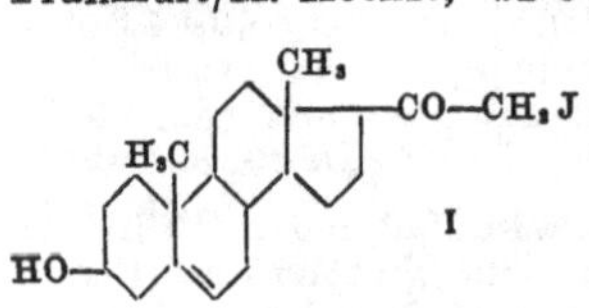

I

Merck & Co., Inc., übert. von: **Lewis H. Sarett**, Rahway, N. J., V. St. A., *Herstellung von $\Delta^{17.20}$-3.21-Diacyloxy-11-ketopregnen* aus einer Verb. der Cyclopentanoperhydrophenanthrenreihe von der Formel I, worin R ein Acylrest ist u. X = Halogen. Diese Verb. wird mit einem Alkali- oder Erdalkalisalz einer niedermol. aliphat. Carbonsäure umgesetzt. Dabei wird das Halogenatom durch den niedermol. aliphat. Carbonsäurerest ersetzt. Durch Verseifung wird die 3.21-Dioxyverb. gebildet, welche danach verestert wird. — Aus $\Delta^{17.20}$-3.21-Dioxy-11-ketopregnen u. Bernsteinsäureanhydrid entsteht das *$\Delta^{17.20}$-3-Oxy-11-keto-21-hemisuccinoxypregnen.* (**Can. P. 476 502** vom 11/7. 1946, ausg. 28/8. 1951. A. Priorr. 14/7. 1945 u. 23/2. 1946.) M. F. MÜLLER. 4809

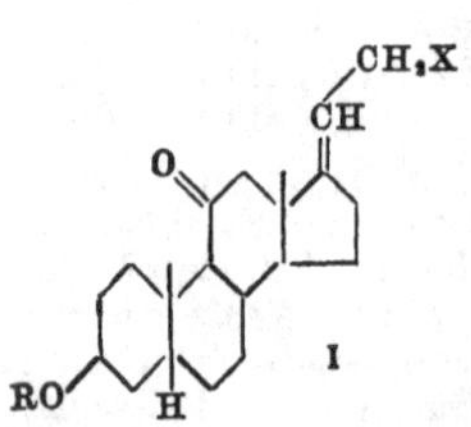

I

Merck & Co., Inc., übert. von: **Lewis H. Sarett**, Rahway, N. J., V. St. A., *Herstellung von 3.11-Diketo-4-brom-17-(β)-oxy-20.21-diacetoxypregnan* durch Einw. von Brom in äquimol. Mengen auf eine Verb. der Cyclopentanoperhydrophenanthrenreihe von der Formel I, worin R ein Acylrest ist, u. Behandlung des Umsetzungsprod. mit einem tert. Amin unter Bldg. der Verb. II. (**Can. P. 476 503** vom 11/7. 1946, ausg. 28/8. 1951. A. Prior. 14/7. 1945.) M. F. MÜLLER. 4809

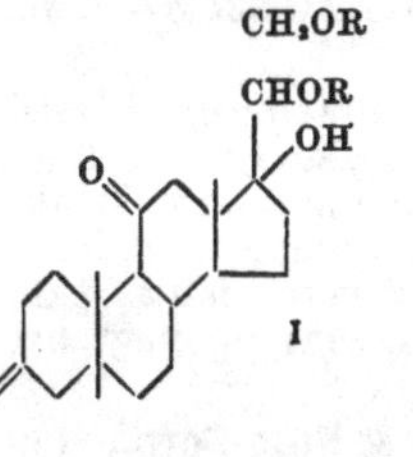

I

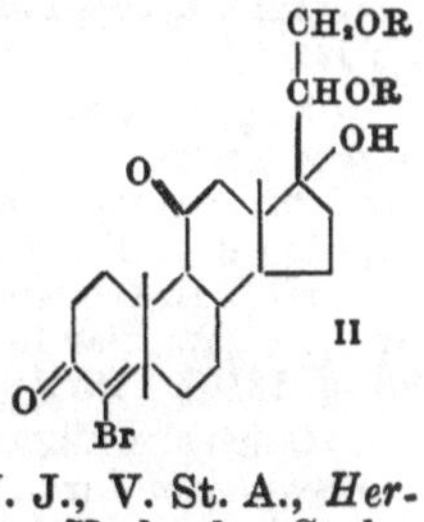

II

Merck & Co., Inc., übert. von: **Lewis H. Sarett**, Rahway, N. J., V. St. A., *Herstellung von $\Delta^{17.20}$-3-Acetoxy-11-keto-21-brompregnen* (**III**) aus einer Verb. der Cyclopentanoperhydrophenanthrenreihe von der Formel I, worin R ein Acylrest ist, durch Behandlung mit einem Halogenierungsmittel. Dabei wird die Verb. der Formel II erhalten, worin R ein Acylrest u. X das Halogen ist. — Aus $\Delta^{20.21}$-3-Acetoxy-11-keto-17-oxypregnen u. PBr_3 in einem inerten Lösungsm. in Ggw. von Pyridin entsteht **III**. (**Can. P. 476 504** vom 12/7. 1946, ausg. 28/8. 1951. A. Prior. 14/7. 1945.) M. F. MÜLLER. 4809

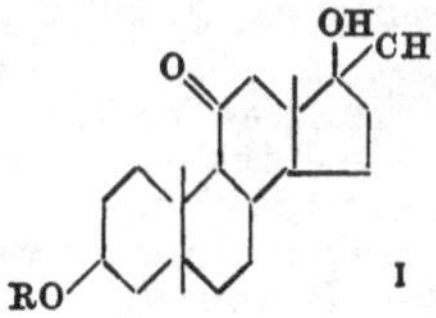

I

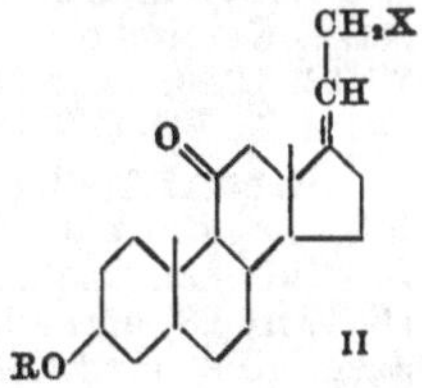

II

U. S. Vitamin Corp., übert. von: **Louis Freedman**, New York, N. Y., V. St. A., *Therapeuticum*, bestehend aus einem Salpetersäureester eines sechswertigen Alkohols, einem Desensibilisierungsmittel, einem Xanthinderiv. mit diuret. Wrkg. u. Nicotinsäure oder einem Salz derselben. — Z. B. Mannithexanitrat (**I**), Zucker, Coffein (**II**) u. Ca-Nicotinat, dessen Anteil an der Mischung 50 % u. mehr im Verhältnis zu **I** beträgt. Außer **II** kann auch Theobromin verwendet werden. (**Can. P. 485 746** vom 25/2. 1947, ausg. 12/8. 1952. A. Prior. 27/2. 1946.) WITTHOLZ. 4815

Schering Corp., Bloomfield, N. J., übert. von: **Domenick Papa**, Brooklyn, N. Y., und **Erwin Schwenck**, Montclair, N. J., V. St. A., *Halogenarylfettsäuren* erhält man durch Einw. von Br_2 oder J_2 auf Verbb. der allg. Zus. I, ihre Ester u. Salze (X = niedermol. Alkyläther-, Y = niedermol. Alkylreste; m u. n = 0, 1 oder 2; m = 2, wenn n = 0; R = aliphat. Reste mit bis zu 17 C) in Ggw. carbonsaurer Ag-Salze. — Beispiel: J_2 + β-(m-Methoxyphenyl)-Ag-propionat → *β-(2-Jod-5-methoxyphenyl)-propionsäure*, F. 109—110°. — Weiter werden hergestellt: *γ-(3-Jod-4-methoxyphenyl)-buttersäure*, F. 106,5—107,5°; *Äthylester*, $Kp._1$ 174—175°. — *3-Jod-4-methoxyphenylessigsäure*, F. 127—128° (aus verd. A.); *Äthylester*, $Kp._1$ 132—135°. — *β-Methyl-β-(3-jod-4-methoxyphenyl)-propionsäure*, F. 99,5—100,5°. — *δ-(3-Jod-4-methoxyphenyl)-valeriansäure*, F. 142—144°; *Äthylester*, $Kp._3$ 185°. — *ω-(2.5-Dimethyl-4-jodphenyl)-capronsäureäthylester*, $Kp._1$ 210—215°; n_D^{24} 1,5292. — *ω-(3-Jod-4-methoxyphenyl)-äthylcapronat*, $Kp._1$ 190—192°. — *γ-(3.4-Dimethoxy-6-jodphenyl)-buttersäure*, F. 168°; *Äthylester*, F. 51°. — *γ-(2-Methyl-4-methoxy-5-jodphenyl)-buttersäureäthylester*, $Kp._1$ 160 bis 164°. — *γ-(3-Jod-4-äthoxyphenyl)-buttersäure*, F. 74—75,5°; *Äthylester*, $Kp._3$ 179 bis 184°. — *ω-(3-Jod-4-methoxyphenyl)-undecylsäureäthylester*, $Kp._1$ 212—215°. — *ω-(3-Jod-4-äthoxyphenyl)-undecylsäureäthylester*, $Kp._1$ 215—220°. — *ω-(2-Methyl-4-methoxy-5-jodphenyl)-undecylsäureäthylester*, $Kp._1$ 210—215°. — *ω-(p-Methoxy-3-jodphenyl)-stearinsäureäthylester*, $Kp._{1-2}$ 270°. — *Röntgenkontrastmittel* geringer Toxizität. (**A. P. 2 580 459** vom 27/11. 1946, ausg. 1/1. 1952.) MÜLLER-MEININGEN. 4829

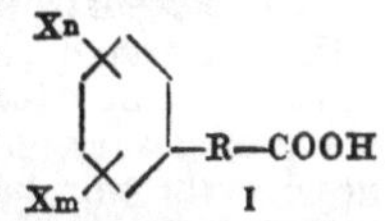

I

Sterling Drug, Inc., New York, übert. von: **Sydney Archer**, Albany, N. Y., V. St. A., *Röntgenkontrastmittel*. Man erhält α-(3.5-Dijod-4-pyridylmercapto)-carbonsäuren der nebenst. Formeln (R = Alkyl mit 3—7 C-Atomen oder Cyclohexyl) durch Rk. von 3.5-Dijodpyridin-4-thiol mit halogenierten Carbonsäuren oder von 3.5-Dijod-4-halogenpyridin mit Mercaptocarbonsäuren bzw. Thiosalicylsäure in alkal. Medium; z. B. *α-(3.5-Dijod-4-pyridylmercapto)-valeriansäure*, F. 152,5—153,5°; *α-(3.5-Dijod-4-pyridylmercapto)-capronsäure*, F. 155 bis

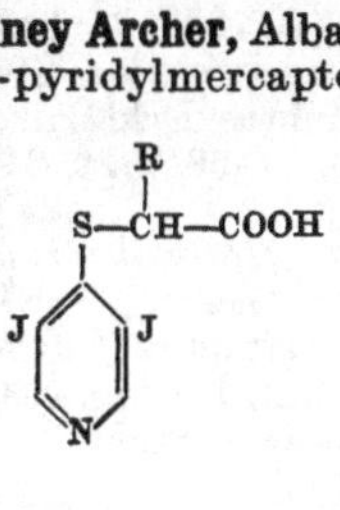

bzw.

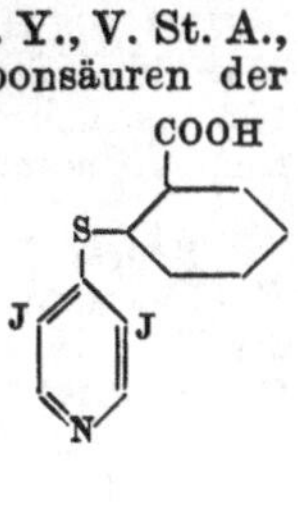

156°; *α-(3.5-Dijod-4-pyridylmercapto)-isoönanthsäure*, F. 130—132°; *o-(3.5-Dijodpyridylmercapto)-benzoesäure*, F. 226,5—228°. (**A. P. 2 615 895** vom 9/5. 1950, ausg. 28/10. 1952.) LÜTTGEN. 4829

August Klages, Göttingen, *Herstellung haltbarer Desinfektionsmittel, besonders für therapeutische Zwecke*, dad. gek., daß man HSCN oder seine Salze mit Aminoessigsäuren umsetzt u. gegebenenfalls dem Reaktionsprod. indifferente Stoffe zufügt. Erhalten wurden u. a. die *Rhodanide* von *Trimethylaminoessigsäure(Betain)* u. *Glykokolläthylester*, die mit z. B. Dextrose verrieben zu Tabletten verpreßt werden können. Die Prodd. sind in A. u. W. klar lösl., ihr p_H liegt bei 4. (**D. B. P. 852 119** Kl. 30h vom 21/12. 1949, ausg. 13/10. 1952.) SCHINDLER. 4835

General Aniline & Film-Corp., New York, N. Y., V. St. A., *Entgiften von Halogenverbindungen* durch Zusatz von Polyvinylpyrrolidon (I). Lsgg. von Hypochloriten oder der freien Säure oder der entsprechenden J-, Br- oder F-Verbb. oder von organ. J-Verbb., wie Röntgenkontrastmitteln, werden mit ca. 1% I vom Mol.-Gew. 30000—40000 versetzt. Gemische können injiziert oder per os appliziert werden. (**E. P. 680 968** vom 27/12. 1950, ausg. 15/10. 1952. **Belg. P. 500 273** vom 27/12. 1950, ausg. 14/3. 1952. Beide A. Prior. 28/12. 1949.) K. HEINZE. 4835

General Aniline & Film-Corp., New York, N. Y., V. St. A., *Entgiften von Injektionslösungen*, die Eiweißhydrolysate enthalten, durch Zusatz von Polyvinylpyrrolidon. — Z. B. können Lsgg., die 3,5% Eiweißhydrolysat u. 2,5% polymeres N-Vinyl-α-pyrrolidon (K-Wert 28) enthalten, ohne Schaden injiziert werden. (**E. P. 679 003** vom 27/12. 1950, ausg. 10/9. 1952. **Belg. P. 500 274** vom 27/12. 1950, ausg. 14/3. 1952. Beide A. Prior. 28/12. 1949.) K. HEINZE. 4835

Luella C. Smith and Ellen Anderson, A workbook of drugs and solutions. 4th ed. St. Louis: C. V. Mosby. 1953. (234 S.) $ 3,75.)

G. Analyse. Laboratorium.

S. Chu Liang, *Ein tragbares Tieftemperaturthermometer*. Beschreibung eines neu konstruierten Dampfdruckthermometers für tiefe Temperaturen. (Rev. sci. Instruments **23**. 378—79. Juli 1952. Ottawa, Can., Nat. Res. Council, Div. of Chem.) GOTTFRIED. 5016

C. L. M. Cottrell, J. G. Purchas und **K. Winterton**, *Ein Hochfrequenzstromfilter in einem thermoelektrischen Stromkreis zur Temperaturmessung*. Bei Benutzung von Hochfrequenzheizmethoden ist die thermoelektr. Temperaturmessung wegen der Hochfrequenzstreuströme schwierig, die in dem Meßstromkreis auftreten. Bei Unterss. der Vff., bei denen kleine hohle Stahlproben in einem geschlossenen Raum durch einen Hochfrequenzheizdraht erhitzt wurden u. bei welchen die Temp. mit einem Thermoelement gemessen wurde, dessen heiße Verbindung an der Innenseite der Probe angeschweißt war, traten Hochfrequenzstreuströme in einer Größenordnung von 100 mA in dem Meßstromkreis auf. Um diese Ströme auszuschalten, wurde die Meth. der bekannten Filteranordnung eines parallel abgestimmten Stromkreises benutzt, der aus einer Spule u. Kondensator besteht, der bei der Frequenz, welche gewünscht wird, in Resonanz tritt, um durch Darbietung einer unendlichen Impedanz Ströme dieser besonderen Frequenz auszuschließen. Vorläufige Unterss. zeigten, daß die hauptsächlich zu filternden Frequenzen ca. 1,5, 3 u. 9 MHz sind. Es war auf diese Weise möglich, den maximalen Reststrom auf <1 mA zu begrenzen bei einem Gesamtwiderstand von nur 1,9 Ohm. (Nature [London] **165**. 857—58. 27/5. 1950. London, Brit. Welding Res. Assoc.) GOTTFRIED. 5016

J. S. Hopwood, *Abtrennung flüchtiger Lösungsmittel. Eine zweckmäßige Apparatform*. (Perfum. essent. Oil Rec. **43**. 198—222. Juni 1952. — C. **1953**. 103.) BLUMRICH. 5024

M. L. Newman, *Rieselturmextraktion*. Vf. nimmt krit. zu den Arbeiten von GEANKOPLIS u. HIXSON (C. **1951**. I. 1052) u. GEANKOPLIS, WELLS u. HAWK (C. **1952**. 3549) über Sprühturmextraktion Stellung. Vf. geht näher auf den „Endeffekt" ein u. gibt als wahrscheinlichste Erklärung vertikales Mischen in der wss. Phase an. (Ind. Engng. Chem. **44**. 2457—58. Okt. 1952. Brighton, Victoria, Australien.) CRAMER. 5034

Ernest I. Becker, *Halbmikromolekulargewichtsbestimmung nach der Methode von Rast*. Es wird eine Verbesserung der Halbmikro-Mol.-Gew.-Best. nach RAST vorgeschlagen. Die Herst. der Campher–Substanz-Schmelze erfolgt in einem zugeschmolzenen Pyrexglasrohr von 5 mm Durchmesser mit Einwaagen von 10—20 mg Substanz u. ca. 100 mg Campher. Die erreichbare Genauigkeit beträgt 1—3%. Die Best. der FF. der

Campher–Substanz-Schmelzen sowie des reinen Camphers erfolgt in zugeschmolzenen Capillarröhrchen von 1,5—2 mm Durchmesser. Die Übereinstimmung der gefundenen Mol.-Geww. mit den berechneten ist sehr gut. (Chemist-Analyst **40.** 80—83. Dez. 1951. Brooklyn, N. Y., Polytechn. Inst.) H. U. v. VOGEL. 5044

Lawrence A. Howard und **Charles M. Berntson,** *Verdampfung von Silber von elektroplattierten Heizelementen.* Vff. beschreiben die Verwendung von elektrolyt. niedergeschlagenem Ag auf Heizelementen zur Aufdampfung von Ag-Schichten auf das gewünschte andere Material. Zum Bedampfen von Quarzoscillatorenplatten z. B. verwenden Vff. einen spiralartig gebogenen Mo-Draht mit einem Durchmesser von 0,030 inch, der je nach der Menge des aufzudampfenden Ag verschieden lange in einem Cyanidplattierungsbad bei niedriger Stromstärke versilbert wurde. (Rev. sci. Instruments **23.** 383. Juli 1952. Medford, Mass., Tufts Coll., Res. Labor. of Phys. Electronics.) GOTTFRIED. 5048

Paolo Spinedi und **Olao Franciosi,** *Thermische Differentialpräzisionsanalyse.* Zur Unters. von therm. Umwandlungen wird eine Kombination von selbstregistrierenden Geräten verwendet (Hersteller LEEDS & NORTHRUP): Therm. Cyclen werden bei kontrollierter Erhitzungsgeschwindigkeit aufgezeichnet (Micromax), ein anderer App. (Speedomax) nimmt gleichzeitig die Erhitzungskurve des Ofens u. die Veränderung der Probe auf. Nach Beschreibung von Einzelheiten der App. wird das Problem der Nulleinstellung des Differentialthermoelements, seine Alterung u. Korrosion als Ursache von Verschiebungen der Nulleinstellung u. deren Korrektur besprochen. Als Beispiel für die qualitative Anwendung werden bei verschied. Erhitzungsgeschwindigkeiten (5—20°/Min.) durchgeführte Unterss. an *Kaolin* u. an *$CaCO_3$* mitgeteilt. Quantitativ wird die App. z. B. zur Best. von Kaolin oder $CaCO_3$ im Gemisch mit Inertstoffen verwendet. (Ricerca sci. **22.** 2323—39. Dez. 1952. Roma, Univ., Ist. die Metallurgia e Tecnol. spec. chim.) R. K. MÜLLER. 5048

John H. Pomeroy, *Glasdruckgefäß mit Heizvorrichtung.* Beschreibung des Apparates. Das eigentliche Reaktionsgefäß besteht aus Borsilicatglas u. hält Drucke bis zu 60 lbs. $inch^2$ aus. (Analytic. Chem. **24.** 1076. Juni 1952. Chicago, Ill., Argonne National Labor. Div. of Biol. and Med. Res.) GOTTFRIED. 5048

G. Zimmermann, *Neuere Methodik der Papierchromatographie.* Vf. beschreibt ein neues Verf. der Ringpapierchromatographie nach der Tropfmethode. Vorzüge dieser Meth. sind die Schnelligkeit der Entw. u. die gute Vermeßbarkeit der R_F-Werte. Der zu untersuchende Stoff wird als Lsg. in die Mitte eines Rundfilters aufgebracht, das zwischen Deckel u. Untersatz eines Exsiccators eingeklemmt wird. Durch einen Tubus im Deckel läßt man das Lösungsm. auf die Auftropfstelle fließen. Nach Entw., Trocknung u. Besprühen zeigen sich charakterist., scharfe, ellipt. Banden. (Chem. Techn. **4.** 149—52. April 1952. Rostock.) WITTWER. 5062

Alejandro C. Paladini und **Luis F. Leloir,** *Nachweis Ultraviolett-absorbierender Substanzen auf Papierchromatogrammen.* Zusatzgerät für das BECKMAN-Spektrophotometer Modell DU, mit dem das Papierchromatogramm als 10 bzw. 30 mm breiter Streifen während der Belichtung längs des Objektivs bewegt wird, nachdem das Papier durch Tränken mit Paraffinöl transparent gemacht ist. Mit diesem „Spotometer" erhaltene Ergebnisse werden mit denen in nach der HOTCHKISS-Meth. (J. biol. Chemistry **175.** [1948.] 315) erhaltenen Chromatogrammen verglichen. Als Testaufnahmen sind Chromatogramme von *Nucleotid*-Mischungen aus Hefe u. einem Gemisch von *Adenosintri-, -di-* u. *-monophosphat* aufgeführt. Die Verwendung des „Spotometers" für quantitative Bestimmungen wird an Beispielen des *Adenosins, Threonins* u. von *Glucose* diskutiert. (Analytic. Chem. **24.** 1024—25. Juni 1952. Buenos Aires, Fundación Campomar, Inst. de Investig. Bioquím.) SPARMANN. 5062

H. van Duin, *Verteilungschromatographie homologer Reihen.* (Vorl. Mitt.) Vf. kommt durch theoret. Überlegungen zu dem Schluß, daß der Logarithmus des wahren Retentionsvol. in homologen Reihen linear von der Anzahl der C-Atome abhängig ist. So kann die Kettenlänge eines unbekannten Stoffes aus dem Vgl. seines Retentionsvol. mit dem eines bekannten Homologen ermittelt werden. (Biochim. biophysica Acta [Amsterdam] **9.** 580. Nov. 1952. Zwijndrecht, Holland, Unilever Res. Labor.) BAUMANN. 5062

Foil A. Miller und **Charles H. Wilkins,** *Infrarotspektren und charakteristische Frequenzen anorganischer Ionen. Ihre Anwendung in der qualitativen Analyse.* Vff. untersuchten 159 anorgan. Salze mit polyatomigen Ionen u. teilen tabellar. u. graph. deren Infrarotspektren mit. Geprüft werden die Verbb.: $NaBO_2$, $Mg(BO_2)_2 \cdot 8\,H_2O$, $Pb(BO_2)_2 \cdot H_2O$, $Na_2B_4O_7 \cdot 10\,H_2O$, $K_2B_4O_7 \cdot 5\,H_2O$, $MnB_4O_7 \cdot 8\,H_2O$, $Na_3BO_3 \cdot 4\,H_2O$, H_3BO_3, BN, Li_2CO_3, Na_2CO_3, K_2CO_3, $3\,MgCO_3 \cdot Mg(OH)_2 \cdot 3\,H_2O$, $CaCO_3$, $BaCO_3$, $CoCO_3$, $PbCO_3$,

NH_4HCO_3, $NaHCO_3$, $KHCO_3$, $NaCN$, KCN, $KOCN$, $AgOCN$, NH_4SCN, $NaSCN$, $KSCN$, $Ba(SCN)_2 \cdot 2H_2O$, $Hg(SCN)_2$, $Pb(SCN)_2$, $Na_2SiO_3 \cdot 5H_2O$, K_2SiO_3, Na_2SiF_6, $SiO_2 \cdot xH_2O$, $NaNO_2$, KNO_2, $AgNO_2$, $Ba(NO_2)_2 \cdot H_2O$, NH_4NO_3, $NaNO_3$, KNO_3, $AgNO_3$, $Ca(NO_3)_2$, $Sr(NO_3)_2$, $Ba(NO_3)_2$, $Cu(NO_3)_2 \cdot 3H_2O$, $Co(NO_3)_2 \cdot 6H_2O$, $Pb(NO_3)_2$, $Fe(NO_3)_3 \cdot 9H_2O$, $BiONO_3 \cdot H_2O$, $Na_3PO_4 \cdot 12H_2O$, K_3PO_4, $Mg_3(PO_4)_2 \cdot 4H_2O$, $Ca_3(PO_4)_2$, $Mn_3(PO_4)_2 \cdot 7H_2O$, $Ni_3(PO_4)_2 \cdot 7H_2O$, $Cu_3(PO_4)_2 \cdot 3H_2O$, $Pb_3(PO_4)_2$, $CrPO_4 \cdot H_2O$, $(NH_4)_2HPO_4$, $Na_2HPO_4 \cdot 12H_2O$, K_2HPO_4, $MgHPO_4 \cdot 3H_2O$, $CaHPO_4 \cdot 2H_2O$, $BaHPO_4$, $NH_4H_2PO_4$, $NaH_2PO_4 \cdot H_2O$, KH_2PO_4, $Mg(H_2PO_4)_2$, $Ca(H_2PO_4)_2 \cdot H_2O$, $NaAsO_2$, $Ca_3(AsO_4)_2$, $Na_2HAsO_4 \cdot 7H_2O$, $PbHAsO_4$, KH_2AsO_4, As_2O_3, Sb_2O_3, Sb_2O_5, $(NH_4)_2SO_3 \cdot H_2O$, Na_2SO_3, $K_2SO_3 \cdot 2H_2O$, $CaSO_3 \cdot 2H_2O$, $BaSO_3$, $ZnSO_3 \cdot 2H_2O$, $(NH_4)_2SO_4$, $Li_2SO_4 \cdot H_2O$, Na_2SO_4, K_2SO_4, $CaSO_4 \cdot 2H_2O$, $MnSO_4 \cdot 2H_2O$, $FeSO_4 \cdot 7H_2O$, $CuSO_4$, $ZnSO_4 \cdot 4H_2O$, $Cr_2(SO_4)_3 \cdot K_2SO_4 \cdot 24H_2O$, NH_4HSO_4, $NaHSO_4$, $KHSO_4$, $(NH_4)_2S_2O_3$, $Na_2S_2O_3 \cdot 5H_2O$, $K_2S_2O_3 \cdot H_2O$, $MgS_2O_3 \cdot 6H_2O$, $BaS_2O_3 \cdot H_2O$, $Na_2S_2O_5$, $K_2S_2O_5$, $(NH_4)_2S_2O_8$, $K_2S_2O_8$, Na_2SeO_3, $CuSeO_3 \cdot 2H_2O$, $(NH_4)_2SeO_4$, $Na_2SeO_4 \cdot 10H_2O$, K_2SeO_4, $CuSeO_4 \cdot 5H_2O$, $NaClO_3$, $KClO_3$, $Ba(ClO_3)_2 \cdot H_2O$, NH_4ClO_4, $NaClO_4 \cdot H_2O$, $KClO_4$, $Mg(ClO_4)_2$, $NaBrO_3$, $KBrO_3$, $AgBrO_3$, $NaJO_3$, [KJO_3, $Ca(JO_3)_2 \cdot 6H_2O$, KJO_4, NH_4VO_3, $NaVO_3 \cdot 4H_2O$, $(NH_4)_2CrO_4$, Na_2CrO_4, K_2CrO_4, $MgCrO_4 \cdot 7H_2O$, $BaCrO_4$, $ZnCrO_4 \cdot 7H_2O$, $PbCrO_4$, $Al_2(CrO_4)_3$, $(NH_4)_2Cr_2O_7$, $Na_2Cr_2O_7 \cdot 2H_2O$, $K_2Cr_2O_7$, $CaCr_2O_7 \cdot 3H_2O$, $CuCr_2O_7 \cdot 2H_2O$, $Na_2MoO_4 \cdot 2H_2O$, $K_2MoO_4 \cdot 5H_2O$, $(NH_4)_6Mo_7O_{24} \cdot 4H_2O$, $Na_2WO_4 \cdot 2H_2O$, K_2WO_4, $CaWO_4$, $NaMnO_4 \cdot 3H_2O$, $KMnO_4$, $Ca(MnO_4)_2 \cdot 4H_2O$, $Ba(MnO_4)_2$, $Na_4[Fe(CN)_6] \cdot 10H_2O$, $K_4[Fe(CN)_6] \cdot 3H_2O$, $Ca_2[Fe(CN)_6] \cdot 12H_2O$, $K_3[Fe(CN)_6]$, $Na_3[Co(NO_2)_6]$, $(NH_4)_2Ce(NO_3)_6$, NH_4Cl, $BaCl_2 \cdot 2H_2O$. Ferner werden für die polyatomigen Ionen BO_2^-, $B_4O_7^{2-}$, CO_3^{2-}, HCO_3^-, SCN^-, CN^-, OCN^- SiO_3^{2-}, Silicate, NO_2^-, NO_3^-, NH_4^-, PO_4^{3-}, HPO_4^{2-}, $H_2PO_4^-$, SO_3^{2-}, SO_4^{2-}, HSO_4^-, $S_2O_3^{2-}$, $S_2O_5^{2-}$, $S_2O_8^{2-}$, SeO_3^{2-}, SeO_4^{2-}, ClO_3^-, ClO_4^-, BrO_3^-, JO_3^-, VO_3^-, CrO_4^{2-}, $Cr_2O_7^{2-}$, MoO_4^{2-}, WO_4^{2-}, MnO_4^{2-} u. die Komplexionen $[Fe(CN)_6]^{3-}$, $[Fe(CN)_6]^{4-}$, $[Fe(CN)_5NO]^{2-}$, $[Co(NO_2)_6]^{3-}$, $[Ce(NO_3)_6]^{2-}$ die zur qualitativen Analyse brauchbaren charakterist. Frequenzen graph. bzw. tabellar. wiedergegeben. An 8 verschied. Salzgemischen wird gezeigt, daß eine Kombination von Emissionspektral-, Infrarot- u. Röntgenstrahlanalyse die sichersten Ergebnisse liefert. Die Schwierigkeiten für die Anwendeung des Verf. auf die quantitative Analyse werden diskutiert. (Analytic. Chem. **24.** 1253—94. Aug. 1952. Pittsburgh, Pa., Mellon Inst., Dep. of Res. in Chem. Phys.) WEITBRECHT. 5063

C. W. Hargens, *Ein Infrarotspektrograph für Verwendung im Flugzeug.* Beschreibung von Prinzip u. Arbeitsweise eines Infrarotspektrographen zur Unters. schnellveränderlicher Phänomene in großer Höhe. Das Gerät besteht aus einem Elfkanalinfrarotspektrographen (vgl. AGNEW u. Mitarb., C. **1951.** II. 1785), bei welchem die Zeit–Intensitäts-Kurven von 10 ausgewählten Spektralbereichen u. einem Gesamtbereich von 1—25 μ auf Kathodenstrahlröhren wiedergegeben u. durch Filmaufnahmen zusammen mit der Stellung wichtiger Kontrollinstrumente festgehalten werden. Für jeden Kanal ist ein schwarzer Körper konstanter Temp. als Vergleichsstrahlungsquelle eingebaut, u. das Gerät arbeitet zum Schutz der KBr-Prismen in einer Atmosphäre von trockenem N_2, deren Druck automat. der Höhe des Flugzeuges angepaßt wird. (J. Franklin Inst. **255.** 59—60. Jan. 1953. Franklin Inst., Labors for Res. and Developm.) EICHHOFF. 5063

D. M. Mortimore und **P. A. Romans,** *Röntgenspektroskopie als eine Kontrollmethode bei der Herstellung von Zirkonium und Hafnium.* Mit Hilfe einer verbesserten, von FRIEDMAN u. BIRKS (Rev. sci. Instruments **19.** [1948.] 323) angegebenen App. für Röntgenfluorescenzanalyse entwickelten Vff. eine Meth. zur laufenden Analyse von Gemischen von Zr- u. Hf-Oxyden für den Konzentrationsbereich von 0,5—99,5% Hf in Zr. Für den Konzentrationsbereich von 0,1—40,0 [Hf/(Hf + Zr)]·100 wurden die Intensitäten der Linienpaare HfL_{β} erster Ordnung/ZrK_{β} zweiter Ordnung, für den Bereich von 60,0—0,5 [Zr/(Zr + Hf)]·100 das Linienpaar ZrK_{α} erster Ordnung/ HfL_{β_1} zweiter Ordnung benutzt. Zur Auswertung wurden die Werte mit denen von Standardpräpp. verglichen. Die gefundene mittlere prozentuale Abweichung betrug 3,3 für Proben mit 1% Hf u. 0,5 für solche mit ca. 40% Hf. (J. opt. Soc. America **42.** 673—77. Sept. 1952. Albany, N. Y., Bur. of Mines, Northwest Electrodevelopm. Labor.) GOTTFRIED. 5063

W. H. Shaffer und **R. A. Oetjen,** *Einige Eigenschaften von optischen Mehrschichtenreflexionsinterferenzfiltern.* (Sitzungsbericht.) Weiterentw. (vgl. C. **1951.** I. 3237) von Theorie u. Technik der Herst. von mehrschichtigen Interferenzfiltern des Reflexionstypes, die aus einem gut reflektierenden Träger mit dielektr. Schicht u. Metallfilm u. unter Umständen mit einer dritten Schicht bestehen. (Physic. Rev. [2] **86.** 819. 1/6. 1952. Ohio State Univ.) RUDOLPH. 5063

E. E. Bell, R. L. Hansler, R. A. Oetjen und **H. E. Schauwecker,** *Messungen im fernen Infrarotspektrum.* (Sitzungsbericht.) Ein Gitterspektrograph für Infrarotwellenlängen >25 μ wurde konstruiert, der — wie Spektralmessungen an Wasserdampf zwischen 40 u. 140 μ zeigen — befriedigend arbeitete. Die Hauptschwierigkeiten lagen in der geringen verfügbaren Lichtintensität u. in der Eliminierung des kurzwelligen Streulichtes. (Physic. Rev. [2] **86.** 819. 1/6. 1952. Ohio State Univ.) RUDOLPH. 5063

Friedrich Klema, *Flammenphotometrie.* Beschreibung von Prinzip, Arbeitsweise, Anwendungsgebieten u. Leistung der Flammenphotometrie, erläutert an 2 Modellen der Fa. B. LANGE, Berlin-Zehlendorf. (Chem. Rdsch. [Solothurn] **5.** 310. 1/10. 1952.) EICHHOFF. 5064

A. A. Wolkenstein, D. I. Andrejew und **W. I. Issajenko,** *Optische Methode zur Messung der Lichtstärke, der Helligkeit und des Lichtstromes.* Das einfach zu handhabende u. für die meisten Messungen ausreichende Gerät beruht auf der „telezentr." Messung der Lichtstärke bei aplanat. opt. Systemen. (Журнал Технической Физики [J. techn. Physik] **22.** 2026—37. Dez. 1952.) AMBERGER. 5064

—, *Bestimmung des Redoxpotentials mit Indicatoren.* Übersicht: Definition, Zusammenstellung von Redoxindicatoren, allg. Besprechung. (Chem. pharmac. Techniek **7.** 263—64. 1/6. 1952.) FREYTAG. 5068

Édouard Calvet, *Herrichtung eines Mikrocalorimeters mit vier Meßstellen zur thermogravimetrischen Bestimmung der Adsorption.* Zur genauen Messung der bei der Verdampfung abgegebenen Wärme hat sich die Einführung eines einfachen Temperaturaustauschers zwischen Dampf u. Fl. als nötig herausgestellt. Es wird dann die Schaltungsweise des in einem größeren Cu-Block untergebrachten Mikrocalorimeters mit vier Meßstellen u. den dazugehörigen Thermosäulen beschrieben u. auf seine Anwendung für die übliche therm. Differentialanalyse u. zur Messung der Adsorptionswärme hingewiesen. (C. R. hebd. Séances Acad. Sci. **236.** 486—88. 2/2. 1953.) HENTSCHEL. 5084

R. S. Vincent, *Apparat zur Bestimmung von Feuchtigkeit in Luftproben.* Die zu untersuchende Luftprobe wird in einem evakuierten Glasballon gesammelt u. dieser hierauf mit dem eigentlichen Meßapp. verbunden. Der Wasserdampfdruck wird manometr. durch Absorption in P_2O_5 gemessen. Von Wichtigkeit ist, daß die Feuchtigkeit von Zeit zu Zeit mit Hilfe von CO_2-Schnee in dem Glasballon ausgefroren wird, um auf diese Weise eine vollkommene Trennung der Luft von der zu messenden Feuchtigkeit zu erreichen. (J. sci. Instruments **29.** 155—57. Mai 1952. Farnborough, Hants., Royal Aircraft Establ.) GOTTFRIED. 5088

a) Elemente und anorganische Verbindungen.

Sven Arrhenius, *Eine empfindliche Reaktion auf Peroxyde.* 10 mg *Vanillin,* in 100 ml 70 Vol.-%ig. H_2SO_4 gelöst, kann als Reagens auf H_2O_2 benutzt werden. Eine H_2O_2-haltige Lsg., die im Reagensglas über Vanillin–H_2SO_4 geschichtet wird, gibt an der Berührungsstelle einen tiefblaugrünen Ring, der an der H_2O_2-Lsg. violett u. an der H_2SO_4 orange ist. Die Rk. ist empfindlicher als die mkr. Probe mit Vanillin auf H_2O_2 von GRIEBEL (Mikrochemie **9.** [1931.] 313). Nach 1std. Stehen ist der Ring noch bei 3 γ erkennbar. Auch Na_2O_2, $K_2S_2O_8$ u. ähnliche Peroxyde sowie mit Peroxyden verunreinigter Ae. geben diese Reaktion. Mit ClO^-, CrO_4^{2-}, NO_3^-, NO_2^-, Sn^{4+}, Fe^{3+}, Cu^{2+}, Chloramin, Nitrobenzol, Pikrinsäure entsteht kein Ring. Außer Vanillin geben noch folgende Verbb. eine Rk. mit H_2O_2: *Piperonal* (Ring grün, Empfindlichkeit 10^{-2}%), *p-Oxybenzaldehyd* (grün, 10^{-1}%), *p-Oxybenzoesäure* (braun, 10%), *m-Oxybenzoesäure* (violett, 10%), *Gallensäure* (braun, 10^{-1}%), *Orcin* (violett, 10^{-2}%), *Eugenol* (dunkelbraun, 10^{-3}%), *Stilben* (braunviolett, 10^{-4}%). (Svensk kem. Tidskr. **64.** 260. 1952.) R. MATTNER. G 241

Z. G. Szabó, L. Csányi und **Helene Galiba,** *Katalytische Studien in der analytischen Chemie.* 2. Mitt. *Die jodometrische Bestimmung des Peroxysulfations mit Hilfe von Mischkatalysatoren.* (1. vgl. C. **1952.** 8021.) Zur Aufklärung des Elektronenübergangsmechanismus bei der Red. von $S_2O_8^{2-}$ wird das jodometr. Bestimmungsverf. sorgfältig überprüft, u. die katalyt. Beschleunigung der Rk. mit Metallionen durch Best. des Zeitparameters sowie der Einfl. der Konzz. an KJ u. Säure werden untersucht. Während Mn^{2+}, UO_2^{2+} u. Co^{2+} in größeren Konzz. hemmend wirken, vermindern Fe^{2+} u. bes. Cu^{2+} die Reaktionsdauer. Von den untersuchten Katalysatorpaaren Cu–Fe, Cu–Mn, Fe–Mn, Cu–Co, Fe–Co erweist sich Cu^{2+}–Fe^{2+} als am wirksamsten. Aus den optimalen Werten ergibt sich als Bestimmungsverf. für $S_2O_8^{2-}$: zu 1 ml Katalysatorlsg. (1,245 g $FeSO_4 \cdot 7\,H_2O$ + 4,910 g $CuSO_4 \cdot 5\,H_2O$ in 250 ml wss. Lsg.) gibt man Marmor, säuert mit 15 ml 10%ig. HCl an, fügt 1,5 g KJ u. schließlich 7—270 mg $S_2O_8^{2-}$ hinzu, titriert in üblicher Weise mit $Na_2S_2O_3$ u. vollendet 5 Min. nach der 1. Entfärbung der Jodstärke die Titration. Die erhaltenen Werte müssen für das durch Cu^{2+} entstehende J_2 korr.

werden. Die Ergebnisse zeigen eine Genauigkeit von ca. 0,4%. Nichtstörend wirken Hg(II), Cd, Sn(IV), Cr(III), Ni, Co(II), Mn(II), Zn, Mg, Ba, SCN^-, PO_4^{3-}, BO_3^{3-}, SiO_3^{2-}, ClO_3^-, ClO_4^-, NO_3^-, Br^-, CN^-, MoO_4^{2-}, F^- u. CH_3COO^-. Dagegen müssen oxydierende u. reduzierende Substanzen fehlen. Eine Behinderung der Rk. tritt bei Tl(I), Mo(VI), Ag, W(VI), Hg(I), Sb(III), $(Fe(CN)_6)^{4-}$, $(Fe(CN)_6)^{3-}$, Pb u. Bi ein. As wirkt als Katalysatorgift. (Z. analyt. Chem. **135**. 269—75. 1952. Szeged, Univ., Inst. anorgan. u. analyt. Chem.) Weitbrecht. G 253

H. Nowotny, W. Thury und **H. Landerl,** *Die Bestimmung von Silicium in Reinaluminium mittels elektrischer Leitfähigkeitsmessung.* Im Rein-Al (>99,0% Al) kann der Si-Geh., sofern der Fe-Geh. bekannt ist, statt auf analyt. Wege durch Leitfähigkeitsmessung ermittelt werden, da das Si in Al bis zu 1,65% lösl. ist u. in erster Linie die Leitfähigkeit herabsetzt. Der Einfl. der übrigen Elemente, die in Mengen unter 0,01% vorliegen, ist zu vernachlässigen. Die Messungen der Leitfähigkeit erfolgten nach der Wirbelstrommeth. mit dem Sigmatestgerät (Fa. Förster, Reutlingen) an gegossenen Proben, die eine ebene Fläche von 20 mm Durchmesser haben müssen. Zur Homogenisierung müssen die Proben vor der Messung der Leitfähigkeit 90 Min. bei 500° im Salzbadofen erhitzt u. dann in kaltem W. abgeschreckt werden. Aus einem Eichdiagramm kann mit Hilfe einer Kurvenschaar der Einfl. des Fe-Geh. von 0,2—0,5% berücksichtigt werden. — Beleganalysen. (Z. analyt. Chem. **134**. 241—45. 1951. Wien, Univ., I. Chem. Inst.; Ranshofen, Aluminiumwerk.) H. U. v. Vogel. G 261

D. Monnier und **Z. Besso,** *Eine indirekte polarographische Bestimmung des Kaliumions.* Vff. bestimmen K^+, indem eine *Dipikrylaminlsg.* (Hexanitrodiphenylamin) (**I**) vor u. nach Zugabe des K^+, das mit **I** ein schwerlösl. rotes Salz bildet, polarographiert wird. Der Unterschied der **I**-Welle vor u. nach Zugabe des K^+ ist dem K^+-Geh. proportional. Da die Löslichkeit des K-Salzes stark temperaturabhängig ist, muß temperaturkonstant gearbeitet werden. 0,5—2 mg können auf ±3% genau bestimmt werden. (Analytica chim. Acta [Amsterdam] **7**. 380—84. Okt. 1952. Genève, Schweiz, Univ., Labor. de Chim. Analyt. et de Microchim.) Moslé. G 275

W. Pilz, *Über die analytische Verwendung von Trithiokohlensäure.* 2. Mitt. *Die Bestimmung des Zinks.* (1. vgl. C. **1953**. 3289.) Das hier beschriebene Verf. zur Zn-Best. hat gegenüber der Fällung mit H_2S den Vorteil der leichteren Einstellung des p_H-Wertes der Analysenlsg. sowie kürzerer Induktionszeiten bei der Fällung. Fällungsmittel: 0,2 mol. Na_2CS_3-Lsg. in dest. W., deren Abgleichung gegen die zu verwendende Säure durch Titration gegen Methylorange erfolgt. Die zu fällende Zn-Lsg. darf bis zu 280 mg Zn in 100 ml enthalten, das Fällungsmittel in einem Überschuß von ca. 4—30% angewandt werden. Bei der Fällung in saurem Medium soll die Säurenormalität bei HCl u. H_2SO_4 0,02n, bei CH_3COOH 2,0n nicht übersteigen. An Hand von Beleganalysen wird die günstige Wrkg. eines Zusatzes von Filterschleim aufgezeigt u. auf maximale Salzkonzz. hingewiesen. Bei Fällung in alkal. Medium keine besonderen Bedingungen. Der Nd. wird in jedem Fall mit warmer 0,1n $(NH_4)_2SO_4$-Lsg. gewaschen u. gravimetr. als ZnO oder titrimetr. nach Kolthoff mit $K_3[Fe(CN)_6]$-haltiger $K_4[Fe(CN)_6]$-Lsg. bestimmt. In letzterem Fall soll der mit 2n H_2SO_4 gelöste Nd. vor der Titration mit Bromwasser aufgekocht werden, da sonst der hier angegebene Indicator (1%ig. Diphenylaminlsg.), vermutlich auf Grund der Ggw. niedriger Oxydationsstufen des S, unbrauchbar ist. (Mh. Chem. **83**. 471—77. 15/4.; S.-B. österr. Akad. Wiss., math.-naturwiss. Kl., Abt. IIb **161**. 471—77. 1952. Graz, Univ., Inst. für Anorgan. u. Analyt. Chem.) v. Pilinszky. G 288

E. Gagliardi und **W. Pilz,** *Über die analytische Verwendung von Trithiokohlensäure.* 3. Mitt. *Die Bestimmung des Molybdäns.* (2. vgl. vorst. Ref.) Gegenüber der H_2S-Fällung ergeben sich bei Anwendung von *trithiokohlensaurem Na* (**I**) zur Mo-Best. Vorteile wie: Größere Variationsbreite der Säurekonz., quantitative Abscheidung bei einmaliger Fällung, kürzere Fällungsdauer u. keine Blaufärbung des Filtrates infolge Red. von Mo^{6+}. Die zur Fällung verwandte **I**-Lsg. soll 1,0n alkal. sein u. in 10 ml 60 mg zur Fällung verwendbaren S enthalten. Die Acidität der Analysenlsg. beim Ende der Fällung soll bei H_2SO_4 0,6—2,0n, bei HCl 0,5—1,3n sein, u. diese soll die zur Neutralisation der zur Fällung zu benutzenden (10fachen Menge) **I**-Lsg. notwendige Säuremenge zusätzlich enthalten. Aus salpetersauren oder alkal. Lsgg. konnten keine quantitativen Ndd. gewonnen werden. Vorschrift: Die angesäuerte Mo^{6+}-Lsg. (≤100 mg Mo/100 ml) wird kalt mit ca. 3/4 der **I**-Lsg. im Überschuß gefällt u. unter Rühren aufgekocht, dann mit dem Rest der **I**-Lsg. versetzt, filtriert u. nach Glühen bei 500—550° Wiederauflösen in n NaOH, Ansäuern mit H_2SO_4 u. Red. manganometr. titriert. Die direkte Auswaage als MoO_3 ergibt 0,5—1,5% zu hohe Werte infolge geringen S-Gehaltes. Bei Glühen bei

600° sublimiert MoO_3 bereits teilweise. — Beleganalysen, Tabelle der günstigsten Filterpapiersorten je nach Acidität der Analysenlösung. (Z. analyt. Chem. **136.** 103—09. 1952.) v. Pilinszky. G 336

Krisna Tantranon und **B. B. Cunningham,** *Bestimmung von Milligrammen und weniger von Kupfer durch die Jodattitration von Kupferthiocyanat.* Milligramme Cu werden meist colorimetr. bestimmt. Die Methoden sind sehr empfindlich, arbeiten aber mit einem Fehler von ca. $\pm 3\%$. Mengen von ca. ½ mg Cu werden nach verschied. Titrationsverf. ermittelt. Vff. stellen diesen Verff. das genaueste der Titrationsverff. für die Best. von Makromengen Cu von Jamieson, Levy u. Wells an die Seite. Es ist die Oxydation von CuCNS mit JO_3^- in konz. HCl-Lösung. Das bis zum Ende der Titration vorhandene freie Jod wurde durch etwas Chlf. nachgewiesen. Der Endpunkt ist erreicht, wenn diese Farbe verschwindet. Das durch SO_2 u. NH_4CNS ausgefällte CuCNS wurde erhitzt u. filtriert, bzw. bei kleineren Mengen als 5 mg zentrifugiert u. die überstehende Lsg. mit feinsten Pipetten abgesaugt. Nach dem Auswaschen u. Lösen des Nd. in 8 mol. HCl wurde mittels einer Mikrobürette u. Chlf. als Indicator mit KJO_3 titriert. Die sehr langsame Einstellung des Gleichgewichts am Endpunkt wurde durch kräftiges Schütteln beschleunigt. Die ein wenig zu niedrigen Resultate dürften auf eine geringe Verflüchtigung von Jod zurückzuführen sein, weshalb eine rasche Durchführung der Analysen empfohlen wird. Im ganzen sind die Ergebnisse sehr zufriedenstellend. (Analytic. Chem. **25.** 194—95. Jan. 1953. Berkeley, Calif., Univ. of Calif.) Pluskal. G 358

b) Organische Verbindungen.

G. Mangeney, *Die mikroautomatische Bestimmung von Kohlenstoff und Wasserstoff (durch Verbrennen in Stickstoffatmosphäre nach Niederl und Whitman).* Die vom Vf. ausführlich beschriebene Meth. zur Best. von C u. H in organ. Substanzen durch Verbrennen in N_2-Atmosphäre ist eine Modifikation der Mikro-Dumas-Meth. nach Zimmermann (C. **1944.** I. 670) u. der Mikro-C—H-Best. nach Niederl u. Whitman (Mikrochemie **11.** [1932.] 274). Die Verbrennung der mit $KClO_3$ u. CuO-Puder unter besonderen Vorsichtsmaßnahmen gemischten Substanz, die fest, pastenförmig u. fl., sowie auch Cl- u. S-haltig sein kann, wird in Ggw. von CuO, Cu u. Ag-Wolle durchgeführt. Es ist auch eine Umkehrspülung mit N_2 vorgesehen. Eine Rohrfüllung reicht für 50—60 Analysen. (Bull. Soc. chim. France, Mém. [5] **18.** 809—20. Nov./Dez. 1951. Usine de Villers-St. Paul, Oise, Comp. Franç. des Matières Colorantes, Labor. de Contrôle des Produits Auxiliaires.) Faass. 5352

R. L. Huang und **Francis Morsingh,** *Eine Anomalie bei der Methoxylbestimmung nach Zeisel.* Vff. fanden bei methoxylfreien Dibenzylderivv. des Typus $X—C_6H_4\cdot C(CH_3)_2\cdot C(CH_3)_2\cdot C_6H_4—X$ (X = H, OH, NO_2) unkonstante scheinbare „Methoxyl"-Werte bis 4,32%. Bei X = OCH_3 wurde nahezu der theoret. Wert von 20,8% gefunden. Eine Verb. $HOC_6H_4\cdot C(CH_3)_2\cdot CH(C_2H_5)\cdot C_6H_4OH$ ergab hingegen keinen scheinbaren Methoxylwert (vgl. ähnliche Anomalie bei d-Mannit nach Araki u. Hasi, J. chem. Soc. Japan **61.** [1940.] 99). (Analytic. Chem. **24.** 1359. Aug. 1952. Singapore, Univ. of Malaya.) Moisar. 5360

George S. Hammond, Abraham Ravve und **Frank J. Modic,** *Bestimmung von Hexaphenyläthan.* Bes. für die Reihenbest. sind die bekannten Verff. zur Best. des freien Radikals $(C_6H_5)_3C$ u. seines Dimeren nach Meinung der Vff. entweder zu umständlich oder zu ungenau. Vff. stellen in einer besonderer App. [Skizze] aus Triphenylchlormethan mit Hg in Benzollsg. unter N_2 durch 22 std. Rühren das freie Radikal her, setzen dieses mit einem Überschuß von Benzoylperoxyd um u. titrieren nach Zugabe von Eisessig das Benzoylperoxyd jodometr. zurück. (Analytic. Chem. **24.** 1373—74. Aug. 1952. Ames, Iowa, Iowa State Coll.) Barchet. G 510

Dean H. Couch und **Ward Pigman,** *Polarographische Untersuchung von Inosose.* Aus Mesoinosit durch Oxydation mit HNO_3 erhaltenes *Pentaoxycyclohexanon (epi-Mesoinosose)* (I), F. 200°, zeigt nach Herst. von 0,0005—0,001 mol. Lsg., die 0,1 mol. Kaliumphosphatpuffer u. 0,0005 mol. TlCl als Vergleichspotentialstufe enthält, bei der polarograph. Messung ein weitgehend von Temp., Konz. u. p_H unabhängiges Halbstufenpotential $E_{1/2}$ von $-1,57 \pm 0,03$ V. Dagegen nimmt die Stufenhöhe im Polarogramm mit der Stehzeit der Probelsg. bei einem p_H über 6 ab. Nach 96 Std. bei p_H 7,4 ist die Stufe für die Red. von I völlig verschwunden. Vff. nehmen als Grund Keto-Endiol-Tautomerie im alkal. Milieu wie bei den Zuckern u. Ringsprengung beim Endiol an. Auch die Entfärbung von 2.6-Dichlorphenolindophenol durch I entspricht dem Verh. der reduzierenden Zucker. — Die quantitative polarograph. Best. von I beruht auf dem linearen Zusammenhang zwischen Konz. von I u. Potentialstufenhöhe. Die günstigsten

Bedingungen bieten 0,0005—0,004 mol. I-Lsg. u. 0,1 mol. LiCl-Lsg. als Elektrolyt. Die Messungen werden mit einem Heyrovski-Mikropolarographen, Modell 10, ausgeführt; Empfindlichkeit 1 : 40, Capillarkonstante m = 0,00278 g Hg/sec u. t = 2,79 sec/Tropfen. (Analytic. Chem. **24.** 1364—66. Aug. 1952. Argo, Ill., Corn Products Refining Co., Chem. Div.) Barchet. G 3400

c) Bestandteile von Pflanzen und Tieren.

Dieter Krauter, *Celodal als Einschlußmittel für mikroskopische Präparate.* (Mikrokosmos **42.** 140—42. März 1953. Stuttgart.) Klever. 5661

G. Petry, *Zur Fixation elastischer Fasern.* Das Elastin der Muskeln, Arterien usw. läßt sich mit den üblichen Mitteln nicht in Dehnungszuständen fixieren, was die mkr. Unters. funktioneller Strukturen behindert. Eine Blockierung gelingt aber durch Entwässern, z. B. mit A. (nach Wiederaufnahme von W. wieder elast.) oder durch Behandeln mit 1—2%ig. *Phosphormolybdänsäure,* wobei die gedehnten, doppelbrechenden Fasern opt. isotrop werden. (Z. wiss. Mikroskop. mikroskop. Techn. **61.** 121—28. Okt. 1952. Freiburg/Br., Univ., Anat. Inst.) Blumrich. 5661

Robert C. Mellors und **Reuben Silver,** *Ein Raster für Mikrofluorescenzmessungen zur differenzierenden Kennzeichnung von Zellen. Anwendung auf die Cytologie von Abschilferungen.* Es wird ein Verf. zur Unters. von Quetschpräpp. abgeschilferter Zellen auf cancerogene Bestandteile beschrieben. Das hierzu benutzte Gerät stellt eine Ergänzung der *Papanicolaou-Technik* dar. Das Präp. wird mit „Fluorochrom", einem bas. fluorescierenden Farbstoff, angefärbt u. im langwelligen UV bestrahlt. Die angefärbten Kerne werden zur Fluorescenz angeregt, deren Intensität mit einem Mikrofluorescenzmesser gemessen wird. Cancerogene Kerne nehmen mehr Fluorochrom auf u. emittieren in gleichen Zeiteinheiten 2—3 mal mehr Licht als normale. Das Verf. ermöglicht eine Erkennung cancerogener Zellen schon im präinvasiven Stadium des Carcinoms. Der Mikrofluorescenzmesser besteht aus 1. konstanter Lichtquelle, 2. gewöhnlichem Lichtmikroskop, 3. Nipkowscher Scheibe (Raster), 4. Photozelle, 5. Spannungsstoßmeßgerät. (Science [Washington] **114.** 356—60. 5/10. 1951. New York, N. Y., Sloan-Kettering Inst. for Cancer Res., Mem. Center, Dep. of Pathol.) Wallis. 5661

Helmut Leonhardt, *Geigyblau 536 med., ein neuer Vitalfarbstoff zum Nachweis der Blutgehirnschranke.* Gegenüber anderen, gröberen u. unsichereren Indicatoren (Trypanblau, TTC) hat sich Geigyblau 536 med. (kolloidlösl. Tolidindisazofarbstoff, isomer mit Trypanblau, bisher zur Best. von kreisender Blutmenge angewandt), vital injiziert, zum Nachw. der Schrankenverhältnisse im Gehirn bewährt. — Unters. über Dosierung u. Verträglichkeit im Tiervers., mkr. Sichtbarkeit, Beständigkeit, Vitalgranulatbldg. u. Angaben über Fixierungsmittel. (Z. wiss. Mikroskop. mikroskop. Techn. **61.** 137—41. Okt. 1952. Erlangen, Univ., Anat. Inst.) Blumrich. 5662

Lars Ernster, Rolf Zetterström und **Olov Lindberg,** *Zur Bestimmung von ^{31}P und ^{32}P in biologischem Material.* Vff. nehmen Stellung zu dem Einwand von Ennor u. Rosenberg (Biochem. J. **50.** [1952.] 524) zu der von ihnen für die Best. von ^{31}P u. ^{32}P modifizierten Meth. von Martin u. Doty (vgl. Ernster u. Mitarbeiter, C. **1951.** II. 282), daß gegen Säuren hochempfindliche organ. P-Verbb. hydrolysieren u. als Orthophosphate in die Phase des anorgan. P einwandern könnten. Sie finden selbst im Falle des sehr empfindlichen Kreatinphosphates keine bemerkenswerte Einwanderung von Orthophosphaten u. Fehler $<1\%$, bei unnötig langer Säureeinw. (30′) einen solchen von ca. 4%. Auch Verätzungen der Glasgefäße können sie nicht feststellen. (Acta chem. scand. **6.** 804—05. 1952. Stockholm, Univ., Wenner Green-Inst., Dep. metabol. Res.) I. Weinmann. 5666

d) Medizinische und toxikologische Analyse.

Bennie Zak, Robert E. Mosher und **Albert J. Boyle,** *Die Flammenanalyse im klinischen Laboratorium.* Übersicht über die Herst. von Standardlsgg. für Na, K, Ca, Mg, die Probenvorbereitung, die gegenseitige Beeinflussung von K durch Na, von Ca u. Mg durch Na u. K. Beeinflussung der Best. durch Viscosität der Lsg., Glucose, Harnstoff u. Phosphat. — 66 Literaturangaben. (Amer. J. clin. Pathol. **23.** 60—77. Jan. 1953. Detroit, Mich., Wayne Univ., Receiving Hosp., Providence Hosp.) Fresenius. 5725

Donald B. Melville und **Rose Lubschez,** *Eine Methode zur Bestimmung von Ergothionein in Blut.* Zur quantitativen Best. von *Ergothionein* (I) in Blut wurde eine Meth. entwickelt, die auf der Behandlung der hämolysierten Erythrocyten mit *Hydrosulfit* u. *Glutathion,* Fällen der Proteine mit Trichloressigsäure (II), Entfernen störender Substanzen mit $CHCl_3$ u. Adsorption an Ionenaustauschharz, z. B. *Amberlite IRA-410,* beruht. I wird durch eine Abwandlung der Diazotierungs-Rk. nach Hunter (Canad. J.

Res., Sect. E, **27.** [1949.] 230) unter Messung der Farbintensität bei 540 mμ bestimmt. Alle untersuchten Säugerblutproben zeigten gute Farbentw.; zugesetztes I wurde gut wiedergefunden. Die Meth. ist für die Unters. des I-Geh. verschied. Gewebe, wie Leber-, Herz- u. Nierenhomogenat, geeignet, wenn neben II noch Pikrinsäure zum Enteiweißen verwendet wird. (J. biol. Chemistry **200.** 275—85. Jan. 1953. New York, N. Y., Cornell Univ., Med. Coll., Dep. of Biochem.) K. MAIER. 5727

Herbert Remmer, *Der Wert der Salzfällung für die quantitative Bestimmung von Albumin und Globulinen.* 20 ml Blut werden nach Gerinnung zentrifugiert u. je 0,5 ml des daraus erhaltenen Serums mit 9,5 ml Na_2SO_4-Lsgg. von steigenden Konzz. (15 bis 45 g Na_2SO_4 zu je 100 ml W. in Abständen von 3 g) versetzt, nach 6 Std. filtriert u. im Filtrat N nach KJELDAHL bestimmt. Sämtliche Operationen bei 37°. Die Grenze zwischen Albuminen u. Globulinen liegt bei 27—30 g Na_2SO_4/100 ml Wasser. In patholog. Fällen fallen γ-Globuline bereits bei 14 g/100 ml aus u. der Albumin/Globulin-Quotient liegt unter dem n. Wert von 1,4. Die erhaltenen Ergebnisse werden mit den von anderen Autoren nach ähnlichen Verff. ermittelten verglichen, wobei sich annähernd Übereinstimmung zeigt. — 15 Literaturangaben. (Aerztl. Wschr. **7.** 559—62. 13/6. 1952. Berlin, Freie Univ., Pharmakol. Inst.) KRUSEN. 5728

H. Eitner, *Refraktometrische Eiweißbestimmung in dialysiertem Serum.* Von 38 Seren wurden je 8 cm^3 2 Std. lang bei 22° bis zur Konstanz der Leitfähigkeit gegen 200 cm^3 MICHAELIS-Puffer (p_H 8,6, μ 0,1) ausdialysiert. Die spezif. Refraktion (R.) für Gesamteiweiß ergab sich dann 4 Std. nach der Blutentnahme zu $0{,}00193 \pm 5\cdot10^{-5}$. Nach 24std. Stehen stieg R. auf 0,00204. 10 Sammelseren wurden 18—20 Std. bei 2° dialysiert. R. ergab sich dann 24 Std. nach Beginn der Dialyse zu 0,00195. Zur Eiweißbest. im ausdialysierten Serum darf nicht die Rest-R., sondern es muß R. der Pufferlsg. eingesetzt werden. (Biochem. Z. **323.** 251—54. 1952. Jena, Univ., Med. Klinik.) FRESENIUS. 5728

Erich Klein, *Die Jodbestimmung in stark wasserhaltigen Materialien.* Bei der Jodbest. durch Veraschung mit Chromschwefelsäure ist der jeweilige Geh. an organ. Substanz ausschlaggebend dafür, daß J bei der stufenweise bis zu HJO_3 erfolgenden Oxydation nicht entweicht. Wird das Verf. auf stark wasserhaltige Lsgg. angewendet, kann organ. Substanz in Form von 3—4 cm^3 12%ig. wss. Lsg. von Glykokoll-Sörensen zugesetzt werden. Das wird erprobt an *Harn* u. *Ascitesflüssigkeit,* in denen Zusätze von 0,1—0,4 γ J (als KJ oder Thyroxin) wiedergefunden werden. (Biochem. Z. **323.** 275—78. 1952. Stuttgart-Bad Cannstatt, Krankenhaus, Innere Klinik.) FRESENIUS. 5732

H. Angewandte Chemie.

I. Allgemeine chemische Technologie.

Robert Werner, *Die elektrostatische Gasreinigung und ihre industriellen und wirtschaftlichen Vorzüge.* Es werden die zur Zeit gebräuchlichsten 3 Systeme der elektrostat. Staubreinigung [Röhren-, Honigwaben- u. Plattenfilter] eingehend beschrieben. Ihre jeweilige Anwendung auf Grund der besonderen Anforderungen bei Luft-, Abgas-, Gichtgas- u. Synthesegasreinigung wird mit ihren Vorteilen u. Nachteilen angeführt. Für die Lieferung des für die elektrostat. Abscheidung benötigten hochgespannten Gleichstromes werden ein rotierender u. ein stat. Gleichrichter empfohlen. (Mitt. chem. Forsch.-Inst. Wirtsch. Österreichs **6.** 99—102. Okt. 111—14. Dez. 1952.) LEHWALD. 5850

Peter Alexander, *Rolle der Kavitation bei der Emulgierung durch Schall- und Ultraschallwellen.* 1. Mitt. Das Auftreten von Kavitation (bes. an den Gefäßwänden) in Fll. bei Beschallung in Abhängigkeit von Energieaufwand, Gasgeh., Tension, Gesamtdruck usw. u. ihr Mechanismus werden diskutiert u. als eigentliche Ursache der Emulgierung nichtmischbarer Fll. u. von Metallen in Fll. (besonderer Fall) wahrscheinlich gemacht. (Chem. Products chem. News [N. S.] **15.** 13—16. Jan. 1952.) BLUMRICH. 5878

Peter Alexander, *Rolle der Kavitation bei der Emulgierung durch Schall- und Ultraschallwellen.* 2. Mitt. (1. vgl. vorst. Ref.) Vorteile der Emulgierung durch Kavitationswrkg. (schweremulgierbare Stoffe, Weglassen verunreinigender Emulgatoren usw.). Die Erzeugung von Schall nach der piezoelektr., elektromagnet., magnetostriktiven u. mechan. Meth. ist mit Ausnahme der letzteren (POHLMANN-Pfeife) für die meisten Verwendungen zu kostspielig. Emulgierende Kavitation kann aber auch durch Einblasen von Dampf in kalte Fl., durch schnellaufende Rührer (z. B. mit 12000 Umdrehungen/Min.) bes. bei scharfwinklig gebogenen Flügeln u. bei schnellen Strömen durch Düsen erzielt werden. (Chem. Products chem. News [N. S.] **15.** 45—48. Febr. 1952.) BLUMRICH. 5878

III. Elektrotechnik.

N. V. Philips' Gloeilampenfabrieken, Eindhoven, Holland, *Keramische Isolierkörper*, bes. für Kondensatoren, bestehen aus ZnO, TiO_2 u. BeO, u. zwar im Bereich eines Vierecks, dessen vier Ecken A, B, C u. D folgende Zuss. aufweisen: A = 40 (Mol.-%) TiO_2, 60 ZnO u. Null BeO. B = 70 TiO_2, 30 ZnO u. Null BeO. C = 35 TiO_2, Null ZnO u. 65 BeO. D = 20 TiO_2, Null ZnO u. 80 BeO. Weitere Komponenten können bis 10% vorhanden sein. Die DK. liegt über 20 u. hat einen Temperaturkoeffizienten zwischen $+500 \cdot 10^{-6}$ bis $-500 \cdot 10^{-6}$ je Grad C. — Diagramm. (**Dän. P. 73 820** vom 6/8. 1948, ausg. 25/2. 1952. E. Prior. 7/8. 1947.) JÜRGEN SCHMIDT. 5957

Robert Bosch G. m. b. H. (Erfinder: **Hermann Sträb**), Stuttgart, *Elektrische Isolierung.* Die zu isolierenden Körper werden mit einer gallertartigen wss. Lsg. von Methylcellulose umpreßt oder bestrichen, die in Luft langsam getrocknet wird. (**D. B. P. 866 356** Kl. 21c vom 30/5. 1941, ausg. 9/2. 1953.) KESSEL. 5957

N. V. Philips' Gloeilampenfabrieken, Eindhoven, Holland (Erfinder: **Jan A. M. v. Moo** und **George L. Sutherland**, Mitcham Junction, England), *Oxydkathode.* Die emittierenden Stoffe, z. B. Erdalkalicarbonate, werden als Pulver in einer Lsg. von Polyvinylacetat in einem organ. Lösungsm. suspendiert u. aufgespritzt, z. B. in Ketonen, Alkoholen u. Estern, auch Amylacetat u. A. zu gleichen Teilen. (**D. B. P. 854 061** Kl. 21g vom 23/12. 1948, ausg. 30/10. 1952. E. Prior. 29/2. 1944.) KESSEL. 5975

N. V. Philips' Gloeilampenfabrieken (Erfinder: **Theodoor Philibert Tromp**), Eindhoven, Holland, *Elektrodeneinschmelzung* für Entladungsröhren. Stromleiter, z. B. aus W, Mo oder Fe–Ni-Legierungen, die mit einer weniger als 20 μ starken Schicht eines Metalls von niederem E. u. hoher elektr. Leitfähigkeit, z. B. Ag oder Cu, überzogen sind, werden mit einer Emaille eingeschmolzen, deren E. unter dem des Glases liegt. Die Emaille kann z. B. für Pb- oder Ca-Gläser aus 65 (%) PbO, 12,6 SiO_2 u. 22,4 B_2O_3 bestehen, für Hartgläser aus 25 PbO, 17 SiO_2, 23 B_2O_3, 10 ZnO u. 25 MnO_2. (**D. B. P. 856 918** Kl. 21g vom 3/4. 1944, ausg. 24/11. 1952. Holl. Prior. 6/4. 1943.) KESSEL. 5975

Westinghouse Brake & Signal Co., Ltd., London, England, *Se-Gleichrichter.* Das Gleichrichterelement wird bei oder nach der Umwandlung in die metall. Zustandsform einer oxydierenden Behandlung unterworfen, bes. in einem neutralen, sauren oder alkal. oxydierenden Bad, das z. B. aus einer Na_2O_2-Lsg. bestehen oder H_2O_2 enthalten kann. (**D. B. P. 856 663** Kl. 21g vom 12/12. 1929, ausg. 24/11. 1952. E. Prior. 28/12. 1938.) KESSEL. 5977

N. V. Philips' Gloeilampenfabrieken (Erfinder: **Albert Marinus Borren**), Eindhoven, Holland, *Elektrolytkondensator.* Nach dem Zusammenfügen der Elektroden u. eines dazwischenbefindlichen Diaphragmas (I) wird dieses mit einer zur Silicagelbldg. fähigen Lsg. (**II**) getränkt, die im **I** in den Gelzustand übergeführt wird. Als **II** dient eine verseifte Kieselsäureesterlsg., z. B. eine Äthylsilicatlösung. (**D. B. P. 848 536** Kl. 21g vom 14/2. 1944, ausg. 4/9. 1952. Holl. Prior. 19/2. 1943.) KESSEL. 5983

A. H. Hunt Ltd., London, England, *Herstellung von elektrischen Wickelkondensatoren aus metallisierten Papierstreifen.* Die Papierstreifen werden mit Al metallisiert unter Freilassung der Ränder. Die Randteile, die zum Anschluß dienen, werden anschließend durch Aufspritzen von geschmolzenem Cu metallisiert. — Zeichnung. (**Dän. P. 73 819** vom 30/12. 1947, ausg. 25/2. 1952. E. Prior. 4/12. 1946.) JÜRGEN SCHMIDT. 5983

Lonza Elektrizitätswerke und Chemische Fabriken Akt.-Ges. (Gampel), Basel, Schweiz, *Diaphragma für elektrolytische Wasserzersetzer.* Das in einem unter Druck arbeitenden elektrolyt. Wasserzersetzer den Kathoden- vom Anodenraum trennende, aus Asbestfasern bestehende Pappdiaphragma ist beiderseits mit Metallnetzen belegt, deren Maschenweite kleiner als die mittlere Asbestfaserlänge des Diaphragmas ist. — Abbildungen. (**Schwz. P. 282 079** vom 30/11. 1949, ausg. 16/7. 1952.) SCHREINER. 5993

IV. Wasser. Abwasser.

N. W. Tschalow und **L. P. Wolskaja,** *Unschädlichmachung von Phenole, Aldehyde und Methylalkohol enthaltenden Abwässern.* In Abwässern, die beim Eindampfen von Ca-Acetatlsgg. im Dreikörperapp. anfielen, wurden 0,15—0,29% Phenole, 0,021—0,21% Methylalkohol u. 0,25—0,27% Aldehyde (Acet- u. Formaldehyd, Furfurol) gefunden. Phenole u. Aldehyde wurden im Gegenstrom über 8 Böden mit Wasserdampf abgetrieben u. mit Alkalilsg. aufgenommen, Methanol mit Luft zuerst in einer Füllkörpersäule, dann weiter bei 45° bis zu einem Volumenverlust der Abwässer von 25—35%. Unter optimalen Bedingungen werden obige Stoffe zu 93—96, 70—93 u. 85—95% entfernt. Schwankungen sind durch die Jahreszeit bedingt. (Журнал Прикладной Химии [J. angew. Chem.] **25.** 1082—88. Okt. 1952.) R. K. MÜLLER. 6042

E. Asmus und **H. Garschagen,** *Über die photometrische Bestimmung von freiem Chlor im Wasser.* Die Arbeiten von ZINCKE (Liebigs Ann. Chem. **333.** [1904.] 340) u. KÖNIG (J. prakt. Chem. **69.** [1904.] 105) werden zu einer spezif. Best. von Cl_2 u. Br_2 in W. ausgebaut, die gestattet, 0,01—10 Teile Cl_2 in Millionen Teilen W. zu bestimmen. Cl_2 u. Br_2 reagieren in wss. Lsg. mit Alkalicyanid zu *ClCN* bzw. *BrCN*. Dieses wirkt in Ggw. von prim. aromat. Aminen auf Pyridin unter Ringsprengung ein u. führt zu einem intensiv gefärbten Dianilid des *Glutacondialdehyds*, dessen Extinktion proportional der Konz. des Cl_2 bzw. Br_2 ist. Zu 1 ml einer 1% wss. KCN-Lsg. werden 5 ml Cl_2-haltiges W. gegeben u. die Lsg. dann schnell mit 3 ml einer Lsg., die 1 g Benzidinhydrochlorid in 15 ml Pyridin u. 15 ml 0,2nHCl enthält, u. 2 ml Aceton versetzt. Nach 30 Min. kann gegen eine Kompensationslsg. von reinem W. + den obigen Reagenzien mit einem Kompensationsphotometer photometriert werden. Das Absorptionsmaximum liegt bei 530 mμ. Der zeitliche Einfl. auf die Eigenextinktion des Mischreagens, der Einfl. der Hydrolyse des ClCN, der Einfl. des Acetonzusatzes u. der Einfl. der Reihenfolge der Reagenszugabe auf die Extinktion des Dianilids werden diskutiert. Aceton übt eine stabilisierende Wrkg. auf die Farbe aus u. verlangsamt den Reaktionsablauf. Abweichungen vom BEERschen Gesetz treten erst ab 25 ml Cl_2/Liter auf. Die Ggw. von O_2, CO_2, NO_2^-, Mn^{2+}, Mn^{4+} u. wenig Fe^{3+} stört nicht. Der Einfl. größerer Fe^{3+}-Mengen kann durch Citronensäurezusatz völlig ausgeschaltet werden. (Z. analyt. Chem. **136.** 269—78. 1952. Marburg, Univ. Chem. Inst.) MOSLE. 6060

Roy C. Hoather, *Bakteriologische Wasseruntersuchung mit besonderer Berücksichtigung der Stabilität des Coli-aerogenes-Titers, einschließlich Bact. Coli, während der Aufbewahrung von Proben über Nacht.* 140 Wasserproben mit Thiosulfatzugabe wurden am Tage der Entnahme u. am folgenden Tage nach Aufbewahrung bei 5 oder 20° auf Coli-aerogenes- u. Colititer untersucht. Das Ergebnis der statist. Auswertung bestätigt die Annahme, daß keine Änderung der Bakterienzahl eintritt. Es hat den Anschein, daß bei 5° eine Abnahme der Coli-aerogenes-Keime von 12% ausschließlich der Colikeime eintritt, die hygien. ohne Bedeutung ist. Die Unters. der mit Thiosulfat versetzten Proben am Tag nach der Entnahme ermöglicht eine sichere Feststellung des Colititers; in der warmen Jahreszeit soll die Aufbewahrung, um eine Erhöhung der Agarkeimzahl zu vermeiden, in Eis erfolgen. Bei der Reinigung der Probeflaschen mit Chromsäuremischung ist nur klare, von festem Dichromat freie Lsg. zu verwenden u. mit Cu- u. Zn-freiem dest. W. nachzuspülen. 0,2 mg/Liter Cu u. einige mg Zn stören in einem mit der Dauer der Aufbewahrung steigenden Maße die bakteriolog. Unters. von Wasserproben aus Cu-Hausleitungen. Neben längerem Ablaufenlassen ist die Unters. des Probenrestes auf Cu u. Zn mit Na-Diäthyldithiocarbamat anzuraten. (J. Instn. Water Engr. **6.** 426—42. Okt. 1952. London, County, Public Health Labors.) MANZ. 6064

K. Ss. Kitschatowa, *Die Möglichkeit der Anwendung des Rosol-Mediums und von Wachstumsbeschleunigern zur Bestimmung von fäkalen Verunreinigungen des Wassers.* Es zeigte sich, daß der Coliindex des Rosolnährbodens viel empfindlicher ist als der des Fuchsin–Sulfit-Agars, bes. bei Zusatz von Hefelysat. (Гигиена и Санитария [Hyg. u. Sanitätswes.] **1952.** Nr. 6. 40—41. Juni. Moskau, Stalin-Wasserwerk.) KLUGE. 6064

V. Anorganische Industrie.

Badische Anilin- & Soda-Fabrik, Ludwigshafen/Rh. (Erfinder: **Helmut Weissbach,** Opladen), *Abtrennung konzentrierter HNO_3 aus ihren Gemischen mit N_2O_4.* Zugleich mit dem N_2O_4 dest. man ständig einen Teil der HNO_3 mit ab, kondensiert die Dämpfe u. zerlegt den spezif. schwereren Anteil des Kondensats durch erneute Dest. in HNO_3 u. N_2O_4. (**D. B. P. 869 943** Kl. 12i vom 13/5. 1943, ausg. 9/3. 1953.) ZÜRN. H 243

Farbwerke Hoechst, vormals Meister Lucius & Brüning, Frankfurt/M.-Höchst, *Herstellung einer Mischsäure für Nitrierzwecke,* die im wesentlichen aus SO_3 u. wasserfreier HNO_3 besteht. Die beim Kontaktverf. erhaltenen, SO_3 enthaltenden Gase werden unter Kühlung $<30°$ absorbiert u. die dabei verflüchtigten HNO_3-Anteile werden durch Tiefkühlung oder Absorption in verd. HNO_3 zurückgewonnen. (**D. B. P. 871 744** Kl. 12i vom 8/5. 1938, ausg. 26/3. 1953.) ZÜRN. H 243

United States of America, übert. von: **Melvin R. Perkins** und **Monroe Couper,** Wilmington, Del., V. St. A., *Aufarbeitung von Ni, Fe, K und F enthaltenden Rückständen der elektrolytischen Herstellung von F.* Diese Rückstände (**I**) entstehen durch Korrosion der Ni-Anoden u. der Stahlgefäße. Man behandelt die **I** mit wss. NH_4OH, wodurch Fe als $Fe(OH)_3$ unlösl. bleibt, während Ni u. K in Lsg. gehen. Die abgetrennte Lsg. wird eingeengt, dabei scheidet sich ein Ni–K–F-Doppelsalz ab. Das Filtrat wird zur Trockne gedampft u. der Rückstand auf 300° erhitzt, so daß $(NH_4)_2F_2$ absublimiert u. K_2F_2 zurückbleibt. (**A. P. 2 588 041** vom 5/4. 1946, ausg. 4/3. 1952.) ZÜRN. H 246

Soc. d'Électro-Chimie, d'Électro-Métallurgie et des Aciéries Électriques d'Ugine, Frankreich, *Herstellung von Chlordioxyd.* Bei Tempp. zwischen 0—100° wirkt H_2O_2 von 35% unter Bldg. von ClO_2 auf $HClO_3$ ein. Dabei kann die Reaktionsgeschwindigkeit durch den Zufluß von H_2O_2 reguliert werden. $HClO_3$ kann im Reaktionsgemisch durch Einw. von H_2SO_4 auf $NaClO_3$ gebildet werden. Das gebildete ClO_2 wird durch einen Luftstrom aus dem Reaktionsraum entfernt. (**F. P. 997 858** vom 10/8. 1945, ausg. 11/1. 1952.) SCHÖNAUER. H 247

Pure Corp., Ltd., South Gate, übert. von: **Jerrold O. Hinshaw,** Downey, Calif., V. St. A., *Herstellung von NaOCl-Bleichlaugen.* In wss. NaOH-Lsgg. leitet man Cl_2, bis kein freies NaOH mehr vorhanden ist. Dann fügt man 0,1—1,0 Gew.-% NaOH hinzu. Die Verunreinigungen setzen sich schneller ab als bisher. Die Abscheidung kann man noch durch Zusatz von 0,008—0,026 Gew.-% $MgCl_2$ begünstigen. (**A. P. 2 610 905** vom 9/6. 1950, ausg. 16/9. 1952.) ZÜRN. H 247

Phillips Petroleum Co., V. St. A., *Herstellung von Ruß.* In eine erste, zylindr. Verbrennungskammer, deren Durchmesser größer als ihre Länge ist, wird tangential Luft u. brennbares Gas eingepreßt u. vollständig verbrannt. Die heißen Abgase werden in eine zweite, sehr lange zylindr. Kammer geleitet, deren Durchmesser kleiner als der der ersten ist. Um eine bessere Rk. zu erreichen, werden die Prodd. in Spezialform durch die Kammer geführt. Axial wird fl. oder dampfförmiger KW-stoff eingeblasen u. durch die erste u. zweite Kammer geführt, in der er zu Ruß umgewandelt wird, der dem aus der Reaktionskammer kommenden Gasstrom entzogen wird. — Zeichnung. (**F. P. 966 034** vom 29/4. 1948, ausg. 28/9. 1950. A. Prior. 25/4. 1947.) WITTHOLZ. H 260

Chemische Fabrik von Heyden Akt.-Ges., München (Erfinder: **Max Kahlert,** Nünchritz über Riesa), *Überführung von Dioxodisiloxan in den hydrophilen Zustand.* Das trockene, hydrophobe Material wird unter Anwendung eines Mischverf. mit W. behandelt u. getrocknet. (**D. R. P. 745 084** Kl. 12i vom 20/10. 1942, ausg. 19/1. 1953.) ZÜRN. H 261

Chemische Fabrik Joh. A. Benckiser G. m. b. H., Ludwigshafen/Rh. (Erfinder: **Hermann Rudy,** Mannheim, und **Kurt Müller,** Ludwigshafen/Rh., *Herstellung von höchstviscose Lösungen lieferndem Kaliummetaphosphat.* KH_2PO_4 wird ca. 3 Std. auf ca. 800° u. im Anschluß daran noch längere Zeit bei tieferer Temp. (500°) erhitzt. (**D. R. P. 764 764** Kl. 12i vom 4/5. 1943, ausg. 26/1. 1953.) ZÜRN. H 264

Deutsche Gold- & Silberscheideanstalt vormals Roessler (Erfinder: **Harry Kloepfer**), Frankfurt/M., *Reinigen von hochdispersen Oxyden von Metallen bzw. Metalloiden,* die durch therm. Zers. in Ggw. oxydierend bzw. hydrolysierend wirkender Gase erhalten werden. Die abgeschiedenen Oxyde werden, gegebenenfalls unmittelbar nach der Abscheidung auf den Niederschlagsflächen, einer Wärmebehandlung bei ca. 200—500°, erforderlichenfalls in strömenden gas- oder dampfförmigen Medien, so lange unterworfen, bis die von der Zers. stammenden Verunreinigungen ganz oder weitgehend entfernt sind. (**D. R. P. 762 723** Kl. 12g vom 28/2. 1942, ausg. 28/7. 1952.) STEIL. H 270

British Thomson-Houston Co., Ltd., London, England, *Reinigen von Metallcarbonylen.* Man mischt das Carbonyl mit 1—20 Gew.-% NaOH, KOH oder $Ba(OH)_2$ u. dest. das reine Prod. ab. (**E. P. 679 906** vom 22/5. 1951, ausg. 24/9. 1952. A. Prior. 6/6. 1950.) NEBELSIEK. H 270

Rudolf Decker und Hellmuth Holz, München (Erfinder: **Adolf Gerber** und **Helmut Müller,** Burghausen, Obb.), *Herstellung hochkonzentrierter Alkalilaugen.* Die Zers. von Alkaliamalgam mit W. im Gegenstrom in Ggw. von Katalysatoren wird derart in Stufen durchgeführt, daß die Reaktionswärme des alkaliärmeren Syst. dem alkalireicheren zugeführt wird. Den entwickelten H_2 leitet man in das amalgamreichere Hg zur feineren Verteilung desselben u. zur Förderung der Berührung der Reaktionsteilnehmer ein. Die Viscosität der ablaufenden Lauge wird herabgedrückt u. die Wirksamkeit der Katalysatoren erhöht. — Vorrichtung. (**D. B. P. 857 346** Kl. 121 vom 25/7. 1942, ausg. 27/11. 1952.) KARST. H 272

Soc. d'Études Chimiques pour l'Industrie & l'Agriculture (Erfinder: **Maurice Sourdet** und **Jean Martin**), Paris, Frankreich, *Herstellung von Alkalisalzen aus Alkalichloriden.* Zuerst wird Alkalichlorid durch Erhitzen mit einem nicht völlig neutralisierten Ca-Phosphat, z. B. $CaHPO_4$, in Ggw. von Wasserdampf zur Rk. gebracht u. dann das gewonnene Alkali–Ca-Doppelphosphat im wss. Medium durch Einw. eines schwach sauren

Gases, z. B. CO_2 oder SO_2, in das Alkalisalz der schwachen Säure u. in das in der ersten Reaktionsstufe benutzte Ca-Phosphat zerlegt. Aus $KHCO_3$ oder $NaHCO_3$ wird durch Calcinierung K_2CO_3 oder Na_2CO_3 hergestellt. Reaktionstemp. in der ersten Verfahrensstufe 700—900°. (**D. B. P. 859 003** Kl. 12l vom 7/12. 1950, ausg. 11/12. 1952. F. Prior. 8/12. 1949.) KARST. H 272

Farbenfabriken Bayer, Leverkusen, *Herstellung von Alkalihydrosulfiden* durch Einw. von H_2S auf Alkalisulfide. Festes wasserhaltiges Alkalisulfid wird bei einer Temp. zwischen dem F. des Alkalisulfids u. dem F. des Hydrosulfids der Einw. des H_2S unterworfen, wobei dem Reaktionsraum Alkalisulfid u. H_2S kontinuierlich zugeführt u. gebildetes Hydrosulfid kontinuierlich entnommen werden. — Abbildungen. (**Schwz. P. 280 177** vom 28/11. 1949, ausg. 16/4. 1952.) SCHREINER. H 272

Dr. Alexander Wacker Gesellschaft für elektrochemische Industrie G. m. b. H., München (Erfinder: **Erich Schaeffer,** Trosly-Breuil, Oise, Frankreich, und **Bruno Kellner,** Burghausen, Obb.), *Abtrennen von Natriumcarbonat aus solches enthaltenden wässerigen Kaliumcarbonatlösungen.* Die Lsg. wird mit Flächen in Berührung gebracht, die so tief gekühlt werden, daß sich Kristalle ansetzen, worauf die gekühlte K_2CO_3-Lsg., z. B. durch Ablassen oder durch Entfernen der mit Kristallen behafteten Kühlflächen, von den Kristallen getrennt wird. Letztere enthalten alles Na_2CO_3. Temp. der gekühlten Flächen ca. —30°. (**D. B. P. 861 556** Kl. 12l vom 3/1. 1945, ausg. 5/1. 1953.) KARST. H 274

Allied Chemical & Dye Corp., übert. von: **Harold Eugene Robertson,** Syracuse, und **Eugene Baker Port,** Baldwinsville, N. Y., V. St. A., *Reinigung von wasserlöslichen Stoffen,* bes. von $NaHCO_3$. Der nach dem Ammoniak–Soda-Verf. aus NaCl-Lauge erhaltene $NaHCO_3$-Filterkuchen mit einem NaCl-Geh. von ca. 0,34% wird mit W. gewaschen, das von Verunreinigungen frei ist u. ca. 0,01% eines anionakt. Netzmittels, z. B. „Nacconol NR“, „Ultrawet“ u. dgl., enthält. Die z. B. 40% Alkylarylsulfonat u. 60% Na_2SO_4 enthaltenden Netzmittel verringern die Oberflächenspannung des Waschwassers auf 65 dyn u. darunter. Es werden erheblich geringere Mengen an Waschwasser benötigt. (**A. P. 2 607 660** vom 7/11. 1946, ausg. 19/8. 1952.) KARST. H 274

Land Hessen (Hessisches Staatsbad Nauheim) (Erfinder: **Wilhelm K. Müller** und **Lothar Laumann**), Bad Nauheim, *Gewinnung von Siedesalz aus färbende Stoffe enthaltenden Solen.* Der Störgang wird nach Zusatz von akt. Kohle oder sich ähnlich verhaltenden festen oberflächenakt. Stoffen u. Abtrennung der Ausscheidungen vor dem Sogg-Gang durchgeführt. Gelb-, Braun- oder Graufärbungen der Gradiersole oder der gewonnenen Salze, die durch Anwesenheit von Metallverbb., bes. Fe-Oxyden, bedingt sind, werden durch Zusatz von Kohle, Fullererde oder dgl. beseitigt u. für Speise-, Bade-, medizin. u. kosmet. Zwecke geeignete Salze gewonnen. — Vorrichtung. (**D. R. P. 747 665** Kl. 12l vom 20/10. 1937, ausg. 14/7. 1952.) KARST. H 274

Kalivertriebsstelle G. m. b. H., Abteilung Kaliforschungsstelle (Erfinder: **Hans Autenrieth** und **Anton Arens**), Hannover, *Herstellung von Thenardit aus Steinsalz und Magnesiumsulfat bzw. Kieserit über Astrakanit und Glaubersalz.* Die Herst. des Astrakanits ($Na_2SO_4 \cdot MgSO_4 \cdot 4\,H_2O$) in der 1. Stufe des Verf. wird bei ca. 60—75° durchgeführt unter Verwendung von feinstgemahlenem, getrocknetem Kieserit u. unter Rückführung des bei der Abkühlung der heißen Astrakanitmutterlauge auf 15° sich ausscheidenden Astrakanit–Bittersalz-Gemisches sowie der in der 2. Stufe anfallenden auf ca. +5° abgekühlten Glaubersalzmutterlauge. Der in der 1. Stufe erhaltene, von der Lauge abgetrennte Astrakanit wird in der 2. Stufe bei ca. 40° in W. so gelöst, daß keine Spaltung erfolgt, worauf die erhaltene Lsg. mit Steinsalz unter Zugabe des größten Teiles der heißen Glaubersalzschmelzlauge aus der 3. Stufe verrührt u. auf ca. +5° abgekühlt wird unter Abscheidung von Glaubersalz. Die abgetrennte Glaubersalzmutterlauge geht in die 1. Stufe zurück. Das in Stufe 2 erhaltene Glaubersalz wird in der 3. Stufe mit Steinsalz bei ca. 70° unter Rückführung des Glaubersalz–NaCl-Gemisches geschmolzen, wobei der abgeschiedene *Thenardit* (Na_2SO_4, wasserfrei) abgetrennt wird. Die Schmelzlauge wird zur Astrakanitumsetzung in die 2. Stufe zurückgeführt, während die restliche Schmelzlauge tiefgekühlt u. das abgeschiedene Glaubersalz–NaCl-Gemisch dem Schmelzprozeß in der 3. Stufe zugeführt wird. Höhere Ausbeuten, Ersparnis an Kälteenergie u. Verkürzung der Reaktionszeit. (**D. B. P. 872 039** Kl. 12l vom 19/10. 1950, ausg. 20/3. 1953.) KARST. H 274

Böhme Fettchemie G. m. b. H., Düsseldorf, *Abscheidung von Tonschlamm aus konzentrierten Salzlösungen der Kaliindustrie.* Um den Tonschlamm (**II**) in leicht abscheidbare Form zu überführen, werden den gesätt. Salzlaugen der Kaliindustrie ca. 1% *Sulfitzellstoffablauge* (**I**) oder *ligninsulfonsaure Salze* zugesetzt. Die Wrkg. von **I** kann durch Zugabe von geringen Mengen koagulierend wirkender Salze mit mehrwertigen Kationen,

z. B. wasserfreies Al-Sulfat, verbessert werden. Das Absetzen des suspendierten II wird beschleunigt u. der Raumbedarf für die Absetzbehälter verringert. (**D. B. P. 872 339** Kl. 12l vom 3/5. 1941, ausg. 30/3. 1953.) KARST. H 275

Karl Büchner, Deutschland, *Herstellen von Kaliumcarbonat aus Kaliumchlorid.* KCl wird in Ggw. von NH_3 u. CO_2 mit $K_2Ca(SO_4)_2 \cdot H_2O$ in ein Gemisch von K_2SO_4 u. $CaCO_3$ umgesetzt. Die dabei gebildete Lsg. von NH_4Cl wird abgetrennt u. aus ihr NH_3 mit $Ca(OH)_2$ zurückgewonnen. Das Gemisch von K_2SO_4 u. $CaCO_3$, dem das beim Einengen der später erhaltenen K_2CO_3-Lsg. anfallende K_2SO_4 zugesetzt ist, wird bei einer Temp. von 40° bei einem Druck von 30 at behandelt. Es bildet sich $KHCO_3$-Lsg. u. das Doppelsalz $K_2Ca(SO_4)_2 \cdot H_2O$, das von neuem mit KCl umgesetzt wird, während die $KHCO_3$Lsg. mit der genau berechneten Menge von $Ca(OH)_2$ zur Bldg. von K_2CO_3 versetzt wird. Von $CaCO_3$ wird filtriert, die Lsg. eingedickt, wobei K_2SO_4 ausfällt, das der in der 1. Stufe des Verf. gewonnenen Mischung zugesetzt wird. Die K_2CO_3-Lsg. wird zur Trockne eingedampft. Das gewonnene K_2CO_3 mit 96—98% Reinheit enthält 0,3% SO_4 u. weniger als 0,1% Cl. (**F. P. 1 001 025** vom 6/12. 1949, ausg. 19/2. 1952. D. Prior. 6/12. 1948.) SCHÖNAUER. H 275

Vereinigte Kaliwerke Salzdetfurth Akt.-Ges., Bad Salzdetfurth (Erfinder: **Rudolf Bachmann,** Hannover), *Schwimmaufbereitung von Sylvin und Steinsalz,* bes. unter Verwendung der bekannten Fettalkoholsulfonate. Zur Verbesserung der Ausbeute u. des Geh. an *KCl* im Konzentrat setzt man den Schwimmlaugen 150 (g/Liter) $MgCl_2$ oder 30—70 $MgSO_4$ u. darüber zu. Der Zusatz kann in Form von Hartsalzen bzw. Carnalliten erfolgen. (**D. B. P. 845781** Kl. 1c vom 23/4. 1943, ausg. 4/8. 1952.) W. HAUSWALD. H 275

Soc. An. Potasse et Engrais Chimiques, Frankreich, *Herstellung von Kaliumbisulfat und Salzsäure* durch Einw. von Schwefelsäure auf KCl. Dabei wird KCl durch eine Transportschnecke in einem schräg geneigten Zylinder der von oben zuströmenden Schwefelsäure entgegengeführt. In demselben Zylinder wird das gebildete $KHSO_4$ mit W. gewaschen. Aus der unteren Öffnung fließt Salzsäure, aus der oberen wird das trockene $KHSO_4$ durch die Transportschnecke ausgetragen. Aus 1300 kg 55%ig. Schwefelsäure u. 580 kg KCl werden 1000 kg $KHSO_4$ u. 270 kg Salzsäure von 19° Bé gebildet. (**F. P. 1 007 262** vom 12/3. 1948, ausg. 5/5. 1952.) SCHÖNAUER. H 275

Kali-Forschungs-Anstalt G. m. b. H (Erfinder: **Jean D'Ans**), Berlin, *Verwertung der beim Kalimagnesiaprozeß anfallenden Umsetzungslauge.* Die überschüssigen Umsetzungslaugen des gewöhnlichen oder konz. Kalimagnesiaprozesses werden unter Abscheidung von Schönit u. Erreichung des möglichen Höchstgeh. an $MgCl_2$ in der Endlsg. mit entwässertem Kieserit in Ggw. entsprechender Mengen KCl bei 30° umgesetzt. Die erhaltene Endlsg. wird nach Abtrennung des Schönits zur Abscheidung von Bittersalz gekühlt. Kalimagnesia wird in gut ausgebildeten, leicht filtrierbaren Kristallen gewonnen. (**D. B. P. 857 345** Kl. 12l vom 20/9. 1942, ausg. 27/11. 1952.) KARST. H 282

British Periclase Co., Ltd., Worksop, Nothinghamshire, England, *Verbesserungen bei der Gewinnung von $Mg(OH)_2$.* In ein Mg-haltiges Seewasser bringt man in einem Reaktionskessel (I) pulverisierten, ungelöschten oder dolomit. Kalk, zieht eine den $Mg(OH)_2$-Nd. in Suspension enthaltende Lsg. ab u. bringt aus dieser abgesetztes $Mg(OH)_2$ als Saatkristalle nach I zurück, bis 5—20 Gew.-% $Mg(OH)_2$ pro Std. in I ausfallen. (**E. P. 635 781** vom 13/6. 1947, ausg. 19/4. 1950.) NEBELSIEK. H 282

British Periclase Co., Ltd., England, *Kristallisiertes Magnesiumhydroxyd.* In eine Lsg. von reaktionsfähigen Mg-Salzen, z. B. Seewasser, wird feinstpulverisierter gebrannter, aber nicht totgebrannter Kalk oder Dolomit eingetragen. Das ausgefällte $Mg(OH)_2$ wird so lange in das Reaktionsgefäß zurückgeführt, bis das Gewicht der in die Lsg. eingebrachten $Mg(OH)_2$-Kristalle das 5—20fache des in der Std. ausgefällten $Mg(OH)_2$ beträgt. Der Kalk oder Dolomit wird bei 900—1100° gebrannt. Zweckmäßig werden Bicarbonate, die eine Fällung des Mg bedingen, aus der Lsg. entfernt. (**F. P. 968 666** vom 1/7. 1948, ausg. 1/12. 1950. E. Prior. 2/6. 1948.) WITTHOLZ. H 282

Food Machinery & Chemical Corp., New York, N. Y., übert. von: **Albert C. Zettlemeyer** und **Walther J. Riley,** Westfield, N. J., V. St. A., *Gewinnung von aktiver Magnesia* durch Brennen von frisch gefälltem $Mg(OH)_2$ im trockenen, inerten Gasstrom bei 310—400°. (**A. P. 2 606 816** vom 9/12. 1948, ausg. 12/8. 1952.) NEBELSIEK. H 282

Union Oxydes (Proprietary), Ltd., Johannesburg, Südafrika, *Gewinnung von Zinkoxyd.* Man leitet unter Rühren einen Strom oxydierender Gase kontinuierlich über geschmolzenes Zn oder Zn-Legierungen (I), die mehr oder weniger Verunreinigungen enthalten. Dabei benutzt man die bei der Oxydation entstehende Verbrennungswärme, um I im geschmolzenen Zustand zu halten, u. führt, wenn diese nicht ausreicht, noch so viel Wärme zu, daß I ständig ca. 10° über dem F. gehalten wird. — Vorrichtung. (**E. P. 647 887** vom 17/3. 1947, ausg. 28/12. 1950. Südafr. Prior. 5/4. 1946.) NEBELSIEK. H 288

Krebs & Co., Akt.-Ges., Zürich, Schweiz, *Zersetzungskolonne für Alkaliamalgame.* Die Kolonne ist mit Graphiteinsätzen versehen, die in einem Teil runde Graphitplatten u. -ringe von gleichem Durchmesser u. im anderen Teil Lochplatten mit Vertiefungen zwischen den Löchern aufweisen, wobei die Löcher der einen Platte über den Vertiefungen der darunterliegenden Platte angeordnet sind. Das herabtropfende Hg wird so von Hg in den Löchern aufgefangen u. einer Erosion der Platten entgegengewirkt. (**Finn. P. 25 578** vom 6/7. 1949, Auszug veröff. 29/2. 1952. Schwz. Prior. 10/7. 1948.) JÜRGEN SCHMIDT. H 291

Badische Anilin- & Soda-Fabrik, Ludwigshafen-Rh. (Erfinder: **Ernst Donath,** Pittsburgh, Pa., V. St. A., und **Wilhelm v. Füner,** Ludwigshafen/Rh.), *Herstellung aktiver Tonerde* aus Al-Salzlsgg., bes. für katalyt. Zwecke. Man fällt aus diesen Lsgg. mit Alkalilauge in Ggw. wasserlösl. Verbb. 2wertiger Metalle, bes. solchen aus der 2. Gruppe des Period. Syst., $Al(OH)_3$, trocknet, formt u. erhitzt. (**D. B. P. 858 843** Kl. 12m vom 30/3. 1943, ausg. 8/12. 1952.) NEBELSIEK. H 294

Badische Anilin- & Soda-Fabrik, Ludwigshafen/Rh. (Erfinder: **Fritz Jahn,** Marl), *Herstellung von Formlingen aus Tonerde* u. gegebenenfalls reduzierenden Stoffen für die Verarbeitung auf $AlCl_3$ durch Behandeln mit Cl_2 oder Cl_2- u. CO-haltigen Gasgemischen, wobei man die Verformung in Ggw. von Alkaliverbb., bes. Alkalihydroxyden, vornimmt. (**D. B. P. 861 557** Kl. 12m vom 19/10. 1944, ausg. 5/1. 1953.) NEBELSIEK. H 294

Klöckner-Humboldt-Deutz Akt.-Ges., Deutschland, *Gewinnung von Aluminiumoxyd aus kieselsäurereichen Erden für die Herstellung von Aluminium.* Den Erden wird außer CaO Fe_2O_3 zugesetzt, u. zwar in einer Menge, daß sich 45% des SiO_2 beim Schmelzen umsetzt zu Fe_2SiO_4. Dieses Eisensilicat bildet mit den Dicalciumsilicaten Mischkristalle, die beim Abkühlen der Schmelze ihre Struktur ändern u. damit ein Zerbröckeln der Schmelze bewirken. Auf diese Weise wird das Auslaugen der Tonerde erleichtert. (**F. P. 1 007 217** vom 8/3. 1948, ausg. 5/5. 1952.) SCHÖNAUER. H 294

VI. Silicatchemie. Baustoffe.

H. Kolsky, *Photoelastische Untersuchung der Härte von Kunststoffen und Glas.* An Kunststoffen [Polymethacrylsäuremethylester (I) u. Glas] wurde die Spannungsverteilung im Material mittels einer photoelast. Meth. untersucht. Die Spannung wurde durch Aufdrücken eines zylindr. Stempels aus Stahl oder I auf die ebene Oberfläche von I oder Glas hervorgerufen. Wenn die Schubspannung an keiner Stelle die Elastizitätsgrenze überschreitet, entspricht die Spannungsverteilung der Theorie von HERTZ bei der Berührung eines Zylinders mit einer ebenen Fläche. Bei größeren Spannungen tritt plast. Fließen etwas unter der I-Oberfläche ein. Dieses Fließen wird durch den permanenten Druck der Oberflächenschichten hervorgerufen, in denen die Spannung nicht die Elastizitätsgrenze überschritten haben kann. Bei I wurde eine direkte Beziehung zwischen der Doppelbrechung u. der Spannung weit oberhalb der Elastizitätsgrenze gefunden; daher kann das Verh. von I auch nach eingetretener plast. Verformung untersucht werden. Bei sprödem Material, wie Glas, sind Schubspannungen ohne Bedeutung, da Bruch an den Kanten der Berührungsstelle eintritt, wo die Zugspannung am größten ist; bei Glas wurde die Spannungsverteilung vor u. nach Bruch der Probe untersucht. (J. Soc. Glass Technol. **36.** Trans. 56—64. Febr. 1952. Welwyn, Herts., Imp. Chem. Ind. Ltd., Butterwick Res. Labors.) SCHÄFF. 6200

Martti Ratu, *Die Eignung des Biotits als Rohstoff für die keramische Industrie.* Biotit ist als Rohstoff für keram. Glasuren geeignet. Durch Zusatz von Biotit werden gelbbraune, rote bis schwarze Glasuren erhalten. (Suomen Kemistilehti **25.** A 184. 1952. Turku, Teknillinen oppilaitos.) BECKMANN. 6212

M. Oswald, *Titancarbid, eine sehr feuerfeste und leichte Substanz.* Die Eig. von TiC, sich in anderen feuerfesten Materialien mit größerem spezif. Gewicht zu lösen, macht es möglich, Materialien herzustellen, die je nach dem Verwendungszweck spezif. Gewichte von 4,9—10,7 aufweisen. — 21 Literaturangaben. (Métaux **27.** 75—87. Febr. 1952. Soc. le Carbone-Lorraine.) BLUTH. 6218

Vittorio Licini, *Cermet.* Vf. berichtet über die Entw. von Werkstoffen, die neben einer gewissen Festigkeit temperatur- u. korrosionsbeständig sind. Es handelt sich dabei um Zweistoffsysteme von Metalloxyden (-boriden, siliciden, -carbiden) u. Metallen (Fe, Cr, Co, Ni), deren pulverige Komponenten homogenisiert bei ca. 4000 atü geformt u.

in definierter Atmosphäre erbrannt werden. Dabei kommt es zur Bldg. von festen Lsgg. bzw. synthet. Spinelle (Al_2O_3/Fe, Ni, Cr). Die therm. Reaktionsfähigkeit der einzelnen Komponenten ist weitgehend von der chem. Zus., dem Feinheitsgrad, der Kristall- u. Gitterstruktur, der angewendeten Mengenverhältnisse u. der therm. Behandlung (Anheizzeit, Dauer der Ofenreise u. Atmosphäre) abhängig. AufGrund der Anwendungsmöglichkeiten der Cermets unterscheidet Vf. 3 Gruppen: 1. Metall/Metalloxyd; 2. Metall/Metallborid; 3. Metall/Metallcarbid. Verfahrenstechnische u. Angaben über die chem. Zus., über physikal.-chem. u. techn. Daten verschied. Cermetverbb. sowie über Anwendungsmöglichkeiten werden gemacht. (Ceramica [Roma] **7.** 57—58. Sept. 1592.) ANIKA. 6220

Nathan C. Rockwood, *Fortschrittliche Chemie des Zements und Betons.* 3. Mitt. *Die komplexe Struktur der Mineralien.* (2. vgl. C. **1953.** 2178.) Darst. der Rkk. im festen Zustand u. der Struktur von 2 CaO·SiO_2 u. 3 CaO·SiO_2. Angaben über die Stabilität dieser Mineralien. (Rock Products **55.** Nr. 9. 72—73. 114. Sept. 1952.) K. SEIDEL. 6222

Nathan C. Rockwood, *Fortschrittliche Chemie des Zements und Betons.* 4. Mitt. *Strukturchemie der Zuschlagstoffe innerhalb und außerhalb des Betons.* (3. vgl. vorst. Ref.) Beschreibung der verschied. Mineralien, die als Zuschlagstoffe für Beton benutzt werden, u. Angabe ihrer mineral. Zusammensetzung. (Rock Products **55.** Nr. 11. 90 bis 92. Nov. 1952.) K. SEIDEL. 6222

H. Violet, *Neue Vorschläge für die Steinherstellung aus Kalk und Flugasche.* Es wird über die Herst. von Kalk–Asche-Gittersteinen aus Flugasche mittels Strangpresse berichtet. Die im Stein erzielten Hohlräume betrugen bis zu 30%. Außer mit Dampfhärtung können die Rohlinge auch mit CO_2-haltigen Abgasen gehärtet werden. Es werden Angaben über die Eigg. dieses Steines gemacht. Das Rohmaterial für die Kalk–Asche-Kunstbimssteine wird granuliert, die Körner werden zum Rohling durch leichtes Zusammenpressen geformt u. dann im Härtekessel unter Dampfdruck oder mit CO_2-haltigen Abgasen gehärtet. Auch die techn. Daten dieser Steine werden bekanntgegeben. (Betonstein-Ztg. **18.** 452—53. Dez. 1952.) K. SEIDEL. 6228

Fr. Hegemann und **H. Zoellner,** *Über die quantitative spektrochemische Gesamtanalyse von Silicaten.* 2. Mitt. (1. vgl. C. **1953.** 2823.) Zur Vermeidung fraktionierter Dest. u. Änderung der Elektrodenabmessungen während des Abbrandes wird die Analysensubstanz auf dem Umfang einer durch den Lichtbogen bewegten Scheibe angeordnet. Dadurch wird eine geringe Atomkonz. erreicht, die das Verf. für Gehh. bis 30% brauchbar macht. Für die Best. der Alkalien u. von Spurenelementen werden zwei weitere spezielle Verff. angegeben. Die beiden ersten Aufnahmeverff. werden photometr. ausgewertet, während die Auswertung der Spurenanalyse mittels der spd-Skala auf $\pm 10\%$ genau erfolgt. (Glas-Email-Keramo-Techn. **3.** 316—21. 15/9. 1952. München, TH, Forschungsstation für Geochem. am Mineralog. Geol. Inst.) FROST. 6240

Wilfrid R. Foster, Frank H. Riddle und **Herbert F. Royal,** *Glühprobe und Fluorescenz bei der Prüfung von Sillimanit-Mineralien.* Zur Vorprüfung u. Bewertung von *Sillimanit* (*Cyanit*) bes. auf Begleitmineralien, wie *Korund* u. *Apatit,* ist eine Beobachtung der Fluorescenz unter der Analysenquarzlampe wertvoll. Ferner ist eine Beobachtung des Verh. nach dem Glühen bei 1450° aufschlußreich. (Amer. ceram. Soc. Bull. **31.** 326—28. Sept. 1952. Detroit, Mich., Champion Spark Plug Co.) HENTSCHEL. 6240

Rheinische Kalksteinwerke G. m. b. H. (Erfinder: **Hans Rusche**), Wülfrath/Rhld., *Rückgewinnung von Kalkhydrat aus Sichtergrießabgängen.* Die Grießabgänge werden so innig mit W., z. B. in einem Rührwerk oder in einer Waschtrommel, behandelt, daß das in ihnen noch enthaltene $Ca(OH)_2$ in Form von Kalkmilch freigemacht wird. (**D. B. P. 852 364** Kl. 80b vom 16/2. 1951, ausg. 13/10. 1952.) HANS HOFFMANN. 6227

Franz Rudolf Thomanek, Grafenwöhr/Obpf., *Bauwerkstoff mit hoher Zugfestigkeit.* Mineral. Bindemitteln, wie Zement oder dgl., werden Glasfasern zugesetzt, deren überwiegender Teil eine Stärke von unter 0,01 mm besitzt. Zweckmäßig sind die verwendeten Glasfäden nicht massiv, sondern mit Capillaren ausgebildet. (**D. B. P. 825 377** Kl. 80b vom 1/11. 1949, ausg. 18/9. 1952.) HANS HOFFMANN. 6229

Badische Bau- und Kunststoff-G. m. b. H., Mannheim-Freudenheim, *Herstellung geformter Bauteile.* Eine nach D. B. P. 812 414 hergestellte, aus natürlichem oder synthet. Anhydrit, Füllstoffen u. W. bestehende, krümelige M. wird durch intensive Bewegung, wie Rütteln, Schleudern oder Ultraschall, in einen plast. Zustand übergeführt u. verformt. (**D. B. P. 846 820** Kl. 80b vom 24/5. 1951, ausg. 18/8. 1952. **Zusatz zu D. B. P. 812 414; C. 1952. I. 751.**) HANS HOFFMANN. 6229

Dufay-Chromex Ltd., London, England, *Herstellung von zellförmigen Füllungen für doppelwandige Bauelemente.* Die Füllungen bestehen aus Bögen aus folienförmigen

Stoffen, auf denen kontinuierliche oder unterbrochene Klebmittellinien angebracht werden, worauf man die Folien unter teilweiser Verschiebung miteinander verklebt, härtet u. aufschneidet, so daß man ein Gitterwerk erhält. Die so erhaltenen Zellen werden dann in üblicher Weise metallisiert, z. B. durch Aufspritzen von Firnis mit Metallpulver, bes. Al, oder von Lsgg. von Celluloseestern oder synthet. Harzen, die Metallpulver enthalten. (**Dän. P. 73 592** vom 31/10. 1946, ausg. 2/1. 1952. E. Priorr. 25/5. 1944 u. 22/5. 1945.) JÜRGEN SCHMIDT. 6229

Dunlop Rubber Co. Ltd., London (Erfinder: **Wilfred Henry Hogg,** Erdington), England, *Schichtmaterial,* bes. *Fußbodenbelag.* Auf eine Bahn aus weichgemachtem Polyvinylchlorid wird fortlaufend ein Gemisch aus faserigem Füllstoff, Vinylchlorid-Vinylidenchlorid-Mischpolymerisat, Weichmacher u. Stabilisator in körniger Form aufgebracht, bei 100—140° zusammengeschmolzen u. mit der Bahn zu einer einheitlichen, zusammenhaftenden M. verpreßt. (**D. B. P. 868 970** Kl. 39b vom 3/10. 1950, ausg. 2/3. 1953. E. Prior. 9/2. 1949.) SALZMANN. 6239

VII. Agrikulturchemie. Schädlingsbekämpfung.

Joe C. Sharp und **Gordon A. Crowe,** *Die Chemie des mit Ammoniak behandelten Superphosphats.* Behandelt werden die bei der Fabrikation u. Lagerung von mit NH_3 behandeltem Superphosphat auftretenden Umsetzungen sowie der Einfl. von Temp. u. Wassergeh. auf die Stabilität des Mischdüngers. (Farm Chemicals **114.** Nr. 10. 16—20. Okt. 1951.) RANG. 6290

A. G. Gebgardt, *Über granulierte bakterielle Düngemittel.* Im Feldvers. mit Mais auf Schwarzerde–Wiesenboden nach Roggen u. 25 t/ha Stallmistgaben vor der Aussaat wurde gezeigt, daß bei Einbringung von Azotobakterin (I) in das Saatbett im Vgl. zur Kontrolle der Kolbenertrag um 19,3 dz/ha ansteigt. Wurden in die Reihen Superphosphat (II), Phosphobakterin (III) u. I in Pulverform gestreut, so ergaben diese keine bessere Wrkg. als II allein. Die gleichzeitige Anwendung von I u. II in granulierter Form u. von staubförmigem III ergab im Vgl. zu granuliertem II einen Mehrertrag von 4,1 dz/ha. Noch besser wirkte die gleichzeitige Anwendung von granuliertem I, II u. III (7,7 dz/ha Mehrertrag gegenüber granuliertem III). Es wird der Schluß gezogen, daß man I u. III bei guter Versorgung mit organ. Substanz in möglichst konz. Form dem Boden zuführen soll u. daß der Boden bei I-Gaben genügend mit Phosphaten zu versorgen ist. (Агробиология [Agrobiologie] **1951.** Nr. 5. 134—40. Lwow, Franko-Univ., Lehrstuhl für Mikrobiol. u. Bodenkunde.) A. JACOB. 6304

N. P. Malinkin und **P. W. Protassow,** *Über die Anwendung von Düngemitteln bei Baumwolle während verschiedener Entwicklungsphasen.* Der Bedarf der Baumwolle an N, P, K ändert sich im Verlauf des Wachstums der Pflanze, so daß eine entsprechend differenzierte Düngung erforderlich ist. (Советская Агрономия [Sowjet. Landwirtschaftskunde] **9.** Nr. 11. 63—73. Nov. 1951. Zentr. Station für Düngemittel u. landw. Bodenkunde.) A. JACOB. 6304

Maurice Ferrand, André Bachy und **Michel Ollagnier,** *Der Mangel an Spurenelementen in den Böden des Mittleren Kongo.* Durch 3jährige Anbauverss. mit Ölpalmen auf einem typ. Boden des Mittleren Kongo wurde Mangel an Zn, Mg, Mn, Cu u. B festgestellt. NPK-Düngung bliebt wirkungslos, wenn nicht mindestens eines dieser Elemente verabreicht wurde. Der Ertrag steigt dann mit jedem der 3 Versuchsjahre. Die genannten Elemente, bes. Mg u. Mn, üben sehr günstigen Einfl. auf den Gesundheitszustand der Palmen aus. (C. R. hebd. Séances Acad. Sci. **233.** 1218—20. 12/11. 1951.) RANG. 6304

A. K. Perewersewa, *Die Einbringung von Düngemitteln bei Rebenanlagen.* Bei Anwendung mineral. Düngemittel neben Stallmist, Kompost usw. können die Stallmistgaben verringert werden. (Виноделие и Виноградарство СССР [Weinbereit. Weinbau UdSSR] **11.** Nr. 10. 34—36. Okt. 1951. Mittelasiat. Zweigstelle des Inst. „Magaratsch".) A. JACOB. 6304

I. W. Alexandrowa, *Die Prozesse der Humusbildung in einigen primitiven Gebirgsböden.* Durch Unters. jungfräulicher primitiver Gebirgsböden des Nordkaukasus wurde festgestellt, daß bei ihrer Bldg. durch Verwitterung des Muttergesteins Mikroben eine große Rolle spielen. An Sporenbakterien wurden Bac. mesentericus u. Bac. idosus angetroffen, sehr verbreitet waren Bac. luteus u. Bac. mycoides sowie unter den Actinomyceten: A. albus, A. globisporus u. A. griseus. Anaerobe Stickstoffbinder wurden gefunden, Azotobacter fehlte. Cellulosezerstörende Pilze waren vorhanden, Cellulosebakterien nicht. Der Geh. an organ. Substanz der Böden betrug 10—42%, der N-Geh. 1% u. mehr. Der Humus bestand aus 20—25% *Humin*-(I) u. 30,9—35,3% *Fulvosäure.* Die Ggw. von Carboxylgruppen u. Phenolhydroxylen in I zeigt den aromat. Charakter dieser Säure u. beweist, daß an der Bldg. nicht die ligninfreien Flechten u. Moose allein beteiligt waren. Die I primitiver Böden sind hochdispers. Eine volle Koagulation mit $CaCl_2$ konnte auch bei höchster Konz. nicht erreicht werden. Diese Eig. befähigt die I, auf Gesteine stark zerstörend einzuwirken. Die Eigg. der I primitiver Böden sprechen für einen einfachen Molekülbau. (Почвоведение [Bodenkunde] **1951.** 604—16. Okt. Moskau, Bodenkundl. Dokutschajew-Inst. der Akad. der Wiss. der UdSSR.) Linter. 6304

Tozo Amemiya und **Sadamoto Inokuma,** *Herstellung von Insekticiden aus α-Pinen.* 1. Mitt. *Chlorierung von α-Pinen. α-Pinen* (I) wurde bei —15 bis +15° direkt mit trockenem Cl_2 in 15—40 Std. (12 Liter Cl_2 pro 75 g I) chloriert. Das Prod. ist beständig gegen verd. Alkali, enthält aber gegen Hitze unbeständige Anteile. Bei Tempp. unter 0° u. möglichst niedrigem Geh. an W. wird die Bldg. von *2.6-Dichlorcamphen* u. *Bornylchlorid* begünstigt. Es muß angenommen werden, daß zunächst auch chlorierte Prodd. auftreten, die leicht der Hydrolyse anheimfallen u. als Terpenalkohole erscheinen. (J. chem. Soc. Japan, ind. Chem. Sect. [Kōgyō Kagaku Zassi] **53.** 198—99. Juli 1950. [Orig.: japan.]) Schuler. 6312

John Harms, *Verbessertes Lindan.* Bericht über die Ergebnisse von Laborverss., denen zufolge Eigg. u. Wirksamkeit von Lindan durch Beimengung von *Aroclor* (Gemisch von o-, m- u. p-Terphenyl) verbessert werden konnten. (Farm Chemicals **116.** Nr. 1. 12—14. Jan. 1953.) Winiker. 6312

L. P. Ditman, *Neue Insekticide. Beschreibung und Hinweise zu ihrer Anwendung.* Behandelt werden: *Parathion, Malathon, TEPP, Dilan, Lindan, Rotenon* u. *DDT.* (Canning Trade **75.** Nr. 35. 7—8. 16/3. 1953.) Winiker. 6312

N. N. Melnikow, *Organische Phosphorverbindungen als Insekticide.* Übersicht über die Eigg. u. insekticide Wrkg. von Derivv. der Phosphorsäure, von Estern u. Amiden der Pyrophosphorsäure (bes. von Tetraäthylpyrophosphat) sowie von Derivv. der Thio- u. Dithiophosphorsäure. — 266 Literaturangaben. (Успехи Химии [Fortschr. Chem.] **22.** 253—78. März 1953. Moskau.) Klever. 6312

P. A. Kljuschkin, *Wirksames Verfahren zur Vernichtung der Larven des Blattkäfers.* Die Bekämpfung der Blattkäferlarven durch Bestäuben mit 12%ig. Hexachlorcyclohexan (I) ergab bei Sommergerste gegenüber der Kontrolle einen Körnermehrertrag von 32,6%. DDT ergab einen Mehrertrag von 15,9%, Calciumarsenat von 5,6%, Natriumsiliciumfluorid von 1,4%. I tötete die Larven sehr rasch ab u. verursachte keine Verbrennung u. Wachstumshemmung der Pflanzen. Wegen seiner Wirksamkeit u. Ungiftigkeit für Mensch u. Tier wird die Anwendung von I empfohlen. (Советская Агрономия [Sowjet. Landwirtschaftskunde] **10.** Nr. 5. 89—90. Mai 1952. Krimer Wiss. Forschungsinst. für Pflanzenschutz.) A. Jacob. 6312

Je. N. Osstrowskaja, *Prüfung von Hexachloran bei der Bekämpfung der Maulwurfsgrille in Baumschulen.* Durch flächige Verteilung von 12%ig. Hexachloran u. seine Durchmischung mit dem Boden wurde eine 4,8fache Abnahme der Zahl der Maulwurfsgrillen (durch Gänge des Schädlings im Boden festgestellt) erzielt, dagegen nur eine 3,9fache bei Zwischenreiheneinbringung (1—2 cm von den Pflanzen entfernt) u. eine 2,8fache bei Einbringung 13 cm von den Reihen entfernt. Beim letztgenannten Verf. wurde durch Erhöhung der Dosis von 300 auf 600 kg/ha eine 4,3fache Verminderung des Schädlingsvork. erzielt. Im Unterschied zu den beiden ersten Verff. wurde hier keine schädliche Wrkg. auf die Pflanzen beobachtet. (Лесное Хозяйство [Forst-Wirtschaft] **5.** Nr. 2. 88—90. Febr. 1952.) M. Gordienko. 6312

N. I. Petruschowa und **S. I. Fomina,** *DDT und Hexachloran bei der Bekämpfung des Krimer Otiorrhynchus asphaltinus.* Bei der Bekämpfung des Krimer Otiorrhynchus asphaltinus erzielte man gute Resultate durch Bestäubung der Reben mit Hexachloran (I) bzw. DDT (II) (70,7—88,4%ig. Absterben der Käfer). Bepinseln der Stämme mit einer Suspension von I oder II erwies sich als weniger wirksam. 5%ig. II ist dem 12%ig. vorzuziehen. (Виноделие и Виноградарство СССР [Weinbereit. Weinbau UdSSR] **12.** Nr. 10. 48—49. Okt. 1952. Nikita, Botan. Garten) M. Gordienko. 6312

F. G. Petrossjan, *Die Erprobung neuer Präparate gegen Phylloxera. Dichloräthan* (I) u. *Hexachloräthan* (II) wurden für die Bekämpfung der Reblaus benutzt. Die Bodenbegasung mit I im Herbst ergab eine günstige Wrkg.; unbefriedigend war dagegen die Anwendung im Sommer. II zeigte weder bei Anwendung im Sommer noch im Herbst eine Wirkung. Begasung des Bodens mit I im Herbst bewirkte eine fast vollständige Vernichtung der Reblaus. Techn. *Hexachloran* erwies sich als wenig wirksam. Die *Dichloride* aus den Fabrikationsabfällen von synthet. Kautschuk zeigten eine 94 bis 100%ig. Wirkung. (Виноделие и Виноградарство СССР [Weinbereit. Weinbau.

UdSSR] **12.** Nr. 8. 39—41. Aug. 1952. Inst. für Weinbereit. u. Weinbau des Minister. für Lebensmittelind. der ArmSSR.) A. JACOB. 6312

P. I. Jegorow, *Brommethyl als Bekämpfungsmittel von Phylloxera.* Bei Laborverss. mit *Brommethyl* (I) in Mengen von 20 g/ m^3 Kammerraum erzielte man totale Vernichtung der Phylloxera in allen ihren Entwicklungsstadien einschließlich der Eier, wobei die Wurzeln der Rebe keine Schädigung erfahren. (Виноделие и Виноградарство СССР [Weinbereit. Weinbau UdSSR] **12.** Nr. 7. 46. Juli 1952. Odessa, Metschnikow-Univ.) M. GORDIENKO. 6312

Je. P. Schumilenko, *Die Wirksamkeit des Präparates NIUIF-2 (Granosan) bei der Bekämpfung von Krankheiten der Getreidesamen. Granosan* erwies sich als wirksam zur Bekämpfung der Alternariose u. Fusariose von Körnerfrüchten. Gleichzeitig förderte es das Aufgehen der Saat. Weizensaat kann 4 Monate vor der Saat gebeizt werden, ohne daß Keimschädigungen zu befürchten sind. Die beste Menge ist 1 g auf 1 kg Saatgut. Richtige Bemessung der Feuchtigkeit ist bei der Beizung der Samen wichtig. (Селекция и Семеноводство [Selekt. u. Samenzucht] **19.** Nr. 10. 67—70. Okt. 1952. Inst. für Biol. der Uraler Zweigstelle der Akad. der Wiss. der UdSSR.) A. JACOB. 6312

R. M. Fainstein, *Eine bakterielle Methode zur Bekämpfung von Oidium.* Zur Bekämpfung von Oidium wird ein Aufguß von Stalldung, bes. von Kuhmist oder faulendem Heu empfohlen. Beim Spritzen mit einer Lsg. aus 1 (Teil) Kuhmist u. 3 W., die nach 3 Tagen mit 3 W. verd. wird, dringen die Bakterien in das Mycel des Erregers ein u. vernichten es. (Виноделие и Виноградарство СССР [Weinbereit. Weinbau UdSSR] **12.** Nr. 2. 44—45. Febr. 1952. Hauptverwaltung für Weinbau.) G. REICHARDT. 6312

P. W. Ssaburowa, *Unkrautbekämpfung der Gemüsekulturen mit Hilfe von Mineralölen.* Die durch Vogelmiere, Melde, Spergel, Distel, Barbarakraut, Quecke u. Buchwinde verunkrauteten Mohrrüben- u. Zwiebelparzellen bespritzte man mit 20%ig. Emulsion von *Grünöl,* einer Mischung von *Butylen* u. *Amylen* bzw. mit *Petroleum* unter Zusatz von 20% Grünöl, reinem Schieferöl oder dessen 50%ig. Emulsion u. erzielte eine 100%ig. Vernichtung der Unkräuter. (Советская Агрономия [Sowjet. Landwirtschaftskunde] **11.** Nr. 1. 83—85. Jan. 1953. Allunions Wiss. Forschungsinst. für Pflanzenschutz.) M. GORDIENKO. 6312

Aarne Hilli, *Vermeidung des Rotharnens von Vieh durch Ausrotten der Erlen auf den Viehweiden.* Da die Blutparasiten (*Babesia bovis*), die das Rotharnen (seuchenhafte Hämoglobinurie) verursachen, durch hauptsächlich auf Erlen lebende Zecken übertragen werden, wird empfohlen, Erlengebüsch auf Viehweiden durch Pflanzenhormonpräpp. vom Typ des *Dichlorphenoxyessigsäureäthylesters* auszurotten. (Karjatalous **26.** 324—27. 9/6. 1950.) BECKMANN. 6312

H. J. Atkinson, R. F. Bishop und **R. Levick,** *Die Phosphorbestimmung in Natriumacetatextrakten von Bodenproben.* Meth. zur colorimetr. Bodenphosphorbest. mit NH_4-Molybdat nach Extraktion mit Na-Acetatlsg., wobei störendes Arsenat mit $NaHSO_3$ in Arsenit übergeführt wird. (Sci. Agric. **30.** 61—65. Febr. 1950. Ottawa, Can., Sci. Service.) KRUSEN. 6324

K. Je. Ginsburg, *Eine Methode zur colorimetrischen Bestimmung der Phosphorsäure in den Citronensäureauszügen aus dem Boden.* Bei der colorimetr. Best. der Phosphorsäure mit Molybdänblau im citronensauren Bodenauszug muß die Citronensäure vorher oxydiert werden. Ein Fe-Geh. der Auszüge unter 1,8 mg in 50 cm^3 stört nicht, höhere Fe-Gehh. bewirken zu niedrige Ergebnisse u. müssen vor der P-Best. entfernt werden. (Почвоведение [Bodenkunde] **1952.** 1126—32. Dez. Bodenkundl. Dokutschajew-Inst. der Akad. der Wiss. der UdSSR.) A. JACOB. 6324

R. Riemschneider, R. Claus und **H. Schneider,** *Über die quantitative Bestimmung von 1.1.2.3.4.5.6-Heptachlorcyclohexanen auf refraktometrischer Grundlage.* 14. Mitt. *Zur Chemie von Polyhalocyclohexanen und verwandten Verbindungen.* Das Verf. beruht auf der Tatsache, daß 1.2.3.4.5.6-Hexachlorcyclohexane u. 1.1.2.3.4.5.6-Heptachlorcyclohexane mit Zn-Staub (unter möglichst milden Bedingungen, da sonst Trichlorbenzol entsteht) unter Bldg. von Bzl. bzw. Chlorbenzol reagieren u. daß nach WILLIAMS u. DANIELS (J. Amer. chem. Soc. **49.** [1927.] 1679) Chlorbenzol refraktometr. neben Bzl. bestimmt werden kann. (Anz. Schädlingskunde **25.** 89—90. Juni 1952. Berlin-Dahlem, Freie Univ., Chem. Inst.) WINIKER. 6328

Josef Klaerding, Saargebiet, *Phosphatdünger von hoher Citratlöslichkeit.* Dem zu behandelnden Phosphat werden Kalk u. Kieselsäure zugegeben, so daß der Dünger 6—8,5 (Mol) Kalk, 1 H_3PO_4 u. 1,5—2 SiO_2 enthält. — 625 (kg) THOMAS-Schlacke werden mit 125 Sand u. 250 CaO verschmolzen. Das Prod. enthält 17,0 (%) P_2O_5, 55,4 CaO u. 14,0 SiO_2. (**F. P. 994 718** vom 7/9. 1949, ausg. 21/11. 1951.) WITTHOLZ. 6283

Soc. An. des Usines Dior, Frankreich, *Phosphatdünger.* Vor dem üblichen Aufschluß mit HNO_3 allein oder mit einem Gemisch aus $HNO_3 + H_2SO_4$ wird Rohphosphat mit W. behandelt, um teilweise Oxyde, vornehmlich des Fe u. Al, sowie organ. Verunreinigungen zu entfernen, die beim Aufschluß lästige Bldg. von nitrosen Gasen verursachen. (**F. P. 997 812** vom 31/7. 1945, ausg. 10/1. 1952.) WITTHOLZ. 6283

Soc. An. des Manufactures des Glaces et Produits Chimiques de Saint Gobain, Chauny & Cirey, Frankreich, *Granulieren von Düngemitteln. Naturphosphate* werden mit einer Mischung von Schwefel- u. Salpetersäure behandelt u. das erhaltene Prod. wird als Bindemittel für die Granulation der Düngemittel verwendet. Man bereitet eine Mischung aus 28,6 (Teilen) KCl u. 71,4 Phosphatdünger, der durch Behandlung von Marokkophosphat mit Säuregemisch erhalten ist. Diese M. wird in einem Drehrohrofen mit heißer Luft behandelt, bis die M. selbst 100—110° heiß ist, sie verläßt die Vorr. mit 70—80° in guter Granulation. (**F. P. 993 902** vom 2/11. 1944, ausg. 8/11. 1951.) WITTHOLZ. 6291

Byk-Gulden, Lomberg, Chemische Fabrik G. m. b. H. (Erfinder: **Ludwig Winterhalder**), Konstanz, *Herstellung substituierter Phenylessigsäuren.* Man hydriert substituierte Phenylglyoxylsäureester, z. B. den 3.4-Dimethoxyphenylglyoxylsäuremethylester, in CH_3OH-Lsg., bes. mit Katalysatoren (Pd), die auf A-Kohle niedergeschlagen sind, u. verseift, z. B. zur *Homoveratrumsäure.* — Zwischenprodd. zur Herst. von *Wuchsstoffen.* (**D. B. P. 861 254** Kl. 12q vom 17/4. 1943, ausg. 29/12. 1952.) FABEL. 6297

United States Rubber Co., New York, N. Y., übert. von: **John W. Zuckel,** Hamden, und **Walter D. Harris,** Naugatuck, Conn., V. St. A., *Das Pflanzenwachstum regulierende Mittel.* Man verwendet Mittel, die monoacylierte Derivv. des Maleinsäurehydrazids in wss. Dispersionen oder organ. Medien u. ein Netzmittel enthalten. — Beispiele: Die *Maleinsäurehydrazide* der *Essig-, Propion-, Acryl-, Butter-, Croton-, Valerian-, Trichloressig-, Phenylessig-, Öl-, Chlorbenzoe-* u. *Salicylsäure.* Die Mittel dienen als Pflanzenwuchsstoffe, zur zeitweiligen Behinderung des Pflanzenwuchses, als Phytocide u. Herbicide, zur Verhinderung des Abfallens von Früchten u. zur Erzeugung samenloser Früchte. (**A. P. 2 614 917** vom 4/1. 1951, ausg. 21/10. 1952.) KARST. 6297

Gebr. Borchers Akt.-Ges., Goslar/Harz (Erfinder: **Hugo Salaschek,** Bad Harzburg), *Präparate von Hormoncharakter zur Förderung des Pflanzenwachstums.* Synthet. Pflanzenwuchsstoffe werden in bestimmten Mengenverhältnissen mit Thioharnstoff (I) u./oder seinen Derivv. gemischt verwendet, wobei die Verwendung wss. Lsgg. die Konz. von **I** 0,02—0,2% u. bei Verwendung von Stäuben zwischen der 2—100fachen Menge des Hormonwirkstoffes beträgt, jedoch in der Gesamtmenge des Staubes 20% übersteigt. — Beispiele: *d-Araboascorbinsäure, Naphthylacetamid, Isoascorbinsäure, p-Chlorphenoxyessigsäure.* Die Wuchsstoffe verlieren ihre pflanzenschädigenden Wirkungen bei höheren Tempp. u. niederen p_H-Werten fast völlig. (**D. B. P. 866 489** Kl. 16 vom 21/1. 1944, ausg. 9/2. 1953.) KARST. 6297

Hans van Issum und **Wilhelm F. Fuhrhop,** England, *Begünstigung der Entwicklung von Pflanzen.* Um eine bessere Keimung der Samen, eine bessere Entw. der Zwiebeln u. Knollen, sowie Bewurzelung der Stecklinge zu erzielen, werden diese in Stoffe, die Feuchtigkeit absorbieren u. mit einer Alginatsalzlsg. behandelt sind, eingebettet. Man verwendet zu diesem Zweck eine 0,2—5%ig. Lsg. von *Na-*, *NH_4-* oder *Triäthanolaminalginat.* (**F. P. 978 861** vom 12/1. 1949, ausg. 19/4. 1951. E. Prior. 12/1. u. 19/1. 1948.) WITTHOLZ. 6297

Gertrud Repp, Österreich, *Das Pflanzenwachstum fördernde Mittel.* Diese enthalten Drogenauszüge, die bes. reich an Glucosiden mit Tiefenwrkg. sind, u. Reizstoffe oder Mangelsalze, wie Zn, Mo, Vd, Wo, B, Mn, Al, Mg, Ca u. dergleichen. Mischung **I**: Borsäure 3(%), Mn-Borat 0,6; $ZnSO_4$ 0,4; Cu-Rhodanid 0,8; Al-Nitrat 0,2; Ca-Sulfat 40,0, Talk 50,0; Lanolin 5,0. Mischung **II**: Borsäure 3; Mn-Borat 0,6; Zn-Sulfat 0,4; Cu-Rhodanid 0,8; Al-Nitrat 0,2; Ca-Sulfat 40,0; Talk 48,0; Fol. Digitalis pulv. 2,0; Lanolin 5,0. Mischung **III** enthält an Stelle von 48,0 nur 46,0 Talk; 4,0 Fol. Tussilago farfaso pulv. — Maiskörner werden mit diesen Mitteln eingestäubt u. ausgesät. Mit Mischung **I** Erhöhung der Ernte um 23%, mit Mischung **II** u. **III** um 37 bzw. 44%. (**F. P. 979 365** vom 21/1. 1949, ausg. 25/4. 1951. Schwz. Prior. 2/2. 1948.) WITTHOLZ. 6297

B. F. Goodrich Co., New York, N. Y., übert. von: **Charles L. Hamner,** East Lansing, Mich., V. St. A., *Frischhalten* z. B. von Schnittblumen oder Früchten. Diese werden nach der Abtrennung von der lebenden Pflanze in W. vom p_H 4—6 eingestellt, das je 1 Liter 1—60 (Teile) eines Zuckers, bes. Saccharose, 1—10 einer wasserlösl. Aminosäure, z. B. *N.N-Di-(2-Oxyäthyl)-* oder *N-(2-Oxyäthyl)-β-alanin,* u. 0,5—5 Al-K-Sulfat, Citronensäure oder ähnlicher, wasserlösl., sauer reagierender Stoffe enthält. Bes. geeignet zum Frischhalten von *Schnittrosen*. (**A. P. 2 614 039** vom 15/10. 1949, ausg. 14/10. 1952.) KARST. 6313

Nuodex Products Co., Inc., Elizabeth, N. J., V. St. A., *Bakterticides, fungicides und insekticides Mittel.* Es wird wenigstens ein halogeniertes Monooxybenzol, das Halogen als einzigen, zusätzlichen Substituenten am Ring enthält, mit wenigstens einem prim. aliphat., nicht substituierten Amin (Alkylkette von 6—18 C-Atomen) umgesetzt. — Z. B. werden 231,4 g 2.3.4.6-Tetrachlorphenol mit einer Lsg. von 185 g Dodecylamin in 139 g Äthylenglykolmonoäthyläther gemischt. (**E. P. 648 773** vom 26/11. 1947, ausg. 10/1. 1950. A. Priorr. 21/5. u. 14/7. 1945.) KETTNER. 6313

Dow Chemical Co., übert. von: **Kenneth C. Kauer**, Midland, Mich., V. St. A., *Nichtklebriges, freifließendes, γ-reiches Hexachlorcyclohexan* (**I**). Das rohe I wird mit Aceton, Chlf., Äthylenchlorid, Trichloräthylen, Propylenchlorid, Bzl., Monochlorbenzol, Toluol oder Xylol behandelt, so daß bei Raumtemp. 30—60% des I in Lsg. bleiben. Dann erhitzt man die Mischung auf 45—100°, jedoch nicht über den Kp. des Lösungsm., kühlt unter Rühren auf 25° ab, bis sich ein Gleichgewicht zwischen der Lsg. u. dem Bodenkörper gebildet hat. Das γ-haltige Filtrat, in dem das δ-I, Hepta- u. Oktachlorcyclohexan enthalten sind, wird zur Trockne eingedampft, dann mit 60—75% 2-Propanol bis zum Kp. (82°) erhitzt u. auf 10—20° abgekühlt. Das Ungelöste wird nochmals auf die gleiche Art mit 2-Propanol behandelt, wobei man ein 30—60%ig. γ-I gewinnt. — Ein I mit 66(%) α-, 8 β-, 12 γ-, 6 δ-, 3 ε- u. 5 höherchlorierten Isomeren gibt bei der Behandlung ein I mit 49 γ-, 44 α-, 1 δ- u. 3 ε-Isomeren. (**A. P. 2 585 898** vom 29/9. 1948, ausg. 12/2. 1952.) KRAUSS. 6313

Comp. de Produits Chimiques et Électrométallurgiques Alais, Froges et Camargues, Frankreich, *Insekticide.* Als solche werden vorgeschlagen: 0,8 (g) *γ-Hexachlorcyclohexan* u. 0,2 *Oktachlorcyclohexan,* hergestellt durch Chlorierung am Licht von o-Dichlorbenzol. (**F. P. 983 100** vom 27/1. 1949, ausg. 19/6. 1951.) WITTHOLZ. 6313

Imperial Chemical Industries Ltd. London, und **Hyett Henry Spendlove Bovingdon,** Bracknell, England, *Schädlingsbekämpfungsmittel.* Feinverteilte, inerte, feste Trägerstoffe oder Verdünnungsmittel, z. B. Talkum, Ton, Kalk, Gips oder Anhydrit, werden mit $C_6H_6Cl_6$ (**I**), das größere Mengen des γ-Isomeren enthält, u. einem Lösungsm., wie Ae., Aceton oder Methanol, zu einem dünnen Brei vermischt. Aus der M. wird das Lösungsm. durch Zufuhr von Wärme oder Einleiten eines Luftstromes rasch verdampft u. der trockene Rückstand in einer Kugelmühle vermahlen. Man kann auch den hauptsächlich das α-Isomere enthaltenden Rückstand von der Extraktion des rohen I mit Methanol oder dgl. verwenden. — *Stäubemittel.* (**E. P. 642 029** vom 23/7. 1948, ausg. 23/8. 1950.) KARST. 6313

Andre Paul Henry Dupire, Paris, Frankreich, *Insekticide Mittel.* Talkum, Kieselgur, S u. ähnliche nichtlösende Verdünnungsmittel werden mit einem $C_6H_6Cl_6$ vermischt, das durch Behandlung von Bzl. mit Cl_2 in Ggw. von Hg als Katalysator hergestellt wurde, in sehr feinverteilter Form vorliegt u. F. 120° besitzt. Man kann auch eine 1—2%ig. Lsg. des $C_6H_6Cl_6$ in KW-stoffen verwenden, die mit Fettalkoholen oder Seifenwasser emulgiert ist. Bes. geeignet zur Bekämpfung von *Milben*; *Bodensterilisationsmittel.* (**E. P. 646 911** vom 9/3. 1945, ausg. 29/11. 1950. F. Prior. 12/8. 1941.) KARST. 6313

Peter Erwin Andersen, Kijabe, Kenya, *Insekticide Mittel.* Frische oder grüne Pyrethrumblüten werden getrocknet u. in Kugelmühlen oder dgl. in Ggw. von wenigstens der Hälfte ihres Gewichts an Lösungsm., z. B. Kerosin, PAe. oder A., fein gemahlen. Aus der M. wird die Pyrethrinlsg. ausgewaschen. Der Extrakt kann unter vermindertem oder n. Druck bei ca. 55—60° konz. werden. Die Vermahlung der Pyrethrumblüten in den Mühlen erfolgt in Ggw. eines inerten, nichtexplosiven Gases unter Vakuum. In ca. 2 Std. wird der gesamte Pyrethringeh. aus den Blüten herausgelöst. (**E. P. 647 249** vom 9/4. 1947, ausg. 6/12. 1950.) KARST. 6313

United States Rubber Co., New York, N. Y. (Erfinder: **Walter Donald Harris,** Naugatuck, **John William Zukel,** Hamden, und **Herman Douglas Tate,** Woodbridge), V. St. A., *Insekticide.* Man verwendet Diester der H_2SO_3 als Insekticid, die eine Estergruppe enthalten mit einem Chloralkylradikal mit 2—4 C- u. 1—3 Cl-Atomen, bei dem kein Cl-Atom am α-C-Atom sitzt, während die andere Estergruppe ein Alkylradikal ist, das 7—16 C-Atome enthält. — Beispiele: *2-Chloräthyl-n.-heptylsulfit, 2-Chloräthyl-n.-decylsulfit, 3-Chlorpropyllaurylsulfit* u. dergleichen. Konz. 1:400—1:6400. Bes. geeignet zur Bekämpfung von *Milben* u. *Aphiden.* (**D. B. P. 868 375** Kl. 451 vom 3/10. 1950, ausg. 23/2. 1953. A. Priorr. 29/12. 1947 u. 29/10. 1948.) KARST. 6313

VIII. Metallurgie. Metallographie. Metallverarbeitung.

R. M. Dyke, *Klassifizierung der metallurgischen Literatur.* Vf. berichtet über ein von der Amer. Soc. for Metals u. der Special Libraries Ass. gemeinsam ausgearbeitetes System. (Canad. Machinery Manufact. News **61.** 314. Dez. 1950.) HAUG. 6350

—, *Griqualand-Nickel.* Bericht über die INSIZWA-Kupfer–Nickel-Vorkk. in Ost-Griqualand. (Mining Mag. **82.** 315—16. Mai 1950.) OTTMANN. 6354

J. D. Allan, *Das Lynn Lake Nickel-Gebiet.* Beschreibung der Geologie, des Bergbaus u. der Probleme weiterer Erforschung des Ni-Vorkommens. (Canad. Mining metallurg. Bull. **43.** 509—14. Sept. 1950.) GOY. 6354

—, *Uranvorkommen in Ontario.* (Mining Mag. **82.** 252—53. April 1950.) PAHL. 6354

F. W. McQuiston jr., *Verarbeitung der Uranerze.* Reiche Primärerze (Pechblende, Uraninit) werden wie Galmeierze im Schwimm–Sink-Verf. aufbereitet. Für arme Primärerze u. Sekundärerze (Autunit, Torbenit, Carnotit) eignen sich besser metallurg. Verff., wie der Säure- bzw. Carbonatprozeß. In beiden Fällen wird das zerkleinerte Erz mit 6—10%ig. NaCl bei ca. 850° geröstet. Im Säureprozeß wird das Röstgut einer Wassersickerlaugung unterworfen, wobei bis 75% des V als wasserlösl. Na-Vanadat gewonnen u. als „roter Kuchen" gefällt wird. Die Sickerschlämme werden mit verd. HCl gelaugt, wobei 90% des U u. 15% des restlichen V in Lsg. gehen. Hieraus wird das U ausgefällt. Im Carbonatprozeß wird das heiße Röstgut mit Na_2CO_3 ababgelöscht u. einer Sickerlaugung ausgesetzt, um 85—90% des U u. des V zu gewinnen. Die Beibehaltung des p_H-Wertes ist von Wichtigkeit; die laufende Berichtigung mittels H_2SO_4 führt zur Ausfällung des gesamten U in Form eines „gelben Kuchens". Bei weiterer Zugabe von H_2SO_4 wird dann V als „roter Kuchen" gefällt. Das Verf. ist nur bei Erzen mit mehr als 1% V anwendbar, sonst wird das Roherz mit heißem Na_2CO_3 gelaugt. (Mining J. [London] **235.** 505—06. 24/11. 1950.) OLBRICH. 6380

—, *Bergbau und Hüttenwesen in Burma.* Es handelt sich vor allem um die Gewinnung von *Pb–Zn, Ag–Pb–Zn*-Konzentraten, *Cu*-Stein, *Ni*-Speise, *Sn* u. *W.* (Chem. Engng. Mining Rev. **43.** 89—93. 11/12. 1950.) PAHL. 6360

Ján Kešický, *Ermittlung des Erzkonzentrats bei der Aufbereitung.* Der günstigste Grad der Anreicherung des Erzes wird rechner. ermittelt. (Báňský Obzor **4.** 175—76. 31/12. 1950.) STEINER. 6360

L. C. Hill, *Die Industrie der kupferhaltigen Pyrite.* Ausführliche Beschreibung von Zus. u. Vork. der *Pyrite* (I); typ. Analysen von span. (Tharsis, 1. Zahl), norweg. (Orkla, 2. Zahl) u. cypriot. (Mavrovouni, 3. Zahl) massiven I: S 47,5—50(%), 41, 45—47; Fe 42—44, 37, 40—42; Cu 0,5—2,0, 2, 3,5—4; Pb 0,6—1,2, —, —; Zn 1,8 bis 2,2, —, 0,6—1,0; As 0,3—0,4, —, —; Unlösl. 3,0—4,0, 12—15, 7,8. — I als Cu-Erze: Metallurg. Behandlung (Beschreibung der Verff.); I als *S*-Rohstoff. Die verschied. Röstverff.; Ascheaufarbeitung (HENDERSON-Verf., Sintern). (Bull. Instn. Mining Metallurgy **1950.** Nr. 523. 1—12. Juni.) ROTTER. 6360

W. N. Meschtschischen,' P. A. Brylew, F. G. Kosstenko und **Je. F. Wit,** *Die Herstellung von Böden für Bessemer-Konverter im Hüttenwerk Jenakijewo.* Bericht über die Herst. von Böden in BESSEMER-Konvertern. Verbesserungen erzielte man u. a. durch geeignete Körnung des Materials, die eine innigere Verdichtung u. bessere Sinterung der M. gewährleistet. Günstig wirkt sich auch eine beschleunigte Austrocknung der Stampfmasse (240 Std. statt 540 Std.) aus. (Огнеупоры [Feuerfeste Mater.] **15.** 441—46. Okt. 1950.) v. MICKWITZ. 6370

A. H. Leckie, *Ein Lagebericht für die Praxis über die heutige Entwicklung im Bau und Betrieb von Siemens-Martin-Öfen.* Inhaltsgleich der C. **1949.** II. 124 referierten Arbeit. (J. West Scotland Iron Steel Inst. **57.** 21—62. 1949—1950. Brit. Iron and Steel Res. Ass.) K. STEIN. 6370

—, *Synthetische Harze in der Gießerei.* Übersicht über die Verwendung von Harnstoff- u. Phenolharzen als Formsandbindemittel in der Gießerei. (Indian Eastern Engr. [N. S.] **109.** 109—16. Juli 1951.) SCHÄFF. 6382

E. S. Coe, *Eine zinnsparende Abdeckung.* Ersatz der bisherigen Verzinnung zur Abdeckung bei der Nitrierung u. Carbonitrierung von Stählen durch gleichzeitige galvan. Abscheidung eines Überzuges aus 5—15% Sn bzw. 85—95% Cu. Mit Arbeitsvorschrift. (Iron Age **167.** Nr. 24. 86—88. 14/6. 1951. Dearborn, Ford Motor Co.) KATZ. 6408

H. R. Clauser, *Hitzebeständige Gußlegierungen, ihre Auswahl und Verwendung.* Überblick. (Materials and Methods **32.** Nr. 4. 79. Okt. 1950.) WERNER. 6410

H. R. Clauser, *Typen und Zusammensetzung von hitzebeständigen Gußlegierungen.* Besprochen werden: Fe–Cr-, Fe–Cr–Ni- u. Cr–Ni-Legierungen. (Materials and Methods **32.** Nr. 4. 80–83. Okt. 1950.) Werner. 6410

H. R. Clauser, *Eigenschaften und Auswahl hitzebeständiger Gußlegierungen.* Tabellar. Übersicht über die in vorst. Reff. behandelten Legierungen. (Materials and Methods **32.** Nr. 4. 83–90. Okt. 1950.) Werner. 6410

J. Gordon Parr, *Ein Beispiel eines Spannungsabbaus in Pulverproben.* Der in Pulvern vollständigere Spannungsabbau als in festen Proben einer *Fe–Mn*-Legierung wird durch einen niedrigeren Härtewert der abgeschreckten Pulver sowie durch ihr schnelleres Erreichen des Gleichgewichts beim Anlassen bewiesen. (J. Inst. Metals **81.** 214. Dez. 1952. Liverpool, Univ.) Hochstein. 6410

—, *Die technischen Eigenschaften von Inconel.* Chem. Zus. u. eingehende Beschreibung der physikal. u. mechan. Eigg. u. der Korrosionsbeständigkeit gegen Atmosphäre, Süßwasser, Salzwasser, Neutral- u. alkal. Salze, saure Salze, oxydierende saure u. alkal. Salze, Mineralsäuren, oxydierende Säuren, organ. Säuren u. Verbb., Alkalien, trockene u. feuchte Gase u. geschmolzene Metalle. — Beschreibung der Verarbeitungseigg. u. typ. Verwendungsmöglichkeiten. — 27 Tabellen, 15 photograph. Abbildungen u. Diagramme. (Int. Nickel Co., Inc. techn. Bull. T-7. 3–22. März 1950.) Rotter. 6434

E. Eyt, *Metallurgische Betrachtungen über die Konstitution von Schlacken.* Trotz gleicher chem. Zus. haben Cr-Mineralien verschied. Herkunft verschied. Feuerbeständigkeit, aus der auf unterschiedlichen Aufbau geschlossen wird. Die bes. feuerbeständigen Mineralien gehören zu den Spinellen, während die weniger beständigen Verbb. enthalten, die zu den Olivinen u. Serpentinen gehören. Durch mkr. Unterss. im polarisierten Licht kann man — wenn auch schwierig — zwischen den einzelnen Bestandteilen unterscheiden. Schmilzt man aus diesen Mineralien Schlacken, so bewahren diese Schlacken weitgehend die feuerfesten Eigg. der Ausgangsmineralien sogar noch für eine zweite reduzierende Umschmelzung. Anwendung auf die Herst. von Ferrochrom. (Silicates ind. **16.** 144–46. Mai 1951.) Werner. 6436

H. Kostron und **F. Schlaberg,** *Der Reibungskoeffizient von Aluminium gegenüber verschiedenen Metallen.* Durch Untersuchungsreihen mit Flächenbelastungen bis zu 3000 kg/cm² wurde die Druckabhängigkeit des Reibungskoeff. für verschied. Werkstoffpaarungen ermittelt. Der Reibungskoeff. gegenüber Stahl lag stets wesentlich höher als derjenige gegenüber der Al–Cu–Mg-Legierung. Vom Wert für die Reibung der Ruhe fiel der Koeff. im allg. auf den für Bewegung geltenden Wert um Beträge von ca. 3–25% ab. Beim Gleiten der ausgehärteten *Al–Cu–Mg*-Legierung auf Stahl kommt man zu Verhältnissen, die für die Kraftübertragung durch Reibungsschluß bes. günstig sind. (Aluminium **28.** 341–46. Okt. 1952. Bonn, Vereinigte Aluminium-Werke Akt.-Ges., u. Vereinigte Leichtmetallwerke G. m. b. H.) Hochstein. 6442

Erich Franke, *Neue korrosionsbeständige Werkstoffe im Ausland.* 1. Mitt. Überblick über die Herst. u. Eigg. von Titan. (Werkstoffe u. Korrosion **1.** 136–43. April 1950. Clausthal-Zellerfeld.) Habbel. 6448

R. L. Bickerdike und **D. A. Sutcliffe,** *Die Festigkeitseigenschaften von Titan bei verschiedenen Temperaturen.* Schrifttumsangaben u. eigene Untersuchungen. (Metall **4.** 191–93. Mai 1950. London.) Habbel. 6448

W. Wendt, *Entwicklungen in der Antimonindustrie. Überblick über die in den Jahren 1945–1950 veröffentlichten Arbeiten.* (Metal Ind. [London] **77.** 276–78. 15/12. 1950.) Hochstein. 6448

G. E. Gardam, *Schmucksilber mit Aluminium.* Ein Zusatz von Cu zu Ag („*Sterling Silver*") zur Erhöhung der Härte verursacht Flecken beim Glühen oder Hartlöten. Bewährt hat sich die Zugabe von Al als Gegenmittel. Besprochen wird eine Legierung mit 92,5 (%) Ag, 6,5 Cu, 1 Al, Schaubilder über Härte, Ausscheidung, Eigg., Abbildungen. (Metallurgia [Manchester] **47.** 29–33. Jan. 1953. Design and Res. Centre for the Gold, Silver and Jewellery Ind.) K. Stein. 6460

Heinrich Siepmann, *Ein neues Verfahren zur Reduktion von Eisenpulvern.* Bei dem neuen Wirbelverf. zur Red. von Eisenpulver strömt das Reduktionsgas von unten durch die poröse Bodenplatte des Umsetzungsgefäßes u. hält das zu reduzierende Pulver durch seine kinet. Energie in dauernder Wirbelbewegung. Dadurch nimmt die gesamte Pulveroberfläche an der Red. teil, so daß eine schnelle u. gleichmäßige Umsetzung gewährleistet ist. Das Zusammensintern der Pulverteilchen während der Red. wird vermieden. In einer Versuchsanlage wurde der O_2-Geh. von Schleuderpulver von 3% auf 0,2–0,4% herabgesetzt, wobei die Tempp. unter 1000° lagen. (Stahl u. Eisen **73.** 360–64. 12/3. 1953. Buschhütten.) Hochstein. 6474

G. T. Callis und **R. S. Moore,** *Korngrößenmessung.* Beschreibung des Aufbaus u. der Wirkungsweise eines VICKERS-Mikroskopes zu Korngrößenmessungen. — Diskussion. (Metal Ind. [London] **77.** 67—68. 71. 4/8. 202. 17/11. 1950.) HOCHSTEIN. 6480

Elmer H. Snyder und **Arthur H. Klein,** *Tüpfelreaktionen für Nickel und Molybdän.* Mit Hilfe von Tüpfel-Rkk. konnte festgestellt werden, daß sich Ni u. wahrscheinlich auch Mo beim Verzundern von rostfreiem Stahl an der Oberfläche konzentrieren. (Metal Progr. **60.** 78—79. Sept. 1951. Aurora, Ill., Austin-Western Co.) J. FISCHER. 6480

W. Eilender, J. Klärding und **T. Brüggemann,** *Die Vielhärtungsprüfung von Baustählen.* Die Zahl der vom Werkstoff bis zum Auftreten der ersten Risse ertragenen Erwärmungen ist die *Vielerwärmungszahl* (I), die Zahl der ertragenen Härtungen die *Vielhärtungszahl* (II). Die aus der Literatur bekannten Ergebnisse werden zusammengefaßt u. Verss. an Cr-, Cr–Mo-, Cr–V-, Cr–Mo–V-, Mn- u. Cr–Ni-Stählen an verschied. Probenformen auf einer besonderen Prüfmaschine durchgeführt. Ohne einheitliche Probenform ist keine Vergleichsmöglichkeit vorhanden. Die I wird bei Baustählen durch das Primärgefüge stark beeinflußt, globulare Struktur ist der dendrit. überlegen. Der C-Geh. beeinflußt die II am meisten. V verschiebt den Steilabfall der Vielhärtungskurve nach höheren, Ni nach niedrigeren C-Gehalten. Mn hat keinen Einfluß. Die II wird vom Verschmiedungsgrade nicht beeinflußt. Zwischen II u. I besteht innerhalb enger Legierungsgrenzen eine lineare Gesetzmäßigkeit. (Mitt. Inst. Eisenhüttenkunde rhein.-westfäl. Techn. Hochschule Aachen **16.** Teil I. Arb. Nr. 25. 237—47. 1950.) G. RICHTER. 6480

Heinrich Arend, *Die Vielhärtungs- und Vielerwärmungsprüfung.* Die Prüfung der Temperaturwechselfähigkeit über die Best. der Vielhärtungs- u. Vielerwärmungszahl (vgl. vorst. Ref.) wird beschrieben. Ähnlich wie bei der Kerbschlagprobe ist eine einheitliche Probenform zum Vgl. der Ergebnisse notwendig. (Mitt. Inst. Eisenhüttenkunde rhein.-westfäl. Techn. Hochschule Aachen **16.** Teil I. Arb. Nr. 3. 3 Seiten. 1950.) G. RICHTER. 6480

H. Arend, *Prüfmaschine zur Bestimmung der Vielerwärmungs- und Vielhärtungszahl.* Beschreibung der Prüfmaschine für Probestäbe von 20 mm Außendurchmesser, 8 mm Innendurchmesser u. 40 mm Länge. Es können verschied. Abschreckmittel bei verschied. Abschreckzeiten u. Aufheizungsgeschwindigkeiten verwendet werden (vgl. vorst. Reff.). (Mitt. Inst. Eisenhüttenkunde rhein.-westfäl. Techn. Hochschule Aachen **16.** Teil I. Arb. Nr. 1. 248—49. 1950.) G. RICHTER. 6480

Erich Fitzer, *Spezifische Ätzfärbungen an Eisen–Silicium-Legierungen. Eine neue Schnellmethode zum Erkennen hochprozentiger Eisen–Silicium-Legierungen.* Vf. beschreibt eine neue elektrograph. Meth. zur Farbätzung, mit der es möglich ist, Fe–Si-Mischkristalle von mindestens 8% Si am Schliff zu identifizieren. Die Meth., die in einer anod. Oxydation der Legierung u. darauffolgender Anfärbung mit Methylenblau besteht, ist spezif. für Si in Fe u. eignet sich auch zur Identifizierung von säurebeständigen Fe–Si-Gußlegierungen. (Mikroskopie [Wien] **5.** 194—97. 1950. Wien, TH, Inst. für anorgan.-chem. Technol.) GOTTFRIED. 6482

Hans Kostron, *Metallographische Arbeitsverfahren zur kristallographischen Indizierung von Kornschnittflächen.* (Vgl. C. **1951.** II. 2378.) Vf. zeigt an Beispielen, wie mit Hilfe der Metallmikroskopie die kristallograph. Orientierung der Kornschnittflächen in metallograph. Schnitten bestimmt werden kann. An kub.-flächenzentriert kristallisierenden Metallen (z. B. Al) werden durch Ätzmittel hauptsächlich die Würfelflächen freigelegt. Ihre Schnitte mit der Schliffebene (Gleitlinien) können ebenfalls zur Indizierung dienen. Bei der „Schraffurätzung" reißt bei Cu-haltigen Al-Legierungen der beim Ätzen entstandene koll. Belag der Schlifffläche in gesetzmäßiger, von der Orientierung der darunter liegenden Körner abhängender Weise auf. Die polarisationsopt. Verff. der Orientierungsbest. auf Metallflächen sind nur dann anwendbar, wenn man auf die Metalloberfläche opt.-anisotrope Stoffe aufwachsen läßt, deren Gitter eine gesetzmäßige Lagenbeziehung zum Metallgitter hat. So konnte an *Mg* ein bisher unbekannter Verformungsmechanismus, die sogenannte Bruchgleitung, nachgewiesen werden. (Mikroskopie [Wien] **6.** 362—72. 1951. Bonn, Vereinigte Aluminiumwerke A. G., u. Vereinigte Leichtmetallwerke G. m. b. H., Forschungslabor.) GOTTFRIED. 6482

V. Ch. Dalitz und **J. A. Schuchmann,** *Elektronenmikroskopische Untersuchung von Metalloberflächen.* 1. Mitt. *Fortschritt in der Präpariertechnik.* Vff. beschreiben eine Meth. zur Positivabb. von Metalloberflächen. Das geätzte Metall wird in einer hochevakuierten Glasglocke mit einer dünnen Ag-Schicht aus einem kleinen Tiegel bedampft. Diese Schicht ist von einigen Metallen leicht zu entfernen. Die Negativmatrize wird sodann im Vakuum mit einem dünnen Film von *SiO* überzogen. Noch besser ist Bedampfung mit KW-stoffen, z. B. *Toluol*, wobei sich an der Anode, an der sich die Ag-Matrize befindet, ein sehr C-reicher Nd. bildet (Glimmlichtentladung). Hierauf löst man das Ag mit HNO_3 ab. (Metalen **7.** 153—61. 15/5. 1952.) FREYTAG. 6482

G. A. Homès, *Die Mikro-Röntgen-Durchstrahlung. Ein neues Mittel zur Untersuchung des Gefügezustandes der technischen Werkstoffe.* Allg. Übersicht u. Beispiele. (Arcos **1950.** 2397—2409. Aug. 2429—44. Nov. Brüssel, Univ. Libre; Mons, Polytechn. Fak.) RUMPF. 6482

Carlton H. Hastings, *Eine Bewertung der Radiographie unter besonderer Berücksichtigung von Nachweisverfahren.* Die Anwendung radiograph. Verff. auf Massenproduktionsgüter verlangt zwingend eine grundsätzliche Änderung der bisher angewandten Methoden, wenn Engpässe in der Produktion vermieden werden sollen. Die Möglichkeit, mittels der Fernsehtechnik ein Bild schnell zu erzeugen u. dabei den Röntgenfilm u. seine Behandlung zu ersparen, wird ausführlich besprochen u. aufgezeigt, daß die noch notwendige Verbesserung der Bildqualität bei Anwendung hochempfindlicher Bildwandler erreichbar sein dürfte. (ASTM Bull. **1951.** Nr. 172. 66—70. Febr. Watertown, Mass., Watertown Arsenal.) RUMPF. 6484

A. Swindells, *Photoelastizität als Hilfsmittel für Schweißkonstruktionen.* Übersichtsarbeit über Wesen u. Anwendung der Photoelastizität. — 23 Literaturangaben. (Welding **18.** 426—36. Okt. 1950. Harrow, Middlesex, Kodak Ltd.) G. RICHTER. 6506

William Dubilier, *Jüngste Entwicklung auf dem Gebiet des Kaltschweißens (Koldwelding).* Die General Electric Co. in England hat dieses Verf. des Kaltverschweißens ohne jede Wärme für alle Nichteisenmetalle, bes. für Aluminium u. seine Legierungen, entwickelt. Besonderes Werkzeug, auch für Handarbeit, ist sehr einfach zu handhaben. Beispiele über die Verschweißung von Drähten aus Aluminium u. Kupfer, von Silber mit Kupfer, von überlappten Blechen (Sandwichschweißung) u. von Kantenschweißungen an Behältern veranschaulichen die vielseitige Möglichkeit der Anwendung. — 10 Abbildungen. (Welding J. **29.** 1077—81. Dez. 1950.) KÜNTSCHER. 6506

E. Davis und **E. Holmes,** *Eigenschaften einiger Kupferlegierungen beim Druckschweißen.* Diskussion zu der C. **1951.** I. 245 referierten Arbeit. (J. Inst. Metals **77.** 630—34. 1950.) HABBEL. 6506

Je. M. Gurin, *Elektrobogenschweißung von Aluminiumbehältern.* Angaben über Schweißbedingungen u. -durchführung. Eine gute Verschweißung von Al läßt sich mit einer Kohleelektrode durchführen. (Автогенное Дело [Autogene Ind.] **23.** Nr. 7. 17—18. Juli 1952.) HOCHSTEIN. 6506

E. M. Mahla und **R. B. Hitchcock,** *Einfluß des Schweißens auf die Eigenschaften von Titan-Kohlenstoff-Legierungen.* Unterss. über die Schweißbarkeit von Ti-Blechen verschied. Dicke (meist 2 mm) mit 0,015—1,0% C bei Anwendung verschied. Schweißverfahren. Wegen der Affinität des Ti zu N_2, H_2, O_2 bes. im Temperaturgebiet von 880°, scheiden Verff., die diese Gase benutzen oder bei denen diese Gase auftreten können, aus. Brauchbar erwies sich die Verwendung eines W-Bogens mit Ar als Schutzgas. Es wurde ohne Zusatzwerkstoff geschweißt. An den fertigen Schweißverbindungen wurden Biege-, Zug- u. Korrosionsverss. ausgeführt, der Biegevers. in Form einer Art von Tiefziehversuch. Korrosionsverss. a) mit kochender 45%ig. HNO_3, b) mit 1% H_2SO_4 bei 80°, c) 3%ig. HCl bei 80°, d) mit 40%ig. NaOH bei 80°, e) mit sd. 40%ig. $CuCl_2$-Lsg., f) mit sd. gesätt. NaCl-Lösung. Metallograph. Unterss. u. elektronenmkr. Unterss. der auftretenden Phasen. Das gewählte Schweißverf. ist grundsätzlich brauchbar. Oberhalb von 0,25% C fällt das Formänderungvermögen stark ab, was auf das Auftreten der als TiC identifizierten dendrit. Phase zurückzuführen ist. Bei bis 0,8% C ist die Korrosionsbeständigkeit der Schweißverbindungen ebenso gut wie im ungeschweißten Blech. (Welding J. **29.** 544s—51s. Nov. 1950. Wilmington, Del., E. I. du Pont de Nemours & Co., Inc.) WERNER. 6506

P. Grodzinski, *Diamantpasten.* Die Pasten für das Polieren von Hartmetallen stellen nicht mehr eine einfache Mischung eines vegetabil. Öles (z. B. Olivenöl) mit Diamantpulver dar, sondern sind wissenschaftlich entwickelte Kompositionen aus Diamantpulver, einem Dispersionsmittel, einem Mittel zur Aufrechterhaltung einer dauernd gleichmäßigen Suspension der Diamantteilchen, einem Weichmacher zur Erreichung der gewünschten Konsistenz u. einem Farbstoff zur Kennzeichnung des Grades der Diamantfeinheit. Ein Beispiel für die Zus. derartiger Pasten wird mitgeteilt. Eine Tabelle gibt eine Übersicht über die von verschied. Herstellern verwendeten Kennzeichnungsfarben. (Wire Ind. **17.** 61. Jan. 1950.) GEBAUER. 6510

R. Erdmann, *Über chemisches Polieren.* Überblick. (Metalloberfläche, Ausg. B **5.** 4—6. Jan. 1953.) MARKHOFF. 6512

H. Fischer und **L. Koch,** *Oberflächenabtragung beim chemischen und anodischen Polieren.* Verss. zur Aufklärung des Poliervorganges bei drei chem. Polierverff., dem *Alupol*-Verf., sauer sowie alkal., u. dem *EW*-Verf., u. bei dem elektrolyt. Polierverf. der VEREINIGTEN ALUMINIUMWERKE. Der Poliervorgang wurde in den einzelnen Stadien bis zur völligen Einebnung mit dem Elektronenmikroskop verfolgt. Kennzeichnend für alle Verff. ist die anfängliche Anätzung, der dann in dem Maße, wie sich die poröse Deckschicht ausbildet, die Einebnung folgt. — Abbildungen. (Metall **6.** 491—96. Sept. 1952. Karlsruhe u. Berlin, Siemens & Halske Akt.-Ges., Werkstoff-Hauptlabor.)
MARKHOFF. 6512

A. E. Nehrenberg, *Eine veränderte Picrallösung zum Ätzen von höherlegierten Stählen.* Berichtet wird über Lsgg. zum Ätzen von niedriggekohlten, 12%ig. *Cr-Stählen.* Durch Zusatz von HCl zu *Picral*-Lsgg. wurde eine gute Kontrastwrkg. erzielt. (Metal Progr. **62.** Nr. 1. 91—92. Juli 1952. Harrison, N. J., Crucible Steel Co. of America.)
MARKHOFF. 6512

A. Pollack, *Das chemische Schärfen von Feilen.* Nach einem krit. Überblick über das Schrifttum wird über ein Verf. berichtet, bei dem die Feilen alkal. gereinigt, gebeizt u. durch Abbürsten von den in den Hieben befindlichen Schmutzresten befreit werden. Dann werden die oberen Kanten der Schneiden mit Öl oder Lack bedeckt u. die Feilen in verd. HCl geätzt, wobei nur die nicht abgedeckten Vertiefungen angegriffen u. vertieft werden. Schließlich wird die Abdeckung entfernt u. nochmals geätzt, wobei in erster Linie die Schneiden angegriffen u. geschärft werden. — Abb., Schrifttumsangaben. (Metalloberfläche, Ausg. A **7.** 13—14. Jan. 1953. Kohden über Nidda, Oberh.)
MARKHOFF. 6512

J. B. Mohler, *Wichtige Regulierungszusätze bei der Blei-Zinn-Plattierung.* Fluorboratbäder, die Pb u. Sn enthalten, müssen gut überwacht werden. Bes. krit. sind der Sn^{II}-, der Leim- u. der Gelatinegehalt. Letzterer ist nur an der Form der Abscheidung zu erkennen. Bei täglichen Arbeiten genügt ein täglicher Zusatz von 0,01 g/Liter. Wenig Sn in Pb-Bädern erhöht die Festigkeit u. den Ermüdungswiderstand des Pb. In Sn-reicheren Pb-Bädern wird dasselbe durch kleine Mengen Cu, Sb u. As erreicht. Die Mitabscheidung von Sn wird stark von der Konz. von Resorcin beeinflußt. Bis zu diesem Punkt nehmen die Härte, der Korrosionswiderstand u. der elektr. Widerstand zu. Dieser kann als Bestimmungsmeth. für eine unbekannte Legierung verwendet werden. (Iron Age **169.** Nr. 6. 139—41. 7/2. 1952. New Castle, Pa., Johnson Bronze Co.)
J. FISCHER. 6512

Hans v. Hofe, Wilhelm Hofmann und **Günther Suchan,** *Versuche an gespritzten Metallschichten.* Proben aus einer *Stahl*-Welle mit einem Spritzüberzug aus *Stahl* wurden in H_2 u. im Vakuum geglüht. Die Festigkeit der Spritzschicht stieg nach 3 std. Glühdauer bei 900° von 8,3 auf 14,9 kg/mm². Der Anstieg ist auf das Verschwinden der Oxyde u. der Hohlräume u. auf teilweise erreichten Verbund der Schichtteile untereinander zurückzuführen. Die Zugfestigkeit der Haftung stieg nach 3 std. Glühzeit von ca. 0,4 auf 1,22 kg/mm². Ferner wurden mit *Messing* gespritzte Körper mit der Schichtseite aufeinandergelegt u. dem Druckvers. bei gleichzeitiger Messung der Stauchungen unterworfen. Die elast. Stauchung zeigte bei kleinen Lasten einen Verlauf entsprechend $E = 750$ kg/mm², der auf elast. Verschiebungen u. Biegungen der Schichtteilchen zurückgeführt wird. Bei höheren Lasten nähert sich der E-Modul dem Wert von kompaktem Messing. Ähnliche Verss. wurden an *Gußeisen-, Sintereisen-* u. gespritzten *Stahl*-Körpern durchgeführt. Die Stauchkurve von Sintereisen weist oberhalb der Spannung von 7 kg/mm² einen Knick auf, so daß der Vf. annimmt, daß in dem plast. Gebiet eine Verdichtung des Sintereisens auftritt. Die Druckfestigkeit der gespritzten Stahlprobe beträgt 85 kg/mm². (Abh. braunschweig. wiss. Ges. **2.** 175—84. 1950. Braunschweig.)
BLUTH. 6516

John E. Wakefield, *Sicherung der Korrosionsbeständigkeit durch gespritzte Metallüberzüge innerhalb weiter Grenzen.* Überblick über die Spritzmethoden u. Ausblick über Möglichkeiten der Anwendung. (Materials and Methods **31.** Nr. 4. 67—69. April 1950.)
J. FISCHER. 6516

J. Bünger, *Korrosionserscheinungen an Messingrohren durch Flußwasser und ihre Bekämpfung.* Messing besitzt im allg. gute Beständigkeit gegen den allg. abtragenden Angriff, jedoch eine ausgesprochene Neigung zur selektiven Korrosion, bes. zur Entzinkung u. Spannungsrissigkeit. Die Bedingungen, unter denen diese beiden Erscheinungen auftreten, werden eingehend beschrieben. Zur Vermeidung der selektiven Korrosion ist die Verwendung von *Ms 70/30* (70 [%] Cu u. 30 Zn) oder *Ms 70/29/1* (*Kondensatormessing* mit 70 Cu, 29 Zn u. 1 Sn) erforderlich, wobei das Gefüge in rekrist., aber nicht grobkörnigem Zustand vorliegen muß, d. h. es muß möglichst gleichmäßig u. gut ausgebildete Polyederstruktur besitzen. Andererseits kann es zur Erzielung einer genügenden Rohrsteifigkeit eine Streckgrenze zwischen 17 u. 21 kg/mm² besitzen, ohne daß die Korrosionsfestigkeit leidet. Diese Bedingungen werden erreicht, wenn das Material vor dem Fertigzug eine Endglühung bei 625°, also oberhalb der Rekristallisationstemp. bekommt, danach einen ca. 12%ig. Zug auf Fertigmaß erhält u. zum Abschluß bei 450—500° entspannt wird. Das Material muß genügend rein sein u. einen gewissen Abstand von der Löslichkeitsgrenze besitzen. Hierbei ist bes. auf die das Löslichkeitsvermögen vermindernden Stoffe, bes. Sn u. Al, zu achten. (Werkstoffe u. Korrosion **1.** 133—36. April 1950, Aurich.) HABBEL. 6538

—, *Probleme der Materialfrage in der chemischen Industrie.* 1. Mitt. *Silber und andere Edelmetalle als Schutz gegen Korrosion.* Angaben über chem. Beständigkeit von *Ag* u. *Pt* sowie Bearbeitung u. Verwendung dieser Metalle in der chem. Industrie. (Rev. Produits chim. **55.** 36—37. 29/2. 1952.) J. FISCHER. 6538

A. F. Lunew und **M. Ja. Rosin,** *Elektrochemischer Korrosionsschutz.* Bericht über Erfahrungen bei Korrosionsschutz durch Aufstellung von Schutzzylindern an den am meisten gefährdeten Stellen von Gasleitungen u. durch kathod. Schutz: Anlegen eines negativen Gleichstrompotentials an das Leitungsnetz. Am wirksamsten sind Schutzzylinder aus Mg oder Mg-Legierungen, Zn-Zylinder sind schwächer, Al-Legierungen am schwächsten wirksam. Bei guter Isolation durch Bitumen reichte die Schutzwrkg. 10 km weit, bei schlechter nur 500 Meter. (Известия Академии Наук СССР [Nachr. Akad. Wiss. UdSSR] **22.** Nr. 7. 49—52. Juli 1952.) v. WILPERT. 6538

Stahlwerke Röchling-Buderus, Akt.-Ges. (Erfinder: **Fritz Kiekeberg**), Wetzlar/Lahn, *Erzielung einer günstigen Primärkristallisation beim Herstellen von Werkstücken aus Stahl nach dem Schleuderverfahren.* Die Umdrehungsgeschwindigkeit der Kokille wird nach Maßgabe der im Innern von außen nach innen fortschreitenden Erstarrung gesteigert. (**D. B. P. 862 348** Kl. 31c vom 20/5. 1942, ausg. 8/1. 1953.) BÜLTMANN. 6383

Aluminiumwerke Nürnberg G. m. b. H. (Erfinder: **Hermann Kessler**), Nürnberg, *Vorbehandlung von Metallteilen, die als Einsatzteile beim Gießen von Werkstücken aus Leichtmetall verwendet werden.* Die entfetteten u. oxydfreien Gegenstände, bes. aus Fe, werden in eine Al-Schmelze mit einer Anfangstemp. von ca. 900—850° getaucht. Die Schmelze wird dann durch Drosselung der Beheizung bis nahe über den F. abgekühlt u. auf dieser Temp. gehalten. Die eingetauchten Gegenstände werden schließlich im Arbeitstakt der Gießvorgänge aus der Schmelze genommen u. in Gießformen mit Al umgossen. (**D. B. P. 863 888** Kl. 48b vom 10/12. 1949, ausg. 22/1. 1953.) MARKHOFF. 6383

Deutsche Edelstahlwerke Akt.-Ges., Krefeld (Erfinder: **Gottfried Becker,** Büderich bei Düsseldorf, **Gerhard Seulen,** Remscheid-Hasten, und **Fritz Steinberg,** Düsseldorf-Eller), *Rohr mit zäher Außen- und harter, verschleißfester Innenwandung sowie Verfahren und Vorrichtung zu seiner Herstellung.* Das Rohr ist gek. durch eine aus *Eisen* mit einem 1% u. mehr betragenden C-Geh., bes. aus *weißem Roheisen* (**I**) bestehende Innenschicht. Zur Herst. eines derartigen Rohres wird ein aus zähem Eisen oder Stahl bestehendes Ausgangsrohr unter Einbringen fester oder Einleiten gasförmiger Zementationsmittel auf über 1200° bzw. über den F. des **I** erhitzt. Vorzugsweise wird die aus **I** bestehende Schicht von oberhalb 700°, vorzugsweise ca. 750°, zur Härtung der Grundmasse abgeschreckt. Die Innenschicht kann auch bis zum eutektoiden Punkt aufgekohlt u. zur Martensitbldg. abgeschreckt werden. Gleichzeitig mit den gasförmigen oder festen Zementationsmitteln können pulverförmige Metalle bzw. Legierungen u./oder Metallverbb., wie Chloride des Ti, B u. Cr durch das Rohr hindurchgewälzt werden. (**D.B.P. 861 388** Kl. 18d vom 11/12. 1949, ausg. 5/1. 1953.) HABBEL. 6401

Eisenwerk Hilden Akt.-Ges., Hilden, **Eisenwerke Gelsenkirchen Akt.-Ges.,** Gelsenkirchen, **Joh. Kleinewefers Söhne,** Krefeld, **A. Monforts Maschinenfabrik und Eisengießerei,** M.-Gladbach, **L. & C. Steinmüller G. m. b. H.,** Gummersbach, und **Albert Knickenberger,** Neuß (Erfinder: **Helmut Timmerbeil,** Mülheim/Ruhr, **Werner Seeliger,** Gelsenkirchen, **Gerhard Clas** und **Karl Houben,** Krefeld, **Otto Mattern,** Gummersbach, und **Albert Knickenberg,** Neuß), *Gußeisen für Gegenstände, die gleichzeitig hohe Hitze- und Wachstumsbeständigkeit, geringe Wanddickenempfindlichkeit, gute Bearbeitbarkeit und übliche Festigkeit aufweisen müssen.* Verwendet wird ein Gußeisen mit 1,2—2 (%) *C*, 3,5—4,5 *Al*, 5—6,5 *Si*, welches in ungeglühtem Zustand keinen Perlit enthält u. dessen Geh. an gebundenem C höchsten 0,15, vorzugsweise unter 0,12, beträgt. Das Gußeisen kann auch noch bis zu ca. 0,2 *Ti*, bis zu ca. 0,5 *Mo*, geringe Gehh. an *Ni*, einzeln oder zu mehreren, enthalten. Ein *Cr*-Geh. soll nicht vorhanden sein, wenigstens nicht $>$0,1%. (**D. B. P. 869 494** Kl. 18d vom 19/1. 1951, ausg. 5/3. 1953.) HABBEL. 6405

Edmond François Joseph Warnant, Brüssel, Belgien, *Frischen von Stahl.* Dem Stahlbad wird eine Menge C zugesetzt, die wesentlich größer ist als zur Red. des gesamten im Bade vorhandenen Eisenoxydgeh. notwendig ist. Nach der Red. wird der noch vorhandene C-Geh. des Bades gemessen u. durch Oxydation sein Überschuß gegenüber dem gewünschten Endgeh. entfernt. Zweckmäßig wird der überschüssige C-Geh. des Bades durch Einblasen von O_2, CO_2 oder eines Gemisches von beiden entfernt. (**E. P. 638 256** vom 6/5. 1948, ausg. 7/6. 1950. Belg. Prior. 18/6. 1947.) HOCHSTEIN. 6409

English Electric Co. Ltd., London, England, *Entkohlung von silicierten Eisenblechen oder -bändern.* Die Bleche oder Bänder werden mit einer Schicht, vorzugsweise mit einer reinen Fe-Schicht, überzogen, durch welche C bei ca. 1100° mit einer größeren Geschwindigkeit diffundieren kann als Si. Der durch die Schicht diffundierte C wird an der Oberfläche oxydiert. Durch die Behandlung wird der C-Geh. des Werkstoffes von 0,066 auf 0,003% innerhalb von 5 Min. verringert. (**E. P. 675 769** vom 19/7. 1949, ausg. 16/7. 1952.) HOCHSTEIN. 6409

Soc. An. de Commentry-Fourchambault & Decazeville, Paris, Frankreich, *Oberflächenhärtung von niedriggekohltem Stahl.* Stahl mit nicht mehr als 0,1% C u. von 0,007 bis 0,02% Al mit einer Kernzone von großer mechan. u./oder magnet. Weichheit sowie mit einer Oberflächenschicht von mittlerer Härte, z. B. 200 BRINELL-Einheiten, u. einer Eindringtiefe von $^1/_{30}$—$^1/_{20}$ Zoll wird einer Oberflächenhärtung mit N_2 unterworfen. Zweckmäßig wird die Nitrierung der Oberfläche durch atmosphär. N_2 bewirkt. Die so behandelten Gegenstände haben eine hohe Verschleißfestigkeit an der Oberfläche ohne Verringerung des Reibungskoeff. u. einen mechan. u. magnet. weichen Kern. (**E. P. 646 069** vom 28/11. 1947, ausg. 15/11. 1950. F. Prior. 6/2. 1947.) HOCHSTEIN. 6409

Anders Göran Molinder und **Uddeholms Aktiebolag**, Munkfors, Schweden, *Wärmebehandlung von Gegenständen aus hochgekohlten korrosionsbeständigen Stählen, besonders von Rasierklingen und chirurgischen Skalpellen.* Die Stähle werden zunächst in einem Durchlaufverf. auf eine Temp. erhitzt, die höher ist als jene niedrigste Temp., welche bei n. Härtung mit nachfolgender Abkühlung auf Raumtemp. einen Höchstwert an Härte ergibt. Darauf wird der Stahl auf eine Temp. unter —25°, vorzusweise auf —50 bis —80°, tiefgekühlt u. dann wieder auf eine zwischen 30 u. 200° liegende Temp. gebracht, wobei die genauen Tempp. u. Behandlungszeiten nach Verss. so gewählt werden, daß Stahl von verlangter Härte erzeugt wird u. die Temp. in der ersten Behandlungstufe, welche der in dem Stahl durch das Dreistufenverf. erzielbaren größten Härte entspricht, nicht überschritten wird. (**E. P. 643 367** vom 31/10. 1947, ausg. 20/9. 1950.) HOCHSTEIN. 6409

Elektriska Svetsningsaktiebolaget, Goteborg, Schweden, *Oberflächenhärtung von Stahlgegenständen.* Die Gegenstände werden zunächst induktiv nur an der Oberfläche auf Härtetemp. erhitzt, sodann mit einem gasförmigen Kühlmittel auf eine vorausbestimmte Temp. abgekühlt u. darauf unmittelbar mit einem fl. Kühlmittel, z. B. W., abgeschreckt. Vorzugsweise wird ein Stahl mit 0,3—0,35 (%) C, 0,7—1 Mn, 0,9—1,2 Cr, Rest Fe mit den üblichen Verunreinigungen dann mit W. abgeschreckt, wenn durch die Gasabkühlung eine Temp. von 500—400° erreicht worden ist. Für die Gasabkühlung wird zweckmäßig Druckluft von 2—4 kg/cm² für eine Dauer von 3—15 Sek. angewendet. (**E. P. 644 470** vom 6/1. 1948, ausg. 11/10. 1950. Schwed. Prior. 29/1. 1947.) HOCHSTEIN. 6409

John Wilfred Britton, Halesowen, und **Imperial Chemical Industries Ltd.**, London, England, *Einsatzhärtung von Stahl.* Zur Vermeidung der die Aufkohlung verzögernden Wrkg. von Cu in Cu-haltigen fl. Cyanidsalzbädern wird dem Bad eine Fe-Verb. oder metall. Fe in feinverteilter Form zugesetzt. Die zugesetzte Menge von der Eisenverb., z. B. Fe_2O_3, oder von metall. Fe soll zweckmäßig nicht mehr als 10 Gew.-% des Bades betragen. (**E. P. 637 635** vom 22/4. 1948, ausg. 24/5. 1950.) HOCHSTEIN. 6409

Frank Joseph Sowa, Cranford, N. J., V. St. A., *Aufkohlung von Stahl und Eisenlegierungen.* Zur Oberflächenanreicherung von Stahlgegenständen an C u. Si werden diese bei Zementationstemp. mit einem sich in der Wärme zersetzenden Prod. einer organ. Si-Verb. bedeckt, die wenigstens ein C-Atom eines organ., direkt mit Si verbundenen Radikals enthält. Vorzugsweise besteht die Si-Verb. aus Tetraäthyl- oder Tetramethylsilan. Die Zers. findet entweder erst in Berührung mit dem erhitzten Stahl oder schon bei der Erhitzung statt, wobei in letzterem Fall die Zersetzungsprodd. in Berührung mit dem erhitzten Stahl gebracht werden. Auch können die Zersetzungsprodd. zuvor mit einem inerten oder reduzierenden Gas vermischt werden. Das Verf. wird zweckmäßig mit einem über Atmosphärendruck liegenden Druck ausgeführt, u. der erhitzte Stahl wird nach der Behandlung abgeschreckt. (**E. P. 644 465** vom 31/12. 1947, ausg. 11/10. 1950, A. Prior. 4/2. 1944.) HOCHSTEIN. 6409

James Barry Delany, Totteridge, und **Imperial Chemical Industries Ltd.**, London, England, *Vergüten und Reinigen von Gegenständen aus Stahl.* Die Gegenstände werden in einem Muffelofen auf eine Temp. über 600°, vorzugsweise 700—900°, erhitzt u. darauf in Abhängigkeit vom C-Geh. des Stahles auf eine Temp. zwischen 150 u. 400° in einem fl. Bad aus kaust. Soda, das Natriumhydrid u. vorzugsweise auch kaust. Pottasche enthält, abgeschreckt. Zweckmäßig enthält das Salzbad 1—20% Natriumhydrid. (**E. P. 638 943** vom 26/1. 1949, ausg. 21/6. 1950.) HOCHSTEIN. 6409

Mond Nickel Co. Ltd., London, und **William Walker Braidwood,** Tolworth, England, *Entschwefelung von Stahl.* Dem geschmolzenen Stahlbad wird eine Legierung zugesetzt, die mindestens 80% Ni u. 6—17% Mg enthält. Das gebildete Sulfid wird vom Stahlbad abgezogen u. der Stahl in einen Konverter oder einen SIEMENS-MARTIN-Ofen oder Elektroofen übergeführt u. hier fertiggemacht. Nach dem Verf. kann ein Stahl mit 0,006% S hergestellt werden. (**E. P. 641 523** vom 21/5. 1948, ausg. 16/8. 1950.) HOCHSTEIN. 6409

Schoeller-Bleckmann Stahlwerke Akt.-Ges., Ternitz (Erfinder: **Ludwig Grassinger,** Ternitz, und **Walter Aichholzer,** Liezen, Steiermark), Österreich, *Stähle für Warmwerkzeuge,* die der Einw. heißer Werkstücke ausgesetzt sind, bestehen aus 0,3—1,2 (%) *C,* 3—14 *Cr,* 0,5—2 *V* u. Rest *Fe* mit den üblichen Verunreinigungen. — Hohe Anlaßbeständigkeit. (**D. B. P. 849 715** Kl. 18d vom 27/7. 1941, ausg. 18/9. 1952.) HABBEL. 6411

Badische Anilin- & Soda-Fabrik (Erfinder: **Immanuel Class** und **Wilhelm Mayer,**) Ludwigshafen/Rh., *Stahllegierung für das Kernrohr von Mehrlagenhohlkörpern und für seitlich anzuschweißende Anschlußrohre.* Verwendet werden gegen hohe mechan. Beanspruchung u. gegebenenfalls Spannungskorrosion in ungeglühtem Zustand unempfindliche Sonderstähle, bes. austenit. Stähle, bei denen von einer Wärmebehandlung nach dem Schweißen abgesehen werden kann. (**D. B. P. 866 945** Kl. 18d vom 28/10. 1950, ausg. 12/2. 1953.) HABBEL. 6411

Akt.-Ges. für Unternehmungen der Eisen- und Stahlindustrie, Essen (Erfinder: **Gerhard Bandel,** Bochum), *Stahllegierung für Gegenstände, die eine große Dauerstandfestigkeit haben müssen,* enthalten 0,01—1, bes. 0,01—0,6, (%) *C,* 6—35, bes. 8—25, *Cr,* 0,2—4, bes. 0,4—2, *V* sowie 0,02—1, bes. 0,05—0,5, *N.* Die Stahllegierungen können noch bis zu 35 *Ni* u./oder *Co* u. bis zu 25 *Mn,* insgesamt jedoch höchstens 40 an diesen Metallen enthalten, u. ferner auch noch bis zu 2 *W,* bis zu 3 *Si, Mo* oder andere die Hitzebeständigkeit oder Dauerstandfestigkeit erhöhende Elemente. — Bes. geeignet für Gegenstände, die von hohen Tempp. ($>750^0$) abgekühlt u. vor oder während ihrer Verwendung auf Tempp. von $<700^0$ angelassen worden sind. (**D. B. P. 865 604** Kl. 18d vom 3/11. 1940, ausg. 2/2. 1953.) HABBEL. 6411

Alfred Keller (Erfinder: **Alfred Keller**), Zürich, Schweiz, *Zunderbeständiges und bearbeitbares Gußeisen* enthält 5—16 (%) *Al* u. einen derart hohen Geh. mindestens eines die Graphitbldg. fördernden Elementes, bes. 2,5—5,5 *Si* u./oder wenigstens 2 *Ni,* daß die Bldg. harter Gefügebestandteile prakt. verhindert ist. (**D. B. P. 869 645** Kl. 18d vom 21/9. 1949, ausg. 5/3. 1953. Schwz. Prior. 19/9. 1948.) HABBEL. 6411

Stahlwerke Röchling-Buderus Akt.-Ges., Wetzlar (Erfinder: **Alfred Kropf,** Gleiwitz O/S.), *Eisenlegierung für Zwecke, für welche bislang Silber oder Neusilber verwendet wird,* besteht aus 12—50 (%) *Mn,* 15—3 *Cr,* 0,5—10 *Cu,* unter 0,4 *C,* Rest *Fe* u. die üblichen Verunreinigungen. Das Cu kann ganz oder teilweise durch den gleichen Betrag an *Si* ersetzt sein, u. die Legierung kann noch *Mo* oder *W* bis 15, *V* bis 1, *Ti* oder *Ta* bis 5, einzeln oder gemischt, enthalten. (**D. B. P. 864 405** Kl. 18d vom 9/4. 1935, ausg. 26/1. 1953.) HABBEL. 6411

Soc. An. des Manufactures des Glaces et Produits Chimiques de Saint-Gobain, Chauny & Cirey, Paris (Erfinder: **Léon-Jean-Baptiste-Emile Guyard,** Buffiéres, Saône-et-Loire), Frankreich, *Wismutgewinnung aus Bleilegierungen.* Zur Gewinnung von Bi aus seinen Pb-Legierungen wird eine nur etwas größere als die theoret. zur Überführung des ganzen Pb der Legierung in $Pb(NO_3)_2$ erforderliche HNO_3-Menge verwendet. Hierbei geht das $Pb(NO_3)_2$ in Lsg., während sich Bi in metall. Form u. als unlösl. $BiONO_3$ abscheidet. Bei As-haltigen Legierungen wird As durch späteres oxydierendes Schmelzen des Metalles entfernt, wobei das sich gebildete $BiONO_3$ als Oxydationsmittel dient. (**D. B. P. 863 713** Kl. 40a vom 10/9. 1941, ausg. 19/1. 1953.) HANS HOFFMANN. 6431

Bayrische Motorenwerke Akt.-Ges. (Erfinder: **Hermann Schätz**), München, *Herstellung von Laufschichten aus Bleibronze für Lagerschalen.* Auf die Lagerschale wird eine *Cu-* u. hierauf eine *Pb*-Schicht aufgebracht. Danach wird auf eine über dem F. des Pb liegende Temp. von 950—1050° erhitzt. Das fl. Pb löst Cu unter Bldg. einer Pb–Cu-Legierung. Man erhitzt so lange, bis die Legierung den gewünschten Cu-Geh. aufweist. — Zeichnung. (**D. B. P. 863 583** Kl. 48b vom 15/5. 1941, ausg. 19/1. 1953.) MARKHOFF. 6433

Badische Anilin- & Soda-Fabrik (I. G. Farbenindustrie Akt.-Ges. „In Auflösung") (Erfinder: **Günther Hamprecht**), Ludwigshafen/Rh., *Nickelgewinnung.* Zur Gewinnung von Ni oder Ni-Legierungen oder Steinen aus Erzen, Steinen, Hüttenprodd., Rückständen oder Schrott werden die Ni-haltigen Rohstoffe, in denen vor oder während der nachfolgenden Umsetzung das Gewichtsverhältnis von Cu:S ca. 4:1 beträgt, mit Alkalisulfiden (I) oder Alkalisulfaten (II) u. red. Stoffen (III) ein oder mehrere Male verschmolzen. Beliebig zusammengesetzter Ni–Cu-Stein kann zunächst mit I oder II + III u. danach mit alkal. Stoffen u. III, gegebenenfalls nochmals mit I oder II + III, verschmolzen werden. (**D. B. P. 846 165** Kl. 40a vom 13/5. 1939, ausg. 11/8. 1952.) HANS HOFFMANN. 6435

Mond Nickel Co. Ltd., London (Erfinder: **Clarence George Bieber** und **Martimer Pierce Buck,** Huntington, W. Va., V. St. A.), *Nickel–Kupfer-Legierungen* bestehen aus 50—85 (%) *Ni*, 10—45 *Cu*, 2—4 *Al*, 0,25 bis <1 *Ti* u. 0,05—0,3 *C*. Außerdem können sie noch 0,05—1 *Si*, 0,05—2 *Mn* u. 0,05—10 *Fe* enthalten. Zwecks Alterungshärtung werden die Legierungen mit oder ohne vorherige Abschreckung von ½—16 Std. bei 538—660° gehalten u. dann stetig auf mindestens 482° gekühlt, wobei die Geschwindigkeit der Kühlung 42° pro Std. bei einer Temp. über 593° u. 28° pro Std. unter 593° nicht übersteigt. (**D. B. P. 867 165** Kl. 40b vom 3/3. 1940, ausg. 16/2. 1953.) GÖTZE. 6435

Schmidt & Clemens, Berghausen (Erfinder: **Otto Leihener,** Engelskirchen, **Walter Baumann,** Engelskirchen, und **Martin Pohl,** Unterwürden über Engelskirchen), Bez. Köln, *Nickellegierungen* bestehen aus 6—12 (%) *Si*, 4,5—12 *Cu*, weniger als 0,15 *C*, weniger als 5 *Fe*, Rest *Ni*. Sie eignen sich für Kondensatoren, bes. Röhrenkondensatoren zur Schwefelsäurekondensation u. ähnlich stark aggresiven Prozessen. (**D. B. P. 851 130** Kl. 40b vom 26/5. 1951, ausg. 2/10. 1952.) GÖTZE. 6435

Mond Nickel Co. Ltd., London, England, *Nickellegierungen* bestehen aus mindestens 70 (%) *Ni*, 0,75—2,5 *C*, wobei ein Teil davon kugelförmig ist, 1—6 *Zn*, 0,03—0,25 *Mg*, 0,5—4 *Si*. Außerdem können sie enthalten bis 10 *Fe*, bis 5 *Co*, bis 10 *Cu*, bis 5 *Cr*, bis 3 *Zn* u. bis 1 *Pb*. Die Legierungen lassen sich gut vergießen, sind verschleißfest u. fressen sich nicht fest. Um bei ihrer Herst. Mg-Verluste zu vermeiden, wird das Si der Schmelze in 2 Partien zugegeben, u. zwar ein Teil vor u. der Rest nach der Mg-Zugabe. **Schwz. P. 281 202** vom 26/3. 1949, ausg. 3/6. 1952. A. Prior. 27/3. 1948.) GÖTZE. 6435

Elgin National Watch Co., Elgin, Ill., übert. von: **Oscar Edward Harder** und **Dimon Albert Roberts,** Columbus, O., V. St. A., *Wärmebehandlung von Cobalt–Chrom–Nickel-Legierungen.* Rohstücke aus einer Legierung mit 20—50 (%) *Co*, 15—30 *Cr*, 5—31 *Ni*, 0—18 *Fe*, wobei der Gesamtanteil von Fe u. Ni mindestens 20% u. der Fe-Anteil wesentlich niedriger als der Ni-Anteil sein soll, 0—3 *Mn*, 0—0,3 *C* u. 0,01—0,09 *Be*, Rest die üblichen Verunreinigungen, werden nach einer Glühung von einer Temp. von 1095 bis 1205° abgeschreckt, dann so weit kaltverformt, bis die zunehmende Härte eine weitere Kaltverformung unmöglich macht, u. abschließend bei 260—537° so lange gealtert, bis die Streckfestigkeit über 155 kg/mm² beträgt. (**E. P. 647 760** vom 17/5. 1946, ausg. 20/12. 1950. A. Prior. 12/12. 1944.) HOCHSTEIN. 6435

Elgin National Watch Co., Elgin, Ill., übert. von: **Oscar Edward Harder** und **Dimon Albert Roberts,** Columbus, O., V. St. A., *Herstellung von Kraftfedern und anderen Gegenständen mit hoher Elastizität.* Rohstücke aus einer Co–Cr–Ni-Legierung mit 20—50 (%) *Co*, 15—30 *Cr*, 1—10 *Mo*, wobei Mo u. Cr zusammen zwischen 20 u. 37% liegen sollen, 15—50 *Ni*, 0—15 *Fe*, 0—5 *Mn*, wobei der Anteil an Fe, Ni u. Mn zusammen 20—50% u. der Anteil an Ni größer als der an Fe sein soll, 0,05—0,3 *C*, 0 bis unter 0,01 *Be*, Rest bis 1,2% an Verunreinigungen u. Desoxydationsrückständen, werden nach dem Glühen von einer Temp. von 982—1260° abgeschreckt, dann so weit kaltverformt, bis die ansteigende Härte eine weitere Kaltverarbeitung unmöglich macht, u. abschließend bei 260—650° so lange gealtert, bis die Streckfestigkeit mindestens 176 kg/mm² beträgt. (**E. P. 647 783** vom 8/8. 1947, ausg. 20/12. 1950. A. Prior. 3/5. 1947.) HOCHSTEIN. 6435

Ernest Paul Dubois, La Chaux de Fonds, Bruno Ernest Siegrist, Genf, und **Charles Henri Wakker,** Genf, Schweiz, *Verbesserung von durch Ausscheidung härtbaren korrosionsbeständigen Legierungen.* Legierungen mit 20—45 (%) *Co*, 20—35 *Ni*, 10—25 *Fe*, 0—10 *W*, 0—10 *Mo*, 0—20 *Cr* u. 0—5 *Ta*, 1—5 *Nb* zusammen mit 1—5 *Ti*, wobei der Gesamtanteil von Nb u. Ti 3—7 betragen soll, werden zur Verwendung als Uhrenfedern einer Ausscheidungshärtungsbehandlung bei Tempp. von 500—700° unterworfen. Die korrosionsbeständigen Legierungen erhalten eine hohe Elastizitätsgrenze. (**E. P. 675 622** vom 18/4. 1950, ausg. 16/7. 1952. Schwz. Prior. 12/5. 1949.) HOCHSTEIN. 6435

Electric Furnace Products Co. Ltd., Toronto, Ontario, Can., *Legierung.* Die Legierung nach N. P. 78 728 aus 15—25 (%) *Cr*, 15—25 *Ni*, 10—25 *Co*, bis 3,5 *Mo*, 7,5—15 *W*,

0,5—3 *Nb, Ta, Ti* u. *V*, 1,5—2 *Mn*, bis 1 *Si*, bis 1 *C* u. 0,05—1,25 *N* sowie Rest *Fe* wird dahin abgeändert, daß der Co-Geh. über 25, aber unter 45 beträgt, bes. 40, bei gleichzeitig 1 Nb. Die Legierung dient für die Herst. von Maschinenteilen, die starker mechan. Beanspruchung bei Temp. oberhalb von ca. 650° ausgesetzt sind. (**N. P. 79 897** vom 23/4. 1947, ausg. 17/3. 1952. A. Prior. 9/5. 1946. **Zusatz zu N. P. 78 728; C. 1953. 4598.**) JÜRGEN SCHMIDT. 6435

Jaques Fondal, New York, N. Y., V. St. A., *Legierungen mit hohem Ausdehnungskoeffizienten* bestehen aus 50—85 (%) *Mn*, 2—35 *Ni* u. 2—48 *Cu*. Sie werden nach einer Querschnittsverminderung von 25% durch Kaltbearbeitung einer Wärmebehandlung zwischen 700° u. ihrem F. unterworfen u. darauf schnell abgekühlt. (**Schwz. P. 279 966** vom 25/2. 1948, ausg. 1/4. 1952. A. Priorr. 6/11. 1939 u. 12/6. 1940.) GÖTZE. 6437

Wah Chang Trading Corp., New York, N. Y., übert. von: **Kuo Ching Li** und **Carl Marion Dice,** Glen Cove, N. Y., V. St. A., *Behandlung von Wolframverbindungen enthaltenden Materialien.* Zur W-Gewinnung werden die Materialien bei Tempp. über 1120° in Ggw. einer *Fe–Sn*-Legierung, die ca. 5—75% Sn enthält, durch bituminöse Kohle reduziert. Die Menge der Fe–Sn-Legierung muß wenigstens 10% vom Gesamtgewicht der Charge betragen. Zur Herst. dieser Fe–Sn-Legierung können auch Sn- u. Fe-Erzhaltige W-Erze, Konzentrate u. Rückstände von einer W-Erzaufbereitung bei geeigneter Vermischung verwendet werden. Die Sn- u. Fe-Erzanteile werden gleichzeitig mit dem W-Oxyd durch die Kohle zur Bldg. der Fe–Sn-Legierung red., mit welcher sich das gebildete W-Carbid oder Ferrowolfram legiert u. aus der sich diese W-haltigen Stoffe während der Erstarrung auskristallisieren. W-Erze u. Rückstände u. dgl. müssen so vermischt werden, daß sich ein Bad bildet, welches ausreichend Sn u. Fe enthält in Abhängigkeit davon, ob ein W-Carbid oder Ferrowolfram erzeugt werden soll. Nach Erstarrung u. Abkühlung der Schmelze wird die entstandene Metallegierung zerkleinert u. mit HCl von 20° Bé ausgelaugt. (**A. P. 2 535 217** vom 24/8. 1948, ausg. 26/12. 1950.) HOCHSTEIN. 6441

Salem Engineering Co., Sam Floyd Keener, Salem, O., V. St. A., *Ofen für die Wärmebehandlung von Blöcken oder anderen Gegenständen aus Aluminium oder anderen Nichteisenmetallen.* Die Erwärmung der Arbeitsstücke erfolgt durch außerhalb der Behandlungskammer (I) vorgewärmte Gase, die im Kreislauf durch I u. Vorwärmezone geführt werden, wobei das vorgewärmte Gas tangential von außen den auf einer Platte angeordneten Gegenständen zugeführt u. im Zentrum der Platte abgeführt wird. Durch diese Gasführung erfolgt die Wärmezufuhr ausschließlich durch Konvektion. Die Schäden unerwünschter Strahlung werden vermieden. — Vorr., Zeichnung. (**N. P. 78313** vom 20/4. 1946, ausg. 27/3. 1951. A. Prior. 18/4. 1940.) JÜRGEN SCHMIDT. 6442

Aktiebolaget Citonom, Stora Essingen, Schweden, *Textplatte, besonders Adressendruckplatte, aus Leichtmetall.* Die Oberschicht der Druckplatte ist chem. oder elektrolyt. mit einer Oxydschicht überzogen, die auch gefärbt sein kann, wobei das Färben auch gleichzeitig mit der Oxydbldg. erfolgen kann. (**N. P. 79 289** vom 9/6. 1950, ausg. 5/11. 1951. It. Prior. 12/11. 1949.) JÜRGEN SCHMIDT. 6443

Tréfileries & Laminoirs du Havre, Georges Chaudron und **Jean Herenguel,** Frankreich, *Aluminium–Magnesium-Legierungen.* Um die mechan. Eigg. der *Al–Mg*-Legierungen zu erhöhen, wird ihnen mehr als 0,5 (%) u. weniger als 3 *Zn* zugesetzt bei einem Geh. an Mg von 12 u. mehr als 1 Zn bei einem Geh. an Mg von 8. Der Geh. an Mg soll unter 14 liegen, um die prakt. Grenze der Löslichkeit nicht zu überschreiten. Die Homogenisation der Legierungen muß in inerter Atmosphäre oder in einem Salzbad erfolgen. Die Legierungen sind außerordentlich korrosionsfest gegenüber Seewasser. (**F. P. 988 825** vom 18/1. 1944, ausg. 31/8. 1951.) GÖTZE. 6443

Aluminium Laboratories Ltd., Montreal, Can. (Erfinder: **Charles Blake Willmore,** New Kensington, Pa., V. St. A.), *Herstellung oder Reinigung von Aluminium.* Aus einem Halogenid u. Al oder einem Al-haltigen Material wird eine Mischung hergestellt, die in inerter Atmosphäre bis zum Verdampfen des Al u. des Halogenids erhitzt wird. Das Al wird als Kondensat aus den Dämpfen abgeschieden. Als Halogenide kommen bes. Fluoride, wie AlF_3, MgF_2, Doppelfluoride, wie Na_3AlF_6, in Frage. — Z. B. wird eine Mischung von 3 (Gewichtsteilen) AlF_3 u. 1 Al auf 900—1000° erhitzt, die zur Abscheidung des Al 1—4 Std. auf dieser Temp. gehalten wird. (**D. B. P. 853 823** Kl. 40a vom 10/11. 1939, ausg. 27/10. 1952. A. Priorr. 22/6. u. 18/9. 1939.) HANS HOFFMANN. 6443

International Alloys Ltd., Aylesbury, und **Philipp Gross,** Stoke Poges, County of Buckingham, England, *Destillieren von Aluminium.* Bei der Herst. u. Reinigung von Al durch Dest. unter Verwendung von Al-Monohalogeniden werden die Destillationsgeräte aus halbleitenden Carbiden, wie SiC oder TiC, hergestellt oder mit solchen Carbiden ausgekleidet. Bessere chem. Widerstandsfähigkeit als Auskleidung aus Graphit oder

Kohle, die unter Bldg. von Al-Carbiden angegriffen wird. (**E. P. 642 240** vom 24/8. 1948, ausg. 30/8. 1950.) HANS HOFFMANN. 6443

Inventa Akt.-Ges. für Forschung und Patentverwertung, Luzern, Schweiz, *Einschmelzen von Al-haltigen Amalgamen.* Beim kontinuierlichen Einschmelzen u. Entquicken von Al-haltigen Amalgamen zur Erzielung eines Hg-freien Al soll das unmittelbare Hereinfallen des einzuschmelzenden Amalgams in den im Ofen vorhandenen fl. Al-haltigen Metallsumpf verhindert werden. Zu diesem Zweck wird z. B. bei Benutzung eines Schachtofens zum Einschmelzen eine in diesem angeordnete Lochplatte aus C verwendet. Auch Schüttungen aus nichtschm. u. nichtlösl. Material können benutzt werden. (**Schwz. P. 279 967** vom 31/10. 1949, ausg. 1/4. 1952.) HANS HOFFMANN. 6443

Aluminum Co. of America, Pittsburgh, Pa., V. St. A., *Aluminiumlegierungen* bestehen aus 1—15 (%) *Mg,* 0,0005—0,2 *Be,* Rest *Al.* Sie können außerdem noch 0,1—5 *Cu,* 2—14 *Zn* u. 0,3—5 *Si* einzeln oder zu mehreren enthalten. Der Be-Geh. macht die Legierungen in geschmolzenem Zustand beständig gegen Oxydation u. vermindert die Schlackenbildung. Die Legierungen haben gute mechan. Eigg., sind gut bearbeitbar u. korrosionsbeständig. (**Schwz. P. 280 892** vom 28/1. 1948, ausg. 16/5. 1952. A. Prior. 19/9. 1939.) GÖTZE. 6443

Ekstrand & Tholand, Inc., New York, N. Y., V. St. A. (Erfinder: **J. F. Kuzmick**), *Elektrolytisch oder chemisch plattierte Formstücke aus Pulvermetall.* Die Formstücke werden nach der Plattierung bei höherer Temp. zur Abdampfung von Restsalzen aus der Plattierungs-Fl. erhitzt. Hierbei darf die Sintertemp. der Grundmetalle nicht erreicht werden. — Andererseits ist eine Zusammensinterung des Grundmetalls mit der Plattierung oder ein Legieren von mehreren Plattierungen übereinander erwünscht. Man kann auch die Gegenstände zunächst vorverformen, dann plattieren u. erst dann durch ausreichende Sinterung verfestigen. Man kann aber auch die Sinterung vor dem Plattieren durchführen. Als Beispiel wird die Plattierung mit *Cu* u. *Ni* nacheinander beschrieben. — Diagramme. (**Schwed. P. 133734** vom 11/2. 1948, ausg. 27/11. 1951. A. Prior. 11/2. 1947.) JÜRGEN SCHMIDT. 6475

Radio Corp. of America, New York (Erfinder: **M N. Fredenburgh,** Summit, N. J.), V. St. A., *Herstellung von Sinterkörpern.* Die Ausgangspulver aus mindestens zwei Metallen, von denen das eine einen verhältnismäßig hohen, das andere einen niedrigen F. besitzt, werden in einem Träger zur Bldg. einer Paste gemischt, unter Druck stranggepreßt, der Preßling ohne Zwischenstütze durch eine Sintervorr. bei einer Temp. geführt, welche mindestens gleich dem F. des niedrigschm. Metalles ist. Der so entstandene Körper wird auf das erforderliche Format gezogen. (**D. B. P. 867 449** Kl. 40b vom 29/10. 1950, ausg. 16/2. 1953. A. Prior. 29/10. 1949.) GÖTZE. 6475

Ekstrand & Tholand, Inc., New York, N. Y., V. St. A., *Metallpulvermischungen für die Herstellung von Legierungspulvern.* Auf die eine Komponente der Legierung, die bereits in Pulverform vorliegen muß, wird die zweite chem. oder galvan. niedergeschlagen u. die so erhaltene Mischung kurzzeitig bei mäßiger Temp. nur so stark gesintert, daß die Mischung leicht wieder pulverisiert werden kann. Dann erst wird die eigentliche Sinterung ausgeführt, bei der eine Diffusion der Komponenten ineinander stattfindet. (**Schwz. P. 281 431** vom 8/3. 1949, ausg. 1/7. 1952. A. Prior. 24/3. 1948.) KALIX. 6475

Pechiney Comp. de Produits Chimiques et Électrométallurgiques, Paris, Frankreich, *Trockene Magnetscheidung von feinpulverigen Stoffen.* Man läßt die Stoffe durch einen Schacht herunterfallen, in dem sie in mehreren Stufen einer Magnetscheidung unterworfen werden, wobei die Teile durch von unten nach oben durchströmende Gase in ihrem Fall aufgehalten werden, die einzelnen Körper sich gegeneinander dispergieren u. auch geringe Mengen magnet. Teile nach der Seite hin abgeleitet werden können. (**N. P. 80 124** vom 11/10. 1946, ausg. 28/4. 1952. F. Prior. 12/10. 1945.) JÜRGEN SCHMIDT. 6475

Glyco-Metall-Werke Daelen & Loos G. m. b. H., Wiesbaden-Schierstein (Erfinder: **Bernward Garre,** Wiesbaden-Biebrich), *Sinterkörper.* Um die Festigkeit u. Zähigkeit von Sinterkörpern auf *Cu-* oder *Fe*-Basis zu erhöhen, werden ihnen Sulfide, bes. Fe-Sulfide, zugesetzt. Dieser Zusatz bewirkt z. B. bei Bremslamellen einen geringeren Abrieb. (**D. B. P. 859 226** Kl. 40b vom 22/10. 1943, ausg. 11/12. 1952.) GÖTZE. 6475

Accumulatoren-Fabrik Akt.-Ges. (Erfinder: **Friedrich August Schneider**), Hagen/Westf., *Blankglühen und Sintern, besonders von Metallen.* Der Heizzone von Durchlauföfen werden hochwertige Schutzgase, z. B. H_2, vorzugsweise im Gegenstrom, zur Gutförderung zugeführt u. an den Ofenenden niederwertige Schutzgase, z. B. Leuchtgas, unter Vermeidung von Zugbldg. verbrannt. Durch das Verf. wird der Schutzgasverbrauch an hochwertigem H_2 beschränkt. (**D. B. P. 861 569** Kl. 18c vom 3/2. 1944, ausg. 5/1. 1953.) HOCHSTEIN. 6493

Deutsche Edelstahlwerke Akt.-Ges., Krefeld (Erfinder: **Franz Skaupy,** Berlin-Lichterfelde), *Herstellung von Legierungspulver.* Eine Mischung der Legierungsmetalle wird auf so hohe Temp. erhitzt, daß eine einzige fl. Phase entsteht, u. darauf so rasch abgekühlt, daß die Teilchen des gepulverten Regulus im einzelnen die gleiche stoffliche Zus. aufweisen wie die fl. Schmelze. Die rasche Abkühlung erfolgt durch gut wärmeleitende Metalle, wie Cu, Ag, Al, Cr, Mo oder W u. deren Legierungen. Sie können in festem oder fl. Zustand zur Anwendung kommen. (**D. B. P. 865 212** Kl. 40b vom 21/4. 1940, ausg. 2/2. 1953.) GÖTZE. 6475

Linde Air Products Co., New York, N. Y., V. St. A., *Schneiden von Metallen.* Beim Zerschneiden von Metallen mit einer Flamme im O_2-Strom führt man der Schnittstelle ein Hilfspulver, z. B. Fe, C-armer Stahl, Ferromangan, Al oder Mn, zu, die mit dem O_2 verbrennen u. die Flammentemp. erhöhen. Diese Hilfsstoffe werden kontinuierlich in Form eines Kegels zugeführt, der die Flamme nach außen abschließt. — Zeichnung. (**N. P. 79 113** vom 1/7. 1947, ausg. 1/10. 1951. A. Prior. 2/7. 1946.) JÜRGEN SCHMIDT. 6503

Linde Air Products Co., New York, N. Y., V. St. A., *Abnehmen der Oberflächenschicht durch thermochemische Reaktion bei Metallgegenständen.* Man richtet gegen die Oberfläche eine O_2-Flamme, in der der O_2 in Einzelteilströme aufgeteilt ist, wobei im Zentrum der Flamme Ausströmungsgeschwindigkeiten von 180—300 m/sec u. an der Peripherie solche von 60—120 m/sec angewendet werden. (**Finn. P. 26 010** vom 29/12. 1947, Auszug veröff. 31/10. 1952. A. Prior. 24/7. 1940.) JÜRGEN SCHMIDT. 6503

Robert Bosch G. m. b. H. (Erfinder: **Artur Möhrle**), Stuttgart, *Reinigungsmittel für Lötkolben* besteht aus einem Gemisch mindestens eines Lötflußmittels mit einem in der Hitze erweichenden u. im wesentlichen mindestens ein Fett, Öl, Wachs, Harz oder Glycerin enthaltenden Trägerstoff mit der Maßgabe, daß der Trägerstoffanteil zwischen 30 u. 40 Gew.-% der Mischung liegt. — Beispiel: 80 (Gewichtsteile) NH_4Cl, 50 $ZnCl_2$ u. 50 *Vaseline.* Die Lötkolbenoberfläche wird vollkommen gereinigt. (**D. R. P. 754 432** Kl. 49h vom 10/11. 1942, ausg. 16/2. 1953.) MARKHOFF. 6505

Ernest Clarence Rollason, Waltham Abbey, Essex, und **Murex Welding Processes Ltd.,** Hertford, England, *Schweißelektrode* besteht aus einem Kerndraht aus *Al,* der mit einer *Cu*-Schicht u. einer Flußmittelmischung überzogen ist. Die Cu-Schicht wird durch Aufbringen von in Wasserglas suspendiertem Cu-Pulver erzeugt. Die Flußmittelschicht besteht z. B. aus *KCl, NaCl, LiCl* u. *Kryolith.* Sehr gute Schweißnähte. (**E. P. 638 731** vom 1/4. 1948, ausg. 14/6. 1950.) MARKHOFF. 6507

Soc. An. pour l'Industrie de l'Aluminium, Chippis, Schweiz, *Herstellung von Schweißelektroden für Leichtmetalle, wie Aluminium und seine Legierungen.* Ein Draht oder Stab aus Leichtmetall wird mit einer Paste aus einem Flußmittel u. einem stark W. absorbierenden Stoff, wie *Al-Silicat,* überzogen. — Beispiel: 25 (Gewichtsteile) $NaCl$, 38 KCl, 7 $BaCl_2$, 10 KBr, 8 LiF, 2,5 AlF_3 u. 2,5 NaF werden mit 7 Al-Silicat, das 500% W. absorbieren kann, gemischt u. 12 Std. bei 200° getrocknet. Dann wird die M. fein gemahlen u. auf 1 kg mit 175 cm³ einer 2,5%ig. frisch bereiteten Pektinlsg. versetzt u. durchgerührt. Die M. wird dann auf die Schweißelektrode aufgepreßt. Der Überzug platzt beim Schweißen nicht ab u. ist nicht hygroskopisch. (**E. P. 639 626** vom 30/12. 1947, ausg. 5/7. 1950. Schwz. Prior. 3/12. 1942.) MARKHOFF. 6507

Coast Metals Inc., übert. von: **Arthur T. Cape** und **Charles V. Foerster,** Canton, O., V. St. A., *Überzug für Schweißstäbe aus Eisen oder Eisenlegierungen* besteht aus in einem Bindemittel, wie Wasserglas, feinverteiltem Graphit, der bis zu 40% eine Teilchengröße besitzt, die durch ein 325-Maschensieb hindurchgeht. Mit dem Stab sollen Schweißnähte mit einem Geh. von 3,5% C erhalten werden. (**A. P. 2 553 132** vom 4/8. 1948, ausg. 15/5. 1951.) MARKHOFF. 6507

William M. Conn, Kansas City, Mo., V. St. A., *Schweißmittel für elektrische Lichtbogenschweißung* besteht zu überwiegendem Teil aus wasserfreiem krist. Mullit u. ist im wesentlichen frei von ungebundener SiO_2. Der Mullit kann auch künstlich hergestellt sein. Die sich beim Schweißen bildende Deckschicht aus Mullit schützt das Metall vor Oxydation. Die bei der Abkühlung entstehende heiße Mullitschlacke bewirkt eine Wärmenachbehandlung der Schweißstelle. (**D. B. P. 841 539** Kl. 49h vom 27/7. 1950, ausg. 16/6. 1952. A. Prior. 12/2. 1941.) MARKHOFF. 6507

Raymond Baudonnet, Frankreich, *Herstellung von plattierten Metallen.* Auf das zu plattierende Metall wird ein chem. verwandtes Metall unter Druck u. bei einer Temp. unter dem F. der Metalle aufgeschweißt, bes. unter Anwendung einer Zwischenschicht. — Zeichnung. (**F. P. 975 605** vom 6/3. 1942, ausg. 5/3. 1951.) HOLM. 6507

René David Wasserman, New York, N. Y., V. St. A., *Flußmittel zum Schweißen von Eisen und seinen Legierungen* besteht aus 30—50 (Gewichtsteilen) $Na_2CO_3 \cdot H_2O$,

10—30 hydratisiertem *Alkalipentaborat* u. 1—10 *Graphit*. Dem Gemisch können noch 20—40 *Alkalinitrat* u. 1—10 *Fe_2O_3* zugemischt sein. — Beispiel: 39 (Gewichtsteile) $Na_2CO_3 \cdot H_2O$, 20 K-Pentaborat, 30 KNO_3, 7,5 SiO_2, 1 Graphit, 2,5 Fe_2O_3. Das Mittel ist leichtfl. u. haftet ohne Anfeuchten an dem heißen Schweißdraht. (**E. P. 663 327** vom 5/8. 1949, ausg. 19/12. 1951.) MARKHOFF. 6507

Andor Yehuda Gal, Tel Aviv, Israel, *Beizbad* besteht aus drei Flüssigkeitsschichten von unterschiedlicher D., deren unterste aus der Beizlsg. (D. 1,5—1,8), deren oberste aus einer Alkalilsg. (D. 1,2) u. deren mittlere aus einer gegen Säuren u. Alkalien beständigen Fl., wie *Trichloräthylen, Chlorbenzol* oder *Chlorpyridin*, bestehen. Die Entstehung schädlicher Beiznebel im Arbeitsraum wird vermieden. (**E. P. 675 461** vom 20/11. 1950, ausg. 9/7. 1952.) MARKHOFF. 6513

Hercules Powder Co., Wilmington, übert. von: **Edward A. Bried**, Newport, Del., V. St. A., *Beizbad für rostfreie Stähle* besteht aus einer wss. Lsg. von 5—20 (%) *HNO_3*, 1—5 *HF* u. 0,001—3 eines *Glykoläthers* eines *Äthanolkolophoniumamins* entsprechend etwa nebenst. Formel, in der R ein Radikal des Dehydroabietyls oder des Hydroabietyls sein kann, X dagegen H oder $(CH_2CH_2O)_nH$. m hat den Wert zwischen 10 u. 40, n den Wert von 1—30. Die Summe m + n soll einen Wert zwischen 11 u. 40 haben. Der Zusatz des Glykoläthers beschleunigt die Beizwirkung. (**A. P. 2 564 749** vom 16/8. 1949, ausg. 21/8. 1951.) MARKHOFF. 6513

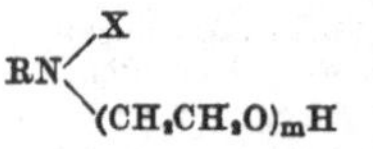

Metallgesellschaft Akt.-Ges., Frankfurt/M., *Vorbereitung von nichtrostenden Stählen für die Kaltverformung, besonders beim Ziehen.* Die Teile werden mit mineralsauren Ferriacetatlsgg., wie 90° warmen Lsgg. mit 20 (g/Liter) *HCl* u. 10 *Ferriacetat*, behandelt. Bei den so vorbehandelten Teilen ist eine Verminderung der Ziehspannung gegenüber nicht vorbehandelten Teilen festzustellen. Eine weitere Verbesserung wird erzielt, wenn vor dieser Behandlung die Teile mit Edelstahlbeizsäuren gebeizt werden, z. B. mit einer Beize aus 7 (%) *H_2SO_4* u. 4 *HNO_3*. (**D. R. P. 764 318** Kl. 48d vom 21/9. 1938, ausg. 31/10. 1951.) MARKHOFF. 6513

Aluminiumwerk Tscheulin G. m. b. H., Teningen/Bad. (Erfinder: **Karl Kilching**, Freiburg/Br.), *Entchlorung tiefgeätzter Aluminiumfolien.* Die im geätzten Al vorhandenen Cl-Ionen werden in Verbb. übergeführt, die durch Wärmeeinw. gasförmig aus dem Al ausgetrieben werden können, z. B. in NH_4-Verbindungen. (**D. B. P. 849 947** Kl. 48d vom 15/11. 1944, ausg. 18/9. 1952.) MARKHOFF. 6513

Ciba Akt.-Ges. (Erfinder: **Carlo Rossi**), Basel, Schweiz, *Entfernen von Metalloxyden oder Metallsalzen von Schwermetalloberflächen, die gegen Alkalien beständig sind.* Die Oberflächen werden mit alkal. Lsgg. von aromat. Oxyverbb. behandelt, die mindestens zwei vicinale Hydroxylgruppen aufweisen. Beispiel einer Lsg.: 5000 (Volumenteile) *W.*, 200 *NaOH*, 30%ig., 200 (Gewichtsteile) *Brenzcatechin*, 50 *$NaHSO_4$*. Die Oxydschichten werden ohne Angriff des Grundmetalls entfernt. (**D. B. P. 843 790** Kl. 48d vom 1/1. 1949, ausg. 14/7. 1952. Schwz. Priorr. 8/2. 1946 u. 14/1. 1947.) MARKHOFF. 6513

E. I. du Pont de Nemours & Co., Wilmington, Del. (Erfinder: **Harvey Nicholas Gilbert**, Niagara Falls, N. Y.), V. St. A., *Reinigen metallischer Gegenstände.* Die Gegenstände werden in einer Schmelze behandelt, die vorwiegend aus *Alkalihydroxyd*, bes. NaOH, besteht u. *Alkalihydrid*, bes. in einer Menge von ca. 1—20, bes. 2—5%, enthält. Bei Anwendung auf Cr-Stahllegierungen wird eine einwandfreie Beseitigung der Verunreinigungen der Oberfläche erzielt, ohne die Metalloberfläche selbst wesentlich anzugreifen. (**D. B. P. 849 789** Kl. 48d vom 30/3. 1949, ausg. 18/9. 1952. A. Prior. 23/4. 1941.) MARKHOFF. 6513

American Chemical Paint Co. (Erfinder: **Alfred Douty** und **Ferdinand P. Heller**), Ambler, Pa., V. St. A., *Reinigungsmittel für Metalloberflächen* besteht aus verd. *H_3PO_4* oder *Oxalsäure* u. einem wasserlösl. Emulgiermittel aus einem Ester oder Äther der *Polyäthylenglykol*-Reihe der allg. Formel $R-O-(C_2H_4O)_n-R'$. Hierbei ist R ein organ. Rest mit wenigstens 10 C-Atomen, R′ ein organ. Rest oder ein H-Atom u. n mindestens 5. — Beispiel: 950 cm^3 H_3PO_4 (75%ig.), 20 g Diamylphenyldekaglykoläther u. Wasserzusatz auf 1000 cm^3. Die Lsg. wird vor Gebrauch mit 1—8 Volumenteilen W. verdünnt. Das Mittel löst u. entfernt alle Fremdsubstanzen von zu überziehenden Metalloberflächen. (**D. B. P. 858 485** Kl. 48d vom 15/11. 1949, ausg. 8/12. 1952. A. Prior. 18/3. 1943.) MARKHOFF. 6513

Colin & Co., Frankreich, *Aufarbeiten von Salzsäurebeizlaugen.* In die mit $FeCl_2$ angereicherte Lsg. wird gasförmige HCl eingeleitet. Das ausfallende Metallchlorid wird von der Mutterlauge getrennt u. beide getrennt aufgearbeitet. Das Metallchlorid wird mit H_2SO_4 unter Bldg. von Metallsulfat u. HCl umgesetzt u. die HCl dem Beizprozeß zugeführt, während aus der Mutterlauge die gelöste HCl abdest. u. zur Aufarbeitung weiterer Beizlauge verwendet wird. (**F. P. 997 963** vom 14/9. 1945, ausg. 14/1. 1952.) MARKHOFF. 6513

Robert-Émile Halut, Frankreich, *Anodisches Polieren von Metallen.* Der Elektrolyt besteht aus H_3PO_4 mit Zusätzen von anderen Säuren, wie *Citronen-* oder *Weinsäure*, CrO_3, ferner von *Alkali-* oder *Ammoniumphosphaten* u. von Mitteln zur Herabsetzung der Oberflächenspannung. — Beispiel: Zum Polieren von Legierungen aus Al-Mn-Mg wird eine Lsg. aus 450 (g/Liter) H_3PO_4, 580 $(NH_4)H_2PO_4$, 100—200 CrO_3 sowie Heptylalkohol verwendet. — Abbildung. (**F. P. 995 453** vom 5/3. 1945, ausg. 3/12. 1951.) MARKHOFF. 6515

Battelle Development Corp., Columbus, O., V. St. A. (Erfinder: **C. L. Faust** und **P. D. Miller**), *Anodisches Polieren von Nickel oder Nickellegierungen.* Man behandelt Ni oder Legierungen mit mindestens 90% Ni anod. mit konz. Säuren, denen Stoffe zur Erhöhung der Löslichkeit der gebildeten Ni-Salze zugesetzt werden, so daß das anod. gelöste Ni auf der Kathode mit solcher Geschwindigkeit abgeschieden wird, daß eine Ausfällung von Ni-Salzen aus der Lsg. vermieden wird. Bes. sollen die Zusatzstoffe die Bldg. von Chloriden erhöhen. Man setzt daher der sauren Lsg. von ca. 85—81 (%) H_3PO_4 bis 45 H_2SO_4 u. 15—34 H_2O, ca. 0,04—2,5, bes. 0,04—0,4, *HCl* zu. Die Behandlung wird bei einer anod. Stromdichte von 5—30 A/dm² u. 35—60° durchgeführt. (**Schwed. P. 132 605** vom 24/7. 1944, ausg. 7/8. 1951. A. Prior. 23/7. 1943.) JÜRGEN SCHMIDT. 6515

William Edward Ballard, Birmingham, und **Walter Fred Harlow**, Quarndon bei Derby, England, *Schützen von Eisenoberflächen gegen heiße Ofengase.* Die Oberflächen werden mit einer *Al*-Schicht durch Aufspritzen überzogen u. diese mit einem teilweise hydrolysierten *organ. Silicat* behandelt, wie Äthylsilicat. — Beispiel für die Herst. der Silicatlsg.: 81 (Volumenteile) *Methylalkohol*, 30 0,06 %ig. *HCl* u. 190 *Äthylsilicat* werden gemischt u. dann noch 160 Äthylsilicat zugesetzt. (**E. P. 639 676** vom 29/8. 1947, ausg. 5/7. 1950.) MARKHOFF. 6529

Dow Chemical Co., Midland, Mich., V. St. A., *Erzeugen einer Schutzschicht auf aluminiumhaltigen Magnesiumlegierungen.* Legierungen mit mindestens 85 (%) Mg u. 4—12 Al werden in einer Lsg. von CrO_3 oder einem chromsauren Salz, einer starken Mineralsäure, wie HNO_3, u. von HF oder einem flußsauren Salz mit einem p_H-Wert von unter 2 behandelt. — Beispiel: 1,5 lbs. (0,68 kg) $Na_2Cr_2O_7 \cdot 2H_2O$, 1,5 pt (0,7 Liter) HNO_3 (D. 1,42), 1,33 oz. (41 g) NH_4HF_2 u. so viel W., daß 1 gal. Lsg. entsteht. Es bildet sich ein zusammenhängender Schutzüberzug. (**E. P. 643 877** vom 15/8. 1947, ausg. 27/9. 1950.) MARKHOFF. 6529

American Chemical Paint Co. (Erfinder: **Frank Palin Spruance jr.**, Ambler, und **Nelson James Newhard jr.**, Oreland), Pa., V. St. A., *Erzeugen von Überzügen auf Aluminium und seinen Legierungen.* Enthält das zur Herst. der PO_4- u. F-Ionen sowie CrO_4- oder Cr_2O_7-Ionen enthaltenden Lsg. verwendete W. mindestens 1 g/Liter Chloride u./oder Sulfate, soll das Verhältnis F:CrO_3 = 0,015—0,135:1 betragen, vorzugsweise 0,06—0,135:1. Bei Einhaltung dieses Verhältnisses werden haftende u. korrosionsschützende Überzüge erhalten. (**D. B. P. 860 308** Kl. 48d vom 7/6. 1951, ausg. 18/12. 1952. A. Prior. 14/9. 1950. **Zusatz zu D. B. P. 819 191; C. 1952. 2252.**) MARKHOFF. 6529

Plasco Ltd., Glasgow, Schottland, *Erzeugen einer färbbaren und korrosionsbeständigen Schutzschicht auf Zink und seinen Legierungen.* Die Gegenstände werden in einer Lsg. von CrO_3 oder deren Salzen u. *Milchsäure* oder deren Salzen behandelt, die mit einer starken Mineralsäure auf den p_H-Wert von 0,65—1,5 gebracht ist. Der Geh. an CrO_3 soll 145—155 g/Liter, der Geh. an Milchsäure 0,1—9 betragen. (**E. P. 665 993** vom 16/6. 1948, ausg. 6/2. 1952. A. Prior. 23/7. 1947.) MARKHOFF. 6529

Parker Rust Proof Co. (Erfinder: **Robert R. Tanner**), Detroit, Mich., V. St. A., *Aufbringen eines Überzuges auf Zinkoberflächen.* Man läßt auf die Oberfläche eine saure wss. Lsg. einer Cr(VI)-Verb. u. eines Phosphates einwirken u. läßt den Lösungsfilm so lange eintrocknen, bis der getrocknete Überzug in W. unlösl. ist. Das Trockenverf. wird abgebrochen, bevor die Rk. der Bestandteile, die bei der Trocknung einsetzt, zu Ende geführt ist. — Beispiel: Eine Lsg. mit 6 (%) H_3PO_4 u. 3 CrO_3 wird auf die Metalloberfläche aufgebracht u. der Film bei 315° 1 Min. erhitzt. Der entstandene Überzug bietet eine gute Haftgrundlage für Anstriche. (**D. B. P. 856 545** Kl. 48d vom 1/10. 1950, ausg. 24/11. 1952. A. Prior. 3/7. 1941.) MARKHOFF. 6529

Aloys Wüstefeld, Duderstadt, *Erzeugen von Oberflächenschichten auf metallischen und nichtmetallischen Werkstoffen.* Ein Pulvergemisch des Dreistoffsyst. CaO-Al_2O_3-SiO_2 wird mit verd. wss. H_3PO_4 zu einem Brei angerührt u. in dünner Schicht auf die Werkstoffoberfläche aufgetragen. Für *Fe*-Oberflächen wird z. B. ein Gemisch verwendet aus 150 g einer 25%ig. H_3PO_4 mit 13,5 g/Liter Zn u. 35 g eines Pulvergemisches mit der Zus. 16 (%) CaO u. 84 eines Al-Silicates mit 55 SiO_2, 40 Al_2O_3 u. Rest Wasser. Die erhärtete Zementschicht verleiht sicheren Korrosionsschutz, ist elektr. isolierend u. kann als Kitt verwendet werden. (**D. B. P. 872 299** Kl. 48d vom 3/10. 1951, ausg. 30/3. 1953.) MARKHOFF. 6529

Lorenzo Fantini, Perosa Argentina, Italien, *Erzeugen von Rostschutz auf Eisen und Stahl.* Die Gegenstände werden in eine koll. S enthaltende Lsg. von CrO_3 oder Chromaten bei Tempp. von 80—90° getaucht. Die Oberflächen färben sich je nach dem S-Geh. oder dessen Ursprung braun, gelb oder auch blau u. korrodieren nicht. — Z. B. wird eine 3%ig. Lsg. von K_2CrO_4 von 80—90° mit 0,2% $Na_2S_2O_3$ verwendet. (**E. P. 674 498** vom 12/7. 1950, ausg. 25/6. 1952. It. Priorr. 12/7. 1949. 10/1. u. 23/6. 1950.) MARKHOFF. 6529

Pyrene Co. Ltd., Brentford, Middlesex, England, *Erzeugen von Oxalatüberzügen auf Metallen, wie Nickel, Chrom oder deren Legierungen.* Die Gegenstände werden in einer Lsg. aus Oxalsäure, Ferrioxalat u. einem Bromid sowie einem Ferricyanid u./oder einem Thiocyanat bei einer Temp. von 150° F (65° C) bis zum Kp. behandelt. Zur Beschleunigung der Rk. können ein Sulfid, Sulfit oder Thiosulfat zugesetzt werden. Die erzeugten Schichten sind dicht u. festhaftend. (**E. P. 675 024** vom 26/8. 1949, ausg. 2/7. 1952. **Zusatz zu E. P. 661 385; C. 1952. 8043.**) MARKHOFF. 6529

Leopold Scheer, Was ist Stahl? Einf. in d. Stahlkunde für jedermann. 9. Aufl. Berlin, Göttingen, Heidelberg: Springer. 1952. (VI + 109 S. m. 49 Abb., 1 Taf. u. 1 Faltbl.) 8°. DM 5,70.

Emanuele Stieri, Basic welding principles. New York: Prentice-Hall. (220 S. m. Abb., Diagr.) $ 5,75.

IX. Organische Industrie.

Phillips Petroleum Co., übert. von: **John W. Latchum jr.,** Bartlesville, Okla., V. St. A., *Kontinuierliche destillative Trennung von Mischungen von Flüssigkeiten* mit nahe beieinander liegenden Kpp., z. B. von Heptan u. Methylcyclohexan, n-Hexan u. Methylcyclopentan. Die Temp. der Destillationskolonne wird durch Best. der Refraktionszahl mit elektr. gesteuerten Refraktometern kontrolliert, so daß an einer bestimmten Stelle der Kolonne ein gleichmäßig zusammengesetztes Prod. entnommen werden kann. — Vorr., Zeichnung. (**A. P. 2 529 030** vom 25/4. 1946, ausg. 7/11. 1950.) KRAUSS. 6561

United States Rubber Co., New York, N. Y., übert. von: **Elbert C. Ladd,** Passaic, und **Lewis Y. Kiley,** Westwood, N. J., V. St. A., *Synthese von organischen Verbindungen.* Olefin. Bindungen enthaltende organ. Verbb. (**I**) kondensiert man mit Aldehyden (**II**) der allg. Formel $(R_1)(R_2)(R_3)\cdot C—CHO$ bei 50—150° in Ggw. von freien Radikalen (**III**), die durch therm. Zers. sich während der Rk. bilden. Bei der Rk. wird CO frei. Als **I** sind KW-stoffe, wie Äthylen, Buten-(1), Decen-(1), Styrol, α-Methylstyrol, olefin. Carbonsäuren, wie Acrylsäure, u. Derivv., die zu Säuren hydrolysierbar sind, wie Methacrylsäureamid, ferner Olefinalkohole, ihre Äther u. Ester, wie Allylalkohol, Allylacetat, Allylchlorid, Äthylvinyläther, verwendbar. In **II** bedeuten R_1 niedrigmol. Alkylradikale u. R_2 u. R_3 Methyl- oder Äthylgruppen, z. B. sind derartige Verbb.: 2.2-Dimethylpropanal (Neopentanal), 2.2-Dimethylbutanal, 2-Äthyl-2-methylbutanal, 2.2-Dimethylhexanal. Als **III** sind z. B. geeignet: Peroxyde, wie H_2O_2, Benzoylperoxyd (**IV**), α.α'-Azobis-(isobuttersäure), in Mengen von 0,1—15 Gew.-% der Reaktionsteilnehmer. — Neopentanal $[(CH_3)_3\cdot C—CHO]$ u. Octen-(1) werden mit **IV** am Rückfluß 21 Std. u. nach weiterer Zugabe von **IV** abermals 27 Std. erhitzt. Man erhält *2.2-Dimethyldecan,* $Kp._5$ 64°, n_D^{20} 1,4199. Die Verbb. sind Lösungsmittel, Plastifikatoren, Zusatzmittel für Öle, Textilhilfsmittel u. Zwischenprodd. für chem Synthesen. Folgende Verbindungstypen können hergestellt werden: $(CH_3)_3C—CHO + CH_2=C(CH_3)_2 \rightarrow (CH_3)_3C—CH_2—CH(CH_3)_2$, $(CH_3)_3CHO + CH_2=CH—CH_3 \rightarrow (CH_3)_3C—CH_2—CH_2—CH_3$, $CH_3—CH_2—C(C_2H_5)_2—CHO + CH_2=CH—CH=CH_2 \rightarrow CH_3\cdot CH_2\cdot C(C_2H_5)_2CH_2\cdot CH=CH\cdot CH_3$, $(CH_3)_3\cdot C—CHO + CH_2=CH—C_6H_5 \rightarrow (CH_3)_3C—CH_2—CH_2—C_6H_5$, $CH_3—CH_2—C(CH_3)_2—CHO + CH_2=CH—O—CO\cdot CH_3 \rightarrow CH_3\cdot CH_2\cdot C(CH_3)_2\cdot CH_2—CH_2—O—CO—CH_3$, $(CH_3)_3\cdot C\cdot CHO + CH_2=CH—O—CO—CH_3 \rightarrow (CH_3)_3C—CH_2—CH_2—O—CO—CH_3$, $(CH_3)_3C—CHO + CH_2=CH—CN \rightarrow (CH_3)_3\cdot C—CH_2—CH_2—CN$, $(CH_3)_3C—CHO + CH_2=CH—O—C_2H_5 \rightarrow (CH_3)_3C—CH_2—CH_2—O—C_2H_5$, $CH_3\cdot C(C_2H_5)_2—CHO + CH_2=CH—CH_2—O—C_6H_5 \rightarrow CH_3\cdot C(C_2H_5)_2—(CH_2)_3—O—C_6H_5$, $C_6H_5—C(CH_3)_2CHO + CH_2=CH—CH_2—O—CO—CH_3 \rightarrow C_6H_5—C(CH_3)_2—(CH_2)_3—O—CO—CH_3$. (**A. P. 2 552 980** vom 24/6. 1949, ausg. 15/5. 1951.) G. KÖNIG. 6581

I. G. Farbenindustrie Akt.-Ges., Deutschland, *Dehydrierung von Alkoholen.* Als Katalysator wird Cu_2O verwendet, das durch vorsichtige Oxydation von Cu oder durch

Red. von CuO mit H_2 oder im Beginn des Verf. mit den Alkoholen selbst erhältlich ist. Cu_2O hat gegenüber anderen Katalysatoren den Vorteil, daß man bei niedrigen Tempp. arbeiten kann u. bessere Ausbeuten (80—98%) erzielt. Beschrieben ist die Herst. folgender Verbb.: *2-Ketobutanol-(4)* aus 1.3-Butylenglykol; *Aceton* aus Isopropylalkohol; *Butyraldehyd* aus Butylalkohol; *Monooxyaceton* aus 1.2-Propylenglykol; *Cyclohexanon* aus Cyclohexanol; *Dekalon* aus Dekalol (Dekahydro-β-naphthol). (**F. P. 977009** vom 4/6. 1942, ausg. 27/3. 1951.) NOUVEL. 6583

Soc. An. Manufactures de Produits Chimiques du Nord (Établissements Kuhlmann), Seine, Frankreich, *Katalytische Dehydrierung.* Als Dehydrierungskatalysatoren benutzt man feste Massen, die durch alkal. Fällung (mit NH_3 oder Alkalicarbonat) von Cu-, Cr- oder Mn-Salzen oder deren Mischungen erhalten sind u. die ohne Träger verwendet werden. Z. B. werden Paraffine (aus der CO-Hydrierung) über einem Cu–Cr-Hydrat oder -Carbonat bei 550—650° in *Olefine,* Propylalkohol über einem Cu–Mn-Hydrat oder -Carbonat bei 250—350° in *Propionaldehyd* sowie sek.-Butylalkohol über einem Cr- oder Mn-Hydrat oder -Carbonat bei 200—300° in *Methyläthylketon* übergeführt. (**F. P. 983416** vom 18/8. 1943, ausg. 22/6. 1951.) NOUVEL. 6583

Badische Anilin- & Soda-Fabrik (Erfinder: **Otto von Schickh**), Ludwigshafen/Rh., *Gewinnung höhermolekularer, gesättigter, nichtaromatischer Nitrokohlenwasserstoffe aus ihren Gemischen mit den Ausgangskohlenwasserstoffen.* Man extrahiert die Gemische mit Lösungsmitteln (oder -gemischen), die die KW-stoffe nicht oder nur wenig lösen, aber ein gutes Lösungsvermögen für die Nitro-KW-stoffe haben. Z. B. wird unvollständig nitriertes Mittelöl (C 14) dreimal mit Methanol (I) extrahiert. Nach dem Abtrennen der I-Lsg. geht das unveränderte Mittelöl in die Nitrierung zurück. Nach Abdest. des I erhält man die nitrierten Anteile des Mittelöls. (**D. B. P. 869201** Kl. 12o vom 20/7. 1943, ausg. 5/3. 1953.) UNGER. H 500

Ruhrchemie Akt.-Ges., Oberhausen-Holten (Erfinder: **Otto Roelen,** Oberhausen-Holten, und **Heinrich Heckel,** Dinslaken), *Herstellung von Methan* durch Rk. von Gemischen des H_2 mit Kohlenstoffoxyden unter Verwendung von Ni-Kontakten, die mit MgO aktiviert u. auf einen Träger aufgebracht sind, dad. gek., daß die Kontakte annähernd 5—50 (Teile) MgO u. zweckmäßig 50—200 Kieselgur auf 100 Ni enthalten u. derart bei Tempp. bis zu 210°, vornehmlich solchen von rund 180°, mit dem umzusetzenden Gasgemisch beaufschlagt werden, daß je Std. annähernd 6—25 m^3 Synthesegas/kg Ni-Inhalt des Kontaktes zur Rk. kommen. Heizwert des erhaltenen Brenngases rund 6000 WE. (**D. B. P. 867846** Kl. 12o vom 5/2. 1942, ausg. 19/2. 1953.) G. KÖNIG. H 510

Edeleanu G. m. b. H. (Erfinder: **Alfred Hoppe**), Frankfurt/M., *Trennung von Lösungsmittelgemischen aus flüssigem SO_2 und leichten Kohlenwasserstoffen.* Gemische aus SO_2, C_3H_8 u. C_4H_{10} kühlt man auf —20 bis —30° ab u. trennt die gebildeten Schichten. (**D. B. P. 876091** Kl. 12o vom 12/6. 1951, ausg. 7/5. 1953.) UNGER. H 510

Socony-Vacuum Oil Co., Inc., New York, N. Y., übert. von: **Alfred W. Francis,** Woodbury, N. J., V. St. A., *Reinigung von niedermolekularen Olefinen.* Eine Mischung aus z. B. Propylen oder 1-Buten mit anderen Gasen, wie Propan, Äthan, Butanen, Äthylen, Isobutan, CO_2 (nicht aber H_2S, Mercaptane, Halogenwasserstoff, NH_3, Acetylen, Butadien), wird mit festem $AgNO_3$ behandelt, das mit den Olefinen eine fl., in KW-stoffen unlösl. Komplexverb., zweckmäßig bei dem Verflüssigungsdruck der Gase, bildet u. deshalb abgetrennt werden kann. — Z. B. wird eine Mischung aus 40 (Mol.-%) 1-Buten u. 60 Isobutan mit $AgNO_3$ bei 0° u. 1,5 at behandelt. Aus der abgetrennten Komplexverb. erhält man das reine Olefin. (**A. P. 2498204** vom 8/10. 1947, ausg. 21/2. 1950.) KRAUSS. H 520

Standard Oil Development Co., V. St. A., übert. von: **Donald J. Wormith,** Sarnia, Ontario, Can., *Temperaturreglung des Katalysators und der Regeneriergase bei der Dehydrierung* von Monoolefinen zu Diolefinen oder von Alkylaromaten zu Arylalkenen. Zu den vorerhitzten KW-stoffdämpfen gibt man ca. 10—15 Vol.-% überhitzten Dampf, wodurch der Katalysator auf die Reaktionstemp. gebracht wird. Dann wird der KW-stoffdampf durch Wasserdampf entfernt u. das Regeneriergas (Luft) mit Dampf von niedriger Temp. über den Katalysator geleitet. — Vorr., Zeichnung. (**A. P. 2509900** vom 12/10. 1946, ausg. 30/5. 1950.) KRAUSS. H 520

Standard Oil Development Co., übert. von: **Walter H. Rupp,** Mountainside, und **John W. Packie,** Green Village, N. J., V. St. A., *Gewinnung von reinem Isobutylen* (I) aus seinen Mischungen mit Buten-1, Buten-2, Butadien, Isobutan u. n-Butan. Der durch Absorption der Mischung in einer 55—70%ig. mehrbas. Mineralsäure, bes. H_2SO_4, erhaltene saure Extrakt wird mit einem gesätt. aliphat. KW-stoff mit 4—8 C-Atomen, der frei von ungesätt. ist (Pentane, Hexane), extrahiert, wobei die Verunreinigungen herausgelöst werden. Aus der Säure kann dann das reine I gewonnen werden. — Zeichnung. (**A. P. 2 509 885** vom 20/3. 1948, ausg. 30/5. 1950.) KRAUSS. H 520

Horst Böhme, Marburg/Lahn, *β-Dicarbonylverbindungen* erhält man durch Kondensation von α-halogenierten Thioäthern mit monosubstituierten β-Diketonen oder β-Ketocarbonsäureestern bzw. ihren Salzen. — Aus α-Methyl-α-benzoylaceton erhält man durch Erhitzen mit Chlormethylmethylsulfid (I) in Ae. in Ggw. von Na *α-Methyl-α-benzoyl-α-methylmercaptomethylaceton,* $CH_3C(OCC_6H_5)(CH_2SCH_3)COCH_3$, Kp.$_{11}$ 180°. — α-Phenylacetessigsäureäthylester + I → *α-Phenyl-α-methylmercaptomethylacetessigsäureäthylester,* $CH_3-CO-C(C_6H_5)(CH_2-S-CH_3)-COOC_2H_5$, Kp.$_{11}$ 178—180°. Verwendung als Lösungs-, Schädlingsbekämpfungsmittel, Riechstoffe, Weichmacher u. Zwischenprodd., bes. für Heilmittel. (**D. B. P. 867 394** Kl. 12o vom 20/3. 1951, ausg. 16/2. 1953.) KRAUSS. H 600

Rupert Oppenauer, Buenos Aires, Argentinien, *Sulfonamide* erhält man durch Behandeln von Sulfochloriden bei n. Druck u. ca. 15—20° mit fl. NH_3 in Form von NH_3-Additionsverbb. an NH_4NO_3 oder NH_4CNS. — 10 Mol. NH_4NO_3 werden durch Einleiten von NH_3 unterhalb 21° verflüssigt, wobei sich die Verb. $NH_4NO_3 \cdot 2\,NH_3$ bildet, die dann mit Hexadecansulfochlorid zum *Hexadecansulfonamid* umgesetzt wird. — Dieselöldisulfochlorid (aus Dieselöl, Kp. 280—320°, + SO_2 + Cl_2) → *Disulfondiamid.* (**A. P. 2 560 240** vom 12/4. 1949, ausg. 10/7. 1951.) KRAUSS. H 600

Stanolind Oil & Gas Co., übert. von: **Vesta F. Michael,** Tulsa, Okla., V. St. A., *Trennen der Bisulfitaddukte bildenden Aldehyde* (I) *und Ketone* (II) erfolgt durch Behandeln der Mischung bei p_H 2,2—8 u. Tempp. <40° mit einer wss. Bisulfitlösung. Hierbei bilden sich beständige Addukte. Anschließend erhitzt man die Mischung auf 40—80°. Bei dieser Temp. zers. sich nur die Ketonbisulfitverb., u. man isoliert das freie II aus der wss. Reaktionslsg., z. B. in einer Abtreibkolonne oder durch Extraktion. Man kann mit diesem Verf. I u. II auch aus solche enthaltenden Mischungen, z. B. aus den Reaktionsprodd. der FISCHER-TROPSCH- oder der Oxosynth., abscheiden u. gesondert aufarbeiten. — Zeichnungen. (**A. P. 2 555 553** vom 24/9. 1947, ausg. 5/6. 1951.) G. KÖNIG. H 650

Deutsche Hydrierwerke Akt.-Ges., Düsseldorf (Erfinder: **Winfried Hentrich,** Riehen/Basel, Schweiz, und **Alfred Kirstahler,** Düsseldorf), *Herstellung von Aldehyden und/oder Alkoholen,* dad. gek., daß man auf ungesätt. KW-stoffe, die eine oder mehrere Doppelbindungen von olefin. Charakter im Mol. enthalten u. aus den Einwirkungsprodd. von SO_2 u. Halogen, bes. Cl_2, oder auch von $SOCl_2$ auf acycl. oder cycl. Paraffin-KW-stoffe durch Abspaltung von SO_2 u. Halogenwasserstoff infolge therm. Behandlung erhalten worden sind, CO u. H_2 in Ggw. von Katalysatoren bei Tempp. zwischen 100—200° einwirken läßt u. gegebenenfalls nachhydriert. Man verwendet Wassergas oder Synthesegas in gasförmiger oder fl. Phase, mit oder ohne Druck. Bldg. u. Red. der Aldehydgruppe erfolgt in einem Arbeitsgang, bes. bei Anwendung höherer Tempp. (150—180°) u. sonstiger Reaktionsbedingungen, z. B. bes. Wahl des Katalysators u. Anwendung von überschüssigem Wasserstoff. (**D. B. P. 863796** Kl. 12o vom 12/7. 1940, ausg. 19/1. 1953.) G. KÖNIG. H 650

Ruhrchemie Akt.-Ges., Oberhausen-Holten (Erfinder: **Friedrich Martin,** Mülheim/Ruhr), *Herstellung hochmolekularer Alkohole, Aldehyde und Ketone,* die im Mol. 20 C-Atome u. mehr enthalten, aus Wassergas oder anderen CO-reichen Gasgemischen mit Hilfe von Katalysatoren, welche Metalle der 8. Gruppe des Period. Syst. bzw. Oxyde oder Carbide dieser Metalle enthalten u. gegebenenfalls mit Oxyden von Elementen der 2.—7. Gruppe aktiviert sind, dad. gek., daß man die Rk. mit in gesätt. KW-stoffen suspendierten Katalysatoren der genannten Art bei Drucken von ca. 300 at u. Tempp. <300° durchführt. Man verwendet vorteilhaft $CO-H_2$-Gemische, die mehr CO enthalten, als dem Verhältnis 1 : 1 entspricht, bes. dann, wenn man O-haltige Verbb. mit langer C-Kette anstrebt. (**D. R. P. 766 152** Kl. 12o vom 30/1. 1940, ausg. 23/2. 1953.) G. KÖNIG. H 660

Distillers Co. Ltd. Edinburgh (Erfinder: **David James Hadley, Reginald Harold Hall** und **David Jan Hutchinson Jacobs,** Epsom), England, *Herstellung der isomeren ungesättigten Aldehyde α-Neopentylacrolein und α-Methyl-β-tert.-butylacrolein,* dad. gek., daß man Diisobutylen im Dampfzustand bei erhöhten Tempp., bes. 250—300°, mit mol. O_2 in Ggw. von elementarem Se in der Reaktionszone u. festen Oxydationskatalysatoren, die ursprünglich im wesentlichen aus Cu, den Oxyden, Chloriden, Sulfaten, Chromaten, Chromiten, Vanadaten, Molybdaten, Wolframaten u./oder Aluminaten des Cu bestanden, zur Einw. bringt. *α-Neopentylacrolein,* Kp. 146—147°, n_D^{20}

1,436; *Semicarbazon*, F. 205°; *2.4-Dinitrophenylhydrazon*, F. 163°. — *α-Methyl-β-tert.-butylacrolein*, farblose Fl., Kp. 162—163°; n_D^{20} 1,453; *Dinitrophenylhydrazon*, F. 203 bis 204°. Mit H_2 behandelt, ergeben die Aldehyde *2.4.4-Trimethylpentanal* u. *2.4.4-Trimethylpentanol-(1)*. Der gesätt. Aldehyd ergibt mit O_2 *2.4.4-Trimethylvaleriansäure*. Diese Säure erhält man auch aus α-Methyl-β-tert.-butylacrolein, das oxydiert *2.4.4-Trimethylangelicasäure* ergibt, woraus mittels H_2 die gesätt. Säure erhalten wird. (**D. B. P. 862 885** Kl. 12o vom 11/3. 1950, ausg. 15/1. 1953. **Belg. P. 494 717** vom 23/3. 1950, ausg. 17/7. 1950. Beide E. Priorr. 25/3. u. 24/9. 1949.) G. KÖNIG. H 670

Deutsche Gold- und Silberscheideanstalt vormals Roessler, Frankfurt/M. (Erfinder: **Hans Wagner,** Konstanz), *Reingewinnung von Acrolein* (**I**) aus wasserhaltigen techn. I-Gemischen, wie sie bei der katalyt. Rk. von CH_2O mit Acetaldehyd, bes. in der Dampfphase, erhalten werden, durch Dest., dad. gek., daß man die bei der Dest. abziehenden I-haltigen Dämpfe mit warmem W. in Gegenstromkolonnen wäscht u. das übergehende I trocknet. Man befreit die I-haltigen Dämpfe vor dem Waschen durch Vorkondensation vom größten Teil des CH_2O. (**D. B. P. 870 842** Kl. 12o vom 21/9. 1938, ausg. 16/3. 1953.) G. KÖNIG. H 670

Badische Anilin- & Soda-Fabrik, Ludwigshafen/Rh. (Erfinder: **Wilhelm Baumeister,** Heidelberg, und **Günther Hemprecht,** Ludwigshafen/Rh.), *Herstellung von Trichloracetaldehydmonoacetal*, dad. gek., daß man auf Mono- oder Dichloracetaldehyddimethylacetal oder α.β-Dichlormethyläthyläther in Ggw. von mindestens der äquimol. Menge W. Cl_2, bes. bei 50—100°, einwirken läßt. (**D. B. P. 869 056** Kl. 12o vom 7/4. 1951, ausg. 2/3. 1953.) G. KÖNIG. H 670

Deutsche Hydrierwerke Akt.-Ges., Düsseldorf (Erfinder: **Christoph Grundmann,** Dessau), *Herstellung von Ketonen*. Man behandelt sek. Nitroparaffine (**I**) oder Gemische aus sek. u. prim. I in alkal., ammoniakal. oder erdalkal. Lsg. oder Suspension mit H_2O_2. — Aus einem Gemisch von prim. u. sek. Nitro-n-dodecanen ($Kp._{0,9}$ 114—123°) erhält man ein *Ketongemisch* (Carbonylzahl 189) u. eine *Fettsäure* mit der SZ. 229; aus einem Nitroparaffingemisch (erhalten durch Nitrieren einer Dieselölfraktion vom Kp. 280—340°) ein Ketongemisch mit der Carbonylzahl 193 u. ein Fettsäuregemisch von der SZ. 127. (**D. R. P. 756 127** Kl. 12o vom 15/8. 1940, ausg. 18/5. 1953.) BRÖSAMLE. H 700

Ruhrchemie Akt.-Ges. (Erfinder: **Walter Rottig**), Oberhausen, *Abtrennung O-haltiger Verbindungen, bes. Carbonsäuren*, aus den Prodd. der katalyt. CO-Hydrierung. Man behandelt die wss. Reaktionprodd. zuerst mit Alkali- oder Erdalkalihydroxyden u./oder -carbonaten, wiederholt diese Behandlung nach Abtrennung der durch Neutralisation abgeschiedenen nichtwss. Schicht u. verwendet dann die wss. Lsg. (**I**) zur Behandlung der öligen Reaktionsprodd., worauf man aus **I** die gebildeten Metallverbb. durch Eindampfen oder Kristallisieren isoliert. (**D. B. P. 862 151** Kl. 12o vom 21/6. 1949, ausg. 8/1. 1953.) MÜLLER-MEININGEN. H 800

Badische Anilin- & Soda-Fabrik, Ludwigshafen/Rh. (Erfinder: **Walter Reppe,** Ludwigshafen/Rh., **Hugo Kröper,** Heidelberg, und **Nikolaus v. Kutepow,** Karlsruhe), *Fettsäuregemische* erhält man aus höhermol. Olefinen, W. u. CO bei 50—250 at u. >120° in Ggw. von Metallen der 5. Gruppe des Period. Syst., z. B. V, Bi u. Sb. (**D. B. P. 863 044** Kl. 12o vom 1/4. 1942, ausg. 15/1. 1953.) MÜLLER-MEININGEN. H 800

Sinclair Refining Co., New York, N. Y., übert. von: **Richard O. Norris,** Chicago, Ill., V. St. A., *Niedermolekulare, ungesättigte Fettsäureester* erhält man durch Behandeln eines Monochlorfettsäureesters mit alkoh. NH_3 bei n. Temp.; z. B. entsteht aus 3-Chlorbuttersäureäthylester mit 10%ig. alkoh. NH_3 Crotonsäureäthylester, Kp. 143—147°, in 79%ig. Ausbeute. 2-Chlorpropionsäureäthylester → Acrylsäureäthylester, Kp. 98,5°. (**A. P. 2 500 005** vom 17/8. 1946, ausg. 7/3. 1950.) KRAUSS. H 810

Badische Anilin- & Soda-Fabrik, Ludwigshafen/Rh. (Erfinder: **Friedrich Hölscher,** Otterstadt), *Umlagerung cis-trans-isomerer Olefincarbonsäuren und ihrer funktionelle Abkömmlinge* erfolgt durch Zusatz von, z. B. 1% u. weniger, Alkylaminen (Dimethyl-, Diäthyl-, Triäthyl-, Monobutyl-, Dibutylamin, Di- oder Triäthanolamin). — Maleinsäuredimethylester lagert sich nach Zusatz von 0,25% Diäthylamin in 5 Std. in Fumarsäuredimethylester, F. 100°, um; das Amin kann mit HCl oder Essigsäure, falls erforderlich, ausgewaschen werden. — Fumersäurediäthylester. (**D. B. P. 861 840** Kl. 12o vom 9/4. 1944, ausg. 5/1. 1953.) KRAUSS. H 820

Badische Anilin- & Soda-Fabrik (Erfinder: **Heinrich Hopff**), Ludwigshafen/Rh., *Reinigung von γ-Ketopimelinsäuredilacton* (**I**) erfolgt bes. durch Hochvakuumdest. unter Zusatz solcher inerter organ. Stoffe, die einen höheren Kp. als **I** besitzen, z. B. von hochsd. KW-stoffen, bes. Erdöl- oder Braunkohlenparaffin, durch CO-Hydrierung erhaltener Paraffinen, von sogenannten „Grünölen“ der Teerdest. oder deren Bestandteilen, wie Anthracen, Phenanthren, Coronen, Terphenyl, Fluoranthen, Reten, Pyren, Naphthofluoren, Chrysen u. deren Hydrierungsprodd., Fluorenon, Anthrachinon u. dergleichen. (**D. B. P. 863 798** Kl. 12o vom 7/3. 1942, ausg. 19/1. 1953.)

MÜLLER-MEININGEN. H 870

Soc. An. des Manufactures des Glaces et Produits Chimiques de Saint-Gobain, Chauny & Cirey, Paris, Frankreich, *Herstellung von Thioharnstoff* durch Rk. von H_2S mit Cyanamid (I), wobei letzteres z. B. in geschmolzenem Zustand in eine wss. Lsg. von Alkalisulfid eingeführt u. die Lsg. kontinuierlich mit H_2S gesätt. wird. H_2S u. I sollen im stöchiometr. Verhältnis bei 30—70° aufeinander zur Einw. gebracht werden. Die Reaktionslsg. wird dann gekühlt u. das Prod. krist. abgeschieden. (**E. P. 640 976** vom 1/4. 1948, ausg. 2/8. 1950. F. Prior. 2/4. 1947.)

SCHINDLER. H 880

Farbenfabriken Bayer, Leverkusen (Erfinder: **Rolf Pütter,** Düsseldorf, und **Detlef Delfs,** Leverkusen), *Aliphatische Dicarbaminsäurechloride bzw. Diisocyanate.* Man läßt auf die Aminsalze von am N durch KW-stoffreste substituierten Carbaminsäuren, wie sie durch Einw. von CO_2 auf die entsprechenden Diamine erhalten werden, Phosgen, gegebenenfalls bei erhöhter Temp., einwirken. — Z. B. wird Hexamethylendiamin in o-Dichlorbenzol mit CO_2 zum carbaminsauren Salz umgesetzt u. in die Suspension bei 10° $COCl_2$ eingeleitet. Man erhält *Hexamethylendiisocyanat.* Ferner werden dargestellt: *Tetramethylen-* u. *1.4-Cyclohexandiisocyanat,* F. 55°; ferner das *Dicarbaminsäurechlorid* des *1.6-Bis-methylaminohexans.* (**D. B. P. 876 238** Kl. 12o vom 16/1. 1942, ausg. 11/5. 1953.)

BRÖSAMLE. H 880

American Cyanamid Co. (Erfinder: **Joseph Ratcliff Evans** und **Kellogg Krebs**), New York, N. Y., V. St. A., *Reinigen flüssiger HCN.* Man läßt eine durch H_2S verunreinigte fl. HCN im Gegenstrom zu einem Luftstrom fließen, wobei man gleichzeitig mit der Luft die Fl. aufwirbelt u. H_2S abtreibt. (**E. P. 635 288** vom 6/5. 1947, ausg. 5/4. 1950. A. Prior. 20/6. 1946.)

NEBELSIEK. H 890

Shell Development Co., San Francisco, übert. von: **Vernon E. Haury,** Simi, Calif., V. St. A., *Imine* erhält man durch Erhitzen eines Amins mit einem Imin nach dem Reaktionsschema $RNH_2 + R'N{=}C(R'')(R''') \rightarrow RN{=}C(R'')(R''') + R'NH_2$ (R u. R‴ = organ. Rest, R′ u. R″ = H oder organ. Rest). — 3 (Mol.) Anilin u. 3.3-N-Isopropylacetonimin werden 6 Std. auf 90—155° erhitzt, wobei das gebildete Isopropylamin laufend abdest. wird. Durch Dest. erhält man in 77 %ig. Ausbeute *Acetonanil,* $Kp._{100}$ 129 bis 130°; $D.^{20}{}_4$ 0,9535; n_D^{20} 1,54. — Acetylacetonimin + 1.3-Dimethylbutylamin → *N-1.3-Dimethylbutylacetylacetonimin,* $Kp._{10}$ 113—115°. — Allylamin + N-Isopropylacetonimin → *N-Allylacetonimin,* Kp. 113—114°; n_D^{20} 1,436. — N-Isopropylisobutyraldimin + 1.3-Dimethylbutylamin → *N-1.3-Dimethylbutylisobutyraldimin,* $Kp._{100}$ 94 bis 95°. — N-(1.3-Dimethylbutyl)-methylisobutylketimin + Dihydroisophorylamin → *N-(Dihydroisophoryl)-methylisobutylketimin.* — R u. R‴ können noch Halogen, OH, NH_2, NO_2, CO, SO u. CN enthalten. (**A. P. 2 513 996** vom 19/12. 1947, ausg. 4/7. 1950.)

KRAUSS. H 910

Phillips Petroleum Co., übert. von: **Frederick M. Smith,** Bartlesville, Okla., V. St. A., *Höhermolekulare Alkylbenzole.* Die Benzol-KW-stoffe (Bzl., Toluol, Xylol) werden mit einem Olefin oder olefinhaltigen Stoffen mit wenigstens 7 u. höchstens 18 C-Atomen je Mol. (im Mol.-Verhältnis 5 : 1 bis 10 : 1) in Ggw. eines fl. Katalysators (z. B. 50%ig. HF, BF_3-Komplexe, H_3PO_4) bei 60—140° F alkyliert, wobei der Druck so gewählt wird, daß der fl. Katalysator nicht verdampft u. die Verweilzeit ca. 5—60 Min. beträgt. Die den Katalysator enthaltende Phase mit entstandenen Olefinpolymeren wird mit neuen Benzol-KW-stoffen unter den gleichen Bedingungen umgesetzt, wobei gleichzeitig eine Depolymerisation der Polymeren u. Alkylierung des Bzl. erfolgt. Nach Abtrennen der Katalysatorphase, die in den Kreislauf zurückgeführt wird, wird die KW-stoffphase fraktioniert. — Vorr., Zeichnung. (**A. P. 2 507 765** vom 9/6. 1947, ausg. 16/5. 1950.)

KRAUSS. H 1010

Yorkshire Tar Distillers Ltd., Cleckheaton, Yorkshire, **David William Milner** und **Ernest Clifford Holdsworth,** England, *Phenole* erhält man durch Behandeln einer Mischung aus je 1 Mol Alkaliarylsulfonat, Alkyliphenolat u. Alkalihydroxyd mit überhitztem Dampf. Der Rückstand wird mit heißem W. behandelt, wodurch man nach dem Filtrieren eine Alkaliphenolatlsg. u. Alkalisulfit erhält, aus dem durch teilweise Rk. mit Erdalkalihydroxyd das entstandene Alkalihydroxyd in den Kreislauf zurückgeführt werden kann. — Eine Mischung aus Na-Benzolsulfonat, NaOH u. Na-Phenolat wird bei 320—330° ca. 2½ Std. mit auf 320° erhitztem Wasserdampf behandelt, wobei man in 92%ig. Ausbeute *Phenol* erhält. Die Rk. erfolgt nach dem Schema $ArSO_3M + MOH + ArOM \rightarrow ArOH + M_2SO_3 + ArOM$. (**E. P. 645 144** vom 27/11. 1947, ausg. 25/10. 1950.)

KRAUSS. H 1060

Distillers Co. Ltd., Edinburgh, Schottland, übert. von: **Thomas Bewley** und **Frederick John Wilkins**, Epsom, Surrey, England, *Phenol* (**I**) erhält man durch Extraktion einer Reaktionsmischung mit W. bei 50—100°, die durch Oxydation von Isopropylbenzol (**II**) u. Zers. des entstandenen **II**-Hydroperoxyds zu Aceton, Acetophenon, Methylstyrol u. **I** gewonnen wurde. **I** wird aus dem wss. Extrakt mit einem mit W. nicht mischbaren organ. Lösungsm. (Butylacetat) isoliert; es ist frei von Nebenprodukten. — Schemat. App., Zeichnung. (**E. P. 649 286** vom 20/4. 1948, ausg. 24/1. 1951.) KRAUSS. H 1060

Phillips Petroleum Co., Del., übert. von: **John C. Hillyer** und **James T. Edmonde**, Bartlesville, Okla., V. St. A., *Herstellung von β-Phenylpropionsäure* (**V**) durch Erhitzen von 3—50% Butadien (**I**), 1,30% W. mit Furfurol (**II**) bei 160—325° F während 5 bis 125 Std., Isolieren eines Lactons (**III**) der Formel $C_9H_{12}O_3$ u. Behandlung des **III** mit W. entziehenden Mitteln, wie konz. H_3PO_4 (**IV**). — Z. B. werden 91,2 (Teile) **II**, 40 **I** u. 4,8 W. im Autoklaven 70 Std. auf 260° erhitzt. Das isolierte **III** wird mit **IV** erhitzt. Die erhaltene **V** ist sehr rein. (**A. P. 2 551 674** vom 22/8. 1949, ausg. 8/5. 1951.) K. HEINZE. H 1210

Standard Oil Development Co., Linden, übert. von: **Walter F. Rollman**, Cranford, N. J., V. St. A., *Katalytische Oxydation von aromatischen Kohlenwasserstoffen*, bes. Naphthalin, zu *Phthalsäureanhydrid* in der Dampfphase mit O_2-haltigen Gasen in Ggw. von V_2O_5-Kügelchen als Katalysator. Diese Kügelchen haben eine Größe von 20 bis 40 Maschen. Oxydationstemp. 900—1100° F. Einwirkungszeit $^1/_{10}$—1 Sekunde. (**A. P. 2 489 346** vom 11/8. 1945, ausg. 29/11. 1949. **Can. P. 472 691** vom 7/3. 1946, ausg. 3/4. 1951. A. Prior. 11/8. 1945.) M. F. MÜLLER. H 1220

A. Boade, Roberts & Co., Ltd., London, England, *Herstellung von Estern sekundärer Alkohole.* Man setzt Carbonsäureester von prim. Alkoholen mit $<$8 C u. einem tieferen Kp. als dem des mit ihnen umzusetzenden sek. Alkohols, z. B. *Phthalsäuredialkylester*, in Ggw. eines alkal. Katalysators, z. B. Na-Methylat, mit z. B. Octanol-(2) oder -(4), in Ggw. eines Schleppmittels für das Reaktionswasser, z. B. Bzl., bei $<$150° um. (**E. P. 654 841** vom 3/9. 1947, ausg. 4/7. 1951.) MÜLLER-MEININGEN. H 1220

Food Machinery & Chemical Corp., übert. von: **Edwin P. Plueddemann**, Woodbridge, N. J., V. St. A., *Neutrale gemischte Alkylbenzylphosphate* erhält man durch Erhitzen eines Alkalimetallsalzes einer Alkylorthophosphorsäure (erhalten aus P_2O_5 mit 3 Mol. Alkohol u. Neutralisation) mit Benzylchlorid (**I**) auf 120—180° in Ggw. eines organ. Verdünnungs- oder Lösungsm. oder W. oder deren Mischungen. Aus P_2O_5, n-Butanol, KOH u. **I** erhält man bei 105—110° *Butyldibenzylphosphat*, $Kp._5$ 195—220°, *Dibutylbenzylphosphat*, $Kp._5$ 150—195°, u. *Tribenzylphosphat*, $Kp._5$ 220—250°. — *Benzylamylphosphate*, $Kp._5$ 150—245°. — *Benzyloctylphosphate*, $Kp._2$ 200—230°. (**A. P. 2 512 582** vom 22/3. 1946, ausg. 20/6. 1950.) KRAUSS. H 1380

University of California, übert. von: **Melvin Calvin** und **Wendell M. Latimer**, Berkeley, Calif., V. St. A., *Allotropes kristallines Cobaltsalicylaldehydäthylendiimin* (**I**) erhält man durch Rk. von Äthylendiamin in A. mit Co-Acetat in W. u. Salicylaldehyd bei Abwesenheit von Luft bei ca. 60°. Das braunrote Gel wird umkrist. bzw. krist. selbst beim längeren Stehen. Die Kristalle werden aus Pyridin, Propylalkohol oder A. umkrist., wobei je Atom Co 1 Mol. Pyridin (**II**) gebunden wird. Durch Erhitzen auf ca. 160° mit Luft wird **I** akt., wobei **II** entweicht. Das akt. **I** kann längere Zeit zur Aufnahme u. Wiederabgabe von O_2 verwendet werden. — Tabelle. (**A. P. 2 508 490** vom 17/8. 1946, ausg. 23/5. 1950.) KRAUSS. H 1380

Koppers Co., Inc., übert. von: **Joseph E. Nickels**, Pittsburgh, Pa., V. St. A., *Dehydrierung von Alkylaromaten*, deren Alkylgruppe 2 oder mehr C-Atome enthält. Man leitet die aromat. KW-stoffe in Mischung mit überschüssigem Dampf, bes. im Verhältnis 1 : 10, über einen auf 500—700° erhitzten Bauxitkatalysator, der ca. 5 bis 10% K_2CO_3 enthält. Aus Äthylbenzol erhält man nach Verweilen von ½ Sek. in der Reaktionszone 70—85 % *Styrol.* — Tabellen über Zus. des Katalysators, Kontaktzeit u. Wasserdampfgehalt. (**A. P. 2 495 278** vom 12/4. 1946, ausg. 24/1. 1950.) KRAUSS. H 1410

Universal Oil Products Co., übert. von: **Vladimir N. Ipatieff** und **Herman Pines**, Chicago, Ill., V. St. A., *Cycloalkylperhydroindane* der allg. Formel I (R = Alkyl, Cycloalkyl, R_1—R_4 = H, Alkyl, Cycloalkyl, x = 0, 2, 4) erhält man durch Kondensation eines p-disubstituierten aromat. KW-stoffs der allg. Formel II mit einem Olefin C_nH_{2n-x} in Ggw. eines sauren Katalysators (H_2SO_4, Cl^- bzw. FSO_3H, HF, Oxyborfluorsäure, FH_2PO_4, $H_3PO_4AlCl_3$, $FeCl_3$, ZrCl, BF_3) bei —30 bis +100° u. anschließender Hydrierung. — p-Cymol wird mit Trimethyläthylen in Ggw. von HF auf —30° gekühlt. Durch fraktionierte Dest. erhält man 1.3.3.6-Tetramethyl-1-p-tolylindan, $Kp._3$ 144—146°.

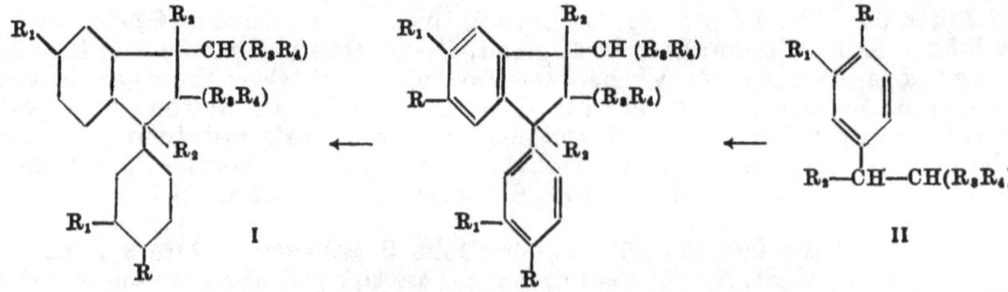

Tetranitroderiv., F. 248—249°. Durch Hydrierung mit Ni-Diatomeenerde u. H_2 bei 100° u. 120 at erhält man *1.3.3.6-Tetramethyl-1-(4-methylcyclohexyl)-hexahydroindan*, Kp.$_{13}$ 183°; n_D^{20} 1,4982; $D.^{20}_4$ 0,9248. — *1.3.3.6-Tetramethyl-5-isopropyl-1-(4-methyl-3-isopropylcyclohexyl)-hexahydroindan.* — *1.3.3.6-Tetramethyl-5-cyclohexyl-1-(4-methyldicyclohexyl)-hexyhydroindan.* (**A. P. 2 514 546** vom 30/1. 1948, ausg. 11/7. 1950.) KRAUSS. H 2650

G. D. Searle & Co., übert. von: **R. Burtner**, Skodie, Ill., V. St. A., *Halogenierte Acenaphthoylalkylcarbonsäuren* der allg. Formel I (X = Halogen, R = KW-stoffrest mit 2—8 C-Atomen) erhält man durch Halogenierung der entsprechenden Säuren in Ggw. eines inerten Lösungsm. (Essigsäure, CCl_4, Chlf., Cyclohexan, Bzn.) mit Cl, Br oder J oder mit SO_2Cl_2 oder SO_2Br_2, PBr_3, PCl_3, N-Bromsuccinimid, bes. bei 50—100°. — β-(5-Acenaphthoyl)-propionsäure wird in Eisessig mit Br_2 bei 57—63° bromiert zu *β-Brom-β-(5-acenaphthoyl)-propionsäure*, F. 165° (Zers.). — *β-(5-Acenaphthoyl)-β-bromisobuttersäure*, F. 75—80°. — *γ-(3-Acenaphthoyl)-γ-brombuttersäure.* — *δ-(3-Acenaphthoyl)-δ-bromvaleriansäure.* — *γ-(5-Acenaphthoyl)-γ-chlorbuttersäure.* — *β-Brom-β-(3-acenaphthoyl)-propionsäure*, F. 167° (Zers.). — *ω-(5-Acenaphthoyl)-ω-brompelargonsäure.* — *δ-(5-Acenaphthoyl)-δ-chlorvaleriansäure.* — *β-(5-Acenaphthoyl)-α-methyl-β-chlorbuttersäure.* — *γ-(5-Acenaphthoyl)-γ-bromisovaleriansäure.* Zwischenprodd. zur Herst. von Steroiden, Farbstoffen u. Heilmitteln, Weichmachern u. Insekticiden. (**A. P. 2 512 518** vom 6/4. 1948, ausg. 20/6. 1950.) KRAUSS. H 2750

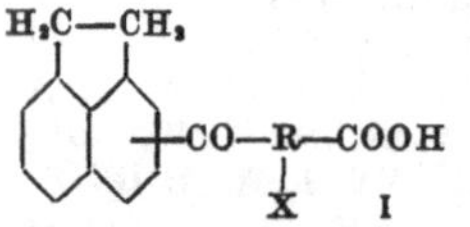

I

Socony-Vacuum Oil Co., Inc., New York, N. Y., übert. von: **Sigmund J. Lukasiewicz**, Woodbury, N. J., V. St. A., *3.4-Thiolandithion*, $C_4H_4S_3$, Kp.$_2$ 120—125°; n_D^{20} 1,70; $D.^{25}_{25}$ 1,446. Auf 450—760° getrennt erhitzter S u. C_4-KW-stoff (n-Butan, n-Butene, Butadien) werden bei 450—760° miteinander umgesetzt, wobei man ein teerartiges Prod. erhält, das sofort auf unter 450° abgekühlt wird. Dieser Teer wird dann bei 10 mm u. 150—250° im Vakuum dest. u. das Destillat nochmals bei 2 mm u. 120—125°. Verwendung als Zwischenprod. zur Herst. von Pharmaceutica, Mineraölzusatzstoffen, Insekticiden u. Flotationsmitteln. (**A. P. 2 515 927** vom 10/1. 1947, ausg. 18/7. 1950.) KRAUSS. H 3071

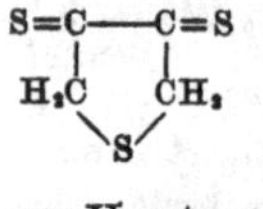

Anglo-Iranian Oil Co. Ltd., übert. von: **Stanley Francis Birch** und **Frederick Arnold Fidler**, Sunbury-on-Thames, London, England, *Cyclische Sulfone (Sulfolane)*. Eine S-haltige Mineralölfraktion mit Kp. ca. 100—160° wird mit konz. H_2SO_4 behandelt u. der z. B. durch Lösungsmittelextraktion (SO_2) gewonnene Extrakt mit W. verd., die erhaltene ölige Schicht fraktioniert dest., wobei man die erhaltene Polymethylensulfid-Fraktion mit milden Oxydationsmitteln (Permanganaten, Hypochloriten, H_2O_2) zu den Polymethylensulfonen oxydiert. — Das durch Behandeln einer Teerölfraktion von Kp. 100—160° mit 96—98%ig. H_2SO_4 erhaltene Pentamethylensulfid, Kp. 142°, wird in Eisessig mit 30%ig. H_2O_2 3 Std. erhitzt. Nach dem Verjagen der Essigsäure erhält man *Pentamethylensulfon*, F. (aus A.) 94,5°. — *Tetramethylensulfon.* — *2-Methyl-* u. *3-Methyltetramethylensulfon.* — *Methylpentamethylensulfon.* (**E. P. 654 464** vom 28/1. 1948, ausg. 20/6. 1951.) KRAUSS. H 3071

Centre d'Études pour l'Industrie, Frankreich, *Herstellung von Alkylderivaten des Oxazolidindion-2.4.* Man läßt Alkalirhodanid auf aliphat. 2-Oxyalkylnitrile in Ggw. von Mineralsäure einwirken, behandelt dann bei 70—100° mit H_2O_2 u. methyliert schließlich. (**F. P. 978 109** vom 17/11. 1948, ausg. 10/4. 1951.) WITTHOLZ. H 3132

Sharples Chemicals Inc., übert. von: **Edmond J. Ritter** und **Correl N. Robinson**, Philadelphia, Pa., V. St. A., *Herstellung von Thiazyl- und Thiazolinyl-N.N-disubstituierten Dithiocarbamaten* durch Rk. eines Thiocarbamylchlorids der allg. Formel I, worin R′ u. R″ Alkyl-, Aralkyl- oder Arylgruppen oder beide zusammen eine Polymethylengruppe sind, mit einem Mercaptothiazol oder Thiazolin der allg. Formel **II**, worin R ein Vinylen-, alkylsubstituierter Vinylen-,

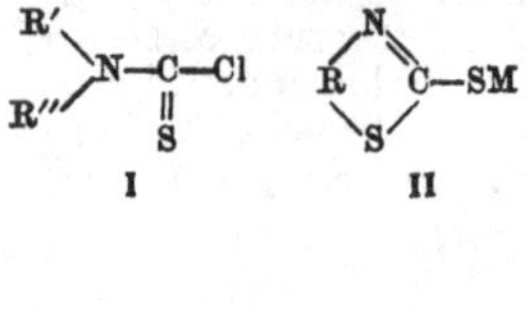

I II

o-Arylen-, substituierter o-Arylen-, Äthylen- oder ein alkylsubstituierter Äthylenrest ist u. M ein Alkylimetall, NH_4 oder H bedeutet. — Genannt ist das *2-Thiazolinyl-N.N-diäthyldithiocarbamat* aus 2-Mercaptothiazolin-Na u. N.N-Diäthylthiocarbamylchlorid in wss. Medium (vgl. A. P. 2 524 082; C. **1951**. II. 2123). (**Can. P. 479 779** vom 3/6. 1947, ausg. 25/12. 1951. A. Prior. 12/6. 1946.) M. F. MÜLLER. H 3153

British Schering Research Laboratories Ltd., London, England (Erfinder: **Richard Allen Baxter, George Rowntree Ramage** und **John Albert Tomson**), *Furo- und Dihydrofurochromone* der allg. Formeln **IV** u. **V** erhält man durch Behandeln eines 6-Oxycumarans der Formel I mit einem Acylierungsmittel nach HOESCH in Ggw. eines Kondensationsmittels. Das gebildete **II** wird dann mit einem Carbonsäureester der Formel R_3COOH nach CLAISEN zu **III** kondensiert u. dieses in Ggw. einer Säure unter Ringschluß in **IV** übergeführt, aus dem durch Dehydrierung **V** gebildet wird. Man kann auch bereits **II** zu **VI** dehydrieren u. dieses nach der Kondensation mit einem Carbonsäureester durch Ringschluß in **V** überführen (R_1 u. R_2 = H oder Alkoxy, R_3 = H, Alkyl oder Aralkyl). — 6-Oxy-4.7-dimethoxycumaran gibt mit Acetonitril in wasserfreiem Ae. in Ggw. von $ZnCl_2$ unter Einleiten von trocknem HCl 6-Oxy-4.7-dimethoxy-5-acetylcumaran, $C_{12}H_{14}O_5$, gelbe Prismen, F. 105°, das mit Äthylacetat u. Na in Xylol 6-Oxy-4.7-dimethoxy-5-β-ketobutyrylcumaran, $C_{14}H_{16}O_6$, Prismen, F. 116 bis 117°, liefert. Beim Erhitzen mit äthanol. HCl erhält man daraus *5.8-Dimethoxy-2-methyl-2'.3'-dihydrofuro-(4'.5'.6.7)-chromon*, $C_{14}H_{14}O_5$, Nadeln, F. 150—151°, das beim Erhitzen auf 150°/10^{-4} mm in Ggw. von Pd-Norit *5.8-Dimethoxy-2-methylfuro-(4'.5'.6.7)-chromon* ergibt. — 5-Acetyl-6-oxycumaran + Äthylformiat → 6-Oxy-5-formylacetylcumaran, $C_{11}H_{10}O_4$, Prismen, F. 167°, bzw. 6-Oxy-5-acetylcumaron → 6-Oxy-5-β-ketobutyrylcumaron, $C_{12}H_{10}O_4$, Prismen, F. 136—137°, bzw. 5-Acetyl-6-oxycumaran → 6-Oxy-5-β-ketophenylbutyrylcumaran, $C_{18}H_{16}O_4$, F. 150 bis 151°, → *2-Methylfuro-(4'.5'.6.7)-chromon*, $C_{12}H_8O_3$, Nadeln, F. 185—186°, bzw. *2'.3'-Dihydrofuro-(4'.5'.6.7)-chromon*, $C_{11}H_8O_3$, prismat. Nadeln, F. 184—185°, bzw. *2-Benzyl-2'.3'-dihydrofuro-(4'.5'-6.7)-chromon*, $C_{18}H_{14}O_3$, Nadeln, F. 153°, → *6-Oxy-4.7-dimethoxy-5-acetylcumaron*, $C_{12}H_{12}O_5$, F. 99—100°, bzw. *6-Oxy-5-acetylcumaron*, $C_{10}H_8O_3$, schwach gelbe Nadeln, F. 91—92°. — 6-Oxy-5-acetylcumaran, F. 107—108°, → 6-Oxy-5-β-ketobutyrylcumaran, $C_{12}H_{12}O_4$, Prismen, F. 143°; 6-Oxy-5-β-ketovalerylcumaran, $C_{13}H_{14}O_4$, Prismen, F. 123°; 6-Oxy-5-β-ketocaproylcumaran, $C_{14}H_{16}O_4$, F. 119° → *2-Methyl-2'.3'-dihydrofuro-(4'.5'.6.7)-chromon*, $C_{12}H_{10}O_3$, F. 166 bis 167°, bzw. *2-Äthyl-2'.3'-dihydrofuro-(4'.5'.6.7)-chromon*, $C_{13}H_{12}O_3$, F. 124—125°, bzw. *2-n-Propyl-2'.3'-dihydrofuro-(4'.5'.6.7)-chromon*, $C_{14}H_{14}O_3$, F. 103°. (**E. PP. 663 369** u. **663 418** vom 11/5. 1948, ausg. 19/12. 1951.) KRAUSS. H 3211

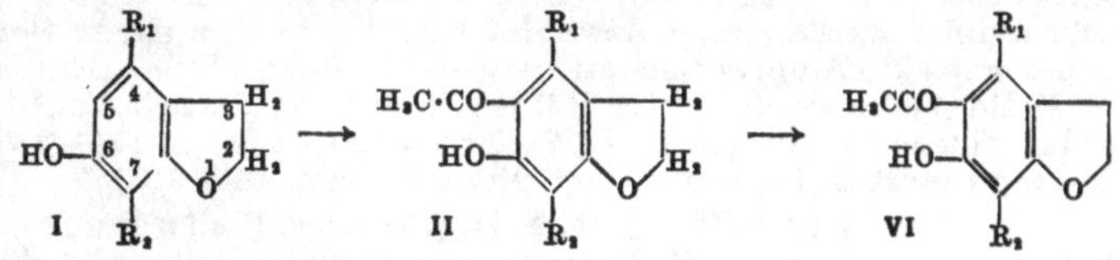

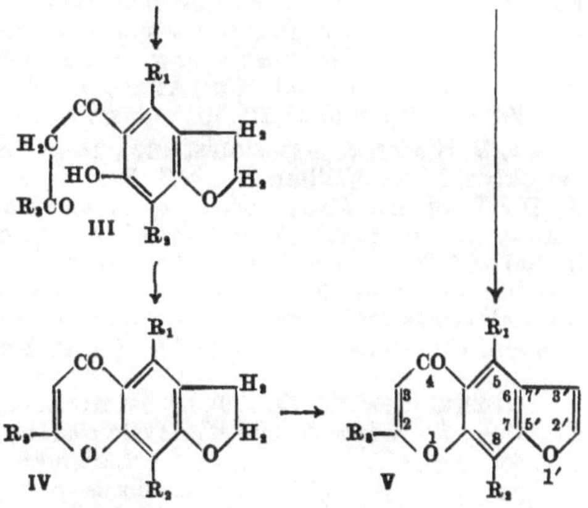

Jeanne Sophie Barnier, übert. von: **Emile Bauer**, Valence-sur-Rhône, Frankreich, *Herstellung von Morpholinen.* Man verestert Triäthanolamin (I) mit langkettigen Fettsäuren durch Erhitzen auf 180—200°, bis 1 Mol W. abgespalten ist, u. erhitzt weiter auf 230—280°, bis ein weiteres Mol W. abgespalten u. ein Morpholin gebildet ist, z. B. 1 Mol Ölsäure mit 1 Mol I. Das ameisen- oder essigsaure Salz des Morpholins ist ein gutes Emulgiermittel. In analoger Weise kann man Ricinusöl, Laurinsäuremethylester oder Abietinsäure umsetzen. (**A. P. 2 575 041** vom 30/7. 1947, ausg. 13/11. 1951. F. Prior. 23/5. 1947.) DERSIN. H 3282

Chemische Werke Hüls G. m. b. H. (Erfinder: **Walter Franke** und **Helmut Kalenda**), Marl (Kr. Recklinghausen), *Herstellung von Aminoalkylmorpholinen* durch katalyt. Hydrierung von *ω-Cyanalkylmorpholinen* gegebenenfalls unter Mitverwendung von fl. NH_3 oder von Lösungs- bzw. Verdünnungsmitteln. — Z. B. werden 50 (Teile) *ω-Cyan-*

methylmorpholin (I) u. 50 Methanol (II) in Ggw. von 10 RANEY-Co mit 300 fl. NH_3 u. H_2 im Autoklaven bei 85—90° u. 150—180 atü hydriert. *Morpholinäthylamin* (III), $Kp._5$ 75—76°. — Aus 185 I, 300 II, 1000 fl. NH_3 bei 85—90° mit Co-Katalysator III u. *Di-(morpholinäthyl)-amin*, $Kp._{1,5}$ 140—145°. (**D. B. P. 823 451** Kl. 12p vom 28/3. 1950, ausg. 3/12. 1951.) K. HEINZE. H 3282

General Aniline & Film Corp., New York, N. Y. (Erfinder: **Charles Frank Jelinek**, Easton, Pa.), V. St. A., *Herstellung von Amiden und Thioamiden* (I) durch Rk. eines unsubstituierten oder alkoxysubstituierten Acetals (II), bes. mit niederen Alkoholen, mit einem NH_4-Polysulfid oder einem Gemisch aus S u. NH_4OH oder einem prim. oder sek. Amin. I wurden unter Ausschluß von W. aus II u. einem Gemisch aus S u. einem Amin mit akt. Aminwasserstoff hergestellt. — 76 (Teile) Benzaldimethylacetal, 32 S u. 87 Morpholin werden unter Rühren 10 Std. am Rückfluß auf 125—140° erhitzt, gekühlt, filtriert u. umkrist.: *4-Thiobenzoylmorpholin*, F. 134—138°. (**D. B. P. 819 992** Kl. 12o vom 16/3. 1949, ausg. 8/11. 1951. A. Prior. 18/3. 1948.) LANK. H 3282

Chemische Werke Hüls G. m. b. H. (Erfinder: **Walter Franke**), Marl/Krs. Recklinghausen), *Herstellung von N-Cyanmethylmorpholinen*, dad., gek., daß man Morpholin (I) oder seine am Stickstoffatom austauschbaren H enthaltenden Derivv. mit CH_2O u. HCN oder diese liefernden Verbb. bzw. mit Formaldehydcyanhydrin (II) umsetzt. — Beispiel. — Zwischenprod. für Arzneimittel, Textilhilfsmittel, Kunststoffe. (**D. B. P. 822 390** Kl. 12p vom 28/12. 1949, ausg. 26/11. 1951.) K. HEINZE. H 3282

J. B. Niederl & Associates, Inc., New York, N. Y., übert. von: **Joseph B. Niederl**, Brooklyn, N. Y., **William F. Hart**, Easton, Pa., und **Martin E. McGreal**, Sommersworth, N. H., V. St. A., *Unsymmetrische quaternäre Morpholin- und Thiomorpholinestersalze.* Man erhitzt z. B. 0,1 (Mol) N-Methylmorpholin u. 0,1 Methyllaurylsulfat (F. 47—48°) in 200 cm^3 Toluol 6 Std. unter Rückfluß, filtriert oder zentrifugiert nach Abkühlen ab, wäscht den Nd. mit 30 cm^3 Ae., krist. aus Essigester um u. erhält *N.N-Dimethylmorpholiniumlaurylsulfat*, F. 60—62°. — Herst. von Netz-, Emulgier-, Dispergier-, Reinigungsmitteln, Gemischen u. Fungiciden. (**A. P. 2 569 326** vom 30/7. 1948, ausg. 25/9. 1951.) MÜLLER-MEININGEN. H 3282

General Electric Co., übert. von: **Leroy S. Moody**, Pittsfield, Mass., V. St. A., *Silthiane, besonders Hexamethylcyclotrisilthian* (I) *und Tetraphenylcyclodisilthian* (II), erhält man durch Kondensation eines Organohalogensilans mit H_2S in Ggw. eines Halogenwasserstoffacceptors (Pyridin) u. eines Lösungsm. (Toluol, Bzl.). Dimethyldichlorsilan wird mit H_2S in Ggw. von Pyridin u. Toluol bei 40—60° behandelt. Durch Dest. erhält man I, Kp. 200°, aus Hexan, F. 106—107°. — Diphenyldichlorsilan + H_2S → II, Kp. 240°, aus Hexan, F. 145—147°. Diese Verbb. reagieren mit akt. H enthaltenden Verbb. (Cyclohexanol, Phenol, Benzylalkohol, Allylalkohol, Diphenylsilandiol, W.) unter Entw. von H_2S. (**A. P. 2 567 724** vom 20/11. 1950, ausg. 11/9. 1951.) KRAUSS. H 3354

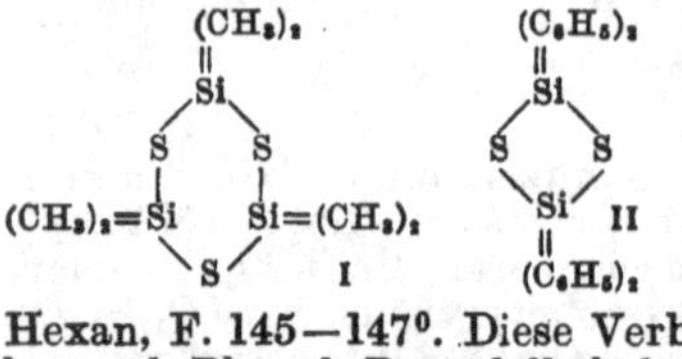

E. I. du Pont de Nemours & Co., übert. von: **Clement W. Theobald**, Wilmington, Del. *11-Oxabicyclo-(4.4.1)-undecane.* Ein aus einem 6-Oxycyclododecanon-(1) (dessen Oxysubstituent sowohl eine OH- als auch eine Alkoxygruppe sein kann u. das nur eine aus 1—3 C-Atomen bestehende Alkylgruppe an ein Ring-C-Atom gebunden enthält, während alle übrigen Ringkohlenstoffatome mit H abgesätt. sind) u. mindestens äquimol., besser jedoch überschüssigen Mengen H_2 bestehendes Dampfgemisch wird über einen auf 140—350°, zweckmäßig 150—300°, erhitzten Edelmetallkatalysator geleitet. Die neben cycl. KW-stoffen erhaltenen bicycl. Äther der allg. Formel I (R = H oder eine 1 bis 3 C-Atome enthaltende Alkylgruppe) werden als *Zwischenprodd.* bei der Herst. anderer chem. Verbb. sowie als *Lösungsm.* oder *Weichmacher* verwendet. Beispielsweise wird nach dem angegebenen Verf. *11-Oxabicyclo-(4.4.1)-undecan*, $C_{10}H_{18}O$, hergestellt, das sich in kalter konz. H_2SO_4 mit gelber Farbe löst. $Kp._8$ 86°; F. 22,8°; n_D^{25} 1,4838. (**A. P. 2 544 737** vom 7/1. 1949, ausg. 13/3. 1951.) SCHMAUSER. H 3390

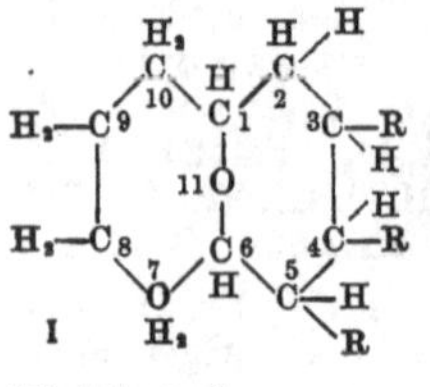

E. I. du Pont de Nemours & Co., Wilmington, Del., übert. von: **Gastáo Etzel**, Phildelphia, Pa., V. St. A., *Camphen* (I), F. 46°, erhält man durch Erhitzen von Pinen auf 80—135° bei 50—350 mm absol. in Ggw. von 0,5—5% eines hydratisierten TiO_2-Katalysators mit 2—18% W., wobei das W. aus der Reaktionsmischung laufend entfernt wird. Der Katalysator wird folgendermaßen hergestellt: „Anatase C" (25% TiO_2 u. 5% Ti-Oxysulfat) wird mit 30%ig. NaOH zu ca. 35% in das Na-Titanat übergeführt.

Dieses wird alkalifrei gewaschen u. dann bei p_H 4 TiO_2 mit HCOOH gefällt, das bei 50° u. 25 in. Hg getrocknet wird u. dann 90 (%) amorphes TiO_2 u. 10 W. einschließlich 8,7 Hydrat–W. enthält. Ausbeute an I: 80, als Nebenprodd. entstehen 16 höhersd. KW-stoffe u. 4 Diterpene. (**A. P. 2 551 795** vom 23/6. 1949, ausg. 8/5. 1951.) KRAUSS. H 3600

Centre National de la Recherche Scientifique, Paris (Erfinder: **George Honoré Dupont, Raymond Dulou,** Paris, und **Yvonne Lombard,** Strasbourg), Frankreich, *Camphen, Pinenpolymere und Cymol.* Terpentinöl wird bei erhöhter Temp. mit akt. oder gewöhnlichen natürlichen Erden, wie Ton, Bauxit, Montmorillonit, Houdanerton, Hagetmauerton, als Katalysator erhitzt, der zweckmäßig allmählich, notfalls in Aufschlämmung mit einem neutralen Verdünnungsmittel zugesetzt wird, da die Rk. exotherm verläuft. Die Bldg. der Polymeren wird bei dem Kp. des Pinens (160°) u. durch Verwendung chem. akt. Erden begünstigt, während zur Camphenbldg. weniger akt. oder einfach getrocknete Erden u. eine Temp. $<140°$ erforderlich sind. Das als Nebenprod. anfallende Gemisch aus Limonen, Cymol u. Menthan wird mit akt. Erde bei ca. 175° über polymere Limonene nahezu in reines Cymol übergeführt. In Tabellen sind der Einfluß der Reaktiontemp. u. des Aktivierungsgrades der Erden auf die Ausbeute u. Art der Enderzeugnisse angegeben. Man erhält z. B. aus 1000 g Bordeauxterpentinöl 57% Camphen, 19,8% Polymere u. 17,6% Limonen u. Cymol. Die Polymeren können durch Dest. in das fl. Dimere u. feste Polymere, die als Weichmacher dienen, getrennt werden. (**D. B. P. 818 938** Kl. 12o vom 31/12. 1948, ausg. 29/10. 1951. F. Prior. 8/12. 1942.) KRAUSS. H 3600

Hercules Powder Co., Wilmington, Del., übert. von: **Sereno G. Norton,** Brunswick, Ga., V. St. A., *Terpineol.* Man erhitzt Terpinhydrat (I) mit einer Lsg. von CO_2 in W. (p_H 3,4—6,9) auf 117—200° u. unter einem Druck von 40—200 (lbs./sq.in.), bes. 160 bis 190° u. 75—170. Gereinigtes I wird mit W., das mit CO_2 auf p_H 3,4 gebracht wurde, 3 Std. auf 153° u. 50 lbs/sq.in. erhitzt. Weitere Beispiele. (**A. P. 2 521 399** vom 10/7. 1947, ausg. 5/9. 1950.) KRAUSS. H 3600

X. Färberei. Organische Farbstoffe.

J. W. Gibson jr., Paul Knapp und **R. J. Andres,** *Der Thermosolprozeß zum Färben.* Vff. besprechen die verschied. Faktoren, die beim Färben von Dacronfaser nach dem Thermosolprozeß beachtet werden müssen. Hierzu gehören zunächst die Reinigung der Ware vor dem Klotzen, um ein gleichmäßiges Benetzen zu gewährleisten, die richtige Zubereitung des Klotzbades unter Verwendung hochdisperser Farbstoffe u. Verdickungsmittel zur Erhöhung der Haftfähigkeit der Farbstoffe auf der Faser, ein gleichmäßiges Trocknen u. Erhitzen (170—210°) von allen Seiten u. ein gutes Spülen zum Entfernen des nicht fixierten Farbstoffes sowie der verwendeten Hilfsmittel. Nach diesem Verf. erhält man ausgezeichnete Durchfärbung, Egalität u. Echtheiten bei guter Farbtiefe. Auf die gleiche Weise lassen sich auch Stapelfaser, Fasertaue u. Kammzug färben. (Amer. Dyestuff Reporter **42.** 1—2. 5/1. 1953. E. I. du Pont de Nemours & Co., Inc.) H. G. FRÖHLICH. 7020

Walter Sperlich, *Färben von Kammgarnstücken mit Metachrom-Farbstoffen.* Vf. beschreibt auf Grund seiner Erfahrungen aus der Praxis das Färben von Kammgarnstücken mit Metachrom- u. Monochromfarbstoffen, Metomegachrom-, Synchochromat- u. Eriochromatfarbstoffen. Genaue Färbevorschriften werden gegeben. (Melliand Textilber. **34.** 59—60. Jan. 1953.) P. ECKERT. 7020

G. Tröltzsch, *Die Reproduktionstechnik im Filmdruck.* Nach allg. gehaltenen Ausführungen über den Textildruck, bespricht Vf. die Herst. der Schablonen sowie die hierfür erforderlichen chem.-techn. apparativen Voraussetzungen, um dann auf die gebräuchlichen Verff. in der Reproduktionstechnik einzugehen. In diesem Zusammenhang werden genaue Arbeitsvorschriften gegeben. Schließlich werden noch die in der Reproduktionstechnik auftretenden Fehler behandelt u. Wege zu deren Vermeidung gewiesen. (Z. ges. Textilind. **55.** 47—52. 55. 5/1. 1953.) P. ECKERT. 7022

F. M. Arshid, N. F. Desai, C. H. Giles und **G. K. McLintock,** *Die quantitative Analyse von Azo- sowie anderen Farbstoffen und Zwischenprodukten.* Die Vff. beschreiben ausführlich verschied. Methoden u. Verff. zur Best. von Azofarbstoffen u. ähnlichen Verbindungen. Als bes. geeignet hat sich die Titration mit $TiCl_3$ erwiesen. Weiterhin werden noch die Behandlung mit $K_2Cr_2O_7 + H_2SO_4$, die Titration mit $Ce(SO_4)_2$ sowie eine colorimetr. Meth. beschrieben. (J. Soc. Dyers Colourists **69.** 11—18. Jan. 1953. Glasgow, Royal Techn. Coll., Dep. of techn. Chem., Col. Chem. Res. Labor.) H. G. FRÖHLICH. 7086

N. K. Mokoschew und **Ju. P. Kalatschina,** *Die Kontrolle der Lösungen von Azotol A.* Für eine schnelle Betriebskontrolle wird die volumetr. Best. der Azotolkonz. mit Hilfe von *Diazol Rosa 0* (I) u. *Diazol Scharlachrot 2 SH* (II) empfohlen. Zu diesem Zweck werden 10 ml einer Lsg. (10 g/Liter) des techn. I bzw. II mit der zu prüfenden Azotollsg. titriert. Zunächst gibt man alle 20—30 Sek. je 1 ml zu, zum Schluß je 0,2 ml in Abständen von ca. 2 Minuten. Das Ende der Rk. wird durch Auftragen eines Tropfens des Indicators (H-Säure) neben einem Tropfen Lsg. auf Filterpapier festgestellt (Verschwinden der Violettfärbung). Bei der Best. der Konz. ist der Laugengeh. des Bades zu kontrollieren u. es müssen gegebenenfalls Korrekturen vorgenommen werden. Diese Meth. kann auch zur Best. der Gleichmäßigkeit des Klotzens von Geweben benutzt werden. (Текстильная Промышленность [Textil-Ind.] **12.** Nr. 10. 44. Okt. 1952.) STSCHERBINA. 7086

Badische Anilin- & Soda-Fabrik, Ludwigshafen/Rh. (Erfinder: **Hans Krzikalla,** Heidelberg), *Färben von tierischen Fasern* u. Gebilden aus anderen eiweißähnlichen Stoffen mit ionogenen Farbstoffen. Man legt an das Färbebad eine elektr. Spannung. Es genügen schon 3,5 V u. darunter. Bei höheren Spannungen, z. B. 20—200 V, erfolgt die Färbung wesentlich schneller. (**D. B. P. 864 988** Kl. 8 m vom 18/1. 1951, ausg. 29/1. 1953.) v. SCHILLER. 7021

Leonard Edward Ravich, New York, N. Y., V. St. A., *Photochemisches Färben und Bedrucken von Geweben oder Schichtstoffen.* Man bringt zunächst eine lichtempfindliche Übergangsfarbe, gelöst in einer Fl., auf, u. behandelt dann das Material mit einem Fixierungsmittel, wobei die Übergangsfarbe in dem Fixierungsmittel u. das Fixierungsmittel in der Fl. der Übergangsfarbe unlösl. sein muß. Anschließend wird das Gewebe oder der Schichtstoff zur Erzeugung des Musters durch eine Schablone oder ein Filter beleuchtet. Schließlich wird das Material alkal. nachbehandelt. Man kann auch die Übergangsfarbe trocken auftragen, oder das Gewebe vor dem Aufbringen des Fixierungsmittels trocknen. Die alkal. Behandlung erfolgt entweder mit einer alkal. Lsg. oder in einer Kammer, die Wasserdampf u. eine alkal. Verb. enthält. Z. B. verwendet man als lichtempfindliche Übergangsfarbe eine wss. Lsg. von 2-Methyldiphenyl-4.4-diazonatriumsulfit oder dessen Doppelsalz mit $ZnCl_2$. Dieses Bad kann auch etwa die gleiche Menge Borsäure enthalten. Als Fixierungsmittel wird eine Lsg. von β-Naphthol in Isopropylalkohol verwendet. (**N. P. 79 768** vom 17/11. 1949, ausg. 25/2. 1952.) JÜRGEN SCHMIDT. 7021

I. G. Farbenindustrie Akt.-Ges., Frankfurt/M. (Erfinder: **Max Kerth,** Bad Soden, Taunus), *Herstellung von matten Druckmustern auf Textilgut mit glänzender Oberfläche.* Man bedruckt die Faserstoffe mustergemäß mit Druckpasten, die Harnstoffe (I) der Formel

$$R_1-NH-CO-N\left\langle\begin{matrix}CH_2\\ |\\ CH_2\end{matrix}\right. \quad \text{oder} \quad \left.\begin{matrix}CH_2\\ |\\ CH_2\end{matrix}\right\rangle N-CO-NH-R_2-NH-CO-N\left\langle\begin{matrix}CH_2\\ |\\ CH_2\end{matrix}\right.$$

(R_1 u. R_2 aliphat. oder cycloaliphat. Rest) oder deren Derivv. enthalten, trocknet, läßt eine trockne Wärmebehandlung folgen u. dämpft. Man kann auch das Textilgut ganzflächig mit den I behandeln u. Reservedruckpasten aufdrucken, die Säuren oder säureabspaltende Mittel enthalten. (**D. R. P. 740 771** Kl. 8 n vom 19/4. 1942, ausg. 4/11. 1952.) v. SCHILLER. 7023

Ciba Akt.-Ges., Basel, Schweiz, *Azofarbstoff der Stilbenreihe.* 4.4'-Dinitrostilben 2.2'-disulfonsäure wird beidseitig mit dem Aminodisazofarbstoff der Formel I in wss. 2—8%ig. Alkalihydroxydlsg. innerhalb 5 bis 24 Std. unter Rückflußkühlung oder im Autoklaven kondensiert. Das Reaktionsprod. wird in wss. Lsg. bei 90° so lange mit bekannter Cu-abgebenden Mitteln behandelt, bis der entsprechende Bis-(o.o'-dioxyazokupferkomplex) entstanden ist. Dunkles, wasserlösl. Pulver, das Baumwolle lichtecht braunviolett färbt. (**Schwz. P. 280 185** vom 29/7. 1949, ausg. 16/4. 1952.) KALIX. 7055

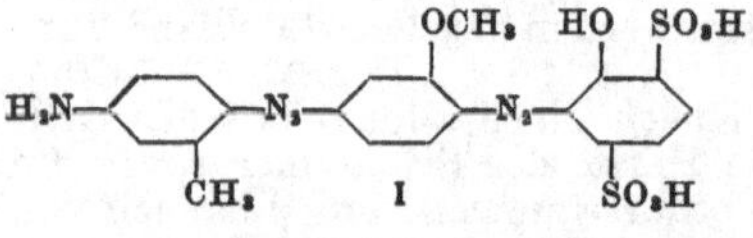

Farbwerke Hoechst, vormals Meister Lucius & Brüning (Erfinder: **Otto Braunsdorf,** Unterliederbach, und **Eduard Besler**), Frankfurt/M.-Höchst, *Leukoschwefelsäureester von Küpenfarbstoffen.* Die Küpenfarbstoffe, die durch Ätzalkalischmelze der Kondensationsverbb. von Halogen-B_z-1-benzanthronylpyrazolanthronen mit α-Aminoanthrachinonen erhältlich sind, können durch Behandlung der Farbstoffe in Ggw. einer tert. Base, wie Pyridin, u. eines SO_3 liefernden Veresterungsmittels, wie Chlorsulfonsäure oder Chlorsulfonsäureester, mit Metallen, z. B. Cu oder Fe, in ausgezeichneter Ausbeute in die Leukoschwefelsäureester übergeführt werden, wenn der zur Veresterung gelangende Farbstoff möglichst fein verteilt verwendet u. die Veresterung in möglichst kurzer Zeit beendet wird. — Die erhaltenen Leukoschwefelsäureester, in W. rot lösl., färben die Faser in sehr echten, bes. waschechten, neutralen Grautönen. (**D. B. P. 858 281** Kl. 22b vom 21/12. 1943, ausg. 4/12. 1952.) ROICK. 7059

Ciba Akt.-Ges., Basel, Schweiz, *Küpenfarbstoffe*, 3 (Teile) Thianthrendicarbonsäure (**I**) werden in 730 $SOCl_2$ (**II**) suspendiert, ½ Std. erhitzt u. der Überschuß von **II** abdestilliert. Dann werden 6 einer Mischung aus gleichen Mengen 1-Amino-6- u. 1-Amino-7-chloranthrachinon, sowie 1,6 wasserfreies Pyridin zugegeben u. das Ganze 1 Std. zum Sieden erhitzt. Gelbes Pulver, das Baumwolle aus violettbrauner Küpe echtgelb färbt. In der verwendeten **I** befinden sich die COOH-Gruppen an den gleichen Stellen wie in dem durch Bromieren von Thianthren in Nitrobenzol erhaltenen Dibromthianthren. — Einen ähnlichen gelben Farbstoff erhält man, wenn statt **I** durch NaOCl-Lsg. oxydierte **I** verwendet wird. (**Schwz. PP. 279 532** vom 4/2. 1949 u. **279 533** vom 5/3. 1948, beide ausg. 1/3. 1952. **Zusatz zu Schwz. P. 275 438; C. 1952. 6289.**) KALIX. 7059

XIa. Farben. Anstriche. Lacke. Naturharze.

H. M. Teeter und **R. A. Myren**, *Reaktionen von tertiärem Butylhypochlorit mit pflanzlichen Ölen und ihren Derivaten.* 5. Mitt. *Entchlorieren von chloriertem Sojaöl mit wässerigen Salzlösungen.* (4. vgl. C. **1949.** E. 491.) Der früher beschriebene Weg zur Herst. trocknender Öle aus chloriertem Sojaöl durch therm. Entchlorierung hat Nachteile (nur partielle Entfernung des Cl; bei forcierter Abspaltung von HCl beeinträchtigende Herabsetzung der Viscosität; Bldg. größerer Mengen der stark korrodierend wirkenden gasförmigen HCl). Weitere Verss., die Entchlorierung mit wss. Lsgg. von Na-Salzen von schwachen Säuren durchzuführen; Modellverss. mit chloriertem Methyloleat; Entchlorierung mit wss. $NaHCO_3$ unter verschied. Bedingungen (Konz., Erhitzungstemp. u. -zeit). Es zeigt sich (Tabelle), daß bei dieser Behandlung die Cl-Fettsäuren vom Typ Allylchlorid vollständig, diejenigen vom Monochloridtyp weitgehend u. diejenigen vom Dichloridtyp nur partiell entchloriert werden. Analoge Verss. mit chloriertem Sojaöl unter Anwendung wss. Lsgg. von $NaHCO_3$, Na-Acetat, Na_2HPO_4, $Na_2B_4O_7$ sowie den Na-Seifen der Leinölfettsäuren; es werden ähnliche Ergebnisse wie mit chloriertem Methyloleat erhalten, ausgenommen der Anteil an Konjuenen, der bei Na_2HPO_4 u. den Na-Seifen herabgesetzt ist. Auf Grund der Modellverss. werden Unterss. im größerem Ausmaß mit 500 g Proben ausgeführt; zahlenmäßige Charakterisierung des Verlaufes der Entchlorierung sowie der Eigg. der entchlorierten Prodd. (SZ. 23—66; Angaben über Konjuengeh., Viscosität, Farbe, OH-Geh., Cl-Geh.) s. Tabellen; Prüfung der Trockeneigg. der Präpp., Chlorierung von Methyloleat nach TEETER u. JACKSON (J. Amer. Oil Chemists' Soc. **26.** [1949.] 535), von Sojaöl nach TEETER, BACHMANN, BELL u. COWAN (vgl. 4. Mitt.); App. zur Entchlorierung u. Durchführung derselben im Autoklaven s. Original; Angaben über Herst. von Farben zur Prüfung der Trockeneigg. der Präparate. Zusammenfassend wird festgestellt, daß durch Entchlorierung von vorher chloriertem Sojaöl mit wss. Lsgg. bas. Salze ($NaHCO_3$, Na-Acetat, Na_2HPO_4, $Na_2B_4O_7$) ein trocknendes Öl gewonnen wird, das für Farben u. Lacke gut geeignet ist. (J. Amer. Oil Chemists' Soc. **29.** 367—70. Sept. 1952. Peoria, Ill., Northern Regional Res. Labor.) TÄUFEL. 7096

H. M. Teeter, E. W. Bell und **C. L. Woods**, *Reaktionen von tertiärem Butylhypochlorit mit pflanzlichen Ölen und ihren Derivaten.* 7. Mitt. *Partielle Chlorierung von Sojaöl.* (Vgl. vorst. Ref.) Unter Hinweis auf frühere Arbeiten (vgl. l. c.), die das Ziel der Herst. von schnell trocknenden Ölen aus Sojaöl (**I**) verfolgen, wird **I** mit wechselnden Mengen von tert.-Butylhypochlorit behandelt (0,1—1,0 Mol auf je 1 Fettsäurekette; vgl. C. **1949.** E. 491); Charakterisierung der Präpp. durch Refraktionsindex u. Geh. an Konjuen (fast ausschließlich Dien, nur Spuren von Trien u. Tetraen); Angabe der Farbtiefe. Durch Autoklavieren mit wss. Natriumacetat erfolgt Abspaltung von Cl (vgl. Original). Es hinterbleibt davon ein gewisser Anteil, dessen therm. Stabilität ermittelt wird (Erhitzen auf 250° während 5 Std. in Stickstoff); Best. des nach dieser Behandlung noch vorhandenen Cl (s. Original). Die Verss. lehren, daß die partiell mit tert.-Butylhypochlorit behandelten Proben von **I** bei der sich anschließenden Cl-Abspaltung weitergehend entchlort werden als solche unter Anwendung von mehr tert.-Butylhypochlorit u. daß das im entchlorten Öl hinterbleibende Cl fester gebunden ist. (J. Amer. Oil Chemists' Soc. **29.** 401—02. Okt. 1952. Peoria, Ill., Northern Regional Res. Labor.) TÄUFEL. 7096

—, *Kochkessel zur Herstellung von Standöl, Firnis und Lack.* (Verfkroniek **25.** 96—98. April 1952.) WESLY. 7106

E. S. Tonks, *Lacke für Metalle.* Überblick über Eigg. u. Anwendungsmöglichkeiten der verschied. Lacksorten. (Metal Ind. [London] **76.** 209—11. 17/3. 1950. W. Canning and Co., Ltd.) MARKHOFF. 7106

J. B. Weisel, *Der Anstrich von Personenwagen mit heiß verflüssigten Spritzlacken.* Schilderung der techn. u. wirtschaftlichen Vorteile des Verfahrens. (Paint Ind. Mag. **65.** 234—37. 241. Dez. 1950.) STEINER. 7106

J. G. Ford und **A. J. Kuti**, *Neues Anstrichsystem auf Glimmerbasis für schwere atmosphärische Bedingungen.* Entw. eines 3 Schichten-Anstriches auf Glimmerbasis (Coastel Finish), bes. geeignet für frei aufgestellte Transformatoren, aber auch für andere Teile mit Temperaturbeanspruchung zwischen 250 bis −50° F. Der Grundanstrich enthält Zn-Chromat als Inhibitorzusatz, der 2. Anstrich besteht aus Phenol- u. Alkydharzen mit Glimmerzusatz. Beständigkeitsunterss. im Salzsprühvers. (20% NaCl), in 0,5% HCl, H_2SO_4 u. NaOH. Freiverss. in Küstennähe über 18 Monate ohne Einwirkung. (Materials and Methods **32.** Nr. 5. 58−61. Nov. 1950.) KATZ. 7106

British Thomson-Houston Co., Ltd., London, England, *Leuchtstoffgewinnung.* Man erhitzt im O_2-Strom ein trockenes Gemisch von 2−4 (Mol) MgO auf 1 TiO_2 mit 10 bis 20 (Gew.-%) AlF_3, unter Zusatz von 0,01−0,1 MnO, auf 1000−1200°. (**E. P. 639 086** vom 14/1. 1948, ausg. 21/6. 1950. A. Prior. 17/1. 1947.) NEBELSIEK. 7093

Louis Thibaut, Frankreich, *Farbpigmente.* Auf äußerst feinen porösen Körpern, wie Silicagel, Al-Gel, akt., koll. Tonen, Kieselgur, werden Farbstoffe aus Lsgg. niedergeschlagen u. anschließend getrocknet. (**F. P. 965 805** vom 22/4. 1948, ausg. 22/9. 1950.) WITTHOLZ. 7093

Union Carbide & Carbon Corp., New York, N. Y., übert. von: **Leon Shechter**, East Orange, N. J., V. St. A., *Verbesserung der Trocknungseigenschaften ungesättigter, mindestens eine OH-Gruppe enthaltender Öle,* wie Ricinusöl (I), durch Veresterung mit Monocarbonsäuren, die eine Diengruppe konjugiert zur COOH-Gruppe tragen, wie Sorbinsäure (**II**). — Z. B. werden 125 (Teile) **I** mit 45 **II** in Ggw. von 2 Hydrochinon bei 175° u. zum Schluß bei 220° verestert. Trocknungseigenschaften des Prod. wie bei Tungöl. An Stelle von **I** kann die freie Säure u. an Stelle von **II** können β-Vinylacryl- β-Styrylacryl-, α-Alkylsorbin-, Octadien-(2.4.6)-, Decatetraen-(2.4.6.8)-säure oder Säuren mit verzweigt-konjugierten Doppelbindungen verwendet werden, wie α.β-Diisopropylidenpropionsäure oder α-Vinyl- bzw. α-Isopropenylzimtsäure oder α-Isopropenylfurfurylessigsäure u. dergleichen. (**A. P. 2 552 872** vom 24/11. 1945, ausg. 15/5. 1951.) K. HEINZE. 7097

Boris Bogojavlensky, Paul Charuel und **Marcel Mathivet**, Seine, Frankreich, *Harzölester für Firnisse, Lacke und Appreturen* wurden durch Verestern von Harzölen, wie sie bei der destruktiven Dest. von Kolophonium anfallen, mit einem Alkohol, z. B. Glycerin oder Pentaerythrit, in Ggw. von $Al_2(SO_4)_3$ oder HCl als Katalysator bei 70−80° hergestellt. Die erhaltenen Prodd. haben eine ähnliche Färbung wie Leinöl u. besitzen in Anstrichmitteln ähnliche Eigenschaften. — Man erhitzt z. B. eine Mischung aus 80−95 (%) Harzöl, 2−10 Glycerin oder Pentaerythrit u. 1 $Al_2(SO_4)_3$ unter Zusatz von 2−9 Methyl-, Äthyl-, Butyl- oder Amylalkohol, 15−30 Min. unter Rückfluß, gießt das gebildete W. mit dem darin gelösten Katalysator u. nicht in Rk. getretenem Alkohol ab u. entfernt noch vorhandene Spuren W. u. Alkohol durch Erhitzen. (**F. P. 984 100** vom 9/2. 1949, ausg. 2/7. 1951.) ASMUS. 7097

Soc. Organico, Seine, Frankreich, *Dehydratisieren von Ricinusöl* durch Erhitzen auf 170−300°, bes. bis 250°, in Ggw. von 0,1−1% einer 10−85%ig. Schwefelsäure. Das Abdestillieren des W. aus dem Reaktionsgemisch kann unter red. Druck u. bzw. oder Durchleiten eines inerten Gasstroms erfolgen. — Eine Mischung aus 100 (Teilen) Ricinusöl u. 0,5 50%ig. H_2SO_4 wird unter 50 mm Hg Druck allmählich auf 250° erhitzt. Man erhält ein Prod. mit D. 0,88−0,94; SZ. 3−5; VZ. 115−125; AZ. 7−15 u. Dienzahl 40−50. Es besitzt ausgezeichnete Trockenfähigkeit u. trocknet nach Zugabe eines Pb u. Co enthaltenden Trockenmittels (0,4% Pb u. 0,01% Co) innerhalb von 7 Stunden. (**F. P. 994 430** vom 1/7. 1949, ausg. 16/11. 1951.) ASMUS. 7097

Michael Barthel & Co., Chemische und Mineralöl-Werke G. m. b. H., Regensburg (Erfinder: **Erich Asser**, Oberhof über Rottach, Egern, Tegernsee), *Gewinnung von Lackharzen, Teerölen und Benzolunlöslichem aus Steinkohlenteer,* indem der durch schonende schnelle Dest. von den leichten KW-stoffen befreite Teer mit einem die Teeröle lösenden, die Harzkörper jedoch ungelöst lassenden Lösungsm., z. B. leichtsd. Benzin-KW-stoffen, wiederholt ausgeschüttelt oder im Gegenstrom, zweckmäßig unter Druck u. gegebenenfalls unter Zusatz gasförmiger Benzin-KW-stoffe, ausgelaugt wird, wobei gegen Ende des Auswaschens die Temp. zweckmäßig auf 30−50° zu erhöhen ist, worauf der ungelöste Teeranteil mit Bzl., Solventnaphtha, Chlorbenzol oder ähnlichen, gegebenenfalls unter Erwärmen, extrahiert, das hierbei Unlösliche durch Filtrieren oder Zentrifugieren abgetrennt u. die erhaltenen Benzin- bzw. Benzollsgg. getrennt durch Dest. in Bzn. u. Teeröle bzw. Bzl. u. Lackharze geschieden werden. Zwecks Erhöhung des Erweichungspunktes der Lackharze wird bei der Dest. des Bzl. von der Lackharzlsg. zweckmäßig die Destillationstemp. erhöht. (**D. B. P. 863 979** Kl. 22h vom 27/3. 1945, ausg. 22/1. 1953.) GRÄGER. 7097

Badische Anilin- & Soda-Fabrik, Ludwigshafen/Rh., *Plastische Masse,* bestehend aus Polyvinylverbb., Nitrocellulose oder Kolophoniumestern u. 1.4-Butandioldikohlensäure-di-ω-chlorbutylester als Weichmacher. Herst. von (*Auto-*) *Lacken,* Filmen, Überzügen, Kabelmassen, Wachstuch, Kunstleder u. Bodenbelag. (**Schwz. P. 281 762** vom 25/1. 1950, ausg. 1/7. 1952. D. Prior. 5/4. 1949.) SALZMANN. 7097

United States Rubber Co., New York, N. Y., V. St. A., *In Lösungsmitteln lösliche Mischpolymerisate für an der Luft trocknende Lacküberzüge.* Ein Gemisch aus einem β-(2-Propenoxy)-alkylpolyester, einer Polycarbonsäure, bes. α-ungesätt. Dicarbonsäure, u. einer Verb. der Formel $RCH_2{=}CH{-}CH_2X$ oder $CH_2{=}C(R){-}CH_2X$, wobei R für H, Cl, CH_3, $ClCH_2$ oder C_2H_5, u. X für OH, Cl, Alkoxy, Cycloalkoxy, Aryloxy, Aralkoxy oder Acyloxy steht, wird in wss. Emulsion unter Zusatz von z. B. Benzoylperoxyd bei 60—100° polymerisiert. — Tabelle über Polymerisationsansätze wechselnder Mengen von Di-(β-allyloxyäthyl)-fumarat, -itaconat, -maleat oder -adipinat einerseits u. (Meth-) Allylalkohol, Crotylalkohol, 2-Allyloxyäthanol, Methallyläthyläther, Methallylchlorid, 2.3-Dichlorpropen andererseits, sowie Tabelle über zusätzliche Beimischungen von Styrol, Methylacrylat, Diäthylfumarat u. Vinylbutyläther. (**E. P. 649 409** vom 22/9. 1948, ausg. 24/1. 1951. A. Prior. 13/11. 1947.) MÖLLERING. 7097

Dow Chemical Co., Midland, Mich., V. St. A., *Für die Lackherstellung geeignete Zwischenpolymerisate* erhält man durch Erhitzen auf 120—300° aus einem Ansatz aus 50—85 (%) eines im Kern alkylierten Styrols, z. B. (Di-) Methyl-, (Di-) Äthyl-, Propyl- oder Methyläthylstyrol, 50—15 eines im Vinylrest alkylierten Styrols, das auch kernalkyliert sein kann, wie α-Äthylstyrol oder p-Isopropyl-α-methylstyrol, sowie schließlich einem trocknenden Öl. Geeignet sind Leinölfettsäuren, dehydratisierte Ricinolsäure oder Sojafettsäuren. — Tabellen über Eigg. der Polymerisate aus 10—80 (Teilen) Fettsäure, 63—14 Styrol u. 27—6 α-Methylstyrol. (**E. P. 671 092** vom 27/3. 1950, ausg. 30/4. 1952. A. Prior. 28/4. 1949.) MÖLLERING. 7097

Lewis Berger & Sons, Ltd., London, England, *Mattierungsmittel für filmbildende Stoffe.* Man verwendet synthet. Zeolithe mit Ca- u. Mg-Ionen, die durch Behandlung von synthet. Na-Zeolithen mit hartem W. erhalten werden, mit einer dem 40-Maschensieb entsprechenden Teilchengröße fein verteilt zu 30—85% in Firnis oder Lacken, wie Äthyl- oder Nitrocellulose mit oder ohne flüchtige Lösungsmittel. (**E. P. 651 977** vom 2/2. 1948, ausg. 11/4. 1951. A. Prior. 3/2. 1947.) GRÄGER. 7097

Adrien Boanchi, Seine, Frankreich, *Lösungsmittel zur Firnis- und Lackherstellung.* Es werden Mischungen aus einem Acetal, z. B. Methylal oder Äthylacetal, u. einem höhermol. Alkohol, z. B. Propyl- oder Amylalkohol, angewandt. (**F. P. 994 010** vom 5/12. 1944, ausg. 9/11. 1951.) ASMUS. 7101

E. I. du Pont de Nemours & Co., Wilmington, Del., V. St. A., *Mischpolymerisate aus Äthylen und Vinylchlorid.* Als Katalysatoren dienen Azoverbb., z. B. α.α'-Azo-bis-(α.γ-dimethylvaleronitril), Dimethyl- (bzw. Diäthyl) α.α'-azodiisobutyrat, 1.1'-Azodicyclohexancarbonitril, α.α'-Azodiisobutyrocarbonamid u. dergleichen. Diese werden mit wasserfreiem Bzl. u. tert.-Butylalkohol vermischt, bevor die Monomeren (im Verhältnis von 4 : 1 bis 1 : 19) zugesetzt werden. Die Mischpolymerisate sind in aromat. KW-stoffen lösl. u. wärmebständig. Während der Polymerisation können andere Olefinverbb., Thiole, CCl_4, C_2Cl_6, 1.3-Dioxolan, Maleinsäure, CO, SO_2, Farbstoffe u. dgl. zugegeben werden. *Überzüge auf Metall, Gewebe, Papier.* (**E. P. 641 679** vom 2/1. 1948, ausg. 16/8. 1950. A. Prior. 15/1. 1947.) SALZMANN. 7107

André-René Marcel Laurent, Seine, Frankreich, *Verwendung von Polyvinylalkohollösungen,* die ein Netz- oder Plastiziermittel enthalten, zur Herst. von *Überzügen* auf Metall, zur Isolierung elektr. Drähte, zur Herst. von Druck- u. Aquarellfarben. (**F. P. 981 216** vom 12/3. 1943, ausg. 23/5. 1951.) PANKOW. 7107

Imperial Chemical Industries Ltd. und **Jack Stanley Wakely,** London, England, *Modifizierte Alkydharze.* Ein Gemisch aus aromat. Vinylverbb., einer mehrbas. Säure u. einem monomeren partiellen Ester eines ungesätt. trocknenden Öles mit einem mehrwertigen Alkohol wird, zweckmäßig in Abwesenheit von Lösungsmitteln, durch Erhitzen in ein Harz für Lackgrundlagen verwandelt. — 450 (Teile) Leinölfettsäure u. 109 Pentaerythrit werden unter Einleiten von CO_2 bei 220° verestert, worauf man bei 150° 160 Styrol u. 118 Phthalsäureanhydrid zugibt. Das Prod. trocknet, in Xylol gelöst u. mit Sikkativ versehen, an der Luft rasch zu festen *Überzügen.* (**E. P. 672 224** vom 2/8. 1949, ausg. 14/5. 1952.) MÖLLERING. 7107

American Cyanamid Co., New York, V. St. A., übert. von: **Edwin Harold Dafter jr.,** *Herstellung von Dispersionen von Mischpolymerisaten für Überzüge und Möbelpolituren.* Ein in einem flüchtigen Lösungsm. gelöstes Gemisch aus einem ungesätt. Alkydharz u.

eine reaktionsfähige monomere Verb. mit der Gruppe CH_2=C<, z. B. Diallylphthalat (I), wird unter Rühren polymerisiert, bis 50—66% umgesetzt sind, worauf man einen Polymerisationsverzögerer, wie Hydrochinon (II), zusetzt. Das Prod. enthält das Mischpolymerisat in einer stabilisierten Gelform, aus der es zu glatten, polierbaren Überzügen auftrocknet. — Eine Lsg. von 50 (Teilen) eines ungesätt. Polyesterharzes wird in 50 Äthylacetat unter Mitverwendung einer (unbestimmten Menge) I gelöst, nach Zusatz von 0,125 Benzoylperoxyd unter Rückfluß erhitzt, bis nach ca. 1½ Std. die M. geliert. Dann setzt man 0,01% II (5%ig. Lsg. in I) zu u. kühlt die M. ab. (**E. P. 658 986** vom 10/5. 1948, ausg. 17/10. 1951. A. Prior. 28/6. 1947.) MÖLLERING. 7107

Siemens-Schuckertwerke Akt.-Ges., Berlin und Erlangen (Erfinder: **Fritz Weigel**, Schwabach/Mainfranken), *Härtbare Lacke.* Es werden Prodd. verwendet, die durch Mischen eines Orthokieselsäureesters (Isopropylester) mit Ricinusöl u. Erhitzen auf z. B. 180° erhalten u. dann in Chlor-KW-stoff oder Benzolderivv. gelöst wurden. (**D.B.P. 875 383** Kl. 22h vom 9/11. 1949, ausg. 4/5. 1953.) GRÄGER. 7107

Silicon (Organic) Developments Co., London, England, *Organo-Silicon-Harze zum Überziehen von Glasfasern und Isolatoren.* Tetraalkylarylsilicate werden in feuchter Atmosphäre unter Rückfluß erhitzt u. dann durch Dest. von flüchtigen Anteilen befreit. — Tetra-p-kresylsilicat wird in feuchter Atmosphäre 12 Std. unter Rückfluß gekocht u. dann vorsichtig dest., wobei eine 1. Fraktion bis 210° u. eine 2. Fraktion bis 440° übergehen. Der orangebraungraue Rückstand gibt, auf Glas oder Metall verstrichen u. 20 Min. bei 220° gebacken, einen harten, biegsamen, feuchtigkeitsunempfindlichen Überzug. — Analog erhält man durch Erhitzen eines Gemisches aus Tetraäthoxysilan u. 2-Methyl-4-diisobutylphenol in 123½ Std. unter Abdest. von A. u. Steigerung der Temp. bis auf 265° ein schwach braunes viscoses Öl von ähnlichen filmbildenden Eigenschaften. (**E. P. 635 927** vom 28/7. 1947, ausg. 19/4. 1950.) MÖLLERING. 7107

Soc. des Usines Chimiques Rhône-Poulenc, Paris, Frankreich, *Wasserabstoßender Überzug.* Inerte Pulver, z. B. Sand, Kaolin usw., werden mit einer Lsg. eines Siliconharzes befeuchtet u. erhitzt u. mittels Klebstoff, der ebenfalls auf Siliconbasis aufgebaut sein kann, auf die zu schützende Oberfläche aufgebracht. (**E. P. 647 713** von 4/10. 1946, ausg. 20/12. 1950. F. Prior.30/7. 1946.) LÜTTGEN. 7107

Kurt Thinius, Lore Kamphenkel, *Bindemittel für die Wasserfarbentechnik*, dad. gek., daß Polymerisationsprodd. aus cycl. Acetalen oder Ketalen aus Polyolen mit reinen oder durch Heteroatome unterbrochenen Kohlenstoffketten, deren Ringgliederzahl mindestens 6 beträgt, bes. *Polydiglykolformal*, verwendet werden. Die durch Verwendung dieser Stoffe hergestellten Bindemittel eignen sich zur Herst. von Aquarell-, Leim-, Tempera-, Kopierdruckfarben u. Hektographenmassen. — Aquarellfarbe: 9,0 (Teile) Polydiglykolformal; 1,3 Wachsseife; 4,0 Blancfixe; 8,0 Cadmiumgelb; 9,0 Wasser. (**D. P. [DDR] 654** Kl. 22g vom 20/7. 1951, ausg. 16/5. 1952 [Wirtschaftspatent].) HEYNE. 7107

Émile Morgan und **Raymond Fiore**, Gard, Frankreich, *Reinigungs- und Poliercreme für Lackschichten*, z. B. auf Automobilen. Er besteht aus ca. 5 (%) Bienenwachs, 70 Paraffin, 20 Monochlorbenzol, 5 Vaselinöl u. einer geringen Menge Mirbanöl. (**F. P. 989 455** vom 23/6. 1949, ausg. 10/9. 1951.) ASMUS. 7119

XIb. Plaste (Kunstharze. Plastische Massen).

E. A. J. Mol, *Strangpressen von Thermoplasten.* Die Bedeutung u. die Vorzüge des Strangpressens von Thermoplasten werden beschrieben; die Anzahl u. Kennzeichen der in den USA verwandten Maschinen werden aufgeführt. (Plastica [Delft] **6.** 18—21. Jan. 1953. Venlo, N. V. Pope's Draad- en Lampenfabrieken.) WESLY. 7170

J. Witthoff, *Bearbeitung von Kunststoffen mit Hartmetallwerkzeugen.* (Kunststoffe **43.** P. 1—4. Jan. P. 9—12. Febr. 1953. Essen.) WINIKER. 7170

F. P. Bowden und **K. V. Shooter**, *Das Reibungsverhalten von Molybdändisulfid enthaltenden Kunststoffen.* Zusätze von wenigen % MoS_2 zu Kunststoffen erniedrigen den Reibungskoeff. auf Metallen, z. B. Cu, ohne auf die mechan. Eigg. der Kunststoffe einzuwirken. (Research **3.** 384—85. Aug. 1950. Cambridge, Univ., Dep. of Chem., Phys. Res. Labor. on the Phys. and Chem. of Rubbing Solids.) KLEFFNER. 7170

Yoshikazu Hachihama, Shō Jōdai, Kanji Matsuo und **Toshiharu Ishi**, *Darstellung Hochpolymerer aus Milchsäure.* 1. Mitt. *Polyacrylsäureester aus Milchsäure.* Von *Milchsäure* (I) ausgehend wurden maximal 85% an *Methylacrylat* (II) erhalten, welches in gereinigter Form bei 60° zu einem Polymerisat vom durchschnittlichen Polymerisationsgrad 6500 polymerisiert wurde. Der nichtkatalyt. Weg führt von I entweder über deren Ester oder Acetat zu *α-Acetoxypropionsäureester*, während der katalyt. (SiO_2, Holzkohle,

Ton) bei 550° bei einem Durchfluß von z. B. 52 cm^3/Std. u. 9,5 Sek. Verweilzeit 98% **II** liefert. (J. chem. Soc. Japan, ind. Chem. Sect. [Kōgyō Kagaku Zassi] **55.** 89—91. Febr. **1952.** Osaka, Univ. [Orig.: japan.].) SCHULER. 7172

Paul Schmidt, *Die Bestimmung der Gelierfähigkeit von Polyvinylchlorid im Temperaturbereich von 100—160° mittels des Brabender-Plastographen.* (Vgl. C. **1951.** II. 1819.) (Kunststoffe **42.** 142—48. Mai 1952. Marl, Kreis Recklinghausen, Chem. Werke Hüls.) SCHÄFF. 7172

Konrad Meyerhans, *Erfahrungen über die Verarbeitung und Anwendung von „Araldit" als Bindemittel und als Gießharz.* (Vgl. C. **1952.** 6139.) Anwendungsbeispiele u. prakt. Erfahrungen mit *Araldit.* — Abbildungen. (Kunststoffe **41.** 457—62. Dez. 1951. Basel.) SCHÄFF. 7176

—, *Vulcollan, ein synthetischer Kunststoff mit unerreichten Eigenschaften.* Kurzer Überblick über Eigg., Verarbeitung u. Anwendungen. (Plastverarbeiter **3.** 167—68. Okt. 1952.) WINIKER. 7180

H. Zentfman und **H. R. Wright,** *Lineare Polyphosphate, eine Gruppe neuer Harze.* Lineare aromat. Polyphosphate vom Typ [—P(OR) : O—OR′O]n, worin R = Phenyl, o-Kresyl, p-Phenylphenyl, o-Phenylphenyl, p-tert.-Octylphenyl u. R′ = Phenylen (p) oder Diphenylen (p) sind, werden dargestellt durch Rk. eines einwertigen Phenols mit $POCl_3$ u. Kondensation des gebildeten Aryloxyphosphoryldichlorids mit einem zweiwertigen Phenol. Diese „*Phorylharze*" (I) sind klar, fast farblos, relativ spröde mit F. 60—120°, lösl in Gemischen aromat. KW-stoffe mit A., Chlf., Dichloräthylen, Härtegrade ähnlich denen von unplastifiziertem Methylmethacrylat u. Polystyrol, n 1,550—1,625 (ähnlich Canadabalsam); beständig gegen verd. Säuren, Alkalien, Salzlsg.; hohe Haftfähigkeit auf Metall, Glas, Kunststoffen, Holz; günstige elektr. Eigg., geringe Wasserdampfdurchlässigkeit. **I** eignen sich für Klebstoffe, opt. Kitte, Haftgrundierungen u. Grundierungen für korrosionsfeste Lackierungen. (Brit. Plastics **25.** 374 bis 376. Nov. 1952. Imperial Chemical Industries, Ltd., Res. Dep., Nobel Div.) SCHEIFELE. 7198

W. Röhm, *Wie verarbeitet man Acetylcellulose-Spritzgußmassen?* Angaben über die richtige Verarbeitung von Celluloseacetat- bzw. Celluloseacetobutyratmassen. Tabellar. Zusammenstellung der beim Spritzguß möglichen Fehler u. ihrer Ursachen. (Kunststoffe **43.** P. 17—20. März 1953. Dormagen/Niederrhein.) WINIKER. 7198

Badische Anilin- & Soda-Fabrik, Ludwigshafen/Rh. (Erfinder: **Julius Thewalt,** Ludwigshafen/Rh., und **Robert Braun,** Weinheim), *Aufarbeitung von Additionsverbindungen aus organischen Hochpolymeren* mit polaren oder polarisierbaren Atomen oder Atomgruppen u. anorgan., zur Bldg. von Komplex- oder Additionsverbb. befähigten, magnetisierbaren Stoffen aus wss. Suspension, dad. gek., daß man die Aufarbeitung der Additionsverbb. in einem Magnetfeld vornimmt. Additionsverbb. aus anorgan., magnetisierbaren Stoffen, z. B. Fe_3O_4, γ-Fe_2O_3 oder $CoFe_2O_4$ oder deren Hydrate sind nämlich magnetisierbar u. wandern zu den Magnetpolen, z. B. eines Elektromagneten (I), bzw. werden in einem magnet. Wechselfeld in dem wss. Medium schwebend festgehalten. Z. B. kann der Weicheisenkern eines **I** als Rohr ausgebildet sein, das an den Enden trichterfrömig erweitert ist, so daß sich das Magnetfeld im wesentlichen im Innern des Rohres oder der trichterförmigen Ausweitungen befindet. Die Teilchen der Additionsverb. setzen sich beim Durchströmen des Rohres an dessen innerer Wandung fest u. können so von der Salzlsg. getrennt werden. (**D. B. P. 813 772** Kl. 39b vom 27/4. 1949, ausg. 17/9. 1951.) SARRE. 7171

Mario Saini, Jura, Frankreich, *Füllstoffe für plastische Massen.* Die Füllstoffe oder Verstärkungsmittel werden zunächst mit Farbstoffen oder Pigmenten u. auch anderen Stoffen, die wasserfest oder feuersicher machen, Weichmachern, Klebrigmachern behandelt u. in Natur- oder Kunstharze eingemischt. (**F. P. 991 663** vom 25/4. 1944, ausg. 9/10. 1951.) PANKOW. 7171

Badische Anilin- & Soda-Fabrik, Ludwigshafen/Rh., *Polymerisation von Olefinen.* Olefine, bes. mit tert. C-Atom, werden mit Schwefel- oder Phosphorsäuren mittlerer oder hoher Konz. in der Weise polymerisiert, daß sie in fl. Zustand, gegebenenfalls im Gemisch mit anderen ungesätt. oder gesätt. KW-stoffen gemeinsam mit der Säure durch hohe, mit Füllkörpern beschickte oder andere verteilend wirkende Stoffe enthaltende Räume rieseln u. die durch Absitzen sich bildenden Schichten des Prod. voneinander getrennt werden. Es bilden sich Di-, Tri- u. Polymere. (**D. B. P. 872 492** Kl. 12o vom 21/10. 1937, ausg. 2/4. 1953.) UNGER. 7173

Imperial Chemical Industries Ltd., London, England, übert. von: **E. I. du Pont de Nemours & Co.,** Wilmington, Del., V. St. A., *Polymerisation von Äthylen.* Man arbeitet bei 40—100° u. 100—3000 atü in Ggw. eines Katalysators der Formel X—N=N—Y (X = aliphat. Rest; Y = beliebiger, an N mit C-Atom gebundener Rest), wie α.α'-Azodiisobutyronitril. (**E. P. 634 757** vom 9/12. 1947, ausg. 29/3. 1950.) MÖLLERING. 7173

E. I. du Pont de Nemours & Co., übert. von: **Gordon Francis Blehn** und **Gerald Tennyson Borchedt,** Wilmington, Del., V. St. A., *Polyäthylendispersionen.* In festes Polyäthylen arbeitet man 1—10 Gew.-% ganz oder teilweise verseiften Polyvinylesters einer aliphat. Monocarbonsäure oder eines Mischpolymerisats eines solchen Vinylesters, z. B. des teilweise verseiften Mischpolymerisats aus Vinylacetat u. einem Vinylester einer Carbonsäure mit 8—18 C-Atomen, zu einer plast. homogenen M. u. gibt allmählich unter weiterem Durcharbeiten W. zu, bis eine Polyäthylen-in-W.-Dispersion entstanden ist. (**Can. P. 485 446** vom 2/5. 1946, ausg. 5/8. 1952.) PANKOW. 7173

Standard Oil Development Co., Linden, N. J., V. St. A., *Propylenpolymerisate von niedrigem Molekulargewicht.* Polymerisate mit 9—24 C-Atomen erhält man durch Behandlung von C_3H_6 (oder dieses enthaltenden Gemischen) bei Tempp. >0° mit FRIEDEL-CRAFTS-Katalysatoren u. organ. O-Verbb., die gegebenenfalls S, N oder Halogen enthalten können, in einer Menge von Spuren bis dem Katalysator äquimol. Mengen. Geeignet sind Alkohole, Äther, Ketone, Aldehyde, Säuren u. Ester. — In 3 Beispielen werden verwendet 0,5 (%) Propyläther, 0,5 Propanol u. Dichlordiäthyläther. Zweckmäßig wird das Verf. kontinuierlich durchgeführt. — Tabellen. (**E. P. 635 576** vom 18/4. 1947, ausg. 12/4. 1950.) MÖLLERING. 7173

E. I. du Pont de Nemours & Co., Wilmington, Del., V. St. A., *Polytetrafluoräthylenformpulver.* 1000 (g) weichpulvriges Polytetrafluoräthylen werden mit 1400 W. (bzw. A.) in einem Kessel angerührt, der eine Anzahl zur Wandung senkrechter Rippen u. einen T-förmigen Rührer aufweist. Nach 3 Min. Rühren (2000 Touren/Min.) hat sich ein grobes Pulver abgesetzt, das nach dem Abfiltrieren getrocknet wird. (**E. P. 638 328** vom 8/12. 1947, ausg. 7/6. 1950. A. Prior. 7/12. 1946.) SALZMANN. 7173

Imperial Chemical Industries Ltd., London, **Frank Whitley Lord** und **Leslie Budworth Morgan,** Manchester, England, *Polymerisate von Phenylenäthylen* durch Kondensation des bei therm. Zers. (ca. 940°) aus p-Xylol gewonnenen Pyrolysats in Ggw. von hochsd. organ. Fll., wie Dibutylphthalat (I) oder Paraffinöl. — Die Dämpfe werden bei 40° in I, dem Benzoylperoxyd oder Azodiisobutyronitril zugesetzt sein kann, kondensiert. Ausbeuten betragen in 4 Beispielen nur 0,4, 1,2, 1,8 u. 5%. (**E. P. 647 111** vom 4/6. 1948, ausg. 6/12. 1950.) MÖLLERING. 7173

Phrix-Werke Akt.-Ges. (Erfinder: **Günter Trautmann,** Mölln, **Hildemar Mielck,** Hirschberg, und **Otto Moldenhauer**), Hamburg, *Dihydropyran als Lösungsmittel für hochpolymere Polykohlenwasserstoffe,* z. B. Polyisobutylen vom Polymerisationsgrad 130000 oder Polyäthylen. (**D. B. P. 859 950** Kl. 39b vom 2/12. 1944, ausg. 18/12. 1952.) SALZMANN. 7173

Imperial Chemical Industries Ltd., London (Erfinder: **Reginald George Robert Bacon, Emil Thomas Butler** und **Elias Isaacs,** Blackley, Manchester), England, *Emulsionspolymerisation.* Man polymerisiert ungesätt. Verbb., wie Acryl-, Methacryl-, Vinyl- oder Vinylidenverbb. oder Styrol, in wss. Medium in Ggw. von H_2O_2 u. Hydrazin, Hydroxylamin oder ihren wasserlösl. Salzen, wie ihren Sulfaten, u. in Ggw. eines Emulgiermittels, wobei auch A. oder Methanol zugesetzt werden können. Textilien, wie Nylon, werden mit diesen Dispersionen behandelt. (**Can. P. 477 863** vom 5/4. 1946, ausg. 16/10. 1951. **E. P. 586 988** vom 10/2. 1945, ausg. 9/4. 1947.) PANKOW. 7173

Soc. An. Française du Ferodo, Seine, Frankreich, *Plastiziermittel für Polyvinylester.* Man verwendet Chlorderivv. des Naphthalins u. seiner Derivv., wie Monochlornaphthalin, auch zusammen mit Polychlornaphthalinwachsen. Die Polyvinylester können Phenoplaste, Kautschuk oder Kunstkautschuk enthalten. (**F. P. 981 261** vom 25/3. 1943, ausg. 24/5. 1951.) PANKOW. 7173

Badische Anilin- & Soda-Fabrik, Ludwigshafen/Rh. (Erfinder: **Heinrich Rolker,** Mannheim), *Herstellung von Mischpolymerisaten einheitlicher Zusammensetzung aus Vinylchlorid und Vinyläthern* in wss. Emulsion mit O_2 abgebenden Mitteln, dad. gek., daß die Polymerisation in Ggw. geringer Mengen von Emulgiermitteln unter Einhaltung eines Drucks, der unterhalb des Sättigungsdruckes des Monomerengemisches bei der Polymerisationstemp. liegt, durchgeführt wird. Erhalten werden koagulatfreie Dispersionen mit ca. 38—40% Feststoffgeh. u. geringer Teilchengröße. Gute lacktechn. Eigenschaften. (**D. B. P. 870 035** Kl. 39c vom 22/4. 1951, ausg. 9/3. 1953.) SCHINDLER. 7173

Badische Anilin- & Soda-Fabrik, Ludwigshafen/Rh. (Erfinder: **August Kling,** Mannheim, und **Karl Frick,** Ludwigshafen/Rh.), *Aufarbeitung von wässerigen Disper-*

sionen von Vinylchloridpolymerisaten, dad. gek., daß man die Dispersionen in feiner Schicht eindunstet u. die erhaltenen sehr dünnen Filme mahlt. Das Trocknen geschieht auf 80—140° heißen Heizwalzen. (**D. B. P. 870 033** Kl. 39c vom 11/12. 1942, ausg. 9/3. 1953.) SCHINDLER. 7173

Badische Anilin- & Soda-Fabrik, Ludwigshafen/Rh. (Erfinder: **Herbert Rein,** Frankfurt/M.), *Wärmestabile Massen aus Polymerisaten des asymmetrischen Dichloräthylens* bzw. Polyvinylchlorids, gek. durch einen Geh. an α-ungesätt. Ketonen, z. B. Phoron, Dibenzaldiäthylketon oder dem Kondensationsprod. aus Aceton u. Cyclohexanon, als Stabilisierungs- u. gegebenenfalls Weichmachungsmittel. Herst. von Fasern, Borsten u. dergleichen. (**D. B. P. 865 654** Kl. 39b vom 25/12. 1943, ausg. 2/2. 1953.) SALZMANN. 7173

Dominion Rubber Co. Ltd., Montreal, Quebec, Can., übert. von: **Curtis Elton Hugg sen.** und **Gilbert Anthony Zimmerman,** Mishawaka, Ind., V. St. A., *Stabilisiermittel für Vinylchloridpolymere oder -mischpolymere.* Man verwendet hierfür 0,5 bis 3 Gew.-% *Pentaalkalimetallpentaalkyltripolyphosphat* der Formel $M_5R_5(P_3O_{10})_2$ (M = Alkalimetall, R = Alkyl wie C_8H_{17}), z. B. Pentanatriumpenta-(2-äthylhexyl)-tripolyphosphat. (**Can. P. 482 146** vom 30/4. 1947, ausg. 1/4. 1952.) PANKOW. 7173

George Judson Chertoff, Shaker Heights, O., V. St. A., *Verhinderung der Verfärbung von Polyvinylharzen durch Licht* durch Zusatz von 1—5% Sn(II)-Stearat oder auch -Succinat, -Salicylat, -Lactat, -Naphthenat usw. (**E. P. 674 164** vom 26/1. 1949, ausg. 18/6. 1952.) MÖLLERING. 7173

General Aniline & Film Corp., New York, N. Y., übert. von: **William O. Ney jr.,** Easton, Pa., V. St. A., *Halogenacrylsäure–Chlorstyrol-Mischpolymerisate.* Man polymerisiert 98—85 (Teile) α-Halogenacrylsäureester, -amide oder -nitrile, z. B. Methyl-α-chloracrylat, mit 2—15 kernchloriertem Styrol mit 2—5 Cl-Atomen, z. B. 2.5-Chlorstyrol. (**Can. P. 485 652** vom 10/4. 1946, ausg. 12/8. 1952. A. Prior. 24/5. 1945.) PANKOW. 7173

Dominion Tar & Chemical Co. Ltd., übert. von: **Murray Gray Sturrock** und **Thomas Lawe,** Montreal, Quebec, Can., *Polymerisieren von Dimethylstyrol.* Man polymerisiert reines 2.4- oder 2.5-Dimethylstyrol mit einem F.-Intervall von 3° u. einer opt. Exaltation von wenigstens 1 bei 20—200° in wss. Emulsion oder Dispersion zu festen, lösl. u. schmelzbaren Polymeren mit einer Intrinsicviscosität von wenigstens 0,1. (**Can. P. 485 626** vom 3/1. 1945, ausg. 12/8. 1952.) PANKOW. 7173

United States Rubber Co., New York, N. Y., übert. von: **Pliny O. Tawney,** Passaic, N. J., V. St. A., *Quaternäre Zwischenpolymerisate.* Ein Gemisch aus 1 (Mol) Diallylfumarat, 0,75—2 Styrol, 0,1—1 Diäthylfumarat u. 7—20 Methylallylalkohol wird in Ggw. von z. B. Benzoylperoxyd in 6 Std. bei 90—95° polymerisiert. Das erhaltene Harz ist in Aceton lösl. u. dient zur Herst. von Filmen u. Einbrennlacken. (**A. P. 2 617 787** vom 27/10. 1949, ausg. 11/11. 1952.) MÖLLERING. 7173

United States Rubber Co., New York, N. Y., V. St. A., *Mischpolymerisate von Dipropenylestern α.β-*ungesätt. Dicarbonsäuren, wie Diallylestern der Fumar-, Malein-, Itacon-, Citracon- oder Mesaconsäure, mit ω-Trichloralkenen, z. B. 3.3.3-Trichlorpropen-(1), 4.4.4-Trichlorbuten-(1) oder 4.4.4-Trichlor-2-methylbuten-(1). Die Gieß- u. Preßharze werden zu Scheiben, Blöcken u. Schichten verarbeitet, in Lsg. als Lacke, Kleb- u. Imprägniermittel verwendet. (**E. P. 640 468** vom 18/8. 1947, ausg. 19/7. 1950. A. Prior. 2/11. 1946.) SALZMANN. 7173

Quaker Oats Co., Chicago, Ill., übert. von: **Andrew F. Dunlop,** Riverside, Ill., und **Edward A. Reineck,** Appleton, Wis., V. St. A., *Herstellung von Phenolharzen* durch Kondensation von Phenol u. Furfurylalkohol in Ggw. eines unverd. sauren Katalysators, wie Oxalsäure oder $CaCl_2$, unter Erhitzen der Mischung. (**Can. P. 485 497** vom 7/8. 1945, ausg. 5/8. 1952. A. Prior. 21/8. 1944.) PANKOW. 7177

N. V. Philips' Gloeilampenfabrieken (Erfinder: **Jan Carnelius Derksen**), Eindhoven, Holland, *Phenolformaldehydharze.* Die genaue Bemessung der Menge CH_2O (**I**) erfolgt dadurch, daß zunächst die bestimmte Menge gasförmiges **I** im Phenol gelöst, durch Analyse bestimmt u. gegebenenfalls berichtigt wird, worauf durch Zusatz von z. B. HCl die Kondensation eingeleitet wird. — In Reinphenol wird **I** eingeleitet, bis 0,8 (Mol) **I** auf 1 Monooxybenzol enthalten ist. Zu 300 (cm^3) der Lsg. setzt man 2,5 0,1 n HCl u. erwärmt auf 105°. — Abbildung. (**D. B. P. 849 485** Kl. 39c vom 17/9. 1950, ausg. 15/9. 1952. Holl. Prior. 20/7. 1949.) MÖLLERING. 7177

Beck, Koller & Co. (England) Ltd., Liverpool, England, übert. von: **Ernst Fritz Siegel,** Elizabeth, N. J., V. St. A., *Novolak-Polyalkohole,* die sich zur Modifizierung von Harzen, Harzestern u. als Zusatz zu trocknenden Ölen eignen, werden durch Rk. von einem im Mol-Verhältnis 1 : 1 kondensierten Novolak aus Phenol u. CH_2O (**I**) durch weitere Rk. mit **I** erhalten. (**E. P. 646 080** vom 12/2. 1948, ausg. 15/11. 1950. A. Prior. 4/11. 1941.) MÖLLERING. 7177

Farbwerke Hoechst, vormals Meister Lucius & Brüning, Frankfurt/M.-Höchst, *Herstellung von in der Kälte schnell erhärtenden Massen hoher chemischer Widerstandsfähigkeit.* Man vermischt noch fl. Kondensationsprodd. von Alkylphenolen, wie Kresolen u. Xylenolen, mit Aldehyden oder deren Lsgg. mit mindestens 10% ihres Gewichts an sich härtend wirkender aliphat. Ester anorgan. Säuren mit neutralen oder sauren Erhärtungszusätzen u. gegebenenfalls Füllstoffen. Hieraus erhaltene Prodd. zeigen erhöhte Festigkeit gegen Alkalien, Ätzalkalien, organ. Basen u. Hypochlorite; sie dienen als Kitte, Verputze oder betonartige Beläge, Filtersteine oder -böden. — Man mischt z. B. 90 (g) Graphitmehl, 10 p-Toluolsulfochlorid u. 60 einer Mischung aus 50 eines vorkondensierten fl. Xylenol–CH_2O-(1:1,3) Harzes u. 10 Dibenzylsulfat, das unmittelbar vor der Anwendung dem Kunstharz zugesetzt wird. Das verwendete Xylenolgemisch hat Kp. 214—218°. (**Oe. P. 172 353** vom 21/4. 1949, ausg. 10/9. 1952. D. Prior. 1/10. 1948.) PANKOW. 7177

Bakelite Ltd., London, England, *Herstellung von Kunstharzgemischen.* Ein ungesätt. Alkydharz, das durch Rk. aus einer oder mehreren ungesätt. 2bas. Dicarbonsäuren oder deren Anhydriden u. einem Glykolgemisch mit 2—25% Octadecandiol erhalten ist, wird mit einer polymerisierbaren olefin. Verb,. bes. Styrol (I), gemischt u. auspolymerisiert. — 1000 (Teile) Diäthylenglykol, 150 Octadecandiol-(1.12) u. 980 Maleinsäureanhydrid werden bei 180—200° polymerisiert; 75 (Teile) hiervon werden mit 25 I in Ggw. von 1 Benzoylperoxyd oder durch Einw. von UV-Licht 12 Std. auf 75° erhitzt bzw. polymerisiert. — Die Prodd. eignen sich auch für die Herst. von Filmen. (**E. P. 685 449** vom 4/4. 1949, ausg. 7/1. 1953.) MÖLLERING. 7177

Hercules Powder Co., Wilmington, Del., übert. von: **Irwin Charles Clare,** Elmhurst., Del., V. St. A., *Modifiziertes Alkydharz,* bestehend aus dem Reaktionsprod. aus polymerisiertem Harz (rosin; I), einer mehrbas. Säure oder deren Anhydrid, wie Phthalsäureanhydrid, oder Terpen–Maleinsäureanhydrid-Kondensat, einer Fettsäure mit wenigstens 12 C-Atomen, wie eine trocknende Ölfettsäure, u. einem mehrwertigen Alkohol. Ein solches Harz kann z. B. 15—25% I-Glycerinester, 30—55% Phthalsäureanhydridglycerinester u. 20—55% Fettsäureester enthalten. (**Can. P. 485 292** vom 15/5. 1943, ausg. 29/7. 1952. A. Prior. 13/5. 1942.) PANKOW. 7177

N. V. de Bataafsche Petroleum Mij., La Haye, Holland, *Allylglycidyläther des 2.2-Bis-[4'-oxyphenyl]-propans* (I). Man kocht 2.2-Bis-[4'-oxyphenyl]-propan (II) mit Allylchlorid u. alkoh. NaOH u. den entstandenen Monoallyläther des II mit Epichlorhydrin u. NaOH. I: $Kp._1$ 210—220°; n_D^{20} 1,5794; $D.^{20}_4$ 1,1168. — *Zwischenprod.* zur Herst. von *Polymeren.* (**Schwz. P. 282 732** vom 24/3. 1948, ausg. 16/8. 1952. A. Prior. 25/3. 1947.) LANGER. 7177

Quaker Oats Co., Chicago, Ill., V. St. A., übert. von: **Andrew P. Dunlop** und **Paul R. Stout,** *Kontinuierliche Polymerisation von Furfurylalkohol* (I). Am oberen Ende des Reaktionsgefäßes, das eine Lsg. eines sauren Katalysators enthält u. auf 91—101° erwärmt wird, führt man I ein u. zieht am Fuß des Reaktionsgefäßes das Polymerisat ab. Geeignet ist eine wss. Lsg. von Mineralsäure, bes. H_3PO_4. — Abbildung. (**E. P. 682 666** vom 29/6. 1948, ausg. 12/11. 1952. A. Prior. 2/7. 1947.) MÖLLERING. 7177

Badische Anilin- & Soda-Fabrik (Erfinder: **Rudolf Kern**), Ludwigshafen/Rh., *Lösliche stickstoffhaltige Kondensationsprodukte.* Man behandelt die bei der Kondensation von aliphat. Diaminen mit mindestens 5 C-Atomen im Mol. (deren C-Kette durch Heteroatome unterbrochen sein kann) mit Aldehyden u./oder Ketonen erhältlichen, in W. u. organ. Lösungsmitteln schwer oder nichtlösl. Prodd. mit CH_2O, gegebenenfalls in Ggw. von Alkoholen oder Phenolen. Man kann die Herst. der schwer oder nichtlösl. Prodd. u. ihre Überführung in lösl. Prodd. durch gleichzeitige Mitverwendung von CH_2O in einem Arbeitsgang durchführen. Man kann auch solche Kondensationsprodd. mit CH_2O behandeln, bei deren Herst. auch noch Harnstoff, Thioharnstoff, Dicyandiamid oder Melamin mitverwendet worden sind. — Beispiele: 1. Hexamethylendiamin–CH_2O-Kondensationsprod. + CH_2O, 2. Crotonaldehyd–CH_2O–Hexamethylendiamin-Kondensationsprod. + CH_2O, 3. Harnstoff–Butanol–CH_2O + Hexamethylendiamin–Butanol + CH_2O. — Überzugsmassen, Bindemittel, auch Mittel zum Animalisieren u. Knitterfestmachen von Textilien. (**D. B. P. 865 206** Kl. 39c vom 27/6. 1940, ausg. 29/1. 1953.) UNGER. 7181

Monsanto Chemical Co., St. Louis, Miss., V. St. A., *Haltbarmachen von wässerigen Melamin–Formaldehyd–Na-Bisulfit-Harzlösungen.* Der 40%ig. wss. Dispersion werden 0,10—1% (berechnet auf das Harz) NaOH (bzw. Phenyltrimethylammoniumhydroxyd) zugegeben. (**E. P. 636 892** vom 22/4. 1947, ausg. 10/5. 1950. A. Prior. 7/5. 1946.) SALZMANN. 7181

Badische Anilin- & Soda-Fabrik (**Werner Rohland** und **Gerd Kochendoerfer** †), Ludwigshafen/Rh., *Diphenylmethan-4.4'-diacetonitril* erhält man durch Rk. von reinem 4.4'-Dichlormethyldiphenylmethan mit mindestens 2 Äquivalenten eines Metallcyanids bei erhöhter Temperatur. F. 112—113° (aus A.) — *Zwischenprod.* zur Herst. von *Polyamiden.* (**D. B. P. 869 204** Kl. 12o vom 18/7. 1943, ausg. 5/3. 1953.) MÜLLER-MEININGEN. 7181

N. V. de Bataafsche Petroleum Mij., Den Haag, Holland, *Polyamide.* Ein gesätt. aliphat. Amin mit 2 prim. NH_2-Gruppen, deren eine mit einem tert. C-Atom verbunden ist, wird mit dem Dimeren einer ungesätt. aliphat. Carbonsäure eines natürlichen Öls mit 16—22 C-Atomen bei 125—250° kondensiert. — 29 (Teile) 2.4-Diamino-2-methylpentan u. 70 dimere Linolsäure werden mit 43 Xylol unter Einleiten von Gas u. N_2 4 Std. bei 180° zur Rk. gebracht. Das braune zähfl. Harz ist in A. löslich. Mit anderen hochmol., für sich allein brüchigen Verbb. liefert es biegsame Überzüge. (**E. P. 659 678** vom 17/8. 1949, ausg. 24/10. 1951. A. Prior. 4/9. 1948.) SALZMANN. 7181

E. I. du Pont de Nemours & Co., V. St. A. (Erfinder: **Eugene E. Magat**), *Herstellung von Polyamiden* durch Rk. von solchen organ. Dinitrilen, die keine phenol. OH-Gruppen u. keine Amingruppen enthalten, mit einem Aldehyd u. W. in Ggw. einer starken Säure einschließlich $AlCl_3$ als Katalysator bei ca. 20—30°. Dinitril u. Aldehyd bilden zusammen 2—40%, bes. 10—20 Gew.-%, der sauren Lsg. u. werden im mol. Verhältnis angewandt; höherer Aldehydgeh. führt zur Bldg. vernetzter Polymerer. Als Nitrile sind genannt: Dinitril, Malon-, Succino-, Glutar-, Pimelinsäure-, Adipo-, Sebacinsäure-, Diatroponitril, Tetradecandinitril, p-Xylylencyanid, Di-(β-cyanäthyl)-benzyl, Dicyanbuten, Fumar-, Maleonitril, Isophthalonitril, Diphenylätherdinitril, -thioätherdinitril, Diphenyl-, Naphthylendinitril, Hexahydroterephthalnitril, (N-Cyanmethyl)-α-cyanacetamid, 2.5-Dicyanthiophen, -pyridin, -thiazol, -triazol, -pyrimidin, die Reaktionsprodd. von Acrylnitril mit Aminen, Ketonen, Aldehyden oder mit Verbb. mit aktivierten Methylengruppen; als Aldehyde werden genannt: Form- bis Butyraldehyd, Croton-, Phenylaldehyd, Glyoxylsäure, Oxomalonsäureester, Chloral. — Man hält z. B. 1,835 (Gewichtsteile) Trioxan, 10,95 β-Isobutoxyadiponitril u. 138 80%ig. Schwefelsäure 1 Std. bei 30° u. fällt mit 500 W., filtriert, neutralisiert, wäscht, rührt mit Aceton auf u. trocknet. Das Polymonomethylen-β-isobutoxyadipamid hat F. unter 200°. Verwendung zur Herst. von Fäden, Folien, Stäben. (**F. P. 985 765** vom 6/5. 1949, ausg. 23/7. 1951. A. Prior. 8/5. 1948.) PANKOW. 7181

Paul-Louis-Gaston Monthéard, Seine, Frankreich, *Herstellung von Polyamiden.* Man nitriert einen cycl. KW-stoff, wie Cyclohexan, wobei Nitrocyclohexan u. etwas Adipinsäure entsteht, red. die Nitroverb. zum Oxim u. verwandelt mit Säure in das Lactam, z. B. Caprolactam, das in bekannter Weise in das Polyamid umgewandelt wird. (**F. P. 998 492** vom 12/10. 1945, ausg. 18/1. 1952.) PANKOW. 7181

Camille Dreyfus, New York, N. Y., V. St. A., übert. von: **James Wotherspoon Fisher** und **Edward William Wheatley,** Spondon bei Derby, England, *Verbessern von Polyamiden* aus Dicarbonsäuren u. Hydrazin. Man erhitzt die Polyamide mit einer organ. Base mit einer prim. Amingruppe, z. B. einem organ. substituierten Hydrazin, bis ein gegen Hydrolyse mit HCl festes Polymeres erhalten wird. (**Can. P. 486 993** vom 7/7. 1949, ausg. 30/9. 1952. E. Prior. 12/7. 1948.) PANKOW. 7181

Soc. An. Établissements Gamma, Rhône, Frankreich, (Erfinder: **Marcel Louis Sans**), *Schmiermittel für Polyamide,* bestehend aus pflanzlichen Ölen, Paraffin-, Naphthen- oder aromat. KW-stoffen, Si-Atome enthaltenden Ölen u. Fetten. Die Stoffe werden in Substanz, Lsg. oder wss. Emulsion angewandt u. verbessern die selbstschmierenden Eigg. der Polyamide. (**F. P. 998 845** vom 18/10. 1949, ausg. 23/1. 1952.) PANKOW. 7181

A. Ahlström Osakeytiö, Warkhaus, Finnland (Erfinder: **G. A. Nyman** und **A. M. Kuvaja**), *Herstellung von Thioplasten.* Die bei der Trockendest. von Holz anfallenden lösl. Teeranteile, sogenannte *B-Teere,* oder ihre Chlorierungsprodd., werden bei der Kondensation von organ. Halogenverbb. u. Polysulfiden zugesetzt. Man kann die B-Teere auch bereits bei der Herst. der Polysulfide zufügen. Die Kondensation wird in der Wärme, gegebenenfalls in Ggw. von Halogenwasserstoff, durchgeführt. (**Schwed. P. 132 279** vom 30/1. 1948, ausg. 10/7. 1951.) JÜRGEN SCHMIDT. 7185

Badische Anilin- & Soda-Fabrik (Erfinder: **Hans Krzikalla** und **Erich Flickinger**), Ludwigshafen/Rh., *Herstellung schwefelhaltiger Erzeugnisse.* Vinylverbb., die durch Anlagerung von C_2H_2 oder seinen Derivv. an Verbb. mit mindestens einem reaktionsfähigen H-Atom erhalten werden können, werden mit S oder S-abgebenden Mitteln umgesetzt. — Ein Gemisch aus 1440 (Teilen) Butandiol-1.4-divinyläther (I) u. einer Lsg. von 640 S in 1000 CS_2 wird im Rührautoklaven 5 Std. auf 130° erhitzt. *Faktisartige,* krümelige M., die sich in trockenem Zustand in Kautschukerzeugnisse einarbeiten läßt. — Weiter werden umgesetzt: N-Vinylcarbazol mit S in CS_2; ein Gemisch von Isobutylvinyläther u. I mit S_2Cl_2; Äthylvinyläther in CCl_4 mit S_2Cl_2; N-Vinylpyrrolidon mit S in CS_2. — Die Prodd. können als Weichmacher, Kunststoffe, Schädlingsbekämpfungsmittel u. dgl. verwendet werden. (**D. B. P. 854 703** Kl. 39c vom 6/7. 1943, ausg. 6/11. 1952.) DONLE. 7185

Shell Development Co., übert. von: **Benjamin Barnett, Frederick F. Rust** und **William E. Vaughan,** San Francisco, Calif., V. St. A., *Herstellung von stabilen, plastischen Schwefelverbindungen* aus gasförmigen aliphat. KW-stoffen durch Einw. von O_2 u. H_2S u./oder Mercaptanen bei 250—350° unter n. Druck. (**Can. P. 479 355** vom 24/4. 1944, ausg. 11/12. 1951. A. Prior. 22/3. 1943.) M. F. MÜLLER. 7185

Dow Corning Corp., Midland, Mich., V. St. A. (Erfinder: **P. C. Servais**), *Herstellung von Siloxanen aus Silanen.* Man kondensiert Alkoxychlorsilane oder deren Gemische mit 1—2 organ. Resten im Mol. in fl. Phase bei Ggw. von $FeCl_3$ mit Chlorsilanen, wobei gleichzeitig neben dem Siloxan Alkylchloride gebildet werden. — Z. B. vermischt man gleiche Molmengen $CH_3Si-(OC_2H_5)_3$ u. CH_3SiCl_3, setzt 1% $FeCl_3$ zu u. erwärmt. Bei 75° beginnt die Entw. von Äthylchlorid. Nach Beendigung der Rk. besteht der Rückstand aus Methylsiloxan. (**Schwed. P. 132 173** vom 28/9. 1948, ausg. 3/7. 1951. A. Prior. 8/10. 1947.) JÜRGEN SCHMIDT. 7189

Hercules Powder Co., übert. von: **Alfred L. Rummelsburg,** Wilmington, Del., V. St. A., *Wasserunlösliches Harz.* 1000 (g) durch Extraktion mit einer Mineralölfraktion gewonnenes, an Abietinsäure armes Fichtenharz werden im Autoklaven in Ggw. von 230 Toluol, 5 Na-Methylat u. einem Schaumverhütungsmittel mit 235 C_2H_4O bei 100 bis 140° umgesetzt. Nach Verdünnen mit gleichen Teilen Bzl. u. A. werden die Lösungsmittel abdestilliert. Tropfpunkt des Harzes (I) zwischen 90 u. 135°; I läßt sich im Hinblick auf seine freien OH-Gruppen mit Sebacin- oder Ricinusölfettsäuren verestern u. eignet sich für Filme, Bodenbelag, als Weichmacher, mit Äthylcellulose für Lacke, nach Sulfonierung als Netzmittel u. xanthogeniert als Flotationsmittel. (**A. P. 2 555 901** vom 1/12. 1949, ausg. 5/6. 1951.) SALZMANN. 7199

Soc. de Financement Industriel & Commercial (Erfinder: **F. Gregoire**), *Plastische Massen, Imprägnier- und Isoliermittel aus Erdöl.* Die durch Dest. im Vakuum bei 5 mm Hg aus Erdöl bei 300—400° gewonnenen Fraktionen werden für sich oder in Mischung miteinander, gegebenenfalls nach Vorbehandlung mit H_2SO_4, u. Zusätzen, wie Ton, Infusorienerde u. dgl., je nach Konsistenz, zur Herst. von Platten, Rohren, Unterleg- bzw. Dichtungsscheiben; oder als Überzugsmasse für Papier, Metall u. dgl. oder zum Imprägnieren von Gewebe u. Verpackungsmaterial verwendet. (**F. P. 990 202** vom 16/3. 1944, ausg. 19/9. 1951.) WITTHOLZ. 7199

Union Carbide & Carbon Corp., New York, N. Y., V. St. A., übert. von: **Colin Neri Jenkins,** Sheldon, Birmingham, England, *Herstellung von mit Reliefs verzierten Kunststoffplatten.* Auf das gewünschte Muster, z. B. Gewebe, Spitzen oder dgl., wird eine Al-Folie u. darauf mehrere dünne Pappen gelegt, die mit wärmehärtbarem Kunstharz getränkt sind. Das Ganze wird in einer Presse ca. 60 Min. einer Temp. von 170° unterworfen, u. nach dem Abkühlen wird das Muster entfernt. Die mit der Folie überzogene Pappe dient als Form zur Herst. der Kunststoffplatten. (**A. P. 2 606 855** vom 15/3. 1947, ausg. 12/8. 1952. E. Prior. 21/3. 1946.) LAASS. 7205

Thomas W. Winstead, Baltimore, Md., V. St. A., *Warmaufpressen von thermoplastischen Folien.* Das Schweißen erfolgt mit Hilfe einer elektr. Widerstandsheizung u. wird für solche thermoplast. Kunststoffe angewandt, die durch Hochfrequenzschwingungen schlecht erwärmt werden, wie z. B. Polyäthylen. Der Widerstand besteht aus einer sehr dünnen Ag-Schicht beliebiger Form, die auf einer emaillierten Fe-Platte mit Hilfe einer Suspension aus kleinen Ag-Flocken, einem Glasfließmittel u. Öl aufgebracht u. dann eingebrannt ist. (**A. P. 2 606 987** vom 14/6. 1949, ausg. 12/8. 1952.) LAASS. 7205

Pascal J. Carpentier, Seine, Frankreich, *Verarbeitung poröser Harze.* Man taucht Gewebe in ein Bad aus Phenol–CH_2O-Harz, bedeckt damit Platten aus Polyvinylchlorid- oder Ebonitschaum u. heizt ca. 2 Std., wodurch eine feste Verb. zwischen beiden Teilen entsteht. Man kann so Isoliermaterial, Flöße, Bojen, Thermosflaschen, Fußbodenbelag herstellen. (**F. P. 1 000 185** vom 9/11. 1949, ausg. 8/2. 1952.) PANKOW. 7205

Heresite & Chemical Co., übert. von: **Charles H. Hempel,** Manitowoc, Wis., V. St. A., *Phenolpreßharz.* Man läßt Phenol–CH_2O-Harz in wss. Lsg. in Ggw. von Alkali-, NH_4-, Mg-Carbonat oder KOH entstehen u. kocht das Harz unter Rühren bei bis 95°, bis ein trockenes Pulver entsteht, frei von Teilchen im C-Zustand, das transparente Preßmassen hoher Festigkeit gibt. (**Can. P. 485 468** vom 30/5. 1946, ausg. 5/8. 1952, A. Prior. 29/3. 1946.) PANKOW. 7205

Canadian Celanese Ltd., Montreal, Quebec, Can., übert. von: **Henry Dreyfus**, London, **James H. Rooney** und **Bernard Shaw**, Spondon bei Derby, England, *Preßpulver aus Celluloseestern oder -äthern.* Man löst das Cellulosederiv. in einer heißen, fl. homogenen Lösungsmittel–Plastiziermittel-Mischung mit einer oder mehreren flüchtigen Fll.; die Mischung soll heiß ein Löser, kalt ein Nichtlöser sein. Man entfernt dann den Hauptteil der flüchtigen Flüssigkeit. Vorzugsweise nimmt man die Anteile so, daß beim Erkalten eine feste M. entsteht u. nicht eine Trennung in feste u. fl. Phase. — Man nimmt z. B. Mischungen mit einem Verhältnis von Cellulosederiv. + Plastiziermittel zu Nichtlöser von 60:40 bis 70:30. Man löst z. B. Celluloseacetat in einer Mischung von A. u. Dimethylphthalat bei 75—80°, kühlt unter Rühren u. erhält ein zum Pressen, Spritzen oder Spritzguß geeignetes Pulver. Verwendung der mit Füllstoffen versetzten Massen für Schichtstoffe, Gewebe für Kragen, für Flugzeuge, für Schläuche, Faserplatten, Sperrholz, Bindemittel für Sägemehl oder Holzspäne. (**Can. P. 488 515** vom 9/2. 1944, ausg. 2/12. 1952. E. Prior. 16/10. 1942.) PANKOW. 7205

Wood Conversion Co., St. Paul, übert. von: **Clark C. Heritage**, Cloquet, Minn., V.St. A., *Herstellung von in der Wärme formbaren Faserstoffprodukten* aus mechan. zerfasertem Holz, welches noch alle in dem Holz enthaltenen Bestandteile enthält, unter Zusatz eines in der Wärme härtbaren Phenol–Aldehyd-Harzes. Es werden auf 100 (Teile) Holzschlifftrockenprod. ca. 4—150 Harzprod. zugesetzt. — Vgl. A. PP. 2 409 628, 2 409 629, 2 409 630; C. **1947.** 1345. (**Can. P. 472 715** vom 30/6. 1943, ausg. 3/4. 1951. A. Prior. 28/8. 1942.) M. F. MÜLLER. 7205

Marcelis Becker, Hilversum, Holland, *Formkörper aus Nadelbaumrinde.* Fein gemahlene Rinde mit einem Feuchtigkeitsgeh. von 12% wird in einer flachen Form, gegebenenfalls gemeinsam mit einem Furnier 25 Min. unter 120 at bei 145° verpreßt. Herst. von Bau- u. Isolierplatten sowie Wandverkleidungen. (**E. P. 659 559** vom 19/10. 1949, ausg. 24/10. 1951.) SALZMANN. 7205

André Kuczura, Seine, Frankreich, *Baumaterial.* Man verwendet als Ausgangsmaterial Leder- oder Holzmehl, Gelatine, Harz, Öl, Talkum, Alaun, $K_2Cr_2O_7$, Anis, Minze u. Kuhmist. — Man kocht z. B. 130 (g) Ledermehl, 200 W., 5 Alaun $^1/_4$ Std., gibt in eine Form u. heizt noch 1—2 Stunden. (**F. P. 994 053** vom 13/12. 1944, ausg. 12/11. 1951.) PANKOW. 7205

Camille Aigreault, Seine-et-Oise, Frankreich, *Herstellung von Bauwerkstoffen* aus pflanzlichen, tier. oder mineral. Füllstoffen, bes. Sägespänen. Als Bindemittel für diese Stoffe verwendet man Caseinleime in Mengen von 4—15%, etwa aus 100 g Casein u. 16 g Na-Borat oder 10—20 Liter NH_3-Lösung. Die Mischungen werden in Formen gefüllt, gegebenenfalls gepreßt, u. in der Form getrocknet. Man kann so Platten für Decken u. Böden u. therm. Isoliermaterial herstellen. (**F. P. 998 073** vom 29/9. 1949, ausg. 14/1. 1952.) PANKOW. 7205

Bois Reconstitué, dit Boird, Seine, Frankreich, *Herstellung von Platten oder Körpern aller Dimensionen aus Holzsägemehl.* Dieses wird mit 2% Ca-Sulfat in 25—50% W. behandelt. Die M. wird einige Min. bei einer Temp. von ca. 200—300° einem Druck von 10—80 kg/cm² ausgesetzt. — Z. B. mischt man 500 (g) Holzsägemehl, 130 W. u. 10 Gips innig im Mischer. Die Mischung wird geformt u. einem Druck von 44 kg/cm² bei 250° unterworfen. Die erhaltenen Platten oder Körper sind wasserwiderstandsfähig u. können als Mauerbekleidung zur Raumausgestaltung usw. verwendet werden. Man kann in entsprechenden Formen auch reliefartige Stücke herstellen. (**F. P. 1 005 860** vom 8/10. 1947, ausg. 16/4. 1952.) BEWERSDORF. 7205

Otto Kreibaum, Lauenstein, Hannover, *Herstellung von Spanplatten oder Formstücken.* Kurzfaseriges splitteriges Holz wird mit 5—8% Kunstharzbindemittel vermischt u. in aufeinanderfolgenden Schichten gepreßt, deren Stärke in Preßrichtung so klein bemessen wird, daß die Späne beim Auftreffen auf einen Widerstand, wie den schon vorhandenen Preßkuchen, sich in einer Ebene quer zur Preßrichtung legen u. mit einem in Arbeitsrichtung größer werdenden Pressequerschnitt verformt werden. (**Oe. P. 172 882** vom 22/11. 1950, ausg. 25/10. 1952. D. Prior. 30/11. 1949.) PANKOW. 7205

Alfred Nowak, Steeg am Hallstätter See, Oberösterreich, *Herstellung von Hartfaserplatten* aus mechan. entwässerten aber noch nassen Faserkuchen in einer Heizpresse bei ununterbrochenem Preßvorgang bei Drucken über 10 atü. Zur Gewinnung fleckenfreier Platten aus einer vorzugsweise alkal. vorbehandelten, bes. aktiviertes Lignin enthaltenden Fasermasse wird der Druck in der Heizpresse zunächst kurze Zeit bis zum Abfließen des W. bei 50—100% über dem Druck gehalten, der zur Erzielung der gewünschten D. beim Fertigpressen der Platte angewandt werden soll, worauf der Druck langsam auf den gewünschten Preßdruck gesenkt u. bis zur Trocknung u. Härtung gehalten wird. (**Oe. P. 172 493** vom 10/6. 1948, ausg. 10/9. 1952.) PANKOW. 7205

Albert Cuyler Lighthall, Denver, Colo., und **Arthur Bernhardt Anderson,** Portland, Ore., V. St. A., *Wasserfeste Platte,* bestehend aus Lignocelluloseteilchen, Rindenteilchen von Douglastannen oder ähnlichen Nadelhölzern u. bis 3% Leim, wie er für die Herst. von Papier verwendet wird. (**Finn. P. 26 118** vom 22/5. 1950, Auszug veröff. 31/12. 1952. A. Prior. 24/5. 1949.) JÜRGEN SCHMIDT. 7205

C. D. Patents Ltd., übert. von: **Charles Desmond Greaves** und **William Duncan Parker,** London, England, *Herstellung harter Preßmassen aus Pech.* Man dispergiert Pech mit einem Erweichungspunkt über 150° in einem sd. KW-stofflösungsm., wie Solventnaphtha, unter starkem Rühren, gibt langsam 15—35 Gew.-% (der Mischung) starker H_2SO_4 zu, wäscht den Nd. von überschüssiger H_2SO_4 frei, trocknet, zerkleinert u. mischt mit einem Plastiziermittel (Steinkohlenteermittelöle, -schweröle, -anthracenöle oder -pech, aromat. KW-stoffe, Naphthen-KW-stoffe, heterocycl., nur 1 N im Ring enthaltende Verbb., Erdölrückstände, Weichbitumen oder Asphalt), formt die M. u. heizt unter nicht oxydierend wirkenden Verhältnissen auf wenigstens 1000°. (**Can. P. 485 417** vom 15/9. 1950, ausg. 5/8. 1952. E. Prior. 4/10. 1949.) PANKOW. 7205

Harvel Research Corp., übert. von: **Mortimer Thomas Harvey,** Irvington, N. J., V. St. A., *Bremsfutter,* bestehend aus einer Mischung von Asbest, Phenolharz, körnigem, in Ggw. von HCl, Baumwollsamenölpech, Leinöl u./oder Diäthylsulfat, gegebenenfalls polymerisiertem Furfuraldehyd, Furfurylalkohol u./oder Furfuramid bzw. $BaSO_4$, die heiß verpreßt wird. (**E. P. 639 900** vom 16/1. 1948, ausg. 5/7. 1950. A. Prior. 27/5. 1941.) SALZMANN. 7205

Maurice Déribéré, Maurice de Buccar. Les silicones. Bruxelles: Elpi. (80 S. m. 53 Abb. u. 15 Taf.) Fr. belg. 80,—.

XII. Kautschuk. Guttapercha. Balata.

Badische Anilin- & Soda-Fabrik, Ludwigshafen/Rh. (Erfinder: **Konrad Jost,** Lützelsachsen), *Herstellung von synthetischem Kautschuk.* Bei der Polymerisation oder Copolymerisation von Dien-KW-stoffen mittels O_2-abgebender Katalysatoren in wss. Emulsion werden in Ggw. nichtpolymerisierbarer, in W. unlösl. Lösungsmittel während der Polymerisation lösl. organ. S-Verbb. zugesetzt, bes. sobald die Polymerisation 30, bes. 6—15, % vor dem erstrebten Endumsatz steht. (**D. B. P. 869 870** Kl. 39b vom 24/3. 1943, ausg. 9/3. 1953.) OVERBECK. 7225

Standard Oil Development Co., Elizabeth, N. J., übert. von: **Byron M. Vanderbilt,** Westfield, N. J., und **Frances Bascom,** Staten Island, N. Y., V St. A., *Ketonlösliches Methacrylnitril–Diolefin-Mischpolymerisat* aus 60—80 (Gewichtsteilen) Methacrylnitril u. 40—20 Diolefin, wie Butadien oder Isopren. Das Polymere hat eine Bandbildungstemp. von 150—175° F u. ist gegen aromat. u. aliphat. KW-stofflösungsmittel fest. (**Can. P. 485 957** vom 20/8. 1947, ausg. 19/8. 1952. A. Prior. 31/12. 1946.) PANKOW. 7225

Standard Oil Development Co., Elizabeth, N. J., übert. von: **Fred W. Banes** und **Erving Arundale,** Westfield, N. J., V. St. A., *Kunstkautschukherstellung.* Man emulgiert 100 (Gewichtsteile) eines konjugierten Diolefins mit 4—6 C-Atomen oder Mischungen dieses Diolefins mit geringeren Mengen anderer mischbarer polymerisierbarer Monomerer, polymerisiert mit Peroxydkatalysatoren, bis 5—80% des Monomeren polymerisiert sind, gibt 15—70 des polymerisierbaren Monomeren, von dem ursprünglich nicht mehr als 5 angewendet waren, zu u. polymerisiert, bis wenigstens 50% des zuletzt zugesetzten Monomeren polymerisiert sind. Eine wss. Emulsion aus 100 Diolefin u. 0—5 Acrylnitril (I) werden in wss. Emulsion bei 30—50° mit 0,3—2 eines Alkalipersalzkatalysators (II) u. 0,5—1,5 eines aliphat. Mercaptans mit 6—18 C-Atomen polymerisiert, bis 15—35% des Diolefins polymerisiert sind, worauf 15—60 I zugesetzt werden u. weiter polymerisiert wird, bis 65—85% der Mischung polymerisiert sind. — Man hält z. B. eine Emulsion aus 100 Butadien-(1.3), 0,5—5 Emulgator, 150—400 wss. Medium, bis 5 I, 0,05—0,3 II u. 0,2—0,6 Mercaptan mit 6—18 C-Atomen bei 20 bis —20°, gibt eine Aktivatorlsg. mit 0,2—0,35 Fe-Pyrophosphat, 0,5—1,5 Na-Pyrophosphatdekahydrat u. 1—3 reduzierenden Zucker zu u. polymerisiert, bis 15—30% Butadien umgesetzt sind, setzt 15—50 I zu u. polymerisiert bis zu 65—99% Umsatz. (**Can. P. 485 961** vom 28/7. 1949, ausg. 19/8. 1952. A. Prior. 29/12. 1948.) PANKOW. 7225

Badische Anilin- & Soda-Fabrik, Ludwigshafen/Rh. (Erfinder: **Konrad Jost,** Lützelsachsen/Bergstraße), *Herstellung von synthetischem Kautschuk.* Die Emulsionspolymerisation von Mischungen aus gleichen oder überwiegenden Mengen von Butadien-KW-stoffen u. Methacrylsäuremethylester wird in neutralem oder saurem Medium bei Tempp.

bis 25° unter Zusatz von geringen Mengen Persäuren oder -salzen eingeleitet; dann werden geringe Mengen H_2O_2 zugesetzt. (**D. B. P. 868 974** Kl. 39c vom 13/8. 1942, ausg. 2/3. 1953.) OVERBECK. 7225

Standard Oil Development Co., Linden, N. J., übert. von: **Irving E. Lightbown**, Roselle, N. J., **William J. Sparks**, Elizabeth, N. J., und **Robert M. Thomas**, Union, N. J., V. St. A., *Isoolefin-Diolefin-Mischpolymerisat* durch Polymerisation unter −10° mit einem gelösten FRIEDEL-CRAFTS-Katalysator. Das Polymere wird mit S u. Wachs gemischt u. bei über 135° vulkanisiert. (**Can. P. 483 081** vom 16/7. 1941, ausg. 6/5. 1952. A. Prior. 22/8. 1940.) PANKOW. 7225

B. F. Goodrich Co., übert. von: **Benjamin Michael George Zwicker**, New York, V. St. A., *Polymerisation von Butadien-(1.3)* u. anderen polymerisierbaren Äthylenverbindungen. Der wss., gegebenenfalls Styrol enthaltenden Emulsion fügt man kontinuierlich eine Emulsion eines die Polymerisation fördernden Mittels, z. B. aliphat. Mercaptane, Ester oder Sulfide der Xanthogensäure (Äthylxanthogenylmonosulfid), oder Diphenyl-, Dibenzoyl-, Dibenzothiazyldisulfid, Tolyltrisulfid, Thiobenzoesäure oder Benzoyläthylsulfid zu, u. zwar in einer Menge (berechnet auf das Monomere) von 0,001—0,1%/Std. der zeitlich festgelegten Polymerisation. (**E. P. 635 787** vom 31/7. 1947, ausg. 19/4. 1950. A. Prior. 4/4. 1944.) SALZMANN. 7225

Polymer Corp. Ltd., Sarnia, Can., *Aktivator für Emulsionspolymerisationen*. Butadien u./oder Styrol werden in Ggw. eines Peroxydkatalysators, z. B. Cumenhydroperoxyd, u. einer aktivierenden komplexen, in W. lösl. Verb. polymerisiert, die als Fe-Chelat-Komplex-Verb. bezeichnet u. durch Rk. von z. B. 83 (Teilen) Na-Salz der Äthylendinitriltetraessigsäure in 1000 W. mit 3 $FeSO_4 \cdot 7H_2O$ unter Zusatz von 168 Glucoselsg. (78%ig.) erhalten wird. (**E. P. 685 210** vom 2/8. 1949, ausg. 31/12. 1952. A. Prior. 15/6. 1949.) MÖLLERING. 7225

Standard Oil Development Co., Linden, N. J., übert. von: **William J. Sparks**, Westfield, N. J., und **John D. Garber**, Cranford, N. J., V. St. A., *Isobutylentieftemperaturpolymerisation*. Man polymerisiert 70—99% Isobutylen mit 30—1% Styrol oder Diolefin mit 4—14 C-Atomen, wie Isopren, bei −40 bis −164° in Ggw. eines gelösten FRIEDEL-CRAFTS-Katalysators, einem KW-stofflösungsm., wie Cyclohexan oder Isobutan, u. einem Alkylhalogenidnichtlöser, wie Äthyl- oder Methylchlorid. Verhältnis von Löser zu Nichtlöser 1:1 bis $^1/_3$:$^2/_3$ u. Gesamtgeh. der Polymerisationsmischung an Nichtlöser 15—35%. Auch nichtumgesetztes Monomeres kann als Lösungsm. dienen. (**Can. P. 485 736** vom 20/1. 1947, ausg. 12/8. 1952. A. Prior. 8/7. 1946.) PANKOW. 7225

Dunlop Rubber Co. Ltd., London, **Albert Edward Toney Neale** und **Wilfried Cooper**, Birmingham, England, *Formenstreichmittel für Kautschukartikel*, bestehend aus dem Ester einer Oxycarbonsäure mit ≧18 C-Atomen, deren OH-Gruppe mit einer Monocarbonsäure u. deren COOH-Gruppe mit einem gesätt. aliphat. Alkohol verestert ist, z. B. nach der Formel $R[OOC \cdot C_nH_m(OOC \cdot R^1)_p]_q$. $n \geqq 17$, $p = 1$ oder 2, $m + p = (2n - 1)$ oder $(2n + 1)$, R = gesätt. gerader aliphat. KW-stoffrest der Wertigkeit q, R^1 = Alkylrest. Genannt ist z. B. *acetyliertes Ricinusöl* u. *acetyliertes Dioxystearinsäureglycerid*. (**E. P. 648 639** vom 25/6. 1948, ausg. 10/1. 1951.) OVERBECK. 7229

Badische Anilin- & Soda-Fabrik, Ludwigshafen/Rh. (Erfinder: **Hans Geiger**, Mannheim, und **Willy Raeithel**, Heidelberg), *Schweißen von Polyisobutylenbahnen*. Die Erwärmung der sich überlappenden Stoßstellen der lösungsmittel- u. weichmacherfreien Polyisobutylenbahnen oder -folien beginnt längs der Trennlinie von der Unterseite der Stoßstellen her. Die Bahnen oder Folien werden mit einem messerartigen, auf Schweißtemp. geheizten Gerät oder durch Aufblasen von erhitzten Gasen an den Schweißstellen erwärmt. (**D. B. P. 852 763** Kl. 39a vom 6/8. 1940, ausg. 20/10. 1952.) SCHLITT. 7229

Metallgesellschaft Akt.-Ges. (Erfinder: **Rudolf Schultz**), Frankfurt/M., *Verbinden von natürlichem oder künstlichem Kautschuk mit Kautschuk oder anderen Werkstoffen*. Die metall. Zwischenschicht zwischen Kautschuk u. Werkstoff wird durch Aufdampfen eines Metalls bzw. einer Metallegierung im Vakuum aufgebracht. Ein aus Elektron bestehendes Werkstück wird mit einer Glasfläche in der Weise verbunden, daß auf beide Teile eine Eisenschicht aufgedampft wird, danach wird eine Chlorkautschuklsg. aufgebracht u. nach Verdunsten des Lösungsm. eine Mischung aus Butadienacrylsäurenitrilpolymerisat warm aufvulkanisiert. (**D. B. P. 867 748** Kl. 39a vom 25/4. 1951, ausg. 19/2. 1953.) SCHLITT. 7231

Firestone Tire & Rubber Co., übert. von: **Wilbur Frank Jordan**, Akron, O., V. St. A., *Herstellen von Schaumkautschuk*. Die verschäumte Kautschukmilchdispersion kommt mit Formwandungen in Berührung, die vorher mit Lsgg. oder Pasten aus Glycerin,

Lanolin oder Harnstoff eingestrichen oder besprüht worden sind, z. B. Lanolinschmiermittel: 2 (Gewichtsteile) Lanolin, 98 Kohlenstofftetrachlorid bzw. 25 Lanolin, 37,5 Kohlenstofftetrachlorid, 37,5 Bzn., Harnstoffschmiermittel: 2 Harnstoff, 98 A.; Glycerinschmiermittel: 5 Glycerin, 95 Alkohol. (**E. P. 683 791** vom 11/1. 1951, ausg. 3/12. 1952. A. Prior. 3/2. 1950.) SCHLITT. 7231

Bata, Zlin, Tschechoslowakei, *Weißer Faktis.* In einen geschlossenen, kon. Schneckenmischer werden fettes Öl u. SCl getrennt eingeführt. Für Abführung der Reaktionswärme sorgt ein Kühlmantel. Die im unteren Teil gelatinierte M. tritt durch den siebartigen Auslaß in Alkalilauge. (**E. P. 645 193** vom 2/10. 1947, ausg. 25/10. 1950. Tschech. Prior. 14/10. 1946.) SALZMANN. 7239

XIII. Ätherische Öle. Parfümerie. Kosmetik.

A. J. Birch, *Das flüchtige Öl von Metrosideros scandens.* In dem Öl von *Metrosideros scandens* hatte GARDNER (J. Soc. chem. Ind. **50.** [1931.] 141) eine große Menge eines Sesquiterpens gefunden, das nach der Dehydrierung *Cadalen* u. ein *Azulen* u. mit HCl (+)-*Cadinendihydrochlorid* ergab. Seine physikal. Konstanten sprachen außerdem für eine tricycl. Struktur. Vf. fand in dem Sesquiterpen (—)-*Aromadendren* (**I**) u. (—)-*Cadinen* oder ein Isomeres davon.

Versuche: (—)-*Aromadendren* (**I**), $C_{15}H_{24}$, Kp.$_2$ 96°, $[\alpha]_D$ —22°, n_D^{18} 1,5010, $D._{18}^{18}$ 0,9202, als Hauptbestandteil in der 1. Fraktion (21 cm³) nach Dest. von 50 cm³ Öl über Na. UR-Banden deuten auf $C{=}CH_2$-Gruppe hin. — *α-Apoaromadendron,* F. 71°, $[\alpha]_D$ —5,6° (A.), nach Ozonisierung von **I** neben *Formaldehyd* (*2.4-Dinitrophenylhydrazon,* F. 177°). *Apoaromadendron,* F. 83—84°, $[\alpha]_D$ +3,5° (A.), durch Erhitzen vorst. Verb. auf dem Wasserbad. — *Guajazulen,* durch Dehydrierung mit S bei 280° u. Chromatographie mit PAe. an Al_2O_3. *Trinitrobenzolkomplex,* F. 150—151°. — Aus der 2. Fraktion Öl (6 cm³), Kp.$_2$ 100—102°, $[\alpha]_D$ —80°, wurden gewonnen: (+)-*Cadinenhydrochlorid,* F. 117°, durch Behandlung mit gasförmigem HCl. — *Cadalen,* a) durch Dehydrierung u. Chromatographie des Öls; b) durch Rückflußkochen vorst. Verb. mit Na-Acetat in Essigsäure u. anschließende Dehydrierung. *Trinitrobenzolkomplex,* F. 113°. (J. chem. Soc. [London] **1953.** 715. Febr. Cambridge, Univ., Chem. Labor.) FRANCK. 7262

K. K. Baslas und **S. S. Deshapande,** *Ätherisches Öl aus den Blättern von Blumea lacera.* Das grüne Öl wurde durch Wasserdampfdest., anschließende Extraktion mit CCl_4 u. Trocknung mit 0,5% Ausbeute gewonnen: $D.^{30}$ 0,982, n_D 1,490, $[\alpha]_D^{30}$ 31,6°. Die Fraktionen ergaben bei Kp. 178° 66% Cineol (identifiziert als H_3PO_4- u. Resorcin-Additionsverb.), bei Kp. 192° 10% d-Fenchon (identifiziert als Oxim u. Semicarbazon) u. bei Kp.$_{30}$ 120—135° ca. 6% Citral (identifiziert als $NaHSO_3$-Verb. u. als Semicarbazon). (J. Indian chem. Soc. **27.** 25—28. Jan. 1950. Agra, Coll., Chem. Labor.) BOYE. 7262

J. J. L'Éplattenier, *Nardenisierte ätherische Öle.* Der Aufsatz des Vf. (C. **1953.** 2206) wird wiederholt u. bes. in apparativer Hinsicht erweitert. Danach besteht Nardenisation darin, daß äther. Öle durch 2 für jedes Öl ausgesuchte, ineinander nicht oder wenig lösl. Lösungsmittel zerlegt werden, die in einem mit rotierenden Scheiben versehenen Rohr im Gegenstrom zueinander wirken. Nach Dest. des Lösungsm. im Vakuum enthält der eine Teil KW-stoffe u. ihre Oxydationsprodd., der andere das nardenisierte Öl in besonderer Reinheit des Geruchs wegen der schonenden Behandlung bei niederer Temperatur. (Ind. Parfumerie **7.** 293—95. Okt. 363—65. Nov. 1952. Naarden, Holland, Chem. Fabrik.) MÜHLMEISTER. 7262

S. Collett, *Analyse des Zimtöls mit der Salicylaldehydreaktion.* Die vom Vf. angegebene colorimetr. Meth. (vgl. C. **1953.** 620) zur Zimtaldehydbest. ergab bei der Unters. von Zimtöl u. -rinde im Vgl. zur maßanalyt. Best. mit Hydroxylaminchlorhydrat u. zur gravimetr. Best. mit 2.4-Dinitrophenylhydrazin zu hohe Werte, vermutlich durch Bldg. von anderen Aldehyden aus Bestandteilen des Öls. Eine Modifikation der Meth. (Entfernung von Eugenol vor Ausführung der Salicylaldehyd-Rk.) führte zu brauchbaren Resultaten (auch bei Unterss. der Rinde). (Manufact. Chemist **23.** 411—12. 421. Okt. 1952.) MÜHLMEISTER. 7286

Friedrich August Henglein und **Franz Anders,** Karlsruhe, *Herstellung von Gelees mit organischen OH-haltigen Stoffen,* dad. gek., daß Polykieselsäure (**I**) mit Lsgg. OH-haltiger Stoffe, wie Saccharose, Glycerin usw., versetzt wird. An Stelle von **I** kann auch niedermol. Kieselsäure verwendet werden u. alsdann deren Polykondensation entweder bei Raumtemp. oder durch Erwärmen vorgenommen werden. Auch kann von $SiCl_4$, von Kieselsäureestern oder von Alkalisilicatlsgg. ausgegangen werden u. können durch Hydrolyse daraus vorerst niedermol. Kieselsäuren hergestellt werden. Ferner können Zusätze von Stoffen, die H- oder OH-Ionen abspalten, oder Borax zu den Lsgg. gemacht werden. Die verfahrensgemäß hergestellten Polykieselsäuregelees können für den *kosmet. Gebrauch*, wie zur Herst. fester duftender Wässer, wie *festes Kölnischwasser*, Verwendung finden u. lassen sich in Tuben verpacken. (**D. B. P. 847 901** Kl. 12s vom 6/5. 1951. ausg. 28/8. 1952.) HERBST. 7285

Vasenol-Werke Dr. Arthur Köpp K. G. (Erfinder: **Herbert Fiedler,** Oberndorf/ Neckar). *Sonnenschutz-, Lichtschutz- und Hautbräunungsmittel,* gek. durch einen Geh. an (1—10%) thiophenhaltigen Schieferölen, bes. durch Dest. gereinigten u. im Geh. an Thiophen-S erhöhten, niedrigsd. Schieferöldestillaten, sowie an (1—5%) Fetten oder fettartigen Stoffen, die zur Bldg. eines Schutzfilms auf der Haut geeignet sind. (**D.B.P. 872 104** Kl. 30i vom 7/12. 1944, ausg. 30/1. 1953.) E. PETERSEN. 7285

Gaston Spira, Seine, Frankreich, *Kosmetisches Erzeugnis.* Man verwendet zum Färben der menschlichen Haut, bes. der Beine, gefärbte Emulsionen, die in vorzugsweise kolophoniumhaltigen Harzlsgg. Pigmente dispergiert enthalten. Eine beständige u. leicht verwendbare Emulsion dieser Art besteht z. B. aus einer Lsg. von 15 kg Kolophonium-Alkaliseife in 100 Liter W., 1—2 kg Pigmente sowie gegebenenfalls Parfüm. Das Prod. besitzt genügende Haftfestigkeit auf der Haut. (**F. P. 997 309** vom 9/7. 1945, ausg. 4/1. 1952.) RAETZ. 7285

Juan Maymo Figueras, Spanien, *Herstellung kosmetischer Farbpasten,* die bes. fest u. dauerhaft auf der Haut haften. *Tetrabromfluorescein* oder andere Resorcinfarbstoffe werden mit einem Trägerstoff aus Wachsen, Fetten u. Harzen sowie organ. Lösungsmitteln, z. B. Amyllactat u. Monoäthyläthylenglykoläther, zu Pasten verarbeitet. (**F. P. 979 326** vom 20/1. 1949, ausg. 25/4. 1951. Span. Priorr. 20/1. u. 23/2. 1948.) WITTHOLZ. 7285

XIV. Zucker. Kohlenhydrate. Stärke.

G. Samuels, M. A. Lugo-Lopez und **P. Landrau jr.,** *Einfluß von Düngemitteln auf den Zuckergehalt von Zuckerrohr.* Ausgedehnte Verss. in Puerto Rico haben ergeben, daß bei Verwendung von N-Düngern der Ernteertrag zunimmt. Eine bemerkenswerte Erhöhung des Zuckergeh. tritt allerdings erst dann auf, wenn die Steigerung des Ernteertrags mehr als 27%/acre beträgt. Die N-Quelle sowie die Art der Düngung spielen dabei keine Rolle. P-Dünger haben auf den Zuckergeh. keinen u. auf den Ertrag an Zuckerrohr wenig Einfluß. Pottasche bewirkt nur dann einen Anstieg des Zuckergeh. in der einzelnen Pflanze, wenn die Zuckerrohrernte um mindestens 10%/acre erhöht ist, was jedoch unter den vorliegenden Bedingungen selten der Fall ist. Andere weniger wichtige Düngemittel, die Cu, Mg, Zn, Ca, Na, Fe oder S enthalten, bewirken weder eine bemerkenswerte Steigerung des Zuckergeh. noch der Zuckerrohrmenge. (Sugar **47.** Nr. 11. 49—51. Nov. 1952. Rio Piedras, Puerto Rico, Univ., Agricult. Exp. Station.) RUTKOWSKI. 7406

Thomas J. Mitchell, *Die Reinigung von Rübensäften hoher Viscosität aus getrockneten Rüben.* Diffusionssäfte aus getrockneten Rübenschnitzeln von 50—60° Brix sind leicht erhältlich, doch gestaltet sich ihre Reinigung äußerst schwierig. Befriedigende Resultate konnten an Säften mit 36 bis höchstens 40° Brix erhalten werden, u. zwar durch Kalken, Zugabe von $Al_2(SO_4)_3$ u. Säurebehandlung bis zu einem p_H von 6,9—7. (J. Sci. Food Agric. **1.** 96—98. März 1950.) ROSSOW. 7412

A. K. Kartaschow und **I. Je. Gluchowski,** *Über die Kontrolle der Vorkalkung bei der Arbeit mit Rückführung des unfiltrierten Saftes der ersten Saturation.* Vff. stellten fest, daß zur Erzielung vergleichbarer Zahlen bei der Vorkalkung mit Rückführung von unfiltriertem Saft im Saft der 1. Saturation u. in dessen Gemisch mit Diffusionssaft die Alkalität nach der Filtration gemessen werden muß. 0,08—0,10% CaO entsprechen ca. 0,17—0,25% CaO des unfiltrierten Saftes. (Сахарная Промышленность [Zucker-Ind.] **25.** Nr. 10. 10—11. Okt. 1951.) ECKE. 7412

St. Böttcher, *Altes und Neues zur Rücknahme der Diffusions- und Preßwässer.* Die Vorzüge u. Schwierigkeiten bei der Rücknahme der Diffusions- u. Preßwässer werden untersucht u. die apparativen u. verfahrenstechn. Voraussetzungen besprochen. (Z. Zuckerind. **2.** (**77.**) 345—53. 20/10. 1952. Braunschweig.) RUTKOWSKI. 7412

P. A. Melnik, *Kristallisation der ersten Mutterlauge ohne deren Einkochung auf zweiten Rohsirup.* Vff. führte Kristallisationsverss. der ersten Mutterlauge nach dem Zuckerzentrifugieren durch, falls diese eine Güte von 79—82% gegenüber der n. von 76—77% hatte. Die Lauge wurde 7—8 Std. auf 20° abgekühlt. Die Kristalle betrugen etwa $^1/_3$ des Laugenvolumens. (Сахарная Промышленность [Zucker-Ind.] **25.** Nr. 10. 12—13. Okt. 1951. Saliwonkowsk, Gruppenlabor.) ECKE. 7416

G. R. Dean und **J. B. Gottfried,** *Die technische Herstellung von kristallisierter Dextrose.* Beschreibung der Herst. von α-Dextrosemonohydrat, wasserfreier α-Dextrose u. β-Dextrose aus Stärke unter besonderer Berücksichtigung des Ionenaustauschs-Raffinations-Verfahrens. (Advances Carbohydrate Chem. **5.** 127—43. 1950. Argo, Ill., Corn Prod. Refining Comp.) FAHRNLAENDER. 7442

American Cyanamid Co., New York, N. Y., übert. von: **Walter W. Durant,** Old Greenwich, und **William A. Blann,** Stamford, Conn., V. St. A., *Reinigung von Zuckersäften.* Vor der üblichen chem. Behandlung wird der Rohsaft so lange über mehrere Basenaustauscher geschickt (von denen der 1. ein H-Ionenaustauscher auf Zeolithbasis u. der 2. ein Anionenaustauscher (I) auf Harzbasis ist), als der p_H-Wert des Zuflusses zum I <2,9 u. der des Abflusses von I mindestens 4 ist. (**A. P. 2 522 022** vom 17/11. 1945, ausg. 12/9. 1950.) HEINSEN. 7413

Lewis A. Paley, Aurora, Ill., V. St. A., *Reinigung von Zuckersäften.* Rohsaft wird zunächst auf 60—85° erhitzt, dann auf mindestens 25° abgekühlt u. anschließend mit einem H-Ionenaustauscher (Zeolithbasis) bis p_H 2—3 behandelt, um Kationen aus dem Saft zu entfernen. Der vom gebildeten Nd. befreite Saft wird dann mit A-Kohle behandelt, filtriert u. neutralisiert, die hierbei ausfallenden Kolloide werden abgetrennt. — Zeichnung. (**A. P. 2 522 797** vom 30/10. 1943, ausg. 19/9. 1950.) HEINSEN. 7413

Danske Sukkerfabrikker Aktieselskabet, Kopenhagen, übert. von: **Arne Vigand Brieghel-Müller,** Gentofte, Dänemark, *Kontinuierliche Entfärbung von Zuckersäften* mit Kalk, die einen in mehrere Zonen geteilten Behälter durchfließen. Der Zufluß der CaO-Lsg. erfolgt auf der Abflußseite, u. durch geeignete Maßnahmen wird der Kalk nach der Saftzuflußseite in absteigender Konz. geleitet. Überkalken wird vermieden. (**A. P. 2 610 929** vom 2/8. 1950, ausg. 16/9. 1952. Dän. Prior. 24/8. 1949.) SCHINDLER. 7413

Joseph Octave Duchenne, River View, Südafrika, *Reinigung von Zuckersäften.* Die Klärung erfolgt mit $Ca(OH)_2$ in 1 oder 2 Stufen bei 50—70° unter Vermeidung einer alkal. Hydrolyse des Zuckers. Nach Entfernen des Nd. wird SO_2 bis p_H 5,9—6,5 eingeleitet. Nach Zugabe von $Ca(OH)_2$ bis p_H 7,7—8,5 wird mit H_3PO_4 oder $Al_2(SO_4)_3$ erwärmt u. vom Nd. getrennt. (**E. P. 675 537** vom 24/5. 1949, ausg. 9/7. 1952.) SCHINDLER. 7413

Süddeutsche Zucker-Akt.-Ges., Mannheim, *Gewinnung von Rüben- oder Rohrzucker* durch Diffusion bzw. Auspressen u. Auslaugen, wobei der Rohsaft mit CaO vorgeschieden u. dann mit Siebvibrator oder dgl. von gröberen Verunreinigungen befreit u. anschließend, bes. in einem sieblosen Separator, in Filtrat u. Konzentrat geschieden u. ersteres über die Verdampfer auf Zucker verarbeitet wird, dad. gek., daß das Konzentrat wieder in die Diffusionsbatterie bzw. das Dekantiergefäß zurückgeführt u. dort der gleichen Behandlung wie die Rübenschnitzel bzw. der Rohrschlamm unterworfen wird. (**D.B.P. 872 330** Kl. 89c vom 20/1. 1950, ausg. 30/3. 1953. **Belg. P. 500 564** vom 12/1. 1951, ausg. 28/3. 1952. D. Priorr. 19/1. u. 22/12. 1950.) SCHINDLER. 7439

Wilhelm Forstmann, Dahlhausen/Wupper, und **Günther von Eisenhart-Rothe,** Giengen/Brenz, *Verwendung von Stärke B enthaltenden Rohstoffen als* Ausgangsstoff für die *Gewinnung von Stärkeabbauprodukten.* (**D. B. P. 873 680** Kl. 89k vom 22/2. 1949, ausg. 16/4. 1953.) SCHINDLER. 7449

XVI. Nahrungs-, Genuß- und Futtermittel.

D. McBean und **J. Shipton,** *Das Trocknen von Aprikosen und Pfirsichen.* Es wird die Vorbehandlung u. das künstliche Trocknen der Früchte beschrieben. Ausgereifte Früchte werden durch Dampf von den Schalen befreit u. in Scheiben geschnitten. Blanchieren ist nicht erforderlich. Falls es durchgeführt wird, kann infolge der Entfernung der Luft aus dem Pflanzengewebe ein Prod. von durchscheinendem Aussehen erhalten werden. Das Schwefeln wird mit gasförmigem SO_2 so durchgeführt, daß die getrockneten Früchte ca. 0,25% SO_2 enthalten. Die Trocknung selbst erfolgt in Kanaltrocknern bei Tempp. von 65° auf Horden von Hemlock-Holz. Die getrockneten Früchte zeigen bei einem Endfeuchtigkeitsgehalt von 18% gute Haltbarkeit. (Agric. Gaz. New South Wales **62.** 359—61. 2/7. 1951. Homebush, N.S.W., Division of Food Preservation and Transport.) ZOPFF. 7688

J. Jenny, *Die wissenschaftlichen Grundlagen der Konservierung der alkoholfreien Säfte von Weintrauben und Kernobst unter Kohlensäuredruck. Absorption, Druck, Konzentration.* Die Aufnahmefähigkeit des Saftes an CO_2 hängt von seiner Zus., Klarheit u. der Temp. ab. Die Temp. soll möglichst niedrig gehalten werden, um die Gärungsgefahr zu verkleinern. Das Vorhandensein eines freien Raumes über dem Saft ist aus Sicherheitsgründen nötig, um bei Temperaturschwankungen die Ausdehnung u. den Gasaustausch zu regulieren. Vor der Einlagerung soll der Saft möglichst keimfrei gemacht werden u. der Tank unter Luftabschluß mit CO_2 beschickt werden. Die CO_2-Konz. des Saftes soll 1,5 kg/100 Liter betragen. Steigt der Druck während der Lagerung, so muß mit Gärung gerechnet werden. (Ind. agric. aliment. **69.** 687—700. Sept./Okt. 1952. Montagibert, Lausanne, Stations fédérales d'essais viticoles, arboricolles et de chimie agricole.) RUTKOWSKI. 7706

Beulah D. Westerman, Gladys E. Vail, June Kalen, Miriam Stone und **D. L. Mackintosh,** *Vitamine des B-Komplexes im Fleisch.* 3. Mitt. *Einfluß von Lagertemperatur und -zeit auf die Vitamine in Schweinemuskelfleisch.* Die prozentualen Veränderungen im Geh. an *Thiamin, Pantothensäure* u. *Niacin* von Schweinefleisch bei Lagerung bei $+10^0$, 0^0, -10^0 u. -20^0 F von 12—72 Wochen sind geringer als die physiolog. Unterschiede zwischen den einzelnen Tieren. — Ausführliche Tabellen. (J. Amer. dietet. Assoc. **28.** 49—52. Jan. 1952. Manhattan, Kansas State Coll., Dep. of Foods and Nutrit., u. Dep. of Animal Husbandry.) KRUSEN. 7750

Harold Lowe, *Abnormer Gefrierpunkt von Milch.* Polemik gegen die C. **1950.** II. 2262 referierte Arbeit von HILLMANN, PROVAN u. STEANE. (Chem. and Ind. **1950.** 549. 8/7. Chester.) LIEBNER. 7756

E. B. Anderson und **L. J. Meanwell,** *Fortschritte in der Bakteriologie der pasteurisierten Milch.* Vortrag. (J. Sci. Food Agric. **1.** 77—80. März 1950. London, United Dairies Ltd., Centr. Labor.) HÜCKSTÄDT. 7756

W. G. Geimberg, *Die Vermehrung von Dysenteriebakterien während der Gewinnung von Sauermilchprodukten.* Verss. mit 14 Stämmen von Dysenteriebakterien über Vermehrung u. Absterben in Milch, Sauermilchprodd. u. Gärstoffen vermittelten als wichtigstes Ergebnis die Feststellung, daß in Sauermilchprodd. mit Zusatz von Kefir- bzw. acidophilen Gärstoffen Dysenteriebakterien in weit größeren Mengen zu finden sind als in der Frischmilch zur Zeit der Infektion. Bei der Herst. von Sauermilchprodd. sollte deshalb die Anwendung irgendwelcher Gärstoffe, ausgenommen reine Kulturen von Milchsäurebakterien, nicht zugelassen werden. Für die Kinderernährung nicht zulässig sind Sauermilchprodd., die aus unpasteurisierter Frischmilch hergestellt wurden. (Педиатрия [Pädiatrie] **1952.** Nr. 3. 64—67. Mai/Juni. Inst. für Ernährung der Akad. der Med. Wiss. der UdSSR, Abt. für Nahrungshyg., Mikrobiol. Lab.) RENTZ. 7756

R. Perceau, *Die Eiweißstoffe der Molke.* Sammelbericht. (Bull. Soc. chim. France, Mém. [5] **17.** 115D—121D. Sept./Okt. 1950. Sorbonne, Labor. de Chémie générale, Magnétochimie.) HÜCKSTÄDT. 7756

Nis Petersen, *Neue Staatsversuche über Silofutter und Käsequalität.* Abhandlung über Versuchsergebnisse aus Schweden. Die Käsereitauglichkeit von Silagemilch (I) ist stark beeinträchtigt. Der Geh. von I an Buttersäurebakterien bewirkt eine Buttersäuregärung im Käse u. damit eine Qualitätsminderung. Auch techn. Faktoren sind bei Fehlgärungen (II) mitbestimmend. Bei kräftiger Säuerung der Molke ergab sich nur eine geringe Zahl von II. Für die Käsefabrikation ist der Sporengeh. der Silage entscheidend. Zur Gewinnung sporenfreier Milch bei Silagefütterung muß man für niedrigen Sporengeh. der Silage u. für Ausweitung der Stall- u. Milchhygiene sorgen. (Molkerei-Ztg. **7.** 375—77. 2/4. 1953. Kiel.) FRESENIUS. 7760

Gustav Bohstedt, *Nährwertvergleich zwischen verschiedenen Arten von Silagefutter.* (Canning Trade **75.** Nr. 41. 7.16. 27/4. 1953. Wisconsin, Univ., Dep. of Animal Husbandry.) FRESENIUS. 7782

N. D. Dijkstra, *Untersuchung über den Nährwert von feuchter, aus der normalen Diffusion stammender und durch kalte Diffusion mittels SO_2 erhaltener Rübenpülpe.* Sowohl n. Diffusionspülpe (I) als auch durch kalte Diffusion mit SO_2 erhaltene Pülpe (II) eignen sich zur Aufbewahrung; beide Pülpearten werden an Hammel verfüttert. Der Geh. der **I** an Rohzellstoff ist beträchtlich höher als der der **II**. Das Eiweiß der **II** wird etwas besser verdaut als das der I. (Landbouwkund. Tijdschr. **64.** 778—84. Nov. 1952. Hoorn, Rijkslandbouwproefstation.) WESLY. 7786

J. Dammers und **N. D. Dijkstra,** *Der Wert von Fischsilage als Futtermittel für Schweine.* Die Fütterung von Schweinen mit Fisch, der teils mit 5% A.I.V.-Säure, teils mit 2% A.I.V.-Säure u. 20% Melasse konserviert worden ist, erweist sich als befriedigend. Die Fütterung mit Fisch muß auf den 1. Teil der Mastzeit beschränkt bleiben, damit die Schlachtprodd. keinen Fischgeschmack annehmen. (Landbouwkund. Tijdschr. **64.** 823—32. Dez. 1952. Hoorn, Rijkslandbouwproefstation.) WESLY. 7786

N. Schirokow, *Ein neuer Apparat zur Bestimmung des Gehaltes an Ammoniak und Gesamtstickstoff in Fleichprodukten.* Beschreibung des App. u. seiner Handhabung. (Мясная Индустрия СССР [Fleisch-Ind. UdSSR] **24.** Nr. 1. 79—81. Jan./Febr. 1953.) v. SCHROEDER. 7850

Erkki Peltola und **Matti Antila,** *Untersuchungen über die Anwendung bakteriologischer Qualitätsprüfungen der Milch zur Beurteilung der Käsereimilch.* Auf Grund von Reduktaseproben als zweitklassig beurteilte Milch ist für die Käsebereitung besser als erstklassige. — Die Brauchbarkeit der verschied. bakteriol. Proben zur Beurteilung der Käsereimilch wird auf Grund eigener Verss. erörtert. (Karjantuote **33.** 204—09. 6/4. 1950.) BECKMANN. 7856

H. Lück, *Mikrobiologische Vitamin B_2-Bestimmung in Milch und Molkereiprodukten.* An Hand der Literatur (18 Hinweise) u. eigener Verss. entwickelte Vf. eine mikrobiol. Bestimmungsmeth., die auf der Milchsäure-Bldg. durch Lactobacillus casei beruht. (Kieler milchwirtsch. Forschungsber. **3.** 259—64. **1951.** Kiel, Bundesversuchs- u. Forschungsanst. für Milchwirtschaft, Bakteriol. Inst.) WINIKER. 7856

Rodolfo Oesterle, Savona, Italien, *Konservieren von Pflanzen und pflanzlichen Produkten, wie Lebens- und Futtermitteln,* in einem zur Lagerung der Pflanzen bestimmten, dicht geschlossenen Raum durch Ersetzen nur eines Teiles des vorhandenen O_2 durch ein inertes Gas wie N_2, stufenweise u. selbsttätige Beseitigung der sich dann bildenden CO_2 u. durch erneute Zuführung von O_2, wobei eine bestimmte Menge O_2 in dem geschlossenen Raum gehalten wird. Vorrichtung. (**D. B. P. 853 552** Kl. 53c vom 30/6. 1950, ausg. 27/10. 1952. It. Prior. 23/3. 1950.) MAASS. 7635

United States of America, übert. von: **Harry S. Owens,** Berkeley, und **Thomas H. Schultz,** Lafayette, Calif., V. St. A., *Überziehen von Lebensmitteln mit einem eßbaren Film.* Man behandelt die Lebensmittel mit einer, ein niedrigmethoxyliertes Alkalipektinat enthaltenden Lsg., läßt auf den entstandenen Überzug zwecks Gelierung eine Ca-Ionen enthaltende Lsg. einwirken u. trocknet das Gel bis zur Bldg. des Films. (**A. P. 2 611 708** vom 18. 7. 1950, ausg. 23/9. 1952.) MAASS. 7635

Drackett Co., übert. von: **Francis E. Calvert,** Cincinnati, O., V. St. A., *Gewinnung von Protein aus Ölsaaten.* Um ein fast farbloses oder weißes Protein (**I**) aus ölhaltigen Samen, z. B. Sojabohnen (**II**), zu gewinnen, befreit man **II** von Öl durch Extraktion, z. B. mit Hexan. Zu den entfetteten **II** fügt man einen die Enzyme inaktivierenden Stoff hinzu u. eine in W. sehr leichtlösl. organ. Verb. (**III**), die mit **I** eine Adsorptionsverb. bilden kann, welche 1. den O_2 vom Proteinmolekül fernhält u. 2. die Agglomeration der **I**-Moll. beim Trocknen verhindert. **II** werden mit einer wss. alkal. Lsg., deren p_H-Wert über 6 liegt, extrahiert, **I** durch Ansäuern gefällt, von der Lsg. getrennt u. getrocknet, wobei **III** in Berührung mit **I** bleiben muß, bis letzteres trocken ist. (**Can. P. 484 691** vom 4/11. 1947, ausg. 8/7. 1952. A. Prior. 5/11. 1946.) HEYNE. 7647

Landwirtschaftliche Kartoffelverwertungs-Akt.-Ges., Wien, Österreich, *Gewinnung von Kartoffeleiweiß* aus Kartoffelfruchtwasser, dad. gek., daß das Kartoffelfruchtwasser in einem geschlossenen Gefäß unter Druck auf eine Temp., die über der bekannten Koagulierungstemp. liegt, erhitzt wird, wobei das Eiweiß in tropfenartiger Struktur ausfällt u. hierauf in bekannter Weise von der Fl. getrennt u. getrocknet werden kann. Das Kartoffelfruchtwasser wird in einem geschlossenen Gefäß einige Zeit, z. B. 30 Min. lang, unter einer Temp. von mehr als 100° u. dem entsprechenden Überdruck gehalten. Die anfallende heiße Fl. wird über einen Wärmeaustauscher geleitet u. seine Wärme so zur Erhitzung des weiteren zur Enteiweißung kommenden Kartoffelfruchtwassers verwendet. (**Oe. P. 170 903** vom 18/4. 1950, ausg. 10/4. 1952.) M. F. MÜLLER. 7647

Phrix-Werke Akt.-Ges., Hamburg (Erfinder: **Hugo Koch,** Mölln, **Gerhard Källner,** Hamburg, **Joachim Pietz,** Bad Warmbrunn, und **Elisabeth Höppner,** Hirschberg), *Schlagfähiges Eiweiß* aus durch saure Vorbehandlung von Hefe gewonnenen Hefezellrückständen (**I**). Die **I** werden einer Behandlung mit alkal. Lsgg. unterworfen; nach Abtrennung vom Rückstand wird aus den Lsgg. das gelöste Eiweiß ausgefällt. (**D. B. P. 850 286** Kl. 6a vom 19/9. 1943, ausg. 22/9. 1952.) KETTNER. 7647

Henry Simon Ltd., Chesire (Erfinder: **Joseph Flawith Lockwood, George Watts, Thomas Stanley Parker** und **Oswald Welch**), Stockport, Chesire, England, *Aufbereitung von Weizen,* bestehend aus einer durch elektr. Ströme hoher Frequenz erzeugten Erhitzung des eine geeignete Feuchte aufweisenden Weizens u. dessen darauffolgende Abkühlung. (**D. B. P. 830 453** Kl. 53c vom 17/12. 1948, ausg. 4/2. 1952. E. Priorr. 5/11. 1945 u. 3/7. 1946.) MAASS. 7665

Reckitt & Colman Ltd. und **John William Corran,** Norwich, England, *Mehlbehandlung.* Das Getreidemehl wird zwecks Schwächung der Enzyme unter Erhaltung der Backfähigkeit dielektr. bei hoher Frequenz zwischen den Platten eines Kondensators so lange (jedoch nicht länger als 10 Min.) erwärmt, bis 70—110° erreicht sind. (**E. P. 661 461** vom 19/1. 1949, ausg. 21/11. 1951.) KRANZ. 7671

Aktieselskabet Dansk Gaerings-Industrie, Kopenhagen, Dänemark, *Behandlung von Mehl oder Teig.* Beim Brotbacken mit Hefe wird dem Mehl (I) oder dem Teig (II) das Enzym Maltase zugesetzt, das aus Bierhefe hergestellt werden kann. Da die Hefe oft einen anderen p_H-Wert zur optimalen Gärung benötigt, als I aufweist, muß gegebenenfalls der p_H-Wert von I angepaßt werden. Man erhält dann eine gleichmäßige u. schnelle Gärung von II. (**N. P. 78 634** vom 8/6. 1948, ausg. 4/6. 1951. Dän. Prior. 20/6. 1947.) JÜRGEN SCHMIDT. 7671

Armour Research Foundation of Illinois, Institute of Technology, Chicago, Ill., übert. von: **William R. Lloyd,** Austin, Tex., V. St. A., und **Ricardo Millares Sotres,** Mexico City, Mexico, *Spezialmehl* zur Herst. von „Tortillas". Maiskorn wird in heißem CaO-haltigem W. unter 100° bis zur Erreichung eines Wassergeh. von 35—50° behandelt, naß in einer Hammermühle vermahlen, schnell im Heißluftstrom bis auf 10—12° Wassergeh. getrocknet u. auf einen bestimmten Feinheitsgrad gesichtet. (**A. P. 2 584 893** vom 6/12.1951, ausg. 5/2. 1952.) KRANZ. 7671

Carl Holtzer, Bad Kissingen, *Diastatisches Malzmehl.* Die bei der Vermahlung von Malz verbleibenden Rückstände werden mit W. extrahiert, der Extrakt mit Hefe vergoren, die so gewonnenen Hefen bei $<40°$ gtrocknet u. dem Malzmehl zugesetzt. (**D. B. P. 824 781** Kl. 2c vom 2/10. 1948, ausg. 13/12. 1951.) KRANZ. 7671

Dow Chemical Co., V. St. A., *Konservierungsmittel,* bes. für Lebensmittel mit mehr als 50% Kohlehydraten, wie z. B. *Brot* u. *Backwaren.* Die Verwendung von *Dehydracetsäure* u. ihrer K-, Na-, NH_4- u. Ca-Salze wird beschrieben. Diese Verbb. sind geruch- u. geschmacklos u. in den wirksamen Konz. nicht gesundheitsschädlich. Zur Verhinderung der Schimmelbldg. sind Mengen von 0,01—0,5% erforderlich. Man kann sie den Lebensmitteln direkt zusetzen oder sie damit äußerlich in Berührung bringen, indem man z. B. das Verpackungsmaterial damit versetzt. Im letzteren Falle sind etwa 5%, bezogen auf das Gewicht der Verpackung, erforderlich, um den Befall mit Schimmel zu verhindern. (**F. P. 984 132** vom 1/4. 1949, ausg. 2/7. 1951.) HEYNE. 7675

Renato Nobili, Italien, *Biochemisches Backhilfsmittel für Hefegebäck,* dad. gek., daß das Mittel solche Stoffe enthält, die das Aufgehen des Teiges, die Bldg. einer festen Krume usw. begünstigen durch Erleichterung der enzymat. Vorgänge bei der Teigbereitung u. beim Backen, wie Spaltung des Zuckers u. Hydrolysierung der Stärke. — Man stellt z. B. eine Mischung aus Zucker, Amylase, Fett u. Speiseöl her u. fügt zur Regulierung des p_H-Wertes zwischen 4 u. 7 eine entsprechende Menge eines Alkali- oder Erdalkalisalzes hinzu. (**F. P. 978 792** vom 10/1. 1949, ausg. 18/4. 1951. It. Prior. 14/1. 1948.) HEYNE. 7675

British Arkady Co., Ltd. (Erfinder: **Walter Percy Ford** und **James Denis Mounfild**), Manchester, England, *Backhilfsmittel.* Dem Hefeteig werden 0,01—0,2% (berechnet auf Mehlgew.) eines tier. oder pflanzlichen Wachses, z. B. Bienenwachs, in Trocken- oder Emulsionsform oder gelöst in einem Öl, beigegeben. (**E. P. 652 201** vom 24/12. 1948, ausg. 18/4. 1951.) KRANZ. 7675

E. F. Drew & Co., Inc., New York, N. Y., übert. von: **Emery J. Valko,** Mountain Lakes, N. J., V. St. A., *Mürbungsmittel für Backzwecke.* Einem Fett, wie teilweise hydriertem Schweineschmalz, werden 0,2—10% Neutralester von Polyäthylen- oder Polypropylenglykol mit einer höheren Fettsäure mit 10—12 C-Atomen zugesetzt. (**A. P. 2 610 125** vom 16/11. 1949, ausg. 9/9. 1952.) KRANZ. 7675

André-Henry-Albert Crestois, Frankreich, *Anreicherung von Backwaren mit Vitaminen* u. anderen pharmazeut. oder lebenswichtigen Stoffen, wie Hormonen, koll. Schwefel oder Metallen usw., dad. gek., daß die fertigen Backwaren, wie Brot, Kuchen, Feingebäck, sobald sie sich genügend abgekühlt haben, in einem bes. konstruierten Autoklaven einem Vakuum ausgesetzt u. hierauf mit den nebelfein versprühten wss. Lsgg. oder Emulsionen der einzuverleibenden Stoffe behandelt werden. Beim Wiederherstellen des Normaldruckes gelangen die Stoffe in das Innere der Backwaren u. füllen ihre Hohlräume aus. Luftempfindliche Stoffe werden mit Hilfe von inerten Gasen, wie H_2 oder N_2, versprüht. Auf diese Weise können die beim Backen weitgehend zerstörten Vitamine B_1, B_2 u. E ersetzt, ferner die Vitamine A, C, D, K, PP den Backwaren zugeführt werden. Zum Schutz von luftempfindlichen Substanzen werden die Backwaren mit einem unschädlichen Überzug versehen. (**F. P. 991 168** vom 6/4. 1944, ausg. 1/10. 1951.) HEYNE. 7675

Procédés Agricoles Modernes (Soc. An.), Algerien, *Verfahren zur Zerstörung der Kartoffelkeime zwecks Konservierung der Knollen,* dad. gek., daß die Kartoffeln oder die Knollen anderer Gewächse in einer geeigneten gasdichten Vorr. (Behälter oder Kammer) mit den Dämpfen von Brommethyl behandelt werden. Die Begasung wird 14—18 Std. lang bei einer Konz. von 8—20 g pro m^3 durchgeführt. Um einerseits Undichtigkeiten der App., andrerseits die vollständige Entfernung des Begasungsmittels festzustellen, wird dem Brommethyl ein Geruchsstoff, z. B. Amylacetat, zugesetzt. Durch geeignete Lagerung des zu entkeimenden Gutes muß für gleichmäßige Begasung gesorgt werden. Nach der Behandlung wird das Gut ausgiebig mit Frischluft belüftet. (**F. P. 986 967** vom 17/12. 1943, ausg. 7/8. 1951.) HEYNE. 7679

Henselwerk, Magstadt bei Stuttgart, *Entbitterung von Sojabohnen.* Der Wassergeh. der Bohnen wird durch kurze Behandlung mit W. mäßig erhöht. Sie werden anschließend durch mehrstd. Liegenlassen aktiviert u. dann kurzzeitig entweder mit Heißluft von hoher Temp. oder in einem Ölbad behandelt u. endlich mit Heißluft von niedriger Temp. bis auf den natürlichen Feuchtigkeitsgeh. getrocknet. — 40 kg Sojabohnen werden in 30 Liter W. 3 Min. eingeweicht. Das W. wird abgegossen u. die Bohnen werden 3 Std. stehengelassen. Sie werden hierauf 3 Min. mit Heißluft von 150—200° behandelt u. dann mit Heißluft unter 100° bis auf einen Feuchtigkeitsgeh. von ca. 10% weitergetrocknet. (**Oe. P. 172 675** vom 27/3. 1950, ausg. 10/10. 1952. D. Prior. 31/3. 1949.) HEYNE. 7685

Richard von der Heide, Hann.-Münden, *Trocknen von Nährmitteln aus Kartoffeln, Gemüse oder Obst.* Das rohe, gereinigte, aber sonst vollständig, als einschließlich Schale, Kerngehäuse, Samen, verwendete Ausgangsgut wird feinst zerkleinert u. der dünnflüssige Brei bei niedriger Temp. (unter 100°) in einer möglichst O-freien, bes. CO_2-haltigen, oder in einer anderen inerten Atmosphäre getrocknet. (**D. B. P. 836 734** Kl. 53c vom 2/10. 1948, ausg. 17/4. 1952.) MAASS. 7691

A. S. P. Chemical Co., Ltd., Bulstrode (Erfinder: **Conrad Lawrence Walsh, Basil Albert Adams** und **John Patrick Cook**), England, *Pektinpräparate.* Durch alkal. Extraktion aus pflanzlichen Rohstoffen gewonnenes u. mit einer Säure ausgefälltes Pektin-hydroxyd, -carbonat oder -bicarbonat wird mit $(NH_4)_2CO_3$ oder NH_4HCO_3 gemischt. Die M. wird getrocknet u. vermahlen. (**E. P. 643533** vom 31/12. 1947, ausg. 20/9. 1950.) KRANZ. 7703

United States of America, übert. von: **Harry S. Owens, Roland M. McCready** und **William D. Maclay,** Berkeley, Calif., V. St. A., *Die Erhöhung der Löslichkeit von niedrigmethoxylierten Pektinsäuren* (I) erfolgt durch Neutralisieren der festen **I** mit gasförmigem NH_3 oder Aminen (Methylamin, prim. u. sek. Äthylamin, n. Propylamin) oder anderen bas. Materialien mit einem Kp. nicht über 158° F. — Eine 3,1% Methoxyl enthaltende **I** wird 15 Std. bei 150° F getrocknet u. dann 2 Min. mit NH_3 behandelt. Die 1%ig. wss. Lsg. des NH_3-Salzes hat dann p_H 3,7; nach 10 Min. Behandeln beträgt das p_H der 1%ig. Lsg. ca. 7. Die Neutralisation kann auch durch Versprühen erfolgen. (**A. P. 2 495 756** vom 14/9. 1945, ausg. 31/1. 1950.) KRAUSS. 7703

William Martin Zwosta, Columbus, O., V. St. A., *Pökeln von Fleisch* durch Einspritzen einer gekühlten Pökellsg. in frisches Fleisch, anschließendes Überziehen des Fleisches mit einer gekühlten Pökelpaste, Erhitzen u. Räuchern bei 154—170° F nicht über 12 Std. u. unmittelbares kühlen des Fleisches. — Vorrichtung. (**A. P. 2 528 204** vom 22/10. 1948, ausg. 31/10. 1950.) MAASS. 7751

H. Schoppe & Schultz, Hamburg, (Erfinder: **Hans Schmalfuss,** Hannover, **Friedrich Tiedt,** Otterndorf, und **Hermann Schoppe,** Hamburg), *Schlagfähige Ei-Austauschstoffe.* Einer wss. Lsg. von Celluloseäther oder -oxyäther werden eiweißhaltige Stoffe, wie Magermilch, Plasma, Fischeiweiß oder Gelatine, unter Rühren beigemischt, die M. homogenisiert u. durch Versprühen oder auf Heißwalzen getrocknet. (**D. B. P. 861 780** Kl. 53f vom 3/11. 1949, ausg. 5/1. 1953.) KRANZ. 7755

Huston St. Clair, Tazewell, Va., V. St. A., *Zusatzmittel für Kuhmilch* zur Bereitung von Kindermilch. Aus Rohäpfeln gewonnener Apfelsaft wird im Vakuum bei $< 70°$ auf ca. 68—75° Brix. eingedickt u. vor oder nach dem Eindicken auf $p_H = 4{,}5—5{,}5$ eingestellt. (**D. B. P. 861 501** Kl. 53k vom 19/4. 1950, ausg. 5/1. 1953. A. Prior. 3/5. 1945.) KRANZ. 7757

Pomosin-Werke G. m. b. H. (Erfinder: **Rudolf Otto**), Frankfurt/M., *Schlagfähiges Milcheiweiß.* Milch oder einzelne Milchprodd., wie Magermilchpulver oder eine Emulsion von mit Pektin geschiedener Magermilch werden in wss. Lsg. mit quellbar lösl., oberflächenakt. Stoffen, wie polymerem Vinylalkohol, Na-Alginat oder celluloseglykolsaurem Na versetzt. (**D. B. P. 866 302** Kl. 53i vom 16/11. 1943, ausg. 9/2. 1953.) KRANZ. 7757

Václav Jonáš, Tschechoslowakei, *Gewinnung von proteinreichen Stoffen, die als Viehfutter verwendet werden können,* bes. aus industriellen Abwässern von Zucker-, Stärke-, Papier- u. ähnlichen Fabriken, aus Jauche, den Abwässern der Schlachthäuser usw. Die Abwässer, die nicht mehr als je 0,8% Zucker, Stärke, A. oder ähnliche Stoffe enthalten sollen, werden einer Gärung unterworfen, indem man sie mit verschied. Bakterienarten impft, um die in ihnen enthaltenen Kohlenhydrate zu zersetzen u. sie so für Schimmelpilze assimilierbar zu machen. Die Gärung verläuft, je nach der Bakterienart u. der Art des Abwassers, bei 30—40° u. einem p_H-Wert von 3,4—7,1. In die teilweise oder ganz vergorene Fl. werden die Sporen von solchen Schimmelpilzen (z. B. Monilia candida u. Oidium lactis) gesät, die große Mengen Proteine u. ein reichliches Mycel bilden können. Das Wachstum des Pilzes, das bei 25—30° u. einem p_H-Wert von 6 stattfindet, wird durch mäßige Belüftung begünstigt. Nach etwa 2—6 Std. wird die Fl. mit Kalkmilch versetzt, wodurch alle in Suspension befindlichen Stoffe u. organ. Säuren niedergerissen werden. Nachdem sich der dicke, voluminöse Nd. abgesetzt hat, wird die klare überstehende Fl. abgezogen u. der Nd. mittels Filterpressen filtriert u. getrocknet. — Aus 1000 hl Abwasser aus der Zuckerfabrikation gewinnt man z. B. 250 kg Trockensubstanz mit 45—50 kg Proteinen, wobei die Gesamtdauer der Behandlung 8—12 Std. beträgt. (**F. P. 975 304** vom 19/11. 1948, ausg. 5/3. 1951. Tschech. Prior. 24/11. 1947.) HEYNE. 7787

Dehydrating Process Co., Boston, Mass., V. St. A., *Herstellung von flüssigen Fischprodukten.* Die nicht als Nahrungsmittel geeigneten Teile von Fischen werden durch Druckerhitzung mit Säuren in fl. Prodd. übergeführt, wobei der p_H-Wert auf 2,8—3,7 gehalten wird u. die Größe aller Teilchen unter 50 μ sinkt. Die so erhaltenen koll., prakt. fl. Prodd. enthalten ca. 45—55 Gew.-% feste Teile u. lassen sich durch Zerstäubung auf feste Prodd. verarbeiten, die als *Viehfutter* verwendet werden können. (**N. P. 79 080** vom 29/12. 1947, ausg. 24/9. 1951. A. Prior. 2/1. 1947.) JÜRGEN SCHMIDT. 7787

XVII. Fette. Seifen. Wasch- u. Reinigungsmittel. Wachse. Bohnermassen usw.

Turid Wik, C. R. Scholfield und **J. C. Cowan,** *Fraktionierung von Sojaphosphatiden mit Isopropylalkohol.* Nach den bisherigen Kenntnissen stellen die rohen Sojaphosphatide ein Gemisch aus Öl, Lecithin (24%), Kephalin (25%), Phosphoinositen (33%), freien (Saccharose, Raffinose, Stachyose) u. gebundenen (Mannose, Galaktose, Arabinose) Kohlenhydraten (insgesamt 6—8% des rohen Phosphatides), Sterinen, Steringlycosiden u. Pigmenten dar. Verss. zur Fraktionierung dieses Gemisches unter Heranziehung von Isopropylalkohol (I). Rohe Sojaphosphatide werden unter Rühren mit variierten Mengen von **I** (99,4%ig) 5mal behandelt (6,5 ml **I** je 1 g Phosphatid); beim Mischen steigt die Temp. an; sie wird bei maximal 40° gehalten. Die einzelnen Fraktionen werden unter Zentrifugieren bzw. Filtrieren abgetrennt, im Vakuum vom Lösungsm. befreit. In **I** sind 51,6% des Rohphosphatides lösl. Der Extrakt enthält 31,5% Öl u. 20% in Aceton unlösl. Anteile; die Phosphatide setzen sich aus 12% Lecithin u. 5,5% Kephalin zusammen. Die Inositphosphatide u. etwa 77% der Zucker sind in **I** unlösl. Durch sich anschließende Extraktion mit A. gehen die Reste an Lecithin u. Kephalin in Lsg. Wenn man das Öl aus dem Rohphosphatid zuerst mit Aceton entfernt u. dann mit **I** extrahiert, wird doppelt soviel **I** gegenüber der direkten Extraktion der Rohphosphatide gebraucht. (J. Amer. Oil Chemists' Soc. **29.** 345—47. Aug. 1952. Peoria, Ill., Northern Regional Res. Labor.) TÄUFEL. 7894

Junichi Kawai, Juichi Hayakawa und **Harue Ukita,** *Reinigung von Reiskleieöl durch Methanolextraktion.* 1. Mitt. *Methanollöslicher Anteil.* Durch Schütteln des *Reiskleieöls* (SZ 33—68) mit dem gleichen bis doppeltem Gewicht an CH_3OH wird sowohl die SZ als auch die Farbtiefe (mit Lovibond-App. beobachtet) verbessert. Ca. 41—50% gehen in Lsg.: deren SZ ist 125—152. Eiserne Geräte u. Erhitzen sind für die Entfärbung ungünstig. Genaue Angaben in 9 Tabellen. (J. chem. Soc. Japan, ind. Chem. Sect. [Kōgyō Kagaku Zassi] **55.** 125—27. Febr. 1952. [Orig.: japan.]) SCHULER. 7894

Emile André, *Die Sonnenblume oder „Grand Soleil" (Helianthus annuus L.) als Ölpflanze.* 2. Mitt. *Technologie-Chemie. Der Ölkuchen und das Mehl der Sonnenblume.* (1. vgl. C. **1952.** 7113.) In Fortsetzung der früheren Ausführungen werden zusammenfassende Angaben über Anbau der Sonnenblume, den Handel mit Sonnenblumensaat sowie die Verwertung der Preßkuchen gemacht; eingehendere Betrachtungen über die „Aleuronkörner" der Ölsamen allg. u. ihre Zus., bes. hinsichtlich des Geh. an Aminosäuren u. Protein, an Phytin u. Inosit; Hinweis auf den ernährungsphysiolog. Wert. Von diesen Gesichtspunkten ausgehend wird die Verwendung des Mehles von Sonnenblumensamen diskutiert, mit dem Ergebnis, daß die Verss. in dieser Richtung bisher nicht erfolgreich waren. (Oléagineux **7.** 473—79. Aug./Sept. 1952.) TÄUFEL. 7894

Ryuzaburo Nozu, Hiroshi Watanabe und **Tadaichi Nishikawa,** *Trennung der Fettsäuren des Palmkernöls und deren Reduktion. Palmkernöl* (1 kg, SZ 19) wurde mittels 2,2—3 l CH_3OH mit 50 g HCl, durch 20std. Sieden am Rückfluß der Methanolyse unterworfen u. die Methylester wurden sorgfältig bei 5—10 mm fraktioniert. In % des ursprünglichen Öls berechnet wurden an Methylestern erhalten: 0 Caproat; 7,1 Caprylat;

5,2 Caprat; 42,7 Laurat; 13,8 Myristat u. 4,9 Palmitat. Die Übereinstimmung der Konstanten der Ester u. freien Säuren mit Daten der Literatur ist gut. Die Hydrierung der Methylester erfolgte mit Cu-Chromit (8,5—25% vom Ester) im 1 Liter-Rührautoklaven bei 255 ± 5° in 4,5—10 Std. u. bei 90—201 kg/cm²; Ausbeute 84—95%. Therm. u. opt. Konstanten der Fettalkohole wurden bestimmt: n_D für Laurylalkohol $C_{12}H_{25}OH$ 1,4334 (43°), Myristylalkohol $C_{14}H_{29}OH$ 1,4379 (43°). Abb. der Fraktionierkolonne. Tabellen. (J. chem. Soc. Japan, ind. Chem. Sect. [Kôgyô Kagaku Zasshi] **55**. 78—80. Febr. 1952. Kyoto Univ. [Orig.: japan.]) SCHULER. 7894

H. Bennett, R. W. Pearman und **W. D. Raymond,** *Moringaölsäure (Fettsäuren aus Ben-Öl) aus Ostafrika.* Die untersuchte Probe war von bräunlicher Farbe u. halbfester Konsistenz (klare Fl. beim Erhitzen auf 46°) u. hatte folgende Zus.: etwa 70% Ölsäure, 4% Linolsäure, 22% gesätt. Fettsäuren. Weitere Untersuchungsdaten: spezif. Gewicht: 0,8435; Brechungsindex n_D bei 50°: 1,4490; SZ.: 160,9; VZ.: 191,6; JZ.: 68,2; Unverseifbares: 0,7%; Asche: 0,01%. Für die Flotationsaufbereitung gewisser nichtmetall. Mineralien kann die Moringaölsäure ähnlich wie Ölsäure Verwendung finden, bietet aber nur dort Vorteile, wo Moringa wächst. (Colonial Plant Animal Products **3**. 55—57. 1952—1953.) R. KÖNIG. 7894

Herbert Schou, Juelsminde, Dänemark, *Dispergatoren für die Herstellung plastischer Öl- und Fett-Dispersionen,* wie *Speisemargarine,* Bäckereimargarine, Mürbungsmittel für Backzwecke u. dgl., die aus polymerisierte u. bes. auch oxydierte höhere Fettsäuren enthaltenden Estern mehrwertiger Alkohole mit einer oder mehreren OH-Gruppen bestehen oder diese Ester enthalten, erhält man durch Umesterung von polymerisierten u. bes. auch oxydierten Fettsäuretriglyceriden mit mehrwertigen Alkoholen, dessen Kondensaten oder Polymerisaten. (**D. R. P. 752917** Kl. 12o vom 11/1. 1938, ausg. 24/11. 1952. E. Prior. 19/1. u. 3/3. 1937.) MÜLLER-MEININGEN. 7901

Ruhrchemie Akt.-Ges. (Erfinder: **Heinrich Tramm,** Mülheim-Speldorf, und **Walter Rottig**), Oberhausen-Holten, *Abtrennung von Schwefelsäureestern oder deren Salzen,* die im Säurerest mindestens 12 C-Atome enthalten, erfolgt durch Zusatz von Alkoholen, Ketonen oder Äthern bzw. ähnlichen O-haltigen, organ. Verbb. zu Sulfonierungsgemischen, die aus olefin. KW-stoffgemischen durch Einw. von mit Paraffin-KW-stoffen vorhergehender Ansätze emulgierter konz. H_2SO_4 entstehen. Das für die Schichtentrennung nötige W. wird teilweise oder ganz in Mischung mit niedrigsd., organ. Lösungsmitteln zugesetzt. — Man vermischt in 5 Min. bei —6° ein paraffin. Rücklaufprod. einer C_{15}-Fraktion mit 99%ig. H_2SO_4 u. gibt dann bei —8° in 5 Min. eine C_{15}-Fraktion eines Kaltpreßöles zu; nach 15 Min. erhält man nach Zusatz von W. u. Methyläthylketon u. anschließender Neutralisation nach Schichtentrennung eine schwach gelbgefärbte Seifenmasse. (**D. B. P. 860 356** Kl. 12o vom 1/5. 1941, ausg. 22/12. 1952.) KRAUSS. 7913

Scotish Oils Ltd., Glasgow (Erfinder: **Daniel Stewart,** Broxburn), England, *Waschmittel.* Aus Schieferöldestillaten (Kp. 270—360°) gewonnene Sulfatierungsprodd. werden neutralisiert u. mit Füllstoffen, z. B. Kieselgur, gemischt. (**D. B. P. 868 952** Kl. 23e vom 16/9. 1949, ausg. 2/3. 1953. E. Prior. 15/9. 1948.) LÜTTGEN. 7913

Deutsche Hydrierwerke Akt.-Ges., Düsseldorf (Erfinder: **Winfried Hentrich,** Basel, Schweiz, und **Franz Gilloy,** Heidelberg), *Wasch- und Reinigungsmittel,* bestehend aus Seifen von Hartfetten u. wasserlösl. Salzen von Verbb. der Formel R·O·R′ COOH, worin R u. R′ aliphat. KW-stoffreste mit insgesamt mindestens 5 C-Atomen bedeuten, die auch Substituenten enthalten oder durch Heteroatome unterbrochen sein können. (**D. B. P. 857 122** Kl. 23e vom 15/7. 1939, ausg. 27/11. 1952.) LÜTTGEN. 7913

General Aniline & Film Corp., New York, N. Y., übert. von: **Herbert L. Sanders,** Phillipsburg, N. J., V. St. A., *Reinigungsmittel.* Fl. Prod. für Tellerwaschmaschinen usw., bestehend aus 5—20 (Teilen) N-Palmitoyl-N-cyclohexyltaurat, 5—20 $Na_4P_2O_7$, evtl. 2—10 Na-Metasilicat, u. Wasser. (**A. P. 2 618 607** vom 7/7. 1949, ausg. 18/11. 1952.) LÜTTGEN. 7913

Universal Oil Products Co., Chicago, Ill., V. St. A., *Alkylierte Toluole* (**I**), die durch Sulfonierung in *Reinigungsmittel* übergeführt werden, erhält man im kontinuierlichen Verf. durch Rk. von **I** u. einem Propylen-Polymerisat des Siedebereichs 171—227° im Mol-Verhältnis von 0,8—4 auf 1 Polymerisat in Ggw. von 0—10% W. enthaltender H_2SO_4. Während der Rk. wird laufend auf je 1 Polymerisat 0,1—0,8 H_2SO_4 mit zugeführt. (**E. P. 669 657** vom 30/6. 1949, ausg. 9/4. 1952.) MÖLLERING. 7913

General Aniline & Film Corp., New York, N. Y., übert. von: **Herbert L. Sanders,** Philippsburg, N. J., und **William J. Maxcy,** Easton, Pa., V. St. A., *Reinigungsmittel,* bestehend aus 99—50 (%) festem Alkalihydroxyd u. 1—50 einer Mischung aus ca. 90

wasserlösl. nichtionogen Mitteln, z. B. einem Polyglykoläther von Alkylphenolen mit 6—18 C-Atomen, u. ca. 10 Thioharnstoff. (**A. P. 2 601 329** vom 31/12. 1948, ausg. 24/6. 1952.) LÜTTGEN. 7913

Ruhrchemie Akt.-Ges., Oberhausen-Holten (Erfinder: **Karl Büchner**, Duisburg-Hamborn), *Reinigen von Lösungen synthetischer Seifen.* Man führt eine 2malige Extraktion durch, u. zwar zuerst mit aliphat. KW-stoffen (I) von der Kettenlänge eines Dieselöls u. dann mit niedrigeren I, z. B. Benzin. (**D. B. P. 868 951** Kl. 23d vom 2/10. 1948, ausg. 2/3. 1953.) LÜTTGEN. 7913

Badische Anilin- & Soda-Fabrik, Ludwigshafen/Rh. (Erfinder: **Mathias Quaedvlieg**, Leverkusen), *Reinigung von Paraffinsulfonaten.* Man gibt zu dem durch Sulfochlorierung langkettiger Paraffin-KW-stoffe u. Verseifung erhaltenen Gemisch je (Teil) Sulfonat (100%ig.) 0,5—1,5, bes. 0,75—1 Wasser. Die sich abscheidenede NaCl-Lsg. wird unter 40°, bes. unter 20°, abgetrennt, das noch nicht ausgeschiedene Unverseifbare mit niedrigmol. Alkoholen abgeschieden u. das wss. Sulfonat eingedampft. — Grundlage für *Waschmittel.* (**D. B. P. 859 452** Kl. 12o vom 16/8. 1941, ausg. 15/12. 1952.) KRAUSS. 7913

Mathieson Chemical Corp., übert. von: **Edward C. Soule** und **William H. Sheltmire**, Niagara Falls, N. Y., V. St. A., *Desinfizierende Reinigungsmittel.* Nicht mehr als 80 (%) Harnstoff (I), 12—22 wasserlösl. quaternäre NH_4-Verbb. (II), in denen alle H-Atome des NH_4-Radikals durch organ. Reste (mindestens einer mit 8—16 C-Atomen) ersetzt sind, u. 4—6,5 Na-Acetat einer II werden unterhalb 110° zusammengeschmolzen. (**A. P. 2 584 056** vom 4/3. 1948, ausg. 29/1. 1952.) LÜTTGEN. 7917

XVIIIa. Holz. Cellulose. Zellstoff. Papier. Papierdruck. Celluloid. Linoleum.

Osmo Suolahti, *Holzschutz und Holzschutzforschung in Finnland.* Die Entw. des Holzschutzes in Finnland seit 1904 sowie sein jetziger Umfang wird erläutert. (Holz Roh- u. Werkstoff **11.** 69—70. Febr. 1953. Helsinki, Staatl. Techn. Forschungsanstalt.) SEIFERT. 7952

H. Bellmann, *Über das Problem der gegenseitigen Verträglichkeit von Holzschutzmitteln.* Erörterung der Probleme, die z. B. beim Auftragen von Schutzmitteln auf bereits einmal behandeltes Holz auftreten. Schemat. Behandlung der Zonenbildungen in Abhängigkeit von der Konz. u. dem Eindringvermögen des alten, der Löslichkeit des neuen Schutzsalzes, der Rk. beider miteinander sowie der Löslichkeit u. dem Eindringvermögen ihrer Reaktionsprodukte. Die zwischen den wichtigsten Schutzmittelpaaren in vitro möglichen chem. Umwandlungen u. die Löslichkeit der Schutzsalze werden eingehend erläutert. Die Arbeit befaßt sich, vom Pentachlorphenol-Na abgesehen, mit dem Verh. anorgan. Holzschutzmittel. (Schädlingsbekämpfung **45.** 1—8. Jan. 1953. Reinbek, Bundesanstalt für Forst- u. Holzwirtschaft, Abt. Holzbiologie u. Holzschutz.) SEIFERT. 7952

Alf. Gillet und **J. Urlings**, *Pyrolyse von Holz in Palmöl.* Holz (in Form dünner Stäbchen) verliert 25% seines Geh. an O, wenn es 2½ Min. in auf 290° erhitztes Palmöl getaucht wird, während der Geh. an C u. H unverändert bleibt. Vff. beschreiben mehrere Versuchsreihen, in denen unter sonst gleichen Bedingungen die Tempp. von 250—330° sowie die Zeiten variieren. Es werden 3 Hypothesen zur Erklärung aufgestellt: Abspaltung von O_2 aus dem Holz, Red. des Holzes durch Komponenten des Palmöls bzw. seine Zersetzungsprodd. oder Ersatz von bei der Pyrolyse abgespaltenen C—H—O-Substanzen durch aus dem Palmöl stammende C—H-Gruppen (z. B. KW-stoffe) mit gleichem C—H-Gehalt. Es scheint, daß Holz peroxyd. Funktionen entwickelt. (Chim. et Ind. **69.** 252—57. Febr. 1953. Liège, Belgien, Univ., Labor. für angewandte Chemie.) SEIFERT. 7952

R. Murley, *Die scheinbare Viscosität und ihre Beziehung zur Stoffdichteregelung.* Zur Stoffdichteregelung in einer Versuchsanordnung zur Papierstoffentwässerung benutzte Vf. die Messung der scheinbaren Viscosität. Hierbei regelte die Stauhöhe des Stoffbreies von 2,9—3,0% Fasergeh. über eine Druckluftsteuerung die Zugabe von Verdünnungswasser, wobei Mahlgrad, Temp. u. Faserart variiert wurden. Bei Holzschliff änderte sich die scheinbare Viscosität je nach den Schleifbedingungen entsprechend der Güte des Schliffes. (Pulp Paper Mag. Canada **53.** Nr. 5. 110—15. April 1952. Bowaters, Newfoundland, Pulp and Paper Mills Ltd.) BORCHERS. 7982

Henry N. Steuber, *Direkt dispergierte Pigmente in Druckfarben.* Direkt aus dem wss. Farbteig in eine ölige Phase dispergierte Pigmente (flushed colors) haben durch Wegfall von Trocknung u. Mahlung gewöhnlich größere Brillanz u. höhere Farbstärke, besitzen hohe gleichmäßige Kornfeinheit, größere Transparenz u. häufig auch bessere Benetzbarkeit. Geeignet sind hydrophobe, oxophile Pigmente bzw. Farblacke für diese direkte Dispergierung. Die Überführung des frisch gefällten Pigmentes in die Ölphase erfolgt meist in wirksamen Zweiarm-Knetern. Der Filterkuchen soll möglichst fest u. trocken sein. Vielfach werden oberflächenakt. Netzmittel mitverwendet. Lithographenfirnisse besitzen gute Benetzbarkeit, ebenso Esterharzlacke von hoher Viscosität. Günstig ist meist ein hoher Pigmentanteil in der Mischung, um eine Emulgierung von W. zu vermeiden. Der Wassergeh. der fertigen Pastafarben beträgt im Mittel 15%. Durch Vakuumknetung läßt sich W. vollständiger entfernen. (Amer. Ink Maker **30.** Nr. 6. 52—57. Juni 1952. Belleville, N. J., New York Color & Chemical Co.) SCHEIFELE. 7988

Georg Jayme und **Marianne Harders-Steinhäuser,** *Das Gefriermikrotom als Hilfsmittel bei der chemischen Analyse von Papieren.* Beschrieben wird ein neues vereinfachtes Verf. zur Herst. formgerechter Papierquerschnitte als wertvolles Hilfsmittel bei der chem. Analyse von Papieren mit Hilfe des Gefriermikrotoms. Die damit erzielten Ergebnisse werden an Hand von 12 Mikrophotographien erläutert. Es eignet sich für sehr weiche Papiere, wie Krepp- u. Seidenpapiere. (Papier **7.** 1—6. 10/1. 1953.) P. ECKERT. 8010

H. W. H. Jones und **W. Gallay,** *Einreißfestigkeit in Beziehung zum Quadratmetergewicht.* Die im Gerät nach ELMENDORF-THWING bestimmte Einreißfestigkeit der Papiere ist eine wesentliche Festigkeitsgröße u. stellt nach Umrechnung auf das Quadratmetergewicht nach bisheriger Auffassung eine absol. Zahl dar. Vf. weist dagegen nach, daß die Einreißfestigkeit sehr vom Quadratmetergewicht abhängt, u. zwar innerhalb handelsüblicher Papiersorten bis zu 100%. (Pulp Paper Mag. Canada **53.** Nr. 5. 116 bis 120. April 1952. Hull, P. Q., E. B. Eddy Co.) BORCHERS. 8010

Svenska Cellulose Aktiebolaget, Stockholm, Schweden, *Herstellung von wasserlöslichen Salzen von Celluloseäthercarbonsäuren.* Man setzt Cellulose mit einem Verätherungsmittel, z. B. einer Halogenfettsäure, in Ggw. von Alkali um u. fügt hierbei ein Hypochlorit als Mittel zur Regelung der Viscosität zu. (**Finn. P. 25 814** vom 9/10. 1944, Auszug veröff. 31/7. 1952. Schwed. Prior. 22/12. 1943.) JÜRGEN SCHMIDT. 7971

Phillips Petroleum Co., übert. von: **William E. Bergman,** Bartlesville, Okla., V. St. A., *Reinigung von Celluloseglykolsäure.* Ein in W. lösl. Salz dieser Säure (Na-Salz) leitet man in wss. Lsg. wenigstens 1 Min. durch einen Kationenaustauscher u. anschließend wenigstens 1 Min. durch einen Anionenaustauscher. (**A. P. 2 617 800** vom 10/6. 1949, ausg. 11/11. 1952.) FABEL. 7971

I. G. Farbenindustrie Akt.-Ges., Frankfurt/M. (Erfinder: **Hubert Wilfinger,** Ludwigshafen/Rh.), *Veredelung von Papier.* Es werden Polymerisationsprodd. aus Alkylenimin oder Umsetzungsprodd., die aus Alkyleniminen bzw. deren Polymerisationsprodd. ohne Mitverwendung von Aldehyden u./oder Ketonen erhalten wurden, an beliebiger Stelle dem Stoff zugesetzt oder zur Imprägnierung fertigen Papiers verwendet. — 9 Beispiele für naßfeste Schreib- u. Filterpapiere. (**D. R. P. 758 570** Kl. 55f vom 28/5. 1939, ausg. 2/3. 1953.) G. VOGEL. 7987

Hercules Powder Co., Wilmington, übert. von: **Julian L. Azorlosa,** Wilmington, Del., V. St. A., *Verfahren zur Herstellung von glattem, glänzendem Papier.* Das Papier wird mit einer wss. Dispersion von Kaolin (I) überzogen, enthaltend ca. 50—65(%) Feststoffe, 6—10 Polyacrylamid als Bindemittel, bezogen auf das Gewicht des **I,** u. Glyoxal, um das Bindemittel wasserunlösl. zu machen. (**A. P. 2 616 818** vom 18/11. 1948, ausg. 4/11. 1952.) ZIERHOLD. 7987

United States Rubber Co., New York, N. Y., V. St. A., *Herstellung von Glanzpapier mit geringer Wasserdampfdurchlässigkeit.* Nach E. P. 673 872 wird Papier mit einer wss. Dispersion eines amorphen thermoplast. Stoffes mit einer Umwandlungstemp. 2. Ordnung (T_2) von 40—125° überzogen. T_2 = Temp. in der Kurve Temp.:D., bei der sich die D. des Stoffes beim Erwärmen plötzlich ändert. Es wird ein harzartiges Mischpolymerisat aus 65—80(%) Styrol u. 20—35 Acrylnitril (I) verwendet. Der Überzug wird getrocknet u. bei einer T_2 übersteigenden Temp. kalandriert. Zweckmäßig wird eine Mischung aus 50—95 des vorst. u. 5—50 eines gummiartigen Mischpolymerisates aus Butadien (II) u. I (z. B. 65 II u. 35 I) verwendet. Das Prod. ist gut bedruckbar. Nach E. P. 675 452 ist T_2 = 55—125°. Das Trocknen erfolgt bei (T_2 + 20°) bis (T_2 + 60°) u. das Kalandern bei (T_2 + 40—0,4°·P) bis (T_2 + 80—0,4°·P), wobei P = % Weichmacher, falls ein solcher verwendet wird. Die Bahn soll die Glänzwalze mindestens auf deren halbem Umfang berühren. Das Prod. ist öl- u. fettdicht u. abriebfest. (**E. PP. 673 872** vom 29/9. 1950, ausg. 11/6. 1952. A. Prior. 12/10. 1948, u. **675 452** vom 29/9. 1950, ausg. 9/7. 1952.) G. VOGEL. 7987

Cris-Trust, Vaduz, Liechtenstein, *Herstellung von Metall-Offset-Druckplatten.* Um Offset-Druckplatten, bes. aus Al oder Al-Legierungen, lagerfest zu machen, wird die Druckplatte, auf der elektrolyt. eine poröse Druckschicht angebracht ist, zunächst von allen Chemikalienresten befreit, indem man sie z. B. mit einer Ammoniaklsg. behandelt, u. dann mit einer Schutz- u. Pufferschicht überzogen. Als solche eignet sich bes. feinverteiltes MgO in einem flüchtigen Halogenid vierwertiger Metalle, bes. CCl_4 oder C_2HCl_3. Man kann über dieser Schicht noch eine lichtempfindliche Schicht anbringen. (**N. P. 79 732** vom 12/7. 1948, ausg. 18/2. 1952.) JÜRGEN SCHMIDT. 7989

Johann Hartz, Hamburg, *Herstellen von Amalgamdruckformen.* Auf ein Stahlblech wird eine Messing-, Cu- oder sonstige Schicht aus amalgamierbarem Metall unter hohem Druck aufgewalzt, auf der in bekannter Weise die Kopie erzeugt wird. An den nicht vom Bild bedeckten Stellen werden elektrolyt. Ndd. des Metalles von solcher Dicke erzeugt, daß die druckenden Kopierstellen vertieft liegen. Beim Behandeln mit Hg dringt dieses in die elektrolyt. Schicht ein u. bildet mit dieser durch u. durch ein festes Amalgam. — Es kann auch so vorgegangen werden, daß vor dem Aufbringen des Bildes auf der aufgewalzten Schicht ein nichtamalgamierbares Metall, z. B. Ni, niedergeschlagen wird, das an den nicht vom Bild bedeckten Stellen weggeätzt wird, u. es werden dann — wie oben — an diesen Stellen die Ndd. des Metalles erzeugt. (**Schwz. P. 280 500** vom 28/8. 1949, ausg. 16/4. 1952.) LAASS. 7989

American Cyanamid Co., New York, N. Y., übert. von: **Volney Tullsen,** Westfield, und **Frederick L. Pfeiffer,** Chatham, N. J., V. St. A., *Stabilisieren von Farbstoffen für warmtrocknende Druckfarben.* Man erhitzt den Farbstoff zwecks Überführung in die stabile Form mit Formamid bis knapp unter die Zersetzungstemp., verrührt mit W., wäscht aus u. trocknet. (**A. PP. 2 601 469** u. **2 601 669**, beide vom 30/9. 1950, ausg. 24/6. 1952.) NEBELSIEK. 7989

Homasote Co., Inc., Fernwood, übert. von: **Hubert Leopold Becher,** Trenton, N. J., V. St. A., *Feuerfeste Faserschichten,* bes. Pappen für Wandbekleidung, dad. gek., daß sie 40—60(%) Pflanzenfasern, 20—40 Aminharz, 4—12 chloriertes Harz u. 12—20 $Al(OH)_3$ (I) enthalten. — Beispiel: 27 (Teile) Altpapier werden in 3600 W. aufgeschlagen u. mit einer Emulsion von 9 chloriertem Paraffin (**II**), das 70% Cl enthält, sowie 24 **I** gemischt. Die M. wird bis auf 50% W. abgepreßt u. in 2895 einer Lsg. dispergiert, die 500 Dimethylolharnstoff, 450 Harnstoff u. 1945 W. enthält. Aus diesem Stoff wird eine verfilzte Schicht gebildet, abgepreßt, bei 100° getrocknet u. gegebenenfalls mit Sand oder Tapete überzogen. Bldg. u. Trocknen der Schicht kann auch vor dem Zusatz der Harnstoffharzlsg. erfolgen u. die Pappe dann mit einer höherkonz. Lsg. der Harnstoffharze imprägniert werden. Das Prod. enthält vorzugsweise 48 Papierfasern, 5,5 **II**, 30 Harnstoffharz u. 16 **I**. (**A. P. 2 611 694** vom 27/6. 1947, ausg. 23/9. 1952.) G. VOGEL. 7993

Phrix-Werke A. G., Hamburg (Erfinder: **Eugen Abele** und **Werner Matthaes,** Krefeld), *Viscoseschwamm* aus Viscose, Fasern u. porenbildenden Salzen nach D. B. P. 833 705; C. **1952.** 5995 erhält man durch Verwendung einer aus einer vorgereiften, nicht abgepreßten Alkalicellulose hergestellten Viscose, bei der das Verhältnis von Alkali zu Cellulose unter 0,5 liegt. (**D. B. P. 861 604** Kl. 39b vom 15/3. 1949, ausg. 5/1. 1953.) SALZMANN. 8001

XVIIIb. Textilfasern.

F. Weber, *Licht und die Textilveredelung. Einiges über physikalische und chemische Wirkungen von Lichtquellen.* Zusammenfassender Überblick (20 Literaturzitate) über die Wirkungen des Lichtes auf die physikal. u. chem. Eigg. von Textilien sowie über den Einfl. des Lichtes auf das Ausmustern von Färbungen. (Melliand Textilber. **33.** 1113. Dez. 1952; **34.** 62—65. Jan. 1953.) P. ECKERT. 8040

Werner von Bergen, *Wolle.* Vf. gibt an Hand der Literatur einen Überblick über den Aufbau der Wolle sowie deren chem., physikal. u. technolog. Eigenschaften. In diesem Zusammenhang weist Vf. auf die hervorragenden Eigg. hin, die bis heute noch von keiner anderen Faser erreicht wurden. Danach sind die Haupteigg. die hohe Feuchtigkeitsaufnahme, die ausgezeichnete Elastizität in trockenem u. feuchtem Zustand, die Filzfähigkeit, das gute Färbevermögen u. das Verlöschen beim Anbrennen. Die Kombination all dieser guten Eigg. verleiht der Wolle ihre hervorragenden Qualitäten. — 13 Abbildungen u. 23 Literaturangaben. (Ind. Engng. Chem. **44.** 2157—63. Sept. 1952. Passaic, N. J., Forstmann Woolen Co.) H. G. FRÖHLICH. 8060

G. Bozza, *Über den Mechanismus der Vorgänge beim Spinnen künstlicher Fasern.* Vf. unterscheidet beim Spinnen 4 Probleme: das Problem der Koagulation u. der Diffusion beim Koagulationsvorgang, das Streckproblem u. das Problem der auf den Faden wirkenden Kräfte (relatives Gewicht des Fadens im Spinnmedium, dessen Widerstand, Beschleunigung der Fadenmasse, Grenzflächenspannung zwischen Faden u. Medium).

Für diese Probleme werden Gleichungen entwickelt u. in Beziehung zueinander gebracht. Für einige Fälle wird untersucht, inwieweit die Integrationsergebnisse durch Wegfall von Vereinfachungen (z. B. über die ganze Fadenlänge gleichmäßige Kraft, Annahmen über die Viscosität) beeinflußt werden. Bei Cu-Seide gelten folgende Parameter: geometr., kinemat., dynam., solche der Zus. von Faden u. Lsg. u. verschied. andere (Viscositäts-, Austausch- oder Diffusionskoeff.); sie ermöglichen eine Rückführung auf dimensionslose Faktoren. Andere Prozesse lassen sich danach auf Grund von Ähnlichkeitsbeziehungen behandeln. (Suppl. del nuovo Cimento Nr. **1** (zu [9] **10**). 55—82. 1953. Milano, Politecn., Ist. di Fis. tecn.) R. K. MÜLLER. 8070

Pfenningsberg, *Neues Verfahren zum Kalt- und Warmstrecken synthetischer Fasern, wie Nylon, Perlon und Orlon.* Beschreibung einer neuen maschinellen Vorrichtung. Das Verf. gestattet die Erzielung eines absol. gleichmäßigen Effekts hinsichtlich Schrumpfung, elast. Dehnung u. Festigkeit über die gesamte Fadenlänge. — Schemat. Darstellungen. (Reyon, Zellwolle andere Chemiefasern **31.** 27—28. Jan. 1953.) P. ECKERT. 8080

Torsten Hasselstrom, Harold W. Coles, Clifford E. Balmer, Mary Hannigan, Margaret M. Keeler und **Robert J. Brown,** *Das Verhalten von Nylon Oxford Tuch „41" beim Erhitzen.* Unterss. über das Verh. von Nylon bei Tempp. zwischen 280—400° haben ergeben, daß hierbei beträchtliche Mengen an NH_3 u. CO_2 frei werden. Aus diesen Werten lassen sich nach den Angaben der Vff. gewisse Schlüsse auf den konstitutionellen Aufbau der untersuchten Nylonfasern ziehen. Unterss. mit flammfestmachenden Verbb. haben gezeigt, daß hierdurch normalerweise die Entflammbarkeit auf Tempp. über 400° erhöht wird. Die Ergebnisse werden an Hand von 7 Abbildungen u. 3 Tabellen erklärt u. diskutiert. (Textile Res. J. **22.** 742—48. Nov. 1952.) H. G. FRÖHLICH. 8080

Mason Hayek und **F. C. Chromey,** *Elektrischer Widerstand von Textilien.* Für die Messung des elektr. Widerstandes von Fasern, Geweben, Filmen u. anderen Materialien wurde ein Gerät konstruiert, welches im Bereich $1 \cdot 10^8$—$400000 \cdot 10^8$ Ohm arbeitet. Beispiele betreffen Baumwolle, Wolle, Nylon, Orlon. (Amer. Dyestuff Reporter **40.** P225—27. 2/4. 1951. Wilmington, Del., E. I. du Pont de Nemours.) ZAHN. 8096

D. J. Montgomery und **W. T. Milloway,** *Die vibroskopische Methode zur Bestimmung der Faserquerschnittsfläche.* Nach einer einleitenden Besprechung aller theoret. Unterlagen des Vibroskopes (eines App. zur Best. der M. von Fasern pro Längeneinheit) werden an Hand von 3 Tabellen die Resultate aus vibroskop. Messungen mit solchen anderer mkr. Verff. miteinander verglichen. Hierbei ist die gute Übereinstimmung aller Werte beachtenswert. (Textile Res. J. **22.** 729—35. Nov. 1952. Princeton, N. J., Text. Res. Inst.) H. G. FRÖHLICH. 8096

William R. Wilson, *Die Analyse von Textilfasern durch Auflösen.* Beschreibung eines einfachen Schemas zum Nachw. der gebräuchlichsten Textilfasern einschließlich der neuen synthet. Fasern. Der Nachw. ist dann geführt, wenn die zu untersuchende Faser durch ein spezielles Lösungsm. in Lsg. gebracht worden ist. Nach den Angaben des Vf. werden folgende Lösungsmittel vorgeschlagen: Für Acetatfaser Eisessig, für Vinyon HH Chlf., für Dynel, u. Vinyon N Dimethylformamid, für Nylon 90% Phenol, für Viscose u. Kupferfaser Kupferoxydammoniak, dasselbe für Baumwolle (nur teilweise lösl.) Orlon Dimethylformamid von 55°, für Acrilan HNO_3-konz. u. für Wolle sowie Vicara 20% NaOCl-Lösung. (Textile Age **16.** Nr. 12. 47—49. Dez. 1952. American Viscose Corp., Text. Res. Dep.) H. G. FRÖHLICH. 8100

M. W. Weiss, Erik Hoffmann und **Samuel Lee,** *Kupfer in Textilien, welche gummiert werden sollen. Vorschlag einer neuen Methode zur Bestimmung des schädlichen Kupfers.* Obwohl freies oder ionisiertes Cu selbst in kleinsten Mengen bei der Vulkanisierung extrem schädlich ist, ist in Farbstoffen chem. gebundenes Cu harmlos. Die bisherigen Methoden der Cu-Best. in Textilien erfassen den Gesamt-Cu-Gehalt. Eine Meth. des Vf. sieht die Einw. von 1 n HNO_3-Lsg. auf eine 5 g-Textilprobe in der Kälte vor. Nach der Fällung von Fe u. Al mit NH_3 wird der Cu-Geh. der Lsg. mit dem Natriumdiäthyldithiocarbamatreagens colorimetr. gemessen. (Amer. Dyestuff Reporter **40.** 41—43. 22/1. 1951. Hawthorne, N. J., Interchemical Corp.) ZAHN. 8100

J. R. Geigy Akt.-Ges., Basel, Schweiz, *4-[2'''.4'''-Diaminotriazinylamino-(6''')]-4'-(2''-äthoxy-4''-methylbenzoylamino)-stilben-2.2'-disulfonsäure.* Man setzt 4-Nitro-4'-aminostilben-2.2'-disulfonsäure mit 2-Acetoxy-4-methylbenzoylchlorid um u. verseift mit Na_2CO_3-Lsg. zu *4-Nitro-4'-(2''-oxy-4''-methylbenzoylamino)-stilben-2.2'-disulfonsäure* (*Na-Salz,* gelbes Pulver), setzt mit Diäthylsulfat um zu *4-Nitro-4'-(2''-äthoxy-4''-methylbenzoylamino)-stilben-2.2'-disulfonsäure* (*Na-Salz,* gelb, kristallin), red. mit Fe + Säure zu *4-Amino-4'-(2''-äthoxy-4''-methylbenzoylamino)-stilben-2.2'-disulfonsäure* (rötlichgelbes Pulver), setzt mit Cyanurchlorid um u. erhitzt das Reaktionsprod mit wss. NH_3. *Di-Na-Salz*, gelbliches Pulver. Opt. *Aufhellungsmittel für Cellulosefasern.* (**Schwz. P. 281 724** vom 31/5. 1949, ausg. 1/7. 1952.) LANGER. 8027

American Enka Corp., Enka, N. C., V. St. A., übert. von: **Herman Leendert van Nouhuys**, Breda, Holland, *Wiederbeleben von aktiver Kohle, die durch Schwefelverbindungen verunreinigt ist.* Bes. handelt es sich um Kohle (I), die zur Reinigung der *CS_2 enthaltenden Abgase der Viscosefabrikation* benutzt wurde. — Man wäscht die I mit einer wss. (4—5%ig.) Lsg. von $NaHCO_3$ u. unmittelbar darauf mit einer Lsg. von doppelter Konz., entfernt den Überschuß an Lsg., u. trocknet die noch $NaHCO_3$-Lsg. enthaltende I bei 110°. CS_2 u. andere S-Verbb. werden in Na_2SO_4 übergeführt, das bei der Wiederverwendung nicht schädlich ist. (**A. P. 2 589 750** vom 9/4. 1948, ausg. 18/3. 1952. Holl. Prior. 6/10. 1947.) ZÜRN. 8075

Comptoir des Textiles Artificiels, übert. von: **Nicolas Drisch** und **Roland Brepson,** Paris, Frankreich, *Kautschukreifen.* Das verwendete Cordmaterial erhält man aus Cellulose mit weniger als 25 Gew.-% an Molekülketten mit einem Polymerisationsgrad unter 500 u. weniger als 4 Gew.-% solcher mit einem Grad unter 250, aus der eine Alkalicellulose mit einem Polymerisationsgrad über 450 nach dem Reifen u. daraus eine Viscose mit einem Xanthogenierungsgrad (γ) von 40—50 erhalten wird; man spinnt sie in ein H_2SO_4-Bad (Konz. in Gew.-% $= 1{,}26\,\gamma + 8 \pm 3$), reckt die nassen Fäden auf 150—280%, wäscht, entspannt sie u. zwirnt. Sie sollen eine Festigkeit von wenigstens 3 g/den. u. eine Ermüdung von mehr als 22 Std., in lufttrockener Form eine Festigkeit von mehr als 4,8 g/den. u. eine Bruchdehnung von wenigstens 8% aufweisen. (**Can. P. 484 098** vom 9/5. 1949, ausg. 17/6. 1952. E. Prior. 11/5. 1948.) PANKOW. 8075

American Cyanamid Co., New York, N. Y., übert. von: **James K. Dixon,** Riverside, Conn., V. St. A., *Verbesserung der Haftung in Vliesen aus Cellulosefasern.* Man behandelt mit einer wss. Kolloidlsg. eines kation. polymerisierten Harnstoffkondensates. — 67,8 (Teile) CH_2O, 2 Tetraäthylenpentamin u. 20 Kondensat werden $^5/_4$ Std. bei 70° kondensiert. Man imprägniert ein Vlies aus z. B. Viscose-Zellwolle bis zu einer Aufnahme von 13% des Reaktionsprod. u. erhitzt dann 6—10 Min. auf 140°. Um ein weiches Vlies zu erhalten, wird anschließend kalandert. (**A. P. 2 617 744** vom 26/10. 1949, ausg. 11/11. 1952.) MÖLLERING. 8075

Vereinigte Glanzstoff-Fabriken Akt.-Ges., Wuppertal-Elberfeld, *Polyacrylnitril-Spinnlösung.* Der Lösungsvorgang z. B. mit Dimethylformamid erfolgt in einem mit O_2-freiem N_2 gefüllten Kessel. Auch der Transport der heißen Lsg. über Filterkerzen zum Spinnkessel u. zum Spinnkopf geht in einer N_2-Atmosphäre vor sich; letzterer wird zuvor gut mit N_2 gespült. Die Düse wird mit W. auf 12° gekühlt u. der Spinnprozeß im Schacht durchgeführt, in dem N_2 von 160—170° entgegenströmt. (**E. P. 678 491** vom 10/5. 1950, ausg. 4/6. 1952. D. Prior. 3/11. 1949.) SALZMANN. 8081

E. I. du Pont de Nemours & Co. (Erfinder: **John Richard Roland**), Wilmington, Del., V. St. A., *Mischpolymerisate.* Ein aus Äthylen (I) u. einem Vinylester in einem Molverhältnis >1:5, zweckmäßig 1:50, erhaltenes Mischpolymerisat wird so hydrolysiert, daß mindestens 80% der Estergruppen durch OH-Gruppen ersetzt sind. — Ein aus 93(%) Vinylacetat u. 7 I erhaltenes Mischpolymerisat wird in der 7fachen Menge A. gelöst u. mit einer ca. 20%ig. Lsg. von KOH in A. zum Sieden erhitzt. Nach Abdest. des A. wird das hydrolysierte Prod. zerkleinert u. 2mal mit W. gewaschen. Aus einem geformten Stab des Prod. werden bei 190° *Fäden* gesponnen. (**D. B. P. 847 502** Kl. 39c vom 1/6. 1950, ausg. 25/8. 1952. A. Priorr. 6/6. 1942 u. 13/2. 1945.) MÖLLERING. 8081

XIX. Brennstoffe. Erdöl. Mineralöle.

K. V. Aubrey, *Germanium in Britischen Kohlen.* Der Ge-Geh. von 200 verschied. engl. Kohlen wurde durch spektroskop. Unters. der Aschen bestimmt. Der durchschnittliche Geh. — ca. 100—150 Teile auf eine Mill. Teile Asche, oder ca. 7 Teile auf eine Mill. Teile Kohle — ist von derselben Größenordnung wie bei den meisten Sedimentgesteinen. Mit Ausnahme der Süd-Wales-Kohlen mit einem geringeren Geh. an Ge konnte keine Besonderheit in den einzelnen Revieren festgestellt werden. Die Hauptmenge des Ge scheint an die organ. Materie der Kohle gebunden zu sein, weniger an die anorgan., da die Ge-Menge mit dem steigenden Geh. an Asche nicht zunimmt. (Fuel **31.** 429—37. Okt. 1952. London, Brennstoffuntersuchungsamt.) ROSENDAHL. 8126

P. A. Hacquebard, *Undurchsichtige Stoffe in Kohle.* Bei polierten Oberflächen von Kohle wurden undurchsichtige bzw. dunkle Stellen gefunden, die im durchfallenden Licht als *Fusain, Fusinit, Semifusinit, Sclerotinit* u. *Micrinit* identifiziert wurden. Die Unterschiede u. Kennzeichnung sind an Hand von Mikrophotographien von Schliffbildern erläutert. (Econ. Geol. **47.** 494—516. Aug. 1952. Ottawa, Ontario, Can., Dep. of Mines and Technol. Survays.) K. O. MÜLLER. 8126

W. E. Robinson, H. H. Heady und **A. B. Hubbard,** *Alkalische Permanganatoxydation von Ölschieferkerogenen.* Zur Aufklärung der Struktur der *Colorado-Ölschieferkerogene* (benzolunlösl. organ. Bestandteile) wurden diese einer geregelten Oxydation mittels alkal. Permanganat unterworfen, um identifizierbare Abbauprodd. zu erhalten. Bei einer über 100 Std. dauernden erschöpfenden Oxydation wurden große Mengen CO_2, Oxalsäure, 2% nichtflüchtige Säure u. 1% nichtflüchtige, keine Oxalsäure darstellende Säuren erhalten. Letztere enthielten keine ringförmige Säure. Verglichen mit dem Oxydationsverh. von bekannten Verbb. zeigte es sich, daß diese *Kerogene* hauptsächlich nicht ringförmig sind u. keinen kondensierten aromat. Aufbau besitzen. Die organ. Bestandteile des Colorado-Ölschiefers ähneln den Bestandteilen des Ölschiefers Estlands. Zwischenprodd. in Form hochmol. Säuren wurden durch gelenkte, d. h. stufenweise Oxydation erhalten. Etwa 80% der Kerogene können dadurch zu Huminsäure umgewandelt werden. Diese lösl., mineralfreien Fraktionen sollen späteren Unterss. über den Konstitutionsaufbau dienen. — Versuchsergebnisse u. Diagramm im Original. (Ind. Engng. Chem. **45.** 788—91. April 1953. Laramie, Wyo., Petroleum and Oil-Shale Experiment Stat., Bureau of Mines.) K. O. MÜLLER. 8180

Geo. E. Mapstone, *Untersuchungen an Schieferölen.* 5. Mitt. *Aldehydharze von Schieferteerbasen.* (4. vgl. NOTTES u. MAPSTONE, C. **1953.** 951; 3. MAPSTONE, DURHAM u. TASKIS, C. **1953.** 951.) Vf. untersuchte den Reaktionsmechanismus der Harzbldg. aus Schieferteer (I) u. Aldehyden. Die Rk. verläuft 2stufig: Kondensation von I mit CH_2O u. anschließende Kondensation des gebildeten Prod. mit weiterem I oder auch mit Phenol (II). Bei der 1. Reaktionsstufe sind die akt. I-Seitenketten beteiligt. Da bei der 2. Stufe ein Harz auch aus einem CH_2O-freien Kondensationsprod. der 1. Stufe bei weiterer I- oder II-Zugabe erhalten wird, verläuft diese Rk. vermutlich analog dem „Phenol"-Mechanismus (I–CH_2O-Kondensation), wenn auch der „Styrol"-Mechanismus (Dehydratation des prim. gebildeten Carbinolkomplexes in der Seitenkette u. Polymerisation der entstandenen Vinylverb.) nicht ganz ausgeschlossen werden konnte. Eine Herst. techn. verwertbarer Harze aus dem hochsd. I durch Kondensation mit CH_2O u. Weiterkondensation mit II nach dem Verf. für Thiophen (CAESAR u. SACHANEN, Ind. Engng. Chem. **40.** [1948.] 922) erscheint möglich. (J. Inst. Petroleum **38.** 180—91. März 1952.) SCHÄFF. 8180

Geo. E. Mapstone, *Untersuchungen an Schieferölen.* 6. Mitt. *Notiz über die Verfärbung von gecracktem Schieferölgasolin.* (5. Mitt. vgl. vorst. Ref.) Vf. vermutet, daß die schnelle Braunfärbung gecrackter Schieferöldestillate auf der Bldg. von Chinonen bzw. deren Kondensation mit Indolen beruht. (J. Inst. Petroleum **38.** 192. März 1952.) FIEDLER. 8180

W. H. Davis, J. I. Harper und **E. R. Weatherly,** *Aufarbeitung durch Silicageladsorption.* Das von der SUN OIL CO. entwickelte *Arosorb*-Verf. eignet sich neben der Trennung von Olefinen oder von organ. Fll. bes. zur Gewinnung von Aromaten aus KW-stoffen der katalyt. Spaltung u. Aromatisierung. — Versuchsergebnisse an Hand von Tabellen. (Petroleum Processing **7.** 843—44. Juni 1952. Sun Oil Co.) K. O. MÜLLER. 8200

—, *Der moderne Bus und Lastwagen, Öle und Schmiermittel.* Klassifizierung u. Standardisierung amerikan. Schmieröle, nach Oxydationsresistenz, Verhütung von Korrosion, Zers. u. Abrieb durch Messung in 2 Ölprüfmaschinen; Standardisierung der Viscosität; Vorschläge zur Auswahl eines geeigneten Motorenöles, Prüfung gebrauchten Öles auf seine weitere Verwendbarkeit. Eigg. bei der Lagerung. Übersicht über die amerikan. hydraul. u. Flüssigkeitsgetriebe u. die dafür verwendeten Öle. Übersicht über die in gewöhnlichen Getrieben verwendeten Schmiermittel u. ihre Eigenschaften. (Lubrication **8.** 29—44. März 1953.) K. L. WOLF. 8220

E. Stach, *Die Vitrit–Durit-Mischungen in der petrographischen Kohlenanalyse.* Es werden Verbesserungen des Auflichtmikroskops u. der Herst. von Feinkornschliffen vorgeschlagen. Zum Studium kohlegenet. Fragen empfiehlt sich die mkr. Gemengteilanalyse in Verbindung mit der Elementar- u. Kurzanalyse. (Brennstoff-Chem. **33.** 361—70. 19/11. 1952. Krefeld, Geolog. Landesamt.) STEINER. 8246

Universal Oil Products Co., Chicago, übert. von: **Joseph A. Chemicek,** Bensenville, und **Kenneth M. Brown,** Hinsdale, Ill., V. St. A., *Alkalibehandlung von Kohlenwasserstoffdestillaten.* Zur Gewinnung eines entsäuerten KW-stoffdestillates mit verminderter Harzbldg. behandelt man die Mineralöle mit einer Alkalihydroxydlsg., um die Mercaptane zu entfernen. Die gebrauchte Alkalilsg. regeneriert man, mischt mit dem behandelten Destillat eine Phenylendiaminverb. (0,001—0,1% N.N'-Di-sek.-butyl-p-phenylendiamin) u. behandelt anschließend mit der regenerierten Alkalihydroxydlsg. nach. Die Vorbehandlung der Destillate kann mit Alkalilaugen von verschied. Stärke, z. B. 20 u. 30° Bé, vorgenommen werden. Das mit der Phenylendiaminverb. gemischte Destillat läßt man einige Zeit in Ggw. von Luft stehen, wobei sich Peroxyde bilden. Bei der Nachbehandlung mit der regenerierten Lauge (40° Bé) werden die Peroxyde entfernt. Die peroxydhaltige Lauge kann zur Vorbehandlung verwendet werden, wobei die Peroxyde die Mercaptane zu Disulfiden oxydieren. — Zeichnung. (**A. P. 2 616 833** vom 1/3. 1951, ausg. 4/11. 1952.) UNGER. 8195

Hydrierwerk Scholwen Akt.-Ges. (Erfinder: **Robert Schönfelder** und **Franz Salzer**), Gelsenkirchen, *Entfernung von Mercaptanen aus Benzinen.* Man wäscht das Bzn. mit geschmolzenem Alkalihydroxyd, indem man das Bzn. durch die geschmolzene M. leitet. Dabei verschwinden die Mercaptane vollständig. Die Schmelze bleibt lange verwendbar u. kann beim Nachlassen ihrer Wrkg. in W. gelöst als NaOH zum Waschen schwefelwasserstoffhaltiger Benzine verwendet werden. (**D. R. P. 760 045** Kl. 23b vom 1/5. 1941, ausg. 15/12. 1952.) UNGER 8195

Badische Anilin- & Soda-Fabrik, Ludwigshafen/Rh. (Erfinder: **Paul Hofmann,** Brauck bei Gladbeck), *Kohlenwasserstofföle aus Neutralisationsrückständen.* Kalkrückstände aus der Neutralisation saurer Öle mit gebranntem oder teilweise gelöschtem Kalk werden nach einer Vorbehandlung mit Lösungsmitteln für das KW-stofföl (z. B. Bzn.) u. Trockenblasen (z. B. mit N_2) mit heißem W. (zwischen 60 u. 100°) behandelt. Nach dem Absetzen des Kalkes wird das Öl abgeschöpft oder dekantiert. (**D. B. P. 857 845** Kl. 23b vom 22/7. 1943, ausg. 1/12. 1952.) UNGER. 8201

Alfred Kärcher, Winnenden/Württ., *Warmhalten von Verbrennungsmotoren durch Destillatleichtbenzin aus Motortreibstoffen.* Man dest. während des Laufes des Brennkraftmotors unter Ausnutzung der Abwärme des Motors einen Vorrat an Lötlampenbenzin (Leichtbenzin) aus dem Motortreibstoff ab u. verwendet den Kühlwind für den Motor gleichzeitig für die Kondensation des Destillats. Das Destillat dient zum Anwärmen der Motoren mittels Lötlampen oder Katalytöfen. (**D. R. P. 763 582** Kl. 23b vom 7/5. 1942, ausg. 26/1. 1953.) UNGER. 8201

Badische Anilin- & Soda-Fabrik, Ludwigshafen/Rh. (Erfinder: **Ernst Donath,** Pittsburgh, Pa., V. St. A., **Helmut Nonnenmacher,** Mannheim, **Erwin Rotter,** Ludwigshafen/Rh., **Gerhard Treuge,** Ludwigshafen/Rh., und **Harry Welz,** Krefeld-Uerdingen), *Niedrigsiedende aromatische Kohlenwasserstoffe,* z. B. *Aromaten enthaltendes Benzin,* entstehen aus höhersd. aromat. KW-stoffen, bes. solchen, die oberhalb 200° sd., u. von O- u. N-Verbb. befreit sind, beim Leiten im dampfförmigen Zustand mit H_2 unter 200 bis 700 at bei 410—430° über Al- u./oder Mg-Silicat, das 0,2—10% Mo-Oxyd enthält. (**D. B. P. 845 799** Kl. 12o vom 20/6. 1943, ausg. 4/8. 1952.) LANGER. 8201

Henkel & Cie. G. m. b. H., Düsseldorf, *Trennung aliphatischer und aromatischer Kohlenwasserstoffgemische* erfolgt durch selektive Extraktion mittels neutraler, fl. organ. Verbb. (I), die mehrere O-Atome im Mol. enthalten, wovon mindestens ein O-Atom sich in einer freien OH-Gruppe befindet. Als I eignen sich z. B. Diole, Triole, auch Alkohole mit mehr als 3 OH-Gruppen, wie Pentite oder Hexite, ferner die Äther u. Ester dieser Verbb., sofern sie freie OH-Gruppen aufweisen. I können auch mit niedrigmol. Alkoholen oder mit W. angewendet werden. (**Schwz. P. 281 136** vom 1/6. 1949, ausg. 3/6. 1952. D. Prior. 23/4. 1949.) G. KÖNIG. 8201

Phillips Petroleum Co., übert. von: **Carl J. Helmers** und **Eugen V. Mathy,** Bartlesville, Okla., V. St. A., *Umwandlung von Kohlenwasserstofföl zu Dieseltreibstoff und Ruß.* Man trennt hochsd. KW-stofföle in eine Schwerbenzinfraktion (Kp. 350—500° F) u. eine Gasölfraktion (Kp. >500° F), unterwirft letztere einer katalyt. Spaltung in Ggw. von Bauxit bei 850—1150° F u. einer Raumgeschwindigkeit von 0,5—5 Vol. fl. Öl/Vol. Katalysator/Stunde. Von den Spaltprodd. trennt man eine Gasölfraktion ab, die man in der Wärme zwischen 900 u. 1150° F spaltet, unter einem Druck von 500 bis 2000 lbs./sq.in. Aus der therm. Wärmespaltung trennt man ein Gasöl ab, extrahiert dieses mit 0,5—5 Vol. Furfurol/Vol. Öl bei n. Temp. bis zu 140° F. Man erhält eine aromatenarme Raffinatphase u. eine aromatenreiche Extraktphase, trennt das Lösungsm. von der Raffinatphase u. dest. 60—75% des verbleibenden Raffinatöles über Kopf. Das dest. Raffinatöl verschneidet man mit der oben erwähnten Schwerbenzinfraktion (Kp. 350—500° F), wobei man ein Dieselöl mit verbesserter Cetanzahl erhält. Die Bodenfraktion des Raffinatöles leitet man in die katalyt. Spaltzone zurück, trennt das Lösungsm. von der Extraktphase ab, wobei man ein hocharomat. Extraktöl erhält. Dieses Extraktöl bringt man in einen Reaktionsofen bei oberhalb 2100° F u. erzeugt Ruß. — Zeichnung. (**A. P. 2 608 470** vom 1/10. 1948, ausg. 26/8. 1952.) UNGER. 8213

Badische Anilin- & Soda-Fabrik, Ludwigshafen/Rh. (Erfinder: **Hans Bähr,** Herne), *Herstellung von Heizölen* aus bei der Spülgasschwelung erhaltenem Schwelteer durch

Abscheiden des Weichpeches u. Erhitzen desselben. Das Weichpech wird im Gemisch mit Kohle in einem Schwelofen mit Außenbeheizung geschwelt u. der entstehende Schwelteer nach Abtrennung der Pechanteile mit der leichten Fraktion des Spülgasteers vermischt. (**D. B. P. 845 090** Kl. 23b vom 18/10. 1940, ausg. 28/7. 1952.) v. HUHN. 8217

International General Electric Co., Inc., Schenectady, N. Y. (Erfinder: **Winton I. Patnode**, Richland, Wash.), V. St. A., *Flüssige, ölige Polysiloxane* der allg. Formel $R_{(2a+2)}Si_aO_{(a-1)}$ (R = gleichartige oder verschieden niedrigmol. Alkyl-, Aryl-, Alkaryl- oder Aralkylreste, a = mindestens 3) erhält man 1. durch Behandlung einer Mischung von einem Disiloxan der Formel $R_3Si-O-SiR_3$ mit a) einem Polysiloxan, das aus Einheiten der Formel (R_2SiO) besteht, oder b) einem Silandiol der Formel $R_2Si(OH)_2$ mit einer geringen Menge einer starken Säure (H_2SO_4); 2. durch Hydrolyse einer Mischung aus einem Halogensilan (I) der Formel R_3SiX mit einem I der Formel R_2SiX_2 oder $RSiX_3$ oder SiX_4 [die Mischung entspricht der Durchschnittsformel $R_bSiX_{(4-b)}$], u. gegebenenfalls anschließende Behandlung mit H_2SO_4; 3. durch Rk. eines Silanols der Formel R_3SiOH mit einem Dihalogensilan der Formel R_2SiX_2 oder eines Silandiols der Formel $R_2Si(OH)_2$ mit einem I der Formel R_3SiX; (R = einwertiger KW-stoffrest, X = Halogen, bes. Cl, b = >2 u. <3). — Beispiel: Ein äquimol. Gemisch aus Hexamethyldisiloxan, $(CH_3)_3Si-O-Si(CH_3)_3$, u. Oktamethylcyclotetrasiloxan, $[(CH_3)_2 \cdot SiO]_4$, wird mit 10 Gew.-% H_2SO_4 bei Raumtemp. 4 Std. geschüttelt; man erhält nebeneinander: *Oktamethyltrisiloxan*, $Kp._{20}$ 150°; F. −82°; n_D^{20} 1,3848; *Dekamethyltetrasiloxan*, $Kp._{20}$ 194°; F. −68°; n_D^{20} 1,3895; *Dodekamethylpentasiloxan*, $Kp._{20}$ 229°; F. −81°; n_D^{20} 1,3925; *Tetradekamethylhexasiloxan*, $Kp._{20}$ 143°; F. < −100°; n_D^{20} 1,3948 u. die wahrscheinliche Verb. $CH_3[(CH_3)_2SiO]_nSi(CH_3)_3$ (n = >5). — *Methyltri-[trimethylsiloxy]-silan* (II), Kp. 190°; n_D^{20} 1,3880; $D._{20}$ 0,8497; Mol.-Gew. 316. Außerdem entsteht ein nichtflüchtiges Öl der Formel **III** (n = >1). —

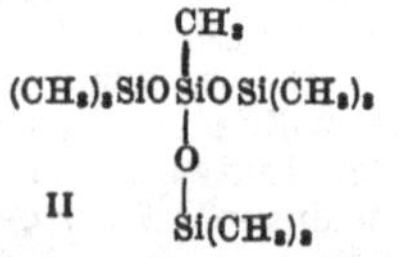

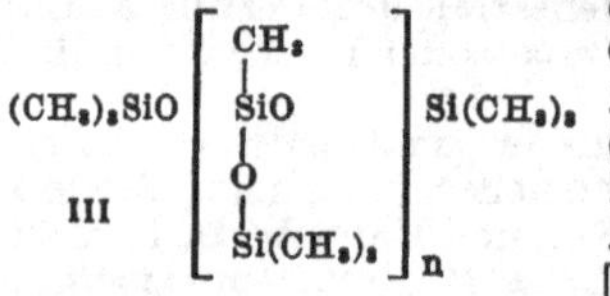

1.3-Hexamethyl-2-diphenyltrisiloxan, $(CH_3)_3SiOSi(C_6H_5)_2OSi(CH_3)_3$, $Kp._{18}$ 172—173°; n_D^{20} 1,4927; $D._{20}$ 0,9728. Als Rückstand bleibt $(CH_3)_3Si \cdot [OSi(C_6H_5)_2]_nSi(CH_3)_3$ (n >1). — $(CH_3)_2(C_6H_5)Si[OSi(CH_3)(C_6H_5)]_nOSi(CH_3)_2(C_6H_5)$ (n = mindestens 1). — *Cycl. Polymere* der Formel $[(CH_3)_2SiO]_n$ mit *4 Si*, Kp. 175°, Gefrierpunkt 17,5°; mit *5 Si*, Kp. 210° Gefrierpunkt −37°; mit *6 Si*, Kp. 245°, Gefrierpunkt −2°. In Tabellen ist noch die Viscosität angegeben. — Die Prodd. verharzen nicht u. sind deshalb zum *Schmieren* von *Instrumentenlagern* geeignet. Sie dienen auch als *Weichmachungs-* oder *Plastifizierungsmittel* in Harzen u. Filmen. (**D. B. P. 833 647** Kl. 12o vom 22/12. 1948, ausg. 10/3. 1952. A. Prior. 2/10. 1942.) KRAUSS. 8221

Anglamol Ltd., London, England, *Hochdruckzusatz für Schmieröle*, bestehend aus einer Halogen u. S enthaltenden organ. Verb., z. B. Chloramylsulfid, Chlorbutyldisulfid, Chlorlauryl- oder Chlorbutylthiocyanat, u. einer S-haltigen Verb., z. B. Diphenyl-, Dibenzyl-, Di-(p-tolyl)-sulfid oder Diphenylthioharnstoff, Butyl-, Amyl- oder Heptylsulfid oder geschwefeltem Methyloleat oder -linoleat, tier. oder vegetabil. fetten Ölen. Zusatz 0,5—10%. (**E. P. 665 105** vom 5/2. 1948, ausg. 16/1. 1952. A. Prior. 2/9. 1939.) DERSIN. 8221

Anglamol Ltd., London, England, *Hochdruckzusatzmittel für Schmieröle*, bestehend aus Estern der allg. Formel $R-C(:Q)-Q-(CH_2)_xR_1$, in der Q = O oder S, x wenigstens 1 u. R u. R_1 organ. Reste sind, von denen einer aromat. u. einer cycloaliphat. ist, u. die durch Veresterung eines cycloaliphat. Alkohols, z. B. Cyclohexanol, mit einer aromat. Carbon- oder Thiocarbonsäure, z. B. Benzoe- oder Thiobenzoesäure, oder durch Veresterung einer cycloaliphat. Carbon- oder Thiocarbonsäure, z. B. Naphthen- oder Hexahydrobenzoesäure, mit einem aromat. Alkohol, z. B. Benzyl- oder Phenyläthylalkohol, erhalten werden. — Man setzt z. B. zu 98,5(%) Mineralschmieröl 1,5 des 4-tert.-Amylcyclohexylesters der p-Lauryl-o-chlorbenzoesäure zu. (**E. P. 665 193** vom 5/2. 1948, ausg. 16/1. 1952. A. Prior. 1/5. 1940.) DERSIN. 8221

Anglamol Ltd., London, England, *Hochdruckzusatzmittel für Mineralschmieröle*, bestehend aus halogenierten organ. Verbb., z. B. Naphthalintetrachlorid, Benzylchlorid, halogenierten Petroleumfraktionen, wie chloriertem Paraffinwachs, Dichlordihydro-, Tetrachlortetrahydrobenzol oder Hexachlorcyclohexan. Man kann ferner noch Oxydationsschutzmittel, wie Thiodiphenylamin, zusetzen. Zusatzmenge 0,05 bis 5%. (**E. P. 666 211** vom 5/2. 1948, ausg. 6/2. 1952. A. Prior. 4/10. 1939.) DERSIN. 8221

Anglamol Ltd., London, England, *Hochdruckzusatz für Mineralschmieröle*, bestehend aus einer Mischung von Halogen u. P enthaltenden, aliphat. Verbb., z. B. Chloramyl-, Chlorlaurylphosphit oder -thiophosphat, u. S oder einer organ. S-Verb., z. B. geschwefelten tier. oder vegetabil. Ölen, Diphenyl-, Dibenzylsulfid, Diphenylthioharnstoff oder Dithiodiglykol. (**E. P. 670 312** vom 5/2. 1948, ausg. 16/4. 1952. A. Prior. 2/9. 1939.) DERSIN. 8221

Anglamol Ltd., London, England, *Hochdruckzusatz für Schmieröle.* Man setzt Mineralölen 0,1—20% einer Mischung von öllösl., halogenhaltigen, O-freien Thiocyanaten u. öllösl. organ. O-Verbb. zu, deren Dampfdruck bei 100° <1 at ist, z. B. ein Gemisch von chloriertem oder fluoriertem Äthyl-, Butyl-, Lauryl-, Cetyl-, Ceryl-, Benzyl-, Phenyläthyl- oder Cyclohexylthiocyanat mit chlorierter Stearinsäure, Methylchlorsalicylat oder Hexachlordiphenyloxyd usw. (**E. P. 669 305** vom 5/2. 1948, ausg. 2/4. 1952. A. Prior. 1/3. 1939.) DERSIN 8221

Anglamol Ltd., London, England, *Hochdruck- und Korrosionsschutzzusatz für Mineralschmieröle*, bestehend aus Zn-Salzen der Reaktionsprodd. von P_2S_5 u. alkyliertem Cyclohexanol, dessen Alkylgruppe <6 C-Atome enthält, z. B. Methyl-, Äthyl-, Propyl- oder Amylcyclohexanol. Man kann ferner noch andere Reinigungsstoffe zusetzen, wie Ca- oder Co-Naphthenat, Lauryl- oder Cetylsalicylat, Ca-Salze von Mahoganysulfonsäuren oder Metallsalze substituierter Phosphorsäuren, z. B. Ca-Cetylphosphat. (**E. P. 666 064** vom 5/2. 1948, ausg. 6/2. 1952. A. Prior. 28/7. 1941.) DERSIN. 8221

Anglamol Ltd., London, England, *Verbessertes Schmieröl für Dieselmotoren* erhält man durch den Zusatz eines kleineren Anteils von öllösl. Metalloxyden von Phenolestern zu üblichen Schmierölen. Geeignet ist z. B. die durch Rk. von 1 (Mol) MgO mit 2 Laurylsalicylat in Ggw. von A. bei 80° erhaltene Verbindung. (**E. P. 665 107** vom 5/2. 1948, ausg. 16/1. 1952. A. Prior. 18/7. 1940.) MÖLLERING. 8221

Anglamol Ltd., London, England, *Korrosionsschutzmittel für Mineralöle*, bes. *Schmieröle*, bestehend aus Zn- u. Cd-Salzen von Reaktionsprodd. von Sulfiden oder Seleniden des P mit alkylierten, cycloaliphat. Alkoholen, z. B. Methyl- oder Amylcyclohexanol. (**E. P. 669 547** vom 5/2. 1948, ausg. 2/4. 1952. A. Prior. 25/10. 1941.) DERSIN. 8221

Anglamol Ltd., London, England, *Zusatzmittel für Schmieröle*, bestehend aus organometall. Verbb., die Halogen u. S enthalten, z. B. Thiophenverbb., bes. von

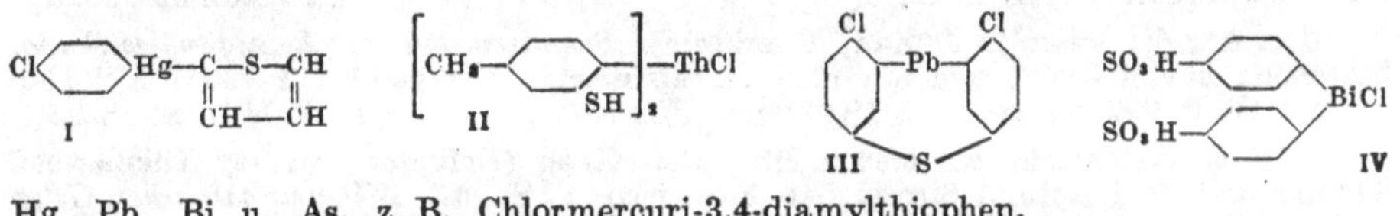

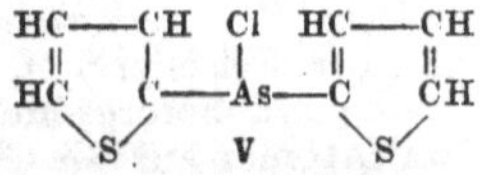

Hg, Pb, Bi u. As, z. B. Chlormercuri-3.4-diamylthiophen, p-Chlorphenylmercurithiophen (I), Di-(p-methyl-o-mercaptophenyl)-thalliumchlorid (II), Pb-Dichlorphenylsulfid (III), Di-(phenyl-p-sulfonsäure)-Wismutchlorid (IV), Dithienylchlorarsin (V). 0,1—10(%) dienen als Hochdruckzusatz, 0,001—0,1 als Antikorrosionsmittel. (**E. P. 666 210** vom 5/2. 1948, ausg. 6/2. 1952. A. Prior. 11/3. 1940.) DERSIN. 8221

William Helmore, Kingston Hill, England, *Mineralölschmiermittel*, gek. durch einen geringen Zusatz an organ. Cr- u. Sn-Verbb., von welchen mindestens eine ein Erdölsulfonat ist. — 9 weitere Ansprüche. — Man kann ferner geringe Mengen von Alkali- u. Erdalkalierdölsulfonaten, sowie Oleate, Naphthenate oder substituierte Phenolate des Cr u. Sn, z. B. 0,1—0,2 (Gew.-%) Cr- u./oder Sn-Erdölsulfonat neben 0,4—0,8 Sn- u./oder Cr-Oleat, zusetzen. Ferner kann man bekannte Mittel zur Verbesserung des Viscositätsindex, zur Herabsetzung des Fließpunktes u. zur Steigerung der Filmreißfestigkeit, Antioxydationsmittel u. Reinigungsstoffe hinzusetzen, wie aromat., oxysubstituierte Polysulfide mit einer Carboxyl- oder Estergruppe, Thioäther, Phosphit- oder Thiophosphitester, die von aromat., oxysubstituierten Thioäthern, Disulfiden oder Polysulfiden abgeleitet sind, ferner Tri-o-kresylphosphat oder Tributylphosphit. Die Cr- u. Sn-Erdölsulfonate werden durch Rk. der Na- oder Ca-Erdölsulfonate mit Cr- oder Sn-Salzen erhalten. Die Menge der Cr- u. Sn-freien Zusätze soll 0,1—1 Gew.-% betragen. (**D. B. P. 832 029** Kl. 23c vom 14/12. 1948, ausg. 24/3. 1952. E. Priorr. 27/2., 20/5., 26/8. 1947 u. 19/2. 1948.) DERSIN. 8223

C. C. Wakefield & Co., Ltd., London, England, *Schmiermittel auf Mineralölbasis*, gek. durch einen geringen Geh. an Sn-Salzen öllösl. Erdölsulfonsäuren u. öllösl. Salzen mehrwertiger Metalle, bes. Cr-Salzen, von organ. disubstituierten Dithiophosphorsäuren. — Es sollen von alkylierten Phenolen abgeleitete bzw. Dialkyl- oder Dicyclo-alkyldithiophosphorsäuren verwendet werden; ferner sollen noch geringe Mengen von oxysubstituierten aromat. Thioäthern u./oder Di- bzw. Polysulfiden, ferner aromat. Phosphit- oder Thiophposphitester, die sich von einem aromat. Thioäther u./oder Di- bzw. Polysulfid ableiten, z. B. Triarylphosphite, zugesetzt werden. (**D. B. P. 832 030** Kl. 23c vom 11/1. 1949, ausg. 21/2. 1952. E. Priorr. 9/12. 1947, 4/11. u. 9/12. 1948.) Dersin. 8223

Siemens-Schuckertwerke Akt.-Ges., Berlin und Erlangen (Erfinder: **Karl Knoll**, Feucht), *Hochdruckschmierfette* aus Schmierölen (**I**) u. Verdickungsmitteln, bestehend aus **I**, den bekannten, die Hochdrucköle schmierverbessernden Zusätzen (Additives) u. Silicongel als Verdickungsmittel. — Man verwendet z. B. auf 10 (Teile) **I** ca. 3—10 Silicongel, bes. geliertes Dimethylsiloxanpolymerisat (**II**) u. mischt zunächst **I** u. **II**, gegebenenfalls unter Zusatz von Lösungsmitteln u. geringen Alkali- oder Säuremengen, erhitzt unter Vertreibung des Lösungsm. u. setzt das Additiv zu. (**D. B. P. 865 344** Kl. 23c vom 12/12. 1950, ausg. 2/2. 1953.) Dersin. 8223

Steinkohlenbergwerk Rheinpreussen (Erfinder: **Herbert Kölbel**, Homberg/Ndrh., und **Dietrich Ullmann**), Moers, *Herstellung von Schmierfetten.* Herst. eines aschefreien, chem. beständigen Schmierfettes aus Rohvaselin (**I**), dad. gek., daß **I** mit synthet., bei der CO-Hydrierung gewonnenem Hartparaffin mit einem F. >90° verschmolzen wird. — Man setzt 5—10% Hartparaffin zu u. erhält ein Schmierfett vom Tropfpunkt 60°, das sich bes. für die Schmierung von Stopfbüchsen von Rührautoklaven mit saurem Inhalt eignet. (**D. R. P. 767 324** Kl. 23c vom 11/5. 1940, ausg. 26/5. 1952.) Dersin. 8223

Alox Corp., übert. von: **James E. Shields** und **Ulric B. Bray**, New York, N. Y., V. St. A., *Schmiermittel und Korrosionsschutzmittel*, bestehend aus einem stark gereinigten KW-stofföl aus Venezuela oder Pennsylvanien, dem ca. 3,0—4,5% von Ca-Seifen der Säuregemische, welche bei der Oxydation von Petroleumschmierölen erhalten werden, u. 0,5—1,0 Gew.-% von niedermol. Alkylestern solcher Säuregemische zugesetzt werden. Als weiterer oxydationsmindernder Zusatz soll eine öllösl. Thioätherverb. eines Alkohols dienen. Für die Gewinnung der Säuren aus den Schmierölen durch Oxydation werden diese vorher von kristallinen Stoffen, Asphalten u. ungesätt. KW-stoffen befreit. (Vgl. Can. P. 464 608; C. **1950**. II. 2974.) (**Can. P. 481 475** vom 14/8. 1943, ausg. 4/3. 1952. A. Prior. 14/4. 1943.) M. F. Müller. 8223

Soc. An. des Pétroles Jupiter, Frankreich, *Schmiermittel mit Reinigungswirkung*, bestehend aus 80—95% von einem stark raffinierten Mineralöl u. 5—50% Kolophoniumöl. (**F. P. 997 282** vom 4/7. 1945, ausg. 3/1. 1952.) M. F. Müller. 8223

N. V. de Bataafsche Petroleum Mij., Den Haag (Erfinder: **Stanley Thistlewood Abrams** und **Fred Helmut Stross**, San Francisco, V. St. A.), *Mit anorganischen Gelen verdickte Schmiermittel oder Bohrflüssigkeiten für Erdbohrungen*, bestehend aus ölartigen Fll., bes. Schmierölen, 1—40 Gew.-% ungeschrumpften Gelen von Oxyden oder Hydroxyden amphoterer Metalle, z. B. Al_2O_3 oder $Zn(OH)_2$, u. organ. Säuren mit mindestens 10 C-Atomen aus der Gruppe der Phosphinsäuren, Phosphonsäuren, Fettsäuren, aliphat. Dicarbonsäuren, Aminofettsäuren, Sulfosäuren, Naphthensäuren u. ihren chlorierten sulfurierten u. phosphorierten Derivv. in Mengen von 1—20 Gew.-%, berechnet auf das Gel. Geeignete Säuren sind z. B. Stearin-, Öl- oder Linolsäure, ferner Tetradecan-1-, n-Octadecan-1-, 3,5-Diisobutylbenzol- oder Methylhexadecan-1-phosphinsäure, Dodecan-1-, 10-Phenyldecan-1- oder 2,4-Diamylcyclohexanphosphonsäure, ferner alkylierte Bernsteinsäuren, z. B. Octadecenylbernsteinsäure. (**D. B. P. 865 040** Kl. 23c vom 29/4. 1950, ausg. 29/1. 1953. A. Prior. 3/5. 1949.) Dersin. 8223

Gulf Oil Corp., Pittsburgh, übert. von: **Herschel G. Smith**, Wallingford, und **Tory L. Cantrell**, Lansdowne, Pa., V. St. A., *Verbesserungsmittel für Mineralschmieröle.* Man erhitzt ein Gemisch aus einem Schmieröl auf Paraffingrundlage u. wasserfreiem $AlCl_3$ auf 150—300° F, entfernt $AlCl_3$ vom Reaktionsprod. u. setzt dieses mit P_2S_5 um (bei 450° F bis unterhalb der Spalttemp. des Gemisches). Dabei nimmt es P u. S auf. An $AlCl_3$ verwendet man 1—20 (Gew.-%), an P_2S_5 2—20 Gew.-%. Eine Schmierölzus. besteht aus einer größeren Menge eines mineral. Schmieröles u. einer kleineren Menge (bes. 0,1—20 Gew.-%) des oben beschriebenen Reaktionsprodukts. (**A. P. 2 603 603** vom 27/12. 1946, ausg. 15/7. 1952.) Unger. 8223

Gulf Oil Corp., Pittsburgh, Pa., übert. von: **Herschel G. Smith**, Wallingford, **Troy L. Cantrell**, Lansdowne, und **Mark L. Hill**, Boothwyn, Pa., V. St. A., *Antioxydantia für Schmiermittel.* Ein mineral. Schmieröl enthält 0,5—15 Gew.-% eines neutralen Additionsprod. (**I**) von Oleylamin u. (3-Methylbutyl)-(2-äthylhexyl)-orthophosphorsäure, worin R den Oleylrest bedeutet. (**A. P. 2 602 049** vom 24/12. 1948, ausg. 1/7. 1952.) Unger. 8223

Dow Corning Corp. (Erfinder: **J. Th. Goodwin**), Midland, Mich., V. St. A., *Polymere Organosilicone* erhält man durch Hydrolyse u. Kondensation von Verbb. der Formel X $SiR_2(CH_2SiR_2)_n$ X, wobei X Alkoxy oder Halogen, n eine ganze Zahl u. R gleiche oder verschied. monocycl. Aryl- oder Alkylreste bedeuten. — Aus $C_2H_5O[Si(CH_3)_2CH_2]_2$-$Si(CH_3)_2OC_2H_5$ erhält man z. B. bei 14std. Erhitzen (Rückfluß) mit 90%ig. A., dem 35%ig. wss. HCl im Volumenverhältnis 1:1 zugefügt wurde, ein Öl vom $Kp._{27}$ 77°, das als cycl. Verb. $[Si(CH_3)_2CH_2]_2Si(CH_3)_2O_2$ festgestellt wurde. Daneben erhält man in geringerer Menge ein Öl vom Kp. 77—150° sowie höhere cycl. Polymere. — *Schmiermittel* von großer chem. Stabilität. (**D. B. P. 863 943** Kl. 12o vom 29. 9. 1950, ausg. 22/1. 1953. E. Prior. 1/7. 1947 u. A. Prior. 20/4. 1948.) BRÖSAMLE. 8223

Standard Oil Development Co., Elizabeth, N. J., V. St. A., *Stabilisieren der Farbe von Paraffin,* dad. gek., daß man 0,01—0,5, bes. 0,1% 2,4,6-Tri-tert.-butylphenol zusetzt. (**E.P. 685168** vom 25/10. 1950, ausg. 31/12. 1952. A. Prior. 3/6. 1950.) LÜTTGEN. 8227

Standard Oil Development Co., Del., übert. von: **John L. Tiedje,** Sarnia, Can., *Entparaffinieren.* Zur Abscheidung von Paraffin aus Ölen verd. man das paraffinhaltige Öl mit einem Lösungsm. (verflüssigte niedrige Paraffin- u. Olefin-KW-stoffe, niedrige Alkohole, Ester, Aldehyde, Ketone u. Säuren, chlorierte KW-stoffe usw.) u. fügt eine kleine Menge Rückstandspech von paraffinhaltigem Öl zu. Dann kühlt man, um das Paraffin zu verfestigen, trennt das feste Paraffin von dem verd. Öl u. dest. das abgeschiedene Paraffin im Vakuum. Die Rückstände fügt man einer 2. Portion des verd. paraffinhaltigen Öls zu, kühlt u. trennt das verfestigte Paraffin von dem verd. Öl. (**A. P. 2 608 517** vom 4/3. 1950, ausg. 26/8. 1952.) UNGER. 8227

Standard Oil Co., übert. von: **Kenneth H. Wanderer,** Chicago, Ill., **Leonard A. Hays jr.,** Hammond, und **Robert B. Selund,** Highland, Ind., V. St. A., *Entparaffinieren mit Propan.* Die Kühlung einer Propan–Öl–Paraffin-Lsg. mit dem Zweck, einen Paraffingatsch verbesserter Filtrierbarkeit zu erhalten, geschieht in der Weise, daß man die Temp. der Lsg. bis zu einem Punkt senkt, der nur wenig über dem Trübungspunkt liegt. Dann kühlt man die Lsg. plötzlich um mindestens 5° F, aber nicht mehr als 25° F, ab, indem man sie augenblicklich in eine Zone niedrigeren Druckes bringt. Der Druck soll genügend hoch sein, um die Lsg. bei einer Temp. zu halten, die nur wenig niedriger ist als ihr Trübungspunkt. Dadurch erfolgt eine Stoßkühlung der Lsg., u. es wird durch Verdampfen bis zur Filtrationstemp. des Paraffins weitergekühlt. Das Verhältnis Propan: Öl kann zwischen 1,5:1 u. 2,5:1 liegen. Arbeitsdrucke 80—125 lbs./sq. in—Zeichnung. (**A. P. 2 614 065** vom 30/3. 1950, ausg. 14/10. 1952.) UNGER. 8227

Standard Oil Development Co., Del., übert. von: **Robert L. Greene,** Westfield, N. J., V. St. A., *Verhinderung der Korrosion in Entparaffinierungsanlagen.* Bei der Entparaffinierung von KW-stoffen mit Lösungsmitteln wird das Öl in einem Lösungsm. gelöst, gekühlt u. filtriert. Die Filtration wird durch verschied. Drucke auf der Paraffinseite u. der Filtratseite ermöglicht. Der Paraffinkuchen wird vom Filter durch einen umlaufenden Rauchgasstrom gelöst. Den beschmutzten Wachskuchen läßt man absitzen, damit das W. von dem Lösungsm. abgetrennt wird. W. u. Lösungsm. werden zu einer Abstreifzone geleitet, u. das Lösungsm. zur Abtrennzone zurück, worin W. u. Lösungsm. unter einer Rauchgasdecke gehalten werden. Um Korrosion in der Abstreifzone zu verhindern, was durch die im W. u. im Lösungsm. gelöste CO_2 im Filter u. in der Wasserabtrennzone verursacht wird, leitet man nur einen Teil des im Filter zirkulierenden Rauchgases zum Kopf der Abstreifzone. — Zeichnung. (**A. P. 2 608 518** vom 25/7. 1951, ausg. 26/8. 1952.) UNGER. 8227

N. V. de Bataafsche Petroleum Mij., Den Haag (Erfinder: **Frank Matthew McMillan** und **Harry Junius Sommer,** San Francisco, Calif., V. St. A.), *Bituminöse Massen,* bes. widerstandsfähig gegenüber KW-stoffen. Asphaltsubstanzen werden mit Polymeren gemischt, die durch Copolymerisation von ungesätt. Nitrilen mit polyolefin. KW-stoffen gewonnen werden. Der Nitril-Geh. des Copolymeren soll mindestens demjenigen äquivalent sein, den man bei der Polymerisation einer 20 (Gew.-%) Acrylnitril u. 80 Butadien enthaltenden Mischung erhält. (**D. B. P. 852 883** Kl. 22h vom 14/9. 1950, ausg. 20/10. 1952. A. Prior. 26/1. 1946.) KRANZ. 8231

N. V. Philips' Gloeilampenfabrieken, Eindhoven, *Verfahren zum Mischen von Polyäthylen mit Asphaltbitumina.* Man dispergiert Polyäthylen (**A**), bes. solches mit einem mittlerem Mol.-Gew. von 17000—20000, mit einem bei Raumtemp. nichtflüchtigen KW-stoffprod. (**B**) im Verhältnis von 1 **A** zumindestens 2 **B** zu einer homogenen Dispersion u. gibt dann Asphaltbitumen mit einem Erweichungspunkt $>$ 75° zu. Als **B** dient bes. ein Asphalt mit Erweichungspunkt $<$ 60°, z. B. 45°. Der Zusatz von **A** soll die Sprödigkeit des Asphaltbitumens herabsetzen. (**Dän. P. 72571** vom 6/1. 1949, ausg. 28/5. 1951. Holl. Prior. 9/1. 1948.) JÜRGEN SCHMIDT. 8231

Georg Kropfhammer, Arlaching bei Seebruck/Obb., *Herstellung von Dach-, Fußböden- und Wandbelagmassen.* Schmelzbare Polymerisate, wie Polyvinylchlorid oder -acetat, werden mit Asphaltmehl vermischt u. hierauf kalandriert, bes. bei Tempp. zwischen 100 u. 200°. Das Asphaltmehl kann zuvor mit Asphalt, Bitumen oder Pech angereichert werden. (**D. B. P. 833 318** Kl. 80b vom 19/11. 1950, ausg. 6/3. 1952.)
HANS HOFFMANN. 8231

Akt.-Ges. Balmholz Steinbrüche und Hartschotterwerke, Oberhofen, Thun, Schweiz, *Herstellung eines Straßenbaustoffes.* Auf Gesteinskörner wird eine klebende Umhüllung aus Bitumen erzeugt, die dann mit vorbehandeltem Steinmehl, Ruß, Kohlenstaub, Zement oder dgl. umhüllt wird. Zur Vorbehandlung wird das Steinmehl oder dgl. mit einem leichtflüssigen Fluxmittel von niedrigem F. u. anschließend mit einem heißen bituminösen Bindemittel imprägniert, u. zwar in solcher Dosierung, daß das Filterkorn nicht voll gesätt. wird, so daß es in der Lage ist, sich aus dem Bindemittel der Klebehaut capillartätig zu sättigen. (**D. B. P. 843 522** Kl. 80b vom 2/10. 1948, ausg. 10/7. 1952. Span. Prior. 16/10. 1945.) HANS HOFFMANN. 8237

Walter Fuchs, Untersuchungen über absatzfreie Teeröle. Als Ms. gedr. Köln, Opladen: Westdt. Verl. 1952. (27 S.) 4° (Maschinenschriftl. autograph.) = Forschungsberichte d. Wirtschafts- u. Verkehrsministeriums Nordrhein-Westfalen. Nr. 2. DM 13,80.

XXI. Leder. Gerbstoffe.

A. T. Hough, *Die Beständigkeit von Leder gegen heißes Öl und die Herstellung von ölbeständigen Ledern (Dichtungsleder).* Es werden lohgare, chromgare u. kombiniertgegerbte Leder auf ihr Verh. als Dichtungsmaterial geprüft, wobei das Verh. derselben in heißem Öl als bes. aufschlußreich angesehen wurde. Hierbei wurde gefunden, daß ein gut trockenes lohgares Leder längere Zeit mit heißem Öl von 175° behandelt werden kann, ohne daß eine stärkere Schrumpfung oder Narbenbrüchigkeit auftritt. Allerdings fällt hierbei die Festigkeit stark ab. Im übrigen scheint ein gewisser Zusammenhang zwischen dem zum Gerben benützten Gerbstoff u. der Beständigkeit des Leders in heißem Öl zu bestehen. So verhalten sich mit Catechingerbstoffen gegerbte Leder durchschnittlich besser als mit Pyrogallolgerbstoffen gegerbte. (Mangrove u. Myrobalan verhalten sich entgegengesetzt.) Chromgegerbte Leder schrumpfen bei der Heißölbehandlung stark u. werden gleichzeitig hart, während die Festigkeit nur geringfügig abnimmt. Durch Nachgerben von Chromleder mit sulfitiertem Quebracho kann ein Prod. erhalten werden, dessen Eigg. sowohl denjenigen des chromgaren als auch des lohgaren Leders entsprechen. (J. Soc. Leather Trades' Chemists **34.** 138—150. Apr. 1950. Egham Surrey, Milton Park. Brit. Leather Manufacturer's Res. Ass.) H. G. FRÖHLICH. 8340

A. Jamet, *Die Trocknung von Gerbstoffrückständen (Verluste im Trockenschrank).* Aus Trocknungsverss. mit Eindampfrückständen von Gerbstofflsgg. schließt Vf., daß längere Trocknung im n. oder Ultrarapidtrockenschrank manche Gerbstoffe, z. B. aus Myrobalanen, verändert, da der Gewichtsverlust bei schneller u. langsamer Trocknung verschieden ist. (Bull. Assoc. franç. Chimistes Ind. Cuir Doc. sci. techn. Ind. Cuir, Beilage zu: Rev. techn. Ind. Cuir **14.** 137—38. Juli/Aug. 1952.) O. ENGEL. 8364

A. Gansser, *Beitrag zum Problem des Hautpulvers.* Inhaltlich ident. mit C. **1952.** 2783. (Rev. techn. Ind. Cuir **43.** 233—36. Dez. 1951. Mailand, Labor. Ric. S. A.)
O. ENGEL. 8364

Röhm & Haas G. m. b. H., Darmstadt, *Herstellung von gerbfertigen Blößen* durch Behandlung der Häute mit Schimmelpilztryptase, bes. aus Aspergillusarten gewonnener Tryptase in schwach alkal. bis schwach saurer Lsg., gegebenenfalls bei erhöhter Temperatur. Der Lsg. werden als reaktionsfördernde Stoffe aliphat. Oxysäuren oder ihre Salze, z. B. Na-Lactat oder K–Na-Tartrat, zugesetzt, wobei die Häute einer alkal. Vorbehandlung u./oder einer schwellenden oder nichtschwellenden Nachbehandlung unterworfen werden. (**D. R. P. 767 110** Kl. 28a vom 8/12. 1935, ausg. 22/12. 1952.)
v. SCHILLER. 8335

Herausgeber u. verantwortlich für den Inhalt: Prof. Dr. Maximilian Pflücke, Berlin W 8, Jägerstraße 22/23, Fernsprecher: 200481, 201464. Redaktion: Chefredakteure Dr. Eugen Klever und Prof. Dr. Maximilian Pflücke. Verlag: Akademie-Verlag GmbH, Berlin NW 7, Schiffbauerdamm 19 (Fernsprecher 425571, Postscheckkonto Berlin 35021) u. Verlag Chemie, GmbH, Weinheim/Bergstraße (Postscheckkonto Frankfurt/M. 145314 u. Berlin [West] 7430, Fernsprecher: Weinheim 2017). Bestell- u. Verlags-Nr. dieses Heftes: 1007/124/38. Das Chemische Zentralblatt erscheint wöchentlich.
Satz u. Druck: VEB Leipziger Druckhaus, Leipzig, III/18/203. IX. 53.
Veröffentlicht unter der Lizenznummer 1212 des Amtes für Literatur und Verlagswesen der Deutschen Demokratischen Republik.
Printed in Germany.

FSC
www.fsc.org
MIX
Papier | Fördert gute Waldnutzung
FSC® C083411

Kolibri 360 GmbH
Ferdinand-Jühlke-Straße 7
99095 Erfurt, Deutschland
produktsicherheit@kolibri360.de